SMT 工艺不良与组装可靠性

（第2版）

贾忠中　著

電子工業出版社
Publishing House of Electronics Industry
北京 • BEIJING

内 容 简 介

本书以工程应用为目标，聚焦基本概念与原理、表面组装核心工艺、主要组装工艺问题及最新应用问题，以图文并茂的形式，介绍了焊接的基础原理与概念、表面组装的核心工艺与常见不良现象，以及组装工艺所带来的可靠性问题。全书结合内容需求，编入了几十个经典案例。这些案例非常典型，不仅有助于读者深入理解有关工艺的概念和原理，也可作为类似不良现象分析的参考。

本书系统的理论知识与丰富的典型案例，特别适合从事电子产品设计与制造的工程师学习与参考，也可作为职业技术院校电子制造工艺与实训的教材。

图书在版编目（CIP）数据

SMT 工艺不良与组装可靠性 / 贾忠中著. —2 版. —北京：电子工业出版社，2023.10
ISBN 978-7-121-46413-3

Ⅰ. ①S… Ⅱ. ①贾… Ⅲ. ①SMT 技术 Ⅳ. ①TN305

中国国家版本馆 CIP 数据核字（2023）第 182345 号

责任编辑：雷洪勤
印　　刷：河北虎彩印刷有限公司
装　　订：河北虎彩印刷有限公司
出版发行：电子工业出版社
　　　　　北京市海淀区万寿路 173 信箱　邮编 100036
开　　本：787×1 092　1/16　印张：28.25　字数：777 千字
版　　次：2019 年 6 月第 1 版
　　　　　2023 年 10 月第 2 版
印　　次：2025 年 4 月第 3 次印刷
定　　价：188.00 元

凡所购买电子工业出版社图书有缺损问题，请向购买书店调换。若书店售缺，请与本社发行部联系，联系及邮购电话：（010）88254888，88258888。

质量投诉请发邮件至 zlts@phei.com.cn，盗版侵权举报请发邮件至 dbqq@phei.com.cn。

本书咨询联系方式：leihq@phei.com.cn。

贾忠中的这本书给我带来了很大的惊喜。

本书前半部分的着重点在SMT不良工艺的成因及解决方法上。在解决实际的工艺问题前，贾忠中很系统地介绍了SMT 的工艺基础，包括SMT 的组装基础知识、焊接基础及焊接材料助焊剂及焊膏，以及与焊接紧密相关的PCB 表面镀层工艺及元件表面镀层工艺。这些背景资料的铺垫，为接下来对不良工艺的讨论提供了必要的基础知识。

不良工艺的成因及解决方法是本书的“大菜”。它包括了焊膏印刷和相关的钢板设计、再流焊接、波峰焊接及返修等几个主要环节。贾忠中详细地介绍了各环节常见的不良种类，讨论了它们的成因及解决办法，包括对特定封装所遇到问题的解决方法。在讨论成因时，贾忠中展示了深厚的功力，对问题的解决办法提供了周详的选择。

本书的后半部分是更精彩的可靠性论述。在这部分，贾忠中着重介绍了可靠性的概念及评估方法，以及用于焊点时所表现出的特质。随后贾忠中重点讨论了组装应力失效、温度循环疲劳失效、环境因素影响及锡须等现象。

在组装应力部分，本书着重讨论了三种常见的元件，包括应力敏感封装、片式电容及BGA；在温度循环失效部分，以深入浅出的方式说明了基本的失效机理；在环境失效方面，详细介绍了四个主要的失效模式。这将对读者有很大的帮助。

在锡须方面，贾忠中做了相当深入的讨论；对于控制锡须的生长，给出了极其实用的建议。

综观全书，固然脉络分明、析理深入，但让我最感惊喜的还是极其丰富的实例。贾忠中以其在业界数十年的经验，实例信手拈来，包括材料、设计、组装及应用，将理论与实际紧密、生动地结合起来，在工业界实难一见。

我觉得此书不仅可以在生产线上作为工程师的随身参考书，而且可以作为教材在课堂上传诸莘莘学子！

美国铟公司技术部副总　李宁成博士
2019年3月25日

表面组装技术（SMT）的发展，如果从彩色电视机调谐器的广泛应用作为起点，已经有30多年的历史了，但是，其发展仍然日新月异，每隔半年，我们都会看到新的材料、新的封装或新的工艺出现。技术的进步远比我们解决问题的步伐要快，旧的问题还没有完全解决，新的问题又出现了，挑战不断。这是本次修订的一个重要原因。

本次重点对液态助焊剂的技术指标测试、焊膏的流变性、焊膏印刷的擦网、再流焊接的焊接不良、波峰焊接的焊接不良以及返修工艺等内容进行了部分修订，新增了33个典型案例，使得内容更加系统和完善。希望本书能成为电子产品设计与制造工程师们的常备工具书，为我国电子制造产业升级做出贡献。

本书是写给电子产品设计与制造工程师的，以核心工艺为纲、工程实战经验为目来组织材料。内容上聚焦工程应用主题，突出基本概念与原理、核心工艺、主要组装问题及最新应用，希望能够为读者提供全新视角、接地气的SMT应用工程知识。同时，本书也探讨了一些新出现的工艺问题，如ENIG表面处理Ni氧化现象。这部分内容带有一点学术性质，分析不一定完全正确，仅供参考。

表面组装过程中虽出现的不良现象很多，但对焊接质量影响比较大的主要是印刷的少印（少锡）、漏印，再流焊接的桥连、开路、焊点应力开裂，波峰焊接的桥连与透锡不良等。统计数据表明，只要解决了这些问题，就等于解决了90%以上的组装不良问题。这些组装不良现象之所以难以有效地管控，主要是这些问题不全是现场工艺问题，往往与元器件的封装、PCB的设计、焊膏的选用与模板的设计等很多因素有关，如波峰焊接的透锡问题，在很大程度上是一个设计问题。要解决这些问题，需要从产生问题的根本原因入手。

本书的写作风格延续了本人作品一贯的“图文并茂”的特点。现代社会，生活节奏很快，读图比读文字更加高效与有趣，希望读者在快乐中学习。本书在写作上力求简明、实用，使读者入得门、看得懂，结论性的论述做到有言必有据，经验性的论述做到背后有案例支持。希望能够为读者提供适用、实用、管用的电子制造知识。

本书聚焦三部分内容：工艺基础、工艺原理与不良及组装可靠性。

工艺基础部分：主要介绍表面组装技术的概念、工艺流程与核心；软钎焊的基本原理——加热、润湿、扩散和界面反应，以及润湿、界面反应、可焊性等重要概念；焊点的微观组织与机械性能、焊料合金组分和工艺条件的关系；焊点焊接与元器件焊接的异同，是理解SMT工艺原理、优化生产工艺条件的依据与基础。这部分内容是电子制造工程师必须了解的知识。

工艺原理与不良部分：主要介绍SMT主要工艺辅料、核心工艺的原理与常见的工艺不良现象及其产生的原因。其中包括：①焊膏、焊剂；②模板设计；③焊膏印刷原理与常见不良现象及产生原因；④再流焊接、波峰焊接原理与常见不良现象及其产生的原因。这部分内容是电子制造工程师必须掌握的知识。

组装可靠性部分：重点介绍组装过程中产生的、有潜在可靠性风险的组装不良问题，诸如应力引发的焊点开裂、助焊剂引发的绝缘性能下降等，聚焦板级互联的工艺失效，如焊点开裂、绝缘性能下降、腐蚀失效等。

电子组件焊接的内涵，归根结底就是一个“特”：不同的封装结构，工艺特性不同；不同的焊点结构，焊料的熔化顺序与流动过程也不同，等等。这些“特”决定了模板开口的图形形状与尺寸、焊膏量的大小及温度曲线形状设计，即每个封装的焊接工艺都是独特的。只有理解了这一点，才可称之为“入了门、摸到了边”。希望读者阅读本书时始终思考“特”这样一个内涵。

本书采用了 78 个典型案例来强化对工艺原理的理解。这些案例及实物图均具有工艺的典型性，对于理解工艺的原理有很大的帮助。这些案例是本书的“亮点”，也是本书的价值所在。

读完本书，希望读者能够了解以下五点：

（1）焊点的焊接与封装的焊接有很大的不同，封装的焊接必须考虑封装本身的结构、焊点的结构、焊点的微观形成过程——焊料的熔化顺序、流向与流动过程及封装的变形。

（2）SMT 的核心是工艺，工艺的核心是焊膏印刷，印刷工艺的核心是支撑和擦网（有人把支撑和擦网称为工艺中的工艺）。影响焊膏印刷的因素包括但不限于焊膏黏度与触变性、模板、PCB 的设计（布局与阻焊）、印刷参数、印刷支撑与擦网。

（3）SMT 焊接不良主要与焊膏用量有关，焊盘大小决定其相关性的大小（敏感度），与微焊盘、下锡性能相关联。

（4）焊点微观组织决定焊点机械性能，焊料合金的成分与工艺条件决定焊点的微观组织。对焊点可靠性而言，界面微观组织是主要的影响因素。对于高可靠性产品，需要关注界面金属间化合物形貌与尺寸（如连续层厚度、IMC 高宽比等）。

（5）工艺技术是一门工程技术，往往先有实践后有理论，因此在解决实际生产中的疑难工艺问题时，如果无从下手，“试”是一个比较有效的方法——换元件、换焊膏、调参数，通过“试”，往往能够找到解决问题的方向或思路。必须意识到，业界仍然有很多的工艺疑难问题，虽机理不是很清楚，但不妨碍我们解决这些问题。只要了解这些问题发生的场景，就可以避免再次发生同样的问题。

本书部分机理性解析基于本人的工程实践，不当之处敬请批评指正，反馈邮箱：1079585920@qq.com。

李宁成博士是一位在 SMT 业界享有很高声望的顶级专家，对电子焊接技术有非常系统、全面和深入的研究，对 SMT 的发展有诸多贡献，参与和主导了多份 IPC 标准的编制。他在百忙之中审阅了本书的原稿，并提出了很好的建议，同时为本书题写了序言，在此深表感谢。还需要

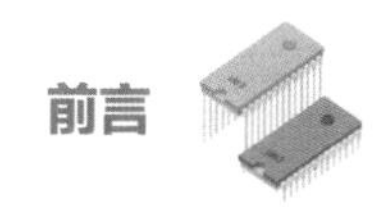

说明的是，本书焊膏和再流焊接与常见不良两章，部分参考了李宁成博士所著《再流焊接工艺及缺陷诊断》一书有关内容，再次表示感谢。

我的同事——中兴通讯工艺专家邱华盛、王玉、孙磊，阅读了本书初稿并提出了很多宝贵的建议，在此深表感谢！

贾忠中

2023 年 7 月于深圳

第一部分　工艺基础

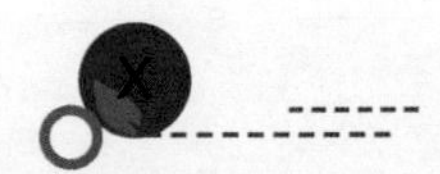

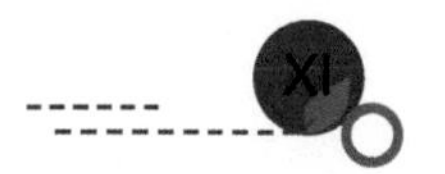

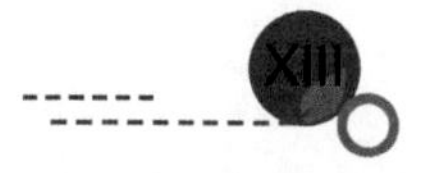

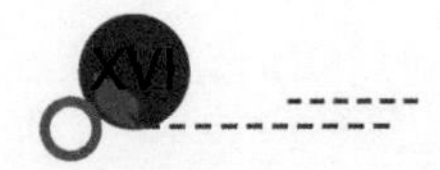

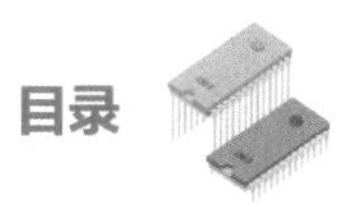

第一部分

工艺基础

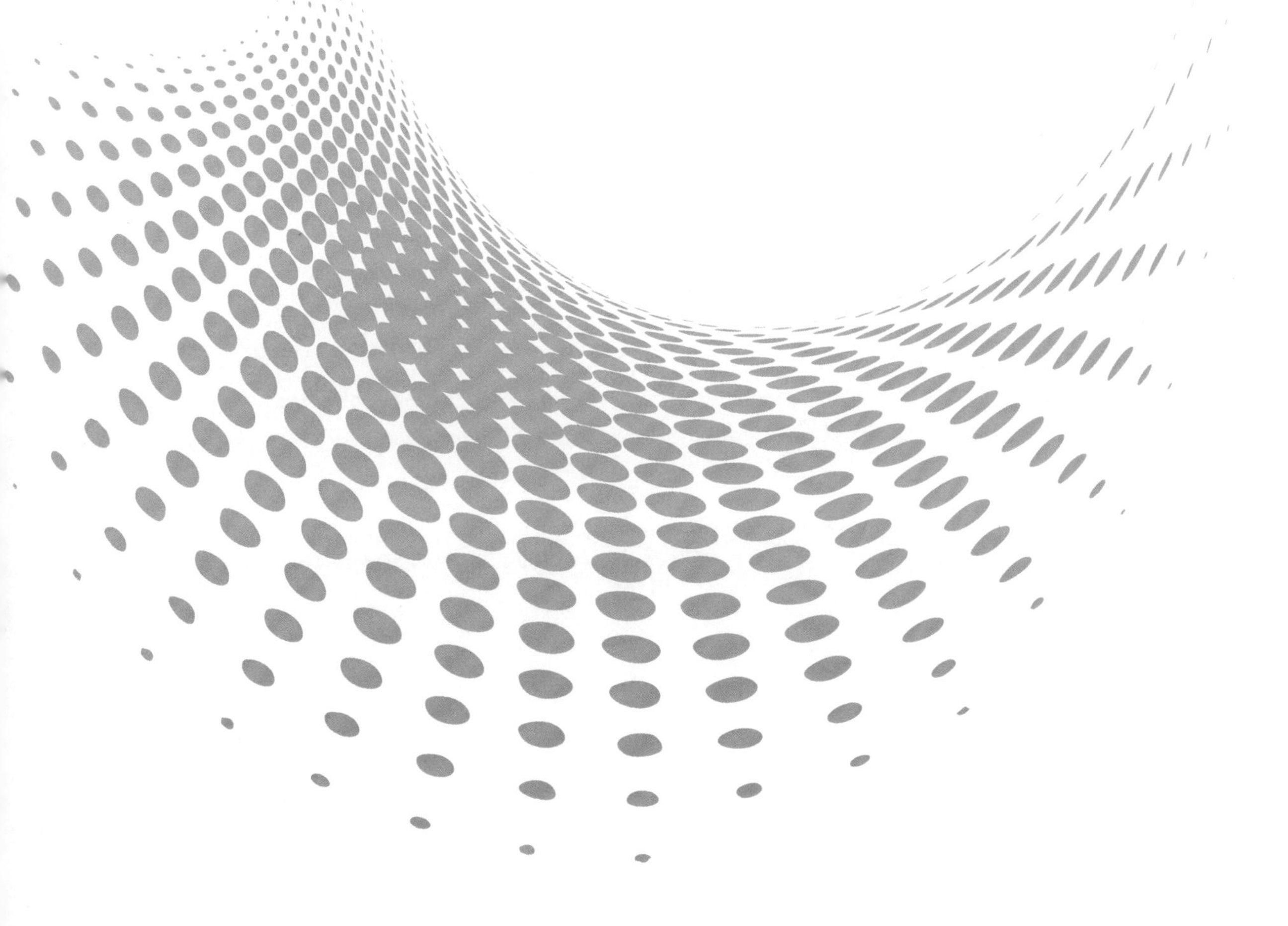

概　述

1.1　电子组装技术的发展

小型化、多功能化一直是电子元器件封装技术发展的目标。随着电子元器件封装技术的发展，电子组装技术也经历了手工焊接、浸焊、波峰焊接、表面组装 4 个发展阶段，如表 1-1 所示。

表 1-1　电子组装技术的发展历史

年　代	20 世纪 60 年代以前	20 世纪 60 年代	20 世纪 70 年代	20 世纪 80 年代	20 世纪 90 年代及以后
代表产品	电子管收音机	黑白电视机	彩色电视机	录像机 数码照相机	计算机与通信设备 手机
代表性封装	电子管	晶体管	双列直插封装	PLCC/QFP 等周边引出端封装	BGA/QFN 等底部引出端封装
元件	带引线的大型元件	轴向引线小型化元件	插装元件	0603、0805	01005、0201、0402
组装技术	扎线、配线 手工焊接	半自动插装 浸焊	自动插件 波峰焊接	表面组装、无铅工艺 再流焊接	

表面组装技术源自美国通信卫星使用的短引线扁平安装技术，但是其快速的发展与成熟却是在彩色电视机调谐器大规模制造的需求驱动下实现的。随着表面组装生产线技术的成熟，它反过来又带动了元器件封装技术的表面组装化发展，到 20 世纪 90 年代初，基本上可以采购到所需的各类表面组装封装形式的电子元器件。

表面组装技术之所以快速发展，是因为相比于插装技术，它有四大突出优势：

（1）组装密度高。这是最主要的优势，它使电子产品小型化、多功能化成为可能，可以说没有它就没有今天的智能手机。

（2）可靠性高。

（3）高频性能好。

（4）适应自动化。表面组装元器件与插装元器件相比更适合自动化组装，不仅提高了生产效率，而且提高了焊点质量。

在移动便携设备更小、更多功能、更长待机时间的需求驱动下，表面组装技术正向着微组装技术快速发展。今后，表面组装技术将与元器件的封装技术进一步融合，迈向所谓的后 SMT 时代（Post-SMT）。

1.2 表面组装技术

表面组装技术也称为表面贴装技术、表面安装技术，指将表面组装元器件（也称表面贴装元器件、表面安装元器件）安装到印制电路板（PCB）上的技术。其英文名称为 Surface Mount Technology，简称 SMT。

从严格意义上来讲，表面组装技术主要包括工艺技术、工艺设备、工艺材料及检测技术，如图 1-1 所示。

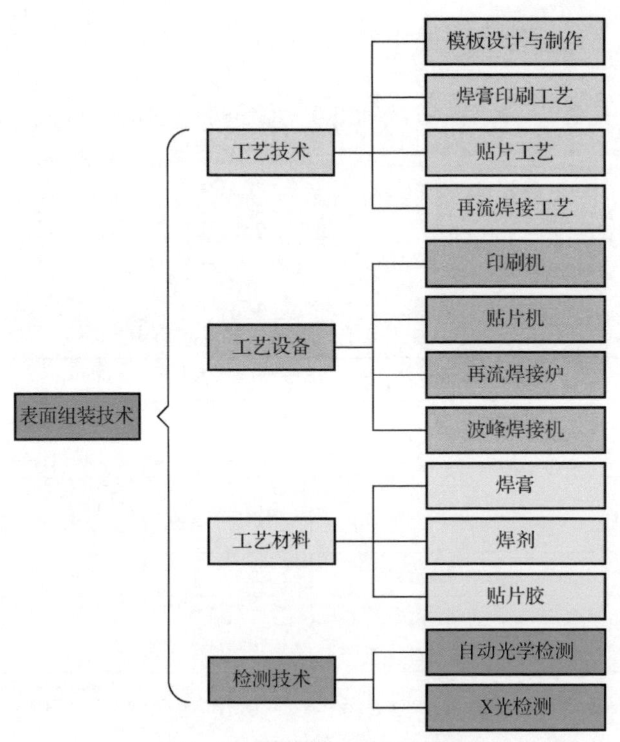

图 1-1　表面组装技术的组成

有时也把表面组装元器件封装技术和表面组装印制电路板技术作为表面组装技术的一部分，这样有利于系统地考虑问题，优化工艺条件。事实上，元器件封装技术和表面组装印制电路板技术与表面组装技术互为基础、互相促进、联动发展。

1.2.1 元器件封装形式的发展

表面组装元器件主要包括三大类别，即无源元器件、有源元器件和机电元器件。无源元器件主要为片式电阻、片式电容；有源元器件主要为各种半导体器件；机电元器件主要为各种形式的接插件。

封装形式，简单讲就是元器件包封的外形结构，包括包封的尺寸、引出端布局与形式，如 Chip 类（也称片式元件）、PLCC、SOP、QFP、BGA、QFN、LGA 及 PoP 等。我们经常听到 SIP 等概念，这里必须提醒，从板级组装的角度看，SIP 不是一种新的封装形式，它是一种系统级的封装，外观不外乎前面提到的这些封装形式，但内部可能包含多个芯片甚至无源元器件，采用的连接技术包括表面组装、倒装焊、金丝球焊等。

1．片式元件封装的发展趋势

片式元件封装的发展方向主要是小型化，如图 1-2 所示，比如在推出 01005 后又推出了公制的 03015。

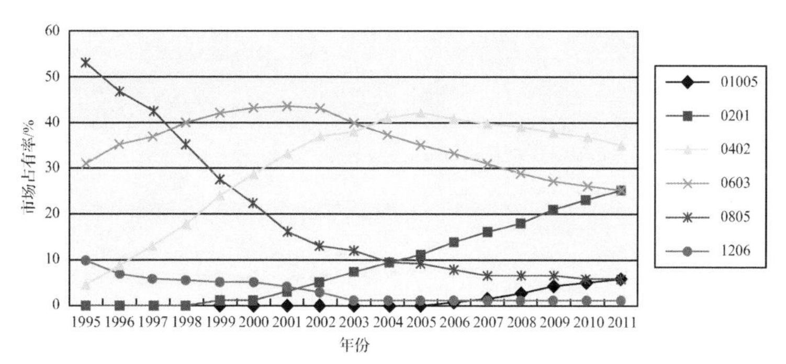

图 1-2 片式元件封装的发展趋势

目前供应量最大的是 0603、0402、0201。在 2017 年的日本电子展上，公制的 03015（0.30mm×0.15mm）应用技术（包括焊膏、贴片）都已经成熟。

2．半导体器件封装的发展趋势

半导体器件封装朝着高性能、多功能、小型化、低成本、高可靠性方向发展，如图 1-3 所示。从单芯片到多芯片、从周边引出端到底部引出端，从而实现了多功能、高密度的封装。

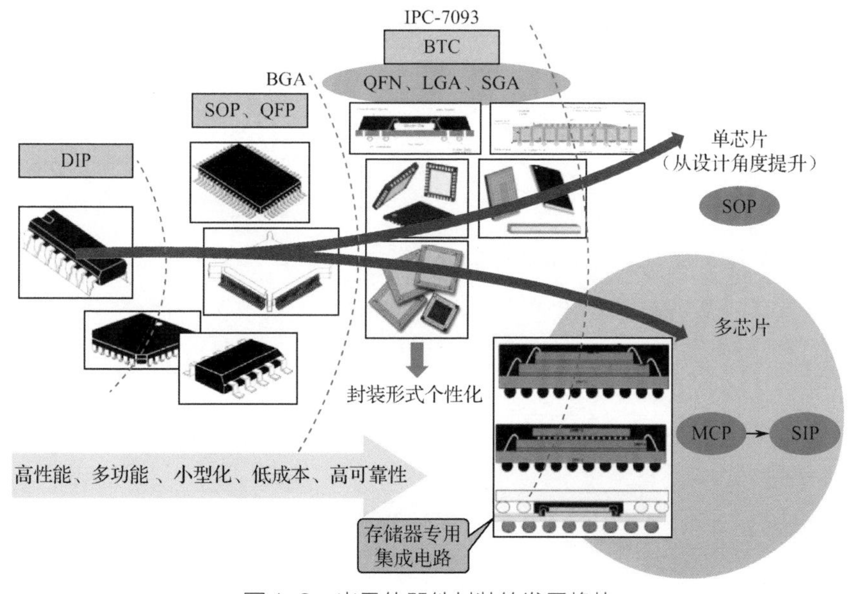

图 1-3 半导体器件封装的发展趋势

1.2.2 印制电路板技术的发展

印制电路板技术主要是在手机小型化、多功能化的驱动下发展的。其发展方向是：

- 更细的线路；
- 更小的孔；
- 更高的互联密度。

代表性的技术就是高密度互联（HDI）技术，手机板 40%以上采用了全积层的 HDI 技术（也称任意层微盲孔技术），如图 1-4 所示。另外，印制电路板技术进一步融合了产品技术，如

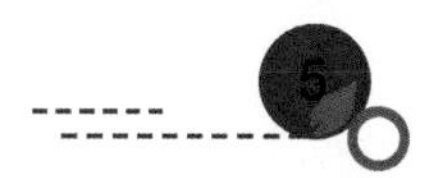

埋铜/嵌铜、埋置元件等，这些技术在通信产品上有比较多的应用，如图 1-5 和图 1-6 所示。这类印制电路板可以归类为特殊类别的印制电路板。

图 1-4　采用 HDI 技术的印制电路板

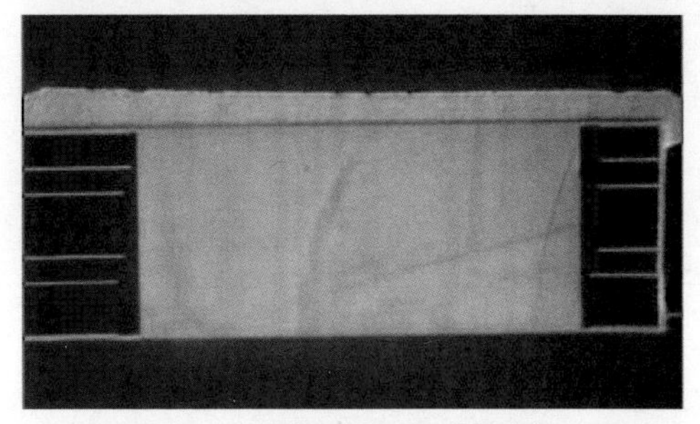

图 1-5　嵌铜/埋铜印制电路板

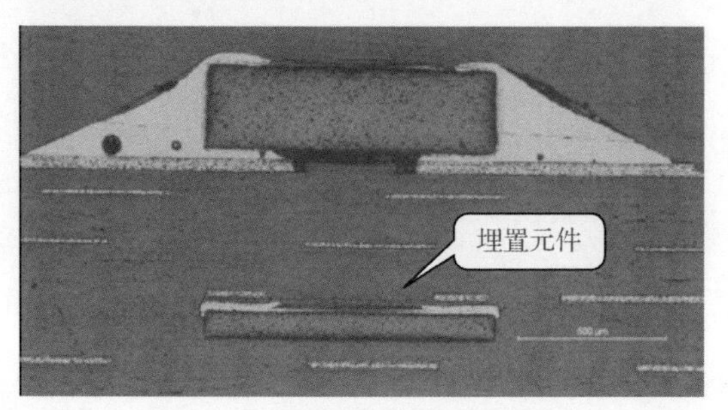

图 1-6　埋置元件印制电路板

1.2.3　表面组装技术的发展

表面组装技术的发展方向：一个是无铅化，另一个是高密度组装。

1．无铅化带来的变化

（1）焊接温度提高。焊接温度提高使得焊接温度的工艺窗口减小，由有铅焊接工艺的 50℃降低到 15℃，如图 1-7 所示。除此之外，温度的提高，对焊膏的设计、元器件的湿度/敏感度控制、加热时的变形都有影响。

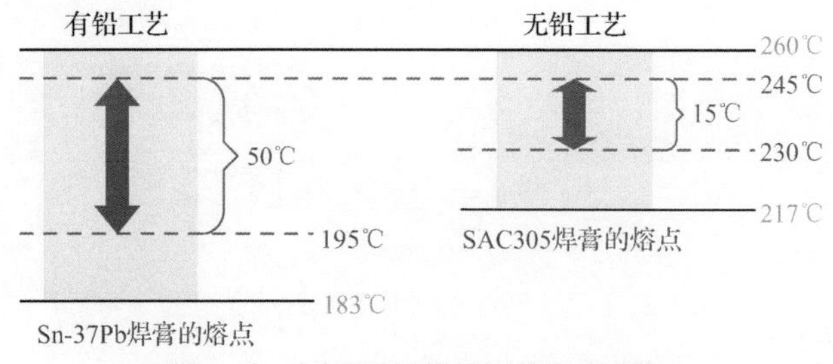

图 1-7　有铅/无铅焊接温度工艺窗口

（2）焊料与 PCB 焊盘和元件电极（包括引脚和焊端的形式，以下提到电极时即指引脚或焊端）的表面处理多元化，出现了兼容性的问题。有铅工艺时代，PCB 焊盘的表面处理绝大部分是 Sn-37Pb[①]，而在无铅工艺条件下，仅 PCB 使用的表面处理就有 ENIG、OSP、Im-Ag 和 Im-Sn，元器件电极使用的镀层种类更多。这就有一个兼容性的问题，包括工艺的兼容性（如 BGA 焊

① Sn-37Pb 也可表示为 Sn63Pb37，业界两种方式都很常用。

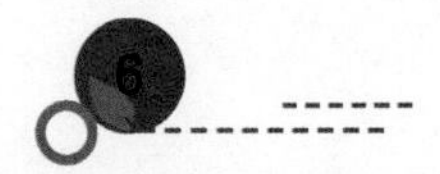

球熔化与不熔化）、镀层的兼容性（如使用 Sn-Bi 合金焊料时，元器件电极表面镀层中不能使用含 Pb 的成分）。

（3）焊点的可靠性，缺乏可信的寿命数据。不同的机构所做的研究，其结果也是大相径庭，在很大程度上与封装对象、试验条件挂钩，可能没有一个简单的结论，要看具体的应用。这一点使得问题复杂化，打击了高可靠性产品的应用信心，像通信网络设备、军用电子设备、医疗与汽车电子产品等，人们对使用无铅工艺心存疑虑。

2．高密度组装的特征

（1）元器件的引脚或焊端中心距越来越小。其本质就是焊盘尺寸越来越小，我们把这种微小焊盘的焊接称为“微焊盘”组装（以区别于以金丝球焊、倒装焊技术为代表的微组装）。小尺寸的焊盘，意味着模板开口尺寸变小，要求更薄的模板，印刷更少的焊膏量及提供更少的助焊剂总量，元器件封装更薄及更大的热变形。所有这些改变都会带来更多的焊接不良问题。

（2）“混装”程度越来越高。这里提到的混装，主要指不同大小共面度元器件的混合安装，它们对焊膏的印刷厚度要求不同，这样会给模板的设计、组装密度带来影响。

“微焊盘”及高密度“混装”，使得焊膏印刷成为难点，这是组装工艺目前乃至今后需要面对的主要挑战。

1.3 表面组装基本工艺流程

表面组装印制电路板组件（Print Circuit Board Assembly，PCBA）的焊接，主要有再流焊接和波峰焊接两种工艺，它们构成了 SMT 组装的基本工艺流程。

1.3.1 再流焊接工艺流程

再流焊接指通过熔化预先印刷在 PCB 焊盘上的焊膏，实现表面组装元器件焊端或引脚与 PCB 焊盘之间机械和电气连接的一种软钎焊工艺。

1．工艺特点

（1）焊料（以焊膏形式）的施加与加热分开进行，焊料的多少可控。

（2）焊膏一般通过印刷的方式分配，每个焊接面只采用一张模板进行焊膏印刷。

（3）再流焊炉的主要功能就是对焊膏进行加热。它对置于炉内的 PCBA 进行整体加热，在进行第二次焊接时，第一次焊接好的焊点会重新熔化。

2．工艺流程

再流焊接工艺流程为：印刷焊膏—贴片—再流焊接，如图 1-8 所示。

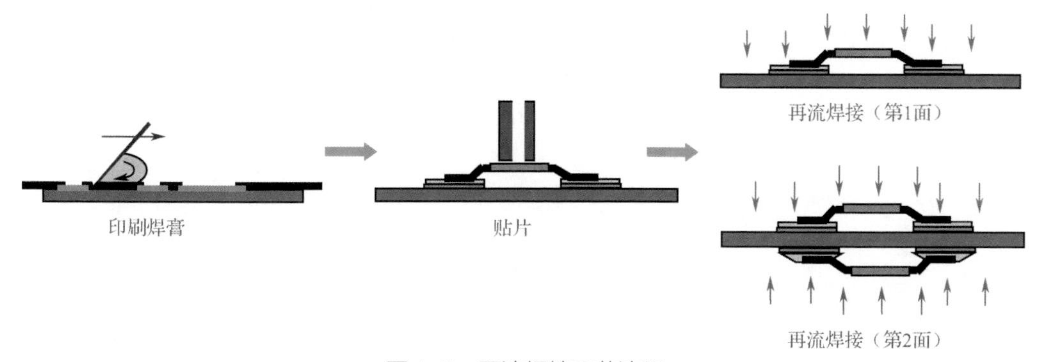

图 1-8 再流焊接工艺流程

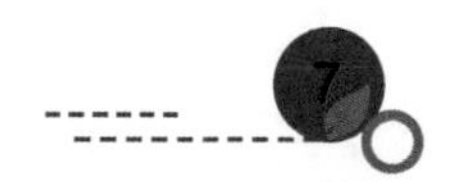

1.3.2 波峰焊接工艺流程

波峰焊接指将熔化的软钎焊料（含锡的焊料），经过机械泵或电磁泵喷流成焊料波峰，使预先装有元器件的 PCB 通过焊料波峰，实现元器件焊端或引脚与 PCB 插孔/焊盘之间机械和电气连接的一种软钎焊接工艺。

1．工艺特点

（1）对 PCB 同时施加焊料与热量。

（2）热量的施加主要通过熔化的焊料传导，施加到 PCB 上的热量大小主要取决于熔融焊料的温度和熔融焊料与 PCB 的接触时间（焊接时间）。

（3）焊点的大小、填充性主要取决于焊盘的设计、孔与引线的安装间隙、孔壁与内层铜箔的连接。换句话说，就是波峰焊接焊点的大小与填充性主要取决于设计。

（4）焊接表面贴装器件存在“遮蔽效应”，容易发生漏焊现象。所谓“遮蔽效应”，指片式表面贴装器件的封装体阻碍焊料波接触到焊盘/焊端的现象。

2．工艺流程

波峰焊接工艺流程为：点胶—贴片—固化—波峰焊接，如图 1-9 所示。

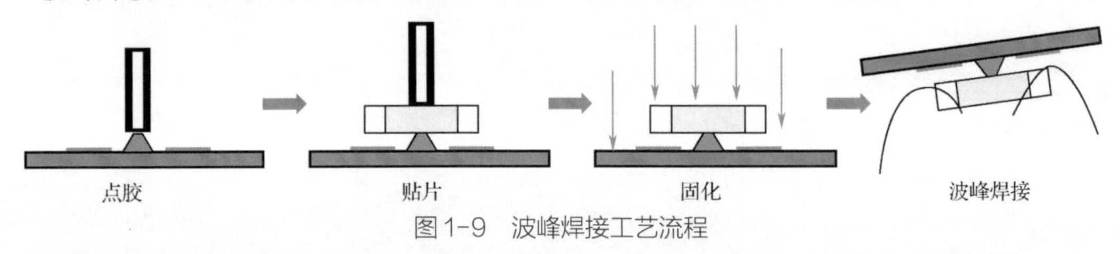

图 1-9　波峰焊接工艺流程

1.4 表面组装方式与工艺路径

表面组装方式指印制电路板组件（PCBA）上电子元器件在 PCB 两面的布局结构，它决定了 PCBA 组装时的工艺路径。

由于表面组装元器件与通孔插装元器件采用的焊接工艺不同，同时，PCBA 在再流焊接时底面元器件的焊点也会熔化，加上重力的作用，焊点少又相对较重的元器件是不能布局在 PCBA 底面的。由于这些原因，PCBA 两面的元器件布局不是任意的，必须遵守一定的规则，这就形成了特定的组装方式。

为了定义安装方式，首先定义 PCBA 的两面。在 IPC-SM-782 中对 PCBA 的两面进行了定义。通常，把安装元器件、封装类别比较多的面称为主装配面（Primary Side）；相反，把安装元器件、封装类别比较少的面称为辅装配面（Secondary Side），如图 1-10 所示。因为它们分别对应 EDA 叠板顺序所定义的 Top 面和 Bottom 面，所以也把它们简称为 T 面和 B 面。

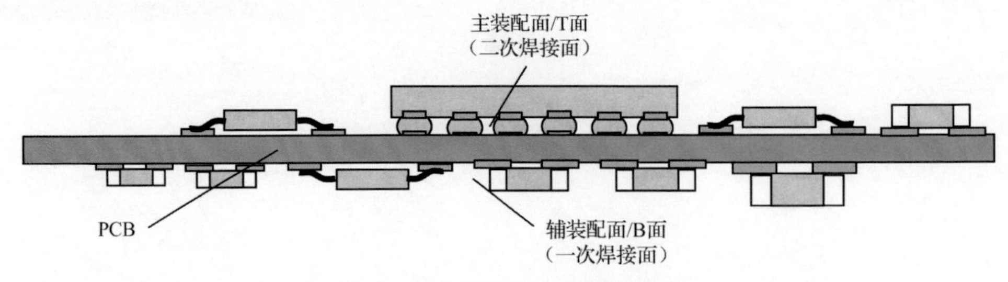

图 1-10　PCBA 安装面的定义

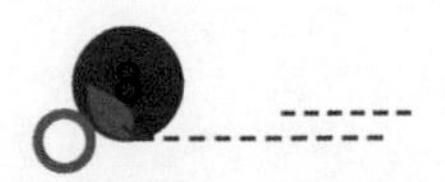

由于通常先焊接 B 面再焊接 T 面，因此，有时我们也将 B 面称为一次焊接面，将 T 面称为二次焊接面。

根据元器件在 PCB 两面的布局结构，基本可以归为全表面组装和混合安装两大类，进而还可以细分为五小类，分别对应不同的工艺路径。它们是：

（1）单面全表面贴装方式。

（2）双面全表面贴装方式。

（3）T 面混装 B 面表面贴装（Ⅰ）——T 面较多插装元器件，B 面仅有可波峰焊接贴装元器件。

（4）T 面混装 B 面表面贴装（Ⅱ）——T 面较多插装元器件，B 面较多表面贴装元器件。

（5）T 面混装 B 面表面贴装（Ⅲ）——T 面较少插装元器件，B 面较多表面贴装元器件。

通常情况下，PCBA 的设计首先要根据元器件的数量和种类确定合适的组装方式，也就是确定工艺路径；然后，再根据板面的组装工艺确定元器件的布局要求——位向、间距等。

组装方式与对应工艺路径如表 1-2 所示。

表 1-2 组装方式与对应工艺路径

序号	组 装 方 式	组装方式示意图	推荐工艺路径
1	单面全表面贴装方式		① T：SMT
2	双面全表面贴装方式		① B：SMT ② T：SM
3	T 面混装 B 面表面贴装（Ⅰ）		① T：SMT ② B：点红胶/贴片/固化 ③ T：插件 ④ B：波峰焊接
4	T 面混装 B 面表面贴装（Ⅱ）		① B：SMT ② T：SMT ③ T：插件 ④ B：掩模选择焊
5	T 面混装 B 面表面贴装（Ⅲ）		① B：SMT ② T：SMT ③ T：插件 ④ B：手焊或喷嘴选择焊

1.5 表面组装技术的核心与关键点

SMT 工艺工作的目标是制造合格的焊点，要获得良好的焊点，有赖于合适的焊盘设计、合适的焊膏量、合适的再流焊接温度曲线，这些都是工艺条件。使用同样的设备，有些厂家焊接的直通率比较高，有些则比较低，差别在于工艺不同，它体现在“科学化、精细化、规范化”上。比如，使用的焊膏、模板的厚度与开口设计、印刷支撑与参数调整、贴片程序设定、温度曲线设置，以及进炉间隔、装配时的工装配备情况等，这些往往需要企业用很长的时间探索、积累并规范化。而这些经过验证并固化的工艺方法、技术文件、工装设计就是“工艺”，它是

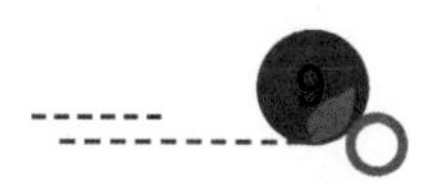

SMT 的核心。

按照业务划分，SMT 工艺流程一般可分为工艺设计、工艺试制和工艺控制，如图 1-11 所示。其核心目标是通过合适焊膏量的设计与一致的印刷沉积，减少开焊、桥连、少印和移位的问题，从而获得预期的焊点质量。

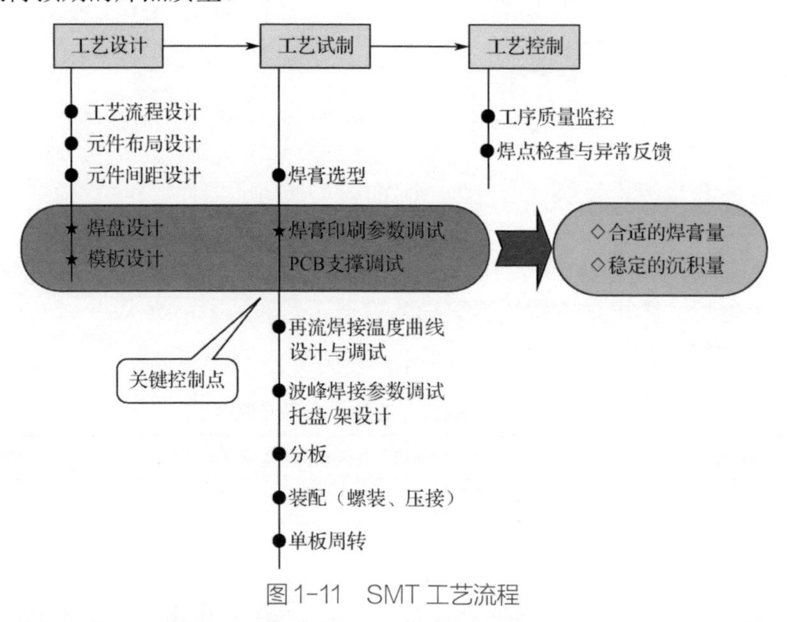

图 1-11　SMT 工艺流程

在每项业务中都有一组工艺控制点，其中焊盘设计、模板设计、焊膏印刷与 PCB 的支撑，是工艺控制的关键点。

随着元器件焊盘及间隔尺寸的不断缩小，模板开口的面积以及印刷时模板与 PCB 的间隙越来越重要。前者关系到焊膏的转移率，而后者关系到焊膏印刷量的一致性及印刷的良率。

为了获得 75%以上的焊膏转移率，根据经验，一般要求模板开口与侧壁的面积比大于等于 0.66；要获得符合设计预期的、稳定的焊膏量，印刷时模板与 PCB 的间隙应越小越好。要实现面积比大于等于 0.66，不是一项困难的工作，但是要消除模板与 PCB 的间隙却是一项非常困难的工作。这是因为模板与 PCB 的间隙与 PCB 的设计、PCB 的翘曲、印刷时 PCB 的支撑等很多因素有关，有时受制于产品设计和使用的设备是不可控的，而这恰恰是精细间距元器件组装的关键。像 0.4mm 引脚间距的 CSP、多排引脚 QFN、LGA、SGA 的焊接不良几乎都与此有关。因此，在先进的专业代工厂，发明了很多非常有效的 PCB 支撑工装，用于矫正 PCB 的桥曲，保证零间隙印刷。

1.6　表面组装元器件的焊接

电子组装采用的是软钎焊技术，软钎焊原理讨论的是焊点的合金熔化与再结晶、焊接界面的反应（润湿、扩散和合金化）课题，即冶金原理，与之有关的焊接不良包括冷焊、不润湿、半润湿、渗析、过量的金属间化合物；而元器件的焊接讨论的是元器件封装级别多个焊点的焊接课题，焊接不良多与焊点形态有关，包括立碑、偏移、芯吸、桥接、空洞、开路、锡球、锡珠、飞溅物等。两者讨论的对象不同，工艺原理也不同。

单个焊点的形成，已经从被焊接镀层、助焊剂方面得到了足够的保障，我们了解焊接原理主要是“知其然”，以便制定这些材料的评价方法与标准，帮助我们分析焊接遇到的润

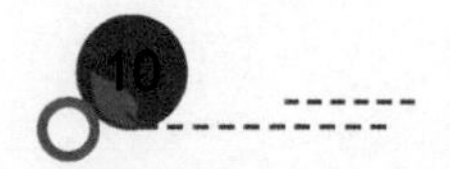

湿、芯吸和渗析等问题，了解提升可靠性的方法。如果仅焊接只有一个引脚的元器件，焊接不会有太多的问题，但是，对于多引脚、热变形的表面贴装元器件而言，焊接就会有很多的问题。事实上，我们遇到的绝大部分焊接不良都是元器件级别的，如桥连、开焊、移位、立碑等。

元器件级别的焊接，很大程度上取决于元器件的封装结构（如电极间距、电极布局、封装厚度）、对湿度的敏感性、焊盘设计和焊膏分配。元器件的焊接属于多点并受封装热变形影响的焊接。由于每类封装的结构不同，因而形成了各自独有的工艺特性，也导致了生产中出现的焊接不良现象不同，如片式元器件的主要问题是立碑和移位，BGA（Ball Grid Array，焊球阵列封装）焊接的主要问题是球窝和开焊，QFP（Plastic Quad Flat Package，方形扁平式封装）焊接的主要问题是桥连和开焊，QFN（Quad Flat No-lead Package，方形扁平无引脚封装）焊接的主要问题是桥连、虚焊和空洞等。掌握各类封装的工艺特点，是工艺设计、工艺优化的基础。下面举两个例子予以说明。

No 案例 1 QFN 的桥连

QFN 焊接时，操作板中间有一个大的散热/接地焊盘，为了减少散热焊盘焊缝中的空洞尺寸和数量，往往采用格栅状焊膏印刷图形。这样，散热焊盘上焊膏的覆盖率就会低于 100%，多数情况下只有 30%～50%。这意味着 QFN 底部焊料熔化后会向下塌落（焊缝高度取决于散热焊盘，因为其面积远大于周边焊盘的面积总和），如图 1-12 所示。这会引起周边焊点熔融焊料的压挤效应，结果就可能导致周边相邻焊点的桥连，特别是双排 QFN 内圈的焊点，这就是 QFN 桥连产生的机理。

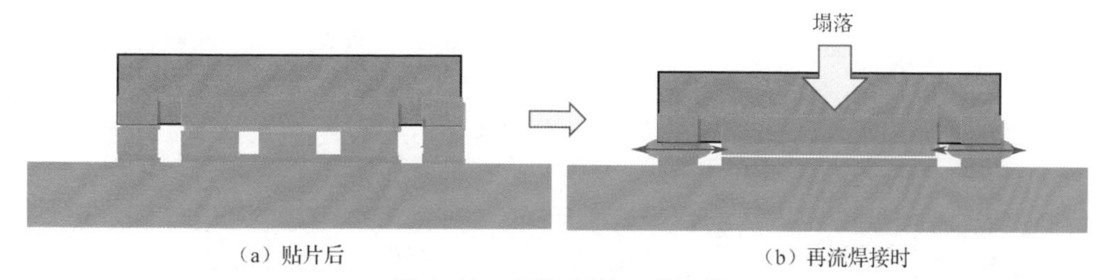

图 1-12 QFN 焊接工艺原理

No 案例 2 BGA 的球窝与开焊

BGA，特别是 F-BGA，由于尺寸大，以及层结构，在再流焊接的焊接加热阶段，会发生由“哭脸”向“笑脸”的翘曲变形，如图 1-13 所示。这将引发 BGA 焊球与焊膏的分离——产生间隙，最终导致球窝或开焊现象。从图 1-13 中可以看到，BGA 在室温时中心上弓（所谓的“哭脸”），随着温度升高逐渐变平。温度一旦超过封装铸塑时的温度（通常在 150℃左右），BGA 四角开始上翘（所谓的“笑脸”），角部、边上的焊球逐渐与 PCB 拉开距离，这是导致焊接出现球窝、开焊等不良现象的常见原因。在此阶段，焊球与焊膏分离，助焊剂无法去除分离的焊球表面的氧化物，而焊剂随着时间的延长也逐渐失去活性（反应消耗、挥发与分解）。随着温度的进一步升高，焊膏熔化，BGA 塌落。这时即使熔融焊球与焊料接触，也会因焊球表面较厚的氧化层而不能很好地融合在一起，最终导致球窝缺陷。BGA 焊接的这个例子，很好地诠释了焊点形成与封装焊接的不同。

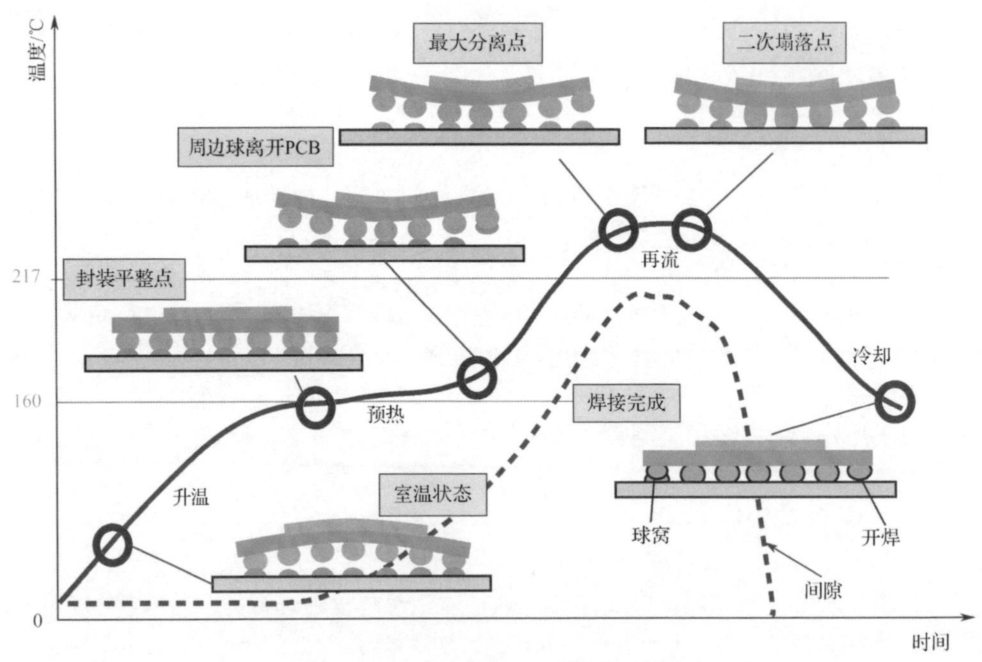

图 1-13　BGA 焊接过程的热变形情况

1.7　表面组装技术知识体系

表面组装技术的核心目的就是实现表面组装元器件与 PCB 的可靠连接，简单讲就是焊接。什么样的焊点是符合要求的？要获得良好的焊点需要什么样的工艺条件？什么样的设计与工艺条件可以获得高的直通率？这些都是表面组装技术要研究的内容。要弄明白这些问题，必须了解和掌握完整的电子制造工艺知识，包括钎焊原理、SMT 工艺原理及焊点失效分析技术。

焊接是表面组装的核心，了解钎焊的原理对于理解和优化焊接的工艺条件很重要。与之有关的基本概念包括表面张力、润湿、扩散、金属间化合物、可焊性等。

焊点的可靠性取决于焊点的界面金属间化合物的厚度、形貌及合金的金相组织，而金相组织取决于焊料合金的成分与工艺条件。学习钎焊原理，就是要了解焊点的微观组织的形成过程与条件，了解合金的成分对焊点组织的作用，帮助我们优化焊点的机械性能、抗疲劳性能，选用合适的焊料合金。我们必须清楚，焊点的疲劳失效除了与应力环境、CTE（热膨胀系数）的匹配性有关，还与焊点的微观组织有关，这是我们选择学习钎焊原理的原因。很多专业书籍不厌其烦地介绍焊点的微观组织，就是希望读者了解焊点的微观组织与性能的关系，能够进行焊点的失效分析。

SMT 工艺，简单讲就是焊膏印刷、贴片、再流焊接 3 个工序。实际上与之有关的工艺控制点多达四五十项，包括元器件来料检验、储存、配送，PCB 的来料检验、储存、配送，车间的温/湿度管理、防静电管理，焊膏/焊剂的性能评估、储存和使用，模板的设计与检验，焊膏印刷参数的设置与支撑，贴片，再流焊接温度测试与设置，在线检查等，是非常复杂、系统化的工程技术。这些工艺控制点通常细化到岗位，目标、做法和要求都非常具体，在工厂以作业指导书的形式编制。这是企业制造技术的核心资产与技术要点，体现了企业的工艺技术水准与管理水平。学习 SMT 工艺原理，就是为了不断优化这些作业指导书，使之“简明、科学、高效”。

虽然制造工程师不一定要具备操作各种失效分析仪器的能力，但必须了解主要的分析手段、原理及用途，能够明白分析的要求并看懂分析的结果。因此，学习一点失效分析技术对工艺工程师来说很有必要。

图 1-14 列出了 SMT 知识体系，目的是希望读者清楚 SMT 的知识范围，了解哪些知识需要掌握，做到“应知应会”，成为电子制造方面训练有素的工程师。

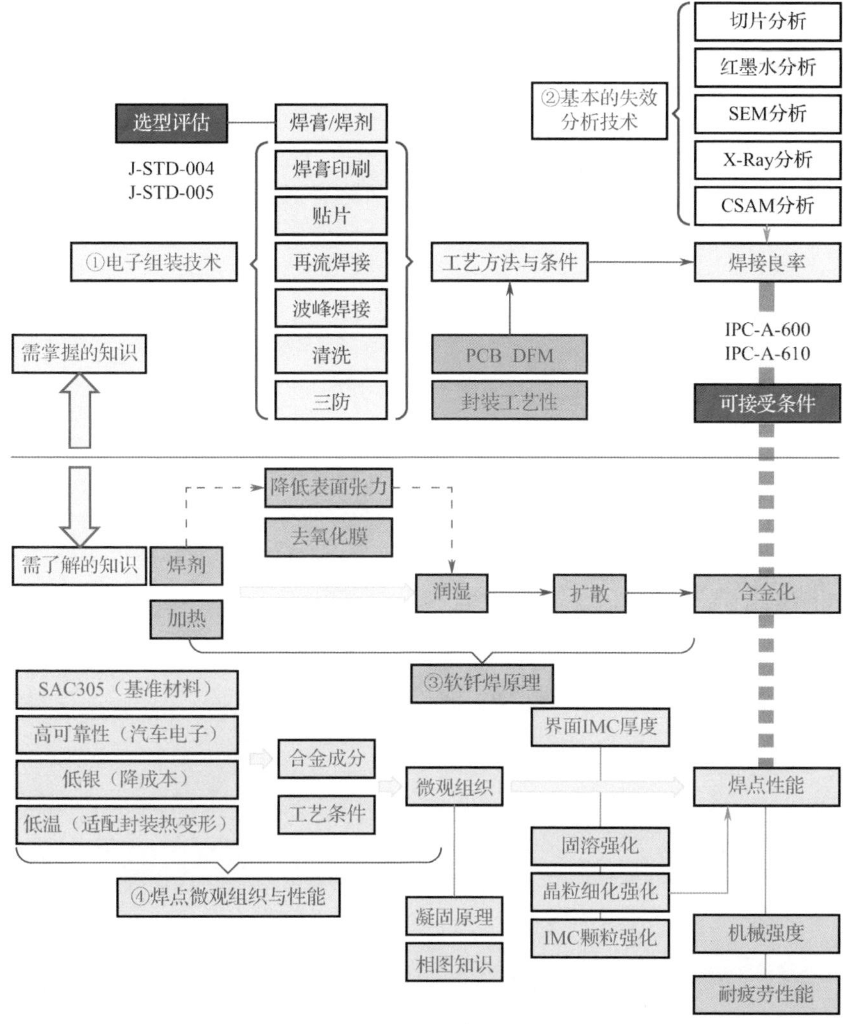

图 1-14 SMT 知识体系

焊接基础

2.1 软钎焊工艺

电子组装焊接采用的是软钎焊工艺，是用熔融的填充金属（焊料）使接合点表面润湿且在两个金属部件之间形成冶金的键合。在钎焊工艺中，把焊料熔点低于450℃的归为软钎焊，高于450℃的归为硬钎焊。软钎焊是电子制造最主要的连接技术，包括现代电子工业的1级（IC封装）和2级（电子元器件组装到印制电路板上）封装工艺。

钎焊工艺不同于熔焊工艺。熔焊工艺是通过加热、施加压力，或者两者都有，把被焊接材料融合在一起。熔焊时可以使用也可以不使用填充材料，将熔焊部位几种母体金属在塑性状态或液态时熔合在一起。与之相反，钎焊只有在填充材料，即焊锡的帮助下才能完成。液态的焊锡注入两个母体金属之间，这两个母体金属本身都没有熔融，形成连接是润湿/扩散的结果。钎焊与熔焊的区别如图2-1所示。

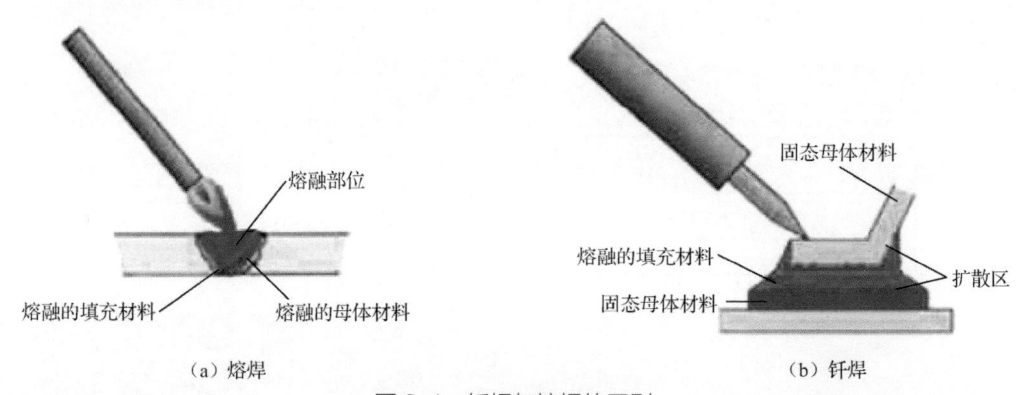

图2-1 钎焊与熔焊的区别

2.2 焊点与焊锡材料

焊点与焊锡材料是有区别的。焊点和焊锡材料的微观结构分别由各自的组成元素决定，但是在形成焊点的界面时，PCB焊盘和元器件引脚或焊端中的元素会自然地进入焊点中，影响焊点的微观结构——镍基焊盘界面上的Sn-37Pb焊点的微观结构与铜基焊盘界面焊点上的微观结构是不一样的。从应用和可靠性的角度看，必须考虑焊点的微观结构，而焊点包括焊锡部分（焊料部分）、焊锡与元器件引脚或焊端的界面、焊锡与PCB焊盘的界面三部分，如图2-2所示。

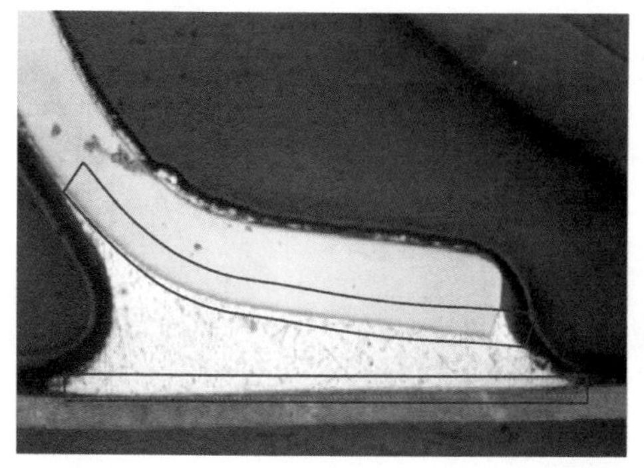

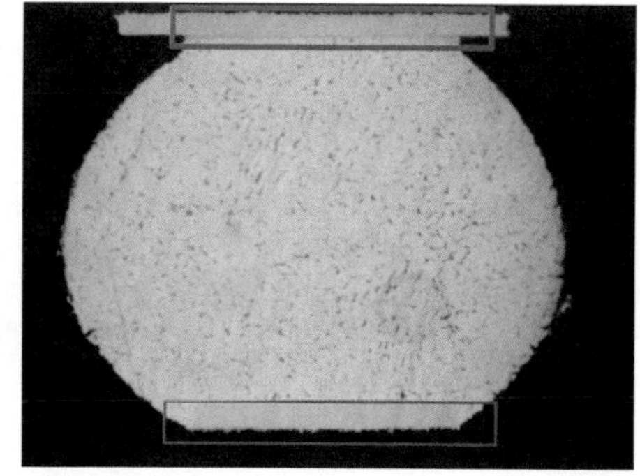

图 2-2　焊点

2.3　焊点形成过程及影响因素

电子产品的焊接是通过加热和助焊剂的应用，将助焊剂活化，去除被焊接表面的氧化膜，使焊料液化并完成润湿与扩散过程，形成焊点。具体讲，焊点的形成包括以下两个过程：

（1）焊料的熔化与再结晶。

（2）焊料在基底金属（如 Cu）表面的润湿、基底金属的溶解与扩散、界面反应并形成金属间化合物（IMC），如图 2-3 所示。通常所讲的焊接工艺原理主要指这个过程。

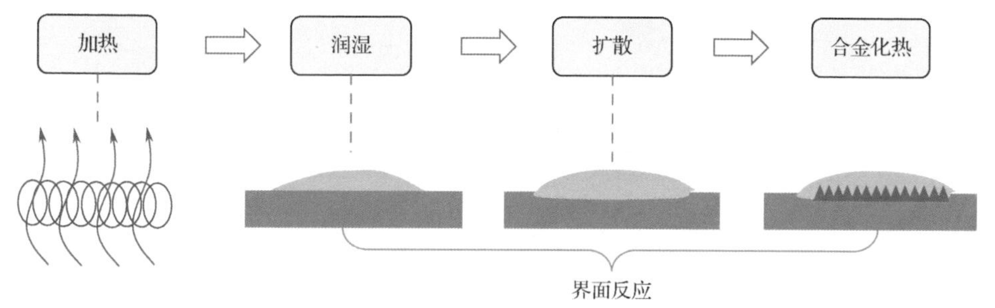

图 2-3　焊点的形成过程

焊点的形成涉及被焊接金属（及其可焊性）、焊料合金、助焊剂和加热等四方面，通常将其称为影响焊接的四大因素，它们之间的关系与相互作用如图 2-4 所示。

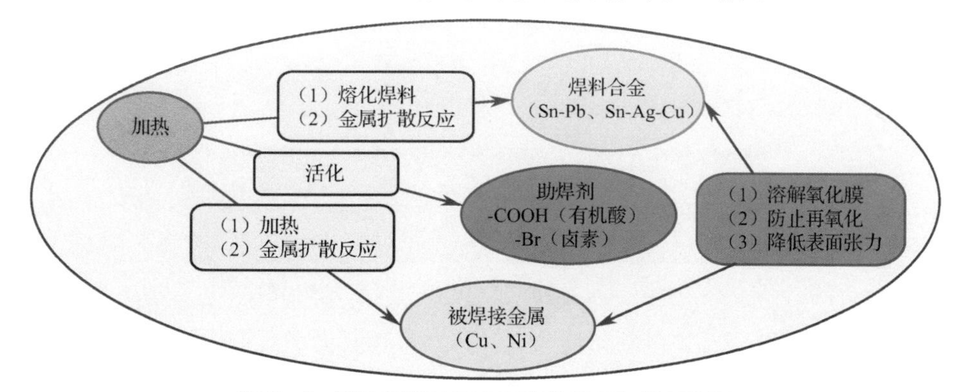

图 2-4　影响焊接的四大因素的关系与相互作用

加热使助焊剂活化、焊料润湿被焊接金属表面，形成焊点。不管是再流焊接、波峰焊接，还是烙铁焊接，加热都是最重要的工艺条件，它必须满足以下两个相互矛盾的要求：

（1）焊接表面必须足够热，以便使焊料润湿。

（2）被焊接元件不能热到使它们损坏的温度。

助焊剂具有清除被焊接表面氧化物和防止被焊接金属表面再次氧化的两个重要功能。它是熔融焊料能够润湿被焊接表面的主要原因，也是影响焊点形状的重要因素。在实际焊接过程中，发生不润湿、弱润湿、不熔锡等现象，除了与被焊接表面本身的可焊性不良有关，还与助焊剂的去氧化和防止再氧化能力有关。

2.4 润湿

润湿，在 IPC-T-50 中的定义是“焊料在金属基底上形成相对均匀、光滑、连续的附着膜”，表示液态焊料和被焊接零部件（PCB 焊盘和元器件电极）表面发生了特殊的相互作用，它是实现焊接的基本条件。当把一片固态金属浸入液态焊料槽时，金属片和液态焊料之间就产生了接触，但这并未自动润湿，因为有可能存在着阻挡层。图 2-5 所示为铜片润湿试验，铜片是否被焊料润湿，只有把铜片从焊料槽中抽出来才能观察到。

（a）铜片插入部分被润湿

（b）铜片插入部分无润湿

图 2-5　铜片润湿试验

润湿只有发生在焊料能够和固态金属表面紧密接触时，才能保证足够的吸引力。如果被焊接金属表面上附着有任何污物，如氧化层，都会妨碍润湿，如图 2-6 所示。在被污染的表面上，一滴焊料的表现与沾了油脂的平板上一滴孤立水滴的表现是一样的。

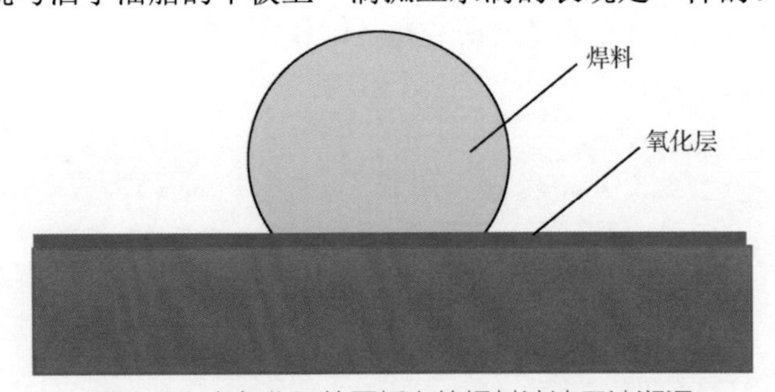

图 2-6　在氧化了的平板上的焊料液滴无法润湿

如果焊接温度过低，就会得到在基底金属和焊料之间仍然有氧化层存在的焊点，这种焊点通常称为冷焊点，它也是虚焊点的一种。这种焊点的导电性相当差，因为电流需要通过绝缘的氧化膜；附着力也很差，使用中会因应力（如热应力、机械应力）而断开。在手机制造中，经常会利用氧化层导电性差的特性检测 BGA 封装的球窝不良。

如果表面是清洁的，焊料就会铺展表面，这种情况如图 2-7 所示。焊料的原子能够和基体原子非常接近，因而在彼此相吸的界面上形成合金，称为金属间化合物（IMC）。这种合金保

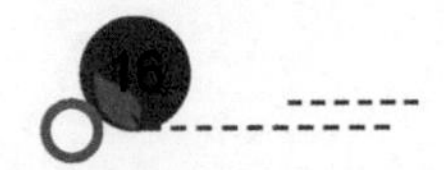

证了良好的电接触和附着力。焊料和基底金属一旦在界面上形成了金属间化合物，以后就再也恢复不到润湿前的那种状态了。这一点非常重要，提示我们，诸如 BGA 那样的封装，在再流焊接过程中，首先必须确保熔融焊料润湿被焊接金属表面。一旦此过程完成，封装的变形就不会对焊点的形成造成影响。

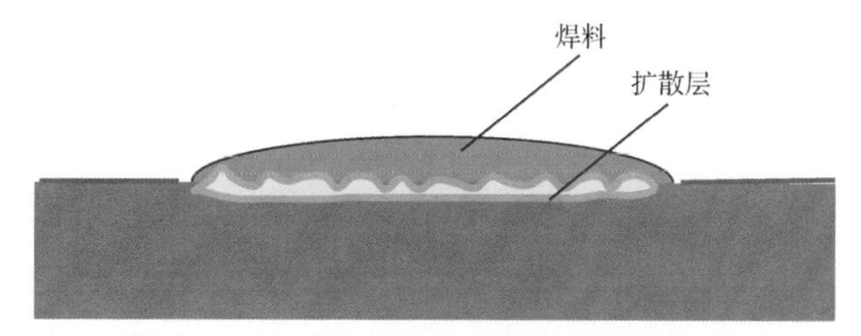

图 2-7　在清洁表面上的液态焊料铺展现象

焊料润湿是一个非常重要的概念，对焊点的形成、形状与可靠性至关重要，实际上润湿性也是软钎焊过程中屈指可数的可用数字表达的重要参数之一。在焊接中决定润湿的首要因素是 Sn 本身的表面张力，它是决定润湿现象的主要推动力。其他的影响因素还包括焊接的温度、金属溶解度、在焊料与金属基底之间的化学反应及基底金属与焊料的表面氧化状况。焊料与电极的润湿机理如图 2-8 所示。

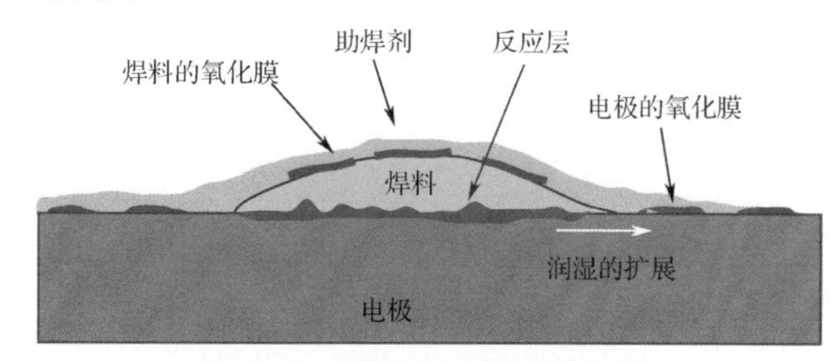

图 2-8　焊料与电极的润湿机理

下面简要介绍影响焊料润湿的主要因素。

2.4.1　焊料的表面张力

为了能够进行焊接，焊接材料首先必须加热到熔融状态，然后熔融的焊料会润湿基底金属表面，类似于任何其他的润湿现象。在基底金属上液态焊料的润湿必须符合界面张力的物理平衡规则，它们的关系可由下式表达（式中意义参见图 2-26，注意焊点表面覆盖助焊剂，这点有所不同）：

$$\gamma_s=\gamma_{ls}+\gamma_l\times\cos\theta$$

式中，γ_s——基底金属和助焊剂流体之间的界面张力；

γ_{ls}——熔化焊料与基底金属之间的界面张力；

γ_l——熔化焊料与助焊剂流体之间的界面张力；

θ——液态焊料和基板之间的接触角。

这个公式称为杨氏方程，其意义见 2.6 节。由杨氏方程可知，当接触角伸展到某一θ值时，γ_s和（$\gamma_{ls}+\gamma_l\times\cos\theta$）这两个矢量力达到平衡，在固体表面上的液体扩散达到了平衡稳定状态。

在电子工业焊接的应用中，我们所期望的焊点要有好的焊缝形状，这样可以减小应力集中。为了达到此目的，焊料扩散需要一个小的θ值。采用化学和物理方法，两者都可获得小的θ值。物理方法是在焊接过程中，处理所要焊接材料的表面张力。原则上采用低表面张力的助

焊剂、高表面张力即高表面能的基板及低表面张力的焊料，这些都支持小的接触角θ的形成。图 2-9 为焊盘表面能对熔融焊料及助焊剂扩展的影响。

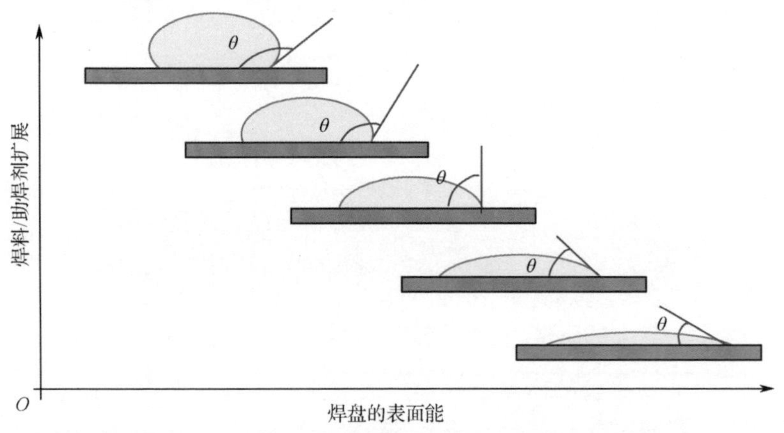

图 2-9　焊盘表面能对熔融焊料/助焊剂扩展的影响

2.4.2　焊接温度

焊接温度对润湿性有很大影响。一般在不发生氧化的气氛下，温度越高润湿性越好，这与表面张力和界面反应有关。

对于纯金属，表面张力与温度关系如下式所示，大致呈现线性的下降关系：

$$\gamma_m = A - B \cdot T$$

式中，A、B 为材料常数；T 为温度。

Sn-40Pb 合金表面张力随温度的变化如图 2-10 所示。

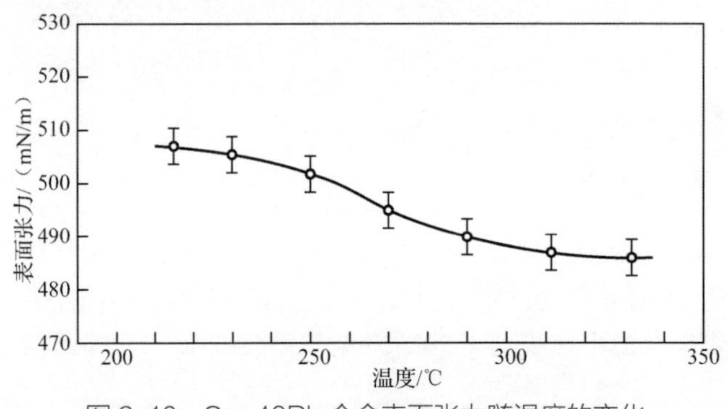

图 2-10　Sn-40Pb 合金表面张力随温度的变化

2.4.3　焊料合金元素与添加量

焊料合金元素的种类和添加量对润湿性的影响也很大。图 2-11 所示是 Sn-Pb、Sn-Bi、Sn-Sb 二元合金的表面张力与组分的关系，这些焊料的表面张力都会随着合金元素含量的增加而减小。但 Cu、Ag、P 等元素的添加却没有取得一样的结果。另外，Zn 元素会使润湿性明显下降，这可能是因为 Zn 的氧化带来的影响比较大。

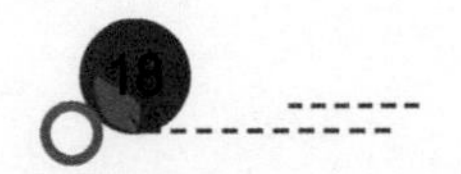

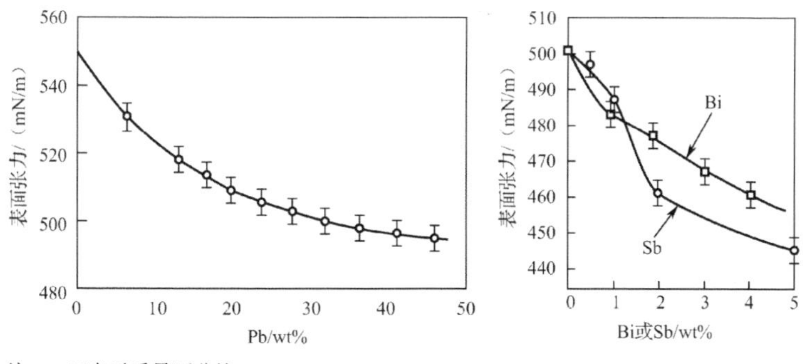

注：wt%表示质量百分比。

图 2-11 焊料合金组分对表面张力的影响

Sn 的氧化膜非常致密，即使在真空中也不能忽略其对润湿性的影响。工业生产中的焊接一般都是短时间内在大气中进行，为除去 Sn 的氧化膜，一般都使用助焊剂。助焊剂的活性越高，氧化控制得越好，润湿性就越好。在使用助焊剂后润湿性仍然达不到要求的情况下，可以采用氮气等惰性气体或氢气等还原性气体进行焊接。氢气只有在高温下才能具有还原作用，低温下可以使用甲酸气体。

PCB 和元器件电极的表面处理工艺和状态对润湿性能也有很大的影响。图 2-12（a）对比了 Cu 基 Im-Sn（浸锡）和 OSP（Organic Solderability Preservatives，有机保焊膜）两种表面处理工艺在 100℃时效 1h 后的润湿性（2s）变化情况。OSP 处理的样品其润湿性随着温度的上升而降低，推测是因为 OSP 在温度超过 100℃时产生分解，氧化开始进行。与此相反，Im-Sn 处理的样品没有氧化迹象。另外，PCB 和元器件的保存环境对润湿性也有很大的影响，如图 2-12（b）所示，湿度升高能够促进 Sn 氧化膜的生长，造成润湿性下降。这就是我们在做可焊性试验时采用蒸汽老化的原因。

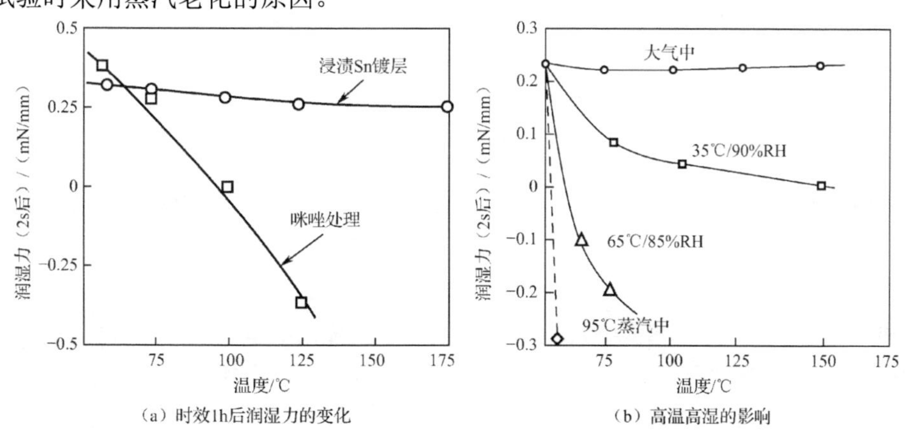

注：%RH 表示相对湿度。

图 2-12 老化对润湿性（浸润 2s 后润湿力）的影响

2.4.4 金属在熔融 Sn 合金中的溶解率

在金属基板上熔化焊料的润湿还不足以形成冶金的键合。要获得良好的焊点，这种键合是必需的。为了形成冶金键合，焊料和固体金属必须在原子级别上混合。

电子元器件的焊接，不仅温度比较低，而且焊接的时间也短，经常不超过几秒（如烙铁焊接、波峰焊接），最多也就几十秒。这是由于材料的限制和生产效率方面的考虑，所以基底金属要能容易和快速地溶入焊料。在过去几十年里，普遍选用锡-铅系统焊料，可接受的基底

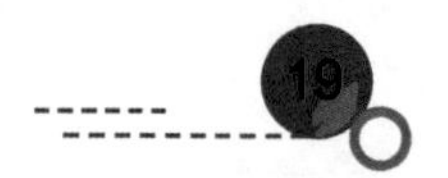

金属或金属涂层包括（但不限于）：锡、铅、铋、金、银、铜、钯、铂和镍等。一些金属涂层在 Sn-40Pb 中的溶解率 dC/dt 是温度的函数，如图 2-13 所示，Arrhenius 做了以下相关的描述：

$$dC/dt \propto \exp[-E/(kT)]$$

式中，C 是基底金属的浓度，E 是活化能量，k 是玻尔兹曼常数，T 是温度（开氏温度）。基底金属在焊料中的溶解率也是时间的函数：

$$dC/dt=KA(C_s-C)/V$$

式中，C 是基底金属的浓度；C_s 是给定的温度下，在熔融的焊料中的溶解金属的浓度阈值；t 是时间；K 是溶解率常量；A 是润湿表面面积；V 是熔化的焊料体积。由此公式推出，C 与 t 的关系如图 2-14 所示。C 到达平衡浓度时与 t 成反指数关系。

基底金属进入焊料的溶解率并不仅仅是时间、温度、基底金属类别的函数，也是焊料合金类别的函数。

大体上说，金属涂层的可润湿性随着其在焊料中溶解率的增加而增加。由于这点我们可以用工艺参数来控制溶解率。

虽然基底金属的溶解率是形成冶金键合的要素，但太大的溶解率会导致严重的浸析问题，从而损伤冶金键合，同时，也会引起焊料成分的重大变化，从而造成焊点可靠性的下降。这种情况并不是我们想要的。

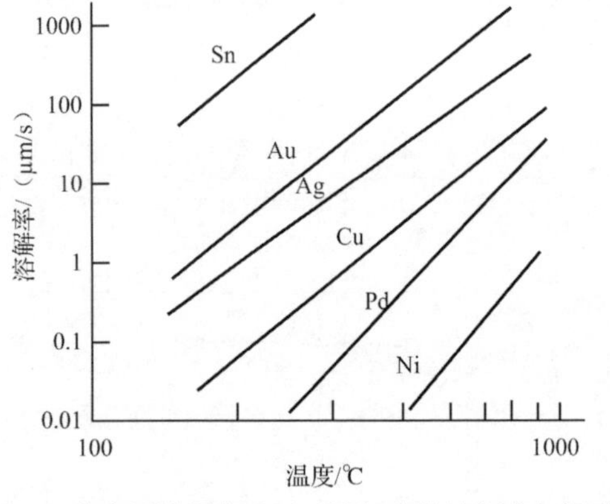

图 2-13　一些金属涂层在 Sn-40Pb 中的溶解率与温度的关系

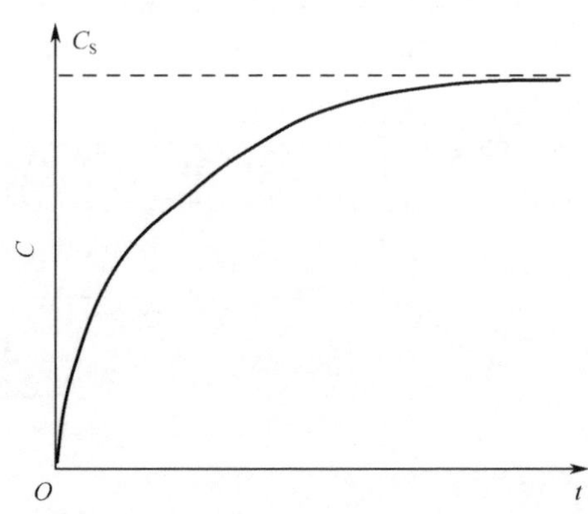

图 2-14　基底金属浓度 C 与时间 t 的关系

2.4.5　金属间化合物

金属间化合物（Intermetallic Compound，IMC）是指由两个或更多的金属组元或类金属组元按比例组成的具有金属基本特性和不同于其组元的长程有序晶体结构的化合物，如图 2-15 所示。

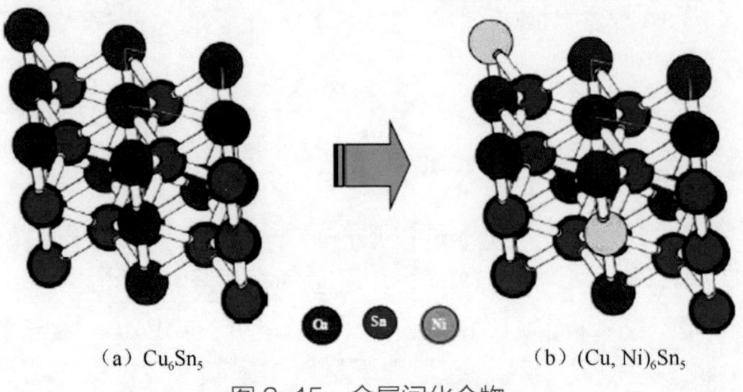

（a）Cu_6Sn_5　　（b）$(Cu, Ni)_6Sn_5$

图 2-15　金属间化合物

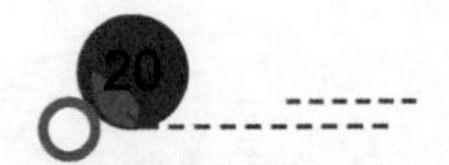

焊接不仅仅是基底金属在熔融焊料中的物理溶解，也包括在基底金属和焊料成分之间的化学反应。这个反应的结果是在焊料和基底金属之间形成了金属间化合物（IMC）。在由两个元素组成的金属间化合物中，如果一个在性质上是强金属，另一个是弱金属，则往往会形成很稳定的金属间化合物，如金属间化合物 Cu_6Sn_5 和 Ni_3Sn_4。金属间化合物往往很硬很脆，这是因为它们有低对称性的结晶结构，且它限制塑性流动。

金属间化合物的形成对焊接的影响有：①由于金属间化合物层的扩散阻挡作用，减慢了基底金属融入焊料的溶解率；②因为金属间化合物的氧化，使涂锡表层的可润湿性退化。

1．提高润湿性能

表面能量不平衡会导致能量释放，这有利于焊料的扩散。在液体锑、镉、锡和基底金属铜之间，金属间化合物的形成，其表面自由能大约高出基底金属铜两个数量级。因此润湿性随着金属间化合物形成率的增加而增加，它由金属间化合物的形成率来确定。

与基底金属在焊料中的溶解相似，金属间化合物的形成率也是时间、温度、基板金属层的类别和焊料类别的函数。图 2-16 展示了锡铅共晶焊料在铜基板上润湿的铜-锡金属间化合物的生长。通过减少时间和降低温度，可减小金属间化合物的厚度。在低于焊料熔点的温度下，金属间化合物以很缓慢的速率继续增长，参见图 2-17。几种焊膏再流焊接后立即产生的金属间化合物厚度见表 2-1，Sn-37Pb、Sn-36Pb-2Ag 和 Pb-50In 焊料在铜上产生较厚的金属间化合物，在 Au/Ni/W 金属涂层上产生较薄的金属间化合物。

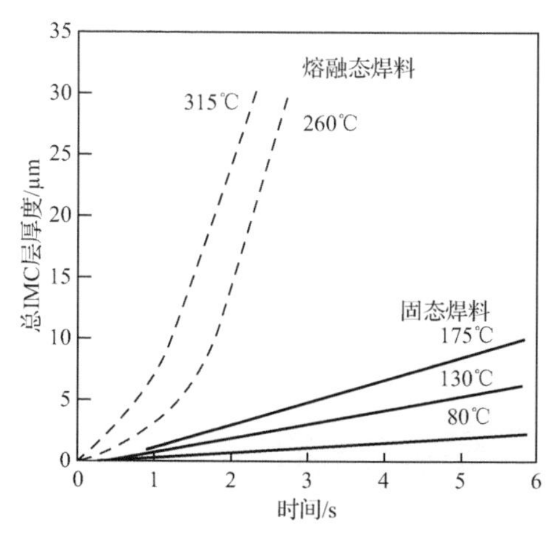

图 2-16　锡铅共晶焊料与铜基板间的铜-锡金属间化合物层的生长图

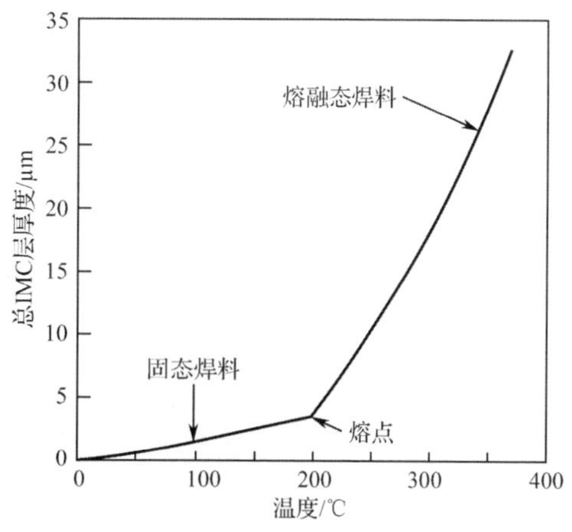

图 2-17　锡铅焊料润湿的铜基板 100s 时的铜-锡金属间化合物层的增长图

表 2-1　焊膏再流焊接后立即产生的金属间化合物厚度

焊　料	金属间化合物的厚度/μm		
	Cu	Au/Pt	Au/Ni/W
Sn-37Pb	2.4	2.0	2.0
Sn-36Pb-2Ag	2.1	2.0	2.0
Pb-50In	3.5	2.0	<1.0

2．溶解的阻挡层

一般来说，金属间化合物的熔点温度比电子工业所用的焊接温度更高，它在焊接过程中

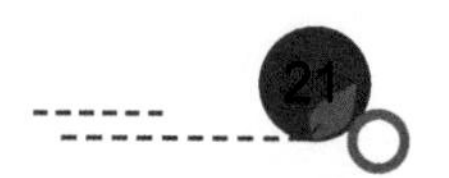

保持固体状态。对于很多系统，在熔融焊料和固体金属之间，金属间化合物形成一层连续层，可由图 2-18 所示的金属间化合物 Cu_3Sn 来说明，IMC 形成后降低了基底金属原子通过金属间化合物层的扩散速率。这种现象是因为固态扩散过程大概比固体—液体反应要慢两个数量级。结果是基底金属融入焊料的溶解率降得非常低了。

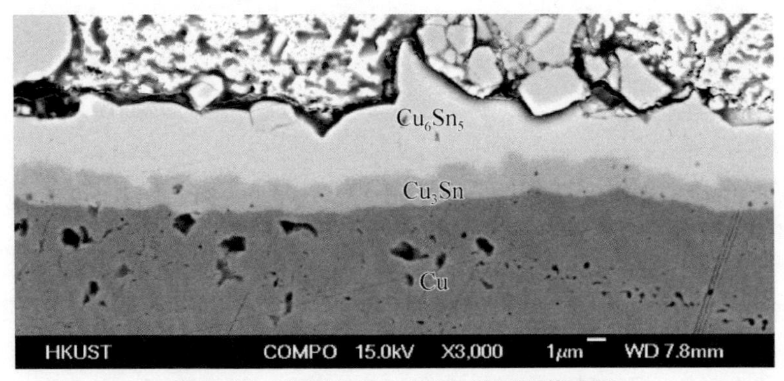

图 2-18 在铜上 Sn-40Pb 涂层的截面图

然而，并不是所有的金属间化合物都形成层结构，例如，在共晶 Sn-Pb 焊料和铜之间形成的金属间化合物 Cu_6Sn_5，就在熔融的焊料里长成了扇形晶粒。在扇形晶粒之间，熔融焊料通道一直伸展到铜界面。进行时效处理时，这些通道可帮助铜在焊料里快速扩散和溶解。在铜和无铅焊料 Sn-2.5Ag-0.8Cu-0.5Sb 之间也形成类似 Cu-Sn 化合物的结构，如图 2-19 所示。

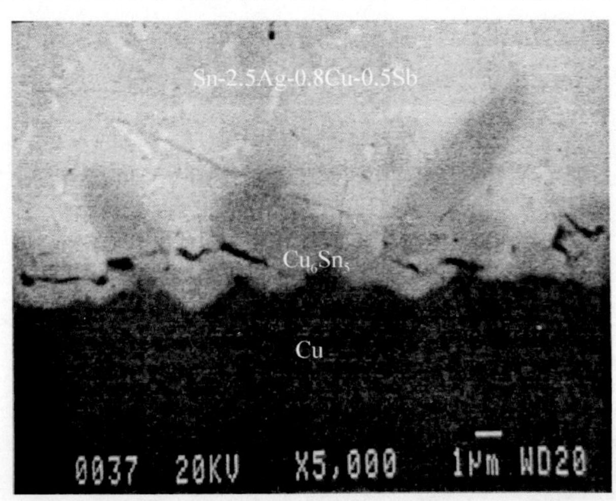

图 2-19 Sn-2.5Ag-0.8Cu-0.5Sb 和 Cu 基板之间的 Cu_6Sn_5 金属化合物（5000X）

金属间化合物形成的结构不易预测，在熔融 Sn-37Pb 焊料与 Pd 基板间形成的金属间化合物 Pd-Sn 呈薄层结构，插入熔化焊料中而不形成扩散阻挡层，如图 2-20 所示。生长的方向是垂直于液体/固体间界面的，焊接时熔融焊料在薄层之间快速扩散。然而如果钯与熔融锡（无铅）相接触，金属间化合物 Pd-Sn 形成率要慢一个数量级，可观察到没有薄层结构，且在锡和钯之间生长为扩散阻挡层的金属间化合物。

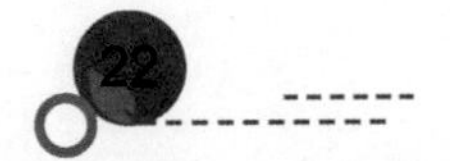

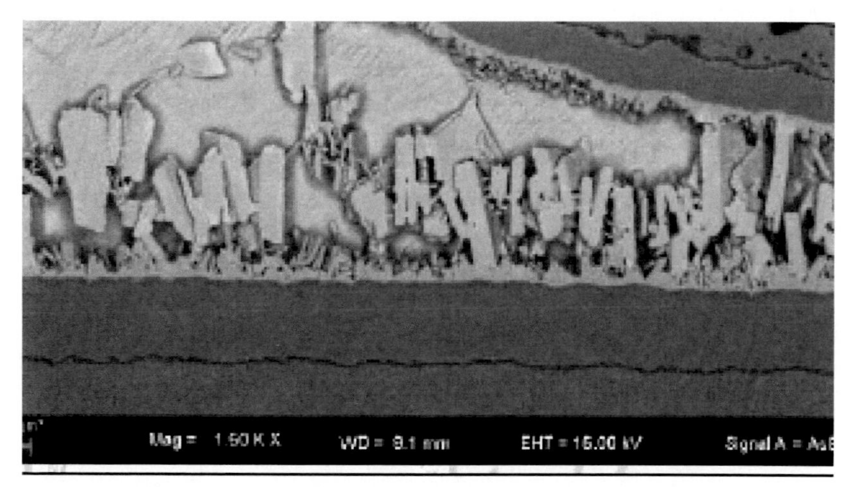

图 2-20　Sn-37Pb 焊料与 Pd 基板形成的金属间化合物

3. 对氧化的敏感程度

虽然金属间化合物的构成在焊接工艺中增强了润湿，但形成的金属间化合物的可焊性事实上要比基底金属本身差。有人对 Cu、Cu_6Sn_5 和 Cu_3Sn 的几个固体试样在 235℃时的可焊性进行了评估。他们使用 Sn-40Pb 焊料的熔槽润湿平衡法，对于新鲜制成的固体试样，如果采用 R 型助焊剂，则铜的润湿性要好于 Cu_3Sn 和 Cu_6Sn_5。如果用适度活化的 RMA 型助焊剂，则可减小其润湿性的差异。然而，如果固体试样于测试前在室温下储存了 3 天，并使用 R 助焊剂，所有三个试样的可润湿性将会退化，铜要比 Cu_6Sn_5 稍好些。当使用 RMA 助焊剂时，对于铜储存的影响可以忽视，但两种金属间化合物由于储存，其润湿性遭受相当严重的退化。

上述的结果表明，金属间化合物对焊料是可润湿的。Cu_6Sn_5 的润湿性要比 Cu_3Sn 的稍微好一些，可是在储存后，这两种化合物的润湿性比起铜来迅速退化了许多。金属间化合物氧化的弱点，影响到储存寿命。储存寿命与涂锡层相关，可焊性问题与返工工艺有关。我们认为金属间化合物在其表面涂锡层没有被破坏的情况下，在其内部可以发生氧化反应。一旦表面涂锡层在焊接中熔化，就会出现润湿困难的问题。一般来说，润湿性随初始焊料涂层的厚度下降，并随金属间化合物厚度的递增而下降。对于浸锡涂层（Im-Sn）印制电路板，从工艺的角度，我们希望最小厚度为 1.5μm，被定为组装操作中（包括多次热工序）的临界值。但是，国内很多 PCB 厂最多只能做到 1.2μm，这是目前 Im-Sn 没有广泛应用的主要影响因素之一。

2.5　相位图和焊接

相位图是热力学平衡状态时相位的描述，它是成分和热力学参数（如温度）的函数。它不仅有利于提供大概的相位组成，还提供了组成成分的熔化温度。由于热力学的性质，相位图不能预测运动的性质，如在成分之间的反应率和润湿特性、在氧化基底金属上的润湿速度；另外，也不能预测焊点各种相位的形态。

焊接通常是包括化学反应的短暂过程，但在本质上是高度动力学性质。适当地使用相位图和补充的信息，会更深入地理解并能预测焊接的一些性能。相位图应用于焊接中可由下面的例子得到说明。

对于 Sn-Pb 焊料系统，二元共晶体相位图可参看图 2-21，各种成分的焊接特性用成分 A、B 和 C 加以说明。

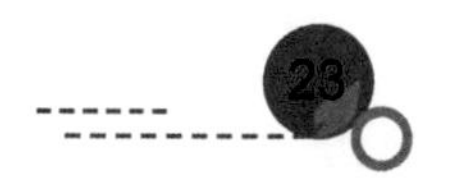

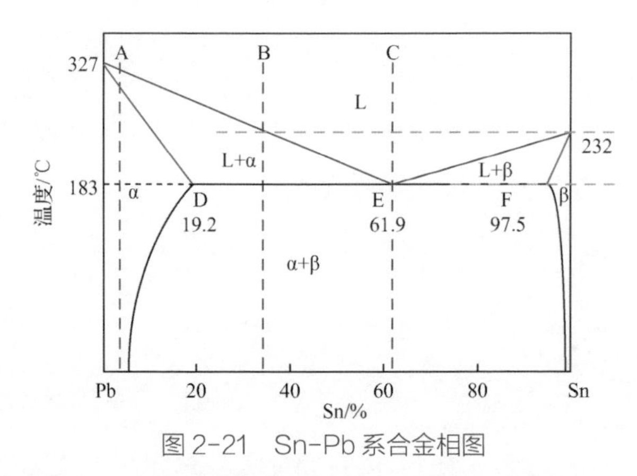

图 2-21　Sn-Pb 系合金相图

对于成分 B（Sn-30Pb），在固相线的温度为 183℃时焊料开始熔化，但在液相线的温度达 257℃以前，并不完全转变成液体。固相线告知其使用温度上限必须低于 183℃。257℃的液相线告知如焊接温度低于 257℃，焊料将呈黏滞性糊状。这将不可避免地导致在形成焊点时焊料的不良扩散。然而如果要确保适当的流动，焊接温度需要比 257℃更高。所需要的高的工艺温度将导致很多的电子部件热损坏，因此排除此种焊料成分将作为电子工业互连应用主流的选择。

较宽的黏滞性糊状范围是这种焊料的另外一个缺点，这会引起焊缝剥离。此现象可在波峰焊接时见到，焊缝是从焊盘边缘沿着焊料—基板的界面翘起的，如图 2-22 所示。产生原因是焊料和元件之间的热膨胀系数不匹配，但较宽的黏滞性范围更进一步加重了此现象。

（a）焊点剥离现象

（b）焊点剥离界面图

图 2-22　焊缝剥离现象

对于成分 C（Sn-37Pb），焊料是共晶合金，在 183℃时即刻由固体转变成液体。与相邻的成分比较焊料的黏度是最小的，参看图 2-23。其低黏性及熔融焊料与基底金属的相互作用，在焊接中推动焊料快速地扩散。由于在扩散特性上占优势，因而共晶合金焊料首先被选用，它比亚共晶和过共晶成分焊料应用得更广泛。

对于成分 A（Pb-3Sn），焊料固相线为 316℃、液相线为 321℃有一黏滞性糊状范围。此狭窄的黏滞性范围，在超过 340℃的高温下，焊料具有良好的润湿性，因此它可用于特殊焊接应用中，如倒装芯片 C4（可控塌陷芯片载体）的连接。

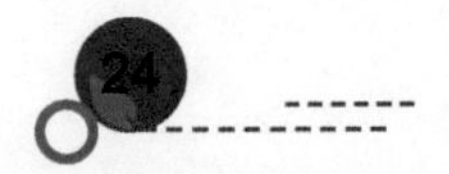

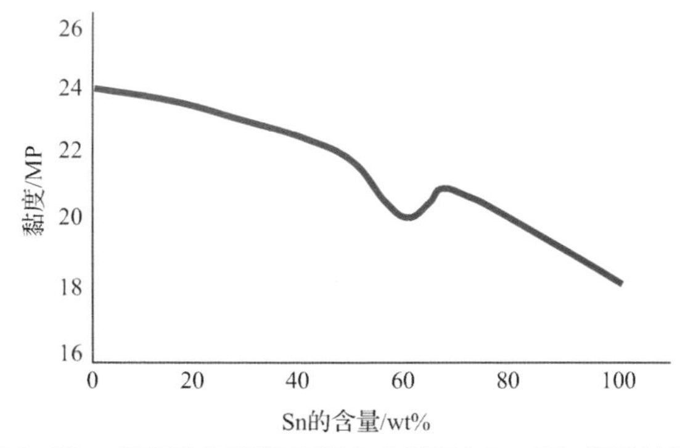

图 2-23　超出液相线温度以上 50℃时 Sn-Pb 焊料的黏度

2.6　表面张力

液体焊料在表面上铺展的范围或流进两种以上表面间缝隙的程度与作用在界面间的表面张力有关。

2.6.1　表面张力概述

液体的表面张力γ_1 是一个热力学的量，其值等于为增大（等温地）液体表面积所需要做的功。根据这个定义，表面张力是具有单位面积能量的量纲（J/m^2）。由热力学知识得知：一个系统总是力求使其自由能最小，因此也就是表面积最小。所以一滴悬浮的液滴呈球形，因为球形在给定体积下具有最小的表面积。减小表面积倾向的含义是：在曲面两边存在压力差ΔP，有

$$\Delta P = \gamma_1\left(\frac{1}{R_1}+\frac{1}{R_2}\right)$$

式中，R_1和 R_2是两个曲率半径，R_1总是在纸平面内转动，R_2在与纸平面垂直的平面内转动。当半径在焊料内部时为正，在焊料外部时为负，如图 2-24 所示。此式是著名的拉普拉斯方程。

对于球形可表示为

$$\Delta P = \frac{2\gamma_1}{R}$$

在毛细管内垂直液柱具有一个凹形的弯曲上表面，如图 2-25 所示。当液柱升高到静止表面的水平面以上，即毛细管被液体润湿时，液面是凹形的。考虑弯液面的曲率半径等于毛细管的内半径，则横截弯液面的压力差为

$$\Delta P = -\frac{2\gamma_1}{R}$$

液体内部压力相当于“空气”是负的，因为半径 R 是在液体之外。这种负的液体压力是液体内向下静压力，即 ρgR，其中ρ是液体密度，g是重力加速度，y为液柱的高度。因此

$$y = \frac{2\gamma_1}{\rho gR}$$

图 2-26 为熟知的液体焊料滴在固态表面上的情况。当属于小液滴的情形，重力可以忽略不计，此小液滴的形状完全由三种表面张力决定，即液体的表面张力（γ_1）、固体的表面张力（γ_s）和液体与固体界面的表面张力（γ_{ls}）。由于假定液体内部压力处处相等，从拉普拉斯方程可知液体表面的曲率是个常数，因此液滴形状为球冠。

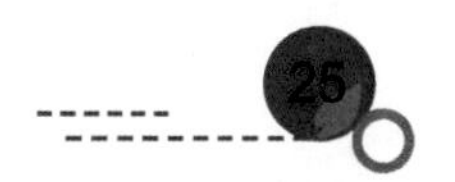

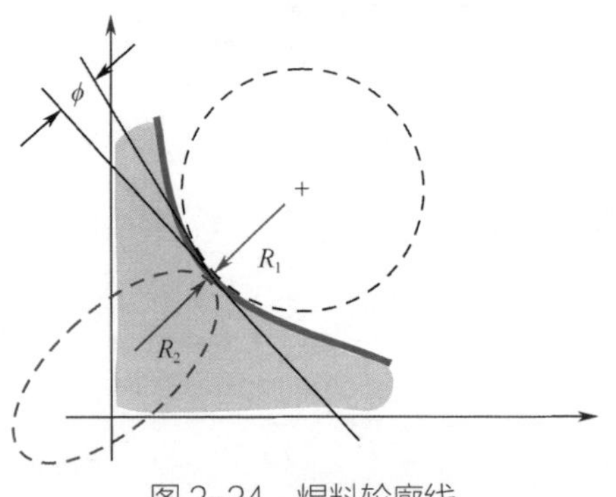

图 2-24　焊料轮廓线

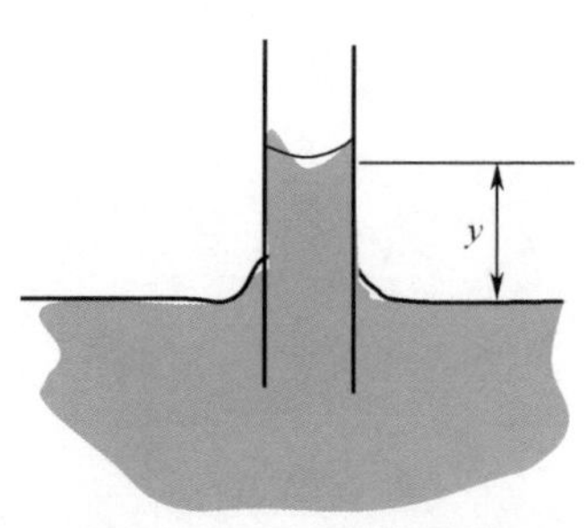

图 2-25　毛细管现象

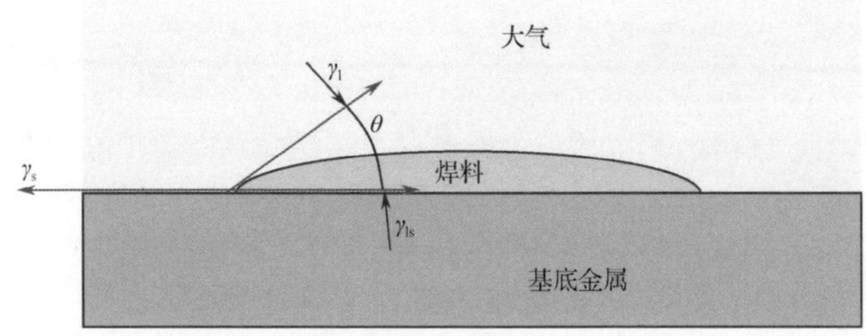

图 2-26　液体焊料滴在固态表面上的情况

由于每个系统都有使自由表面面积达到最小的倾向，因此界面面积和自由表面面积都趋向于尽可能地小。但是，这种情况下，它们之间是互相制约的，一个面积的减小将导致另一个面积的增大。液滴是按照总表面的自由能来确定其形状的。$F_{表面}$应有其最小值：

$$F_{表面}=\gamma_s\times 固体表面面积+\gamma_{ls}\times 界面面积+\gamma_1\times 液体球形面积$$

从这个条件可以得到

$$\gamma_s=\gamma_{ls}+\gamma_1\cos\theta$$

这个公式叫作杨氏方程。从这个公式可以看出，小的润湿角是由小的γ_1、γ_{ls}和比较大的γ_s值相结合而成的。

氧化物的表面张力明显小于相应的金属值。焊剂与固体表面上的氧化物通过有效反应清除了氧化物，从而引起表面张力γ_s增大，也因此促进了润湿。所以，固态金属表面一旦氧化，通常就无法使它润湿。

2.6.2　表面张力起因

某表面的表面张力取决于原子间的键合能。在液态金属里，每个原子大约具有 12 个近邻原子，可把其总内能看作这些原子间键合能之和。表面层原子比体内原子具有更高的位能，因为包围它的原子不完全。如果表面积增大，更多的原子占据表面上的位置，消耗的能量就增加。原子的键合能和汽化热有密切关系，因为要汽化一个原子，所有和它相邻的原子键都得打开。为了把一个原子从体内移到表面层，这个原子的一部分键必须被打开。所以汽化热和表面张力之间有着某种关系。原子间键的强度还反映在熔点上。事实上熔点高的金属总具有较强的表面张力。

2.6.3　表面张力对液态焊料表面外形的影响

有关液态焊料表面轮廓，可以通过拉普拉斯方程和静压力方程进行数值分析与计算，这

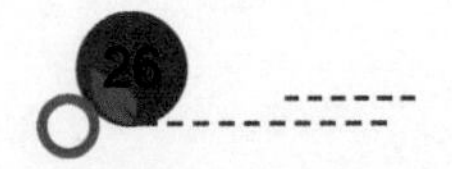

里就不深入讨论此问题了，仅给出 3 张图，如图 2-27 所示。联系到焊点，我们要认识到焊点的外形遵从一定的规律，与焊点的结构和熔融焊料的表面张力有关，正如堆沙子一样，沙堆的斜度是一定的。

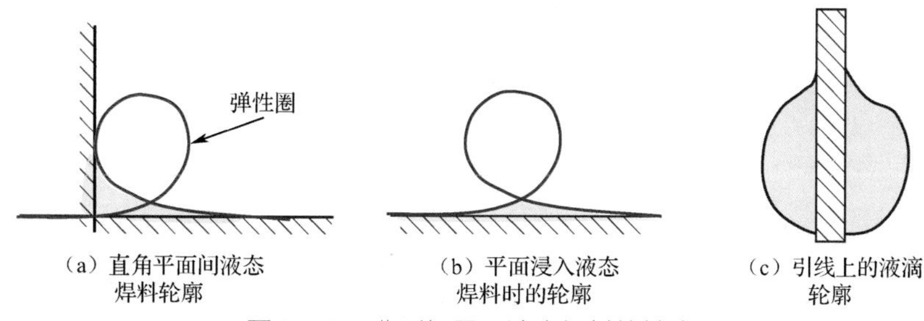

图 2-27　典型场景下液态焊料的轮廓

№ 案例 3　片式元件焊盘设计与焊点轮廓

片式元件的焊盘设计会影响焊点的形貌，也会影响元器件间距的设计。图 2-28 为片式元件不同焊盘尺寸所形成的焊缝形貌。可以看到，焊盘长度方向外伸长度越大，所形成的焊缝越倾向于弯月面形貌。如果不外伸，熔融焊锡会爬到元器件焊端两端，形成半圆形的焊缝。

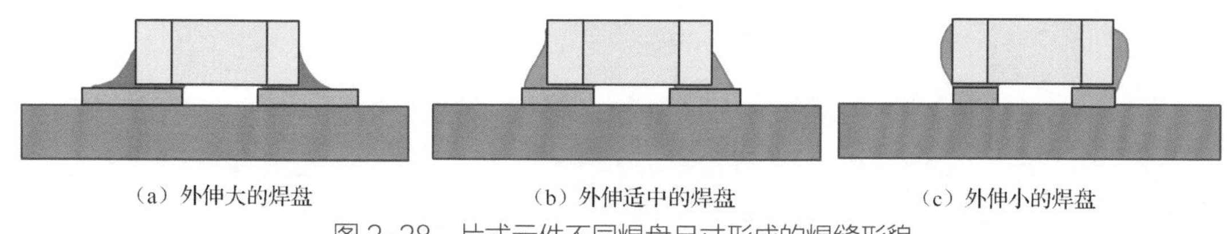

图 2-28　片式元件不同焊盘尺寸形成的焊缝形貌

2.6.4　表面张力对焊点形成过程的影响

焊点的形成并非一个完全的焊料滴与界面的反应，而是受元件封装体的热容量及遮蔽而逐渐液化的熔融焊料与界面的反应。焊点轮廓是伴随焊膏逐步熔化而动态形成的，虽然最终的外形与液态焊料一样，但是它有一个中间过程。这个中间过程与焊接良率有很大的关系。我们以一个片式元件焊点的形成过程为例予以说明。

№ 案例 4　片式元件再流焊接时焊点的形成过程

片式元件再流焊接时，首先是露出元件封装体的焊膏熔融并润湿焊端，形成向下的拉力，这时片式元件有一个下沉的过程出现。随着温度的升高及元件封装体下焊端的润湿，熔融焊料向底部流动，并且在表面张力作用下，元件又向上浮起。图 2-29 是根据高速摄像机拍摄的视频绘制的示意图。介绍这个案例，主要目的是帮助读者理解焊点的形成是一个动态过程。从这个过程中我们可以了解到，片式元件在焊料熔融初期有一个下沉过程，正是这样的下沉导致锡珠现象的出现，清楚锡珠产生的时间点，就能够找到解决问题的方法。比如，假如片式元件焊盘不外扩，那么就不会有下沉动作，也就不会产生锡珠。之所以采用外扩的焊盘设计，主要是从焊点可靠性考虑的，但这只有在模板开口内削条件下才能使用。如果模板开口设计时焊盘内侧没有削角，底部熔化的焊料就会被挤出，形成锡球。如果贴片时压力过大，焊膏再外扩，那么锡珠现象就会更严重。

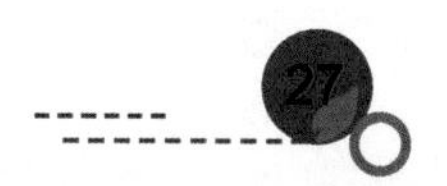

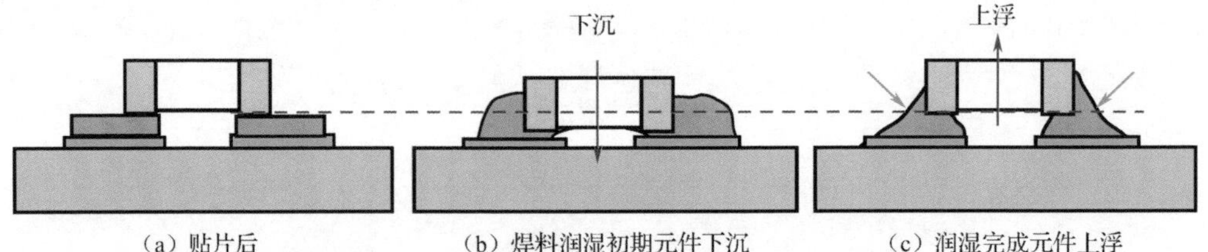

图 2-29　片式元件再流焊接时焊点的构筑过程

No 案例 5　BGA 再流焊接时焊点的形成过程

BGA 再流焊接时焊点的形成过程是独一无二的，具有鲜明的特点——焊膏与焊球融合、两次塌落、自动对中，如图 2-30 所示。BGA 再流焊接预热阶段，溶剂挥发、焊剂润湿焊球并清除焊球表面的氧化物，如图 2-30（b）所示。随着温度升高，焊料熔化，BGA 下沉，称为一次塌落，如图 2-30（c）所示。随着温度升高、时间增加，BGA 焊球熔化并与熔融焊料融合，BGA 下沉并自动对中，如图 2-30（d）所示。BGA 焊球熔化并与熔融焊料融合导致的 BGA 下沉，称为二次塌落，它是实现 BGA 自动对中功能的条件，只有焊球与熔融焊料融合并完成第二次塌落才能完成自动对中。因此，如果需要 BGA 自动对中，温度曲线的设置必须保证 BGA 焊球与熔融焊料融合，自动对中的动力来自熔融焊料的表面张力。

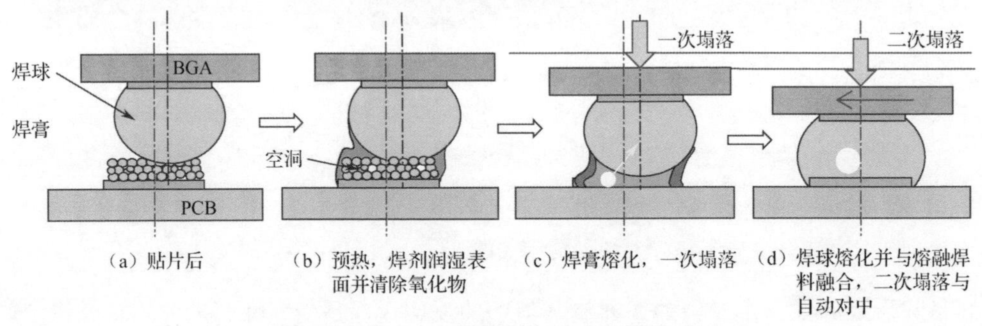

图 2-30　BGA 再流焊接时焊点的构筑过程

采用与焊球成分一样的焊膏焊接 BGA，并用高速摄像机记录下 BGA 焊点的形成过程，可以看到 BGA 的两次塌落过程与自动对中过程及温度点。二次塌落温度要比一次塌落高 11～12℃。为什么温度不同呢？理论上，焊料合金温度取决于成分，因此，焊膏熔化之时也是焊球熔化之时。之所以看到二次塌落比焊膏熔化晚一些，这主要是焊球表面的氧化膜阻挡了熔融焊球与焊料融合，实际上焊球也已经熔化，只是表面有一层氧化膜，需要提高温度清除焊球表面的氧化物。只要氧化物被熔融焊料捅破（只要捅破一个小口即可），熔融焊料就会立即与熔融的焊球融合，这一点我们在试验中很容易观察到。

以上的过程说明，BGA 的贴装不需要太高的位置准确度，因此，对于返修而言变得简单了，贴片过程完全可以根据 BGA 角部的丝印框进行贴放。

2.7　助焊剂在焊接过程中的作用

助焊剂是焊接工程中最重要的工艺材料之一。在润湿过程开始时，助焊剂清洁被焊接表面，降低熔融焊料的表面张力，促进熔融焊料的铺展；在润湿的过程中或润湿过程的后期，助焊剂起到防止被焊接表面和熔融焊料表面再氧化的作用。这是助焊剂的两个主要功能，也是主导焊点形成的两种行为，理解这两种行为对优化工艺条件非常重要。

2.7.1 再流焊接工艺中助焊剂的作用

图 2-31 为助焊剂在再流焊接过程中的作用。在再流焊接预热升温阶段，焊膏中的大部分溶剂挥发，随着预热温度的升高，助焊剂润湿被焊接表面并清除其氧化膜，加热温度升高到焊料合金熔点以后，焊锡粉熔化融合开始润湿被焊接表面，助焊剂松香膜覆盖在被焊接表面及熔融焊料表面，开启铺展过程，但这个过程取决于助焊剂的保护作用，如图 2-31 中的第②过程。

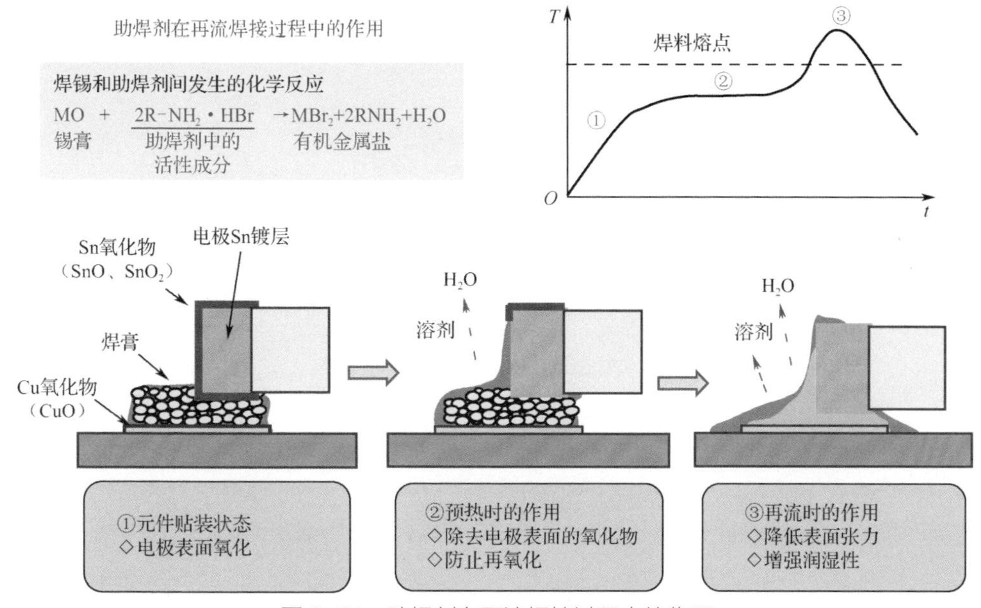

图 2-31　助焊剂在再流焊接过程中的作用

如果助焊剂的量不足以去除被焊接表面的氧化物或以一定厚度覆盖被焊接金属表面和熔融焊料，将会出现被焊接金属表面氧化、焊点表面焊锡粉氧化，导致焊盘覆盖不全和不熔锡现象（再流焊接工艺中典型的冷焊现象，也有人形象地称其为葡萄球现象），如图 2-32 所示。

（a）OSP铺展不足

（b）BGA不润湿现象

图 2-32　助焊剂防止再氧化功能不足的表现

使用氮气气氛焊接，就是为了防止清洁的表面再氧化。金属（包括固态和液态）在高温条件下极易氧化，助焊剂防止再氧化的能力与助焊剂的效力、温度与时间、覆盖膜的黏度及厚度有关。防止再氧化有两种机理，即不断清洁与覆盖较厚的保护膜。这两种机理都受到用户的挑战，一方面，免洗焊膏的配方要求残留物少，活性低；另一方面，无铅工艺下的预热温度变高、预热时间变长及焊接峰值温度提高，使得被焊接金属更易氧化。使用氮气气氛焊接就成为微焊盘焊接工艺的一种必然选择。

2.7.2 波峰焊接工艺中助焊剂的作用

波峰焊接时，助焊剂在预热阶段溶剂会部分挥发，清洁被焊接表面，留下松香膜，起到部分隔离空气防止氧化的作用，如图 2-33 所示。如果 PCB 表面采用 OSP 处理，采用水基助焊剂焊接时将可能出现比较多的漏焊现象。这种情况出现在预热温度比较高时，由于水基助焊剂不像松香焊接那样，会在 PCB 表面形成一层防氧化保护膜。如果预热温度过高，就会引起 OSP 膜严重氧化（实际上是 OSP 膜只要经过一次高温，如果再流焊接，就会出现网裂，失去对 OSP 膜下 Cu 的保护，导致漏焊发生）。

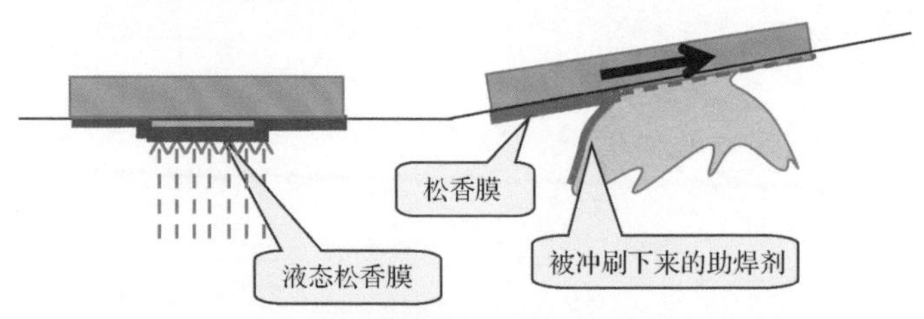

图 2-33　波峰焊接预热过程中助焊剂的作用

No 案例 6　OSP 板采用水基助焊剂波峰焊接时漏焊

本案例中 PCB 为 OSP 处理，如图 2-34（a）所示。为了提升波峰焊接时插孔的透锡率，生产中将 PCB 的预热温度从 100℃提高到 130℃。焊接时出现了个别焊盘不润湿的现象，如图 2-34（b）所示。在生产中，将预热温度再调回到 100℃或采用氮气气氛焊接，不润湿现象又会消失。这个案例至少说明两点，第一点，OSP 膜在再流焊接后会裂解而网孔化，对 Cu 的保护减弱；第二点，助焊剂中固含量（主要指成膜物质含量）对防止被焊表面再氧化影响很大，水基助焊剂不含松香，在焊接过程中难以对去除 OSP 膜后的 Cu 面形成有效的保护。

（a）PCBA

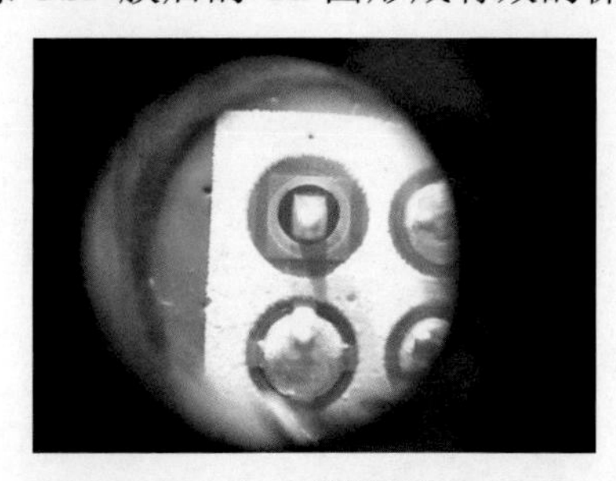

（b）不润湿现象

图 2-34　OSP 板不润湿现象

2.8 可焊性

焊接时，电子元器件电极（焊端和引线）和焊盘都必须用焊料覆盖和润湿，以便形成焊点。为了实现焊接在限定的温度和时间内一次完成，则要求被焊金属的可焊性满足要求。

2.8.1 可焊性概述

可焊性（Solderability）在 IPC-T-50 中的定义是“金属被熔融焊料浸润的能力”。可焊性是一种复杂的性质，一方面与材料本身的固有特性有关，另一方面与元器件制成后表面的清洁状况有关。

元器件电极的可焊性是确定用于工业焊接中总的适应能力的特性，也就是在限定的温度与时间内能够被焊接的能力。它与以下三方面有关：

（1）热力学方面的要求。被焊接元器件电极的热力特性，应能使焊接点区域在焊接操作的时间内加热到所需要的温度。再流焊接工艺下这点基本不是问题，但对波峰焊接工艺而言，有时就是问题，比如粗大线径的变压器引脚，由于较大的热容量，在 3～5s 的时间内要加热到焊接所需要的温度就可能是一个问题。

（2）可润湿性。被焊接金属表面应在焊接操作时间内被熔融的焊料所润湿，而且焊接后没有反润湿现象。限定的条件很重要，如果去掉这个条件，对波峰焊接而言，只要温度足够高、时间足够长，几乎没有不润湿的问题；但对于再流焊接，只要焊料熔化的最初几秒没有被润湿，更高的温度与更长的时间只会进一步促进未润湿区域的再氧化（详细见助焊剂的行为）。因此，对 IPC-T-50 的定义，必须理解为“在被限定的温度和时间内，焊接金属被液态焊料润湿的能力”。

（3）耐焊接能力。焊接过程中的加热和因此引起的热应力不应影响该元器件的功能，即不使元器件发生物理失效和参数变化。

良好的可焊性能够产生良好的润湿，而良好的润湿又意味着在不使用较强活性焊剂和不损坏被焊接零部件的功能条件下，焊料能够均匀、光滑、无裂纹地覆盖被焊接金属表面及良好地填充。差的可焊性会导致差的润湿性，即出现不润湿、局部润湿现象。

这里要强调一点，可焊性与润湿性是两个概念，可焊性描述的是被焊接金属的焊接能力，而润湿性描述的是焊料与被焊接金属的浸润性。我们用标准的焊料焊剂，在规定温度和时间条件下，通过对润湿性的测量来评价被焊接金属的可焊性，因此，有时也把可焊性测试说成润湿性测试。

2.8.2　影响可焊性的因素

影响元器件或 PCB 焊盘可焊性的因素很多，主要有以下几种。

1）氧化

多数可焊性不良的问题是由被焊接材料表面氧化引起的。一般焊接中所用焊剂破坏这些氧化层，但是如果氧化层非常厚（≥2nm），焊剂的活性一般就不能胜任这项工作。图 2-35 所示为 30nm 的 Sn-40Pb 镀层材料氧化层厚度与润湿力的关系图。可以看出，当氧化层厚度超过 5nm 后，润湿力变化不大，在厚度小于 5nm 时，润湿力随着氧化层厚度的增加急剧下降到 0.2mN/mm，此时氧化层厚度对润湿力影响很大。

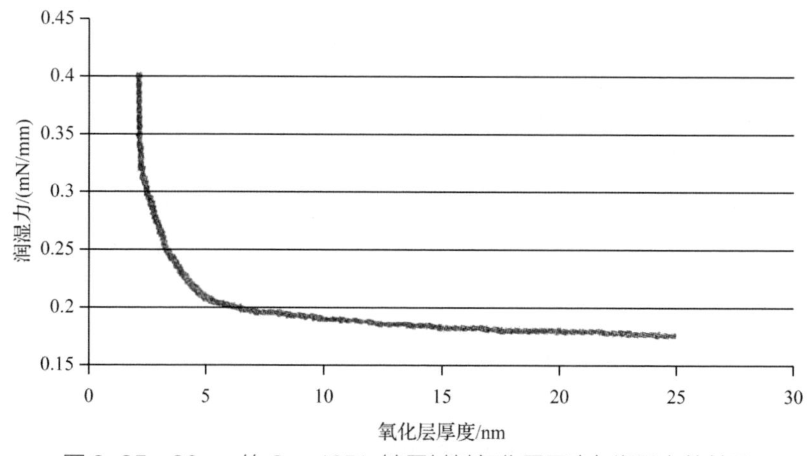

图 2-35　30nm 的 Sn-40Pb 镀层材料氧化层厚度与润湿力的关系

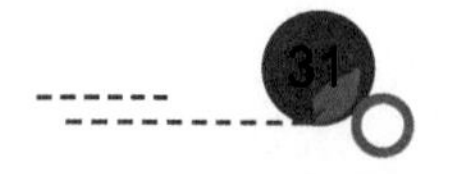

有铅工艺时代，表面安装元器件焊端主要使用锡铅镀层，由于它们不会生成坚实的氧化层，松香焊剂就能去除它。储存一段时间后，锡铅镀层仍然有可焊性。当被用于元器件焊端时，锡铅镀层则是通过电镀（或热涂锡）覆盖在基体金属上的。

简单地使用锡铅镀层，不能确保元器件的可焊性。尤其是电镀层，需要严格控制开始的加工工艺。如果电镀前元器件焊端的基础金属处理不合适，则表面仍有氧化层。虽然这一层不是可焊层，但是仍然可电镀上可焊层。在这种情况下，当元器件从制造厂家目测验收后，在随后的焊接中电镀层会从基体上脱落下来，结果形成非润湿焊接点。

这种情况也出现在 ENIG（Electroless Nickel Immersion Gold，无电镀镍浸金）处理的表面，如果 Au 层下的 Ni 层氧化，就会形成没有连续金属间化合物的焊点。此焊点强度很弱，遇到应力即可断开，ENIG 不良镀层形成的焊点如图 2-36 所示。

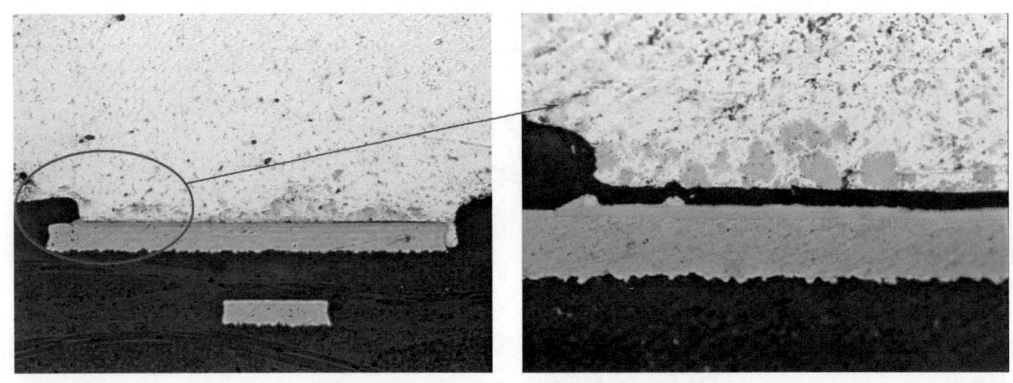

图 2-36　ENIG 不良镀层形成的焊点

2）污染

实际上，元器件焊端被污染的范围非常广泛：在电镀过程中，不必要的金属和有机残留物沉积；包装结构材料上微小的纤维材料、有机硅及增塑剂等；工艺过程需要人工干预的场合，总是有指印残留，这些污染一旦大到一定的量就会降低可焊性。

3）镀层的针孔

镀层的针孔会引起基底层金属的表面氧化，形成界面非润湿条件。电镀层对此现象更为敏感。

锡铅镀层不像锡铅浸镀层，电镀锡铅不是真正的锡铅合金，而是不规则的锡和铅的球状颗粒生长在基底上，它们的比例取决于电镀参数。如果工艺控制不严格，在球粒的边界上就会形成针孔。虽然起初可焊性达标，但随着氧化的出现，可焊性会迅速下降。

4）不正常的焊点金属性能

金和银在锡合金中有很高的溶解度，导致焊端的金属会很快在焊料中浸出。如果融入了足够的量，则连接强度可能不合适，底层也会露出（如多层陶瓷电容），从而降低电气的可靠性。

5）镀层晶粒结构

有报道指出非热熔镀层可焊性与晶粒结构有关，小颗粒（约 0.5μm 平均截距）致密的镀层的可焊性符合要求，而较大颗粒（3.0～4.5μm 平均截距）的镀层的可焊性会降低。

但对化学镍金与电镀镍金表面进行实际测试，反而粗大晶粒的化学镀镍比致密的电镀镍有更好的可焊性。晶粒结构对可焊性的影响还存在不确定性。

6）薄的镀层

一方面，薄的镀层存在针孔，容易引起底层金属的氧化；另一方面，焊接时会很快被溶

解掉，可焊性就取决于基体金属或底层金属性能了。

2.8.3　可焊性测试方法

目前存在以下两类基本上不相同的可焊性测试方法：

（1）非平衡的测量，它研究的是润湿率问题。

（2）对润湿过程最终结果的测量，它研究最终达到的润湿程度。

这两类测试方法都起源于波峰焊接时代。对于波峰焊接工艺而言，焊接时间往往很短，离达到润湿平衡的状态尚远，因此，第 1 类测试方法对润湿度的测量常常比第 2 类方法更接近实际情况。在焊接技术的发展过程中，有过很多种可焊性测试方法。

目前，在 IPC/J-STD-003 中有关 PCB 可焊性的测试方法有五种，在 IPC/J-STD-002 中有关元器件电极的可焊性的测试方法有七种，有些原理是相同的，只是因为测试对象与样品的差异而有所区别。如果按照测试的方法归类，IPC 标准现行的可焊性测试方法大致有八种，如图 2-37 所示。在这些方法中，有些比较适合于 PCB，有些比较适合于元器件，我们用文本框内的填充色加以标示，绿色框表示适合于 PCB，蓝色框表示适合于元器件，无色框表示既可用于 PCB 也可用于元器件的可焊性测试。

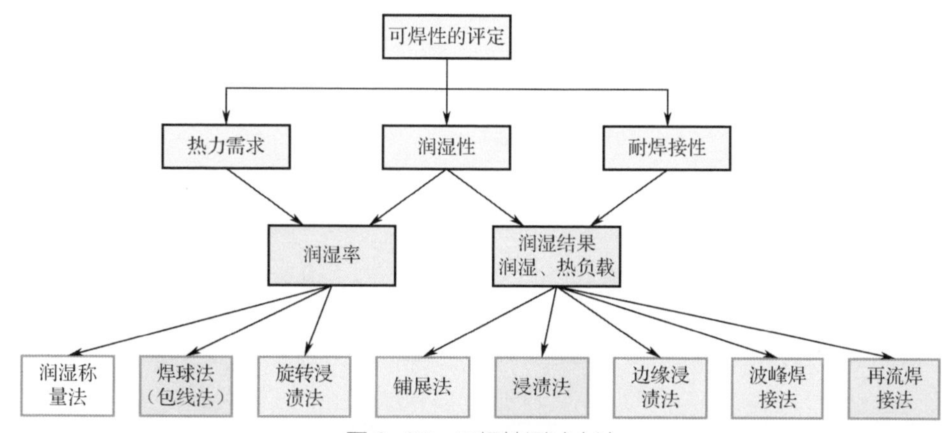

图 2-37　可焊性测试方法

制造工厂更多地采用模拟的方法，比如，插件用波峰焊接法测试，表贴元器件用再流焊接法评估。这样的评价是综合性的，除了可焊性，还可以评价 PCB 工艺与储存对可焊性的影响。

在可焊性测试试验中，从被焊接金属材料开始与熔融焊料接触，到被焊接表面被润湿，这段时间叫作润湿时间（或焊接时间）。润湿时间是被加热零件的热力要求与其表面可润湿两者结合的结果。

测试温度是焊料与被焊接金属接触瞬间之前的温度，因此，它通常与焊料槽中的温度相同。被润湿表面的实际温度，几乎在所有情况下都要低于焊料槽的温度，被润湿表面的实际温度不是常数，而且有明显的变化。

2.8.4　润湿称量法

润湿称量法（Wetting Balance Test）是一种用于鉴定的可焊性测试方法，能够定量地研究任意形状样品的可焊性。在通常情况下，被测试的都是元器件焊端或引脚，但也可以用于其他方面，如 PCB、厚膜衬底、焊剂等。

润湿称量法测试原理如图 2-38 所示，把样品从一台灵敏度很高的天平上悬挂下来，而且

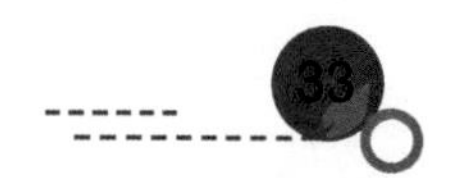

使其边缘浸入熔融焊料之中某个预定深度，熔融焊料的温度是可控的。这样，作用在样品上垂直向上的浮力与表面张力的合力可以用一个传感器进行测定，并转换成电信号，这种信号在高速图形记录仪上被记录成时间函数。我们把这条曲线称为润湿曲线。

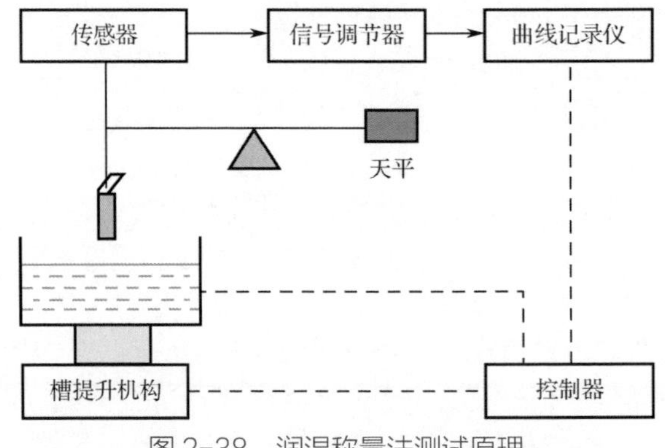

图 2-38　润湿称量法测试原理

当样品浸入熔融焊料某特定深度后，使之在此位置停留一定时间，随后把焊料槽降低，使样品从中退出，当样品在浸入的位置上保持不动时，就可以得到对于时间的记录图形，这个图形就是润湿曲线，如图 2-39 所示。

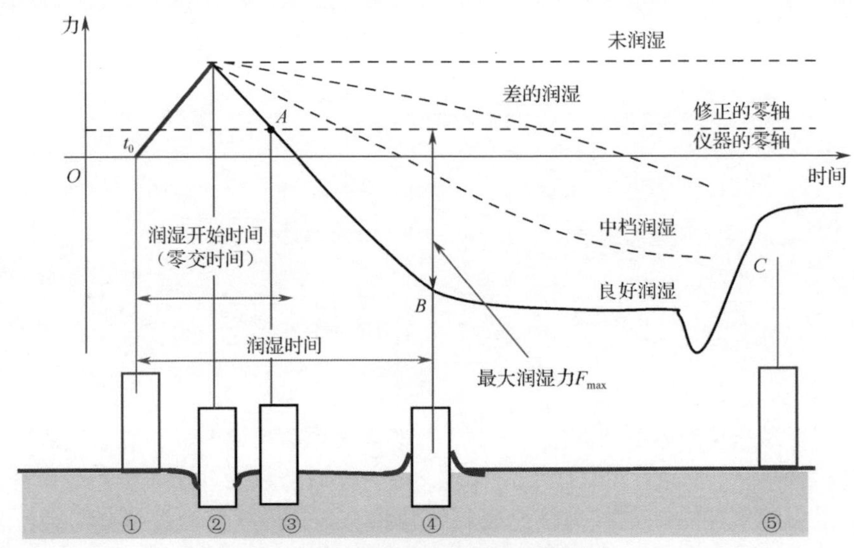

图 2-39　样品润湿状态与润湿曲线

样品在测试过程中经历了以下五个状态：

① 浸入之前。

② 刚浸入瞬间，此时弯液面仍然向下弯，形成一个向上的力。

③ 当润湿达到这样一个位置，其表面张力在垂直方向上的合力为零，此时作用在样品上唯一的力是浮力。

④ 弯液面向上弯，来自表面张力的合力是一个向下的力。

⑤ 样品从槽中退出。

图 2-40 所示为有代表性的润湿曲线。曲线部分代表作用在样品上的力，方向向上的是不润湿状态，用正值表示；方向向下的是润湿状态，用负值表示。水平线代表测试周期开始时的状态，它起着抵消样品重量的作用。虚线表示浮力补偿，润湿力从这里开始测量。在记录的曲

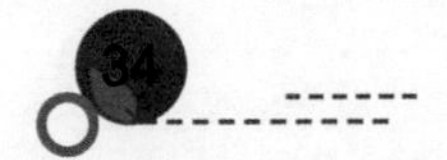

线上某些电和机械的干扰总是存在的，如果设备性能很好，这种干扰就小于等于 4×10^{-5}N 的力。

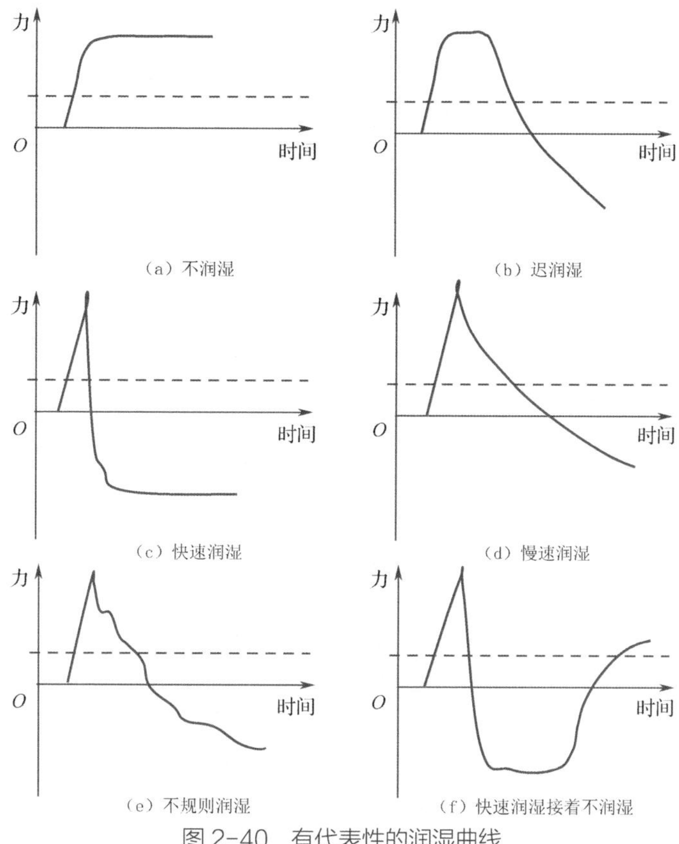

图 2-40　有代表性的润湿曲线

这种试验的优点之一就是它能够对整个的润湿过程进行检测，全部的力与时间的曲线都可以被利用。图 2-39 所示曲线上的某些点尤其重要：

（1）t_0 点是试样与焊料首次接触的时刻。

（2）*A* 点是作用在试样上的力与计算得到的浮力达到相等的瞬间，表示润湿正式开始。

（3）*B* 点是试样在浸入期间向下合力的最大值。

t_0、*A* 点之间的时间是润湿开始时间，也称零交时间。一般用它表示润湿性。

具体试验方法可参见 IPC-TM-650 2.4.14.2 及日本标准 JIS Z 3198 的第 4 部分。其中润湿时间和最大润湿力是两个重要的评价参数。J-STD-004 规定，润湿时间应小于 2s，而最大润湿力 F_{max} 应大于 150mN/mm。

2.8.5　浸渍法

浸渍法（Dip Test）也称浸焊法，是一种廉价、快速、定性的可焊性测试方法，但测试结果往往比较主观。润湿称量法能够得到定量的结果，但速度比较慢，价格比较贵。

浸渍法很简单，就是将被测试试样（PCB 或元器件引脚或焊端）浸入熔融的焊料锅中，拿出来目测其润湿程度——润湿面积的百分率、不润湿的程度。它可以用于 PCB 及元器件焊端可焊性的测试。试验装置没有特定的要求，图 2-41 所示为 IPC-TM-650 2.4.12 中的试验装置示意图，它解决了浸入、提出速度及浸入时间的控制问题，这种试验装置如果用于 PCB 测试，则称为边缘浸渍法。

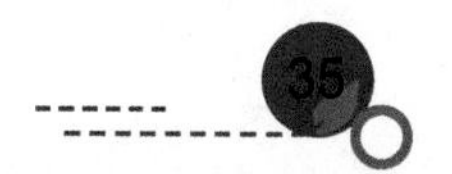

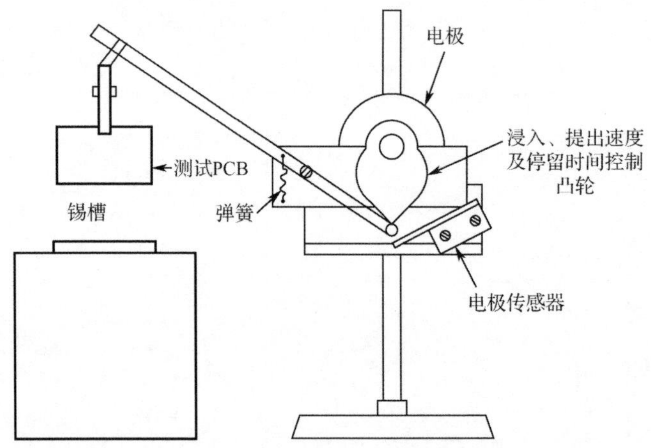

图 2-41　IPC-TM-650 2.4.12 中的试验装置示意图

浸渍法最终的结果依靠目测得出，图 2-42 所示为 IPC J-STD-003 平面镀层可焊性评定参考图。

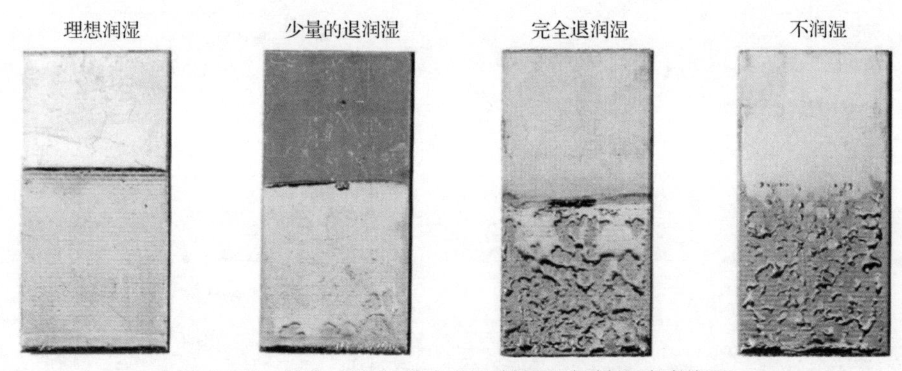

图 2-42　IPC-STD-003 平面镀层可焊性评定参考图

2.8.6　铺展法

铺展法也称漫流参数法、面积扩展法、扩展面积法，可参考 IPC-TM-650 中的 2.4.43～2.4.46 测试方法。

铺展法用于测试液态助焊剂的活性，也用于测试焊膏助焊剂的活性。

当用于测试液态助焊剂活性时，铺展法测试原理如图 2-43 所示。定量的焊料放在受控氧化层厚度的铜表面。涂布一定量的助焊剂后，使焊料热熔。焊料漫流的程度是助焊剂活性的函数。如果氧化层没有除去，润湿将不会出现，焊料将成为一个直径为 D_0 的圆球（忽略重力作用）。助焊剂活性越强，除去的氧化物越多，则焊料堆高度 H 越低。

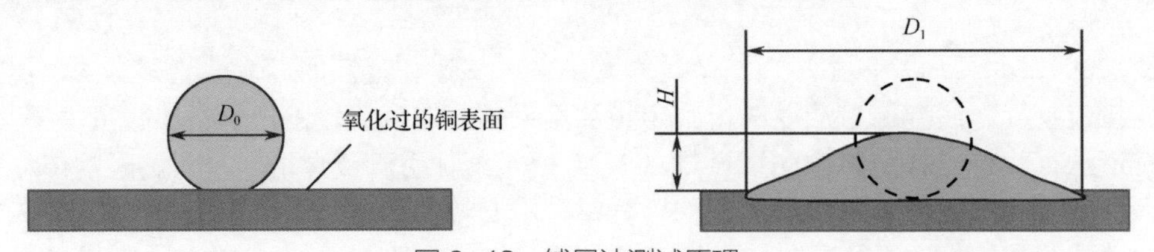

图 2-43　铺展法测试原理

扩展参数或漫流参数用于度量液态助焊剂活性。

$$漫流参数=[(D_1-H)/D_0]\times100$$

直径可通过焊料的质量 W 及其密度 ρ 计算，即

$$D = 1.2407\sqrt[3]{W / \rho}$$

当用于测试焊膏助焊剂活性时，直接采用直径扩展率或扩展直径即可。按照 IPC-TM-650 测试方法 2.4.46、采用锡铅合金测试时，每种助焊剂活性类型的典型最小铺展要求如表 2-2 所示（源自 IPC J-STD-004B 附录 B）。

表 2-2 助焊剂活性类型的典型最小铺展要求

直径/mm	面积/mm²
10.0	78.5
10.7	90.0①
11.3	100②

注：① 对于 L1，建议的最小值。

② 对于 M1，建议的最小值。

2.8.7 老化

在进行可焊性测试前，需要对测试样品进行老化处理。因为，刚刚生产出来的元器件或 PCB，其焊接面的可焊性一般是不存在问题的，但是存放一段时间后，就会因为氧化而出现劣化。测试必须考虑正常储存条件对可焊性的影响。

在电子制造行业，元器件和 PCB 往往要求有一定的储存保质期，通常为 6～12 个月。因此，要等待这段周期后再进行测量显然不切实际，因而必须采用加速存放老化的方法。IPC 研究小组对加速老化进行了专题研究，包括从 1h 蒸汽老化到一个月或数个月的湿热条件测试技术。发现一项技术是否合适取决于焊端镀层的金属性能和预期引起产品质量下降的原因。对锡合金而言氧化是主要原因，而对贵金属镀层而言扩散则是主要原因。

电子制造业界通行的做法是，对锡合金采用 8～24h 的蒸汽老化；对主要由扩散而引起品质下降的镀层，采用 115℃、16h 干热老化；对品质下降机理不明的镀层，则采用蒸汽老化。

焊料合金、微观组织与性能

3.1 常用焊料合金

已经商用的无铅焊料主要有四大系列，即高可靠性的 Sn-Ag 系列、低成本的 Sn-Cu 系列、高熔点的 Sn-Sb 系列和低熔点的 Sn-Bi 系列与 Sn-Zn 系列，如图 3-1 所示。其中 Sn-Cu 系列仅用于波峰焊接和手工焊接，Sn-Zn 系列仅用于再流焊接。

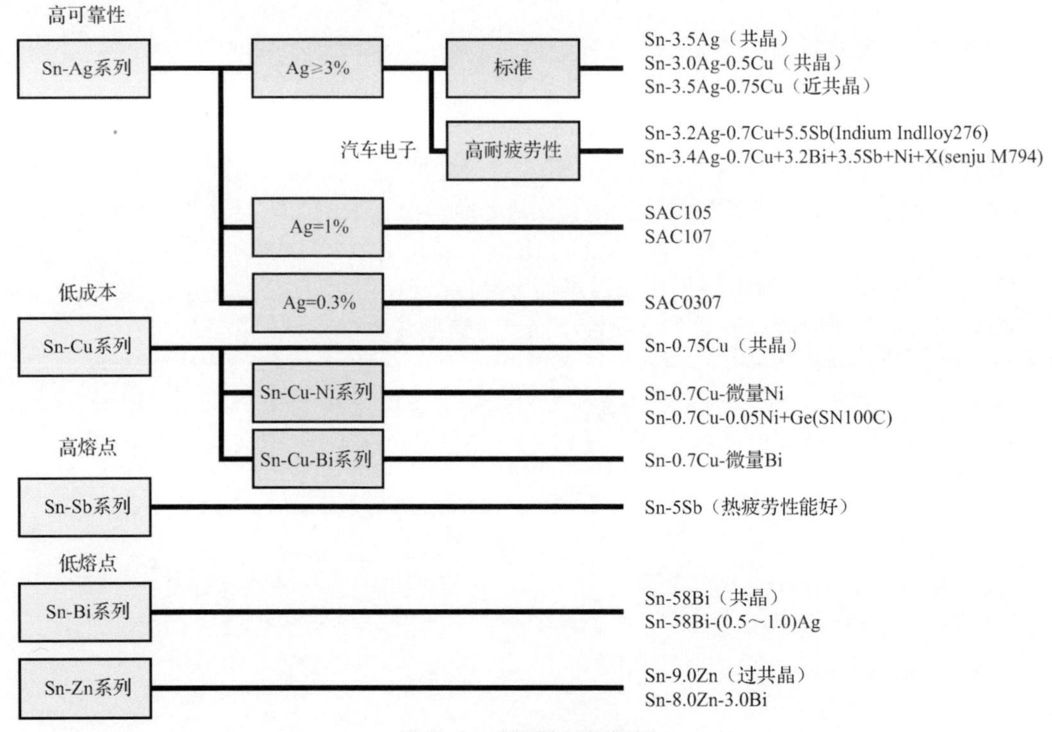

图 3-1　商用的无铅焊料

3.1.1 Sn-Ag 合金

Sn-Ag 合金是无铅焊料的主要系列，包括 Sn-Ag、Sn-Ag-Cu、Sn-Ag-Bi 和 Sn-Ag-In。

（1）Sn-Ag。Sn-3.5Ag 属于共晶合金，熔点为 221℃。Ag_3Sn 是比较稳定的化合物，Ag 几乎不固溶于 Sn，因此，高温性能和抗电迁移性能都相当优秀。Sn-Ag 二元合金相图如图 3-2 所示。

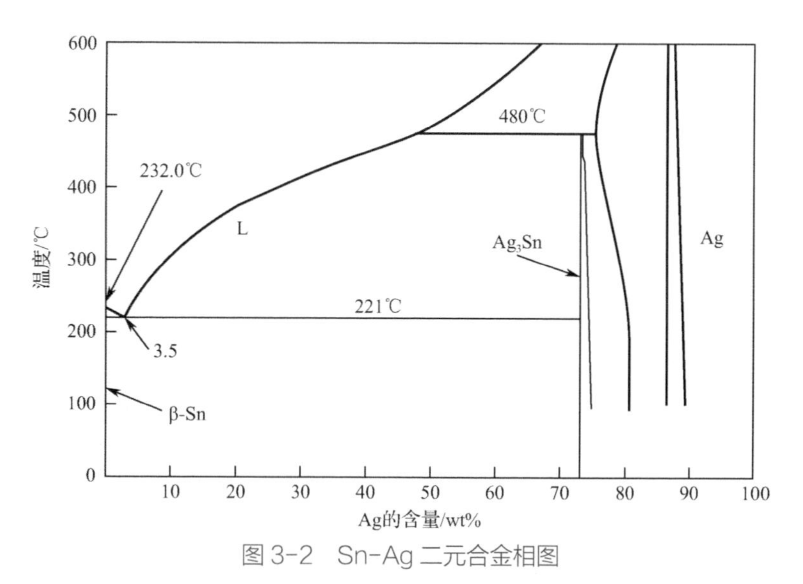

图 3-2　Sn-Ag 二元合金相图

（2）Sn-Ag-Cu（一般缩写为 SAC）。在 Sn-Ag 中加入 Cu，能够在保持 Sn-Ag 合金优秀性能的同时降低熔点，减少 Cu 的溶蚀。常用合金为 Sn-3Ag-0.5Cu（一般缩写为 SAC305），显微组织与 Sn-Ag 共晶合金几乎没有区别，Ag_3Sn 仍然呈纤维状，Cu 与 Ag 一样，几乎不固溶于 Sn，共晶部分含有 Cu_6Sn_5，但形态与 Ag_3Sn 相近，无法区分。由于 SAC305 等的溶 Cu 性，一般不能用于波峰焊接。

含 Ag 超过 3.2%就比较容易形成板状 Ag_3Sn 初晶。

（3）Sn-Ag-Bi。Sn-Ag-Bi 合金中 Bi 的含量≤3%（作为杂质加入），主要用于降低熔点和改善润湿性。

（4）Sn-Ag-In。In 价格十分昂贵。在 Sn 合金中添加 In 同样可以使合金熔点降低，添加 4%时熔点降低为 210℃，添加 8%时熔点降低为 206℃。一般添加量小于 20%。

3.1.2　Sn-Cu 合金

（1）Sn-Cu 合金因不含 Ag，所以价格低。其二元合金相图如图 3-3 所示。

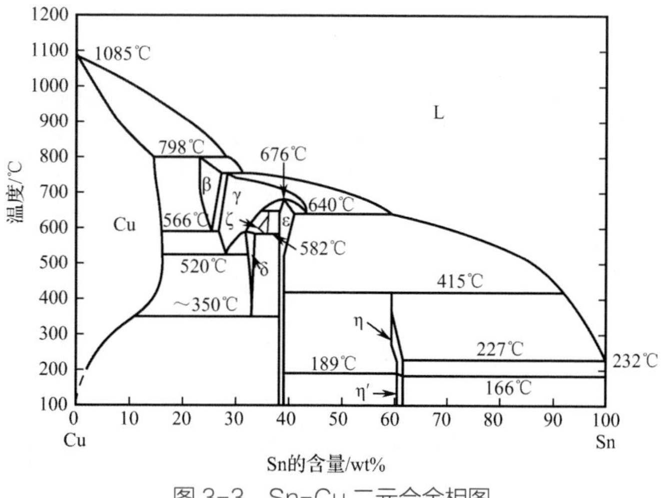

图 3-3　Sn-Cu 二元合金相图

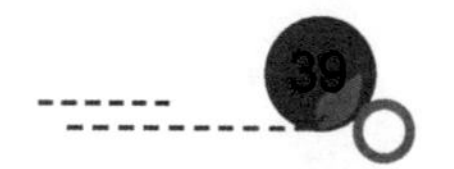

（2）共晶点为 Sn-0.75Cu，共晶温度约为 227℃，此熔点在无铅焊料中偏高。

（3）Sn 的含量>60%时的组织与共晶合金组织类似，可看作 Sn-Cu_6Sn_5 二元共晶合金。

（4）Sn-Cu 共晶合金组织与 Sn-Ag 共晶合金类似，都由β-Sn 初生晶粒和包围着初晶的 Sn-Cu_6Sn_5 共晶组织组成。虽然组织类似，但 Cu_6Sn_5 的稳定性不如 Ag_3Sn，其细微的共晶组织在 100℃下保存数小时就会消失，变成分散着 Cu_6Sn_5 的粗大组织。因此，Sn-Cu 系焊料的高温性能和疲劳性能都劣于 Sn-Ag 合金。

Sn-Cu 合金中 Cu_6Sn_5 的分散量少，较 Sn-Ag-Cu 合金柔韧，为了使 Cu_6Sn_5 组织细小化，一般添加微量的 Ag、Ni、Au 三种元素。添加 0.1%的 Ag 就可以将焊料的塑性提高 50%。Ni 的添加能减少锡渣。

（5）Sn-Cu-Ni 由于其良好的润湿性、抗溶 Cu 性，主要用于波峰焊接。由于其比较高的熔点及较低的温循可靠性，一般不用于再流焊接。

3.1.3 Sn-Bi 合金

（1）Sn-Bi 合金凝固时的一大特色是 Bi 原子无限固溶于 Sn 晶格中，而不像其他 Sn 合金形成金属间化合物。Sn-Bi 二元合金相图如图 3-4 所示。

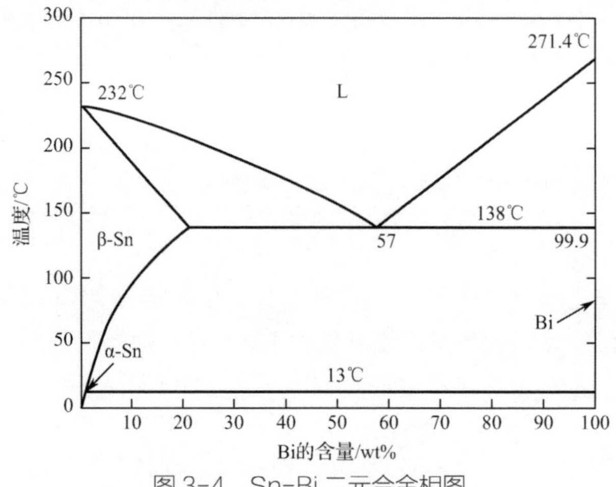

图 3-4 Sn-Bi 二元合金相图

（2）通常用于焊料的合金成分位于共晶点附近左侧，可以根据需要在大范围内（139～232℃）调节熔点。Sn-58Bi 共晶合金由于其熔点低常用作低温焊料，且焊接效果理想。

（3）亚共晶组织的 Sn-Bi 合金，凝固时 Bi 以 10μm 以上的粒径从金属中析出，同时由于 Bi 的固溶度降低，Sn 初晶中也有细小的板状 Bi 析出。Bi 合金的一大问题是 Bi 较脆，耐冲击性较差。

（4）与 Pb 匹配性非常差，两者无法共存。

（5）如果 Bi 含量偏离共晶成分很远（如 9%）或有微量 Pb 存在，通孔插装波峰焊接焊点会发生焊点从焊盘剥离的现象。

3.1.4 Sn-Sb 合金

（1）锑（Sb）是少数能够固溶于β-Sn 的合金元素（高温下），Sn-5Sb 合金在焊接的瞬间可使 Sb 固溶于β-Sn，冷却时析出β-SnSb。Sn-Sb 二元合金相图如图 3-5 所示。

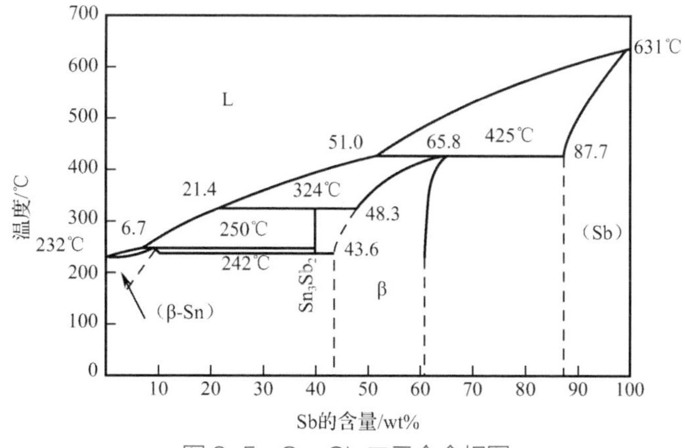

图 3-5　Sn-Sb 二元合金相图

（2）Sb 同 Pb、Bi 一样，可以降低 Sn 的表面张力，从而增加其润湿性。

（3）Sn-Sb 合金拥有很好的抗热疲劳性能。此合金不是共晶合金，Sb 在 200℃时能够在β-Sn 中固溶 10%，而在室温下几乎不固溶。

3.1.5　提高焊点可靠性的途径

焊点失效基本有以下两种模式：

- 疲劳失效；
- 应力断裂。

提高焊点可靠性的途径主要是固溶强化、IMC 颗粒强化、细晶粒强化，提高应力断裂的途径主要是降低 IMC 厚度。图 3-6 所示为日本千住金属高可靠合金牌号与原理，仅供参考。

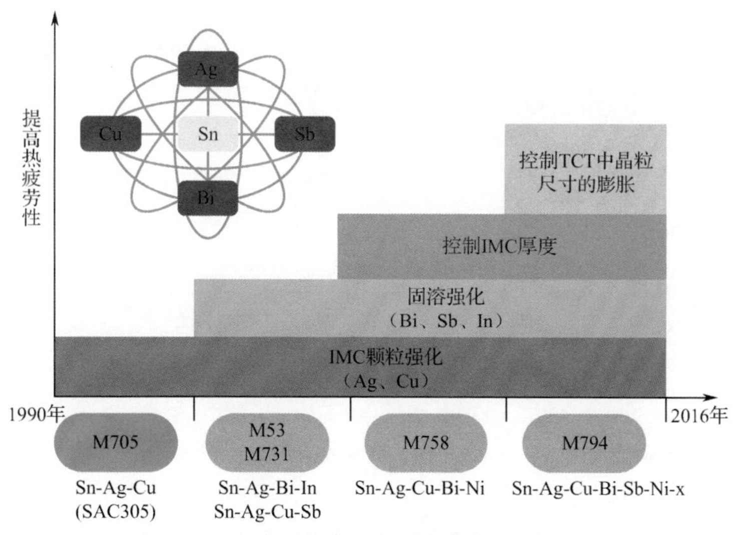

图 3-6　日本千住金属高可靠合金牌号与原理

3.1.6　无铅合金中常用添加合金元素的作用

无铅合金几大系列以 Sn 为主，通过添加 Ag、Cu、Sb、Bi 等不同金属元素构成。不同合金系选择的添加元素不同，这是因为解决的问题不同。同时，因元素间的相互作用（如抵消作用），同样的元素在不同的合金中发挥的作用也不完全相同，这点需要注意。

1. Ag 的影响

广泛使用的 SAC 合金属于 Sn-Ag 系列，添加 Ag 主要用于提高热疲劳寿命；添加 Cu 能够在保持 Sn-Ag 合金优秀性能的同时降低熔点，减少 Cu 的溶蚀。

添加 Ag 是通过 Ag_3Sn 相的弥散强化功能改善机械性能的，因此，SAC 合金机械性能的提升与 Ag 的含量有关，如图 3-7 所示。从图 3-7 中可以看到，含 Ag 量超过 3wt%，机械性能提升不再明显，因此，Ag 的含量一般限制在 4wt%以内。

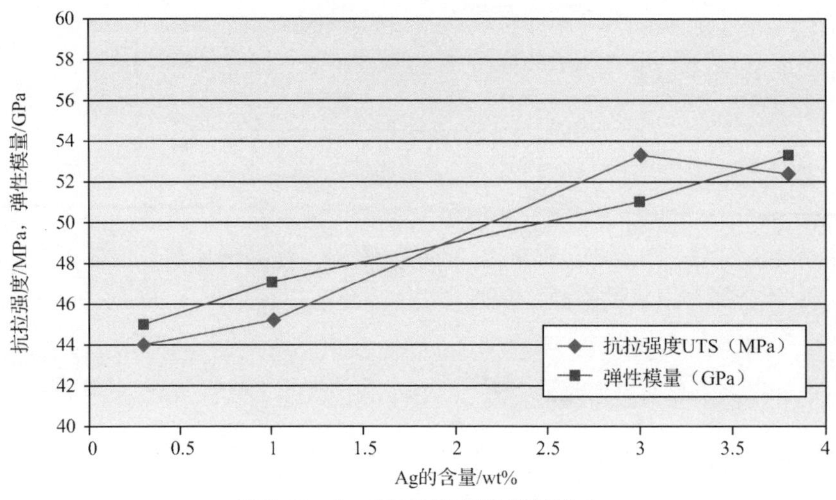

图 3-7　Ag 含量对机械性能的影响

Ag 对 SAC 合金的微观组织和强度的影响如图 3-8 所示。

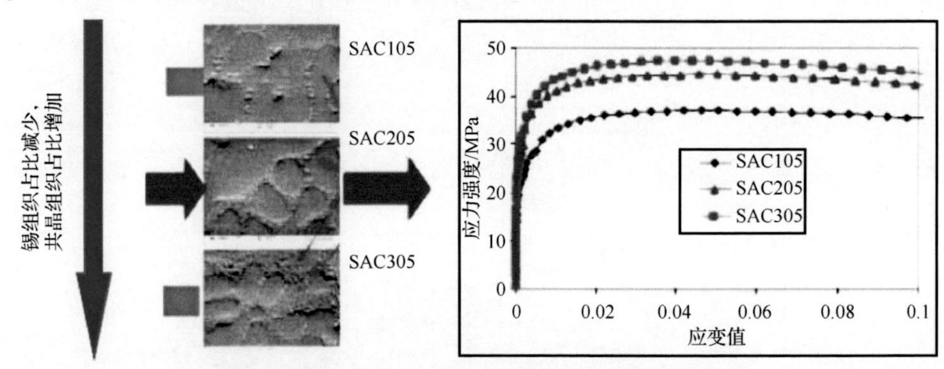

图 3-8　Ag 对 SAC 合金的微观组织和强度的影响

Ag 的含量对焊料的润湿性影响也很大，如图 3-9、图 3-10 所示。

2. Cu 的影响

（1）在 SAC 焊料中添加 Cu，能够在保持 Sn-Ag 合金优秀性能的同时，降低熔点，减少 Cu 的溶蚀。

（2）随着 Cu 含量的增加，界面 IMC 结构也发生变化，如图 3-11 所示。Cu 抑制 Ni 的溶解，但也促进 PCB 侧 IMC 的形成及板状 Ag_3Sn 晶核的形成（当 Cu 含量大于 3.2%时，比较容易形成板状的 Ag_3Sn）。随着 Cu 含量的增加，焊点在应力作用下的断裂模式更多地以塑性断裂模式为主，脆性断裂的倾向减弱。

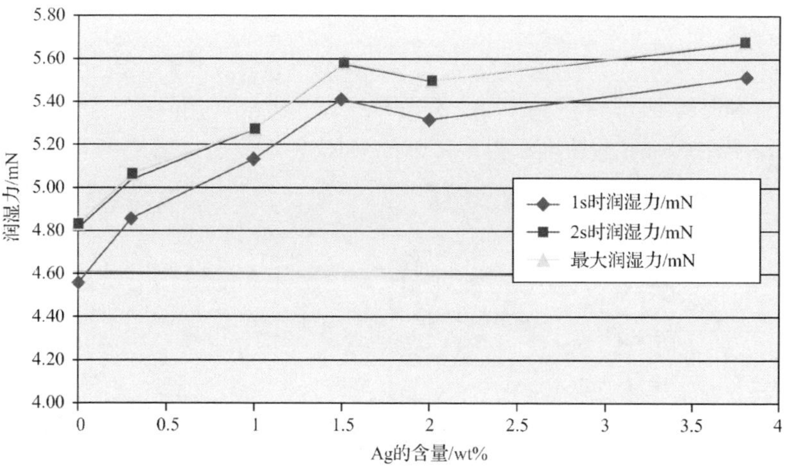

图 3-9　Ag 含量对润湿力的影响

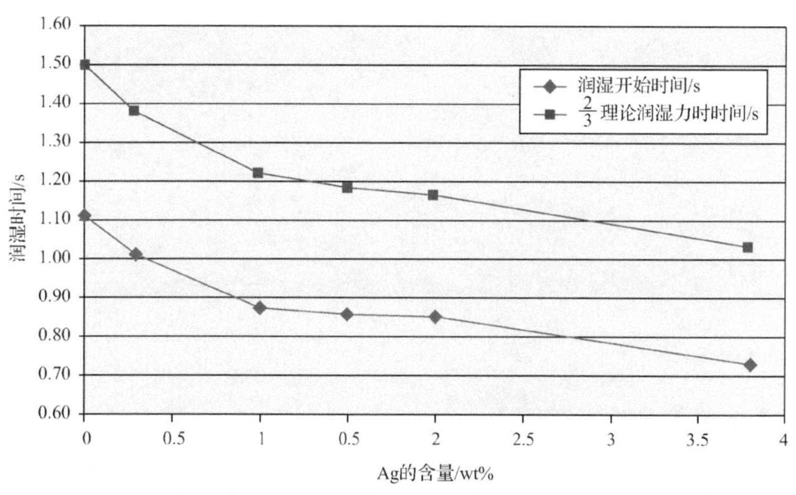

图 3-10　Ag 含量对润湿时间的影响

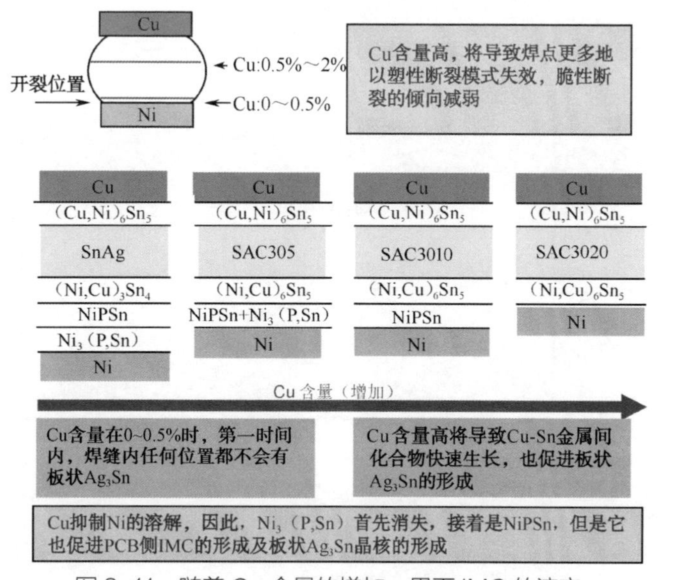

图 3-11　随着 Cu 含量的增加，界面 IMC 的演变

3．Ni 的影响

（1）在焊料中添加 Ni，具有抑制 Cu_3Sn 层，同时显著促进$(Cu,Ni)_6Sn_5$生长的作用，如图 3-12 所示。因此，随着焊料中 Ni 含量的增加，会产生较厚的$(Cu,Ni)_6Sn_5$层及较薄的 Cu_3Sn 层。由于$(Cu,Ni)_6Sn_5$的厚度比 Cu_3Sn 的厚度大得多，因此 IMC 总厚度仍在增加。

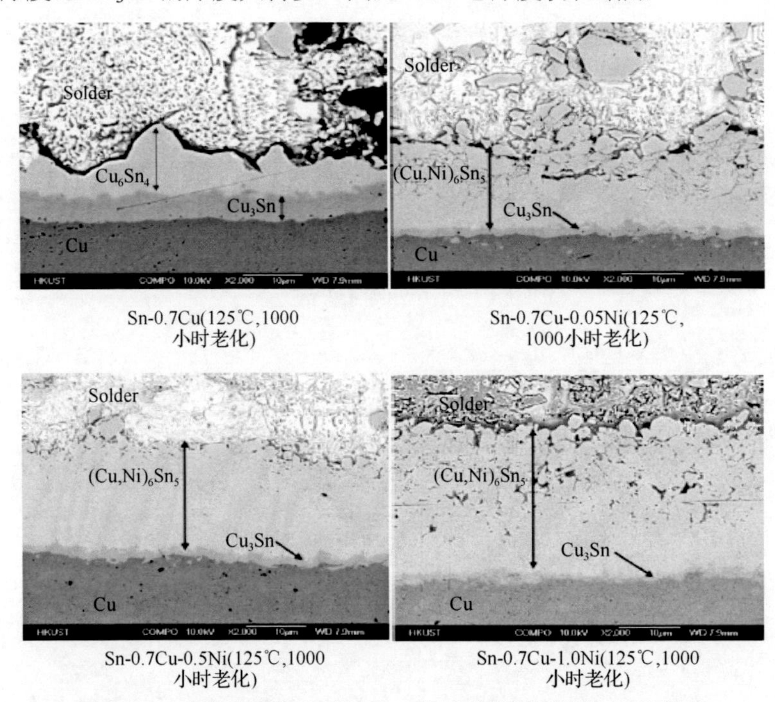

图 3-12　老化 1000 小时后 Sn-Cu(Ni)焊料形成的 IMC 结构

（2）加入微量的 Ni，有利于形成稳定的$(Cu,Ni)_6Sn_5$。

（3）Ni 还具有细化晶粒的作用。

（4）添加 0.1%的 Ni 到 Sn-Cn 合金中，可以起到增加流动性的作用，如图 3-13 所示，也有减少锡渣的作用。

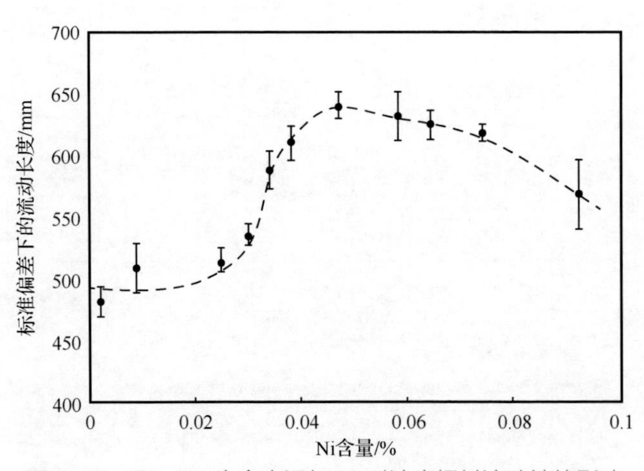

图 3-13　Sn-Cu 合金中添加 Ni 对液态焊料流动性的影响

4．Bi 和 In 的影响

Bi、In 主要用于低银合金降低熔点温度，需要注意的是，它们都有合适量的要求，Bi 含量

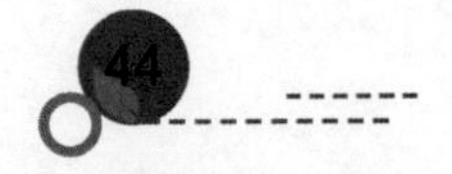

应不大于 4%，大于 4%时不耐摔；In 含量应不大于 20%，才能起到提高焊锡合金硬度的要求。

1）In

In 的价格十分昂贵，在 Sn 合金中加入 In，同样可以使合金熔点降低，添加 4%的 In 时降低到 210℃，添加 8%的 In 时降低到 206℃。In 比 Ag 活泼，因此凝固时先形成含 In 的化合物，添加 In 到 4%时 Ag_3Sn 消失，取而代之的是金属化合物ζ-Ag_3In，添加 In 到 8%，合金凝固时析出ζ-Ag_3In 和γ-$InSn_4$。In 对机械性能的影响较小，如图 3-14 所示。

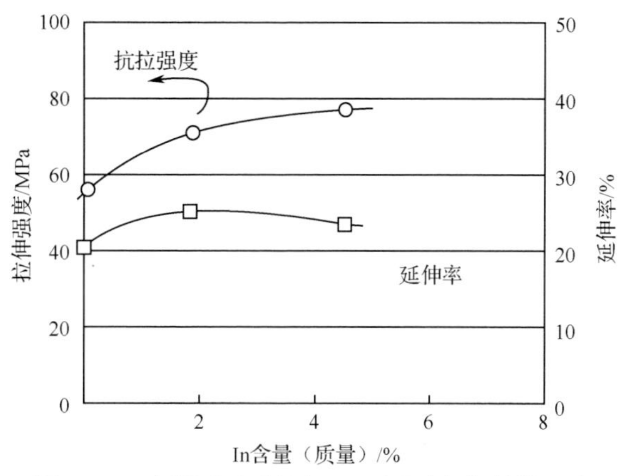

图 3-14　低银合金中添加 In 对强度与塑性的影响

In 很软，加多了，焊点变软，可靠性下降，一般 In 的含量小于 20%时合金比较硬，超过 50%后变软，可靠性下降。因此，一般 In 的加入量应小于 20%。

2）Bi

在 Sn 合金中加入 Bi，可降低熔点，改善润湿性，固溶强化。但是需要注意，在合金中加入微量的 Bi 可以维持 Ag_3Sn 的分散组织，但加多了会引起 Ag_3Sn 组织粗化。

添加 Bi 并非完全有利，Bi 自身是一种较硬脆的金属，因此，如果形成粗大的组织，会使机械性能劣化。另外，Bi 能固溶于 Sn 中，使母相变硬，在改善焊料强度的同时导致塑性下降，加入 2%的 Bi 时合金的塑性就下降近一半，如图 3-15 所示。因此，Bi 的含量应限制在 4%以内。

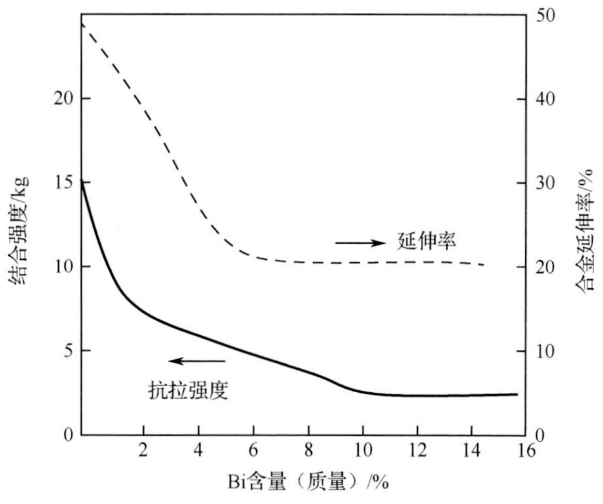

图 3-15　低银合金中添加 Bi 对强度与塑性的影响

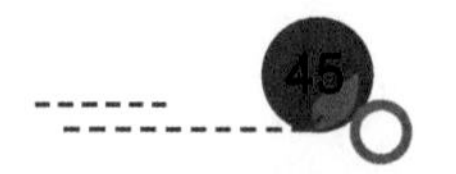

5．Sb 的影响

几乎不降低 Sn 合金的熔点，拥有非常好的抗热疲劳性能。

6．其他微量添加元素的影响

Ni、Co、Mn、Ce，细化晶粒，抑制 IMC 生长。

P、Ge、Ga，减少波峰焊接时 Cu 的溶蚀。

3.2 焊点的微观结构与影响因素

焊点的微观结构决定了焊点的机械性能，而焊点的微观结构取决于其元素组成和工艺条件。本节我们将介绍锡铅合金与常用无铅锡合金的微观组织及影响因素，以便让大家更好地理解影响焊点寿命的因素，提升焊点的可靠性。

3.2.1 微观结构

所谓的微观结构，通常根据被检查对象的尺寸和分析仪器的检测能力进行区分，就焊点而言，一般把尺寸范围在 10^{-2}～10^{2}μm 内的焊点结构归为微观结构。

焊锡通常是多晶的，由许多聚集的微小晶体或晶粒组成。大多数焊锡包含各种尺寸的多种金相，它们是根据热力学和动力学的条件形成和分布的。比晶粒更细小的结构，称为亚微观结构，在晶粒内表现为原子的排列，它的尺度以埃（Å=10^{-10}m）为长度计算单位。比微观结构更大的尺度是宏观结构，人类的眼睛在没有仪器的帮助下也可以辨识这种结构。

进行宏观检查时，通常用放大 50 倍的仪器就可以了，但如果要进行微观检查，则要求更大的放大效果，通常用到 500～2000 倍。焊点的微观结构可以用光学显微镜来检查，也可以用扫描电子显微镜（SEM）来检查。无论用哪一种方法进行检查，首先都要对样品进行适当的抛光，并且在常规的蚀刻液中蚀刻，让有关的金相显露出来。

做 SEM 检查时，富铅相呈浅色相，而富锡相呈深色相，如图 3-16（a）所示；用光学显微镜检查时，富铅相和富锡相的颜色则反过来，如图 3-16（b）所示。不过，无铅焊锡的微观结构随着具体的元素组成而改变。

为了评估焊点，需要选择一个适当的横截面，才能进行精确的、有意义的检查，这点十分重要。在一些情况下，需要检查多个横截面，才能揭示焊点的状态。

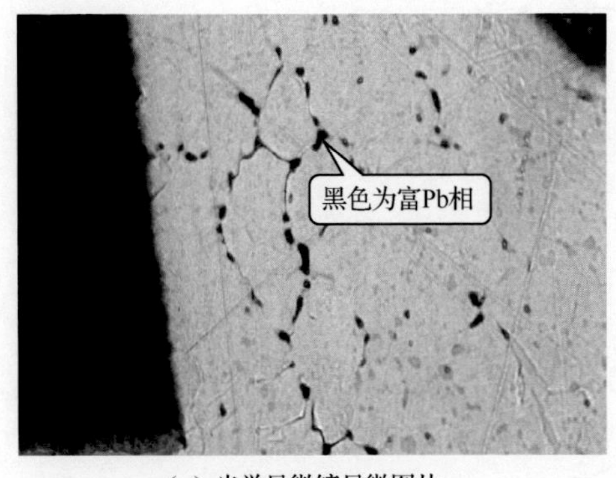

（a）光学显微镜显微图片

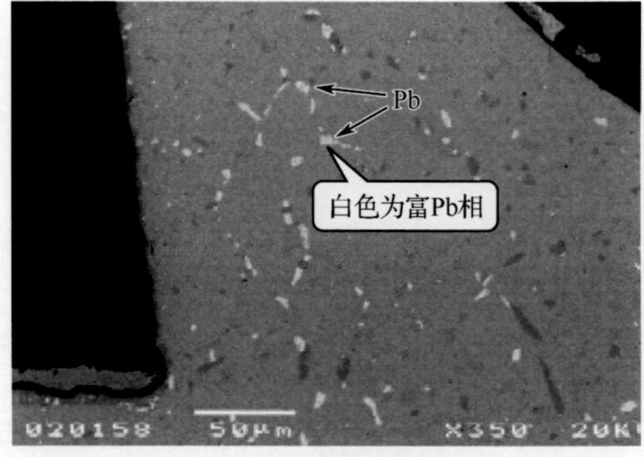

（b）电子显微镜显微图片

图 3-16　Sn-Pb 焊点光学显微镜显微图片与电子显微镜显微图片

3.2.2 组成元素

一种元素（溶质）添加到另一种元素（溶剂）中时，由此产生的合金成为下列 4 个合金

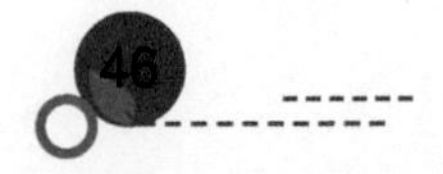

系（存在或缺少固溶体/或金属间化合物）中的一种合金：

（1）在固态和液态时都具有完全混溶特性的合金，如 Cu-Ni 系合金，其相图如图 3-17（a）所示。

（2）在液态时有完全的混溶特性，在固态时有部分混溶特性的合金，如 Sn-Pb 系合金，其相图如图 3-17（b）所示。

（3）在液态时有完全的混溶特性，在固态时没有混溶特性的合金，如 Ag-Si 系合金。

（4）含有金属间化合物的合金，如 Sn-Ag 和 Sn-Au 系合金。

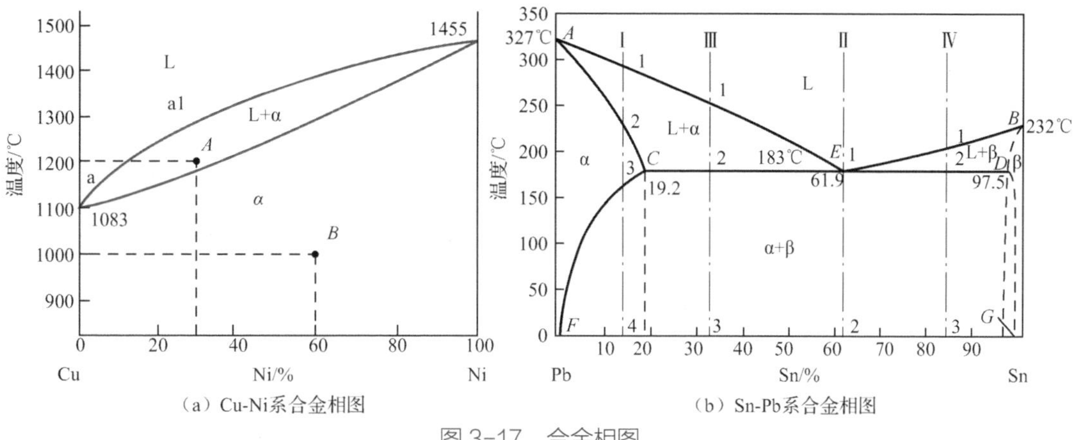

图 3-17　合金相图

当两种能够互相溶解的元素混合在一起时，将形成固溶体。溶剂的晶体结构保持不变，混合物保持单一的均匀相。从热力学的角度看，冶金相是宏观均匀的，一种已知化学成分和结构的合金的各组成部分在物理上是可以区分的。固溶体通常遵循 Hume-Rothery 规则。如果有溶质和溶剂的话，形成替位固溶体是可以预计的：

- 原子半径相近（相差 15%或更小）；
- 相同的晶体结构；
- 负电性相近；
- 化合价相近。

铜和镍之间可以以任何浓度互溶，固溶性不受限制，可以形成单相合金。锡和铅的固溶性有限或具有部分相溶性，但是 Sn-Pb 系合金不符合 Hume-Rothery 规则的要求，将生成“双相合金”——富锡相与富铅相。当一个系统超过一个相时，每个相都有自己独特的化学成分，与合金的整体成分不一样。

当形成金属间化合物时，有一种新的晶体结构形成。金属间化合物温度总是高于形成金属间化合物的每个元素的熔化温度。Sn-Ag 和 Sn-Cu 系合金含有金属间化合物，所以它们是 SAC 系，这是 SAC 与 Sn-Pb 焊锡的主要区别。

3.2.3　工艺条件

焊点的微观结构受所使用工艺的影响。在所有其他条件相同的情况下——同样的合金、同样的 PCB 焊盘表面处理、相同的元器件，焊点的微观结构会随着工艺参数的改变而改变。对于一个已知的系统，在形成焊点的工艺中，影响焊点微观结构形成的工艺参数包括加热参数和冷却参数。

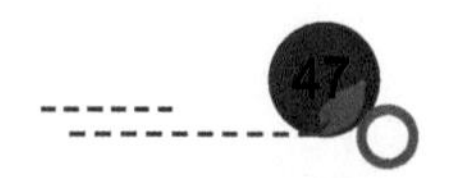

1．加热参数

在焊接工艺的加热阶段，起关键作用的参数是峰值温度和温度高于液相线的时间。更高的峰值温度或更长的液相线的时间，将会在焊点的界面和焊点内部形成过多的金属间化合物。在促使形成金属间化合物过多的条件下，界面上的金属间化合物厚度增加。峰值温度足够高和温度高于液相线的时间延长时，金属间化合物会增多，并且向焊点内部迁移。显然，对于 OSP 表面层上锡基焊点的情况，在界面形成的 Cu_xSn_y 金属间化合物（通常是 Cu_6Sn_5 和 Cu_3Sn）可能会迁移到焊点内部，导致微观结构中增加 Cu_xSn_y 金相。

在极端情况下，金属间化合物会出现在焊锡的自由表面上，造成焊点外观改变。外观的变化直接反映微观结构的改变。可以预计，所有三种形式金属间化合物的机制和现象会对焊点产生不利的影响，或者体现在焊点的外观方面，或者体现在焊点的机械性能方面。

必须指出，PCB 焊盘的镀层性质与焊锡成分的冶金亲和力可能会影响焊点微观结构的形成。如浸锡、浸银、OSP、HASL 表面处理，它们参与界面反应的是 Cu，它在熔融 Sn 中的扩散速度是 Ni 的 8.6 倍，容易形成比较厚的 IMC（Intermetallic Compound，金属间化合物）层，而 ENIG 表面处理形成的 NiSn 金属间化合物厚度相对要薄一些。

2．冷却参数

冷却速度越快，形成的微观结构越细小。对于锡铅共晶合金，缓慢的冷却速度使微观结构更接近于平衡状态。

共晶焊锡的微观结构往往由 Sn-37Pb 呈现的特有薄层聚集体组成。随着冷却速度提高，薄层聚集体结构的退化增加，最终消失。对于无铅焊锡，如 SAC，更快的冷却速度也会产生更细小的锡晶粒。

人们普遍认为冷却速度上升会在锡块中产生更细小的晶粒（金相）结构，但这个一般规律往往会由于界面边界和焊点界面的冶金反应而变得复杂。

3.3 焊点的微观结构与机械性能

焊点的机械性能取决于微观金相结构，这是所有金属材料的普遍属性。因此，通过微观结构可以深入了解焊点的机械性能、完整性，并且可以预知焊点的行为。

如果根据通用的成熟技术评估焊点的机械性能，焊点最重要的 4 个特性是：剪切强度、蠕变、等温疲劳及热机械疲劳，把这 4 个特性的含义综合起来，我们便可以了解焊点的性能。

对于锡铅焊锡，一方面可以通过非常缓慢的冷却速度来提高剪切强度，缓慢冷却可以使微观结构形成接近于平衡的层状共晶结构。另一方面，使用很快的冷却速度会使晶粒的尺寸变得更细，可以提高焊点的强度。

因此，对于一个专业人员，自然会问：哪一个方法更好？冷却快些还是慢些呢？

对于蠕变模式引起的塑性形变，抗蠕变强度取决于操作机制。在晶格或空位扩散过程占主导地位的步骤时，如果微观结构的晶粒尺寸变得更细，抗蠕变强度往往比较低。这是因为冷却更快，造成的空位浓度变大。

在热循环情况下，提高抗疲劳性能往往涉及使晶粒尺寸变小的问题。

在等温疲劳环境中，微观结构和抗疲劳的关系更加复杂。尽管如此，对于低频热循环的抗疲劳，微观结构中的均匀性最重要。

对于 Sn-Ag-Cu 系无铅合金，加热参数和表面处理层的冶金特性可能会对焊点的微观结构产生相当大的影响。

Sn-Pb 焊锡形成的金属间化合物和无铅焊锡形成的金属间化合物之间有明显的差别。金属

间化合物的特性、大小、形态和分布将随加热条件和基板的合金特性而改变。

对于其他的无铅合金（非 SAC 合金），如选择目前可以得到的锡铜合金和四元合金（Sn-Ag-Cu-Bi、Sn-Ag-Cu-In、Sn-Ag-Bi-In 等），它们的反应性和易损性往往会降低。

3.3.1　焊点（焊料合金）的金相组织

1．Sn-37Pb 合金金相组织

Sn-37Pb 合金金相组织由两个金属相决定——锡与约 2%的铅、铅与约 20%的锡固溶体，在共晶合金中，通常两个金属表现为交错叠层的均匀片状结构，如图 3-18 所示。

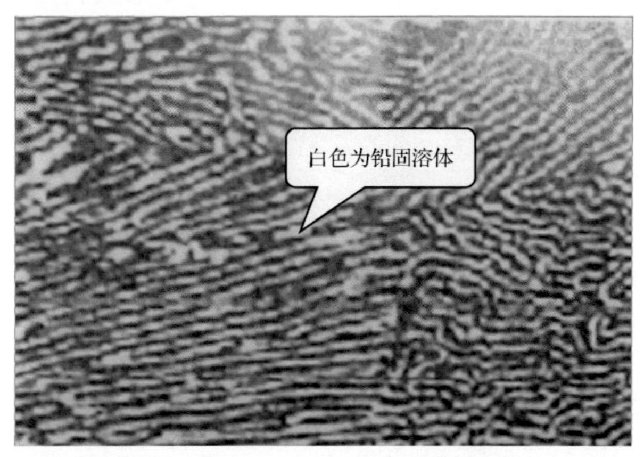

图 3-18　Sn-37Pb 焊点的金相组织

2．Sn-3.5Ag 合金金相组织

Sn-3.5Ag 合金金相组织为“$Sn+Ag_3Sn$”，通常 Ag_3Sn 能够均匀地分散在母体 Sn 相中并构成环状结构，如图 3-19 所示。白色微粒为 Ag_3Sn，粒径在 1μm 以下。

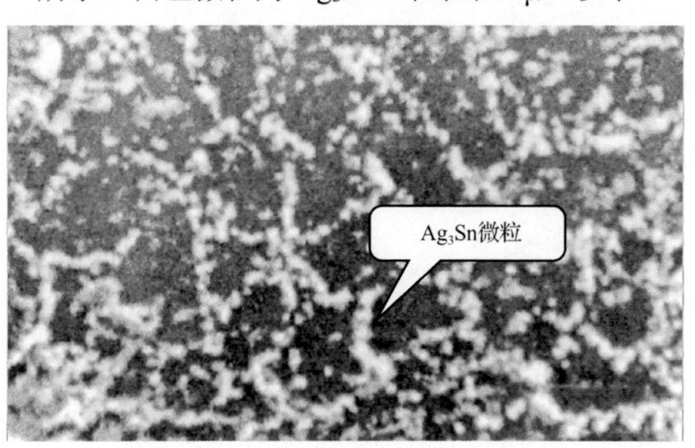

图 3-19　Sn-3.5Ag 焊点的金相组织

3．SAC 合金金相组织

SAC 合金金相组织为纯 Sn 加 IMC（Cu_6Sn_5、Ag_3Sn），焊料中金属间化合物（切片图）如图 3-20 所示。A 为树枝状结晶组织，为 Sn 相；B 为共晶相，包括二元共晶物（$Sn+Cu_6Sn_5$、$Sn+Ag_3Sn$）和三元共晶物（$Sn+Cu_6Sn_5+Ag_3Sn$）；C 为晶界处金属间化合物（$Cu_6Sn_5+Ag_3Sn$），Ag_3Sn 呈针状。

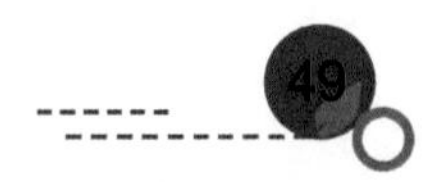

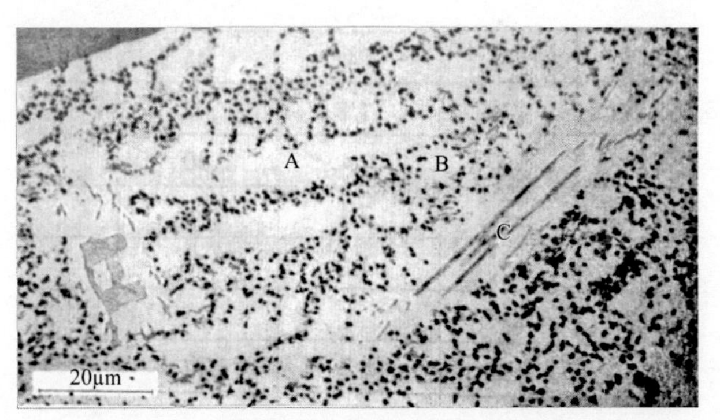

图 3-20　焊料中金属间化合物（切片图）

4．用 Sn-37Pb 焊接 SAC305 形成的合金金相组织

用 Sn-37Pb 焊接 SAC305 形成的合金金相组织比 SAC 多一个富 Pb 相，如图 3-21 所示。

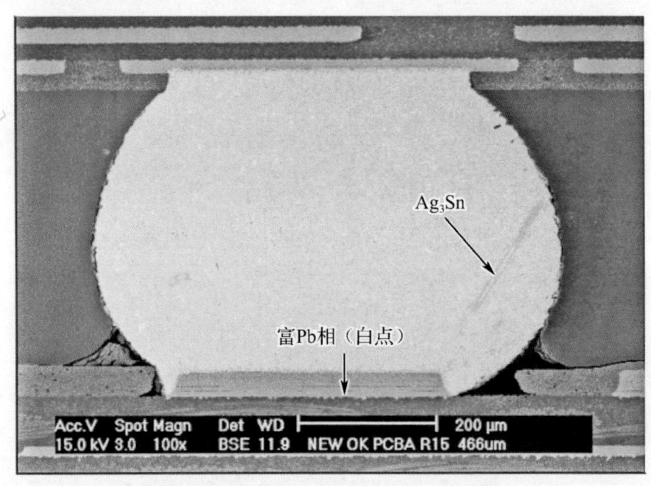

图 3-21　焊料中富 Pb 相（切片图）

3.3.2　焊接界面金属间化合物

金属间化合物（IMC）是界面反应的产物，也被当作形成良好焊点的一个标志。

在各种焊料合金中，大量的 Sn 是主角，它是形成 IMC 的主要元素。其余各元素仅起配角作用，主要是为了降低焊料的熔点及抑制 IMC 的生长，少量的 Cu 和 Ni 也会进入 IMC。

界面金属间化合物的形貌与焊后老化时间有关。

1．Sn 与 Cu 的界面反应

Sn-Pb、SAC、Sn-Cu 焊料与 OSP、Im-Ag、Im-Sn 及 HASL 的界面反应一样，本质都是 Sn 与 Cu 的界面反应。

在 200～350℃范围内，Sn 与 Cu 的界面反应总会形成 Cu_6Sn_5、Cu_3Sn 的双层结构，如图 3-22 所示。在 240～330℃范围内，Cu_6Sn_5 和 Cu_3Sn 同时生长，Cu_6Sn_5 主要在 Cu/Sn 边界形成，Cu_3Sn 一般在 Cu_6Sn_5 与金属 Cu 边界形成，且在富 Sn 相中 Cu_6Sn_5 要比 Cu_3Sn 生长快得多。另外，在再流焊接过程中，Cu_6Sn_5 以扇贝形态生长，晶粒粗化过程和扩散过程也发生在 Cu_6Sn_5 中。Cu_3Sn 一般非常薄，为 0.2～0.5μm，如果放大倍数≤1000 倍，一般无法看到。一般认为 Cu_3Sn 属于不好的组织，它使焊缝变得很脆。

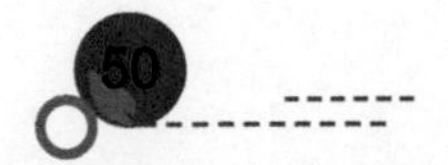

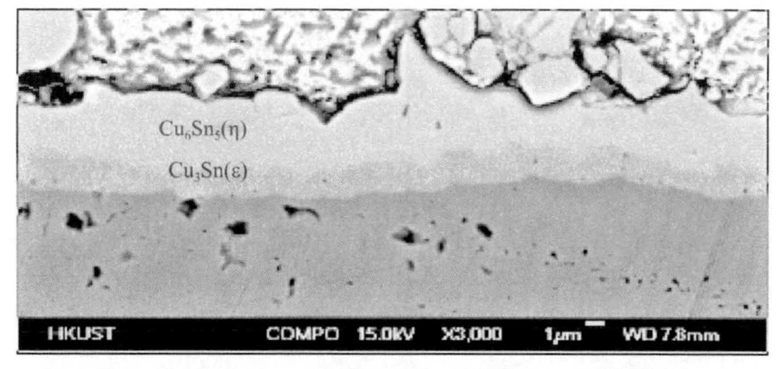

图 3-22　Sn 与 Cu 界面反应形成的 IMC 典型形貌

通常看到的 Sn-Pb 与 Cu 界面反应形成的 IMC 形貌如图 3-23 所示。

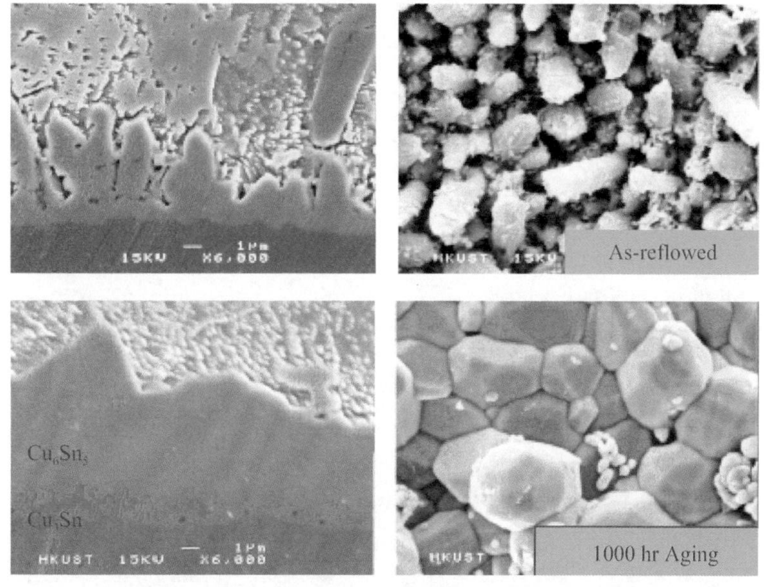

图 3-23　Sn-Pb 与 Cu 界面反应形成的 IMC 形貌

2. Sn 与 Ni 的界面反应

Sn-Pb 焊料与 ENIG 的界面反应属于 Sn 与 Ni 的界面反应。由于 Ni 比较稳定，界面反应层与 Cu 相比一般薄得多。根据相图推测反应结构，即 Ni_3Sn/ Ni_3Sn_2/ Ni_3Sn_4，然而实际的钎焊界面看不到 Ni_3Sn。在 Ni 的合金镀层中，很容易观察到 Ni_3Sn_4。

Sn 与 Ni 形成的 IMC 为 Ni_3Sn_4，典型形貌如图 3-24 所示。

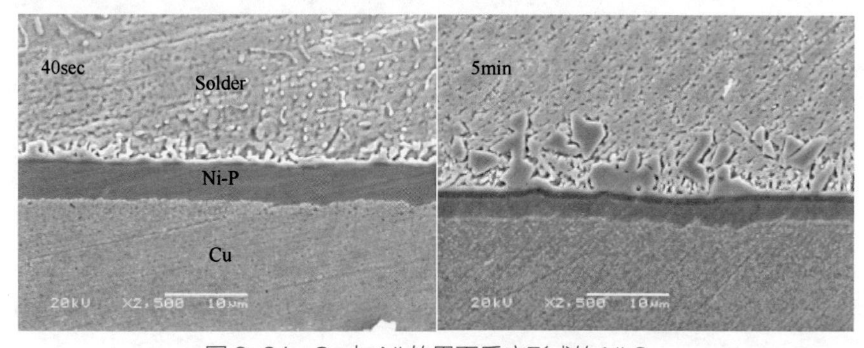

图 3-24　Sn 与 Ni 的界面反应形成的 Ni_3Sn_4

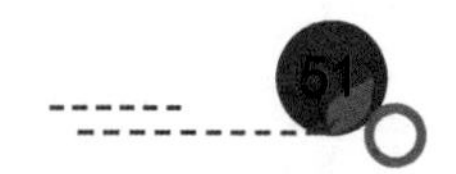

通常看到的 Sn-Pb 与 ENIG 的界面反应形成的 IMC 形貌如图 3-25 所示。

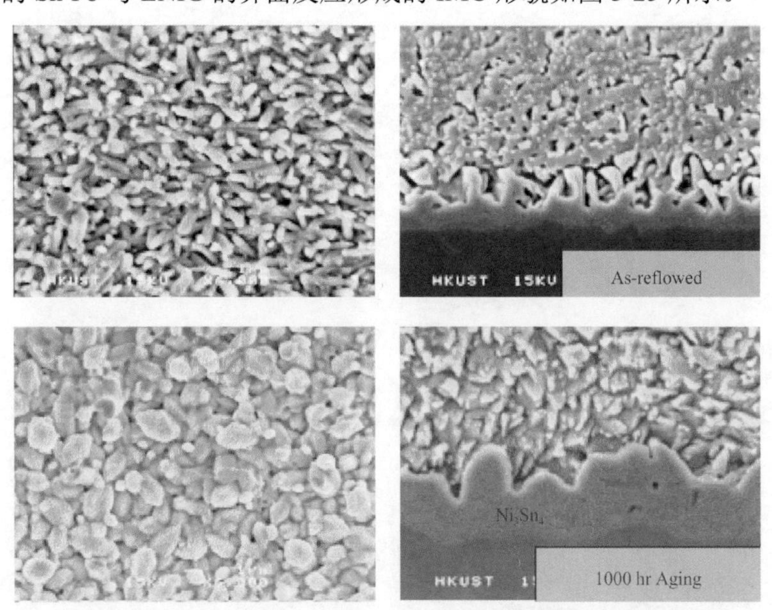

图 3-25　Sn-Pb 与 ENIG 的界面反应形成的 IMC 形貌

3．Sn-Cu-Ni 的界面反应

SAC、Sn-Cu 焊料与 ENIG 的界面反应属于 Sn、Cu 与 Ni 的界面反应。Sn-Pb 焊料有时也会因为铜焊盘的溶解或从 Ni 晶粒界面扩散溶解到焊料中，形成 Sn-Cu-Ni 的三元反应。

SAC、Sn-Cu焊料与ENIG的界面反应，界面IMC的类型主要由钎料中Cu的含量决定。当钎料中Cu的含量很低时（有文献给出：≤0.5wt%），界面处形成$(Ni,Cu)_3Sn_4$；当钎料中Cu的含量很高时（大于 0.7wt%），界面处形成$(Ni,Cu)_6Sn_5$。而不同的钎焊条件和方法使得$(Ni,Cu)_3Sn_4$向$(Ni,Cu)_6Sn_5$转变时钎料中Cu的含量临界值不同，一般在 0.6wt%～0.7wt%。

图 3-26 显示了不同含 Cu 量对 SAC、Sn-Cu 焊料与 ENIG 的界面反应的影响。

图 3-26　Cu 对 Ni(P)界面反应的影响

SAC305 与 ENIG 的界面反应，通常情况下，一次再流焊接会生成$(Ni,Cu)_3Sn_4$，如图 3-27 所示。如果多次再流焊接，会形成双层的 Sn、Ni、Cu 三元合金层，如图 3-28 所示。双层的 IMC 合金层，稳定性比较差，如果再流温度比较高或时间比较长，有可能发生双层 IMC 间分离，经验表明这对焊点的可靠性有不利影响。

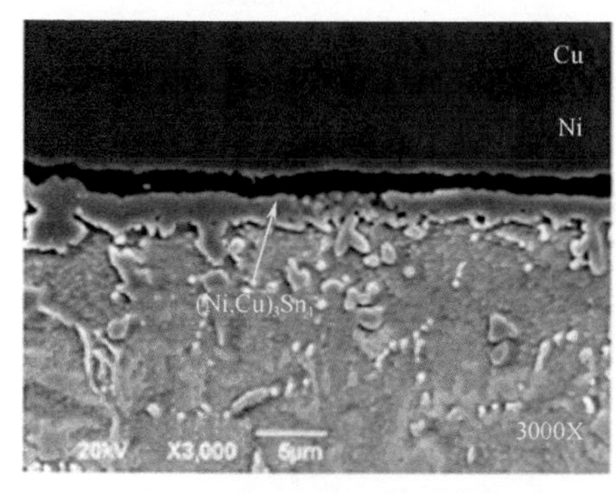

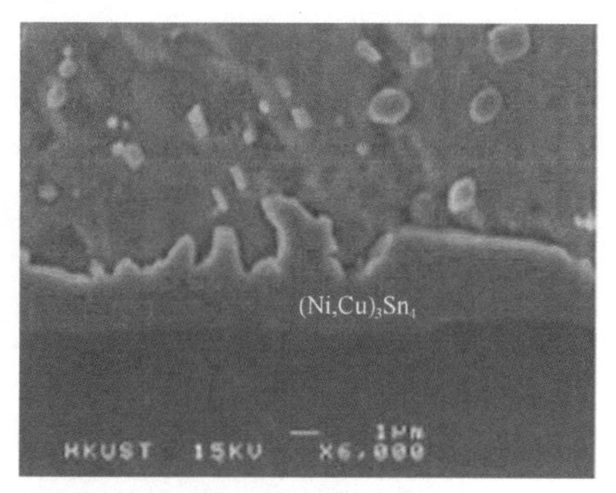

图 3-27　SAC305 焊料与 ENIG 再流焊接后生成$(Ni, Cu)_3Sn_4$合金层

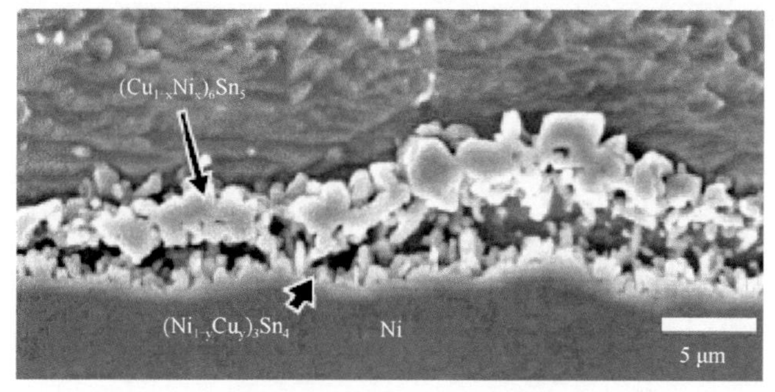

图 3-28　SAC305 与 ENIG 多次再流焊接后生成双层的 Sn、Ni、Cu 三元合金层

如果再流温度比较高，Sn-Pb 焊料也会含有来自 Cu 盘溶解或从 Ni 晶粒界面扩散进来的少量的 Cu，也会形成 Sn-Cu-Ni 的界面反应。如果 Sn-Pb 焊料中含有一定量的 Cu，通常一次再流焊接，也会形成$(Ni,Cu)_3Sn_4$合金层，如图 3-29 所示。如果经过多次再流焊接，就会形成连续的$(Ni,Cu)_3Sn_4$层与球状的$(Cu,Ni)_6Sn_5$双层 IMC 结构，如图 3-30 所示，这与 SAC305 与 ENIG 的反应有所不同。许多案例表明，这种结构的焊点强度比较低，不耐冲击。其形成过程为：①Sn 与 Ni 形成 Ni_3Sn_4；②基材 Cu 通过 Ni 晶界扩散到 Ni_3Sn_4，形成$(Ni,Cu)_3Sn_4$；③焊料中富集的 Cu 与 Ni_3Sn_4 反应形成球状$(Cu,Ni)_6Sn_5$，随着再流焊接次数的增加，不断长大，同时，$(Ni,Cu)_3Sn_4$基本维持原有尺度。

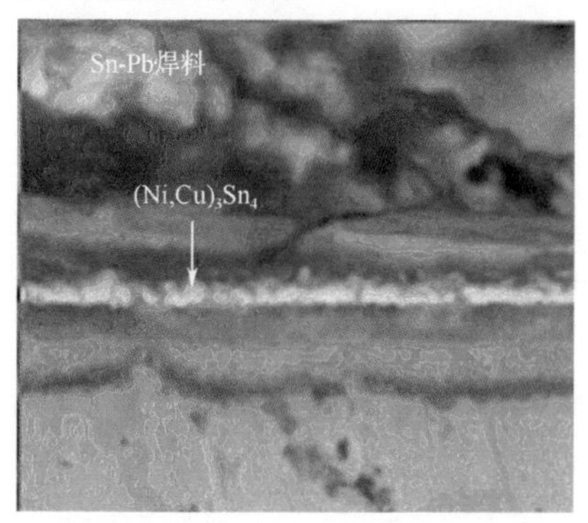

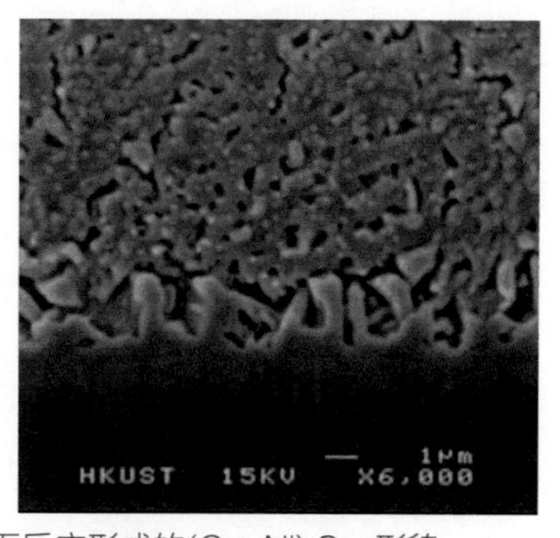

图 3-29　Sn-Pb 与 ENIG 的界面反应形成的$(Cu, Ni)_3Sn_4$形貌

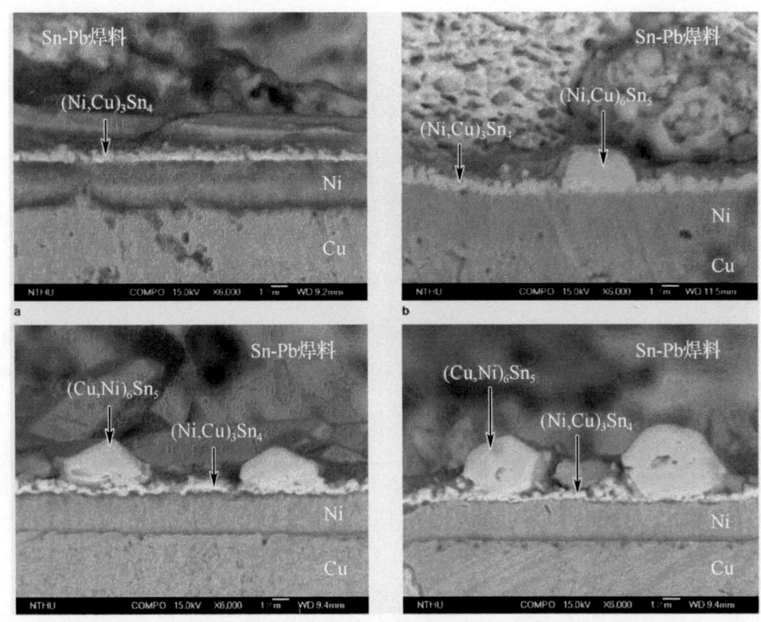

图 3-30　Sn-Pb 与 ENIG 的界面反应形成的双层 IMC 形貌

4．界面耦合现象

PCB 焊盘界面上的反应不仅与本界面有关，而且与器件引脚材料及涂层有关。如焊盘为 Ni/Au，而器件引线为 Cu 合金时，Cu 常常会扩散到 Ni/Sn 界面，从而导致界面形成$(Cu,Ni)_3Sn_4$和$(Cu,Ni)_6Sn_5$，它会导致焊点大规模失效。有人把这种现象称为界面耦合现象，它也是导致界面金属间化合物复杂的原因之一。

5．IMC 厚度对焊点强度的影响

以 BGA 焊点拉拔和剪切试验数据来说明界面 IMC 厚度的影响。图 3-31 所示为以 500μm/s 的速度对 BGA 焊球进行拉拔试验时得到的数据，图 3-32 所示为以 500μm/s 的速度对 BGA 焊球进行剪切试验时得到的数据。

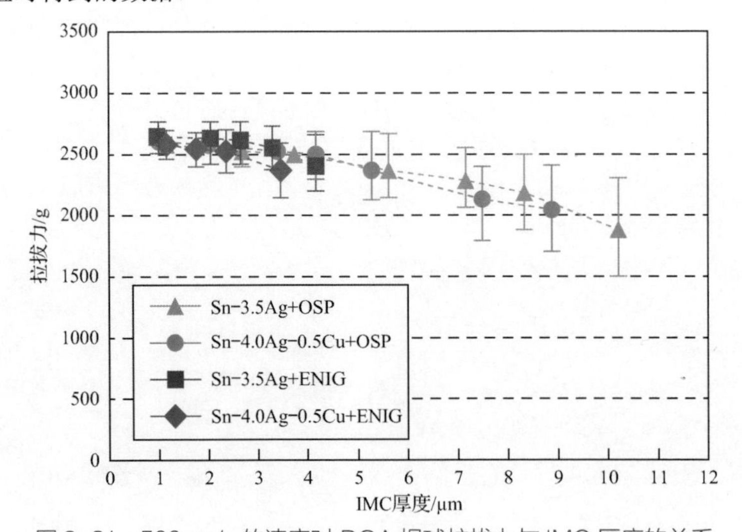

图 3-31　500μm/s 的速度时 BGA 焊球拉拔力与 IMC 厚度的关系

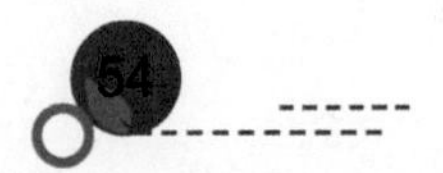

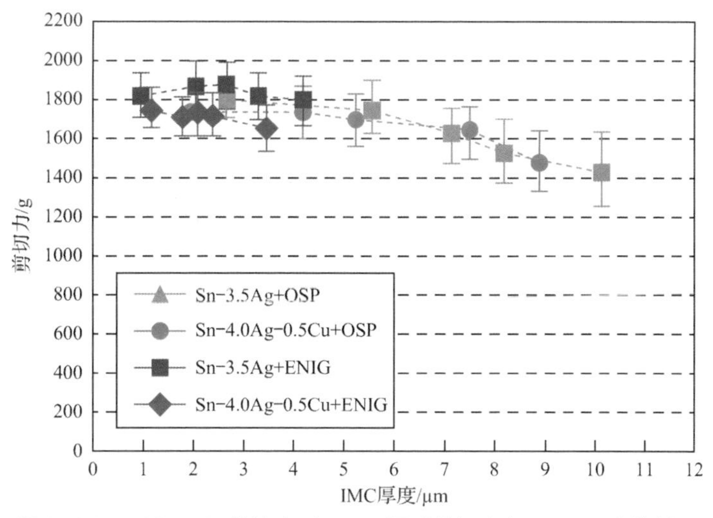

图 3-32　500μm/s 的速度时 BGA 焊球剪切力与 IMC 厚度的关系

3.3.3　不良的微观组织

在业界并没有“不良的微观组织”这样的定义，笔者收集到的一些对可靠性有重要影响的结晶组织和界面金属间化合物，它们可能是由凝固过程、合金成分、PCB 镀层或元器件引脚镀层等原因形成的。不管是如何形成的，其形成的微观组织会影响到焊点的强度、热疲劳性能，我们统统把它们归为不良的微观组织。本节收集到的不良微观组织主要是界面金属间化合物。

界面金属间化合物通常具有以下特性：

（1）比较硬、比较脆，这是金属间化合物的一个基本特性。

（2）其热膨胀系数与焊料不适配（如，Sn 合金：23ppm/℃；Ni_3Sn_4：13.7ppm/℃）。

（3）微观组织往往存在缺陷，如柯肯达尔（Kirkendall）空洞、Ni_3P 晶体、黑盘等。

（4）在应用过程中，界面处的金属间化合物仍然会不停地生长。如果生长过度，就会导致界面弱化甚至开裂。

这些特性对焊点的连接可靠性影响很大，特别是在受到过应力、冲击应力作用时容易发生焊点开裂或断裂的现象。正是这种原因，有些论文或专著，专门讨论界面金属间化合物对焊点可靠性的影响问题。

1. 块状化 IMC

块状化 IMC 并不是一个专业术语，作者用它来描述（切片图呈现的形貌）一种超厚、超宽且有断续的 IMC 形态——扇贝形 IMC 组织粗大（w、h≥5μm），连续层相对非常薄甚至个别地方断开（切片图，放大倍数≥1000 倍），如图 3-33 所示。

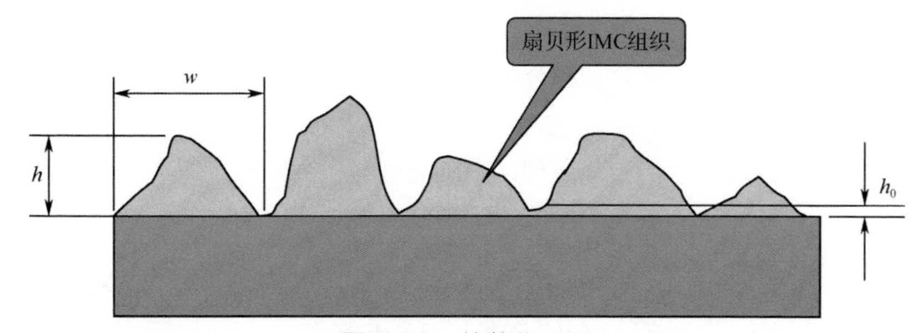

图 3-33　块状化 IMC

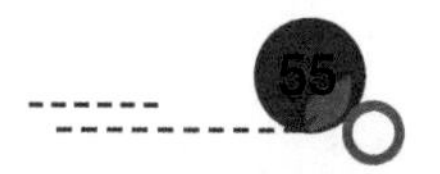

图 3-34 所示为高温长时间再流焊接形成的焊点切片图，呈典型的块状化 IMC 结构。其 BGA 为 SAC 焊球、OSP 焊盘处理工艺，焊接采用的是 Sn-Pb 焊膏（混装工艺），焊接峰值温度为 235℃，217℃以上时间为 70s。测试表明其剪切强度比正常焊点低 20%以上。

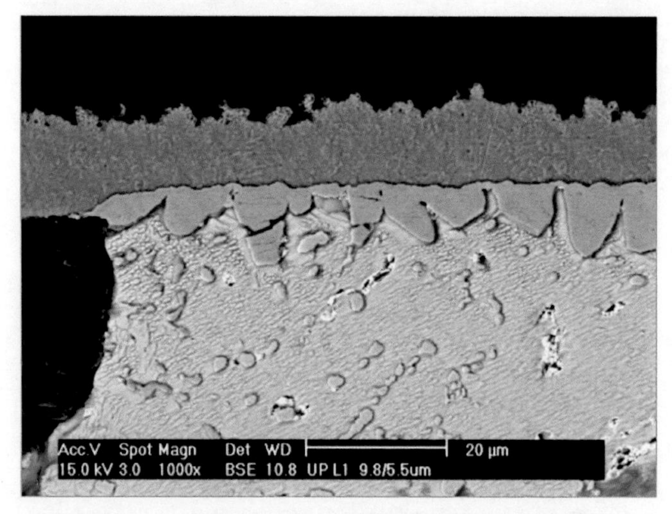

图 3-34　高温长时间再流焊接形成的焊点切片图

正常的 IMC 形貌应为比较厚的连续层，且扇贝形 IMC 是长在连续层以上的，是焊料中 Cu 扩散的结果，如图 3-35 所示。

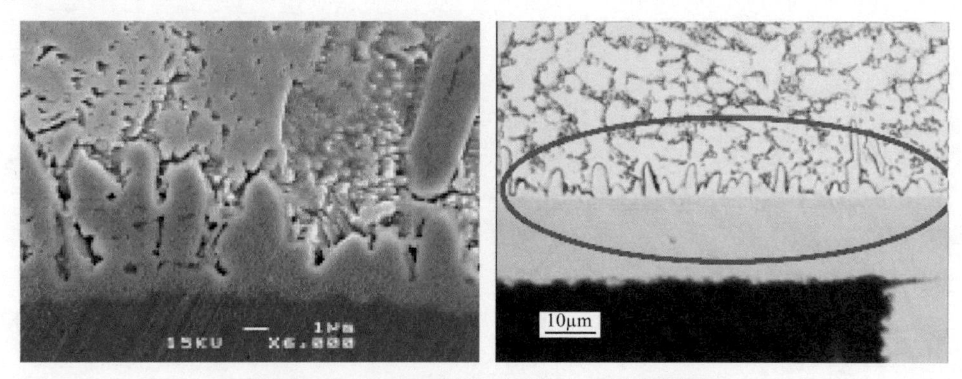

图 3-35　Cu/Sn 界面形成的 IMC 典型形貌

在 Ni/SAC 界面，如果再流焊接时间比较长也会形成块状化的 IMC。图 3-36 所示为电镀镍金工艺处理的 BGA，在焊接峰值温度 243℃、217℃以上焊接时间 95s 条件下形成的 $(Cu,Ni)_3Sn_4$ 块状 IMC 形貌。此切片图来源于 BGA 掉落的样品，因此看不到 BGA 载板焊盘。

图中的 IMC 组织并不粗大，但符合块状化的特征。此类形貌的 IMC 不耐机械应力作用，如果 PCBA 在生产周转、运输过程中不规范，很容易导致 BGA 类应力敏感元器件焊点的开裂。

块状 IMC 的形成机理还不清楚，可能是 IMC 高温溶解再结晶的结果，这可以解释连续层比较薄、块状化形貌的产生原因。

2．IMC 附近富集空洞

我们发现，采用有铅焊膏焊接焊端镀层为 Ag 的 QFN 时，靠近 QFN 界面的 IMC 附近会富集空洞，如图 3-37 所示。此图片来源于某公司失效单板上 QFN 切片分析报告，由于 QFN

焊接采用的焊膏厚度很小，镀层的 Ag 与焊料中的 Sn 首先形成 Ag_3Sn、Sn-Ag-Cu，使得焊料的流动性变差，低熔点的 Sn-Pb 及 Sn-Pb-Ag 富集在最后凝固的 QFN 侧，因收缩形成密集的微空洞。这种焊缝的强度不高，影响可靠性。

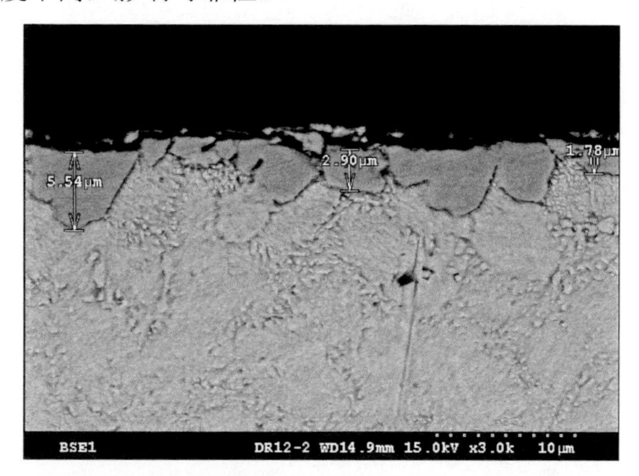

图 3-36 Ni/SAC 界面形成的块状 IMC 形貌

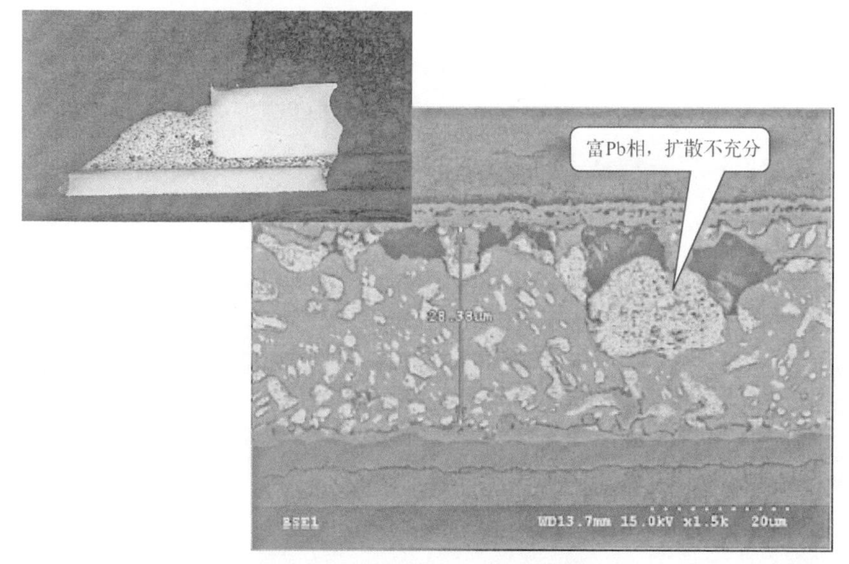

图 3-37 IMC 附近富集空洞

此现象业界没有定义，也没有人对此进行过专门的研究，但是作者收集到很多这样的案例，应该归于不良现象。因此，提出来供大家参考。

3．焊缝中出现板状 IMC

焊点中 Ag_3Sn 颗粒尺寸一般在 1μm 以下并均匀地分布于 Sn 母相中，若随着 Ag 含量的增加，达到 3.5%以上，则 Ag_3Sn 晶粒会出现粗化，以致出现针状（切片图中的表现，实为板状，如图 3-38 所示），此时如果合金受到外力作用时容易出现龟裂。

当 Ag 的含量低于 3.0%时，在焊缝中几乎看不到板状的 Ag_3Sn，只有当 Ag 的含量达到 3.5%以上并在较长的焊接时间、缓慢冷却条件下，才能形成明显的板状 Ag_3Sn。

4．界面金属化合物大规模剥离现象

大规模剥离现象是指钎料/基板界面上金属间化合物大规模从界面剥离的现象（Spalling

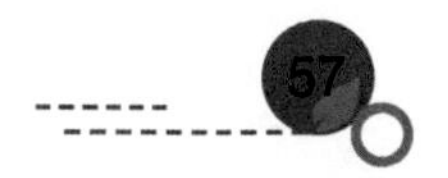

Phenomenon of IMCs），如图 3-39 及图 3-40 所示。图 3-39（a）是因基底金属反应枯竭形成球状的Cu_6Sn_5直接从Si基材上剥离，图 3-39（b）是两层IMC间剥离。

图 3-38　板状 Ag_3Sn 形貌

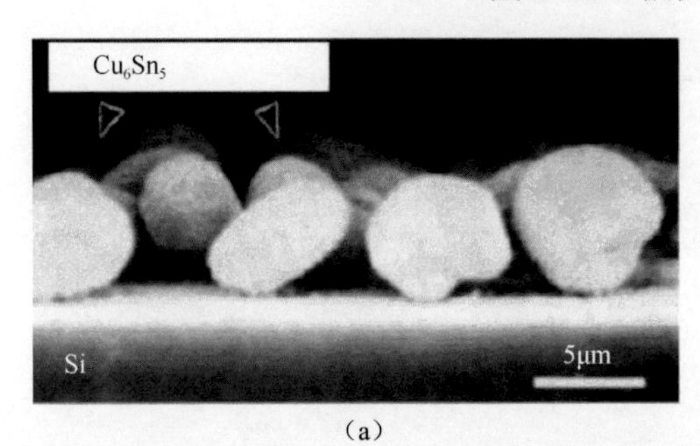

（a）

（b）

图 3-39　Cu_6Sn_5剥离现象

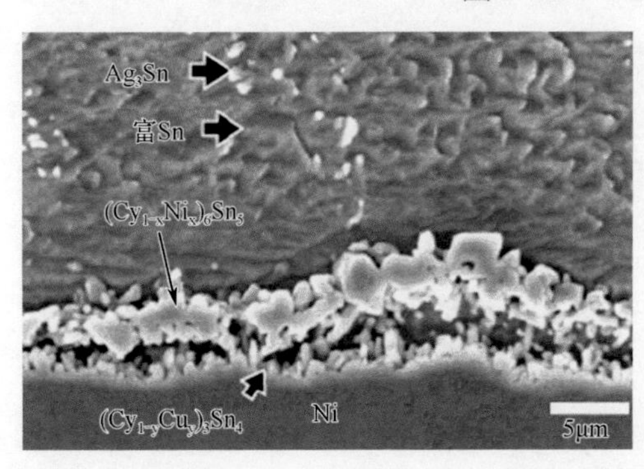

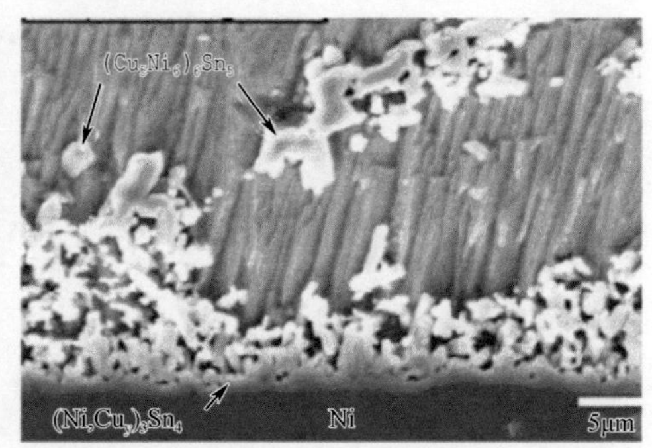

图 3-40　剥离现象

发生大规模剥离必须满足两个条件：第一，参与界面反应的元素中至少有一种元素的含量在钎料中是有限的；第二，界面反应对该元素的浓度十分敏感。随着金属间化合物的不断形成和长大，该元素在钎料中的浓度不断降低，使得界面上原始的金属间化合物变成非平衡相而发生大规模的剥离。关于 Sn-Cu/Ni 和 Sn-Ag-Cu/Ni 界面金属间化合物大规模剥离失效现象，都与钎料中 Cu 的含量有关，如图 3-41 所示。Cu 在钎料中的浓度变化能够改变界面上的平衡相。对 Sn-Cu/Ni 的研究表明：在温度为 250℃、焊接时间为 20min 的条件下，Sn-0.6Cu/Ni 界面上未发生大规模的剥离现象。此时，界面反应产物为$(Cu,Ni)_6Sn_5$，与 Sn-0.6Cu 钎料处于平衡状态；去除 Sn-0.6Cu 后，用 Sn-0.3Cu 替换，其继续与保留的$(Cu,Ni)_6Sn_5$/Ni 反应时，界面出现大规模剥离现象，并且$(Cu,Ni)_3Sn_4$出现在$(Cu,Ni)_6Sn_5$和 Ni 之间。此时，原始的$(Cu,Ni)_6Sn_5$

和 Sn-0.3Cu 处于非平衡状态。在钎料中 Cu 含量降低导致了$(Cu,Ni)_6Sn_5$大规模剥离。通过增加钎料中 Cu 的含量，或者增加 Cu 基板的厚度以提供足够的 Cu 原子，均能有效地避免大规模剥离失效现象。

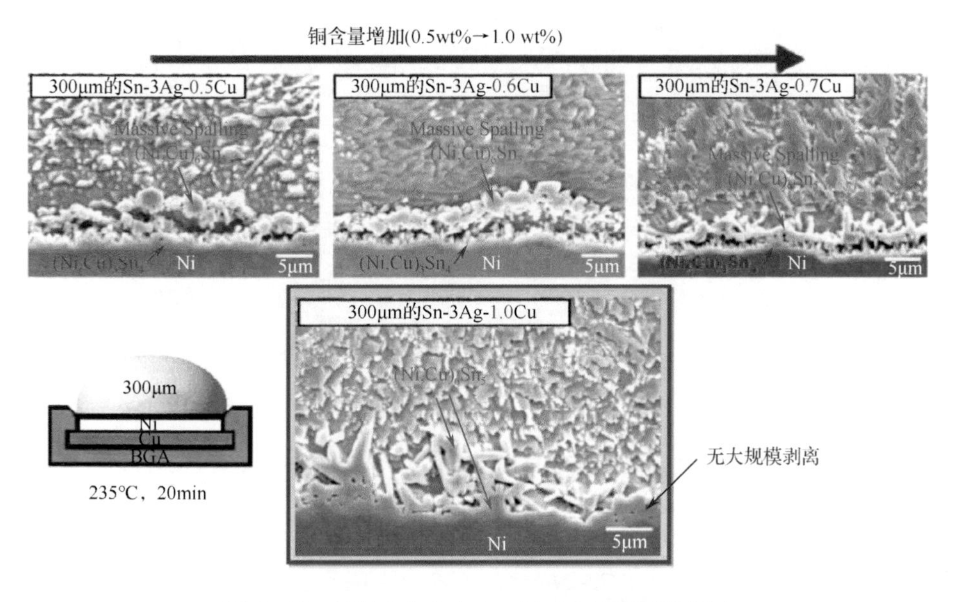

图 3-41　焊料合金中含 Cu 量对 IMC 剥离的影响

一个 SAC305 焊料（包括焊球）与 ENIG 反应发生的 IMC 剥离现象案例如图 3-42 所示。IMC 剥离现象发生在 BGA 侧。（与植球工艺有关还是与二次再流工艺有关？）

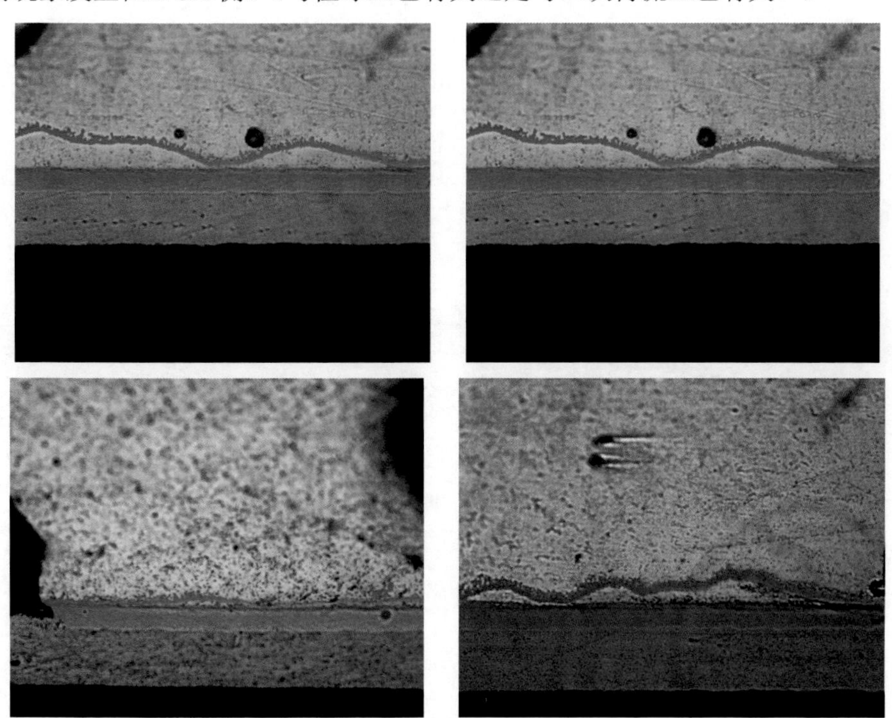

图 3-42　一个 SAC305 焊料（包括焊球）与 ENIG 反应发生的 IMC 剥离现象案例

图 3-43 是笔者遇到的另外一个案例。这个案例对 IMC 的成分进行了分析，可以了解到剥离的 IMC 与残留的 IMC 成分并不相同，剥离的 IMC 中 Cu 的含量要高很多，如图 3-44 所示。剥离现象也是发生在 BGA 侧。

图 3-43　IMC 剥离案例 EDS 图

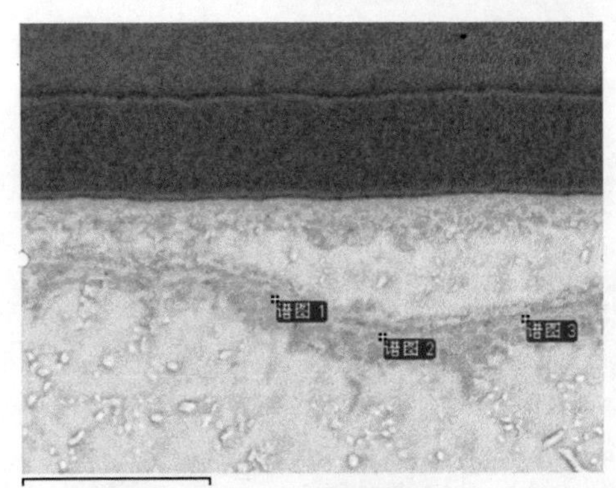

10μm　　电子图像1

处理选项：已分析所有元素（已归一化）

谱图	在状态	C	P	Ni	Cu	Sn	Au	总和
谱图1	是	7.38	0.10	11.56	18.95	55.85	6.16	100.00
谱图2	是	7.90	0.93	11.82	18.98	53.69	6.68	100.00
谱图3	是	8.57	0.36	11.64	21.25	51.86	6.32	100.00
平均值		7.95	0.46	11.67	19.72	53.80	6.40	100.00
标准偏差		0.60	0.43	0.14	1.32	2.00	0.26	
最大值		8.57	0.93	11.82	21.25	55.85	6.68	
最小值		7.38	0.10	11.56	18.95	51.86	6.16	

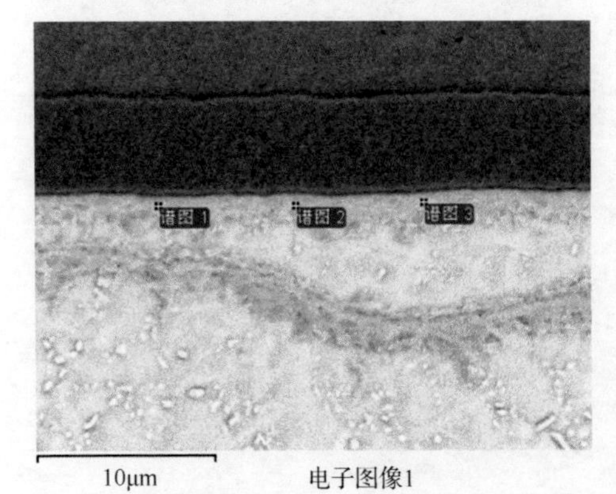

10μm　　电子图像1

处理选项：已分析所有元素（已归一化）

谱图	在状态	C	Ni	Cu	Sn	Au	总和
谱图1	是	5.57	21.13	4.61	63.21	5.48	100.00
谱图2	是	6.12	20.16	4.84	63.54	5.34	100.00
谱图3	是	6.45	21.12	3.24	63.12	6.07	100.00
平均值		6.05	20.80	4.23	63.29	5.63	100.00
标准偏差		0.45	0.56	0.86	0.22	0.39	
最大值		6.45	21.13	4.84	63.54	6.07	
最小值		5.57	20.16	3.24	63.12	5.34	

图 3-44　IMC 大规模剥离现象 IMC 成分分析

IMC 大规模剥离对焊点性能的影响本质上就是一个薄的 IMC 层夹在焊点/焊料中间对焊点性能的影响问题。理论上，剥离的 IMC 将整个焊点割离为上下两部分，极薄的 IMC 层很容易在焊料的反复变形下发生“碎裂”，成为微空洞层，这不仅影响焊点的抗机械冲击性能，而且

影响温循疲劳性能。但是，到现在还没有看到一个从剥离 IMC 断开的实际案例。我们看到的仍然是从 IMC 根部断裂的例子，如图 3-45 所示。

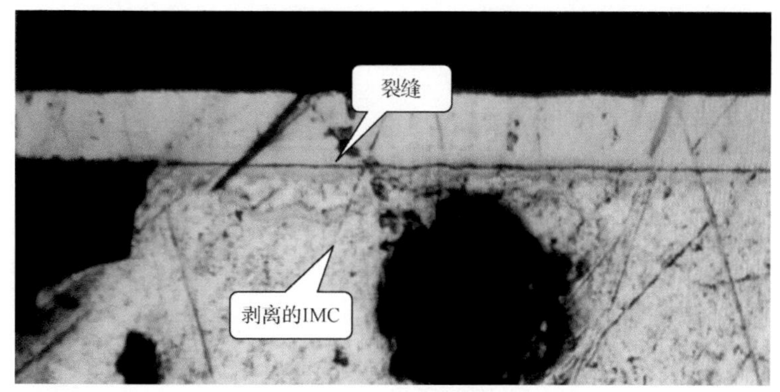

图 3-45　IMC 剥离焊点的应力断裂仍然发生在 Ni 与 IMC 界面处（案例）

对 IMC 的规模剥离现象的研究还不充分，有很多问题有待进一步研究。如 IMC 剥离的微观过程与机理是什么？剥离层对焊点的机械性能、可靠性的影响是什么？为什么这种现象大多发生在 BGA 焊点中并靠近 BGA 焊盘侧？本书介绍它，一方面，希望大家了解这种现象在无铅工艺条件下很常见；另一方面，希望有兴趣的从业者对它进行深入研究。

5. Ni_3P 结晶组织

Ni_3P结晶组织通常是非电镀的Ni(P)层开裂的重要原因之一。

在PCB来料状态下，Ni(P)一般以非晶态存在。在 200℃时与Sn钎料再流焊，生成Ni_3P和Ni_3Sn_4化合物。Ni_3P相呈多柱状结构，含有缺陷，在服役过程中容易开裂，引起钎焊接头失效。

随着电子产品无铅化，Sn-Ag-Cu钎料被广泛应用。由于其熔点较高，大约为 217℃，因此再流焊接温度在 240℃以上，非常接近非晶态Ni(P)自结晶温度 250℃，使得Ni_3P更容易形成，从而引起钎焊接头开裂。

图 3-46 为Sn-Ag-Cu钎料与Au/Ni(P)焊接（再流焊接五次，熔点以上温度 1 分钟）形成的界面IMC显微结构图。可以看出：Ni(P)层结晶成柱状Ni_3P。在Ni_3P和$(Cu,Ni)_6Sn_5$之间有一薄层，该相为精细结构，含有Ni、Sn和P，且存在大量空洞（尺度很小，使用“空位”一词可能更准确一些，这里为了理解对可靠性的影响，使用“空洞”一词）。

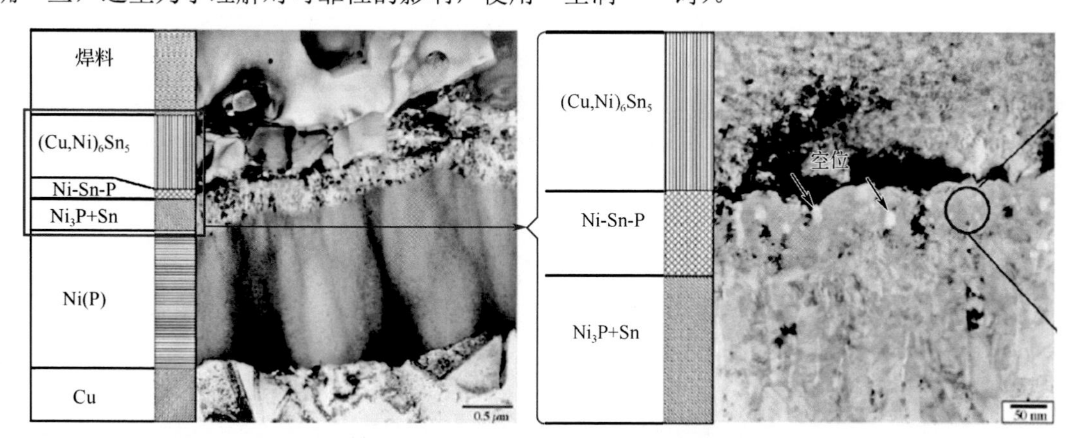

图 3-46　Sn-Ag-Cu 钎料与 Au/Ni(P)焊接（再流焊接五次，熔点以上温度 1 分钟）形成的界面 IMC 显微结构图

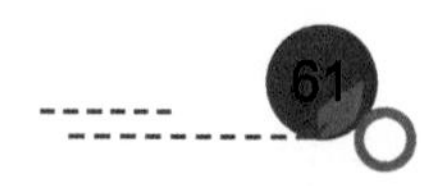

研究表明：裂纹易于沿着有空洞的金属间化合物扩展，产生脆性断裂。对于 Sn-Ag-Cu 焊点，Sn-Ni(P)层容易形成空洞且本身又很薄，形成空洞后变得不连续，使裂纹很容易通过此层扩展产生失效。

这种现象，在 Sn-Ni(P)界面反应中都会存在，只不过很薄，在一般放大倍数（≤5000 倍）下看不到而已。

6．柯肯达尔空洞

早在 1942 年，柯肯达尔（Kirkendall）等人设计了铜/黄铜界面扩散试验，并在界面处预先放置两排 Mo 丝。对该扩散偶进行 785℃扩散退火 56 天后，发现两排 Mo 丝的距离减小，并且在黄铜上留有一些孔洞，这是由于 Cu 和 Zn（黄铜）两种原子的扩散速率不同而引起的，这种现象称为柯肯达尔效应（Kirkendall Effect），而这些孔洞则称为柯肯达尔空洞（Kirkendall Void）。

在扩散偶中，原子的不平衡扩散会使得界面一侧的原子数增加，而另一侧原子数减少或空位数增加。如果扩散偶中的不平衡扩散比较显著，生成的空位会不断向界面或位错处聚集，空位浓度一旦达到过饱和，空洞就开始形核长大。

Cu/Sn、Ni/Sn 界面都会发生柯肯达尔空洞，如图 3-47 所示。

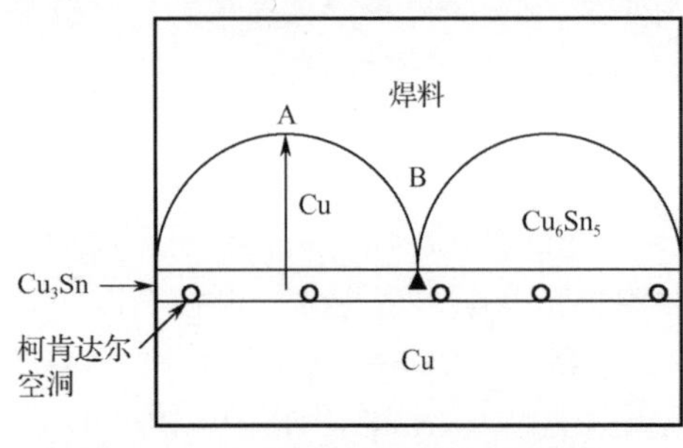

（a）Cu/Sn界面柯肯达尔空洞

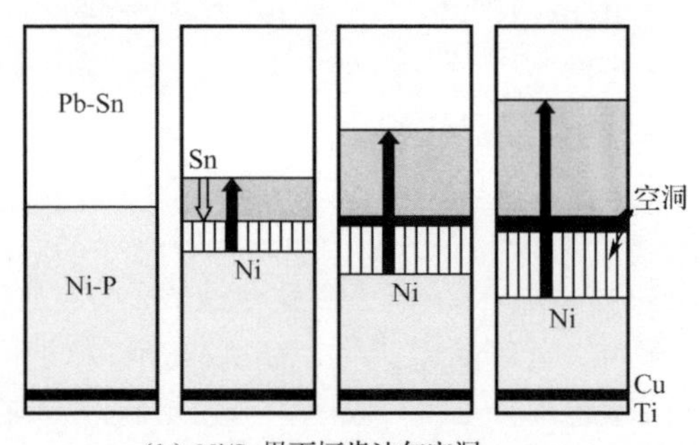

（b）Ni/Sn界面柯肯达尔空洞

图 3-47　柯肯达尔空洞

有人对 Cu/Sn 界面扩散进行研究发现，当热老化温度介于 125～190℃时，Sn 基焊料/高纯铜（HPC）界面处没有空洞产生，而在 Sn 基焊料/电镀铜（EPC）界面处容易形成空洞；当温度高于 200℃时，Sn 基焊料/HPC 界面处也可以产生空洞。在研究 Sn/Cu 体系的扩散时采用了不同纯度的 Cu 基板，Cu 的纯度分别是 99.9%和 99.999%。结果表明，Sn/Cu 扩散偶经 200℃热老化处理 10 天后，在使用低纯度 Cu 基板的反应界面处形成了空洞，而在使用较高纯度 Cu 基板的界面处没有空洞出现。此外，柯肯达尔空洞与 Cu_3Sn 层的关联性很强，其常随着 Cu_3Sn 层的形成而出现，随着 Cu_3Sn 层的减薄而减少甚至消失；空洞主要在 Cu_3Sn 层和 Cu_3Sn/Cu 界面形成，如图 3-48 所示，很少会出现在 Cu_6Sn_5 层中。然而，关于两者关联性的机理，至今尚无合理的解释。

柯肯达尔空洞与高温老化时间有关，时间越长，空洞越多，如图 3-49 所示。如果在 125℃条件下，40 天就会形成连续的断裂缝。

7．金脆效应

金脆效应一般指两种情况。

（1）针对焊料本身：当焊料中 Au 的浓度超过 3%时，其延展性大幅度降低，脆性大幅度增加。

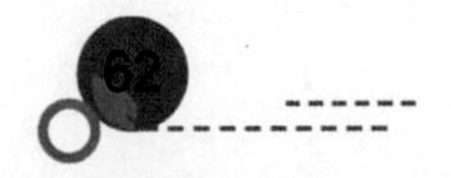

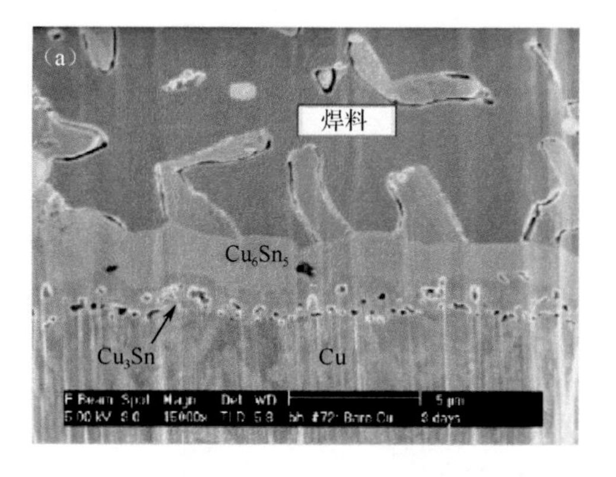

Sn-Pb 焊料/Cu界面，150℃ 老化，3天

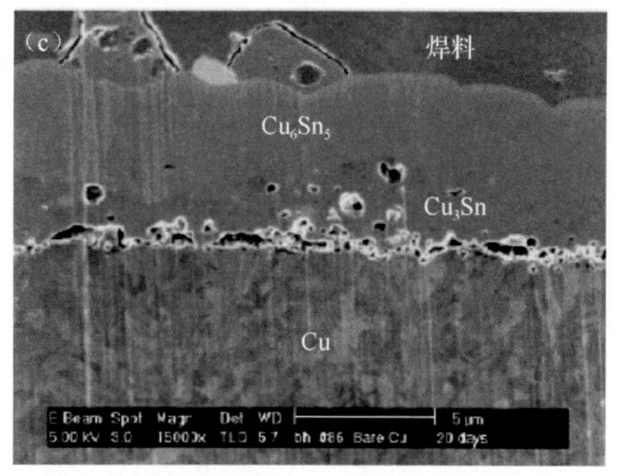

Sn-Pb焊料/Cu界面，150℃老化，10天

图 3-48　Sn/Cu 柯肯达尔空洞现象

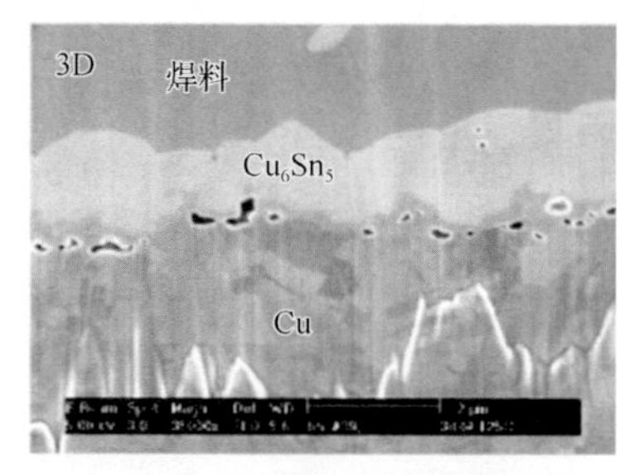

（a）3天125℃老化，空洞出现

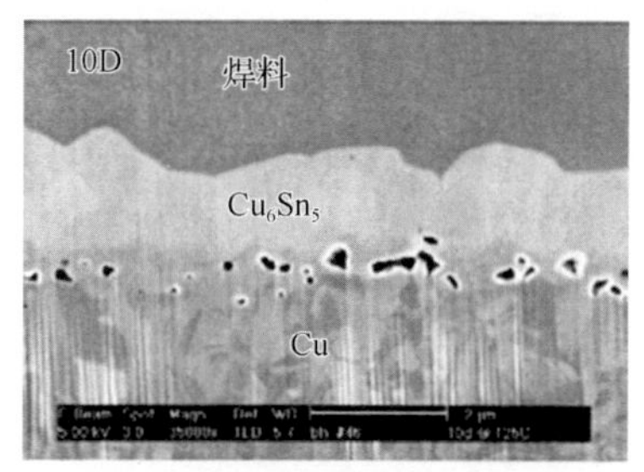

（b）10天125℃老化，空洞生长

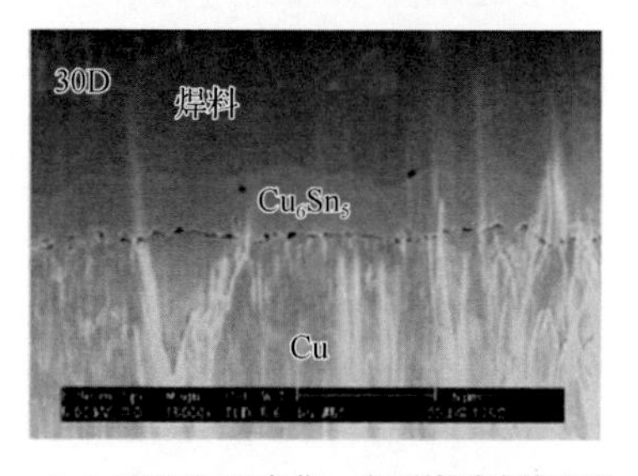

（c）10天125℃老化，空洞接近连续出现

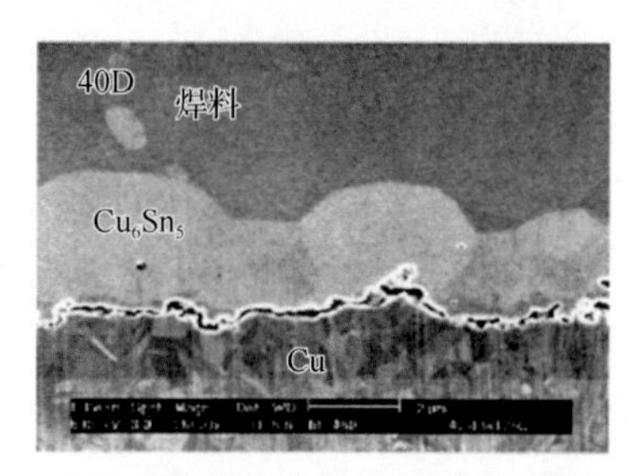

（d）40天125℃老化，空洞连续，焊缝几乎断裂

图 3-49　柯肯达尔空洞现象

（2）针对焊点界面：在锡铅焊料中，即便 Au 的浓度低于 3%，但只要超过 0.1%，也可能引发另外一种金脆效应，即（$Ni_{1-x}Au_x$）Sn_4 迁移所造成的界面脆化现象。通常担心的金脆效应主要是这种情况，因为不需要很高的含金量，只要有 0.1%就足以产生金脆效应，这也是为什么在一些对可靠性要求高的产品的生产工艺中需要对引脚或焊端去金。

下面对有铅焊料和无铅焊料中界面金脆现象进行简单介绍。

1）锡铅焊料

焊接时，Au 层以很快的速度进入焊料。Au 层消失后，其底下的 Ni 与焊料发生反应，并生成 Ni_3Sn_4 金属间化合物。进入焊料中的 Au，则在焊接后在焊点内生成（$Ni_{1-x}Au_x$）Sn_4 金属间化合物，如图 3-50 所示。

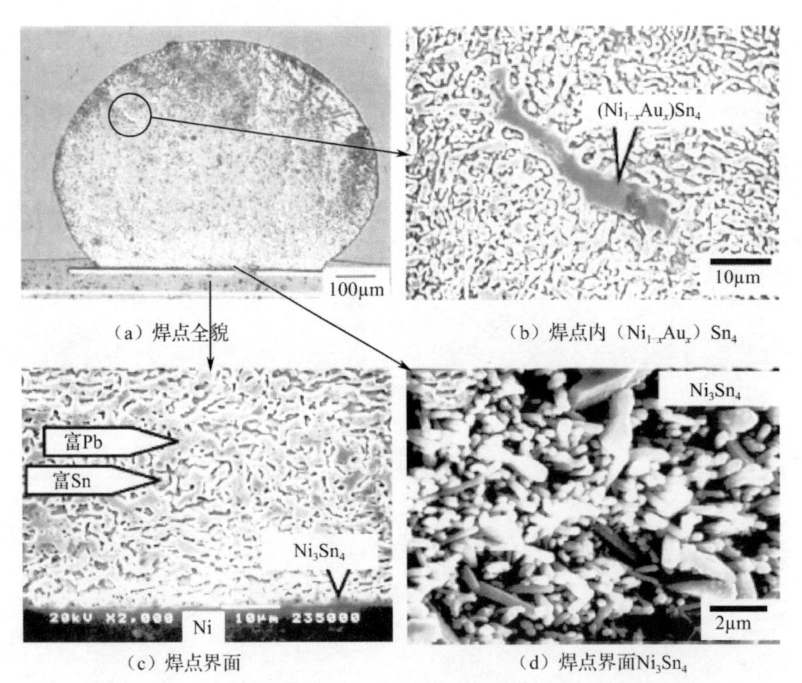

（a）焊点全貌　　（b）焊点内（Ni$_{1-x}$Au$_x$）Sn$_4$

（c）焊点界面　　（d）焊点界面Ni_3Sn_4

图 3-50　进入焊料的 Au，焊接后在焊点内生成金属化合物

有趣的是（Ni$_{1-x}$Au$_x$）Sn$_4$ 金属间化合物竟会迁移回到焊点界面，并且随着产品使用时间的延长厚度不断增长，数量也会增多。这些（Ni$_{1-x}$Au$_x$）Sn$_4$ 金属间化合物最后会形成一层连续层，完整地覆盖住整个界面，如图 3-51 所示。不幸的是此金属间化合物极其脆，因此，一旦在界面形成连续层，将严重影响焊点的强度与可靠性。

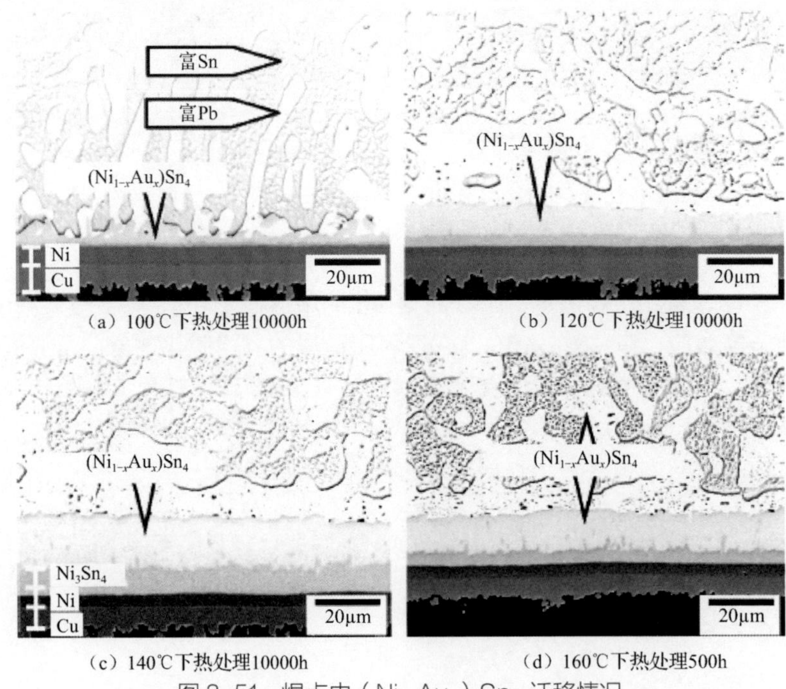

（a）100℃下热处理10000h　　（b）120℃下热处理10000h

（c）140℃下热处理10000h　　（d）160℃下热处理500h

图 3-51　焊点内（Ni$_{1-x}$Au$_x$）Sn$_4$ 迁移情况

图 3-52 所示为 BGA 焊点的剪切力测试结果。图中有两点值得注意。第一点，随着热处理时间的延长，焊点的机械性能随之劣化。这是随着热处理时间的延长，累积在界面的（$Ni_{1-x}Au_x$）Sn_4 总量增加的结果。第二点，随着 Au 浓度的增加，同一热处理时间下，焊点的强度也降低。这是因为随着 Au 浓度的增加，同一时间回到界面的（$Ni_{1-x}Au_x$）Sn_4 质量增加。

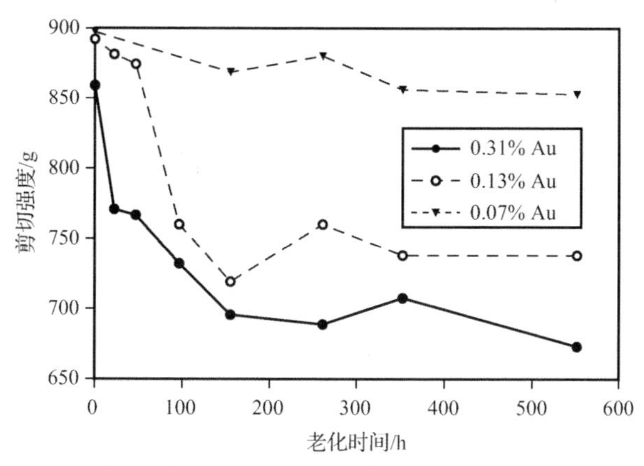

图 3-52　BGA 焊点的剪切力测试结果

（$Ni_{1-x}Au_x$）Sn_4 回迁的动力是为了获得更多的 Ni，一旦获得了足够的 Ni，就会形成稳定的（$Ni_{0.55}Au_{0.45}$）Sn_4。

2）无铅焊料

对于 Sn-Ag 无铅焊料，焊接后在焊点内同样看到（$Ni_{1-x}Au_x$）Sn_4，界面同样生成一层连续的 Ni_3Sn_4。但是，对其在 160℃下进行 500 小时的热处理并没有看到（$Ni_{1-x}Au_x$）Sn_4 连续层的出现。

由于无铅焊料的种类比较多，比如 Sn-3.0Ag-0.5Cu、Sn-0.7Cu，无铅焊料是否会引起金脆效应还不确定，所以，对于高可靠性产品焊接工艺中是否去金需要根据产品的要求确定。

IPC/EIA J-STD-001 规定，Au 层厚度超过 2.5μm 时应当去金，且去金面积应当大于 95%。

8．黑盘现象

人们发现，当 PCB 使用 ENIG 镀层时，有时会出现不润湿或反润湿现象，不润湿的地方呈现黑色或深灰色，这种现象就是黑盘现象。

黑盘现象有时表现为润湿不良，有时外观良好但焊点强度很弱。后者对焊点的可靠性构成严重隐患，因为目前没有办法通过检查识别出来，而在使用中遇到稍大的应力作用焊点就会断开，导致产品故障。因此，在一些可靠性要求高的产品，如航空、生命维持系统，都不能采用镀金表面处理，需要去金。

黑盘属于电镀工艺导致的不良表面缺陷，由于镀 Au 药水与 Ni 层的激烈反应，导致 Ni 层深度腐蚀，产生晶界腐蚀（俗称泥浆裂纹）。黑盘现象具有以下典型的特征：

（1）剥离 Au 层后 Ni 层表面呈现“泥浆裂纹”现象，如图 3-53 所示。

（2）如果切片，可以看到 Ni 层深度腐蚀，似针刺一样腐蚀沟槽，如图 3-54 所示。

（3）异常高的富 P 层，如图 3-55 所示。

黑盘对焊点可靠性的影响取决于黑盘的严重程度，比如，泥浆裂纹的分布面积、针刺的深度。通常情况下，黑盘处难以焊接，非黑盘处可以良好焊接，产生黑盘现象的 BGA 焊盘焊点拉开看到的现象如图 3-56 所示。因此，只要不是 50%以上面积是黑盘，就可能获得外观良好的焊点，但焊点的强度很弱，这就是黑盘的危害。

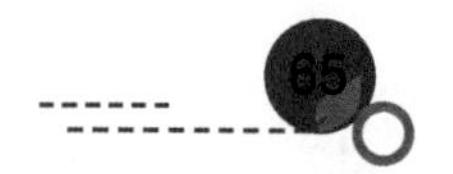

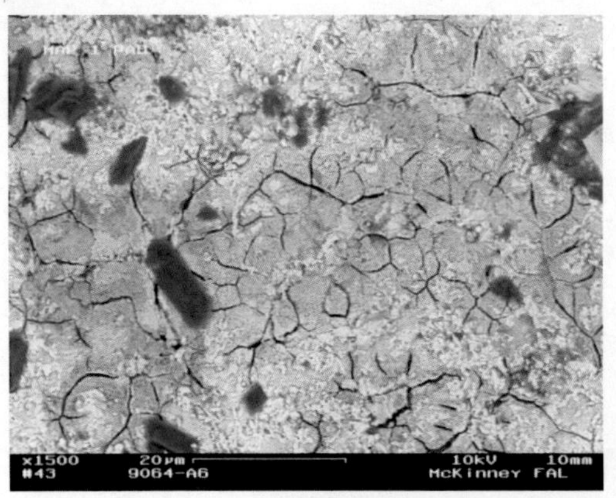

图 3-53 “泥浆裂纹”现象

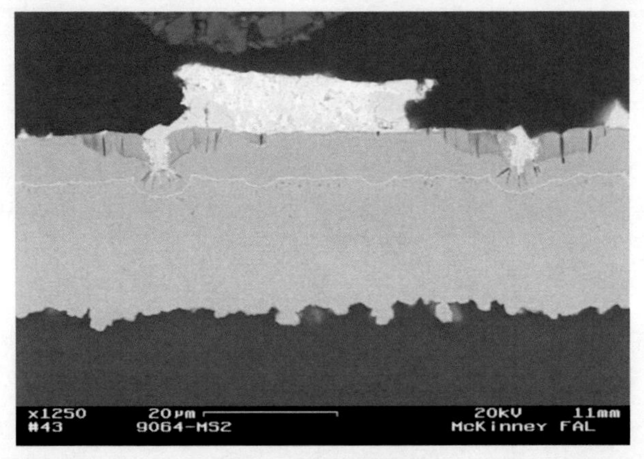

图 3-54 针刺现象

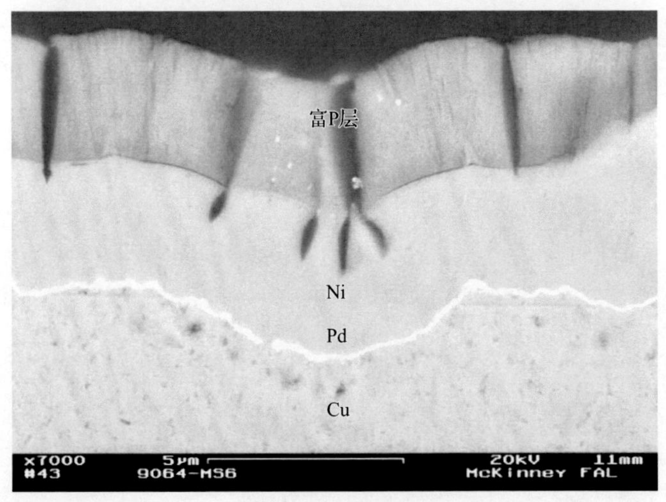

图 3-55 富 P 层

9. ENIG 镀层 Ni 氧化

ENIG 处理的 PCB 焊盘有时会得到如图 3-57 所示的焊接结果，原因尚不明，属于作者首次看到的现象，也未看到有关的文献记载，提出来仅作抛砖引玉之用，希望有人去做一些机理方面的调查或研究。此微观结构显示 Ni 与 Sn 之间没有形成 IMC，在界面附近会看到团絮状的

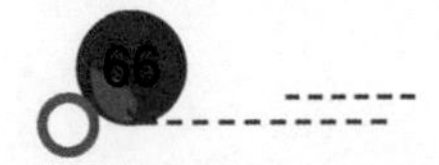

Sn-Au 合金。在这种情况下，焊点的强度很低，对可靠性构成威胁。

图 3-56　产生黑盘现象的 BGA 焊盘焊点拉开看到的现象

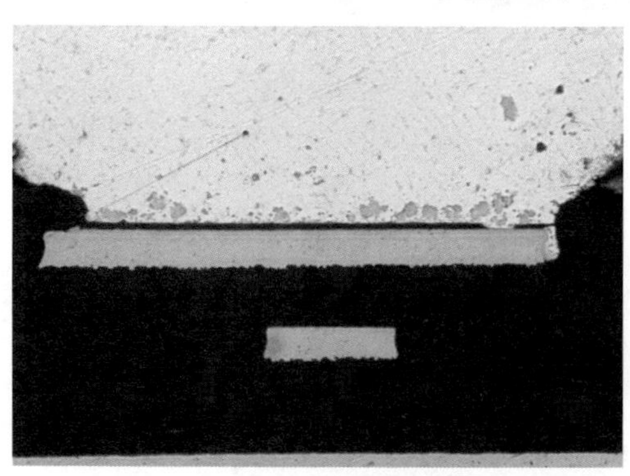

图 3-57　Ni 氧化焊点界面微观组织

10．ENEPIG 镀层在薄的焊缝条件下容易形成垂直条状 IMC

ENEPIG（化学镀镍化学镀钯与浸金）的应用理论上很有前途，没有黑盘，兼顾打金线，但是，目前在 PCB 方面的应用还不是主流，很多板厂没有配备生产线，整机的应用也不是很有经验，有什么潜在的风险认识还不足，图 3-58 所示的 ENEPIG 与 Sn 合金反应金属间化合物形态就是一例，是作者首次看到，也没有查到更多的有关资料。此界金属微观组织非常脆，机械性能很差，稍有应力就可能导致焊点开裂。这个案例出现在使用 0.05mm 厚模板的情况下，这是普遍现象，并非随机看到的，最终用户反映很多焊点断裂失效。

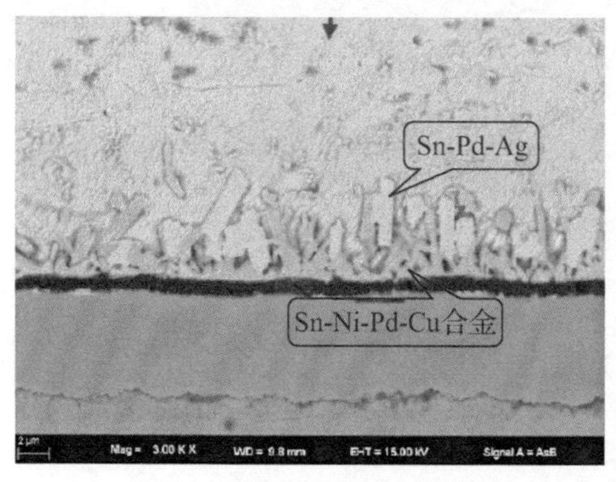

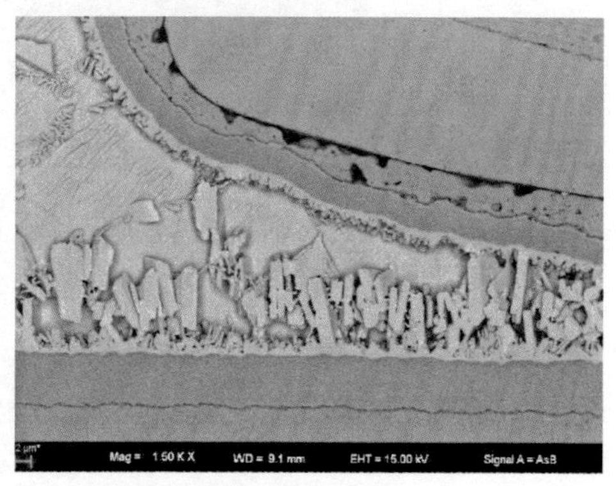

图 3-58　ENEPIG 与 Sn 合金反应形成的界面金属间化合物

还有一点，就是在 ENEPIG 工艺中，Pd 镀层有纯 Pd 镀层和含 P 镀层两种工艺，纯 Pd 镀层与 Sn 生产的界金属形貌与含 P 的不同，前者呈针状，后者呈贝壳状。

3.3.4 不常见的微观组织

有时会看到一些界面金属间合物形貌不合乎常规，这些多属于不同 IMC 的堆叠。比如，Ag_3Sn 比较容易在 Cu_6Sn_5 上形成。机理不是很清楚，如果不是连续的、密集的堆叠，一般情况下对可靠性的影响有限。图 3-59 为在 Cu_6Sn_5 上生长的 Ag_3Sn 形貌，图 3-60 为在 Sn-Ni-Pd-Cu 合金上生长的 Sn-Pd 合金形貌。举这两个例子，主要想说明如果我们看到的形貌不合常规，就需要对 IMC 的成分进行确认，以便进一步了解形成的原因及其对可靠性的影响。其实金脆的发生也属于此类形貌，只不过它是在高温情况下扩散重新回到 IMC 界面的，而不是直接在 IMC 层上生长出来的。

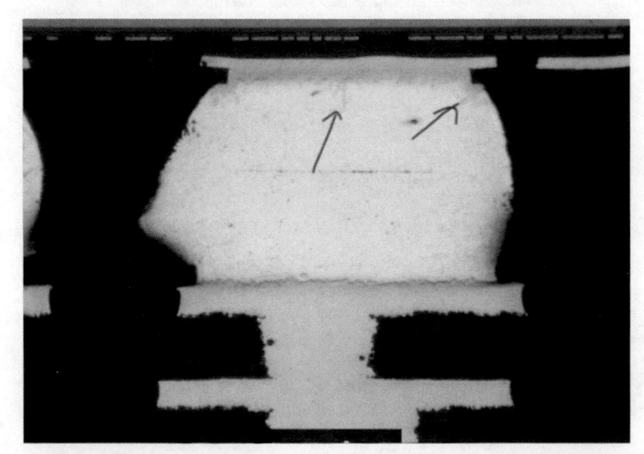

图 3-59　在 Cu_6Sn_5 上生长的 Ag_3Sn 形貌

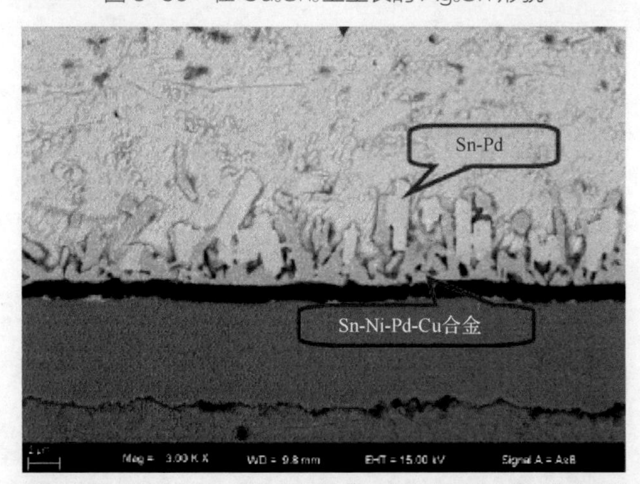

图 3-60　在 Sn-Ni-Pd-Cu 合金上生长的 Sn-Pd 合金形貌

3.4 无铅焊料合金的表面形貌

无铅焊料合金多数属于非完全的共晶成分，由于凝固顺序的原因，不同合金其表面形态不同，部分无铅焊料合金的表面形态如图 3-61 所示。

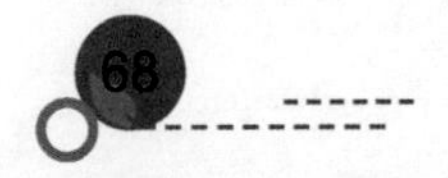

图 3-61　部分无铅焊料合金的表面形态

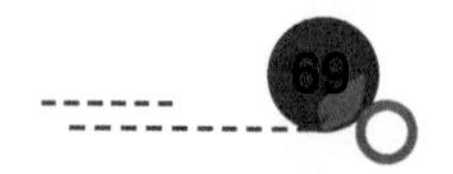

第二部分

工艺原理与不良

助　焊　剂

助焊剂也称焊剂，按照形态可以分为固态、液态和膏状三种，比如，松香芯焊锡丝中的松香就是固态的，波峰焊接用的助焊剂就是液态的，焊膏中用的就是膏状的。所谓助焊剂，就是在焊接过程中用于清洁被焊接表面并防止其再次氧化的工艺材料。本章仅介绍液态助焊剂。

4.1　液态助焊剂的发展历程

液态助焊剂的发展历史主要是由清洗工艺驱动的。在早期的松香基助焊剂中，松香含量很高（通常为 20%～40%），大量采用卤素盐的有机化合物作为活化剂。由于该助焊剂残留多且发黏，再加上腐蚀问题，焊接后必须进行清洗。

早期使用的清洗剂为氯氟碳化合物，它们是一种臭氧耗损物质（ODS），最著名的就是氟利昂（CFC），严重破坏臭氧层，最终危害人类安全，因此，在 1987 年由 27 个国家发起并签署了《蒙特利尔公约》，要求成员国减少破坏臭氧层物质的排放，最终要求从 1996 年 1 月 1 日起发达国家全面禁止生产 CFC 类物质。

后来开发了替代清洗剂——氢氯氟碳化合物（HCFC）和氢氟碳化合物（HFC）。前者仍然含有氯，可能破坏臭氧层，后者是一种温室气体。正是由于溶剂型清洗剂的若干环保问题，水溶性助焊剂应运而生，但又给废水处理带来了难题，最终提出了免洗助焊剂的概念。免洗助焊剂目前已经成为广泛使用的助焊剂种类。

液态助焊剂的发展历程可以用一个简图表示，如图 4-1 所示。

免洗助焊剂容易引起误解，它本质上是一种低固含量的助焊剂。它的出现有其历史背景，当时元器件引脚间距都比较大，也没有 BTC 类封装形式，再加上其低的焊剂活性物质残留，在当时的情况下不清洗证明是可以的，因而被称为免洗助焊剂。之所以不用清洗，不是因为焊接后板面残留物少，比较干净，而是因为免洗助焊剂焊后残留物的电气安全性能能够满足要求，不用清洗也不会导致绝缘性能下降或引起腐蚀的问题。而这个相关的评价标准决定了绝缘电阻（Surface Insulation Resistance，SIR）是否满足要求。按照 J-STD-004B 标准，在 IPC-TM-650 2.6.3.7 规定的试验条件下（40℃/90%RH、168h、直流 12.5V），采用标准的测试板（IPC-B-24），助焊剂残留物的表面绝缘电阻必须大于 $10^8\Omega$。需要指出，J-STD-004B 之前的旧版本 J-STD-004，测试方法为 IPC-TM-650 2.6.3.3，其试验条件为 85℃/85%RH、168h、直流 50V。测试条件的变化反映了对 SIR 的形成机理的认识变化——湿气和游离离子，以及与电化学迁移（ECM）测试的区隔。

需要指出的是，随着元器件引脚间距的不断缩小和 BTC 类封装的广泛应用，不清洗将面临新的挑战——清洗或者重新设计焊膏配方及制定新的评价方法。

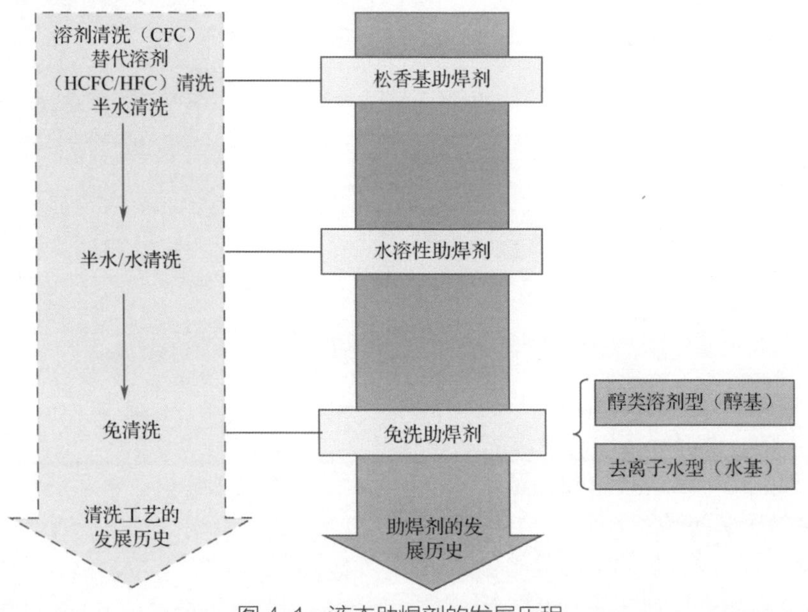

图 4-1　液态助焊剂的发展历程

4.2　液态助焊剂的分类标准与代码

对助焊剂进行分类，主要目的是方便用户选用。

历史上有若干个与助焊剂分类有关的标准，如 QQ-S-571E、ISO 9454-1、MIL-F-14256 等，其中有些已经废止。目前国际上通用的助焊剂分类标准为 IPC J-STD-004B，根据其规定，供应商应当根据助焊剂的组成材料和类型（主要活性水平）进行分类，并按标准的识别代号（Flux Designator）标识。助焊剂的识别代号包含了助焊剂的组成和类型信息。

在 IPC J-STD-004B 中，首先按照助焊剂不挥发物（固体含量）的主要化学组成将助焊剂分为四大类：松香型（RO）、树脂型（RE）、有机型（OR）和无机型（IN）；然后根据助焊剂或助焊剂残留物的腐蚀性或导电性进一步将助焊剂细分为低活性（L）、中等活性（M）和强活性（H）助焊剂，见表 4-1。

表 4-1　助焊剂分类

助焊剂组成材料	助焊剂活性水平（卤化物重量百分比）	助焊剂类型	助焊剂名称
松香型（RO）	低活性（<0.05%）	L0	ROL0
	低活性（<0.5%）	L1	ROL1
	中等活性（0.05%）	M0	ROM0
	中等活性（0.5%～2.0%）	M1	ROM1
	强活性（<0.05%）	H0	ROH0
	强活性（>2.0%）	H1	ROH1
树脂型（RE）	低活性（<0.05%）	L0	REL0
	低活性（<0.5%）	L1	REL1
	中等活性（<0.05%）	M0	REM0
	中等活性（0.5%～2.0%）	M1	REM1

续表

助焊剂组成材料	助焊剂活性水平（卤化物重量百分比）	助焊剂类型	助焊剂名称
树脂型（RE）	强活性（<0.05%）	H0	REH0
	强活性（>2.0%）	H1	REH1
有机型（OR）	低活性（<0.05%）	L0	ORL0
	低活性（<0.5%）	L1	ORL1
	中等活性（<0.05%）	M0	ORM0
	中等活性（0.5%～2.0%）	M1	ORM1
	强活性（0.05%）	H0	ORH0
	强活性（>2.0%）	H1	ORH1
无机型（IN）	低活性（0.05%）	L0	INL0
	低活性（<0.5%）	L1	INL1
	中等活性（0.05%）	M0	INM0
	中等活性（0.5%～2.0%）	M1	INM1
	强活性（0.05%）	H0	INH0
	强活性（>2.0%）	H1	INH1

而对于历史上曾经使用过的 R、RMA、RA、RSA 等分类方法，IPC J-STD-004B 中也给出了对应关系，见表 4-2。免清洗助焊剂可以是 RO 型、RE 型或 OR 型，但其活性等级肯定是 L 或 M 级别的。而水溶性助焊剂一般为 OR 型，其典型的活性等级为 H 级别，因此，使用水溶性助焊剂必须进行清洗。

表 4-2　助焊剂新旧分类对比

IPC J-STD-004B	对应的旧分类
L0	所有的 R 型助焊剂 部分 RMA 型助焊剂 部分低固含量的免洗助焊剂
L1	绝大部分 RMA 型助焊剂 部分 RA 型助焊剂
M0	部分 RA 型助焊剂 部分低固含量的免洗助焊剂
M1	绝大部分 RA 型助焊剂 部分 RSA 型助焊剂
H0	部分水溶性助焊剂
H1	部分 RSA 型助焊剂 绝大多数水溶性助焊剂

助焊剂类型名称中的 0、1 分别表示助焊剂中不含卤化物（<0.05%作为不含卤化物的标准）和含卤化物两种状态。L、M、H 和 0、1 都必须由表 4-3 中对应的测试方法确定，只有满足某类助焊剂的所有测试项要求才能归为某类助焊剂。

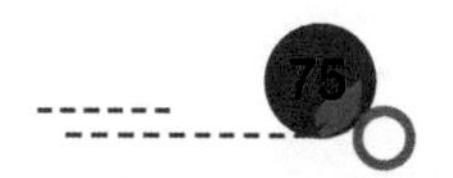

表 4-3　助焊剂活性分类的测试要求

助焊剂类型	铜镜	（铜板）腐蚀	卤化物定量（Cl^-，Br^-，F^-，I^-）	通过 100MΩ SIR 要求的条件[1]	通过 ECM 要求的条件
L0	没有铜镜穿透迹象	没有明显的腐蚀迹象	<0.05%[2]	不清洗状态	不清洗状态
L1			<0.5%		
M0	穿透小于测试面积的 50%	最小可接受腐蚀	0.05%[2]	清洗后或不清洗状态[3]	清洗后或不清洗状态[3]
M1			0.5%～2.0%		
H0	穿透大于测试面积的 50%	最大可接受腐蚀	0.05[2]	清洗后	清洗后
H1			>2.0%		

注：[1] 如果采用免清洗助焊剂组装 PCBA，且组装后进行了清洗，清洗后用户应该验证 SIR 和 ECM 值。

[2] 测得的助焊剂固体含量中卤化物重量百分比<0.05%时，则该助焊剂视为无卤化物助焊剂。如果清洗后，M0 或 M1 助焊剂通过了 SIR 测试，而不清洗，则不能通过测试，那么这种助焊剂应当总是进行清洗。

[3] 对于不需要去除的助焊剂，要求只在不清洗状态下进行测试。

4.3　液态助焊剂的组成、功能与常用类别

4.3.1　液态助焊剂的组成

液态助焊剂主要由活性剂、成膜物质、添加剂和溶剂组成。

1．活性剂

活性剂也称活化剂，是为提高助焊能力而加入的活性物质，它对焊剂净化焊料和被焊接件表面起主要作用。

活性剂的活性是指它与焊料和被焊接表面氧化物等起化学反应的能力，也反映了清洁金属表面和增强润湿性的能力。润湿性强则焊剂的扩展率高，可焊性就好。在焊剂中活性剂的添加量较少，通常为 1%～5%，若为含氯的化合物，其氯含量应控制在 0.2%以下。虽然其添加量少，但在焊接时起很大的作用。不同活性剂其活性大小不同，其作用方式也不尽相同。

（1）对于无机体系焊剂，通常用稀盐酸、磷酸等与金属氧化物作用，形成新的可溶性化合物。

$$CuO+2HCl \rightarrow CuCl_2+H_2O$$

$$3CuO+2H_3PO_4 \rightarrow Cu_3(PO_4)_2+3H_2O$$

若用无机盐类，如氯化铵，则可还原金属氧化物或形成金属氯化物。

$$4MeO+2NH_4Cl \rightarrow 3Me+MeCl_2+N_2+4H_2O$$

$$MeO+2NH_4Cl \rightarrow MeCl_2+2NH_3+H_2O$$

形成的氨可以再分解为氮和氢。氢可使金属氧化物还原。

$$2NH_3 \leftrightarrow N_2+3H_2$$

$$MeO+2[H] \rightarrow Me+H_2O$$

被还原和置换出来的活性金属对增强焊料的流动性起很大的作用。它们可以改变液固相接触表面的吸附条件，减小表面张力和表面自由能，增强液固相的润湿和漫流性能，从而起到助焊作用。

（2）对于有机体系，常用有机酸、有机胺等化合物。有机活性剂作用柔和、时间短、腐蚀性小、电气绝缘性好，宜在 SMT 中使用。有机酸与金属氧化物反应的通式如下：

$$2RCOOH+MeO \xrightarrow{\triangle} (RCOO)_2Me+H_2O$$

以硬脂酸为例，其典型反应为：

$$2C_{17}H_{35}COOH+CuO \xrightarrow{240℃} (C_{17}H_{35}COO)_2Cu+H_2O$$

硬脂酸铜可以在加热时分解，生成活性铜，还可以从其他有机物中取得$[H]^+$，重新形成硬脂酸。新生成的硬脂酸可再与铜的氧化物作用，使反应周而复始不断进行。

在焊接过程中，有机酸与金属氧化物反应生成有机盐和水，而不稳定的盐受热再分解生成活泼金属，使金属表面裸露，从而达到清洁和助焊作用。

有机胺类活性剂大量是以盐酸盐的形式应用，它们与金属氧化物反应的通式为：

$$2RNH \cdot HX+ MeO \xrightarrow{\triangle} 2RNH_2+MeX_2+H_2O$$

以苯胺盐酸盐为代表的典型反应方程式如下：

$$C_6H_5-NH_2 \cdot HCl \xrightarrow{\triangle} C_6H_5-NH_2+HCl$$

$$CuO+2HCl \rightarrow CuCl_2+H_2O$$

从上面的反应式可知，任何有机胺、氢卤酸盐在焊接过程中均与金属氧化物反应生成有机胺、金属卤化物和水，达到了去除氧化物的目的。此外，它还可以与被焊金属铜生成活性较大的铜盐或铜的络合物。铜的络合物在焊接加热过程中又分解成活性铜，再与熔融焊料、被焊金属作用，在液固相界面生成活性合金层，改变了表面的物化平衡条件，降低表面自由能，减小表面张力，使焊料与被焊金属相互润湿，增加漫流面积，从而增强了助焊性能。

2．成膜物质

焊剂中加入成膜剂，能在焊接后形成一层紧密的有机膜，保护焊点和基板，使其具有防腐蚀性和优良的电绝缘性。实际上在焊接过程中，成膜剂作为载体，携带活性剂向焊盘周围扩散，协助活性剂提高上锡能力。因此，焊点的饱满与否与成膜剂有较大的关系。

常用的成膜剂有天然树脂、合成树脂及部分有机化合物，如松香及改性松香、酚醛树脂、丙烯酸树脂、改性环氧树脂、氯乙烯树脂、聚氨酯、纤维素、聚乙二醇和硬脂酸酯类等。一般成膜剂的加入量为 10%～20%，有的甚至高达 40%。加入量过大会影响扩展率，使助焊作用下降，并在 PCB 上留下过多的残留物。

3．添加剂

添加剂是为了适应焊接工艺和工艺环境的需要而加入的具有特殊物理和化学性能的物质。由于工艺条件及对焊剂本身要求的不同，添加剂的种类及加入量在各种焊剂中也不同。

通常加入的添加剂有 pH 调节剂和润湿剂、光亮剂、消光剂、缓蚀剂、发泡剂、阻燃剂等。

4．溶剂

波峰焊接使用的是液态焊剂。为此，必须将焊剂组成中的固体或液体成分溶解在溶剂里，使之成为均相溶液。用作焊剂的溶剂应满足以下条件：

- 对焊剂中固体或液体成分均具有良好的溶解性；
- 常温下挥发性适中，在焊接温度下迅速挥发；
- 气味小、毒性小，这也是水基免洗焊剂广泛使用的动力之一。

目前，国内外焊剂中大多采用低级脂肪醇，如乙醇（沸点为 78℃）、异丙醇（沸点为 82.4℃），有时也加入一些高沸点溶剂配合使用，以改善焊剂成分在溶剂中的溶解度，并调节溶剂的挥发性，这类溶剂也称为助溶剂。

4.3.2　液态助焊剂的功能

焊接质量的好坏除了与焊料、焊接工艺、元器件和 PCB 的质量有关外，助焊剂的选择也十分重要。性能良好的助焊剂具有以下作用：

（1）去除被焊接金属表面的氧化物。

必须具有较强的去除氧化物的能力。助焊剂中所含的活性物质能与元器件引线和 PCB 焊盘表面的金属氧化物发生反应，迅速使焊接表面金属清洁、裸露，使焊料在被焊金属表面具有较强的润湿能力，从而保证焊接质量。

（2）防止焊接时焊料和焊接表面的再氧化。

焊接过程必须加热。一般来说，金属表面随温度的升高氧化程度加剧，无论焊料本身还是被清洁干净的焊接表面都有可能发生再氧化。因此，助焊剂的另一个作用就是在金属表面形成一层薄薄的覆盖层，隔绝空气与金属表面接触，这样就能在加热过程中防止焊料和焊接表面的再氧化。

（3）降低焊料的表面张力，增强润湿性。

助焊剂有降低焊料表面张力的功能，由于助焊剂的存在，改善了焊料与被焊金属之间的相互润湿，起到了助焊作用。助焊剂活性不同，降低焊料表面张力的程度也不同。表 4-4 列出了不加助焊剂及加不同助焊剂对焊料表面张力的影响。

表 4-4　助焊剂对焊料表面张力的影响

试 验 条 件	表面张力/（mN/m）
空气介质，未加焊剂	490
松香-酒精焊剂	390
氯化锌-氯化铵焊剂	331

（4）有利于热量传递到焊接区。

助焊剂能在焊接过程中迅速传递能量，使被焊金属表面热量传递加快并建立热平衡，不致引起焊接表面及元器件因瞬间受热而损坏，保证良好的焊接过程和焊接质量。

4.3.3　液态助焊剂的常用类别

1．树脂型助焊剂

树脂型助焊剂在焊接工艺中的应用已有悠久的历史，在表面组装时代仍被广泛使用。树脂型助焊剂可分成以松香为代表的天然树脂型和合成树脂型两大类，其中最常使用的是松香及其改性树脂。由于松香助焊剂应用较为普遍，通常可将其分成以下几种类型：

松香助焊剂
- 无活性剂松香型（R或ROL0）助焊剂
- 中等活性松香型（RMA或ROL1）助焊剂
- 全活性松香型（RA或ROM1）助焊剂

无活性松香助焊剂就是将纯松香溶于乙醇或异丙醇等溶剂中组成的助焊剂。它的助焊性能较弱，腐蚀性较小，因此仅能用于易润湿和可焊性比较好的焊接材料。这类助焊剂残留物基本无腐蚀，留在基板上可形成一个保护层，但有时有黏性和吸湿性。一般可不清洗，若清洗也比较容易。

中等活性助焊剂由松香加活性剂组成。活性剂通常为有机酸、有机碱或有机胺盐。活性剂的活性不很强，但可提高助焊性能，对腐蚀性影响也不大。有时有机酸、有机碱或有机胺盐

同时使用效果更好。中等活性助焊剂的助焊性能比无活性助焊剂强，残留物腐蚀性比 R 型大，一般助焊接后需清洗。若所用活性剂中不含卤素或含量极低，采用了活性比普通松香更小的改性树脂作为成膜剂，且组装产品要求又不高，也可不清洗。

活性松香助焊剂与中等活性松香助焊剂相似，也是松香加活性剂，但活性剂比例更高，活性更强，主要用于可焊性较差、氧化严重及对腐蚀性要求不严的场合。由于腐蚀性显著增强，焊接后必须清洗。

2. 水溶性助焊剂

水溶性助焊剂是为适应不使用 ODS 及其他有机溶剂清洗而设计的，最大特点是焊剂组分在水中溶解度大，焊接后残留物可用水清洗。

水溶性助焊剂助焊性能强，对各种材料的适应性较强，助焊接效果优良。但水溶性助焊剂不适合密封不良的器件，如陶瓷滤波器、继电器、微动开关等原件，因为清洗液渗入后难以被完全烘干排除，容易锈蚀电极。

水溶性助焊剂一般分为两类：一类是无机型水溶性助焊剂，另一类是有机型水溶性助焊剂，见表 4-5。

表 4-5　水溶性助焊剂的分类

类　别		主 要 成 分
无机型助焊剂	氯化物类	氯化铵、氯化锌、氯化锡、氯化镍
	氟化物类	氟化钠、氟化钙、氟化钾、氟化锂、氟硼酸、氟化氢
	硼酸、磷酸及其盐类	硼酸、磷酸、亚磷酸、磷酸二氢钾
有机型助焊剂	一元酸	丁酸、丙烯酸、水杨酸、苯甲酸
	二元酸、多元酸及其盐类	草酸、柠檬酸、酒石酸、丁二酸、己二酸、苹果酸、柠檬酸铵
	肼胺及其盐类	二乙胺溴氢酸盐、环巳胺溴氢酸盐、羟胺盐酸盐、吡啶溴氢酸盐、环巳胺盐酸盐、溴化肼、单乙醇胺盐酸盐、EDTA、甲胺盐酸盐、三乙醇胺
	磺酸及其盐类	十二烷基磺酸钠、磺基水杨酸
	磷酸酯类	磷酸甘露醇酯、磷酸山梨醇酯
	氨基酸	谷氨酸

水溶性助焊剂由活性剂、成膜剂、添加剂和溶剂组成，但水溶性助焊剂要求助焊剂各组分在水中有一定的溶解度。

水溶性助焊剂的溶剂可以是水，也可以是低级脂肪酸等有机溶剂。以水作为溶剂的水溶性助焊剂对有机组分的溶剂能力弱，随着水分的挥发助焊剂中会出现沉淀；焊接时，若水未挥发干净，在焊料槽中会产生焊料飞溅现象。而以乙醇或异丙醇作为溶剂的水溶性助焊剂则不会出现上述现象。因此，市场上很少有水基的水溶性助焊剂，绝大部分为溶剂型水溶性助焊剂。

3. 低固含量免洗助焊剂

免洗助焊剂是指焊接后只含有微量无害助焊剂残留物而不需要清洗组装板的助焊剂。

从保护臭氧层和满足 SMT 高密度组装的需要出发，采用免洗助焊剂的焊接是解决上述问题最有效的途径。它不仅可免除清洗工艺、省去清洗设备、简化操作、节省人力、降低成本，而且可彻底避免因使用含 ODS（臭氧耗损物质）的清洗剂而带来的环境污染问题。

现在使用的免洗助焊剂都是低固含量助焊剂，通常固含量在 2%～5%，甚至小于 2%。这类低固含量的免洗助焊剂，由于焊后残留物极少，无腐蚀性，具有良好的稳定性，不经清洗即

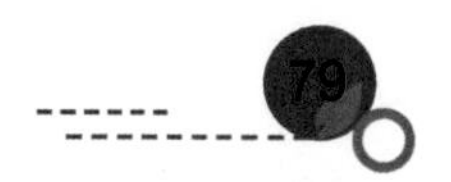

能使产品满足长期使用的要求。

免洗助焊剂都不含卤素活化剂，其活性相对偏弱，因此，预热时间要比传统的松香助焊剂略微长一些，预热温度也要高一些，这些有利于 PCBA 进入锡波前活化剂能够充分活化。由于低固含量，其防止再氧化能力比较弱，因此，最好在氮气气氛下进行焊接。

4.4 液态助焊剂的技术指标与检测

1. 技术指标与测试方法

助焊剂产品是一种典型的配方型产品，生产工艺并不复杂，产品的技术含量完全在成分的选择与配比上。因此，对于任何一家助焊剂生产商而言，产品配方绝对是公司的最高机密，不可能透露给用户。用户只能从若干技术指标来了解助焊剂的基本性能。

助焊剂的技术指标分为三类：第一类是与基本物理性能相关的，如外观颜色、比重、固体含量；第二类是与助焊性能有关的，如酸值、润湿能力等；第三类是与助焊剂的腐蚀性与电气安全性能相关的，如水萃取电导率、卤素含量、铜镜腐蚀、表面绝缘电阻等。这些技术指标的含义、检测方法及技术指标要求，详情请参见 IPC J-STD-004B 标准。助焊剂测试方法见表 4-6。

表 4-6 助焊剂测试方法

测试方法		品　质	品质一致性	使用性能
名　称	IPC-TM-650			
物理性能				
外观颜色			X	
比重			X	
固体含量	2.3.34	X		
助焊性能				
酸值	2.3.13		X	
铺展测试	2.4.46			(o)
润湿平衡法测试	2.4.14.2			(o)
腐蚀与电气安全性				
铜镜腐蚀	2.3.32	X		
铬酸银	2.3.33	X		
圆点测试	2.3.35.1	X		
氯化物、溴化物	2.3.33 或 2.3.28	X		
铜板腐蚀试验	2.6.15	X		
表面绝缘电阻（SIR）	2.6.3.7	X		
电化学迁移（EMC）	2.6.14.1			
霉菌	2.6.1	(o)		

注：(o) 代表可选项，X 代表相关性。

2. 外观颜色

从助焊剂的外观颜色很容易区别出是否含有松香。含松香的助焊剂一般呈现淡黄色至棕黄色，有些松香含量高的助焊剂呈棕红色。一般而言，助焊剂在存储期间，特别是在受到阳光

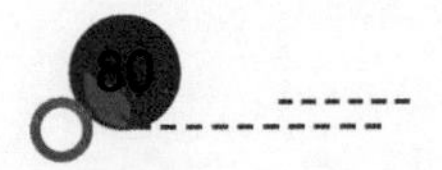

照射的存储条件下，颜色会逐渐加深，但是这一般不会影响助焊剂的使用性能。

3．比重

助焊剂的比重即密度，主要取决于助焊剂所采用的溶剂。传统助焊剂的溶剂体系为醇类（如异丙醇或乙醇），故其比重一般为 0.80g/mL 左右。而新兴的 VOC-free 助焊剂，其溶剂系统为去离子水，故其比重一般为 1.0g/mL 左右。

助焊剂的比重与助焊剂的固体含量密切相关。一般而言，固体含量越高，助焊剂的比重越大。例如，一些松香含量在 20%～30%的助焊剂，其比重会高达 0.83～0.85g/mL。

助焊剂比重的变化与环境温度（不同温度下的比重测量数据都会有偏差）及溶剂的挥发密切相关。在喷雾式波峰焊接工艺中，由于助焊剂存储在一个密闭的槽罐中，溶剂挥发量较小，助焊剂比重变化也很小，故一般不用监测。而在发泡式波峰焊接工艺或者浸焊工艺中，助焊剂暴露于空气中，如果组装车间的温度比较高的话，溶剂的挥发就会相当严重，进而导致助焊剂的比重不断增加。尽管可以通过添加稀释剂的方法来调整助焊剂比重，但是建议在这些应用中最好定期更换助焊剂。因为无论是发泡式涂覆助焊剂还是手工浸沾助焊剂，作业过程中都会不断地将外界的杂质带入助焊剂进而影响助焊剂的品质和助焊能力。

4．固体含量/不挥发物

如同糖水一样，助焊剂的外观是液态，那只不过是一些固态物质已经完全溶解于溶剂罢了（类似于糖溶于水）。助焊剂中的松香和很多种有机活性物质本身都是固态的，而且一些在常温下是液态的有机物在受热完全挥发之后也会有一点固态残余。所有这些都构成了液体助焊剂的固体含量，因为其检测方法是将一定量的液体助焊剂加热至完全挥发干净，称重残余物质进而得到固体含量（具体可参见 IPC-TM-650 2.3.34）。

一般而言，助焊剂的固体含量越高，助焊效果就越好。当然这一点不是绝对的，还要看所使用的活性剂的种类，有些活性剂（主要是卤素盐类物质）只需添加千分之几的量就会有很好的助焊效果。

就应用而言，发泡式助焊剂的固体含量一般会比较高，其中主要是松香含量，因为松香自身就有很好的发泡效果；而喷雾式助焊剂的固体含量最好控制在 8%以下，否则就会经常堵塞喷嘴。

固体含量高的助焊剂其焊后板面残余物质自然就多，由于国内很多电子制造商特别看重焊后的板面干净程度，所以目前国内流行的助焊剂固体含量在 2.0%～7.0%之间。

需要指出的是，上述助焊剂的基本物理性质，如外观颜色、比重、固体含量等并没有标准要求一定要达到某个具体的数据或指标，取舍的判断完全取决于用户的喜好，例如，国内就有一些电子制造商特别喜欢无色透明的助焊剂。

5．酸值

尽管酸或碱均可以与金属表面氧化物发生反应进而起到去除氧化膜的作用，但目前在电子焊接领域使用的助焊剂均为酸性助焊剂（铝合金焊接用助焊剂除外）。简单而言，助焊剂的酸值（acid value）就是中和 1 克助焊剂中所需要消耗的 KOH 的毫克数。

酸值从某种程度上反映了助焊剂的助焊能力，即酸值越高，助焊能力越强。就低固含量助焊剂而言，酸值一般在 17～35mgKOH/g 之间；而高固含量助焊剂，其酸值可能达到 50mgKOH/g 以上。

液态助焊剂的酸值应当按照 IPC-TM-650 测试方法 2.3.13 确定。

6．助焊剂的润湿能力

早期用于助焊剂助焊能力评估的方法是铺展率测试。近年来，更为科学的润湿平衡试验取代了铺展率测试。

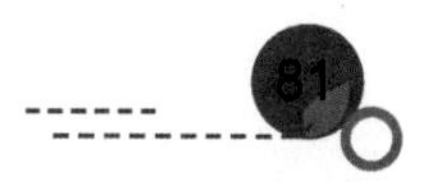

助焊剂的润湿能力应当按照IPC-TM-650测试方法2.4.14.2（润湿平衡法）或测试方法2.4.46（铺展测试法）确定。

7．助焊剂的水萃液电导率

就助焊剂的腐蚀性或电气安全性能的检测而言，表面绝缘电阻的测试数据最具有说服力。但表面绝缘电阻的测试耗时长、费用高，并不适合于助焊剂产品在生产过程中的品质监控。

助焊剂产品可能带来的电气安全问题就是降低了焊接后 PCB 板面（或者说焊点与焊点之间）的绝缘电阻，进而引发漏电现象。这种现象在潮热天气下最有可能发生。因为助焊剂残余吸潮之后，一些导电的离子可能游离出来，形成导电通路。水萃液电导率的数据在某种程度上可以反映这方面的趋势。

水萃液电导率的测试可以由现成的设备完成，目前没有相关的标准对这一检测项目提出具体的数字指标要求。由于这一测试项目简单易行，比较适合生产过程中的品质监控。（注：有些助焊剂酸值不高，但电导率较高，即电阻率较小，使用这些助焊剂时就要考虑其电气安全性能。）

8．铜镜腐蚀测试

助焊剂的腐蚀性应当按照 IPC-TM-650 测试方法 2.3.32（用来确定助焊剂腐蚀性的两种方法中的其中一种）来确定。只有当铜膜没有任何部分被完全除去时，助焊剂才应当被归类为 L 型。如果有任何铜膜被除去，并可通过玻璃显示的背景证明，此助焊剂就不应当被归为 L 型。如果只有助焊剂滴周围的铜膜被完全除去（穿透小于 50%），那么助焊剂就应当被归为 M 型。如果铜膜被完全除去（穿透大于 50%），助焊剂就应当被归为 H 型。图 4-2 为通过铜镜测试所鉴定的助焊剂腐蚀性。

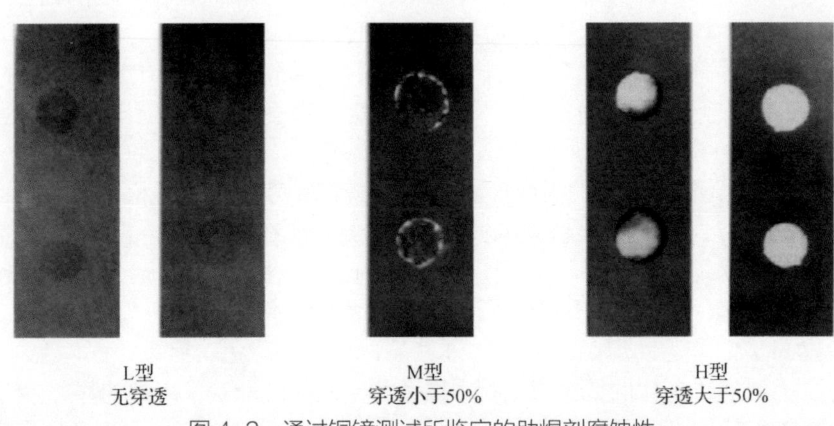

图 4-2　通过铜镜测试所鉴定的助焊剂腐蚀性

9．铜板腐蚀测试

此试验用于评估助焊剂残留物在极端环境条件下的耐腐蚀性。试验采用压坑的铜板，在其上放置焊锡颗粒和助焊剂，再流后在 40℃、93%RH、240h 条件下老化，通过外观腐蚀现象评估助焊剂与焊料合金的相互反应性或腐蚀性，详见 IPC-TM-650 2.6.15。为了达到这个测试方法的目的，应当采用下列有关腐蚀的定义：“焊接后并暴露在上述环境条件下，铜、焊料和助焊剂残留物之间发生的化学反应。”按下列要求对腐蚀进行定性评定。

1）无腐蚀

观察不到腐蚀的迹象。因焊接期间加热测试板时，将有可能使初步转变的颜色加深，如图 4-3（a）所示，这种状况可忽略。

2）轻微腐蚀

助焊剂残留物中离散的白色或有色斑点，或颜色变为蓝绿色但是没有铜凹陷的现象被看

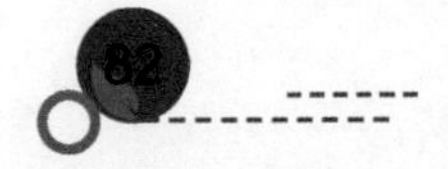

作轻微的腐蚀，如图 4-3（b）所示。

3）严重腐蚀

随着蓝绿色污点/腐蚀的扩展，能够观察到铜面板凹陷，则视为严重腐蚀，如图 4-3（c）所示。

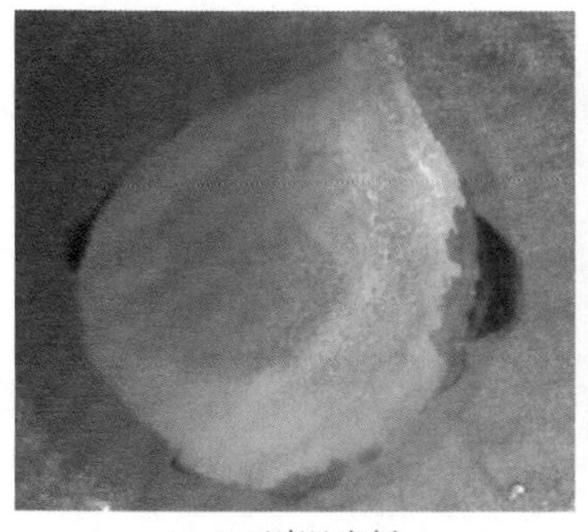

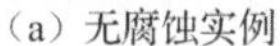

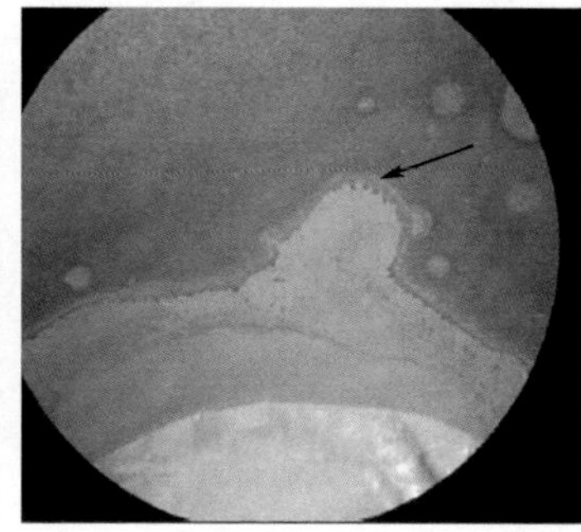

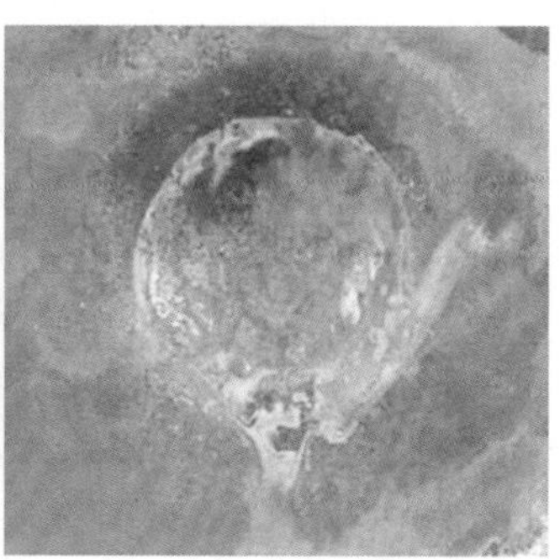

（a）无腐蚀实例　（b）轻微腐蚀实例　（c）严重腐蚀实例

图 4-3　板腐蚀测试所鉴定的助焊剂腐蚀性

10．卤化物含量定量测试

对于助焊效果而言，卤化物是一种非常有效的活性剂，早期的助焊剂产品配方中卤化物的存在似乎是不可或缺的。但是卤素离子作为一种活跃的导电离子，其焊后电气安全性能也令人顾虑。因此在早期电子组装作业中，焊后清洗是一个必不可少的工序。现在随着免清洗助焊剂的兴起，越来越多的新型有机化合物被用于助焊剂的配方体系，添加卤素盐的方法已经过时。

助焊剂中卤化物的总含量为 Cl^-、Br^-、F^-和 I^-测量值的总和。卤化物含量以卤化物在助焊剂固体（非挥发物）成分中的氯化物当量百分比来表示。氯化物、溴化物、氟化物和碘化物的总含量应按照 IPC-TM-650 测试方法 2.3.28.1 确定。助焊剂固体含量应按照 IPC-TM-650 2.3.34 确定。

11．助焊剂表面绝缘电阻测试

表面绝缘电阻（Surface Insulation Resistance，SIR）是关系助焊剂残余电气安全性能的最重要指标。SIR 被定义为在特定环境和电气条件下一对接触点、导体或接地装置之间的绝缘材料的电阻值。

SIR 的测试，除了测试时间应当为七天外，应按照 IPC-TM-650 测试方法 2.6.3.7 来确定助焊剂的 SIR 要求。SIR 图形制备应按照 IPC-TM-650 测试方法 2.6.3.3，采用具体产品的再流焊接或者波峰焊接曲线处理。

说明 SIR 测试结果时，供应商应当明确指明 SIR 测试前是否要求清洗及所采用的清洗工艺类型（见 IPC J-STD-004B 附录 A 鉴定测试报告）。

通过 SIR 测试的标准是：

（1）所有测试图形上的所有 SIR 测量值都应当大于 100MΩ。

（2）不应当有使导体间距减少超过 20%的电化学迁移（枝晶生长现象）。

（3）不应当有导体腐蚀。梳形电路导体一极有轻微的变色是可以接受的。

需要指出，SIR 的测试方法，IPC J-STD-004B 与 IPC J-STD-004A 相比，有很大的不同，见表 4-7。

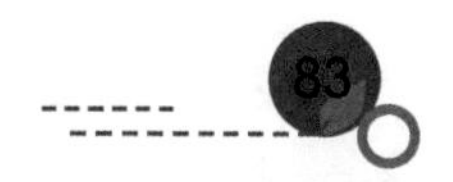

表 4-7　IPC J-STD-004A 版本与 IPC J-STD-004B 版本关于 SIR 测试方法的对比

		IPC-TM-650　2.6.3.7(004B)	IPC-TM-650　2.6.3.3(004A)
试验条件	温湿度	40℃，90%RH	85℃，85%RH
	加电压	直流 12.5V	直流 50V
	试验时间	7 天	7 天
测试		至少每 20 分钟测试一次 SIR，测试电压与加电压极性一致	24h、96h、168h 分别测试 SIR，测试电压直流 100V
评估		所有测量时段中全部测试图形上所有测试点的 SIR	96h、168h 的全部测试图形上所有测试点的 SIR

12. 电化学迁移（ECM）测试

电化学迁移（Electrochemical Migration，ECM）测试，是评估助焊剂抵抗电化学能力/腐蚀性的一个重要指标，事关应用环境下的可靠性。在免清洗工艺条件下，助焊剂残留会留在 PCB 上，特别是那些 BTC 类器件，甚至填满元器件底部间隙，它会助长 ECM。

ECM 在 IPC J-STD-004B 中被定义为在直流偏压影响下导电枝晶的形成和生长，导电枝晶通过含有从阳极溶解出来的金属离子的溶液的电沉积，经电场转移后再沉积至阴极，但不包括由于电场感应所导致的金属在半导体内的移动，和由于金属腐蚀所造成的生成物的扩散现象。由于电化学腐蚀表现为枝晶生长现象，因此，有时也称之为枝晶生长。

ECM 的测试应当按照 IPC-TM-650 测试方法 2.6.14.1 的方法进行，测试温度为 65±2℃，相对湿度为 88.5%±3.5%RH，激发偏压直流 10V。应当按照 IPC-TM-650 测试方法 2.6.3.3，采用具体产品的再流焊接或者波峰焊接曲线制备 ECM（电化学迁移）测试图形。

1）测试用梳妆图形

应当采用 IPC-B-25（B 或 E 图形）或 IPC-B-25A（D 图形）试验板，梳妆图形的导线宽度和间距必须是 0.318mm，测试图形为未经处理的裸铜，图 4-4 为 IPC-B-25A 测试板。

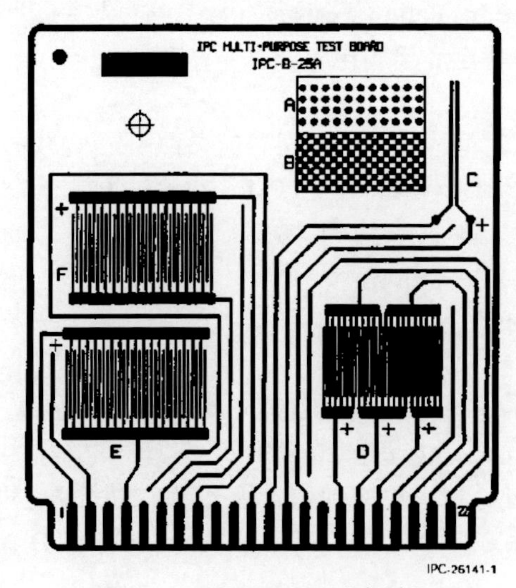

图 4-4　IPC-B-25A 测试板

D 图形与 IPC-B-25B 或 E 图形相同。在进行工艺评估时，应使用与实际使用 PCB 相同的基板材料和制作条件。

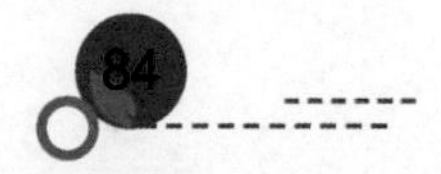

2）测试板准备/制作

（1）测试板准备之前应进行清洗和干燥，以满足在 35℃、最小湿度 85%条件在存放 24h 后，所测试的最小绝缘电阻值不小于 $4\times10^{10}\Omega$。

（2）用于评估液态助焊剂。将液态助焊剂涂覆（浸、刷、喷涂均可）到测试图形的整个平面上，以图形横向方向垂直放置 1 分钟。测试板边缘连接器的手指应受到保护，使其不受助焊剂的影响。采用生产用波峰焊接设备、生产工艺对测试板进行波峰焊接，至少有三个样品。

（3）用于评估焊膏助焊剂。采用与测试图形一致的至少 0.20mm 厚的钢网印刷焊膏并进行再流焊接。如果发生桥连，则丢弃式样，重新制作。

3）测试方法

（1）将端接的测试样本放入合适的机架中，使样品保持至少 2.5cm 的距离，气流平行于试验样品梳妆图形的方向。对于硬接线，电线应该放在底部，以防止导线上的助焊剂残留滴落到梳妆图形上，连接 1、3 和 5 端口的导线接入限流电阻。

（2）将测试架放到试验箱测试室中心的位置，导线从试验箱线孔拉出来，并远离试样，应确保导线上的冷凝液不要滴落到测试样板上。

（3）关闭箱门并使所有样品在测试温度和湿度下持续放置 96h。之后测试初始绝缘电阻，测试电压可以选取直流 45～100V。由于极性，测量应该是在端子 1 和端子 2、端子 3 和端子 2、端子 3 和端子 4 以及端子 5 之间进行。

（4）使用限流电阻与测试电路串联，并在测试期间应用直流 10V。这个电压是根据一般电路中使用的电压确定的。

（5）在施加偏置 500h 后（总计 596h），断开电源和重复测量。

4）测试结果报告

说明 ECM 测试结果时，供应商应当明确指明 ECM 测试前是否要求清洗及所采用的清洗工艺类型。

应当根据测试方法报告绝缘阻抗初始值（$IR_{初始}$，96h 稳定期后的测量值）和绝缘阻抗最终值。通过 ECM 测试的标准是：

（1）$IR_{最终} \geqslant IR_{初始}/10$，即施加偏压后的平均绝缘阻抗不应当降低至小于绝缘阻抗初始值的 1/10。

（2）不应当有使导体间距减少超过 20%的电化学迁移（枝晶生长现象）。

（3）不应当有导体腐蚀。梳形电路导体一极有轻微的变色是可以接受的。

13．绝缘电阻（SIR）测试与电化学迁移（ECM）测试的说明

ECM 测试与 SIR 测试，无论是测试样品的准备，还是测试方法，都十分相近，两者测试的都是表面绝缘电阻，用于评价助焊剂的腐蚀性，但其目的有所不同。

ECM 测试，主要用于测试电压诱导的金属腐蚀现象，主要腐蚀结果就是枝晶生长。高的测试温度、高的电场强度（直流 10V/0.318mm）、长的测试时间，就是为了激发枝晶的生长。而 SIR 试验主要用于测试电路板上助焊剂残留物的绝缘性，因此，测试条件采用了低温条件，旨在减少较高温度对焊机活性物质的分解（特别是液态助焊剂）。测试期间所加的较低电场强度（直流 12.5V/0.5mm）是为了避免低残留免洗焊膏残留物有机极分子极化。较宽的测试图形导线间隔是为了避免枝晶生长超过间隔的 20%带来的测试失真。

影响 SIR 测试结果的因素有以下几种。

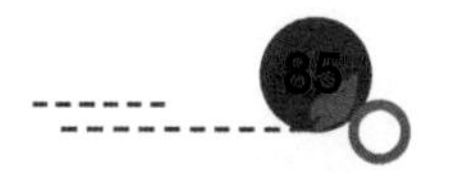

1）助焊剂的化学成分

为了对比SIR和ECM测试的有效性，有人研究了助焊剂化学性质对SIR和ECM的影响，得出以下两点结论：

（1）对于低残留免清洗（具有相当低的腐蚀性）的助焊剂，无论SIR还是ECM，测试结果与表征助焊剂属性的助焊剂体电阻率、助焊剂残留物水萃取电阻率、助焊剂残留物水分吸收、没有偏压的助焊剂腐蚀性等无关。

（2）发现SIR和ECM测试的SIR值与助焊剂的pH值有关，但取决于助焊剂类型与测试条件。对于松香助焊剂，SIR和ECM测试的SIR值与助焊剂的pH值是函数关系，这种现象对于SIR的测试更加明显，如图4-5所示。对于低残留免清洗助焊剂，只有SIR测试显示出这样的pH机理，而ECM测试却没有，如图4-6所示。这可能是研究采用的激发偏压不同所致，该研究中SIR测试采用的是50V直流偏压，ECM是12.5V直流偏压。高的偏压诱发了有机分子极化。

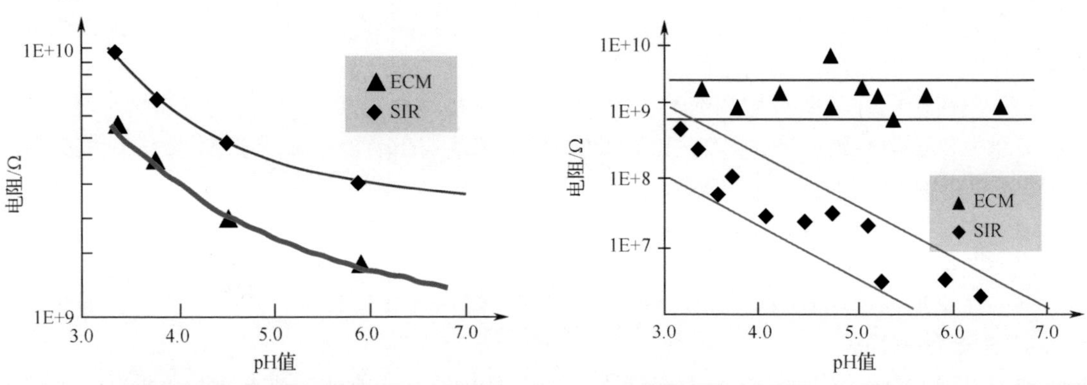

图4-5 松香助焊剂的pH值对SIR和ECM的影响　图4-6 低残留免洗助焊剂的pH值对SIR和ECM的影响

2）测试条件

（1）测试温度。测试温度会影响金属腐蚀速度，大概因为这个原因，IPC J-STD-004B把SIR的测试条件中的温度由85℃改为40℃，以反映助焊剂残留物本身的绝缘性能。

（2）诱发偏压。诱发偏压会影响失效机理，电压越高，电解诱发的离子越多。大概因为这个原因，IPC J-STD-004B把SIR的测试条件中的偏压由50V直流电压改为12.5V直流电压。

（3）再流焊接温度。其对SIR和ECM性能有很大的影响。通常低的温度产生低的IR值，这可能形成枝晶结构。一般来说，较低的焊接温度将消耗较少的助焊剂，因此，有更多剩余的助焊剂活性物质留在PCB上。另外，一些溶剂仍将会留在助焊剂残留物里，它会减少残留物抵挡湿气的能力。通常在温度、湿度和偏压的条件下，剩余的助焊剂活性物质常会与电极发生反应，进行电解，或在偏压下迁移，因此产生了较低的IR值或枝晶结构。

随着BTC类器件的广泛使用，经常出现再流焊接后器件底部被助焊剂或溶剂未完全挥发干净填满的情况。在这种情况下，根据标准的方法测试SIR或ECM已经没有多大的意义，应当根据器件实际的导体间隙、偏压和残留物状态设计测试方案，这对产品的实际应用可靠性更有效。如果用于评价焊膏，可以采用标准推荐的梳妆图形，采用实际电路的工作电压作为试验偏压，采用盖玻璃片的方法制造溶剂未完全挥发的“湿”的助焊剂残留物制作测试样品。这样的测试结果更能够反映焊膏的可用性，因为大多数焊膏的设计没有考虑这种应用场景，基本是按照IPC标准设计的。

4.5　助焊剂的选型评估

助焊剂的选型评估分三步进行：（1）根据组装产品可靠性与工艺特性选择合适的类别；（2）可靠性评估；（3）工艺性评估。

4.5.1　助焊剂类型选择

市场上的助焊剂通常按照助焊剂的三大属性——活性、固含量和材料类型进行分类。据此通常把助焊剂分为三大类，即低固含量的免清洗助焊剂、松香助焊剂和水溶性助焊剂，如图 4-7 所示。

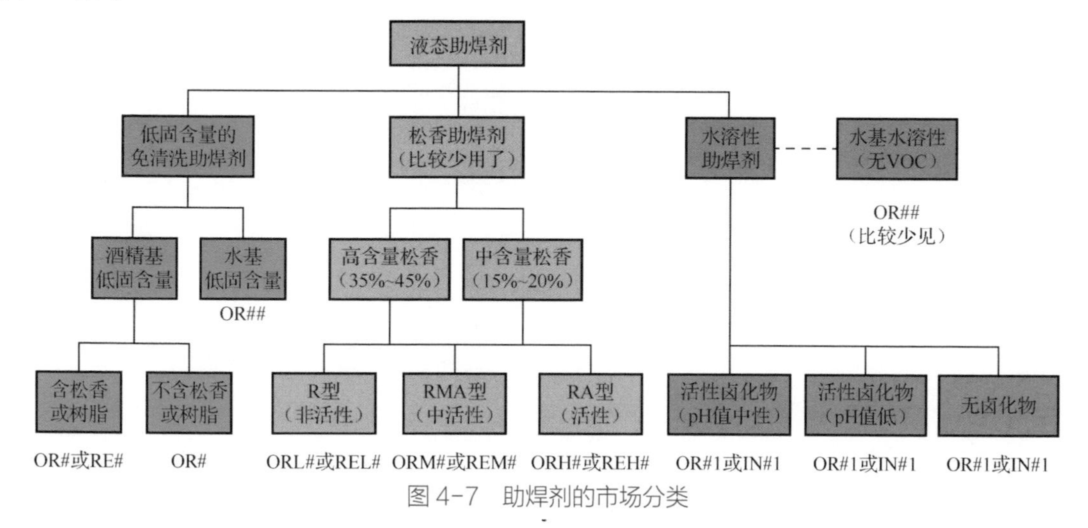

图 4-7　助焊剂的市场分类

对于液态助焊剂，需要了解以下几点：

（1）固含量与工艺寿命有关。一般而言，如果固含量较高，预热时会承受较高的预热温度和较长的预热时间，也就是工艺寿命比较长，这是因为熔融的成膜物质会覆盖住被焊接表面，具有阻止再次氧化的作用。反之，工艺寿命比较短。这就是水基免洗助焊剂在比较高的温度下表现不佳的原因。

（2）溶剂类型，往往与是否使用松香联系在一起。凡是使用松香的助焊剂，肯定不是水溶性助焊剂或水基助焊剂，因为松香不溶于水。

（3）高含量松香助焊剂和水溶性助焊剂，活性比较强或很强，焊接性能极好，但是，焊剂残留物腐蚀性也很强，所以，焊接后一定要清洗。此类助焊剂可以适应可焊性不好的元器件焊接，提供最好的焊接质量（如最低的虚焊风险）。对于传统的纯松香助焊剂，空气焊接气氛下，其活性取决于松香的含量，如图 4-8 所示。

（4）水溶性助焊剂，一般都是溶剂型的，水基的很少见到。

（5）免洗助焊剂，不含卤素活化剂，活性很弱。在早期的配方设计中，也是非树脂、非松香型的。目前的免洗助焊剂大多数含有松香，只不过含量比较低，很多在 2%以下。

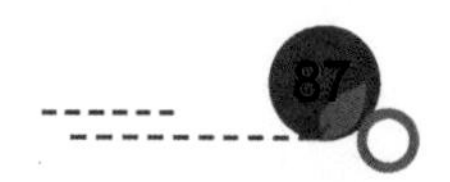

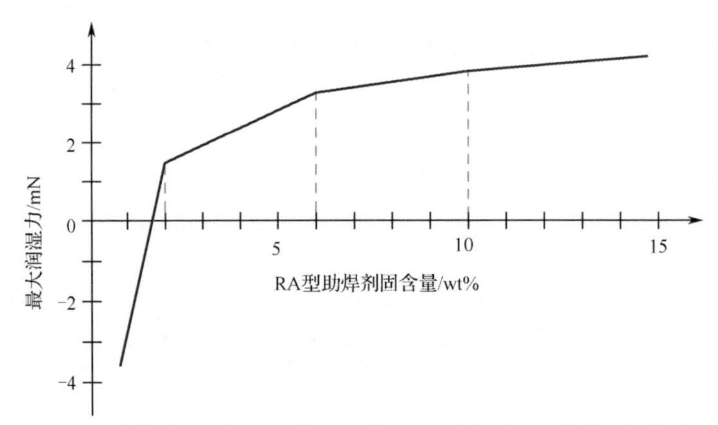

图 4-8　纯松香助焊剂固含量与助焊性（焊锡在无氧铜板上润湿性）

4.5.2　工艺性评估

工艺性评估，简单地讲就是对助焊剂的应用性进行评估，一般考虑以下几个方面：

- 桥连缺陷率；
- 通孔透锡率；
- 焊盘上锡饱满度；
- 焊后 PCB 表面洁净度；
- ICT 测试直通率；
- 助焊剂残留物表面绝缘电阻。

1. 桥连缺陷率

波峰焊接最主要的焊接不良问题是桥连，特别是密脚插装连接器的桥连。桥连现象的产生与 PCB 的传送方向、引脚热特性、焊盘的设计、引脚的伸出长度等很多因素有关，也与助焊剂的助焊性能有关。因此，通过对典型 PCBA 进行焊接实测，能够反映助焊剂的综合工艺性能——涂覆性、气味、助焊性能。

试验板可以根据自己公司的产品使用的封装、布局密度进行个性化的设计，一个原则就是能够反映公司产品的难点、工艺能力。图 4-9 所示是一个波峰焊接试验板示意图，仅作为试验要素说明之用。

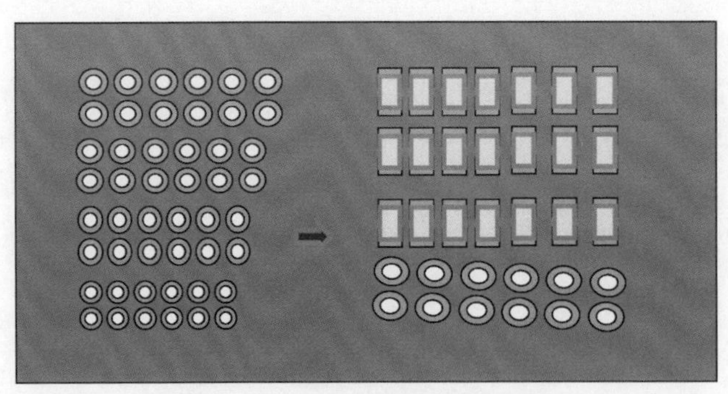

图 4-9　波峰焊接测试板示意图

密脚插装连接器：

引脚中心距为 1.27mm、1.5mm、1.75mm、2.0mm，伸出板面长度为 1.5mm，平行于传送方向布局，按照一般的盗锡焊盘设计。

片式电容：

选用 0805，封装侧面间距为：0.35mm、0.45mm、0.55mm、0.80mm、1.0mm、1.2mm、1.4mm。

插件焊盘到片式元件焊盘间距为：0.6mm、0.8mm、1.0mm、1.2mm。

2．通孔透锡率

通孔透锡率在很大程度上取决于设计，但是透锡率在某种程度上也反映了助焊剂的润湿能力。波峰焊接时，焊料要从焊接面开始润湿元器件引脚和通孔的覆铜层，进而爬升并填充整个通孔，最后在元器件面也可以形成焊点。IPC J-STD-001 和 IPC-A-610D 标准中均规定 75%的通孔填充率（如图 4-10 所示）是最低要求，这里，我们必须清楚，不同板厚即使透锡率一样，实际的焊缝高度也是不同的，因此，应根据自己的产品确定合理的透锡率。

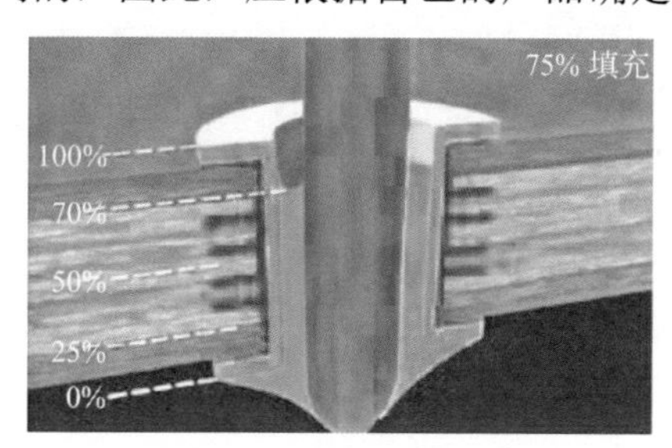

图 4-10　通孔填锡的要求

3．焊盘上锡饱满度

上锡饱满度主要包括两个方面：（1）焊料在焊盘上的覆盖面积；（2）焊点饱满程度，即上锡量的多少。就覆盖面积而言，100%的覆盖率当然是最理想的，但是，有少量露铜也是允许的，如图 4-11 所示。这两张图片是 IPC-A-610D 标准中给出的可以接受的焊盘覆盖面积的范例。事实上，IPC J-STD-001 和 IPC-A-610D 标准中均规定 75%的焊盘覆盖率是最低要求。而焊点饱满程度的评估比较复杂，如片式元件涉及焊缝高度、宽度、长度等，如图 4-12 所示。需要指出的是，波峰焊接的片式元件采用的是红胶工艺，焊点宽度与贴片有很大关系。

（a）焊接面 75%以上面积润湿

（b）元器件面不要求润湿

图 4-11　焊盘覆盖率

4．焊后 PCB 表面洁净度

如图 4-13 所示的目视干净的 PCBA 板面肯定是用户最希望的。但是在免清洗工艺广为采用的今天，要得到非常干净的焊后 PCB 表面是非常困难的。焊后 PCB 表面上助焊剂残余物的存在是不可避免的，问题就在于如何界定清洁度。如果是类似于图 4-14 所示的目视比较“脏”的 PCBA 板面，存在明显的腐蚀痕迹或者助焊剂残余物集聚，那么肉眼观察即可判断 NG（不合格）。而大多数情况是介于上述两者之间的，这时就需要依靠试验来检验清洁度。

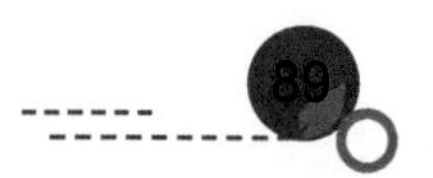

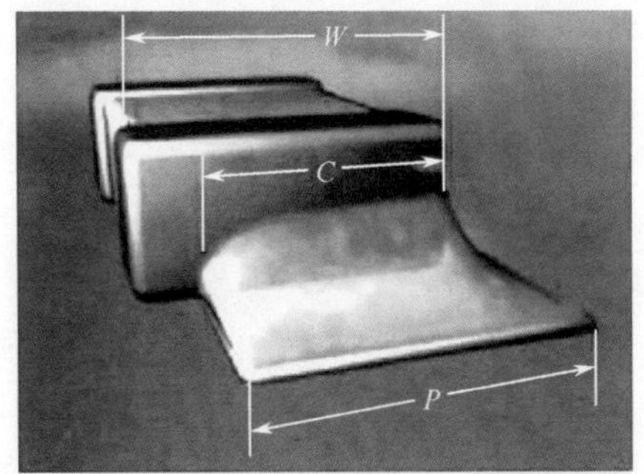

（a）焊点宽度

（b）侧面焊点长度

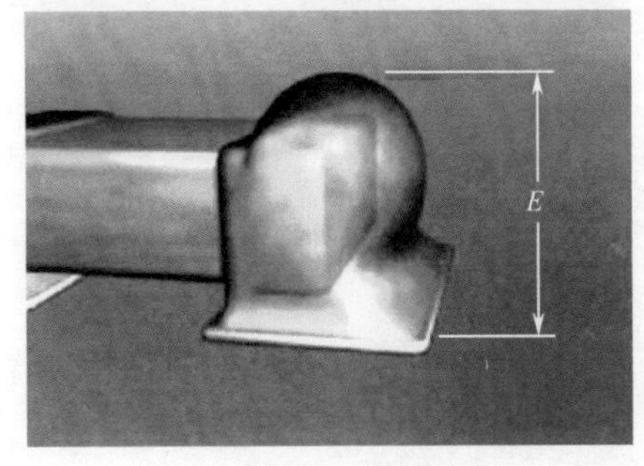

（c）焊点最大高度

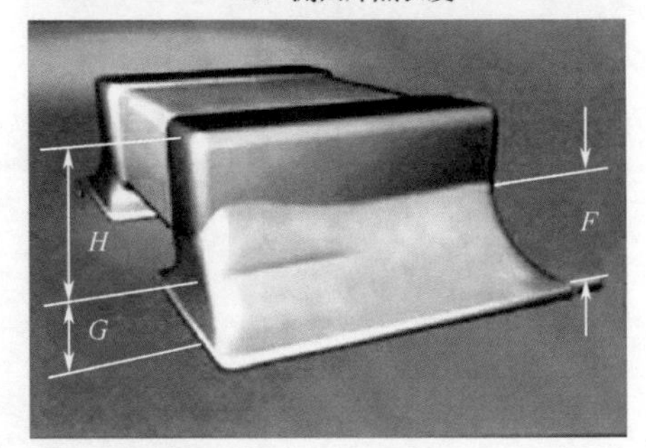

（d）焊点最小高度

图 4-12　片式元件焊点饱满度要求

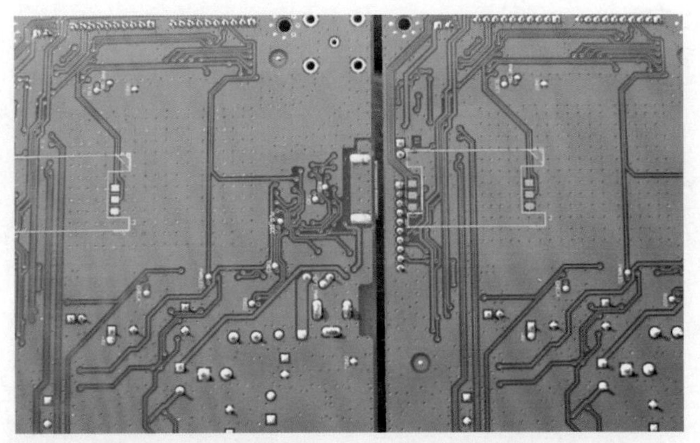

图 4-13　目视干净的 PCBA 板面（局部）

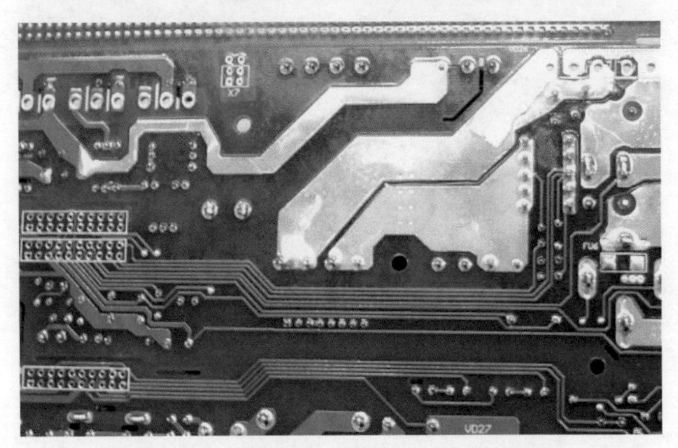

图 4-14　目视比较“脏”的 PCBA 板面

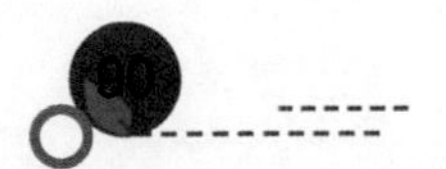

板面清洁度的评价方法主要有两种：（1）SIR 测试；（2）离子污染测试。如同前面在论述免清洗的定义时所讲，助焊剂残余物是否需要清洗，最根本的判据在于其是否会影响电气安全性能，而 SIR 测试就是最有效的试验手段。离子污染测试的基本原理是测量板面助焊剂残余物的萃取液的电阻率，标准判据是离子污染值不可以大于 1.56g NaCl 当量/cm^2)，具体可参见 IPC-TM-650 2.4.25。

在免清洗工艺中，有一种如图 4-15 所示的白色残余物十分常见。

图 4-15　免清洗工艺常见的白色残余物

5．ICT 测试直通率

在线测试（In-Circuit Test，ICT）是很多电子产品制造商喜欢采用的一种产品电气性能测试方法。一般做法为在 PCB 上预留一些专门用于 ICT 测试的小焊盘，焊接完成之后，让 ICT 测试设备的探针与测试点接触来测试整个组装件是否能实现预定的电信号传输功能。在 ICT 测试过程中，探针与焊点的良好接触是准确测试的前提条件。如果测试点上的助焊剂残余物对于接触存在随机的阻碍作用，将造成误判。因此，需要进行 ICT 测试的电子产品制造商对于 ICT 测试直通率（反之为误判率）均有自己的标准要求，一般应在 95%以上（误判率为 5%以下）。

ICT 测试直通率与助焊剂配方有密切关系，因为不同配方条件下助焊剂残余物的性质不同，是否会阻碍探针与测试点的接触也会随之不同。

6．助焊剂的多元化

助焊剂产品与焊料合金产品在应用上的最大不同在于普遍适用性的差别。就焊料合金而言，无论是什么样的电子产品，Sn-37Pb 焊料合金或者无铅的 Sn-Ag-Cu 合金都是适用的。而助焊剂则不同，哪怕是同一种电子产品，不同的制造商也会对助焊剂有不同的要求。这也造就了助焊剂产品的多元化，一个成熟的助焊剂产品供应商一般都有几十种甚至上百种的助焊剂产品供客户选择。

举例来说，一般的电子产品制造商都希望得到光亮的焊点，焊点外观的光泽度甚至被作为评价所使用的焊料合金纯度的一种方法。但是，在一些 PCB 面积比较大、板上焊点比较多的情况下，制造商会要求采用消光型助焊剂，即所得到的焊点为亚光型。这主要是因为在后续焊点质量的目视检测过程中，如果焊点多且光亮，很容易造成工人的视觉疲劳。因此，消光型助焊剂作为一类特殊用途的助焊剂也占据了一定的市场份额，最主要的用户就是电视机生产商。

正因为助焊剂的多元化特点，在选择或者销售助焊剂的时候，就必须弄清楚真正的需求，这样才会缩短试样的时间，尽可能快地满足客户实际应用的需求。一般而言，下列问题是必须考虑的：

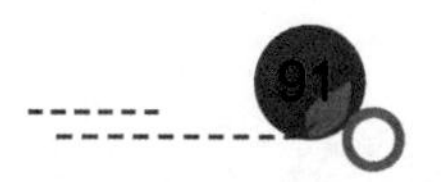

- 助焊剂涂覆方式。浸沾、发泡还是喷雾？
- 焊接方式。浸焊、单波峰焊接还是双波峰焊接？
- 免清洗、溶剂清洗还是水清洗？
- 单面焊还是双面焊（需要贯穿通孔）？
- 是否存在 ICT 测试工序？
- 波峰焊接之前经过几次再流焊接？
- 有铅工艺还是无铅工艺？
- 与 PCB 阻焊层及三防材料的兼容性如何？
- 客户对现用助焊剂的最大抱怨是什么？是桥连多、空焊多、板面不干净、ICT 测试误判率高、通孔贯穿不良、SIR 偏低还是漏电、上锡不饱满等？

4.6 白色残留物

印制电路板焊接后可能出现白色残留物，由于其出现的多样性、突然性，一直是业界的一个困扰。有的是在清洗后出现白色残留物，如图 4-16（a）所示；有的是免清洗的板子在储存后出现白色残留物，如图 4-16（b）所示；也有的在使用过程中由于返修而发现部分焊点出现白色残留物，如图 4-16（c）所示。

（a）清洗后出现白色残留物

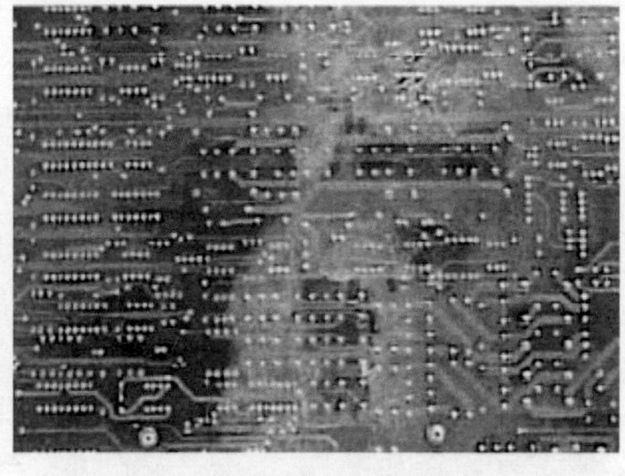

（b）储存后出现白色残留物

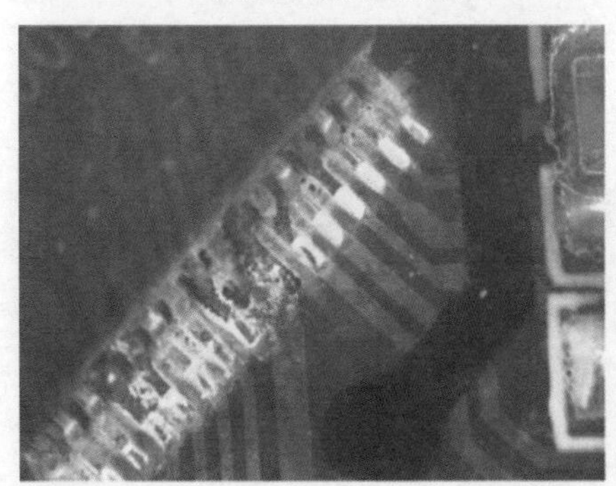

（c）使用过程中出现白色残留物

图 4-16　白色残留物

IPC 规定：除非能证明这些白色残留物是可靠的，否则就拒收。而实际情况是，由于外观原因，客户一般都是拒收的。那么这些白色残留物为什么会突然出现？有没有可靠性的问题？虽然 PCB 制造所涉及的化学成分众多，各厂家使用的材料不一，但从化学的角度讲，其反应的机理仍有相通性。白色残留物的成分和可能的产生原因有以下几种。

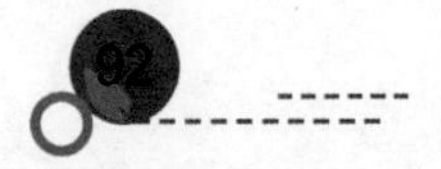

4.6.1 助焊剂中的松香

大多数清洗不干净、储存后、焊点失效后产生的白色残留物，其主要成分都是助焊剂中本身固有的松香。松香通常是一种透明而硬脆的无定形固态物质，无定形物质与结晶体相比通常保留着过量的内能，称为热力学上的不稳定状态，因此松香有结晶的趋向。引起松香结晶，由无色透明变为白色粉末的主要原因如下：

1）松香本身化合物的结构

树脂酸异构体的比例对松香的结晶趋势有较大影响。此外，中性物质的含量对松香的结晶趋势、软化点有一定影响，中性物质越多，结晶趋势越小。由于清洗不干净造成的白色残留其主要物质就是松香在溶剂挥发后形成的结晶粉末。图 4-17 为某背板，就是因为手工清洗不干净导致松香结晶变成白色的实际工程案例，分析表明白色残留物仍然为助焊剂残留物松香。

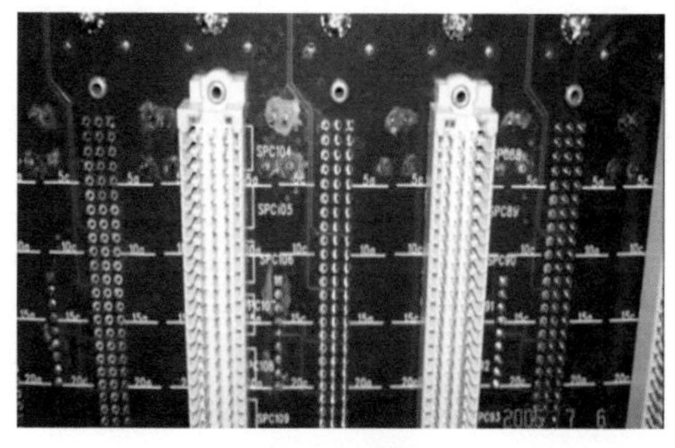

（a）白色残留物

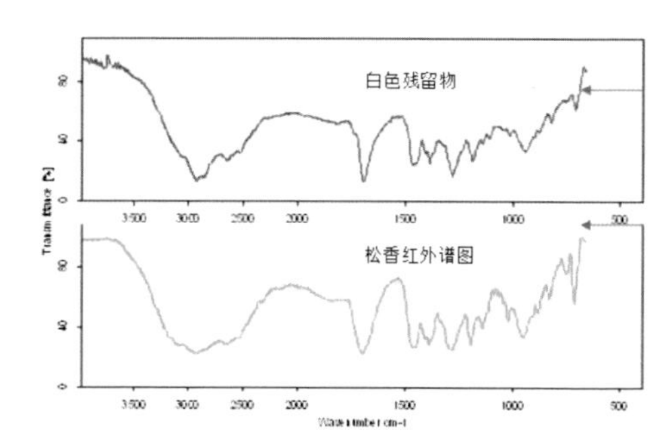

（b）白色残留物与松香红外图谱对比

图 4-17 清洗不干净导致的白色残留物现象

2）松香中的水分

除松香本身的原因外，水分对松香的结晶也有很大影响。松香本身有一定的吸湿性，树脂酸可在水分表面定向，形成结晶条件。一般认为，水分含量在 0.15%以上的松香易形成结晶。当 PCB 在高湿条件下储存，吸收的水分达到一定程度时，松香就会逐渐从无色透明的玻璃态向结晶态转变，从视觉上看就是形成白色粉末。这也是为什么同一张 PCB 在储存后，免清洗助焊剂部分、锡丝补焊部分可能形成白色粉末残留，而免清洗锡膏残留尚未见形成白色粉末残留的原因。其主要原因就是免清洗锡膏残留的松香较之前两者要多很多，而表面积又相对较小，吸收的水分不足以引起结晶。

3）其他原因

当松香中有溶于其中的其他物质的晶体时，在松香的结晶趋势变大时，这些物质就成为晶种引起松香结晶。在 PCB 再流焊接或波峰焊接中，如果助焊剂、PCB、零部件中的化学物质反应生成了不能溶于液态松香的物质，则在冷却后就成为松香中的晶种，从而加速并促成松香的结晶。

此外，当松香处于结晶的临界状态时，震动也易引起结晶。PCB 上的这种白色粉末，究其本质仍是松香，只是形态不同，因此仍具有良好的绝缘性。

4.6.2 松香变形物

松香的化学性质主要取决于树脂酸，树脂酸分子结构有两个活性基团——羧基和共轭双键。松香去除焊接面氧化物的功能就是由羧基完成的。树脂酸中的共轭双键有较高的化学活性，

在焊接条件下（高温、有氧）容易发生氧化和聚合反应（高温、有金属离子做催化剂）。这种氧化、聚合产物在常用清洗溶剂中的溶解度小于松香，因此，当采用正确的清洗方法后，PCB 上仍有白色残留，大部分的情况下都是这种松香氧化物或聚合物或两者皆有。随着无铅焊接温度的提高，松香氧化、聚合的程度会增加，因此在保证焊点质量的情况下，控制峰值温度和时间也是非常重要的。

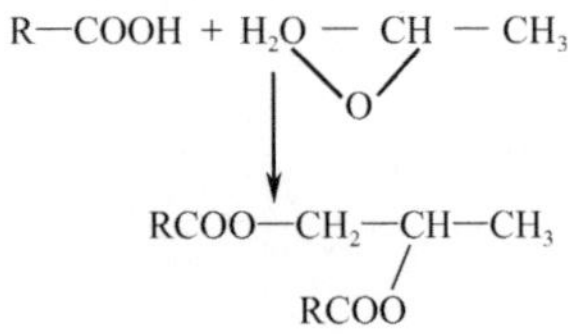

$R—COOH + H_2O — CH — CH_3$（$H_2O$ 与 CH 之间以 O 桥接）

↓

$RCOO—CH_2—CH—CH_3$（CH 上连 RCOO）

图 4-18　环氧单体与松香发生反应

PCB 的制造过程中会使用很多化学物质，如果由于某种原因导致问题出现，较正常情况下产生更多的化学物质残留，在焊接条件下，这些物质都极有可能与助焊剂发生反应。由于涉及化学物质众多，要对其进行完整、清晰的理解是一件非常困难的事情。曾经出现过的事例之一是 PCB 的阻焊油墨固化不够，其尚未固化的环氧单体与松香发生反应，如图 4-18 所示，形成溶解性很差的白色残留物。这类白色残留物属于有机物范畴，仍具有良好的绝缘性。

4.6.3　有机金属盐

有机酸与金属氧化物反应生成可溶于松香中的金属盐，从而达到清除焊接表面氧化物的目的，这是助焊化学最主要的反应。

这类有机金属盐一般都可溶于液态松香中，冷却后与松香形成固溶体，在清洗中与松香一起被去除。如果焊接表面、零部件氧化程度较高，则生成的这类物质浓度较高，当松香的氧化程度较高时，则可能随未溶解的松香氧化物留在板上成为白色残留物。这时板上残留物中的离子浓度反较未清洗时高，可靠性也大大降低。在 SMT 组装中，应慎重选择焊接材料。在清洗制程中，不能选择免清洗的锡膏、助焊剂，否则会因为清洗不完全，降低可靠性。

4.6.4　无机金属盐

在酸性条件下，卤离子（F^-、Cl^-、Br^-）可以和焊料中的金属氧化物反应生成相应的金属盐。

卤离子的来源如下：

- 助焊剂或锡膏中的含卤活性剂；
- PCB 焊盘中的卤离子残留；
- 元器件表面镀层的卤离子残留；
- PCB 板材（如 FR-4）中含卤材料在高温时释放出卤离子。

这些金属盐在有机溶剂中的溶解度一般较小。如果采用的清洗剂与助焊剂的残留物相匹配，对残留的大多数成分都呈现适当的溶解性，较少的不可溶部分可被大多数可溶解部分“运走”，所有残留物会被完全地消除。然而，如果选择的清洗剂只适合一小部分残留物成分，则“运走”效应并不足以消除所有的残留物，从而产生白斑。某厂使用免清洗锡膏制作了一批板子，后因某种原因需要清洗，在使用清洗剂 A 后，产生白斑。在与材料供应商协商后，采用清洗剂 B。清洗剂 B 可清洗干净 PCB，但对于曾经使用过清洗剂 A 的板子，再用清洗剂 B 时，仍然留有白斑，不能完全清洗干净。其实，这就是一个“运走”效应的具体体现。采用清洗剂 A 清洗后，即便再使用清洗剂 B，由于可溶解物质的减少，“运走”能力也会相应大大降低。在环保呼声日渐高涨的今天，清洗制程使用水已成为主流。在水洗制程中出现过工艺条件、材料都没有变化的情况下，其中一批板子出现白斑。经验证主要为碳酸铅化合物。$PbCl_2$ 在水中的溶解度约为 1g/100mL，$PbCO_3$ 则几乎不溶于水。一般水洗制程使用的助焊剂和锡膏都含有

相当量的卤离子，如果焊接后环境温度、湿度较高，又在焊接完成后较长的时间清洗，则可能生成不溶于水的碳酸铅，从而出现白斑。

$$PbCl_2 \xrightarrow[H_2O]{空气中的CO_2} PbCO_3$$

大部分物质的溶解度都会随温度的升高而升高，因此在水洗过程中，适当提高水洗温度，一般认为可提高清洗能力。在某工厂曾出现一个事例，在清洗时水温达到了 70℃，焊点在显微镜下可明显观察到上面有白色残留物，如图 4-19 所示，经化学分析，主要成分为 $Sn(OH)_4$，是不溶于水的物质。出现这种现象可能的原因是，在较高的温度下，反应速率增加，从而导致大量的 $Sn(OH)_4$ 生成。

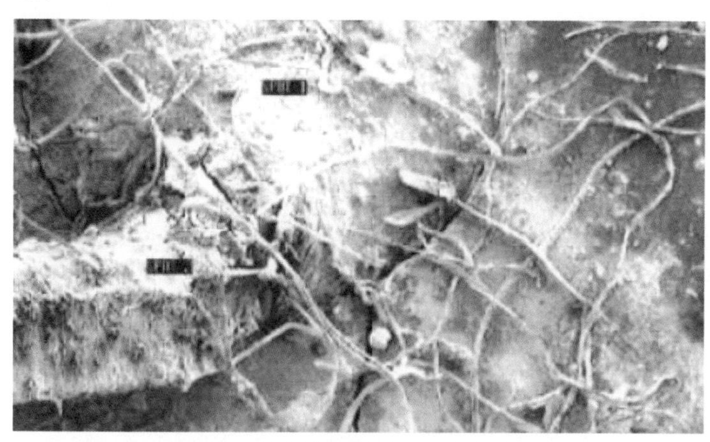

图 4-19　显微镜下焊点上的白色残留物

4.6.5　白色残留物的危害性

白色残留物是否有害，取决于白色残留物是否吸湿和可离子化，在湿气和偏压存在的情况下，是否会有潜在的腐蚀性。

白色残留物趋向于吸湿和导电，这会在敏感电路上潜在地造成电流泄漏和杂散电压失效。助焊剂活性物质在残留物中没有失去活性并一直存在白色残留物中，如果有湿气存在，它们就会分离，导致电化学迁移。

4.7　松香及其性能

4.7.1　一般物理特性

松香是一种透明、有脆性的固体天然树脂，是一种复杂的混合物，由树脂酸（枞酸、海松酸）、少量脂肪酸、松脂酸酐和中性物等组成。松香的主要成分为树脂酸，占总成分的 90% 左右，分子式为 $C_{19}H_{29}COOH$。松香外观为淡黄色至淡棕色（如图 4-20 所示），有玻璃状光泽，带松节油气味。

松香能溶于乙醇、乙醚、丙酮、甲苯、二硫化碳、二氯乙烷、松节油、石油醚、汽油、油类和碱溶液；在汽油中溶解度降低；不溶于冷水，微溶于热水。

松脂加工工序主要有：松脂熔解、净制和蒸馏。先将松脂加热熔解，并加入松节油和水，使松脂呈液态，过滤除去大部分杂质，并洗去深色水溶物；同时，加入脱色剂如草酸，以除去松脂中铁化合物。脂液再用热水洗涤，进入净制工序，以进一步除去细小杂质和绝大部分水，得到的净化脂液在间歇蒸馏锅或连续蒸馏塔中用过热水蒸气蒸馏，蒸出松节油，余下松香。

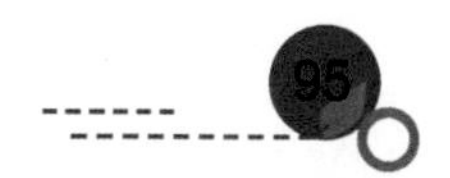

图 4-20　松香

4.7.2　熔点

松香属于非晶体，没有固定的熔点（通常是在一个大气压下测试）。由于其是混合物，不同地域产的松香成分不同，熔点也不同，一般在 174～200℃。如某款焊膏，通过回流焊接装置对焊膏熔化过程进行观察，可以看到焊膏在 70～80℃开始软化，184℃开始液化，205℃非常的稀，225℃沸腾。

4.7.3　松香的组成与常见异构体

不同松树树种的松香基本上具有相似的化学成分，但是其相对含量有所不同。松香的主要成分是树脂酸，占总质量的 85%～90%，它们是一类具有一个三环菲骨架的含有二个双键的一元羧酸，按其双键位置不同，可以分成三大类（如图 4-21 所示）。

4.7.4　松香的化学反应

松香的化学反应主要在枞酸型树脂酸分子的两个活性基团——羧基和共轭双键上进行。它的主要反应有：

1）异构反应

具有共轭双键的四种枞酸型树脂遇热或受到无机酸、有机酸的影响时易发生异构化，最后得到枞酸含量高达 95%的平衡产物。

2）加成反应

在所有的纯树脂酸中，只有左旋海松酸能以其共轭双键结构与马来酸酐发生狄尔斯-阿德尔反应，生成加成物。其他枞酸型树脂则不与马来酸酐发生反应。但在加热条件下，枞酸、新枞酸、长叶松酸会异构成左旋海松酸。

松香也可以与反丁烯二酸（富马酸）、丙烯酸、β-丙酸内酯等发生加成反应。或与甲醛、乙醛、丙醛、丁醛、苯甲醛、丙烯醛等发生类似的加成反应。此外，松香还可以与苯乙烯、环戊二烯、苯酚等发生反应。

3）氢化反应

枞酸型树脂酸的共轭双键结构在催化剂作用和一定的温度、压力下，部分或全部被氢气所饱和。由于树脂酸中第一对双键易于氢化，第二对双键的氢化则受到抵制，同时，第二对双键对氢化的敏感性也大大降低，因此，氢化常常只进行到二氢阶段。松香的加氢反应可以使其结构趋于稳定，消除因共轭双键而引起的易于氧化变色的缺点。

枞酸型酸

枞酸　左旋海松酸　新枞酸　长叶松酸

海松型酸

海松酸　异海松酸　山达海松酸

其他

脱氢枞酸　湿地松酸

图 4-21　松香异构体

4）歧化反应

枞酸型树脂酸在一定温度下，经过催化剂作用，树脂酸分子间首先发生氢原子重排，枞酸型树脂酸通过双键重排而自由异构，形成枞酸。然后一部分枞酸的共轭双键上失去 2 个氢原子，形成具有稳定苯环结构的脱氢枞酸，另一部分枞酸分子则吸收 2 个或 4 个氢原子而生成二氢枞酸或四氢枞酸。

5）聚合反应

由于枞酸型树脂酸的共轭双键，在催化剂存在的条件下可以发生聚合反应，生成不同结构的二聚体。

6）氨解反应

松香或歧化松香在高温（280～340℃）和催化剂（或无催化剂）条件下进行氨解反应，树脂酸分子上的羧基和 NH_3 作用，生成 CN 基。再在高压条件下加氢，可以生成 NH_2 基。

7）酯化反应

树脂酸可以与多种醇类反应生成相应的酯，如甲酯、甘油酯、季戊四醇酯等。由于树脂酸羧基受到较高的空间位阻，使这一反应比脂肪酸酯化需要更高的温度和更剧烈的条件。这种阻碍特性决定了松香酯的键合很难被水、酸或碱所断裂。改性松香如氢化松香、聚合松香、歧化松香、马来松香等都存在羧基，同样可以生成相应的酯类产品。

8）还原反应

松香酸或酯在催化剂作用下，高压氢化还原，生成羟基。

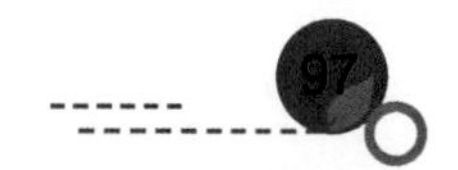

9）成盐反应

树脂酸羧基与金属氢氧化物或氧化物反应可以生成钾皂、钠皂、钙皂等。树脂酸钠与金属盐反应，则可以得到钴盐、锰盐和铜盐等。另外，可以形成树脂酸胺盐，这对于各树脂酸分离具有重要意义。

10）氧化反应

树脂酸的氧化是个复杂的化学过程。一般认为，共轭共键在空气中会自行氧化，生成过氧化物或过氧氢化物。如果光敏氧化，则可以生成桥环过氧化物。

焊　　膏

本章不是讨论焊膏的配制与制造技术，而是介绍如何选择和应用焊膏。因此，我们仅简单介绍焊膏的配方组成及其对印刷性能和焊接性能的影响，以便解决生产中的实际问题。

5.1 焊膏简介

焊膏由焊料合金粉（以下简称焊粉）和助焊剂组成，如图 5-1 所示。

图 5-1　焊膏的组成

焊膏与助焊剂的配比，一般而言，焊粉按质量计算占到焊膏质量的 85%～92%，按体积计算占到焊膏体积的 50%，如图 5-2 所示。体积占比这个值很重要，是我们计算焊点所需印刷焊膏量的一个基准参数，如计算通孔再流焊接所需印刷焊膏量时就需要这个数值。

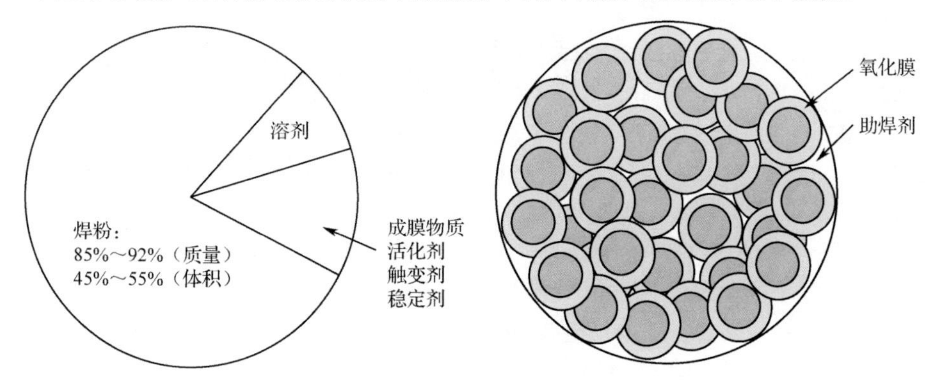

图 5-2　焊膏的组成

焊粉所占比重对焊膏的塌落性能和黏度有很大的影响。焊粉含量越高，坍落度就越小，因此，用于细间距元件的焊膏，大多使用 88%～92%焊粉含量的焊膏。

活化剂的含量决定了焊膏的润湿能力。要实现良好的焊接，焊膏中必须有适当的活化剂，特别是在微焊盘焊接情况下，如果活性不足，就有可能引发葡萄球现象和球窝缺陷。

成膜物质（也称助焊剂载体）及含量影响焊点的可测性以及焊膏的黏度和黏性。

溶剂主要用于溶解活化剂、成膜物质、触变剂等。焊膏中的溶剂，一般由不同沸点的溶剂组成，使用高沸点溶剂的目的是防止再流焊接时焊锡、助焊剂飞溅。

触变剂用来改善印刷性能和工艺性能。

焊膏的性能要求是多方面的，诸如印刷性、焊接性、储存性等，如表 5-1 所示。这些特性是焊膏配置以及选型要考虑的问题。

表 5-1　焊膏特性要求和相关因素

材料因素 / 关系度 / 要求特性		焊料合金							助焊剂					焊膏		
		组成	杂质	颗粒	粉末形状	颗粒分布	氧化状态	熔点	沸点	含有量	成分	触变剂量	溶剂量	吸水性	黏度	比重
印刷前	储存稳定性		△						○		○	△	△	○		
印刷时	印刷脱模性			○	○	○				○	○	○			○	○
	塌落性			○	△	○	△	△		○	○	○	△		○	△
	黏结性								○	○	○	○	○		○	
焊接时	润湿性	○	○				○					△		△	○	
	锡珠		△	○	○	○	○	△	○	△	○	△	○	○	○	
	焊剂飞溅		△					△	○			△	○	○		
焊接后	洗净性									△	○	△			○	
	加工美观性		○	△		△					○		△			
	非腐蚀性		△				○				○	○				
	绝缘电阻		△								○	○		○		

注：○表示有直接关系，△表示有间接关系。

5.2　助焊剂的组成与功能

焊膏中的助焊剂大体上与波峰焊接使用的助焊剂一样，但因应用方法与焊接工艺的不同，从配方的角度看可以说属于两个不同的系统。助焊剂在再流焊接应用中有多项功能，其成分也更为复杂，一般来说，用于焊膏的助焊剂有树脂、活化剂、溶剂和触变添加剂。对于某一特殊的系统，也可加入增黏剂、表面活性剂、腐蚀抑制剂等添加剂。

一般地，助焊剂各成分所占焊膏质量的百分比及成分如下：

（1）成膜物质：2%～5%，主要为松香及其衍生物、合成材料，最常用的是水白松香。

（2）活化剂：0.05%～0.5%，最常用的活化剂包括二羧酸、特殊羧基酸和有机卤化盐。

（3）触变剂：0.2%～2%，增加黏度，起悬浮作用。这类物质很多，优选的有蓖麻油、氢化蓖麻油、乙二醇一丁基醚、羧甲基纤维素。

（4）溶剂：3%～7%，多成分，有不同的沸点。

（5）其他：表面活性剂，耦合剂。

下面简要介绍组成助焊剂的常用化学物质，以便更好地理解焊膏的性能，并更好地应用。

5.2.1　树脂

树脂是具有中高分子重量的有机材料，它包括天然生成物，如松香，或合成材料，如聚合物。它们经常用来提供助焊剂的活性、黏性和阻挡氧化，有时也用作流变剂。最常用的树脂是水白色松香或以化学方法改进的松香。后者被焊接工业称为合成松香或合成树脂。水白色松香的主要成分是 80%～90%的松香酸（$C_{20}H_{30}O_2$），10%～15%的脱氢松香酸（$C_{20}H_{28}O_2$）、二氢松香酸（$C_{20}H_{32}O_2$），以及 5%～10%的中性物质。图 5-3 列举了常用的松香异构体。松香是松树蒸馏产物，不同的品种、地区和天气环境，松香的组成会不同，所以会产生一些前后不一的性质，如黏度、颜色和助焊活性。虽然松香具有热稳定性，但会经受同质异构的转变，一些松香酸的异构体转换形式可参看图 5-4。

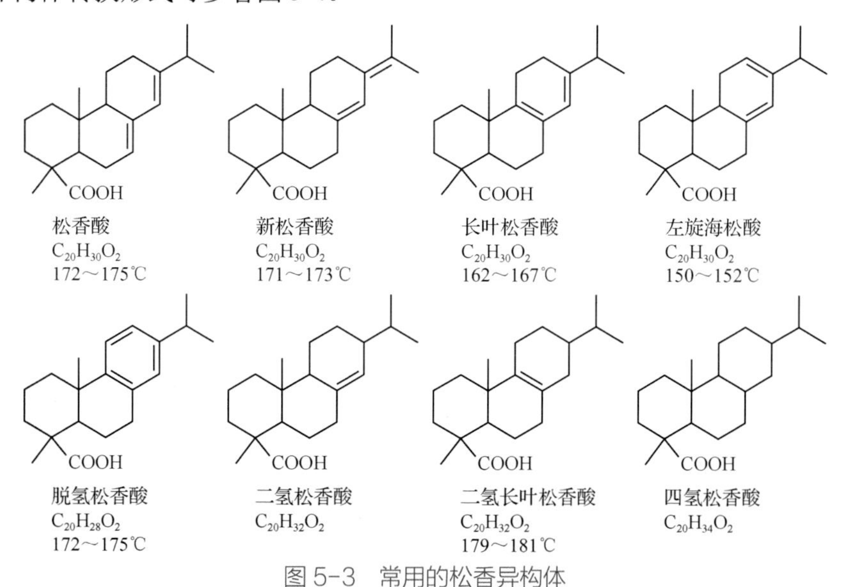

图 5-3　常用的松香异构体

大多数的松香异构体不但对热敏感，而且对空气和光都敏感，所以松香酸暴露于空气中会变成黄色。在较高温度下，松香酸的歧化反应导致生成脱氢松香酸、二氢松香酸和四氢松香酸的混合物，在这些异构体中，脱氢松香酸显现出最高的氧化稳定性。松香在较高的温度（如 200℃）下也会发生二聚作用。

有人提出假设，加热的产物大部分是酯，或许它来自一个松香酸分子的双键之一跨接另一个羧基松香酸群。另外，在空气中发生进一步的自动氧化反应，形成乙二醇、酮和不同分子量的醚。自动氧化聚合反应机理如下所示：

$$2\,R{-}C{=}C{-}CH_2{-}R' \rightarrow 2\,R{-}C{=}C{-}C({-}OOH){-}R' \rightarrow (R{-}C{=}C{-}CR'{-})_2O$$

对焊接工业应用的一些松香予以化学改良，这些方法有聚合作用、氢化作用或功能团改良，可得到另外的特性，如较高的黏性、更好的热稳定性或较高的助焊活性。由于它具有非极性的性质，松香很少用于可水洗的应用中，它通常用于免清洗应用或 RMA 类型的助焊剂。然而，松香也可借助皂化剂用于水系统进行清洗。皂化剂是碱性胺、酒精和活性剂的混合物，通常在水中加 2%～10%。皂化反应将疏水性的松香（它不能溶解于水中）$C_{19}H_{29}COOH$ 转变为可溶解于水的亲水性反应产物 $CH_{19}H_{29}COOCH_2CH_2NH_2$，如下所示：

$$C_{19}H_{29}COOH + HOCH_2CH_2NH_2 \rightarrow CH_{19}H_{29}COOCH_2CH_2NH_2 + H_2O$$

松香　　乙醇胺（皂化剂）　　可溶解松香皂　　水

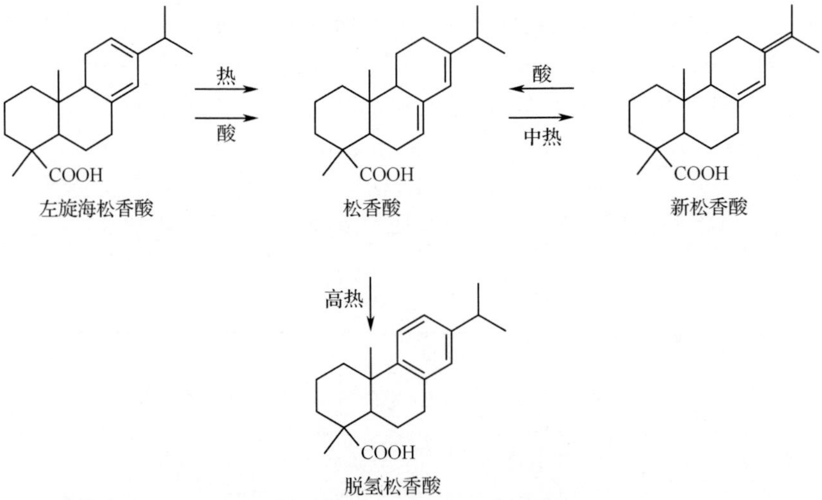

图 5-4　一些松香酸的异构体转换形式

5.2.2　活化剂

虽然树脂提供了一定的助焊活性，但对于电子工业来说，单独用树脂的焊接性能很少能达到足够的好，因而常将一些活化剂化学品添加到助焊剂中以提高助焊活性。最常用的活化剂包括线性的二羧酸（见表 5-2）、特殊的羧基酸（见表 5-3）和有机卤化盐（见表 5-4）。线性的二羧酸比单羧酸的活性更有效，且分子重量相对低时是最有效的。具有较大的水溶性的活化剂，如戊二酸和柠檬酸，更适合用于水洗助焊剂系统；那些具有较低可溶性的活化剂，如乙二酸，用于免洗应用中比较好。

表 5-2　线性的二羧酸活化剂

名　称	结　构	熔点/°C	pk1①	pk2②	水可溶性的百分数/%
乙酸	HOOCCOOH	189（分解）	1.271	4.272	9.5
丙二酸	$HOOCCH_2COOH$	135（分解）	2.826	2.826	154
丁二酸	$HOOC(CH_2)_2COOH$	187	4.207	5.635	7.7
戊二酸	$HOOC(CH_2)_3COOH$	97.5	4.77	6.08	64
已二酸	$HOOC(CH_2)_4COOH$	152	4.418	5.412	1.4
庚二酸	$HOOC(CH_2)_5COOH$	105.8	4.484	5.424	5
辛二酸	$HOOC(CH_2)_6COOH$	140	4.512	5.404	0.16
壬二酸	$HOOC(CH_2)_7COOH$	106.5	4.53	5.4	0.24
癸二酸	$HOOC(CH_2)_8COOH$	134.5	4.59	5.59	0.1

注：① 有机酸的第一级解离常数的负对数；

② 有机酸的第二级解离常数的负对数。

表 5-3　特殊的羧基酸活化剂

名　称	结　构	熔点/°C	pk1	pk2	水可溶性的百分数/%
柠檬酸	$HOOCCH_2C(OH)(COOH)CH_2COOH$	152	4.128	4.761	59
反丁烯二酸	HOOCCH=CHCOOH	299（分解）	4.1	4.6	0.6
酒石酸	HOOCCH(OH)CH(OH)COOH	210	4.22	4.81	139
谷氨酸	$HOOCCH_2CH(NH)_2COOH$	200（升华）	2.162（+1）	4.272（0）	0.8
苹果酸	$HOOCCH_2CH(OH)COOH$	131			55.8
邻苯二甲酸	$C_6H_4(COOH)_2$	210（分解）	2.95	5.408	0.6
乙酰丙酸	$CH_3COCH_2CH_2COOH$	30			100
硬脂酸	$CH_3(CH_2)_{16}COOH$	67			
苯甲酸	C_6H_5COOH	122	4.204		0.29

表 5-4　有机卤化盐活化剂

名　称	结　构	熔点/°C
二甲胺盐酸盐	$(CH_3)_2NH.HCl$	170
二乙胺盐酸盐	$(C_2H_5)_2NH.HCl$	227
二乙胺氢溴酸盐	$(CH_3)_2NH.HBr$	218
苯胺盐酸盐	$C_6H_5NH_2.HCl$	196
吡啶氢溴酸盐	$C_5H_5N.HBr$	200（分解）
吡啶盐酸盐	$C_5H_5N.HCl$	145
乙醇胺盐酸盐	$H_2NCH_2CH_2OH.HCl$	84
二乙醇胺盐酸盐	$(HOCH_2CH_2)_2NH.HCl$	液体
三乙醇胺盐酸盐	$(HOCH_2CH_2)_3N.HCl$	177

卤化盐经常比有机酸能够提供更好的助焊活性，然而卤化盐在室温下会发生更多反应，会引起人们对焊膏存储寿命和使用寿命的担心。为了取代卤化盐，一些焊膏利用共价的卤化物 R-X 作为活化剂。在焊接温度时，共价的卤化物分解，形成卤化盐，发挥助焊效应。共价卤化物通常在室温下是相当稳定的，使用共价卤化物有效地减少了对焊膏的存储和使用寿命的忧虑。常用作活化剂的卤化物见表 5-4。需要指出，使用含有共价键卤素的焊膏，即使 0.1%的含量也可获得非常好的焊接性能。如果不使用共价卤化物，就需要使用更多的极性活化剂，甚至使用量达到 7%才能获得使用 0.1%共价键卤素焊膏相当的焊接性能，这些极性活化剂很容易吸潮，SIR 的测试性能会更差。

除使用有机酸或卤化物外，有机碱也经常被用作活化剂。在焊膏的助焊剂中，常常使用某些或各种同族活化剂组合，以获得最大效能的助焊性。

5.2.3　溶剂

事实上，所有上面讨论的松香、活化剂和焊粉都是固体。很明显，那些材料的混合物仍然不能用于自动化的印刷或点涂。为了把焊接材料转换成可以灵活操作的均匀的形状，溶剂的使用变得不可或缺。

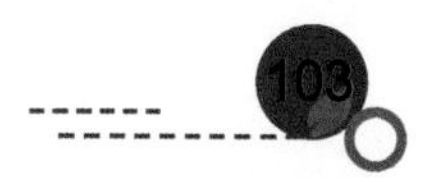

常用于焊膏助焊剂的溶剂见表 5-5。在这些溶剂之中，乙二醇（甘醇）系统是工业应用最主要的化学溶剂，主要是由于它有平衡的溶解能力，有助于提高焊接的性能和黏性。也常用乙醇，尤其是松油醇溶剂，这是因为它对松香有优良的溶解能力。对于助焊剂系统溶剂化学成分的选择，主要由助焊剂的化学性质来决定。例如，对于可洗活化剂系统，如柠檬酸，为了溶解活化剂必须使用极性溶剂。要考虑的其他因素有焊膏的气味、模板寿命指标和焊膏的黏合时间。如果想要较长的模板印刷寿命和较长的黏合时间，显然不适合选择挥发性溶剂。

表 5-5　常用于焊膏助焊剂的溶剂

溶剂家族	举　例
醇	异丙醇、n-丁醇、异丁醇、乙醇、松油醇
胺	脂肪胺
酯	脂肪酯
醚	脂肪醚
乙二甘醇	乙烯甘醇、丙烯甘醇、三甘醇、四甘醇
乙二醇醚	脂肪乙烯甘醇醚、脂肪丙烯甘醇醚
乙二醇酯	脂肪乙烯甘醇酯、脂肪丙烯甘醇酯
烃	脂肪烃、芳香烃、萜烃
酮	脂肪酮
Pyrol	M-pyrol、V-pyrol

健康和环保也是应该考虑的重要因素，例如，表 5-6 中的乙二醇溶剂是被禁止使用的化学品。然而，表 5-6 中其余的化学品，虽然可以应用，但在操作时应采取一些预防措施。

表 5-6　甘醇化学品

化　学　品	CAS#
乙烯甘醇甲基醚	109-86-4
醋酸乙烯甘醇甲基	110-49-6
乙烯甘醇乙基醚	110-80-5
醋酸乙烯甘醇乙基醚	111-15-9
二乙烯甘醇二甲基醚	111-9
2-乙基乙醇醋酸	6-6110-11-9
乙烯甘醇	107-21-1
二硝酸乙烯甘醇	628-96-6
乙烯甘醇异丙基醚	109-59-1
乙烯甘醇苯基醚	622-08-2
乙烯甘醇丁基醚	111-76-2
醋酸乙烯甘醇乙基醚	106-74-1
乙烯甘醇苯基醚	122-99-6
1, 2-丙烯甘醇	57-55-6

由于甘醇是很大的化学品家族，包括几百种可能的化学结构，甘醇家族不应简单地作为一种单一的化学品来处理。典型的甘醇家族为助焊剂提供优良的特性，简单地取消在助焊剂里使用的甘醇，会牺牲一些焊接性能。

5.2.4 流变添加剂

虽然流体形态的焊接材料可用于自动涂覆工艺，但通常是将助焊剂、溶剂和焊粉制成的膏状混合物（焊膏）用于表面贴装。在焊膏印刷工艺中，首先，要求焊膏在印刷的过程中容易流动，但印刷完成后一点也不能流动。其次，要求焊膏不能过黏，要能从模板孔释放出来，但黏性足以能黏住印刷后在基板上放置的元器件。为了满足多种工艺的要求，必须为每个特定的应用都适当地制定焊膏流变性。获得流变性的方法就是在助焊剂系统里添加适当的流变添加剂。流变添加剂也称为触变剂，表 5-7 列举了一些常用的流变添加剂。

表 5-7 一些常用的流变添加剂

流变添加剂	举例	备注
蓖麻油衍生物	蓖麻油是脂肪酸的甘油三酸酯。脂肪酸组成是大约 87%的蓖麻酸、7%的亚油、3%的亚油酸、2%的棕榈酸、1%的硬脂和微量的二羧硬脂酸	免洗/RMA 助焊剂
石油碱蜡	凡士林	免洗/RMA 助焊剂
合成聚合物	聚乙烯甘醇（可溶解于水） 聚乙烯甘醇衍生物 聚乙烯	水洗助焊剂 免洗/RMA 助焊剂
天然蜡	植物蜡	免洗/RMA 助焊剂
无机触变添加剂	活性硅酸盐粉剂 活性黏土	免洗/RMA 助焊剂

最常用的流变添加剂是蓖麻油衍生物。此家族本质上是碳氢化合物（烃），且通常应用于免洗或 RMA 助焊剂。对于水洗助焊剂，优先选择聚乙烯甘醇或聚乙烯甘醇的衍生物，这是因为它们在水里有较高的溶解度。

5.2.5 焊膏配方设计的工艺性考虑

从理想的工艺角度考虑，我们希望焊膏助焊剂系统在焊料熔融之前，一直能够维持去氧化、防氧化的能力，并在焊料熔化之时能够将被焊接金属表面的氧化物彻底清除干净。同时，希望在焊接后残存最少的活性组分以保证焊点的环境可靠性。但是，这种理想的要求受制于被焊接表面的氧化程度及焊接时间的变化，实际上很难达到“氧化物被清除又没有剩余活性剂”的状态。

焊膏的配方设计的原理与缓释胶囊类似，采用了多组分活化剂的设计，相应地也采用了多组分的溶剂系统，如图 5-5 所示，以确保助焊剂系统活性的持续及残留物的量最少。实现“氧化物被清除又没有剩余活性剂”的目标可能有不同的方法，但仅限于工艺条件，不同焊膏的功能实现条件应该差不多。

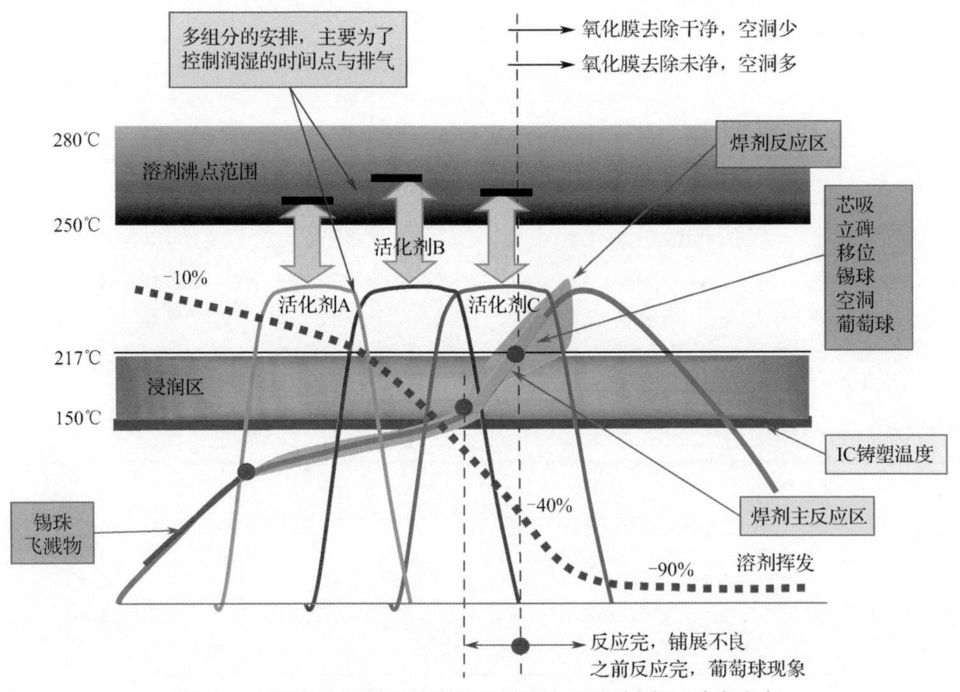

图5-5 焊膏助焊剂系统多组分溶剂与活化剂应用（参考）

5.3 焊粉

如果自动涂敷工艺想要使焊接材料流体化，焊料金属必须做成球形的粉粒。焊锡粉通常采用喷雾法制造。所制造的焊锡粉粒尺寸、形状必须符合一定的要求。

5.3.1 焊粉尺寸

1. 焊粉尺寸分级及应用

电子工业用的焊锡粉，是按照其颗粒尺寸进行分类的，IPC J-STD-005的分类见表5-8。

在焊膏中使用比较细的焊粉主要目的是改善微焊盘尺寸元器件的可印刷性。焊粉的颗粒尺寸越小，印刷时焊膏能够通过的开口尺寸也越小。如果遵循IPC-7525钢网设计指南的钢网标准中的“5球”原则，那么，就可以计算印刷时各种焊锡粉末尺寸都可以通过的最小模板开口的尺寸，如表5-9所示。这些最小模板开口尺寸按焊粉主要尺寸的5倍（5球原则）来计算。

表5-8 焊粒尺寸的分类（表示为样本重量10%的名义尺寸）

类型	小于0.005%，大于	小于1%，大于	最小为80%，在如下范围之间	最小为90%，在如下范围之间	最大，小于10%
类型1	160μm	150μm	75～150μm	—	20μm
类型2	80μm	75μm	45～75μm	—	20μm
类型3	50μm	45μm	25～45μm	—	20μm
类型4	40μm	38μm	—	20～38μm	20μm
类型5	30μm	25μm	—	15～25μm	15μm
类型6	20μm	15μm	—	5～15μm	5μm

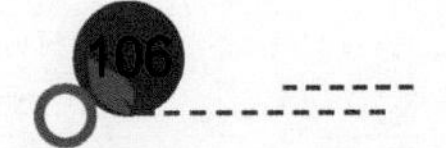

表 5-9　按照 5 球原则印刷的焊粉尺寸和最小模板开口的尺寸

IPC 类型	焊粉尺寸范围/μm	焊粉尺寸范围/mil①	最小孔尺寸/mil
T3	25～45	1.0～1.8	9
T4	20～38	0.8～1.5	7.5
T5	15～25	0.6～1.0	5
T6	5～15	0.2～0.6	3

注：① mil：1mil≈0.0254mm。

一般来讲，T3 焊膏可以印刷的最小封装尺寸是 0402 的元件。大多数焊膏用户更喜欢用 T4 焊膏印刷 0201 元件、CSP（微型 BGA）和类似的元器件。T5 焊膏用在更小的焊接应用中，例如 01005 元件，或者用在 T4 焊膏无法充分印刷的场景。T5 和 T6 焊膏用于喷印。T6 焊膏还用于其他超微细间距的应用。

2．焊粉尺寸减小带来的不利影响

使用尺寸更小的焊粉时，会给印刷功能及其他性能带来一些变化。使用尺寸更小的焊粉可能会缩短钢网的寿命时间和焊膏的保存期限。使用尺寸更小的焊粉形成焊锡球和葡萄球现象（也称不熔锡现象）的可能性比较大，如图 5-6 所示。焊粉尺寸还会影响焊点内空洞的形成。

当焊粉的尺寸减小时，质量不变，焊粉的表面积随之增大，见表 5-10。这些粉末的表面积是用焊粉中主要粉末尺寸范围内的中间值计算出来的。

表 5-10　1 千克焊粉尺寸的表面积

IPC 类型	1 千克焊粉表面积中间值/m^2	正常焊粉的表面积/m^2	表面积比 T3 焊粉的表面积多/%
T3	20.9	1.00	—
T4	27.7	1.21	21
T5	40.2	1.75	75
T6	80.3	3.50	350

焊粉的表面积很重要，因为它对焊粉的反应起到重要作用。随着表面积的增加，焊粉的反应速度也随之增大。就好比把一块方糖溶解在一杯水中。一块方糖完全溶解需要很长的时间和大量的搅拌，如果同等质量的砂糖混合到水中，砂糖就会很快溶解。

这个原理也适用于焊粉。焊粉越小，表面积就越大，它的反应速率比大尺寸焊粉粉末快。因此，暴露在空气中时，尺寸较小的焊粉更容易氧化。锡氧化的化学反应如下：

$$2Sn_{(固态)}+O_{2(气态)}=\!=\!=2SnO_{(固态)}$$

$$Sn_{(固态)}+O_{2(气态)}=\!=\!=SnO_{2(固态)}$$

氧气和焊粉反应时生成金属氧化物。在 SAC305 合金焊粉表面形成的氧化物是 SnO。焊膏中的助焊剂去除这种氧化物，并使氧化变慢。只要焊膏暴露在空气中，焊粉的氧化就会继续，搅拌和温度升高会加快这个过程。这一焊粉的氧化反应过程与助焊剂去除氧化物的过程使焊膏变得更浓稠。随着时间的推移，浓稠的焊膏可能堵塞模板开口，并导致焊膏黏附在刮刀刀面上。小尺寸的焊粉制作的焊膏，在模板上的寿命比较短。

在再流焊接过程中，也会发生焊粉氧化的情况。焊膏助焊剂在再流焊接过程中和焊锡粉末中的氧化物发生反应并将它清除。随着焊锡粉末尺寸缩小，需要更多的助焊剂来处理这些氧化物。如果焊膏使用尺寸较小的焊锡粉末，在再流焊接时焊膏中的助焊剂的活性可能耗尽；然

后，氧化物就会留在焊锡粉末上，妨碍焊锡的正常结合。用尺寸比较小的焊锡粉末制作的焊膏容易受到随机形成的焊锡球或焊点表面问题的影响，例如，随机形成焊锡球和葡萄球现象，如图 5-6 所示。

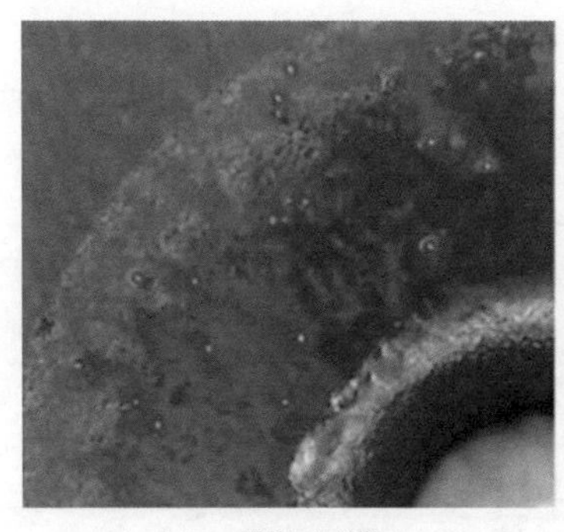

（a）焊锡球现象

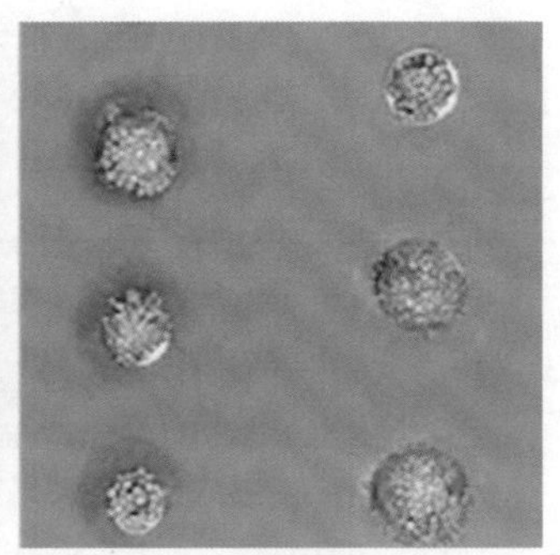

（b）葡萄球现象

图 5-6　随机形成的焊锡球与葡萄球现象

使用颗粒较细的焊锡粉末制作的焊膏的储存时间也比使用颗粒比较粗的焊锡粉末的焊膏短。在存储过程中，焊膏中的助焊剂会和焊锡中的金属发生反应，生成金属盐。随着时间的推移，助焊剂的活性也会随着这些反应下降，对于较小的焊锡粉末，这种反应更多更快。随着发生反应的焊锡粉末增多，焊膏老化，焊膏可能会变得更浓稠，外观从光滑的奶油状变成暗淡的颗粒状，如图 5-7 所示。

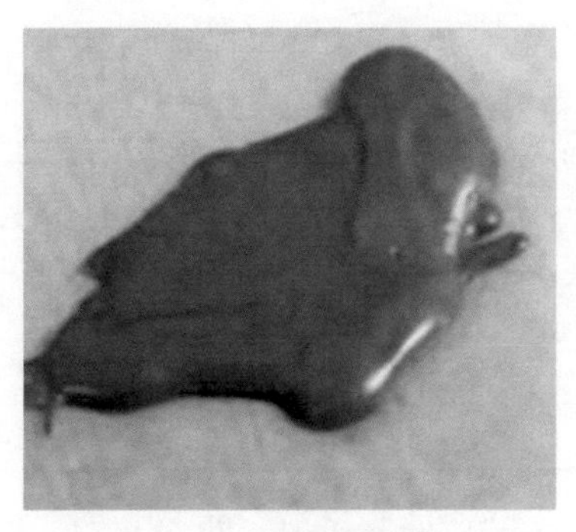

（a）新鲜的焊膏

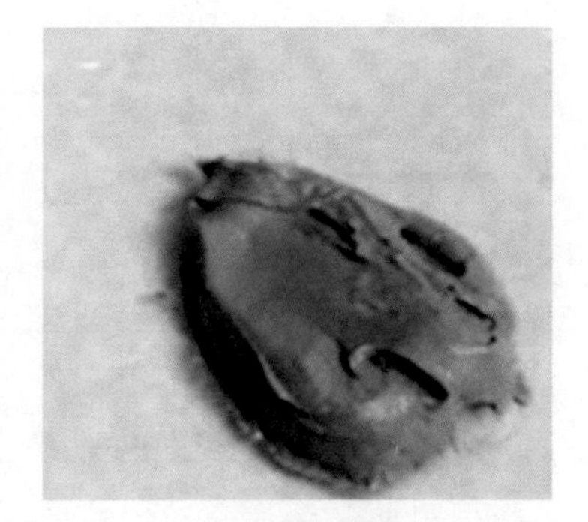

（b）老化的焊膏

图 5-7　新鲜的焊膏与老化的焊膏

如果焊膏的反应性过强，印刷和再流的特性可能会随着时间的推移而退化。焊膏的配方要防止或减慢这一进程。把焊膏储存在冰箱中可以放慢这一过程，从而保持预期的性能特点。使用较细的焊粉粉末制作的焊膏，其储存期也比使用较粗粉末的焊膏短。

5.3.2　焊粉的形状

为了在印刷阶段让焊膏良好流动，焊粉颗粒必须是球状的。球状的粉粒意味着焊粉颗粒表面的氧化物比较少，如图 5-8 所示为高品质 Sn-36Pb-2Ag 焊膏粉粒（500X）。

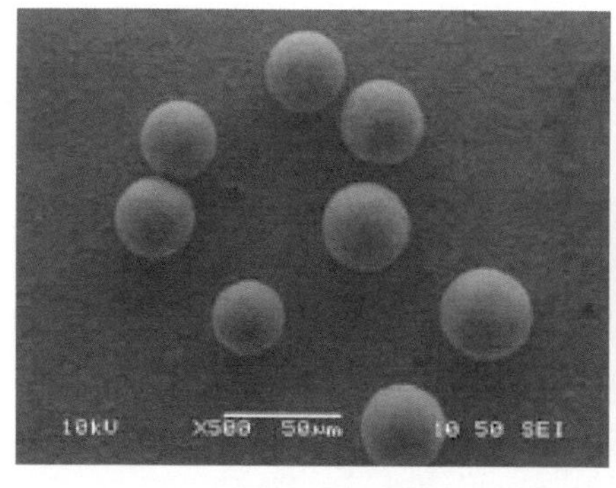

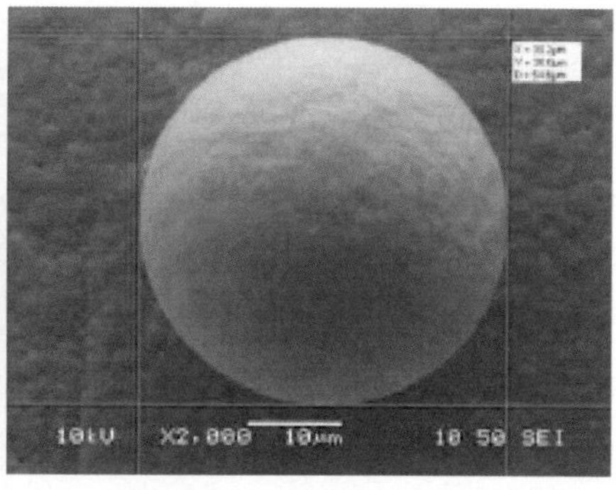

图 5-8 高品质 Sn-36Pb-2Ag 焊膏粉粒（500X）

5.4 助焊反应

焊膏助焊剂在同一时间里需要完成许多重要的功能，必须促进热传递到焊点区域，加强基底金属上焊料的润湿，阻止金属表面在焊接温度时的氧化作用。其中最主要的任务是从待焊接的金属接合点上除去氧化层。我们对发生在助焊工艺中的化学反应并不完全了解，对于大多数助焊剂，助焊反应可以模拟为在金属/金属氧化物/电解质溶液界面的相互作用。助焊反应可发生在氧化物/溶液界面，包括酸基反应和氧化-还原反应。金属氧化物的结构、温度、pH 值、电解质浓度及溶质和溶剂的化学性能都影响反应率和机理。

5.4.1 酸基反应

如上所述，助焊剂的最主要任务是除去金属氧化物。助焊反应的最通常类型是酸基反应。一般来说，使用有机酸（如羧基酸）或无机酸（如卤素酸）作为助焊剂都可以实现这个功能。在助焊剂和金属氧化物之间的反应可通过下面简单的方程式举例说明。

$$MO_n + 2n\ RCOOH \rightarrow M(RCOO)O_n + n\ H_2O$$

$$MO_n + 2n\ HX \rightarrow MX + n\ H_2O$$

其中，M 代表金属，O 代表氧气，RCOOH 代表羧基酸，X 代表卤素，如 F、Cl 或 Br。

助焊反应一般发生在焊接温度（通常按照焊膏熔点选择合适的活化剂，反应比较快速的温度选在焊膏熔点前后范围）。对于涉及多种化学成分的系统，反应机理的研究是困难的。克服此约束，可验证在简化条件下助焊化学材料和金属氧化物之间的化学反应，例如，研究 SnO 在 HX 的水溶液里的反应。

5.4.2 氧化-还原反应

第二种助焊反应是氧化-还原反应，实例如下：

$$N_2H_4 + 2\ Cu_2O \rightarrow 4\ Cu + 2\ H_2O + N_2$$

一个氧化-还原反应的例子是甲酸（HCOOH）的使用。设计一个单波波峰焊接工艺由冒泡氮气经过含有液体甲酸的储箱，在波峰焊接室里引入甲酸。在氮气里甲酸的浓度小于 1%，蒸发温度低于 150℃。甲酸是有效的金属氧化物的剥皮器和消除器，如下所示：

$$MO + 2\ HCOOH \rightarrow M(COOH)_2 + H_2O$$

在焊接温度时反应的产物并不稳定，进一步分解如下：

$$M(COOH)_2 \rightarrow M + 2\ CO_2 + H_2$$

氢所产生的还原能力能加强甲酸还原过程，可推测这里的反应包括许多部分反应，如氧

化物层开始疏松，化学反应产物的热击穿，以及氧化物还原。值得注意的是，白色粉末反应产物是在系统隧道发现的，粉末黏附在焊池区域玻璃板的内部，粉末的组成几乎完全是锡氧化物，且没有铅氧化物出现。

5.5 焊膏流变性要求

成功地实施焊膏印刷和再流工艺依赖于良好设计的焊膏流变性。在储藏和操作时，需要足够高的焊膏黏度以保持助焊剂系统内较重的金属粉粒的悬浮稳定性，在焊膏涂覆阶段需要足够低的黏度，这样焊膏可迅速从模板孔或滴涂注射针流出来。然后，在再流之前和再流期间，涂覆后焊膏需要足够高的黏性以便保持已涂的焊膏形状，并避免塌陷和桥接。有些事情更复杂，焊膏需要足够低的胶黏性，以便从刮刀和模板孔上释放出来，但要有足够高的胶黏性，以便黏住已放置在基板上的元器件。所以，对流变性的了解是必要的，以便完成高直通率焊膏涂覆和再流工艺。

5.5.1 流变学基本概念

需要了解两个基本概念——黏度和触变性，它们是表征流体性能的两个参数。黏度是流体的一个基本性能参数，而触变性是指流体在一定剪切应力条件下黏度随时间变化的特性。二者的关系，类似润湿性与可焊性的关系，它们是两个不同的物理概念。

1．黏度

在工程中，我们把能够随意改变形态或任意分割的物质称为流体，如水、胶黏剂、焊膏等。把研究流体受到外力而引起形变与流动的行为规律和特征的科学称为流变学（Rheology）。在日常生活中，常用稀或稠的概念来描述流体的表观特征，但在工程中则用黏度这一概念来表示流体黏性的大小。

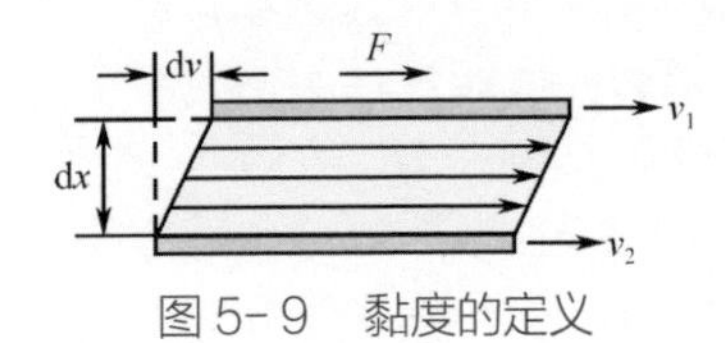

图 5-9　黏度的定义

黏度是流体的内部摩擦，是由分子或原子的吸引而引起的，造成反抗流动的倾向。牛顿使用图 5-9 展示的模型来定义黏度，v_1 是流体顶部平面的速率，v_2 是流体底部平面的速率。在该模型里，压力 F 保持速率的差值为 dv，两个平行平面的表面面积为 A，则 F/A 与速度梯度 dv/dx 成比例，其关系可表示如下：

$$\frac{F}{A}=\eta\frac{\mathrm{d}v}{\mathrm{d}x}$$

这里η是常量，称为黏度，也称为黏度系数。因此，黏度也可以解释为是为完成确定的流动（剪切速率）所需要的变动（剪切应力），如下所示：

$$\eta = F'/S$$

这里　$F'=F/A$，$S=\mathrm{d}v/\mathrm{d}x$

2．触变性

触变性也称流变形、摇变性，指流体在一定的剪切速率作用下，流体剪切应力随时间延长而减小的性质。从字面上理解，触变性就是流体黏度“一触即变”的性质。从现象上来理解，就是流体在放置不动的时候，呈稳定的相对高黏态，在受到外力搅动的过程中，变为流动的、相对低黏态的流体。焊膏的这种性质使得焊膏在印刷时具有良好的印刷性能（或者说填充性能）和防塌落性（或者说防流淌性）。

触变性的测试，最常见的方法是采用触变环法，其测试原理是：当剪切速率从 0 连续增加到一个定值，再从这个定值逐渐下降到 0，测定其应力随剪切速率的变化，所做出的剪切应

力—剪切速率的封闭曲线为触变环。通过改变不同时间和不同最大剪切速率值，可以得到不同面积的触变环。触变环的面积越大，则触变性越大，反之则越小。

虽然此种方法是常用方法之一，但在测定触变性过程中存在剪切速率和作用时间两个变量，而这两个变量都是触变性的影响因素，不如触变指数法简单直观。

对于触变性指数的定义和测试方法业界尚有争议，目前比较广泛接受的定义是：

将黏度（η）对数值与剪切速率（v）对数值关系曲线的斜率定义为触变指数（TI），如图 5-10 所示中的 b。

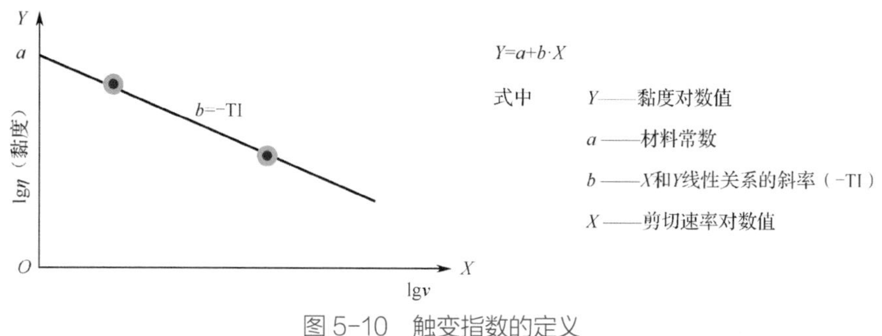

图 5-10　触变指数的定义

触变指数的意义是：在两种不同转速条件下，低转速的表观黏度与高转速表观黏度的比值，反映出流体在剪切力作用下结构被破坏后恢复原有结构能力的大小。

触变指数，可以通过测试不同剪切速率下的黏度，并按照下式进行计算。这个公式是从触变指数定义导出的，可以选择任意两个剪切速率测试其黏度值，下式选择 3 转/分钟和 30 转/分钟只是为了计算方便，这样分母为 1。通常印刷时，相当于黏度测试时的转速 30～60 转/分钟。

$$\mathrm{TI}=\frac{\lg\dfrac{\eta_{3\mathrm{r/min}}}{\eta_{30\mathrm{r/min}}}}{\lg\dfrac{30}{3}}$$

触变指数越高，反映焊膏在剪切时黏度下降得更大的特性。触变指数越高，意味着印刷时焊膏黏度下降得越大，说明具有良好的填充性和抗塌落性。图 5-11 为焊膏黏度、触变指数与印刷性能的关系。

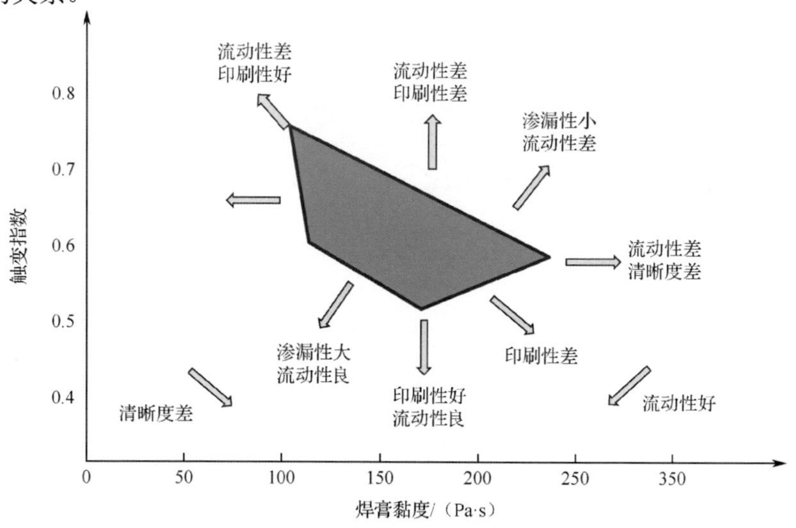

图 5-11　焊膏黏度、触变指数与印刷性能的关系

5.5.2 流体的流变特性

对于多数流体而言，η仅与温度有关，这就是所谓理想流体或牛顿流体。温度的变化可由下面的公式表示：

$$\lg\eta = -\frac{A}{T} + B$$

式中，A，B——常数；

T——热力学温度。

对于其他一些流体，η不仅是温度的函数，而且还与另外一些因素有关，包括力的作用快慢、力的大小及力持续的时间。这些流体称为非牛顿流体。图 5-12 列出了四种流体剪切应力与剪切速率的关系。

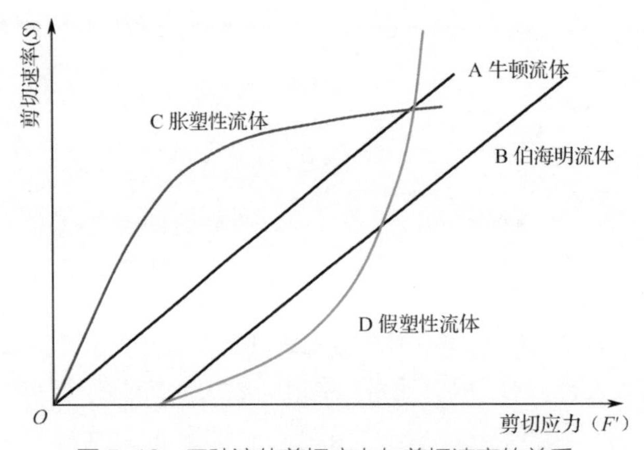

图 5-12　四种流体剪切应力与剪切速率的关系

牛顿流体的流动特性如图 5-13 所示，其黏度不变，与剪切率无关。对于假塑性流体，黏度随着剪切速率的增加而减小，如图 5-14 所示。在常量剪切速率下，触变流体显示黏性随着时间的增加而减小，如图 5-15 所示。在变化的剪切速率下，触变流体将显示出如图 5-16 所示的流动特性。在图 5-16 中“上升”和“下降”曲线所闭合的“滞后回路”反映了此类型流体时间对黏度的影响，一般我们把这个“滞后回路”称为触变环。

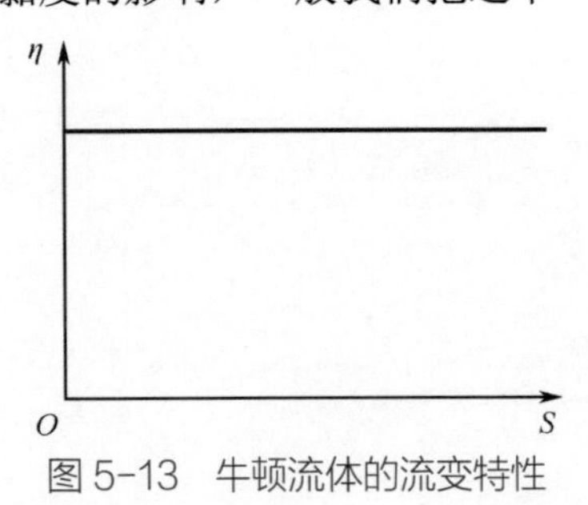

图 5-13　牛顿流体的流变特性

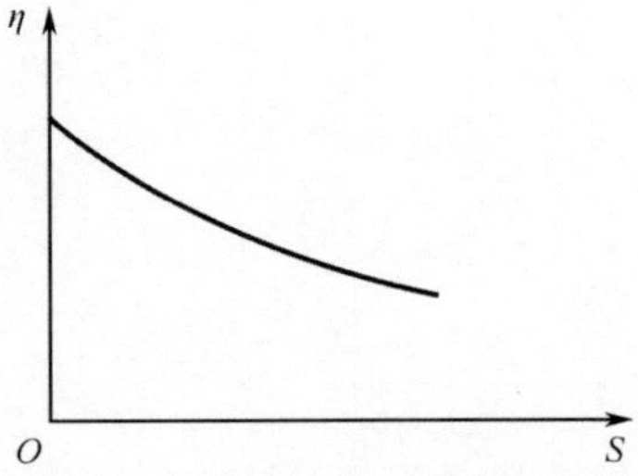

图 5-14　假塑性流体的流变特性

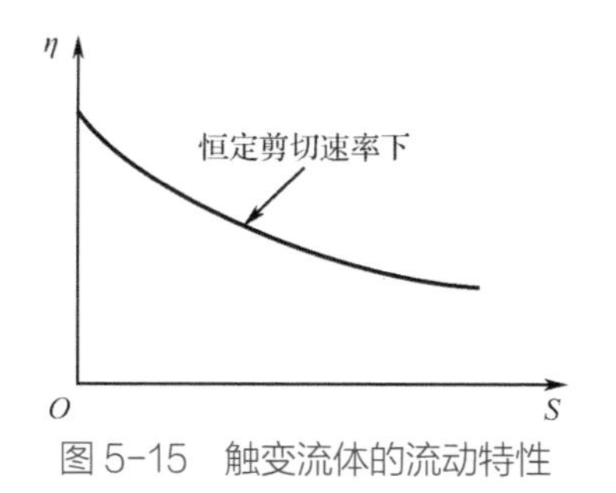

图 5-15　触变流体的流动特性

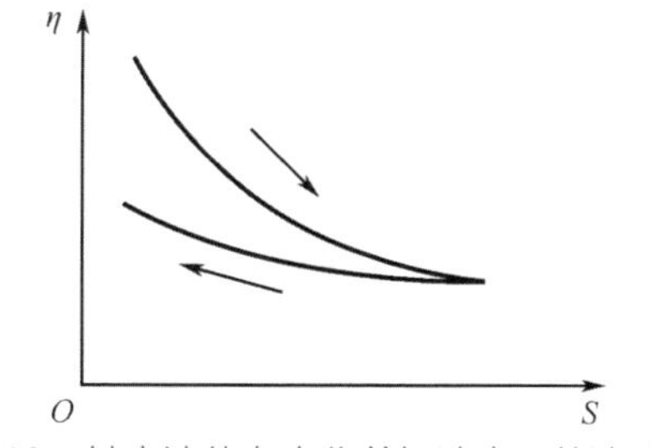

图 5-16　触变流体在变化剪切速率下的流动特性

5.5.3　焊膏对流变特性的要求

从印刷的角度考虑，假塑性流体的焊膏比较适合，但是工业上获得的焊膏更主要表现为触变性，所以，在焊膏领域我们更强调的是触变性。也就是当刮刀刮动时，焊膏黏度变小，利于填充。一旦刮刀停止刮动，焊膏的黏度变大，利于脱模与保形，如图 5-17 所示，这也是焊膏印刷工艺对焊膏流变性的要求。

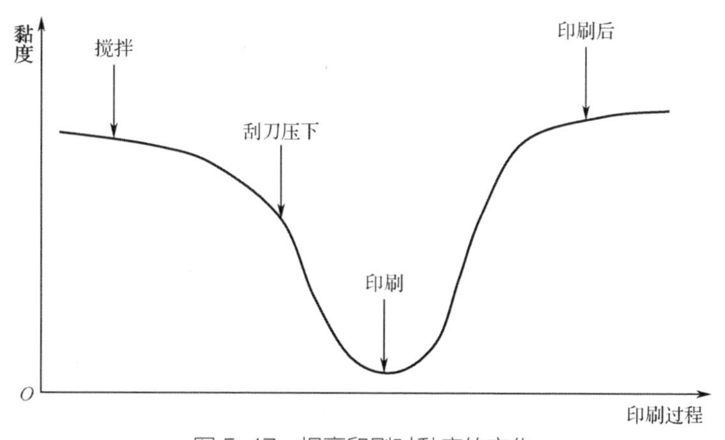

图 5-17　焊膏印刷时黏度的变化

为了弄清楚假塑性流体和触变性流体的关系，我们看一看流体的分类就比较清楚了，触变性、假塑性只是从不同角度进行的分类，如图 5-18 所示。

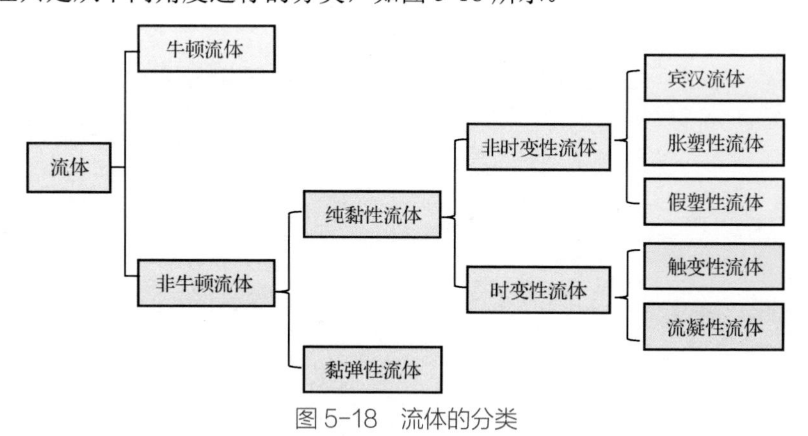

图 5-18　流体的分类

5.5.4 影响焊膏流变性的因素

焊膏的流变性主要是由助焊剂化学成分决定的。然而，焊粉大小和金属含量也影响流变性能。

1）金属含量的影响

通常，焊膏可被看作混合的系统。鉴于填充物或焊粉的体积含量，似乎更有利于混合系统的结构属性相互关系研究，所有的研究都将体积含量参数作为基础。图 5-19 显示了 Sn-37Pb 焊膏金属质量含量和金属体积含量之间的关系。焊料的体积含量最初增长很慢，然后随着焊料质量含量的增加迅速上升。金属体积含量的快速上升导致焊膏的黏度快速上升，如图 5-20 所示。

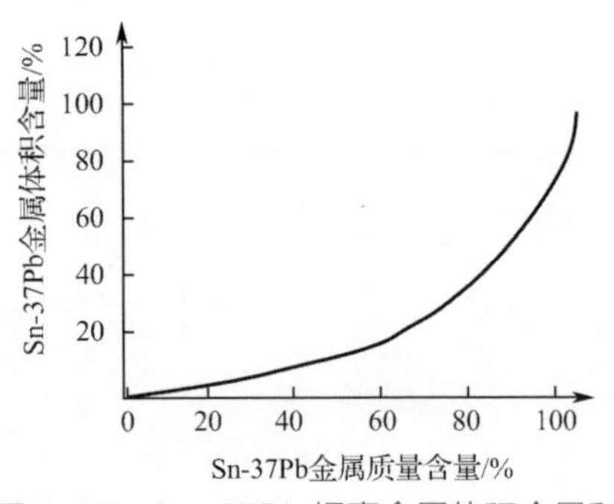

图 5-19　Sn-37Pb 焊膏金属体积含量和金属质量含量之间的关系

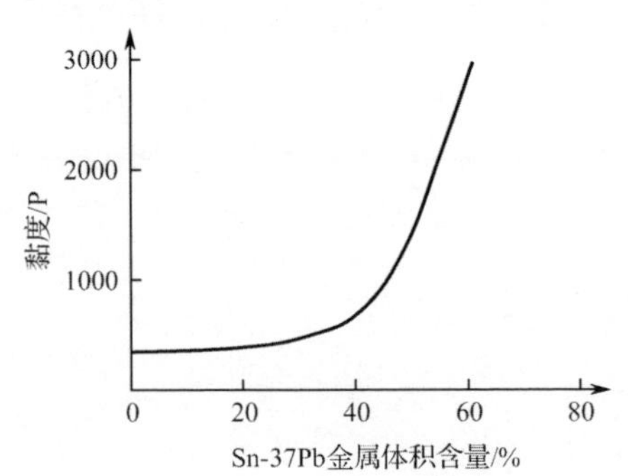

图 5-20　Sn-37Pb 焊膏的黏度和金属体积含量之间的关系

理论上，对于面心立方体结构的单分散球系统，最大的粉粒体积含量是 74%；对于体心立方体结构，最大的粉粒体积含量是 68%。焊粉虽然呈现了宽尺寸分布，但显示出相当低的充填密度，通常 Sn-37Pb 焊粉的振实密度大约是 4.9 g/cm^3，且对于粉粒尺寸分布并不敏感，此分支密度相当于占有 59%的焊料体积。对于此焊膏，59%焊膏金属体积含量相当于 92.5%的金属重量含量。换句话说，92.5%是焊膏允许的最大金属重量含量。当焊膏金属体积含量超过 50%或金属重量含量超过 89.5%时，黏度的快速增加很可能是因为粉粒簇集开始形成。其结果是，金属重量含量高的焊膏的黏度开始取决于焊粉的连续性，且助焊剂/载体黏度的变化对焊膏黏度的影响相对减小。

图 5-21 展示了焊膏金属体积含量对触变指数（TI）的影响。值得注意的是，TI 最初减小，然后随着焊膏金属体积含量的增加而增加，转折点发生在大约 50%焊膏金属体积含量处。TI 初期的减小可认为是触变助焊剂/载体被粉粒的稀释效应，TI 随着金属重量含量增加而上升可认为是粉粒簇集网络的假触变添加剂效应。为进一步改善可印刷性，TI 值可通过调整金属重量含量加以调整。

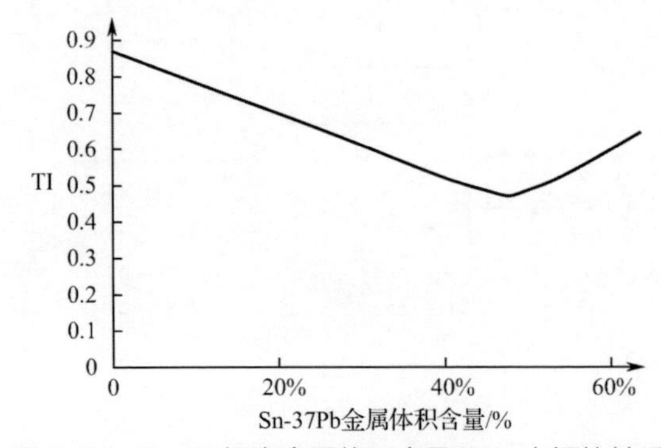

图 5-21　Sn63 焊膏金属体积含量和 TI 之间的关系

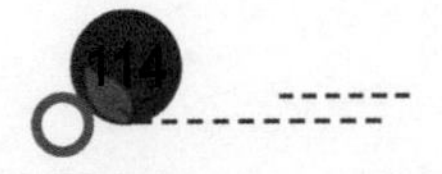

2）焊粉大小的影响

焊粉大小在焊膏流变性中也起到了很重要的作用，图 5-22 显示了黏度随着焊粉大小的减小而增大。这可由增加颗粒表面面积与细粉粒综合起来得到解释。这导致在助焊剂和粉粒之间相互作用的增加，因而得出较高的黏度。在触变性质的情况下，较细的焊粉会产生较低的 TI 值，如图 5-23 所示，这可归因于助焊剂与细颗粒之间存在较大的相互作用力。相互作用力主要是表面吸附现象，性质上是非触变性的。因此，极细节距印刷需要的细焊粉将会增加焊膏黏度并降低触变性能。

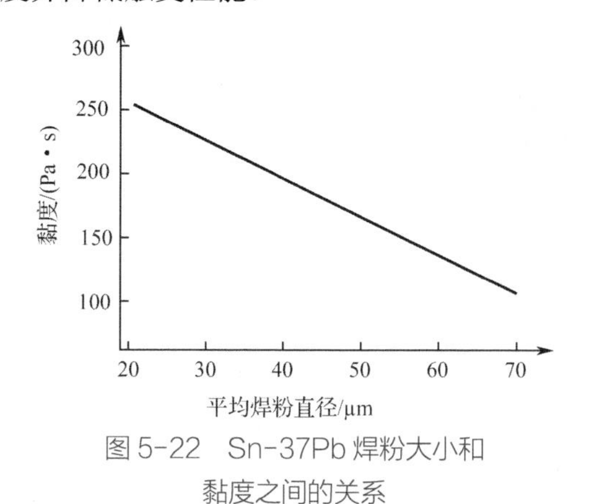

图 5-22　Sn-37Pb 焊粉大小和黏度之间的关系

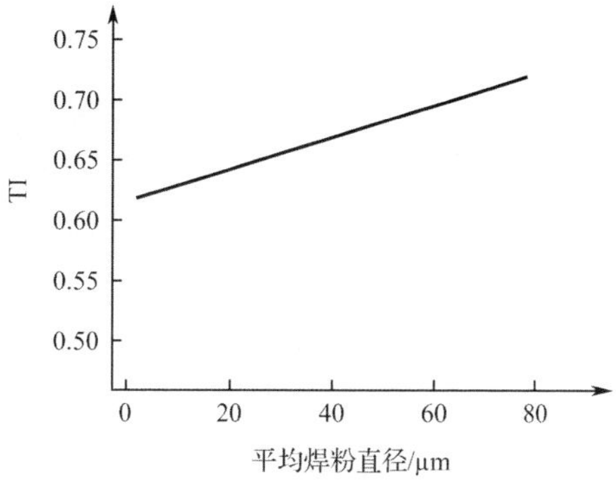

图 5-23　90.5%金属重量含量的 Sn-37Pb 焊粉大小和 TI 的关系

5.5.5　焊膏黏度的测量

目前用来检测焊膏黏度的黏度计主要有两种，一种是美国 Brookfield 黏度计，一种是日本 Malcom 黏度计。

Brookfield 黏度计的工作原理为：通过一个经校验过的铍-铜合金的弹簧带动一个转子在流体中持续旋转，旋转扭矩传感器测得弹簧的扭变程度，即扭矩，它与浸入样品中的转子被黏性拖拉形成的阻力成正比，扭矩因而与流体的黏度也成正比。Malcom 黏度计则采用了螺旋泵式的同轴双重圆筒回转式黏度计。两种黏度测试方法各有所长，对焊膏的特性具有不同的表征。

下面详细介绍两种黏度计的特点和用法。

1．Brookfield 黏度计

IPC-TM-650 中推荐的 Brookfield RVTD 已经停止生产，目前最新型号为 Brookfield DV-Ⅱ型黏度计，如图 5-24 所示。它是 Brookfield DV-E 型黏度计的升级产品，可以使用和 Brookfield DV-E 型黏度计同样的转子，能和计算机进行联用，可以用于分析流变曲线。它可以显示不同转速和剪切速率下的黏度、剪切应力等曲线。Brookfield DV 型黏度计一般配有两套转子，一种是 T 形针转子，一种是螺旋针转子。它们需要和一些配件一起配合使用，这些配件包括升降支架、螺旋承接器、恒温水浴器等。

IPC-TM-650 标准中规定了使用 Brookfield 黏度计的焊膏测试标准，它针对不同黏度范围内的焊膏的测试方法做了不同的规定。如使用 T 形针测试时，对黏度范围在 300～1600Pa·s 内的焊膏，会采用 TF 针；对黏度范围在 50～300Pa·s 内的焊膏，会采用 TC 针。使用螺旋针测试时，虽然对不同黏度范围内的焊膏的测试方法分别做了规定，但内容基本一致。

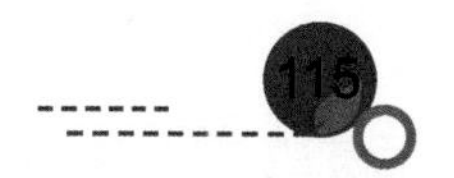

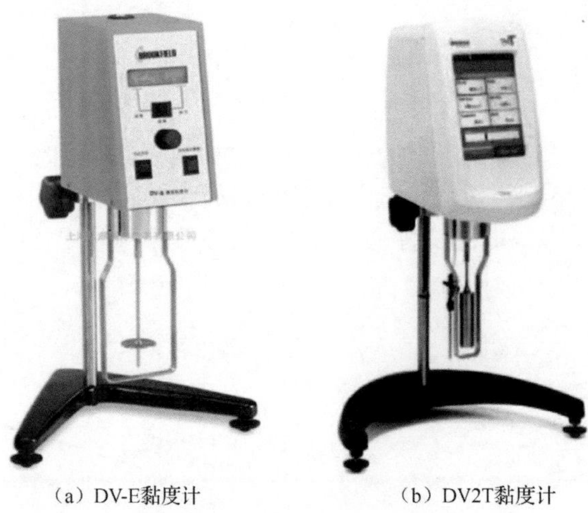

（a）DV-E黏度计　　（b）DV2T黏度计

图 5-24　Brookfield 黏度计

2. Malcom 黏度计

Malcom 黏度计是专门针对测试锡膏的黏度而研制的，广泛使用的型号有 PCU205 和 PCU285，如图 5-25 所示。Malcom 黏度计具有很多优点：

- 可以连续测定非牛顿流体，并且再现性好；
- 内设有可打印出黏度测定结果的打印功能；
- 测定部是密闭式的，提高了温度调节功能，并且控温准确；
- 能够边搅拌边测试黏度；
- 可以自动测定 JIS 规格测定法。

（a）PCU205　　（b）PCU285

图 5-25　Malcom 黏度计

在 JIS Z3284 标准中，使用的黏度计为 Malcom 螺旋泵式黏度计，螺旋泵式黏度计为外筒转动，有螺旋沟的内筒静止不动的构造，堆积在其内外筒之间的空隙或螺旋沟的焊锡膏，随着外筒的回转由导入口进入，由螺旋沟上来由排出口排出。此时，将焊锡膏所受印刷压力由内筒所受扭力而检知，由外筒的回转数求得黏度特性，进而由此黏度特性算出其他的流动特性。

它的测试方法和 Brookfield 黏度计用旋转针的测试方法有很大的不同，Brookfield 黏度计旋转针测试方法，是使螺旋针定在 5 转/分下工作，然后直接读取当焊膏从旋转针上部冒出时的黏度值。Malcom 黏度计的测试方法则比较复杂，旋转速度首先调整在 10 转/分，温度设定在 25℃，约 3 分钟后确认被转筒所吸取的焊锡膏出现在排出口后，停止转筒旋转，等到温度恢复稳定为止，读取 3 分钟后的黏度值，接着设定 3 转/分的旋转速度，在旋转状态下放 6 分钟，读取 6 分钟后的黏度值，回转速度由 3 转/分→4 转/分→5 转/分→10 转/分→20 转/分→30 转/分→10 转/分变化，读取在 3 转/分、10 转/分、30 转/分、10 转/分时的黏度值。读取时间各为 6 分钟、3 分钟、3 分钟、3 分钟、1～3 分钟、1～3 分钟、1 分钟。

从以上的测试中，不但能得到基本的黏度数值，还能依据相应的公式获得黏度—印刷速度曲线、触变性（触变指数及黏度非回复率）等指标。

实际的焊膏是具有触变性并有操作记忆的，记录的黏度受到各步测量程序的影响，并对焊膏的操作也很敏感。螺旋泵式黏度计对操作的影响较小，被认为在黏度测量中有更好的重复性。黏度测量应在受控温度下进行，焊膏的黏度随着温度的升高而减小，如图 5-26 所示。一些焊膏对温度有相当高的敏感度，如焊膏 B，其他的焊膏敏感度较小，如焊膏 A 和焊膏 C。

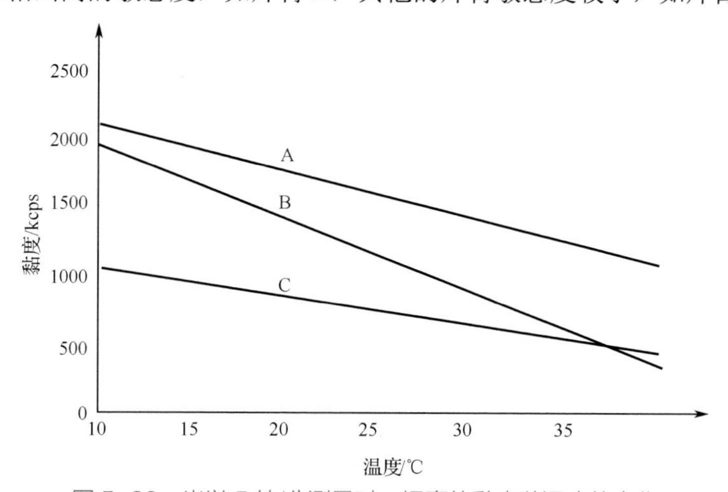

图 5-26　当以 5 转/分测量时，焊膏的黏度随温度的变化

5.6　焊膏的性能评估与选型

焊膏是 SMT 工艺最重要的工艺材料，很多的印刷不良、焊接不良、可靠性与之有关。选择一款合适的焊膏是 SMT 工艺的核心工作，必须根据特定产品的工艺需求、可靠性需求，对印刷性能、焊接性能、可靠性等进行测试。这里，必须指出，IPC J-STD-004 和 IPC J-STD-005 只是对焊膏、焊剂最基本的性能提出要求，它是有关品质的控制文件，但其测试结果并不直接反映焊接的效果，这方面必须根据自己产品的工艺需求，自行决定加严或增加哪些测试项目。

1．测试项目

图 5-27 所示是参考 IPC J-STD-004 和 IPC J-STD-005 列出的焊膏测试项目。对需要根据产品工艺需求采用非标方法测试的项目，用虚方框进行了标示。

2．塌落性测试

焊膏的塌落性反映了焊膏保持图形稳定性、抵抗桥连的能力，像水溶性焊膏，吸湿后容易出现比较明显的塌落。

IPC J-STD-005 规定采用 0.2mm 厚模板和 0.1mm 厚模板，采用标准图形进行测试。测试方法详见 IPC-TM-650 测试方法手册 2.4.35“Solder Paste Slump Test”。这个测试也可用于评估印刷性能。当用于评价塌落性时有两个测试（放置）条件，即印刷后在温度为 25℃±5℃、相对湿度为 50%±10%条件下存储 10～20 分钟，以及继续加热到 150℃存储 10～15 分钟。

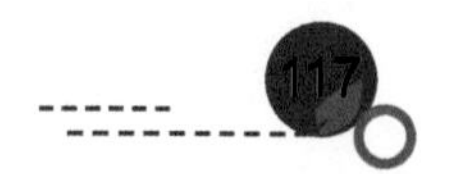

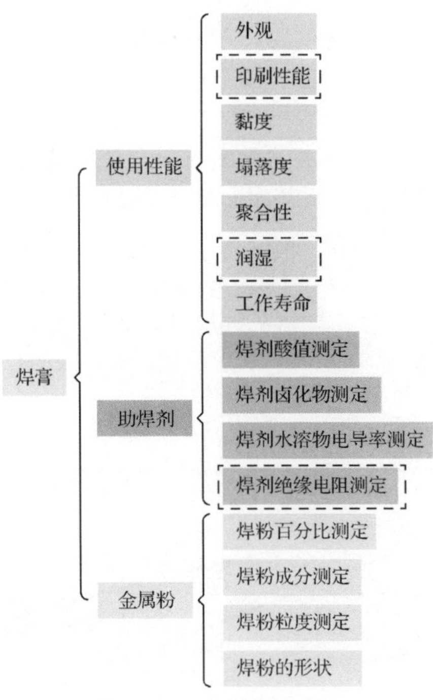

图 5-27　焊膏测试项目

1）使用 0.2mm 厚度的模板测试

标准测试图形如图 5-28 所示（IPC-A-21 中图案），当依照 IPC-TM-650 2.4.35 中 5.2.1 节进行测试时，间距为 0.56mm 或以上的 0.63mm×2.03mm 焊盘间不能有短路现象；当依照 IPC-TM-650 2.4.35 中 5.2.2 节进行测试时，间距为 0.63mm 或以上的 0.63mm×2.03mm 焊盘间不能有短路现象；当依照 IPC-TM-650 2.4.35 中 5.2.1 节进行测试时，间距为 0.25mm 或以上的 0.33mm×2.03mm 焊盘间不能有短路现象；当依照 IPC-TM-650 2.4.35 中 5.2.2 节进行测试时，间距为 0.30mm 或以上的 0.33mm×2.03mm 焊盘间不能有短路现象。

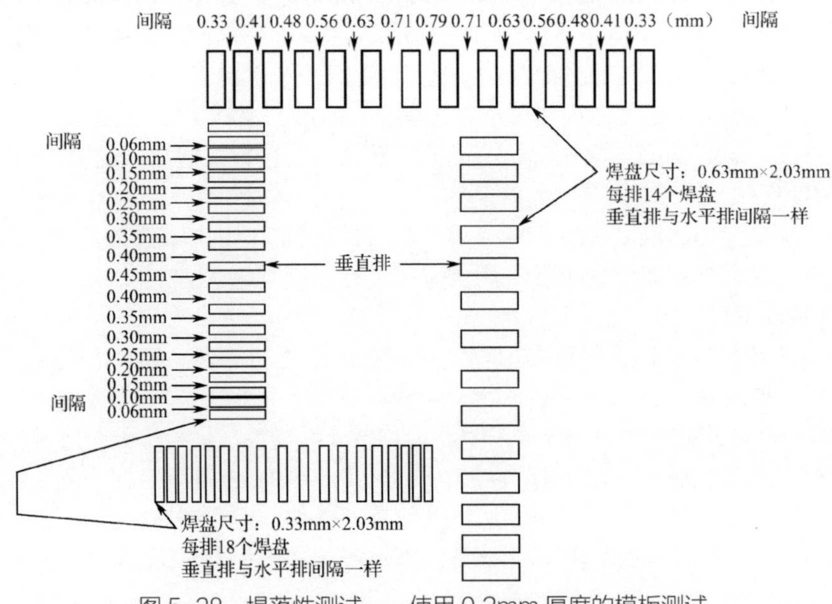

图 5-28　塌落性测试——使用 0.2mm 厚度的模板测试

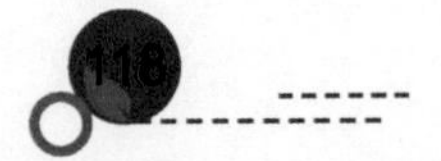

2）使用 0.1mm 厚度的模板测试

标准测试图形如图 5-29 所示（IPC-A-21 中图案），当依照 IPC-TM-650 2.4.35 中 5.2.1 节进行测试时，间距为 0.25mm 或以上的 0.33mm×2.03mm 焊盘间不能有短路现象；当依照 IPC-TM-650 2.4.35 中 5.2.2 节进行测试时，间距为 0.30mm 或以上的 0.33mm×2.03mm 焊盘间不能有短路现象；当依照 IPC-TM-650 2.4.35 中 5.2.1 节进行测试时，间距为 0.175mm 或以上的 0.20mm×2.03mm 焊盘间不能有短路现象；当依照 IPC-TM-650 2.4.35 中 5.2.2 节进行测试时，间距为 0.20mm 或以上的 0.20mm×2.03mm 焊盘间不能有短路现象。

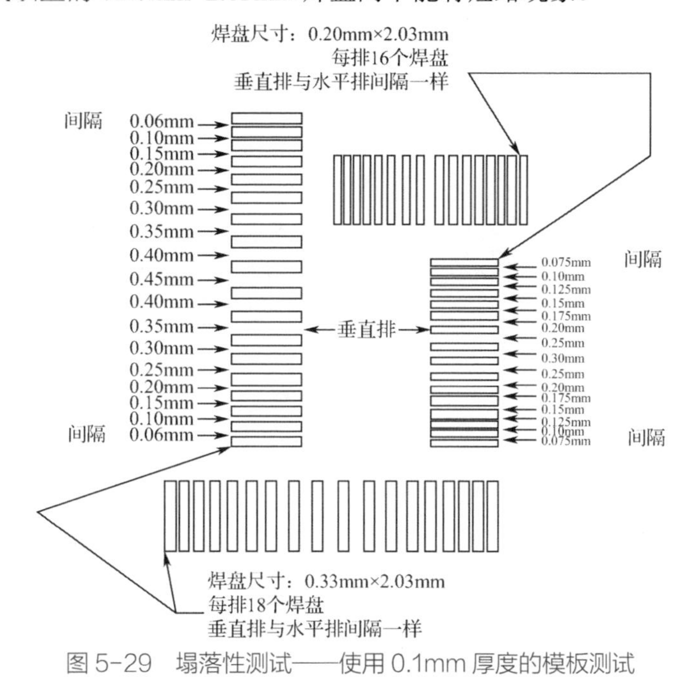

图 5-29　塌落性测试——使用 0.1mm 厚度的模板测试

3．黏度

黏度与焊膏的印刷有很大的关系。黏度范围在 300Pa • s～1600Pa • s（厘泊）的焊膏需依照 IPC-TM-650 2.4.34.1 或 2.4.34.2 进行测试；而黏度范围在 50Pa • s～300Pa • s 的焊膏需依照 IPC-TM-650 2.4.34.1 或 2.4.34.3 进行测试。

4．聚合性

聚合性一般采用焊球试验来测定，它反映了焊膏产生锡球的倾向性。标准的测试方法见 IPC-TM-650 2.4.43。

锡球的产生有很多原因，比如，焊膏吸潮、预热升温速率比较高，但也与焊粉氧化程度、焊剂的活性效能和塌落性、焊粉颗粒形状等因素有关，因此，焊球试验实际上是一个体现焊膏综合性能的测试项目。

焊球试验通过焊膏样品在非润湿表面（如陶瓷表面、无铜箔的 FR-4 基板）上的热熔来测定，根据热熔后焊锡周围的焊料球尺寸及其多少进行评判。本质上与润湿性测试方法基本一样，区别只是测试基板不同而已，一个观察外围焊球现象，一个观察铺展程度。

1）1～4 号粉

依照 IPC-TM-650 2.4.43 进行分类得出的 1～4 号粉在测试时需符合图 5-30 中的接受标准，而且在评估过程中，单个焊料球不能有大于 75μm 的锡珠在 3 个测试图案中的一个以上出现。

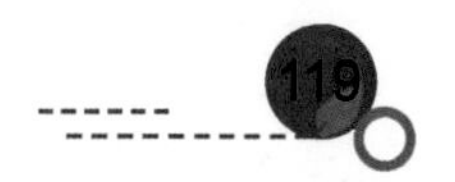

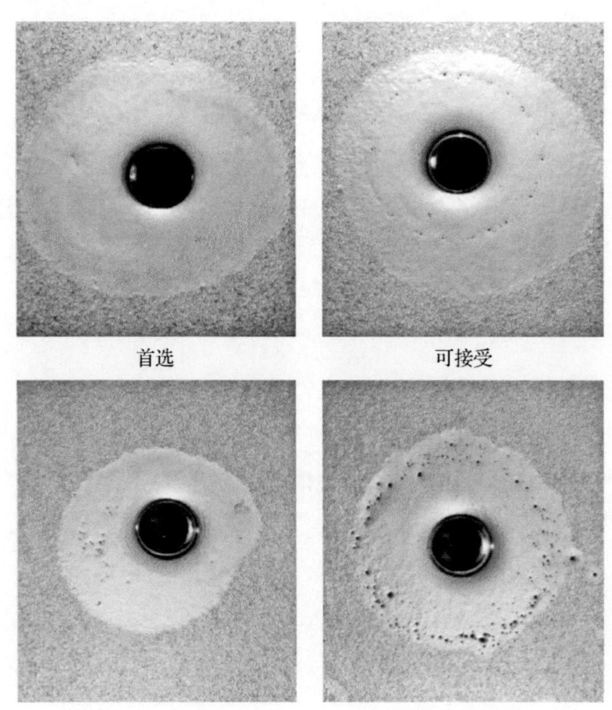

图 5-30　焊球接受标准（参考）

2）5 号粉、6 号粉

依照 IPC-TM-650 2.4.43 进行分类得出的 5 号粉、6 号粉在测试时需符合图 5-30 中的焊球接受标准，而且在评估过程中，不能有大于 50μm 的锡珠在三个测试图案中的一个以上出现。

5．润湿性

润湿性测试（Wetting Test）反映了焊膏中焊剂的活性强弱。

润湿性试验很简单，就是将规定量的焊膏（6.5mm×2mm）印刷到按规定氧化处理的覆铜板上进行热熔，计算扩展率。铺展率越大（反映单位重量焊料的铺展面积），表示焊膏（焊剂）的活性越强。标准的测试方法见 IPC-TM-650 2.4.45。采用此方法进行测试时，焊膏要均匀地润湿铜焊盘，不能有润湿不良或不润湿的现象出现。

如果我们可以根据时间定量地测试铺展面积的直径，就可以绘制出图 5-31 所示的焊接时间与铺展直径曲线图，它反映了焊剂的动态活性，包括焊剂的活性（清洁表面的固有能力）和稳定性（在焊接温度下保持活性的时间）两方面。特殊焊剂的助焊能力与特殊的操作有关。例如，活性迅速衰退的高活性适合于波峰焊接工艺（仅持续几秒），但不适用于较慢的再流焊接工艺，后一种情况，要求焊剂活性发挥长的时间，在选定的时间周期内能够保持活性。

图 5-31 所示是两种不同焊剂在规定温度下的测试结果。焊剂 A 的活性发挥迅速但分解得也很快。焊剂 B 花了很长的时间达到活性，但有足够的时间来达到较大的铺展面积。在不同的测试温度下，可以得到不同的结果。

这个测试结果仅仅反映了焊膏/焊剂本身的活性，并不能反映在实际生产中遇到的不良润湿问题，因为润湿性与温度曲线（如预热温度高低与时间长短）、被焊接可焊镀层的可焊性、镀层冶金属性等有关。因此，应根据产品的工艺特性与需求，设计实验进行测试，或小批量试用。

随着无铅工艺及微焊盘封装、BTC 类封装的应用，不熔锡现象越来越多，其实这就是焊膏中焊剂实际活性的表现，它不仅反映了焊剂的活性大小，还反映了防氧化能力。随着无铅工艺的应用，预热温度相对有铅焊接提高很多，如果防氧化能力不足，就会导致不熔锡现象发生。一般可采用微焊膏量和加严的预热条件进行试验。如采用 0.1mm 厚模板，开口ϕ0.25mm，印刷到 OSP 板或氧化过的铜板上，通过观察熔融焊点表面的状态来判断。图 5-32 所示为焊膏防氧化机理示意图，如果焊膏中溶剂挥发完后，高温状态下熔融的松香膜具有较高的黏性，仍然能够覆盖住焊锡粉，将不会发生不熔锡现象；如果高温状态下熔融的松香膜具有较低的黏性，将会发生漫流，处于高位的焊锡球得不到松香的保护，就会发生不熔锡现象。

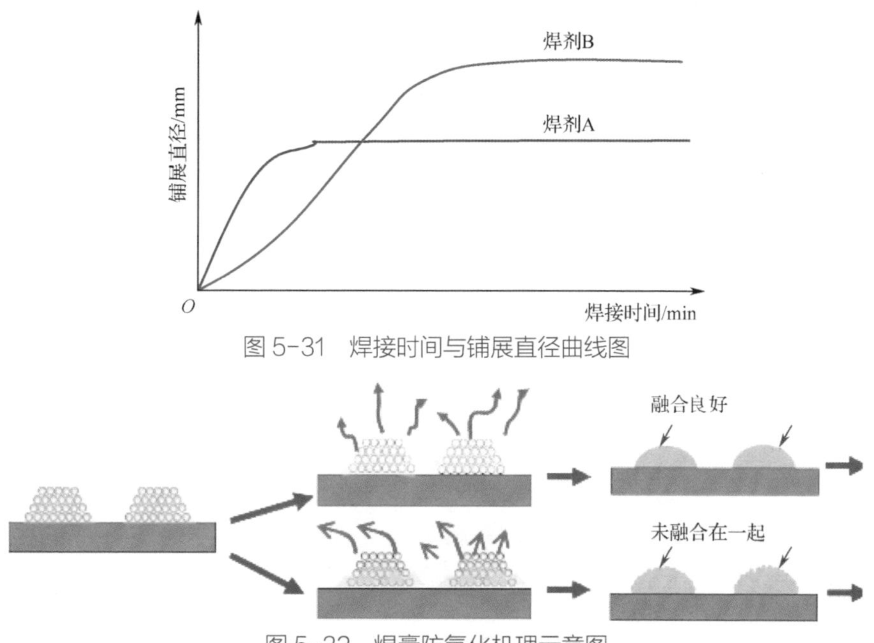

图 5-31　焊接时间与铺展直径曲线图

图 5-32　焊膏防氧化机理示意图

6．助焊剂酸值测定

助焊剂的活性经常用酸值来衡量。它是在规定的测试条件下，中和 1 克助焊剂中游离酸离子所需要的氢氧化钾的毫克数。它是一个与pH值没有关系的量，pH值是评价溶液中氢离子的浓度的指标，而酸值是指脂类、脂肪酸等油脂物质可以用氢氧化钠中和的对应酸的量，两者是完全不同的概念。在室温下，大多数松香助焊剂的pH值在 3.5～5。

我们必须了解，相同酸值的助焊剂，其活性与腐蚀性相差很大。因此，酸值只是部分地反映了助焊剂的活性。

酸值的标准测试方法见IPC-TM-65 测试方法手册 2.3.13 方法。

7．绝缘电阻测定

绝缘电阻测试是目前广泛采用的焊膏残留物可靠性评价方法。标准的测试方法见 IPC-TM-65 测试方法手册 2.6.3.7 方法。

对于焊膏，采用 0.2mm厚模板在梳状图形（IPC-B-24）印刷焊膏，按照规定测试程序测试即可。

但是，我们必须知道，导致测试条件下绝缘电阻的下降与实际应用环境是不同的，也就是不能完全表征实际应用条件下的可靠性。失效的模式也是不完全相同的，高温高湿环境下的试验，测试的是助焊剂残留物覆盖冷凝水的情况，而实际应用环境则是水汽渗透在残留物与PCB界面迁移的情况，如图 5-33 所示。这也是为什么实际产品发生的情况有时用试验难以复现的原因。

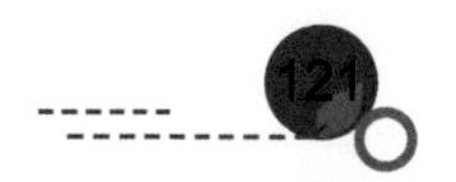

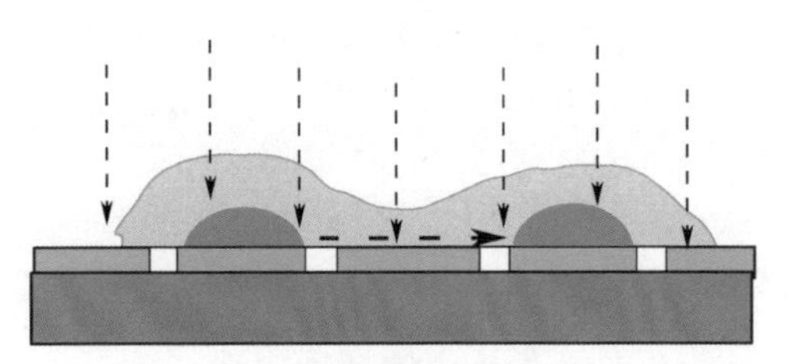
（a）实际应用环境下

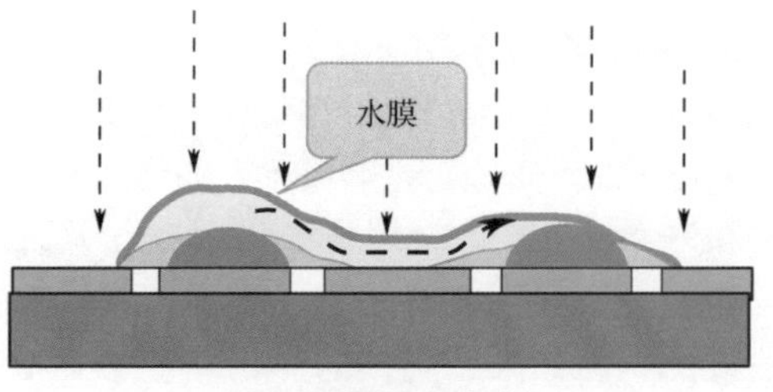

（b）SIR测试环境下

图 5-33　表面绝缘电阻测试与实际应用条件下的失效模式

8．工作寿命测定

焊膏的工作寿命也称模板寿命，一般指焊膏在模板上的工作时间（从添加开始算起的可用时间），它反映了焊膏在刮动时的溶剂挥发、氧化以及吸潮等因素使焊膏使用性能劣化的速度。

关于焊膏工作寿命，IPC标准没有规定，也就是可以根据自己工厂的管理情况（关心项）自行制定方法来进行评价。比如，采用不间断的刮动 8h后评价印刷、贴片和焊接性能。

还有一种测试方法，就是通过测试黏力来进行判定，测试方法如下。

1）黏力测试

探针以 2.5mm/min±0.5mm/min的速度、300g±30g的力施加到焊膏上，并在 5s内以相同的速度收回，读取并记录黏力峰值。

2）测试程序

工作寿命的测试是在逐渐增加的印刷到测试时间间隔基础上，测量从印刷的焊膏样品中分离测试探针所需要的力。典型的测量值是达到 80%的峰值力或可接受黏力的时间。

（1）印刷测试样品并记录时间。

（2）执行一个黏力测试。

（3）记录结果。

（4）每 30 分钟重复步骤（1）、（2）和（3）。

（5）当黏力跌落到可接受黏力值之下时，记录时间。

（6）工作寿命就是黏力测试开始到最后可接受值之间的时间。

需要指出，工作寿命的定义及测试方法，到目前为止，还没有统一，到底是以焊膏性能劣化还是贴片黏力不足作为评判对象，没有权威的说法。

9．金属（粉末）百分含量

依照 IPC-TM-650 2.2.20 进行测定，合金含量必须在 85%～96%（重量百分比）。金属百分含量必须保持在订单标称值的±1%偏差以内。

5.7　焊膏的储存与应用

焊膏是最重要的工艺材料，其储存、解冻、搅拌和添加等对焊膏的使用都是非常重要的工艺操作。

5.7.1　储存、解冻与搅拌

一般来讲，焊膏对于暴露在高温、空气或潮湿的环境中相当敏感。高温会导致助焊剂与焊粉分离。焊膏暴露于空气和潮湿的环境中将导致氧化和吸潮。一般建议将焊膏储存在冰箱里，建议储存温度设置在 0～10℃。

在让焊膏暴露于空气前，应将焊膏的温度提高到与周围环境温度一样，以避免水汽冷凝。根据容器尺寸与储存温度，解冻所需要的时间为 1 小时到几小时。有人做过实验，对于一瓶 500g 的焊膏，1 小时足以使焊膏回温到环境温度，如图 5-34 所示。

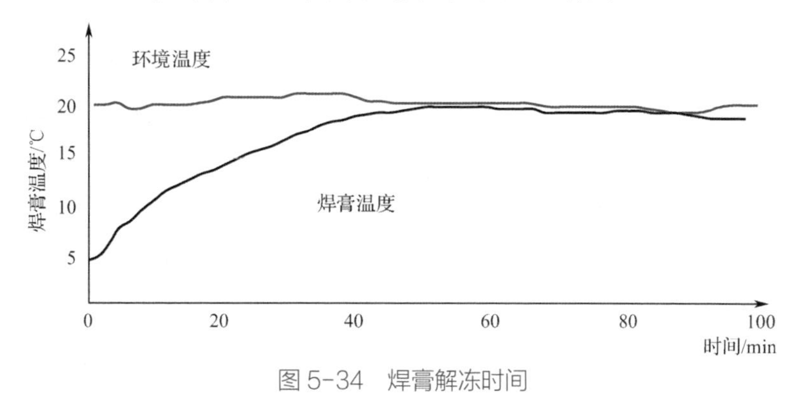

图 5-34　焊膏解冻时间

焊膏解冻之后，如果需要添加到模板上，需要对焊膏进行搅拌，以提高焊膏立即投入印刷时的流动性（即时流动性），机器搅拌时间与锡膏温度和黏度的关系如图 5-35 所示。可以采用手工搅拌，也可以采用机器搅拌。手工搅拌，一般用工具来回搅拌 20～30 回即可，或根据焊膏的流动性进行判定——用搅拌器具挑起焊膏，如果焊膏能够向下流动，说明搅拌到位。如果采用机器搅拌，按照 30～60s 的时间控制即可。之所以控制搅拌时间，主要是搅拌会使焊粉摩擦发热。如果搅拌时间过长，会使焊膏性能劣化。

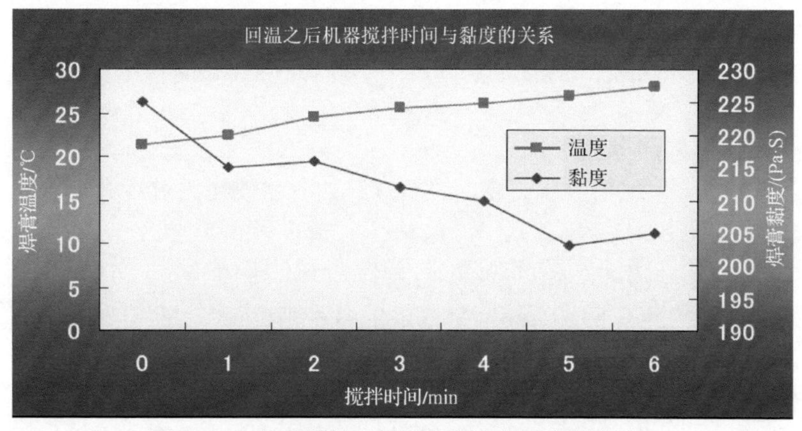

图 5-35　机器搅拌时间与锡膏温度和黏度的关系

5.7.2　使用时间与再使用注意事项

焊膏解冻并开封后，应在 48h 内用完。解冻并未使用或开封，48h 内不需要冷藏。如果确认不使用了，可以再次冷藏以备今后使用，但仅限一次。

使用过的焊膏（从模板上刮下）不能收集进未使用过的焊膏中，两者不能混合。

5.7.3　常见不良

1．助焊剂分离

理想情况下，焊膏应该是助焊剂和焊粉的均匀混合物。然而，在打开容器时有时会出现助焊剂分离。典型的症状是在灰白色焊膏的顶部上有黄色助焊剂层，无论是在罐里还是在注射

容器里都容易出现此现象，如图 5-36（a）所示。轻微的助焊剂分离是可以接受的，严重的助焊剂分离会导致污斑、塌陷及不平坦的焊料涂覆，必须改正。

（a）助焊剂分离现象

（b）焊膏结壳

图 5-36　助焊剂分离与焊膏结壳

引起助焊剂分离的可能原因有：①装运和储存的温度太高；②焊膏储存时间太长；③焊膏的黏度太低；④焊膏的触变性能太低。

消除助焊剂分离的办法可分为工艺和材料两类。工艺解决办法有：①在建议的存储寿命之内使用焊膏；②在旋转的架子上储存焊膏；③低温储存焊膏，通常认为 5～10℃是适当的，尽管较低的温度更为有益；④使用前搅拌焊膏，用人工或设备搅拌。然而，应该注意到焊膏的过分混合会导致焊膏由于冷焊而硬化，因而应该避免。材料解决办法有：①使用有足够高黏度的焊膏；②使用有足够高的触变性能的焊膏。用于印刷和点涂分布时，触变指数在−0.8～−0.5是适当的。

2．结壳

焊膏也会在表面上呈现出一层硬皮，在新打开的容器或在用过焊膏存放的容器中可观察到此现象，如图 5-36（b）所示。

材料方面：结壳是由于含有非常高的铅含量的焊料合金，如 Pb-3Sn、Pb-2.5Ag、Pb-1.5Ag-1Sn 或 Pb-2Sb 等；高铟含量的合金也易出现结壳现象。也许是由于在储存状况下，其中的助焊剂太具腐蚀性或太具活性造成的。由于助焊剂与焊料起反应，形成的金属盐的分子量较大，所以黏度增加，且在焊膏表面上出现皮层或硬壳。工艺方面：焊膏已经过多地暴露在空气中或吸收水分，如使用已用过的焊膏、容器打开的时间太长、不妥当的焊膏包装让湿空气渗透到容器壁、储存温度太高等。

材料方面解决办法：①使用在储存状况下具有较小腐蚀性和反应性的焊膏；②使用较低铅含量或较低铟含量的焊料合金。工艺方面解决办法：尽量避免把使用过的焊膏放回容器里再度使用。使用盒式容器的好处是可确保涂覆的焊膏是从未用过的。使用罐子作为容器，无论何时都应将盖子盖住。焊膏包装应该是密封的，应该避免使用能让湿气和氧气渗透容器壁的材料。建议焊膏储存在低温下。

3．焊膏硬化

在容器里从未用过的焊膏，也会变硬或变黏。在良好的焊膏包装中也可观察到这种现象。产生此类问题可能是材料以及温度的原因。

有效的解决办法是：降低运装和储存温度，并在运装和储存温度下采用低活性的助焊剂。

提高焊粉中氧化物的含量也有助于缓解此问题，对于软合金尤其适用。但是，该方法会影响焊接性能。

4．工作寿命缩短

在使用焊膏印刷时，开始时印刷质量较好，然而，随着印刷时间的增加，印刷质量开始下降。最常遇到的现象是焊膏的黏度不断增加，如图 5-37 所示，其结果是漏印、填充不足以及孔堵塞。对于某些类型的焊膏，其现象或许是相反的，随着印刷次数的增加，焊膏逐渐变稀，从而导致涂覆污染和助焊剂的渗漏（从模板底部挤出）。这两种情况都会缩短焊膏模板上的印刷寿命。

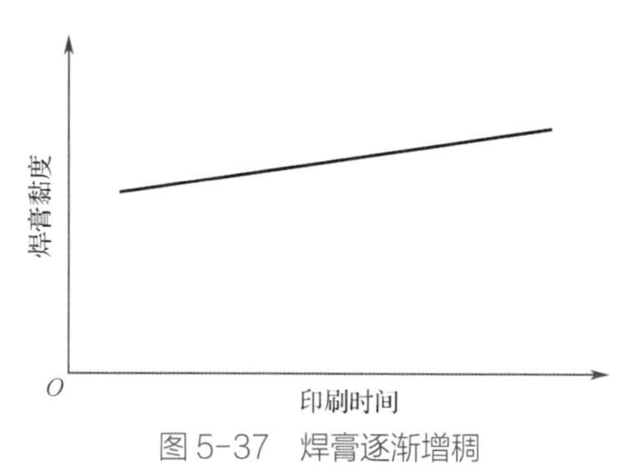

图 5-37　焊膏逐渐增稠

对于传统的模板印刷机，焊膏的黏度不断增加的原因有：①环境温度太高，焊膏中焊粉与助焊剂发生反应；②助焊剂使用了低沸点的溶剂，焊膏干燥得太快；③焊膏消耗/补充率太低；④环境湿度太大；⑤模板上面空气流动快，如印刷机内空调风速太快。

对免洗或 RMA 焊膏来说，湿度对模板上焊膏黏度有两方面的影响。一方面，在高湿度下（如 80%RH）焊膏黏度会不断提高。另一方面，对于含挥发性溶剂系统的免洗或 RMA 焊膏，在低湿度下，焊膏暴露时间越长，焊膏黏度越大。

对于水洗焊膏（水溶性焊膏），在高湿度状态下，其在模板上的黏度经常随着时间的推移而减小。水洗焊膏本质上是吸湿的，由于吸收水分，黏度迅速变小，超过了由于化学反应黏度的增加量，因而应用水洗焊膏时应保持低湿度。

对于传统印刷机，提升焊膏工作寿命的方法有：在材料方面，尽量采用非挥发性溶剂；在工艺方面，减小模板上的空气流动率，并让印刷机保持适度的湿度和温度。

5．焊膏从刮刀上释放不良

图 5-38 展示了双刮刀系统焊膏释放不良的情况。向右印刷结束后，举起左边的刮刀，不少焊膏黏附在刮刀上。右边的刮刀准备着向左方的下一次印刷。

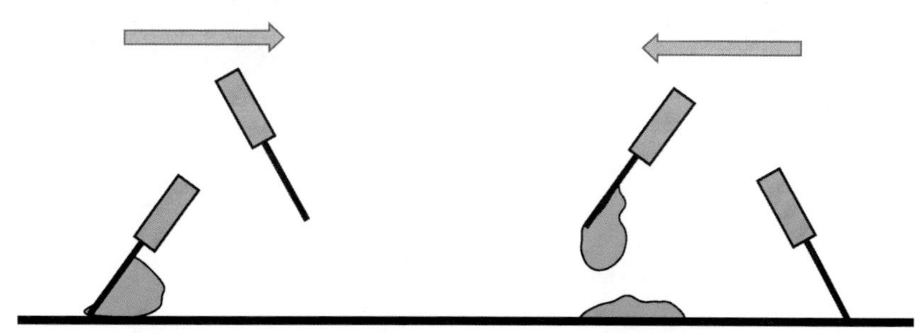

图 5-38　双刮刀系统焊膏释放不良现象

刮刀上焊膏释放不良的原因有：①焊膏太黏了；②焊膏太稠了；③在模板上焊膏逐渐干燥了；④模板上加放的焊膏量不足；⑤刮刀柄突出太多且刮刀高度低；⑥在刮刀与模板之间的接触角太小；⑦模板表面太光滑。

在印刷时，焊膏经常会沿着刮刀轻微地蠕升，导致与刮刀的接触面积比与模板的接触面积稍微大一些，如图 5-39 所示。紧接着提起刮刀，焊膏承受两种对抗的力：①黏附于刮刀和模板的力；②焊膏的重力。焊膏的分布取决于这两种力的平衡。对于配制恰当的焊膏，重力和

模板的黏附力超过刮刀上的黏附力，而大多数的焊膏停留在模板上。

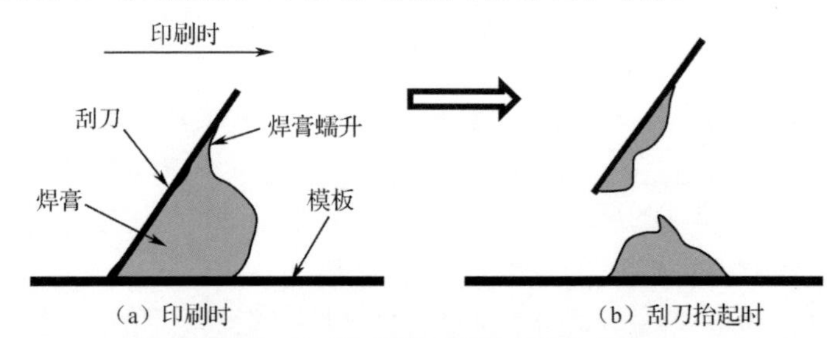

图 5-39　典型的焊膏印刷时的分布

如果焊膏非常黏，相对于黏附力，重力的因素可以忽略，于是大多数焊膏将黏在刮刀上。虽然低黏性锡膏易于从刮刀上释放，但在贴片时会不易控制元器件，所以不应采用此方法。锡膏应具有适中的黏性，为非挥发性溶剂。尽管这样金属含量较低，但通过减小黏性值，也可以帮助改善刮刀释放。但这个方法将会导致较高的塌陷，所以只能是一个替补方案。

如果所加焊膏容量很小，重量也小，则刮刀比模板有更大的接触面积。不出意外的话，就会导致刮刀不良释放。所以，建议锡膏滚动的直径要大于 0.5 英寸（1 英寸≈2.54cm）。对于一些黏性较高的焊膏，理想的滚动尺寸不应小于 0.75 英寸。如果刮刀抬起初期焊膏帘出现洞口，如图 5-40 所示，就说明焊膏量已经不足，应该添加焊膏了。一次印刷结束后，为促使焊膏从刮刀上释放，可在下一次印刷开始之前，把刮刀抬起在适当的位置维持 10～20s。

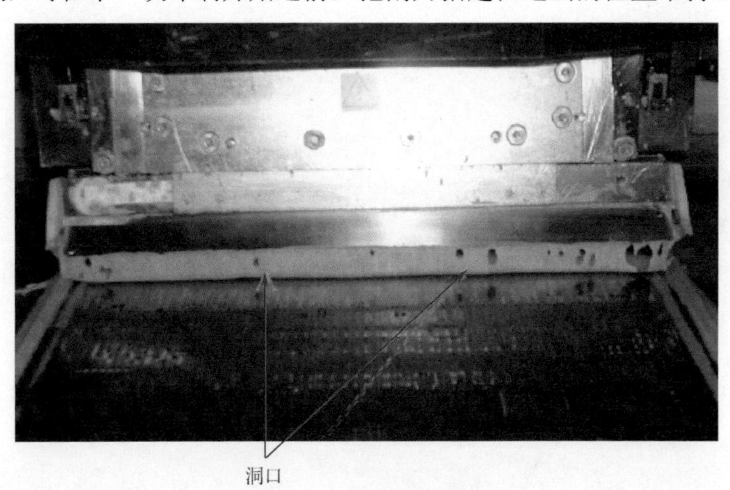

图 5-40　焊膏帘出现洞口

刮刀刀柄的设计对刮刀释放问题也有一定的影响，如图 5-41 所示。图中的刮刀刀柄太短，印刷时焊膏容易弄脏刮刀刀柄，导致焊膏与刮刀之间有较大的接触面积，因此不可避免地产生刮刀释放问题。可采用加长刮刀的方式修正，如图 5-42 所示。

既然刮刀释放问题是焊膏与刮刀和模板的表面之间黏附力的问题，那么调整表面性能可改善刮刀释放。原则上，光滑表面产生低的黏附力，因此有令人满意的刮刀释放效果。一般而言，所有的刮刀，包括橡胶刮刀和金属刮刀，其表面已经处理光滑。此外，表面加聚四氟乙烯涂层或者电镀镍层对改善刮刀释放没有效果。

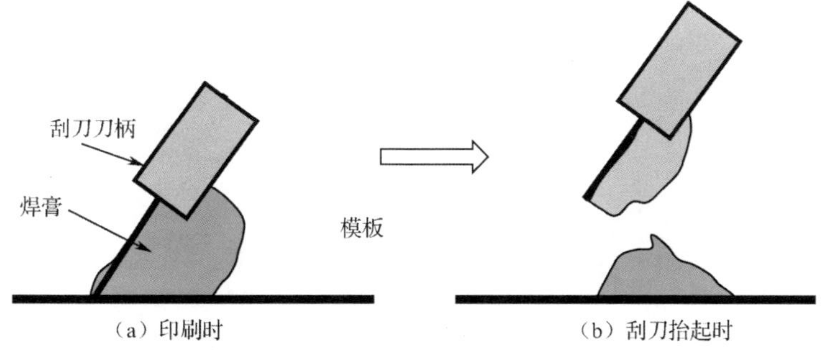

图 5-41 刮刀刀柄对焊膏释放的影响

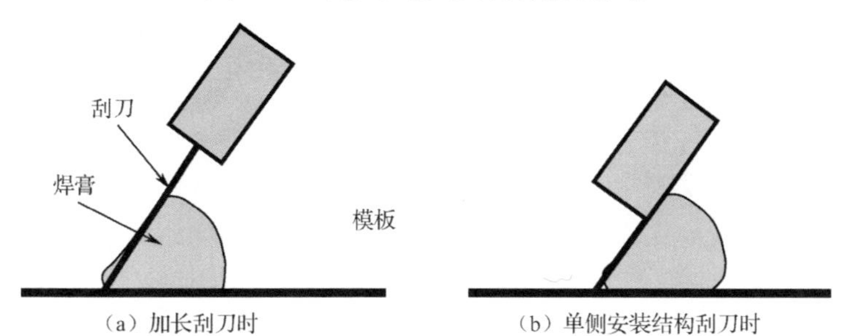

图 5-42 刮刀结构的优化设计

PCB 表面镀层及工艺特性

2006 年 7 月 1 日，RoHS（关于在电子电气设备中限制某些有害物质指令）生效，凡是出口到欧盟的电子电气设备必须满足 RoHS 的要求，这促使电子制造业需要从有铅工艺向无铅工艺转变。

焊点的铅无非来源于器件引脚镀层、PCB 焊盘镀层和焊料。要使焊点中的铅符合 RoHS 要求（铅含量小于 0.1%），PCB 表面处理也必须无铅化。由于无铅焊料的高熔点特性，无铅喷锡工艺很少应用于层数超过 6 层的 PCB。业界提出了很多种无铅表面处理工艺，目前广泛使用的有 ENIG、Im-Sn、Im-Ag 和 OSP，之所以有这么多种，是因为每种表面处理都有其局限性。

6.1 ENIG 镀层

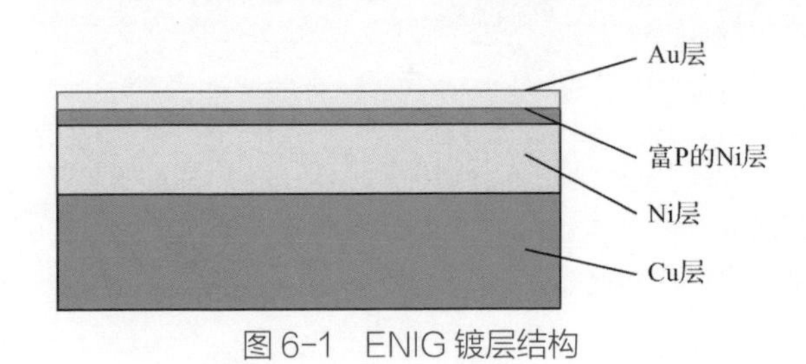

图 6-1 ENIG 镀层结构

ENIG，即 Electroless Nickel/Immersion Gold 的缩写，中文俗称化学镍金。

ENIG 镀层结构如图 6-1 所示，由于化学镀的原因，Ni 层不是纯 Ni 层，含有一定的 P。在浸金时，由于置换反应，在靠近 Au 层的地方形成富 P 的 Ni 层。

ENIG 镀层焊接时，Au 迅速溶解到焊料中形成 Au-Sn 合金，焊料只与 Ni 层形成 IMC。

6.1.1 ENIG 镀层的工艺特性

ENIG 镀层适用于安装有大量精细间距（<0.63mm）元器件及共面度要求比较高的 PCBA，也可用作 OSP 表面的选择性镀层。

1．优势

（1）表面平整。

（2）与无铅焊料的兼容性好。

（3）储存期长，可达 12 个月。

（4）可焊性（润湿性）好。

2．不足之处

（1）价格高。

（2）焊点/焊缝存在脆化的风险。

（3）存在“黑盘”失效风险。黑盘是一种发生概率非常低的缺陷，用一般的检测手段难以发现，但导致的失效是灾难性的，因此，一般不建议用于精细间距的 BGA 焊盘表面处理。

所谓“黑盘”，是 Puttlitz 于 1990 年提出的一种 ENIG 焊点失效模式，指 Ni 层受到深度腐蚀而引起 ENIG 处理焊点断裂的失效模式。由于 Ni 层的断裂面呈灰色、黑色，因此被 Puttlitz 定义为黑盘现象。黑盘的最大问题就是难以消除，也不能从外观进行拦截（检测），从而给可靠性带来隐患。

黑盘典型特征如下：

- 去 Au 层后，Ni 层表面上有晶界腐蚀现象（俗称泥浆裂纹），如图 6-2（a）所示；
- Ni 层表面有非正常的富 P 层，如图 6-2（b）所示；
- 切片后可以看到腐蚀针刺（实际就是晶界腐蚀现象的截面图），如图 6-2（b）所示。

（a）泥浆裂纹

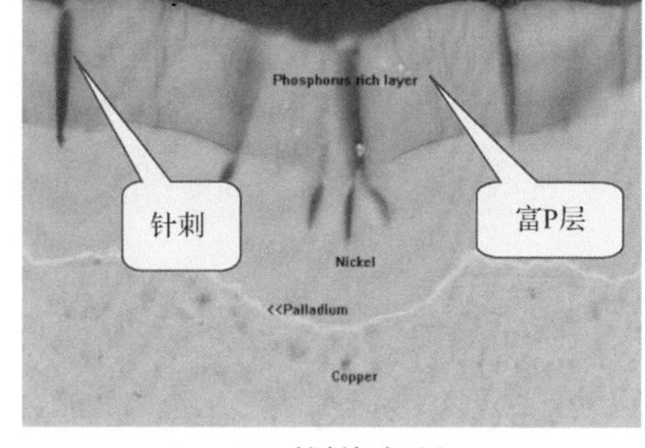

（b）针刺与富P层

图 6-2　黑盘典型特征

（4）浸 Au 层很薄，不能承受 10 次以上的机械插拔。

3．供应商资源

供应商资源多。

6.1.2　应用问题

1．不润湿

不润湿多为“黑盘”现象，如图 6-3 所示。需要指出，不润湿往往出现在 Ni 层腐蚀严重的情况下。在大多数情况下，有黑盘现象的 ENIG 镀层焊点表现正常，但不耐应力作用，像高低温度循环试验、振动试验及日常的插拔操作都可能导致焊点开裂。这就是最大的风险。

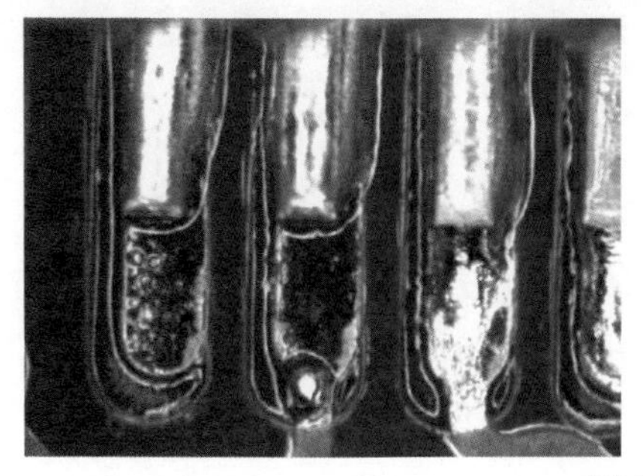

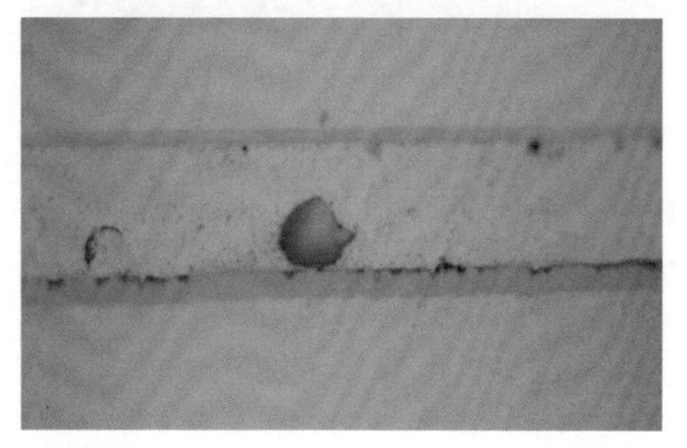

图 6-3　黑盘现象

2．波峰焊接孔盘边缘部分不润湿

波峰焊接孔盘边缘部分不润湿如图 6-4 所示，也属于黑盘问题，只不过最严重的地方出现在孔盘边缘与孔盘拐弯处，如图 6-5 所示。这与电镀时电流的分布及镀层结构有关。这种不润湿预示着整板存在黑盘风险，只是比较轻微，在 SMT 工艺下一般能够被润湿，外观上表现不出来，但连接强度会有所下降。一般的应用条件下可以接受，不会严重劣化其可靠性，但对于高可靠性要求的军用、航空电子等产品就需要根据客户的要求进行评估。此现象类似于反润湿，但 Ni 层上没有任何锡，看上去呈黑灰色。

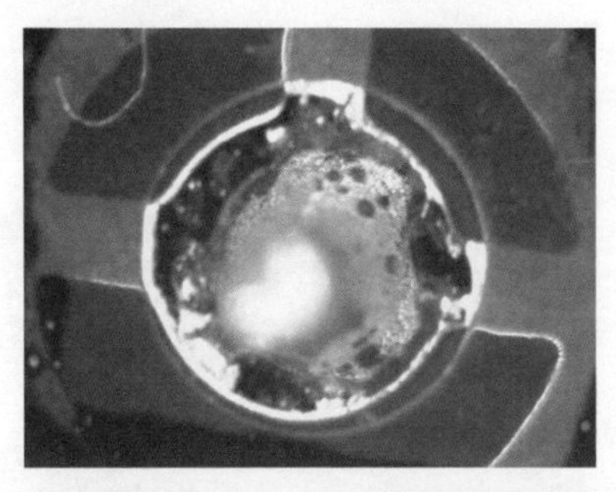

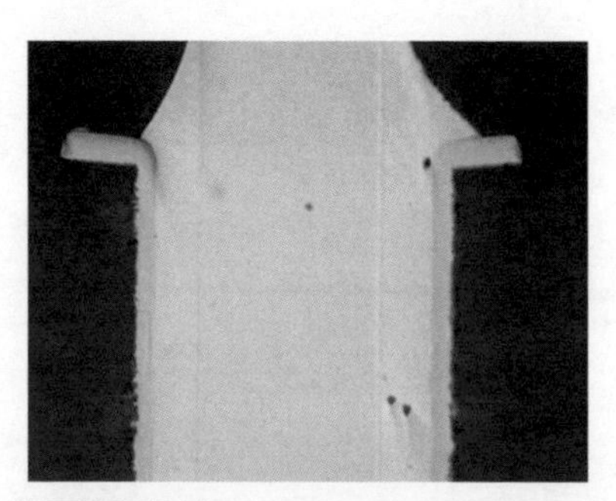

图 6-4　孔盘边缘不润湿现象

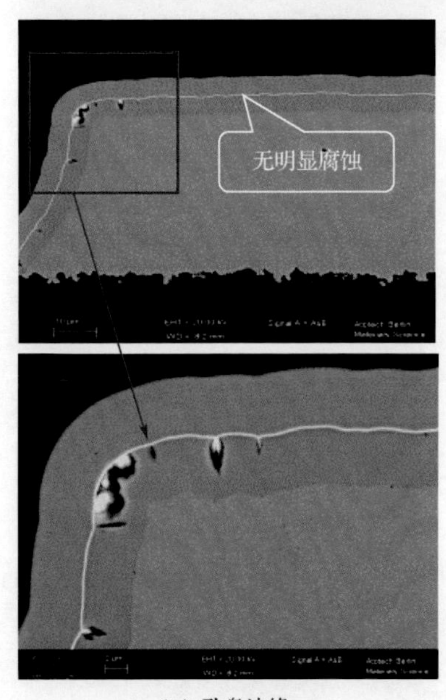

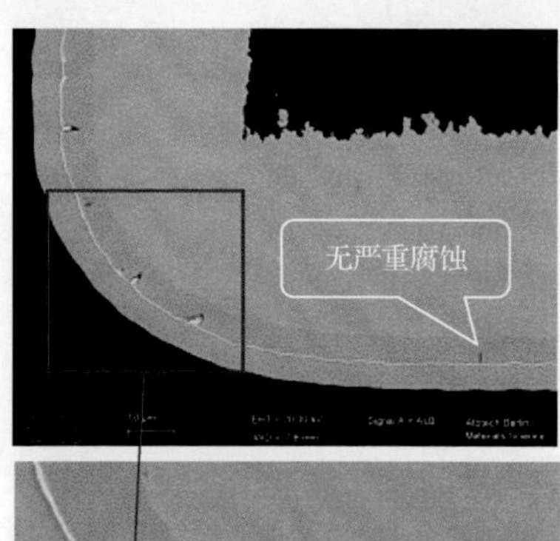

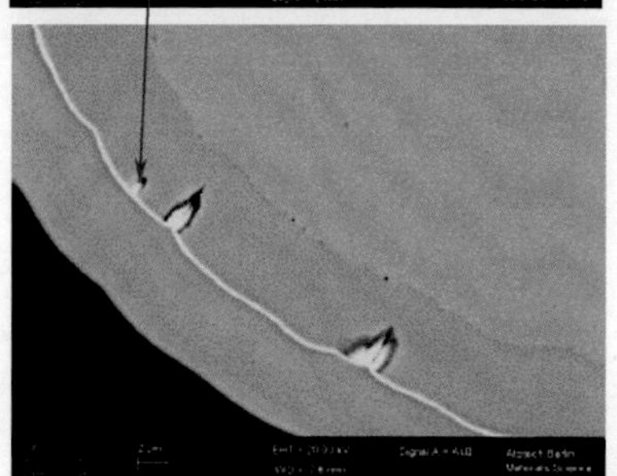

（a）孔盘边缘　　（b）孔盘拐弯处

图 6-5　孔盘边缘及拐弯处的黑盘现象

No 案例 7：孔盘不润湿现象

随着无铅工艺的实施，PCB 的表面处理普遍采用了 ENIG，也有更多的机会看到 ENIG 板波峰焊接时孔盘边缘不润湿的现象（见图 6-4）。图 6-6 是笔者工作中遇到的一个案例，出现了非常严重的孔盘不润湿现象。

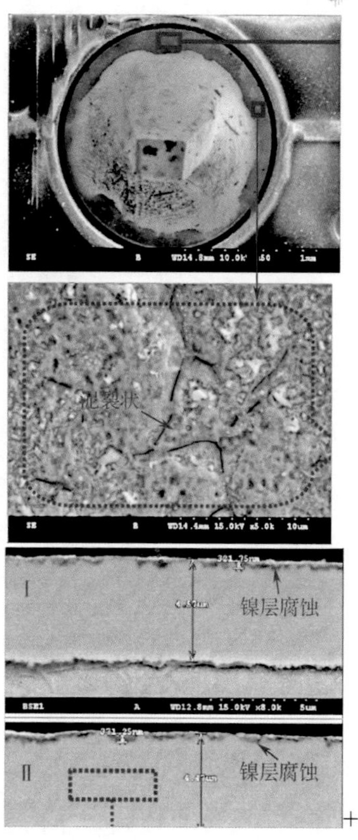

图 6-6　波峰焊接孔盘缩锡案例

从以上实例可以看到泥浆裂纹特征与针刺现象，说明孔盘缩锡由黑盘所致。

对于有黑盘风险的单板，为什么焊点缩锡只出现在插件的孔盘上呢？一方面是孔盘边缘和孔口拐弯处腐蚀严重，另一方面是波峰焊接锡波的拖曳作用，如图 6-7 所示。被腐蚀的镍表面润湿性比较差（不是不能润湿，只是界面原子的扩散速度很慢，这个可以从形成极薄的 IMC 来佐证），熔融焊锡与之相结合的结合力很弱，焊锡在流动锡波的拖曳下往往会被拉开。

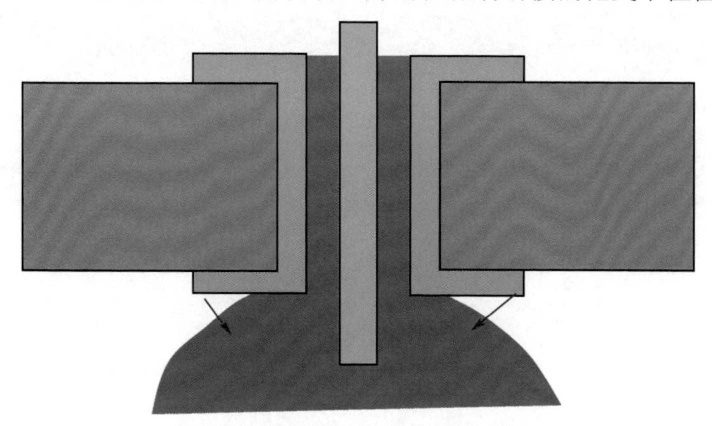

图 6-7　孔盘不润湿产生的原因之一

SMT 焊点或插件孔内看不到不润湿现象，但并不意味着没有黑盘现象，黑盘是同样存在的，如图 6-8 所示。

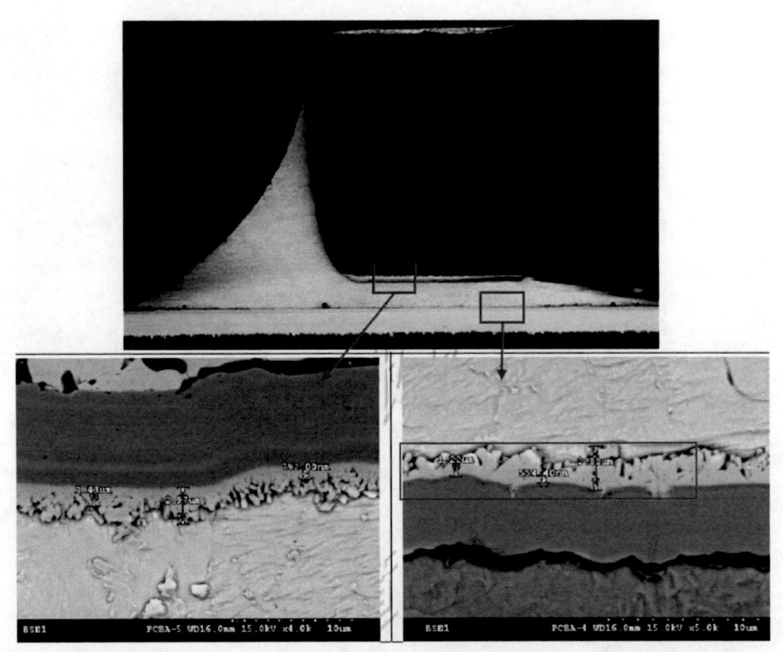

图 6-8　孔盘边缘不润湿单板上 SMT 焊点也有黑盘现象

出现孔盘边缘不润湿现象的单板，一般镍层腐蚀都比较轻，腐蚀深度往往小于 2μm。切片观察时如果放大倍数不够（≤2500 倍），一般难以观察到，因此，需要放大足够倍数进行观察，图 6-9 为放大 4000 倍的镍层腐蚀。

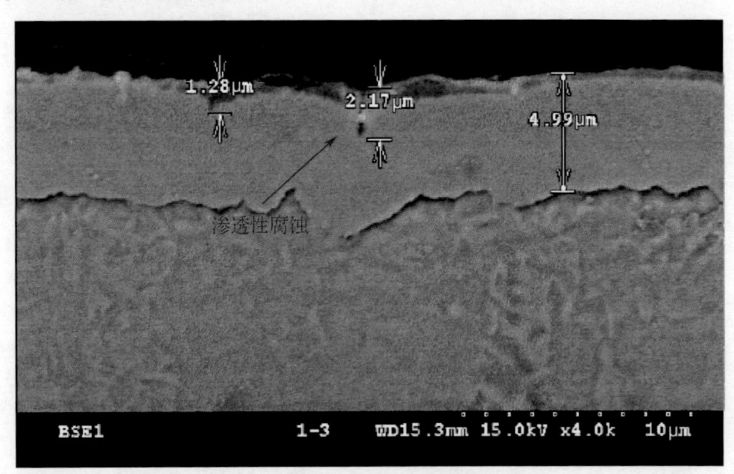

图 6-9　放大 4000 倍的镍层腐蚀

能否利用孔盘不润湿现象评估 ENIG 板的黑盘风险呢？

对于黑盘，我们一般从成品单板外观上是没有办法判定的，因为 Ni 层表面被 Au 覆盖。因此，工程上，一般是采取切片或去除 Au 层后，通过观察 Ni 层上是否有深沟或裂纹作为判定黑盘的标志。但这些方法在实际操作上存在一定的困难。

在实际生产中，我们经常会发现 ENIG 板在过波峰时有时会出现孔盘不润湿的现象，而且已经证明所有出现孔盘不润湿的单板都存在黑盘特征——金刺或泥浆裂纹。那么，能否利用这一典型失效现象作为重要单板黑盘风险的评估方法呢？笔者认为基本可以。

3．潮湿环境下镀层容易腐蚀

这主要是 Au 镀层一般比较薄、存在针孔的缘故，腐蚀的典型症状就是出现麻点状腐蚀，如图 6-10 所示。金不会被腐蚀，而是底层的 Ni 层被腐蚀。根据试验研究，对于元器件引脚的镀金层，如果厚度≤0.03μm，引脚的润湿性很差，意味着底层 Ni 层容易氧化。元器件不像 PCB，一般要求具有较长的储存期，镀层应保持一定的厚度，最好≥0.1μm。图 6-11 所示为试验图片，可以看到镀层为 0.025μm 的铜柱子引脚的润湿性很差，而镀层为 0.1μm 的铜柱子引脚的润湿性较好。

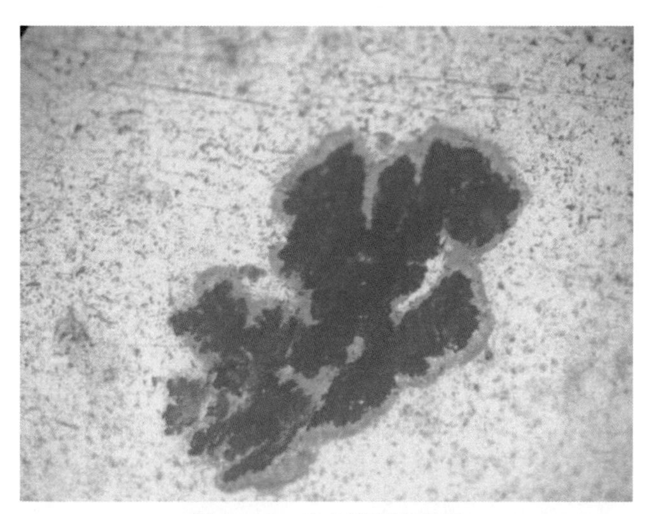

图 6-10　麻点状腐蚀现象

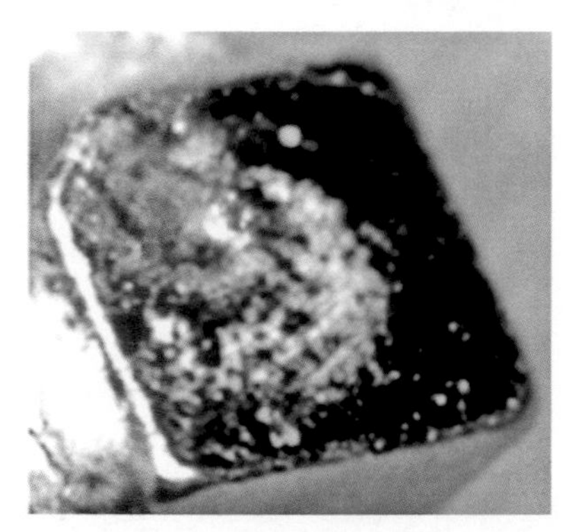

（a）Au层厚度0.1μm

（b）Au层厚度0.025μm

图 6-11　Au 层厚度对润湿性的影响

6.2　Im-Sn 镀层

Im-Sn 俗称浸镀锡、浸锡、化锡，本书采用“化锡”一词。

Im-Sn 镀层通过置换反应在铜（Cu）的表面形成纯锡层。由于是置换反应，随着镀层的增厚，通过锡层孔隙的 Cu 离子越来越少，可以被置换的 Cu 越来越少，反应速率逐渐下降。因此化锡的镀层厚度是受限的，一般为 1μm 左右。化锡是直接在 Cu 表面沉积的，Im-Sn 镀层结构如图 6-12 所示。

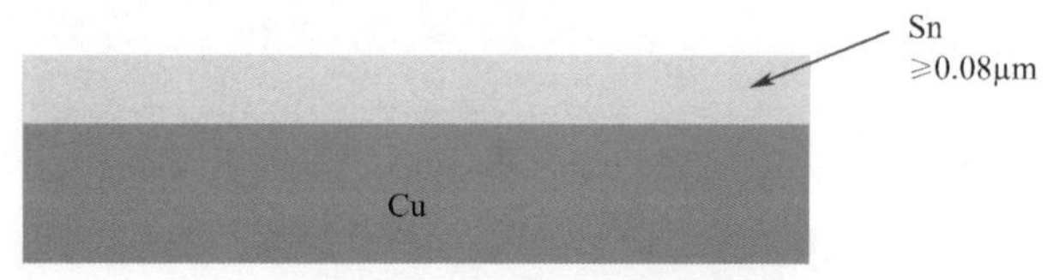

图 6-12　Im-Sn 镀层结构

相较于化银（Im-Ag），因金属银电动势比铜高，化银与铜是自发反应的。而化锡，由于铜的标准电极电势比锡高，即铜比锡稳定，铜离子易于还原成金属。因此，化锡需要额外的添加剂来改变锡与铜的电动势差异，使铜金属变成铜离子、锡离子变成锡金属。常用的添加剂包括锡盐、络合剂、锡须抑制剂等。

化锡的一般工艺流程如图 6-13 所示。

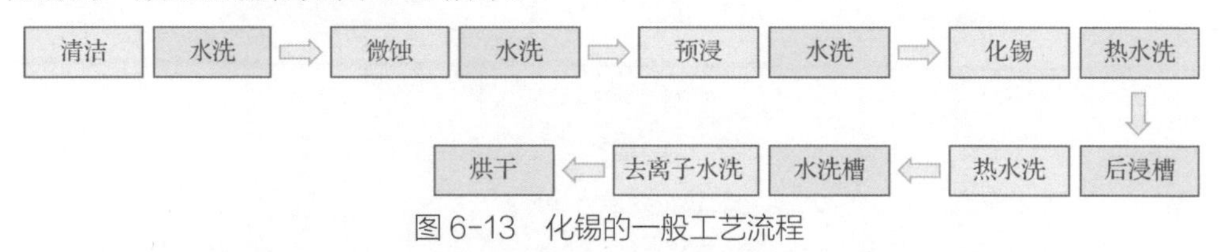

图 6-13　化锡的一般工艺流程

6.2.1　工艺特性

Im-Sn 镀层主要用于通信背板。它能够获得满意的压接孔径尺寸，很容易做到±0.05mm（±0.002mil）精度。此外，Im-Sn 还具有一定的润滑作用，特别适合装有较多数量压接连接器的 PCBA。

1．优势

（1）成本低（相对于 ENIG）。

（2）与无铅要求兼容。

（3）储存期比较长。

（4）可焊性好。

2．不足之处

（1）由于手印及返修次数限制，不推荐用于通信线卡。

（2）再流焊接后塞孔附近镀锡层易变色。这是因为阻焊剂（俗称绿油）塞孔容易藏药水，再流焊接时药水喷出来与附近锡层发生反应。

（3）有产生锡须的风险。锡须风险取决于浸锡使用的药水，碱性药水电镀形成的镀层一般称为亮锡，容易产生锡须；酸性药水电镀形成的镀层一般称为雾锡，不太容易产生锡须。雾锡与亮锡主要是根据镀层中的含碳量和晶粒尺寸来区分的，如表 6-1 所示。

表 6-1　雾锡与亮锡的定义

参　数	碳 含 量	粒　度
雾锡/普通锡	0.005%～0.05%	1～5μm
亮锡（以前的定义）	0.2%～1.0%	0.5～0.8μm
亮锡（最新的定义）	0.005%～1.0%	<1μm

注：源自《环球 SMT 与封装》2007 年第 7 卷第 4 期，第 34 页。

（4）某些沉锡配方药水与阻焊剂不兼容，对阻焊侵蚀比较严重，不适合精细阻焊桥的应用。

3．供应商资源

供应商资源多。

6.2.2 应用问题

Im-Sn镀层不耐储存。Sn镀层与Cu基体在常温下很容易相互扩散。室温下Sn的扩散速度为0.144～0.166nm/s，Im-Sn镀层在室温状况下储存1个月，Sn的厚度损失将达到0.023μm（转成了IMC）；两次再流焊接，Sn的厚度损失将超过0.80μm（过一次消耗0.5μm，过两次消耗0.8μm）；两次再流焊接后如果还要进行第三次再流焊接，预留的纯锡层还必须要有0.1μm；如果要储存6个月，还必须经受三次焊接，Im-Sn层最小厚度必须超过1.03μm，这也是IPC-7095C中对于化锡板锡层厚度0.1～1.3μm下限规定的原因。两次再流焊接后不润湿焊盘的切片图如图6-14所示，可以看到IMC已经长到锡层表面。

图6-14　两次再流焊接后不润湿焊盘的切片图

No 案例8　镀Sn层薄导致虚焊

某产品测试发现有1%左右的不良率，定位为1.6mm×1.6mm的LGA（Land Grid Array，栅格阵列封装），如图6-15所示，进一步分析，确认为部分焊点开裂甚至LGA松动。

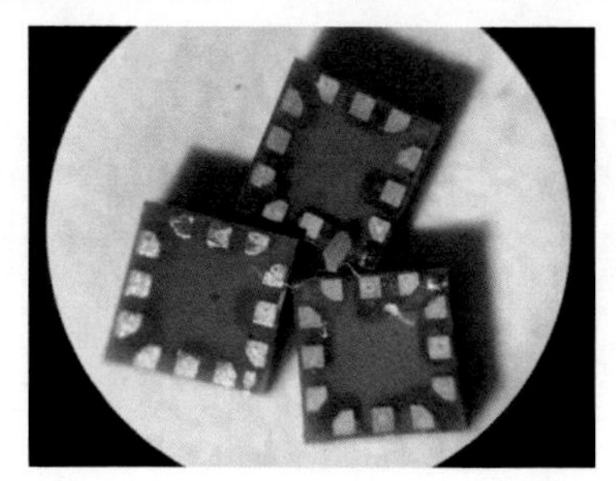

（a）客退物料

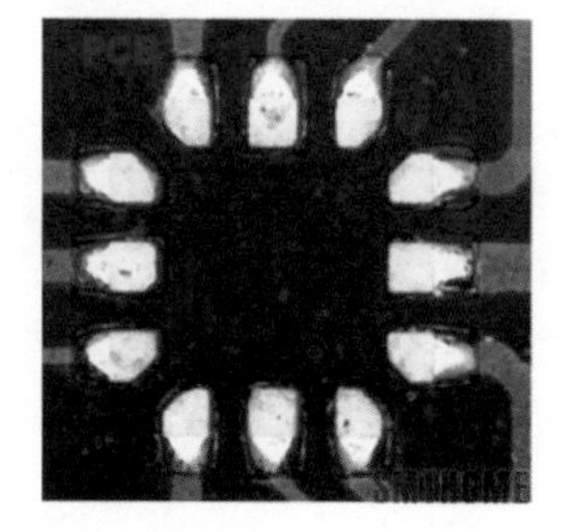

（b）LGA对应的安装焊盘与焊点形貌

图6-15　失效LGA

图6-16所示为脱落LGA与未用LGA焊端的切片图，了解到焊端基材为Cu，焊端镀层为纯Sn，正常物料的镀锡厚度为12μm左右，如图6-16（a）所示。图6-16（b）所示为从PCB上掉下来的LGA，Cu上残存的镀层为Cu_6Sn_5，厚度为2～3μm，表面光滑。

图 6-16（b）显示的断开位置说明不是应力断裂，因为断裂位置不是从 IMC 的根部断开，而是从 IMC 外断开。从断裂面的形貌看，LGA 实际上与 PCB 没有真正焊接。是镀层太薄、IMC 长到镀层表面导致的可焊性劣化，还是温度不够所导致的焊接不良呢？通过进一步分析，确认是镀层薄所致。

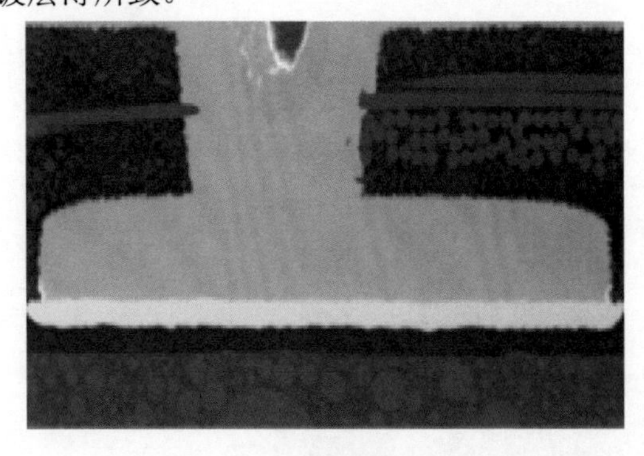

（a）新鲜物料

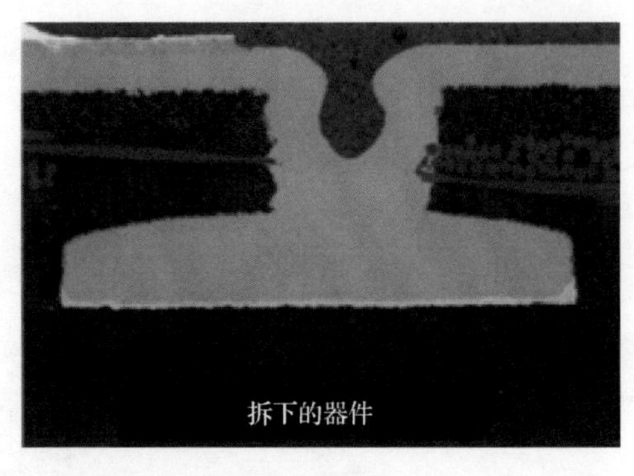

（b）客退物料

图 6-16　LGA 镀层切片图

这个案例说明，Im-Sn 镀层的应用必须注意保存期。

（2）装焊周转过程中手碰立即留下手印。

（3）Im-Sn 表面过炉后会出现变色现象，如图 6-17 所示。研究发现，Im-Sn 表面的变色与膜厚没有关系，与有机物污染也没有关系，而与锡面氧化有关，也就是与 SnO_2 的膜厚有关，膜越厚颜色越深，见表 6-2。

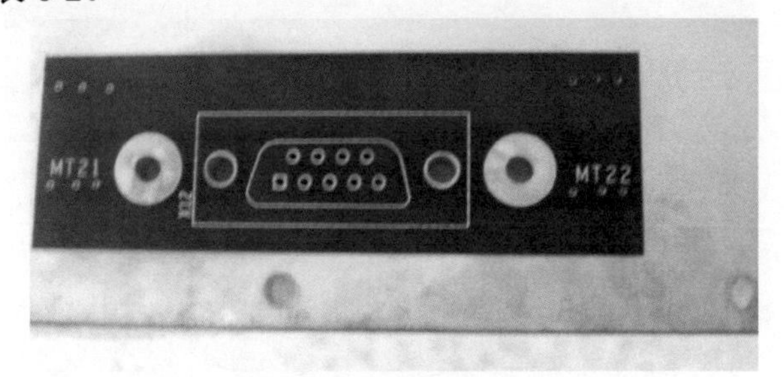

图 6-17　Im-Sn 表面过炉后出现变色现象

表 6-2　SnO_2 膜厚与颜色的关系

膜厚/μm	2～8	8～15	15～20	20～50	50 以上
颜色	白色	浅黄	深黄	紫色	棕色

注：此表数据源于张杰威等所著《深入探讨沉锡表面变色的问题》一文，参见《印制电路信息》增刊 2012，总第 235 期，第 435 页。

（4）因化锡药水在浸锡时浸泡时间长（>15min）、镀液酸性强（pH<1）及浸锡段操作温度比较高（>70℃）等原因，阻焊膜会受到攻击，与铜的结合力变弱，严重时造成阻焊膜剥离，如图 6-18 所示。所以，一般阻焊桥不能太宽，否则会掉。

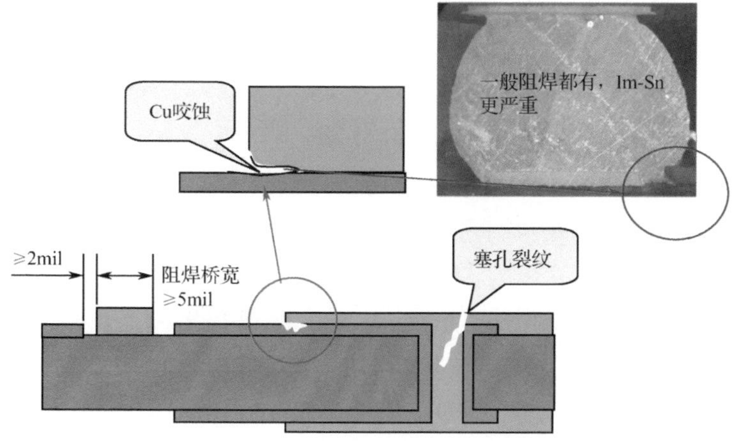

图 6-18　化锡药水对阻焊的攻击

（5）锡须是 Im-Sn 应用比较担心的问题。试验表明，锡须的发生概率很高，达到 10%以上，但大部分长度小于 50μm，如图 6-19 所示。因此可将焊盘空气间隔大于 0.4mm 作为应用前提条件。

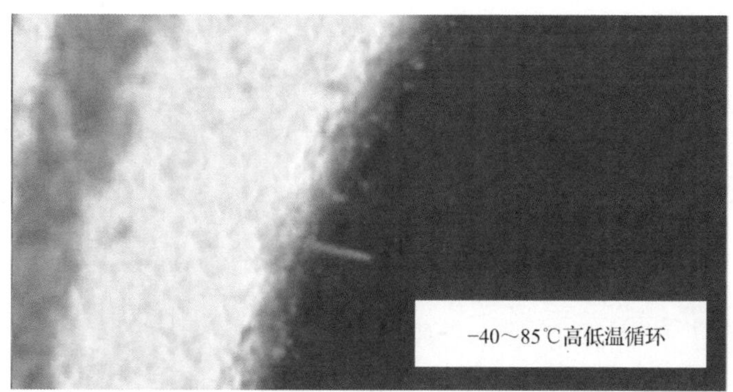

图 6-19　锡须

（6）由于药水的攻击性，塞孔油墨往往有裂纹。这些裂纹里往往藏有药水，再流焊接时药水会溢出来，影响外观与可靠性，如图 6-20 所示。

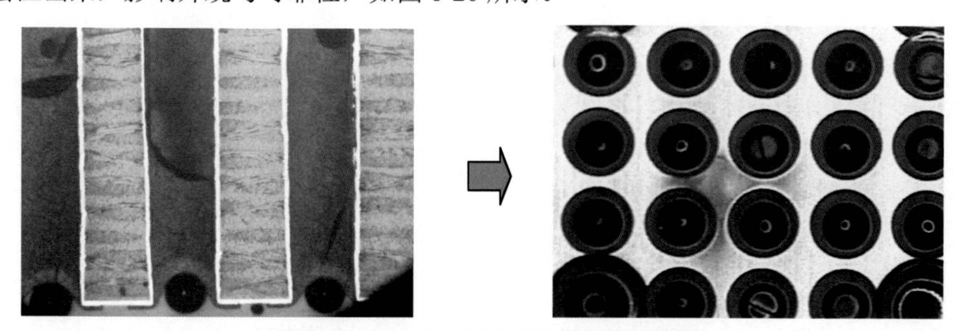

图 6-20　Im-Sn 塞孔裂纹藏有药水现象

6.3 Im-Ag 镀层

Im-Ag 即 Immersion Silver，中文一般称为化银，镀层结构如图 6-21 所示。镀层厚度根据工艺要求分为薄银和厚银。IPC-4557 推荐：薄银 0.07～0.15μm，用于焊接；厚银 0.2～0.3μm，

用于引线键合。

图 6-21　Im-Ag 镀层结构

Im-Ag 镀层一般是直接在 Cu 基上形成镀 Ag 层，由于药水的特性，Im-Ag 镀层的 Ag 层并非纯的 Ag 层，而是含有 30%左右的有机物质，镀层构成如图 6-22 所示。

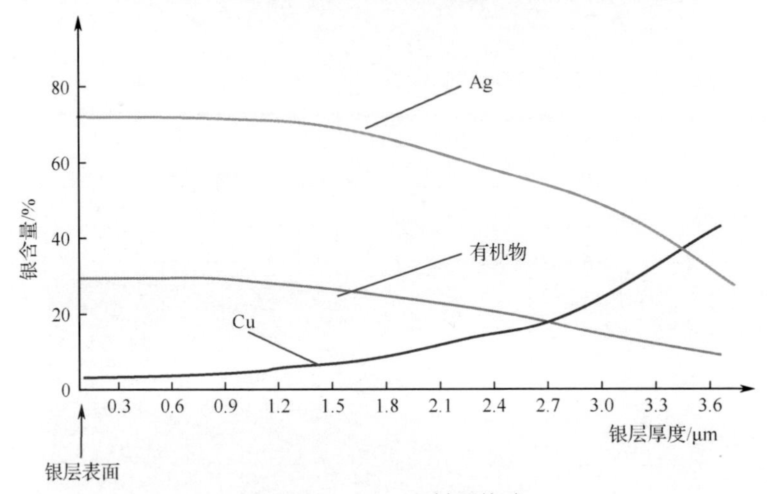

图 6-22　Im-Ag 镀层构成

6.3.1　工艺特性

适用于安装有大量精细间距元器件（<0.63mm）及共面度要求比较高的 PCBA。

1．优势

（1）成本相对比较低。

（2）与无铅的兼容性好。

（3）储存期长，达 12 个月以上。

（4）可焊性（润湿性）好。

2．不足之处

（1）存在潜在的界面微空洞。

（2）与镀金的压接连接器不兼容，因为两者间的摩擦力比较大。

（3）浸银层很薄，不能承受 10 次以上的机械插拔。

（4）非焊接区域容易高温变色。

（5）易于硫化（对硫敏感）。

（6）存在贾凡尼效应，一般沟槽深度会达到 10μm 左右。

（7）因贾凡尼沟槽露铜，在高硫环境下容易发生爬行腐蚀。

3．供应商资源

供应商资源多。

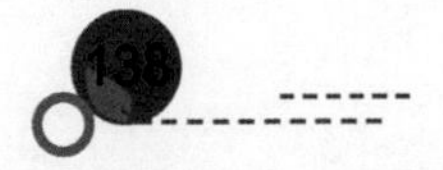

6.3.2　应用问题

Im-Ag 表面处理容易出现浸银表面微空洞现象及爬行腐蚀（Cu_2S 生长）、银迁移（枝晶生长），会严重损坏 PCBA 的可靠性。

（1）浸银表面处理常常会导致焊点 Ag 镀层界面处出现微空洞现象，通常直径小于 0.05mm（2mil）。

浸银表面微空洞最终导致焊缝界面微空洞现象（也称香槟空洞），BGA 焊点拉开后观察到的界面微空洞现象如图 6-23 所示，它会大大降低焊缝的强度，特别是当 PCB 受到板面冲击时会失效。

图 6-23　BGA 焊点拉开后观察到的界面微空洞现象

（2）爬行腐蚀是 Im-Ag 板环境中最主要的失效方式，起因是 Im-Ag 板制作时焊盘引线或半塞孔阻焊边缘处形成的贾凡尼沟槽。贾凡尼沟槽小面积的露 Cu 和大面积的 Ag 层面，构成了电偶对，在潮湿的环境下就会发生电化学腐蚀，生成 Cu_2S。这种 Cu_2S 腐蚀产物的漫流现象被称为爬行腐蚀。

中兴通讯的试验表明，Im-Ag 板半塞孔的贾凡尼效应发生概率为 0.25%，咬蚀最深为 12.66μm，如图 6-24 所示。

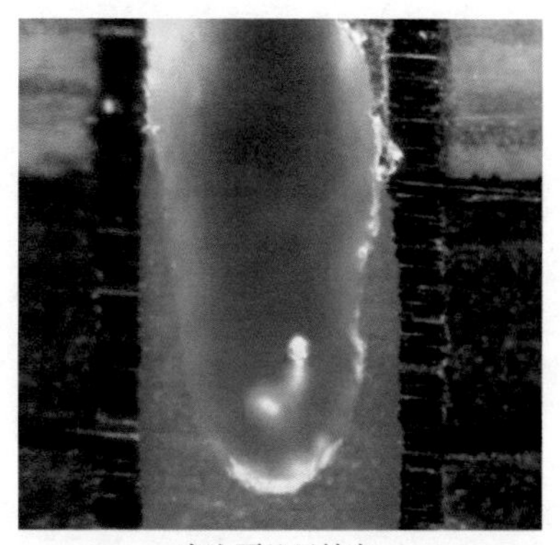

发生贾凡尼效应

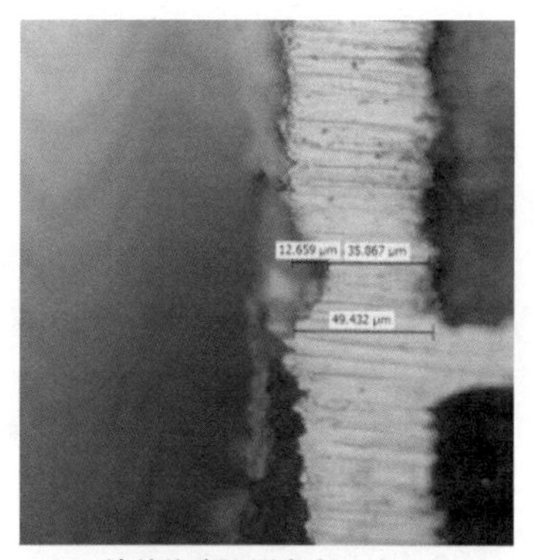

该处的咬蚀深度为12.66μm

图 6-24　贾凡尼效应

（3）关于银迁移。Im-Ag 不会发生银迁移，参见乐思（Enthone）的研究（如图 6-25 所示）。银迁移主要发生于厚膜电路、IC 内部，具有特定的场景。

enthone

潜变腐蚀和电化学迁移的比较

- 化学沉银不易发生电化学迁移!
- Underwriters Laboratory改变最初想法，无须对沉银进行测试

图 6-25　乐思对 Im-Ag 电迁移的研究结论

（4）容易变色。

- Im-Ag 板在空气中存放一段时间后变黄或变黑。
- Im-Ag 板过再流焊接炉后很短时间内会变黄，半年内出现花斑，如图 6-26 所示。

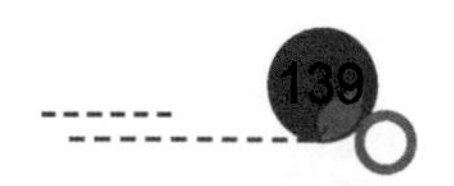

图 6-26　过炉 Im-Ag 板存放后出现花斑

Im-Ag 板的表面在空气中变色，主要是由于银表面存在孔隙，与空气中的硫化物反应的结果。

对于 Im-Ag 板过炉变色的问题，兴森快捷电路的陈黎阳、乔书晓进行了详细研究。通过 DOE 试验统计分析，再流焊接后 Im-Ag 变色的主要原因有两个，即镀层厚度与暴露时间。试验表明，提高厚度有助于提高抗变色能力；减少暴露时间有助于降低变色程度。

6.4 OSP 膜

6.4.1 OSP 膜及其发展历程

OSP 即 Organic Solderability Preservative 的缩写，在业界有护铜剂、抗氧化剂等称谓。它是在 PCB 生产工艺中，为了保持焊点铜面具有良好的可焊接性能而进行的一种表面处理工艺。由于 OSP 能够完全被助焊剂成分所溶解，因此，在日本 OSP 膜也被称为水溶性预涂助焊剂（Preflux）。

业界比较著名的 OSP 药水有日本四国化成公司的 F2、F3 和乐思化学公司的 EMTEK PLUS 系列。随着无铅化的实施，对耐焊接次数有较高的要求，业界开发了第四代产品，如四国化成公司的 F3。下面以四国化成公司的 OSP 药水为例说明 OSP 的发展，如图 6-27 所示。

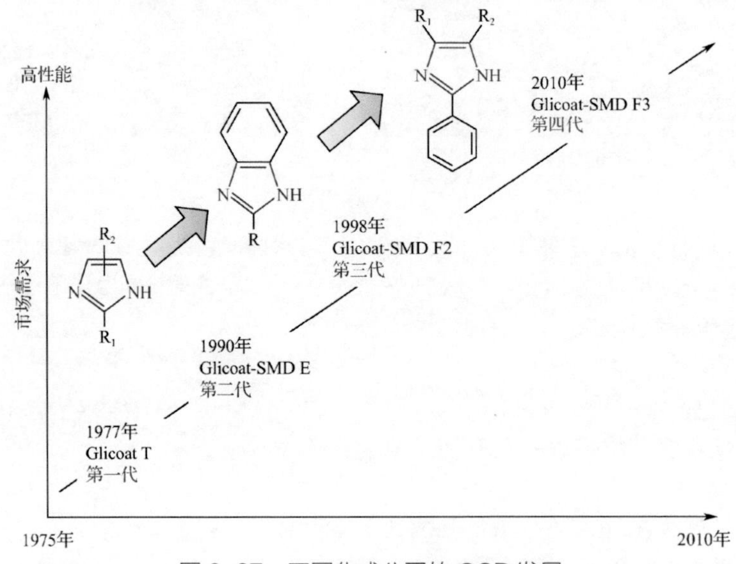

图 6-27　四国化成公司的 OSP 发展

四国化成公司的 F3 比 F2 更加致密，具有更好的抗氧化性能，如图 6-28 所示。

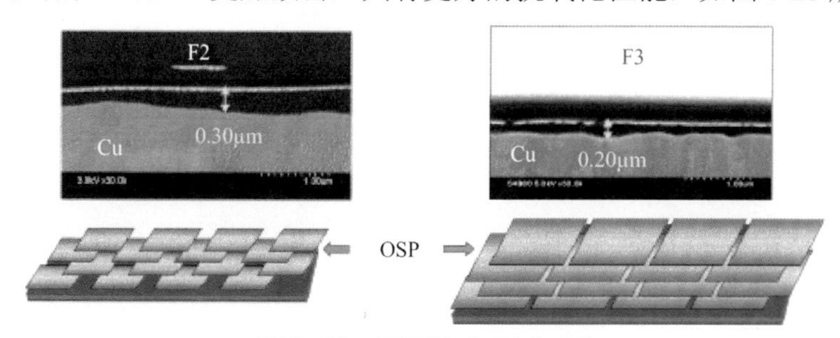

图 6-28　四国化成 F2 与 F3

6.4.2　OSP 工艺

通过 OSP 药水主成分（Imidazole/咪唑）与铜面之间的化学反应形成均一的有机皮膜，OSP 工艺如图 6-29 所示。

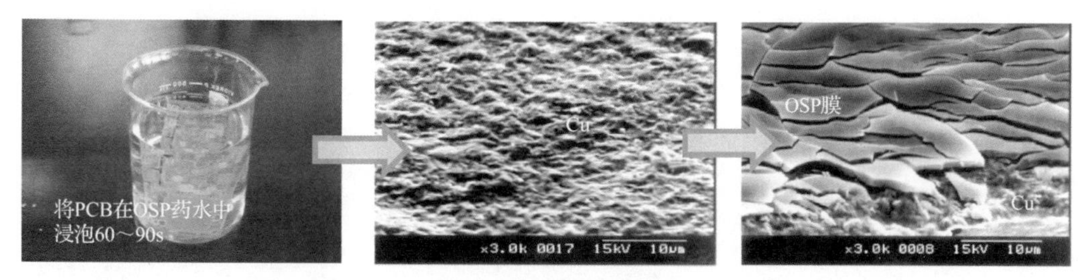

图 6-29　OSP 工艺

OSP 膜本质上是 Cu 与苯基咪唑的结合物。分析表明，Cu 与苯基咪唑的比例约为 1∶10。苯基咪唑与 Cu^{+}/Cu^{2+}有亲和性。把 Cu 浸入 OSP 槽，未溶解部分化学吸附苯基咪唑的分子，溶解部分并入苯基咪唑中，形成网状结构，OSP 的结构如图 6-30 所示。

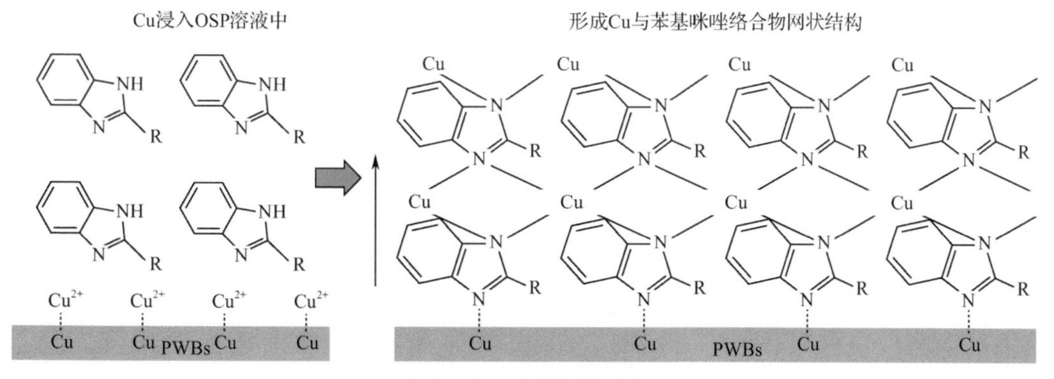

图 6-30　OSP 的结构

Cu 的浓度从最深处（Cu-OSP 界面）向表面逐渐递减，OSP 膜中 Cu 的分布如图 6-31 所示。这就意味着 Cu 的分布不均匀。值得注意的是，在 Cu-OSP 界面存在富氧层。

6.4.3　铜面氧化来源与影响

在 OSP 膜保护下铜面的氧化主要来自储存与过炉，氧化程度可以通过目视检查外观颜色变化、FIB/SEM 观察和 SERA（Sequential Electrochemical Reduction Analysis）测量进行分析。

图 6-32 所示为 OSP 膜与铜面的氧化 SEM 图。图 6-33 所示为 SERA 测量的三种 OSP 膜下铜氧化成 CuO 的厚度，可以看到，再流焊接对氧化的影响很大，是放置时间影响的近 40 倍。

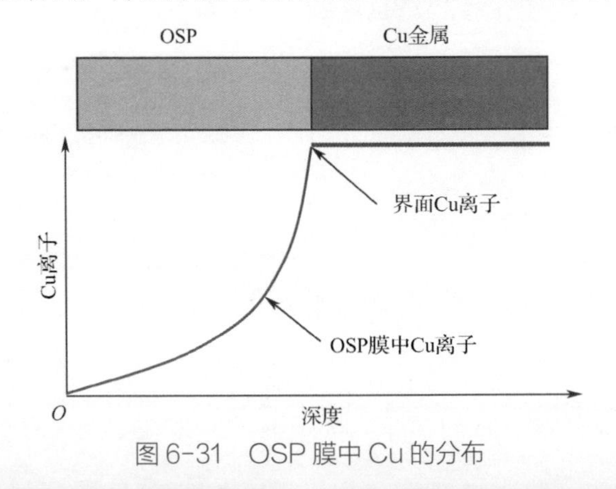

图 6-31　OSP 膜中 Cu 的分布

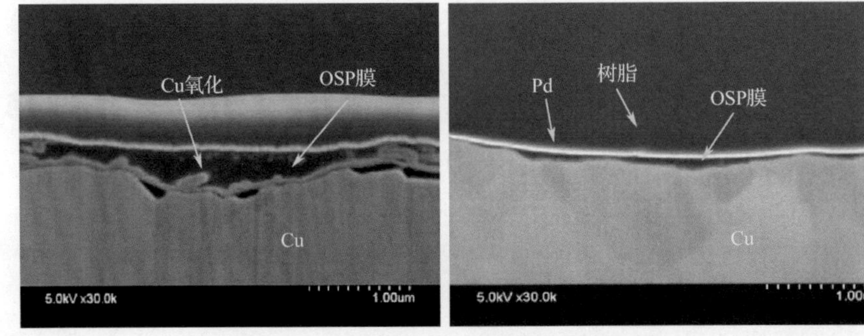

图 6-32　OSP 膜与铜面氧化的 SEM 图

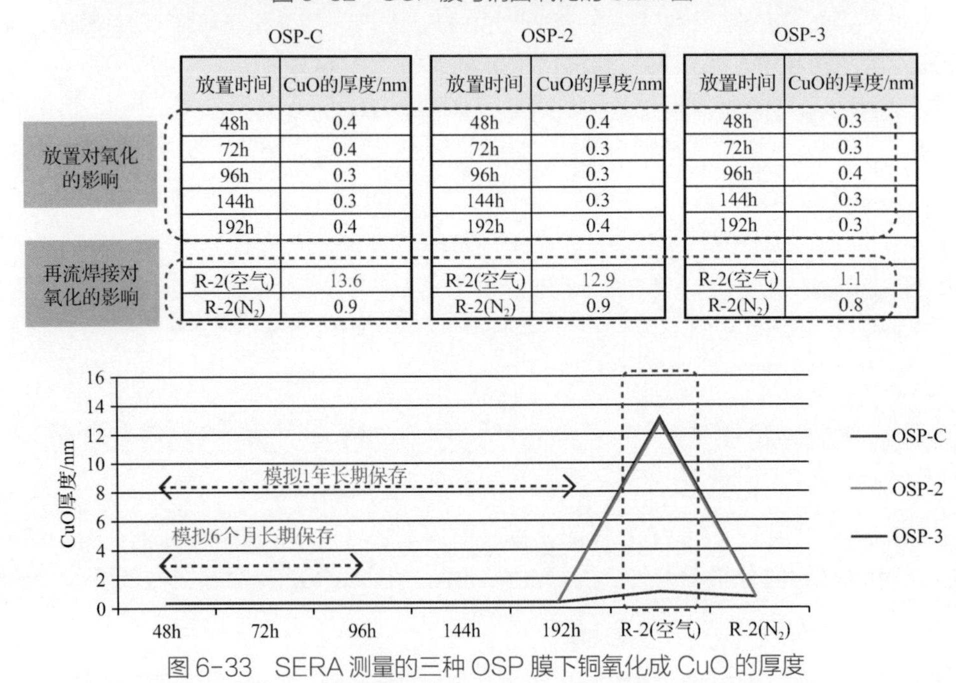

	OSP-C 放置时间	OSP-C CuO的厚度/nm	OSP-2 放置时间	OSP-2 CuO的厚度/nm	OSP-3 放置时间	OSP-3 CuO的厚度/nm
放置对氧化的影响	48h	0.4	48h	0.4	48h	0.3
	72h	0.4	72h	0.3	72h	0.3
	96h	0.3	96h	0.3	96h	0.4
	144h	0.3	144h	0.3	144h	0.3
	192h	0.4	192h	0.4	192h	0.3
再流焊接对氧化的影响	R-2(空气)	13.6	R-2(空气)	12.9	R-2(空气)	1.1
	R-2(N_2)	0.9	R-2(N_2)	0.9	R-2(N_2)	0.8

图 6-33　SERA 测量的三种 OSP 膜下铜氧化成 CuO 的厚度

开包存放时间 96h，相当于真空包装储存 6 个月；开包存放时间 192h，相当于真空包装

储存 12 个月。从图 6-33 中可以看出，抽真空的铝箔包装，储存一年基本上氧化反应可以忽略不计。真正有影响的是过炉和过炉后的时间。这些数据源自四国化成公司的试验，仅供读者参考。笔者建议如果真空储存超过一年，OSP 处理的板最好做报废处理。

铜面氧化所造成的焊接不良主要体现在再流焊接后焊盘的焊锡铺展不良及焊孔的透锡不良，如图 6-34 所示，造成返修或报废等不必要的损失。

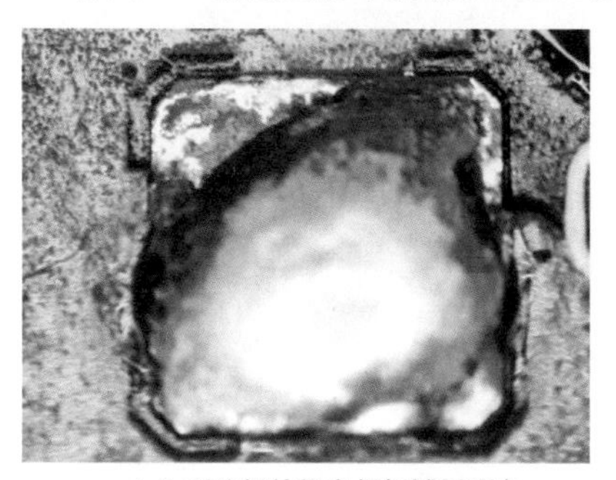

（a）再流焊接焊盘焊锡铺展不良

（b）波峰焊接孔透锡不良

图 6-34　OSP 膜下铜面氧化导致的焊接不良

6.4.4　氧化层的形成程度与通孔爬锡能力

氧化层厚度与爬锡能力试验方法如图 6-35 所示。

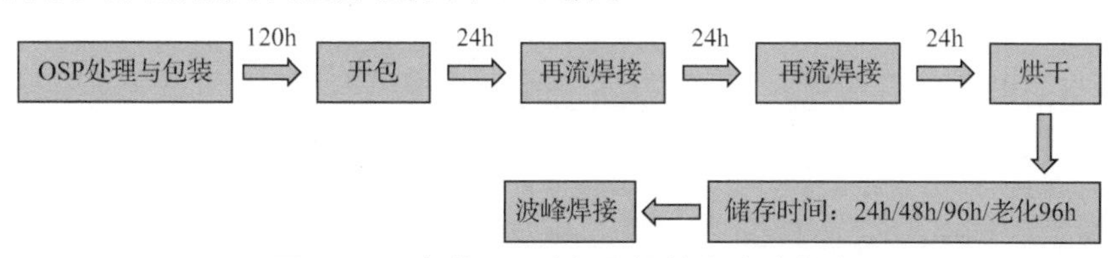

图 6-35　氧化层厚度与爬锡能力试验方法

1．测试条件

爬锡能力测试条件如下：

- 再流焊接：峰值温度 260℃/红外/空气再流焊接；
- 烘干：160℃/3min/空气；
- 储存：25℃/50%RH/24h、48h、96h；
- 老化：40℃/90%RH/96h；
- 焊料：SAC305；
- 助焊剂：EF-6808HF-P。

2．测试样板

测试样板如图 6-36 所示。

3．测试结果

将测试样板按照试验条件处理，采用 SERA 方法测量 OSP 膜下 Cu 氧化膜的厚度，结果如图 6-37 所示。一般经验表明，Cu 氧化膜厚度不超过 2nm，可焊性一般不会有问题。从图 6-37 中还可以看到，二次再流焊接后，Cu 氧化膜厚度基本就处于 2nm 左右，这也是一般制程要求不耐多次焊接的原因。Cu 氧化膜厚度对孔的爬锡率影响如图 6-38 所示。氧化膜越厚，爬锡能力越差。

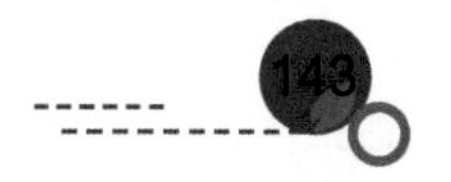

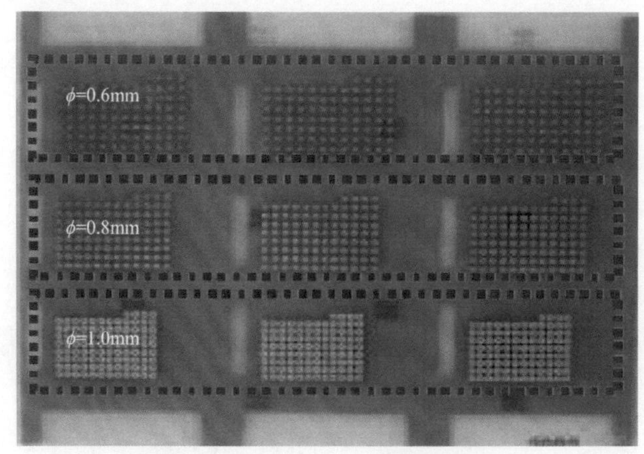

图 6-36　测试样板

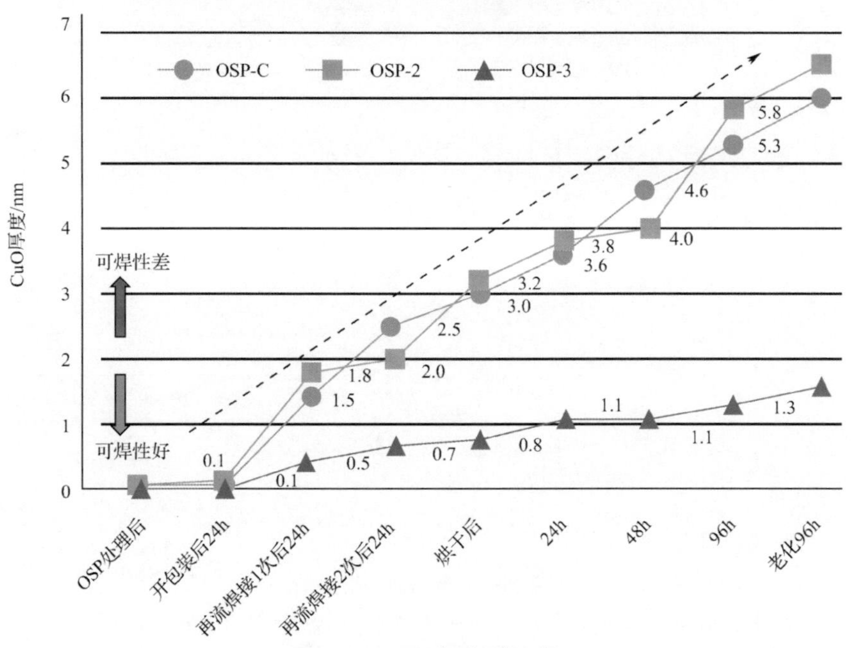

图 6-37　Cu 氧化膜厚度

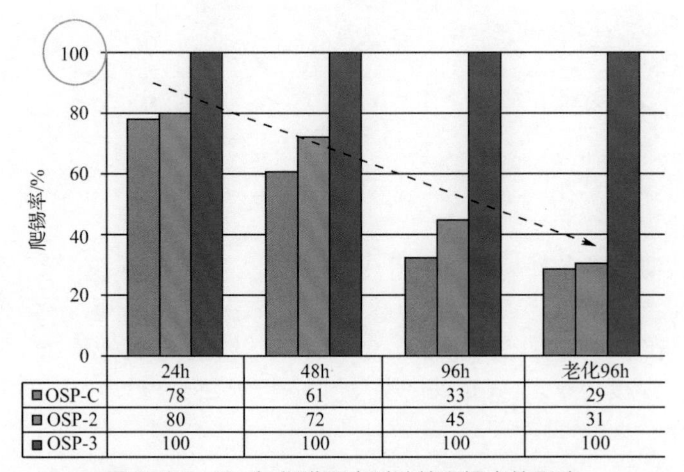

	24h	48h	96h	老化96h
OSP-C	78	61	33	29
OSP-2	80	72	45	31
OSP-3	100	100	100	100

图 6-38　Cu 氧化膜厚度对孔的爬锡率的影响

6.4.5　OSP 的优势与劣势

OSP 的应用场合：广泛应用于表面处理。由于其表面平整、焊点强度高，被推荐用于精细间距器件（<0.63mm）及对焊盘共面度要求比较高的器件的表面处理。

1．优势

（1）成本相对最低。

（2）焊盘表面平整。

（3）与无铅工艺兼容。

（4）供应商资源多。

2．不足之处

（1）在 PCB 厂要求特殊的工艺。

（2）储存期比较短，一般按 3 个月执行，超过 4 个月可焊性开始劣化，超过 1 年应做报废处理。

（3）热稳定性差。在首次再流焊接后，必须在 OSP 厂家规定的期限（一般 48h）内完成其余的焊接操作。波峰焊接对这个时间更加敏感，因为波峰焊接时间比较短。

（4）不太适用于有 EMI 接地区域、安装孔、测试焊盘的单板。对于有压接孔的单板也不太适合。

6.4.6　应用问题

1．受热后可焊性劣化

（1）试验表明，OSP 在再流焊接的温度条件下不会挥发，重量的损失小于 10%，这说明 OSP 应用时可以采用最薄的厚度。但是，如果太薄，也会对防氧化能力有影响。

（2）OSP 在 260℃以下不会发生分解。

（3）可焊性的劣化主要是铜面的氧化。这种氧化受再流焊接次数的影响。

2．应用经验

（1）OSP 会随着储存时间的增长而质量变差，一般保质期为 3 个月。储存时间超过 1 年，可焊性就变得不可靠，润湿性变差，通常把超期板做报废或重工处理。

（2）OSP 经过一次高温，其可焊性显著变差，这就是为什么需要控制焊接次数的原因。因此，选择 OSP 药水，主要应评估其耐焊次数。OSP 过炉后其可焊性降级，这点可以从 OSP 处理板上的焊点经常露 Cu 这一情况得到证明。焊盘上焊膏没有覆盖到的地方，再流焊接时焊锡就不会铺展到，这个现象表明 OSP 经过加热后变得不好焊接了。

（3）第一次过炉到最终完成焊接，应在 48h 内完成。我们控制这个时间，主要基于控制吸潮量的考虑。经验表明，不管是过炉的还是没有过炉的，常温下可焊性的劣化速度比较慢，对可焊性的影响主要是过炉次数及最高温度。

（4）应避免用 IPA 等清洗。如果出现焊膏印刷不良，如漏印，应采用重印的方法补救。

（5）对于吸湿超标的 OSP，可以采用短时烘干工艺（2h，125℃），它可以把 80%的湿气驱赶出去，一般不会影响可焊性。

6.5　无铅喷锡

无铅喷锡（Pb-Free HASL）主要采用的是 Sn-0.7Cu-0.05Ni+60ppmGe 合金，Cu 主要是为了降低温度及防止 Cu 盘溶蚀；加镍可能是为了促进 Cu_6Sn_5 金属间化合物的成核，使合金能够

以共晶态凝固，简单地讲就是提升共晶性能，增加流动性。没有镍，Sn-0.7Cu 的凝固主要由锡枝晶控制，这是大多数无铅焊点暗淡、多粒、裂纹涂饰的主要原因。Sn-0.7Cu 共晶凝固的好处是在熔点以上具有高流动性，这对 HASL 工艺来讲是极其有用的，相对于 Sn-37Pb 合金，表面更加光滑。Ge 主要用于控制固态与液态时的氧化，减少锡渣。

无铅 HASL 相对于其他无铅镀层主要是不平整，如图 6-39 所示。但是相对于有铅 HASL，镀层的平整性还要好一些。造成不平整的原因主要有：

- 铜表面在无铅喷锡工艺期间没有获得完全的润湿（反润湿）;
- 热风力没有调节好，在表面张力作用下，焊盘表面没有被有效厚度的焊料完全覆盖。

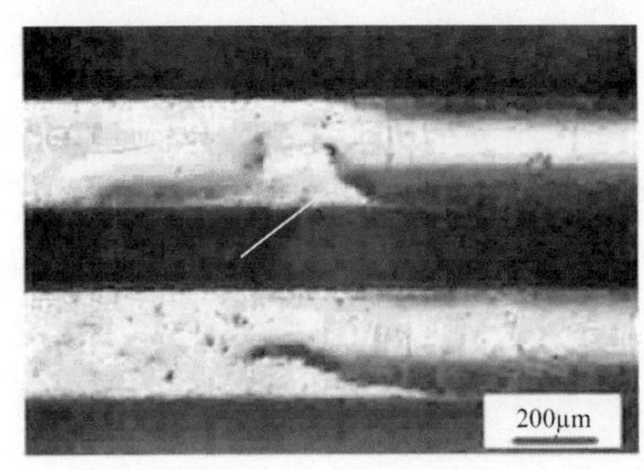

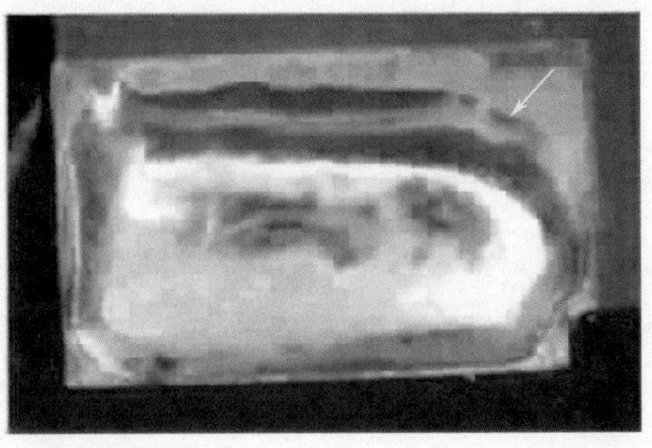

图 6-39　无铅喷锡表面形貌

如果这种涂层太薄，没有自由层或只有较少的自由层，涂层会逐渐失去可焊性，如图 6-40 所示。

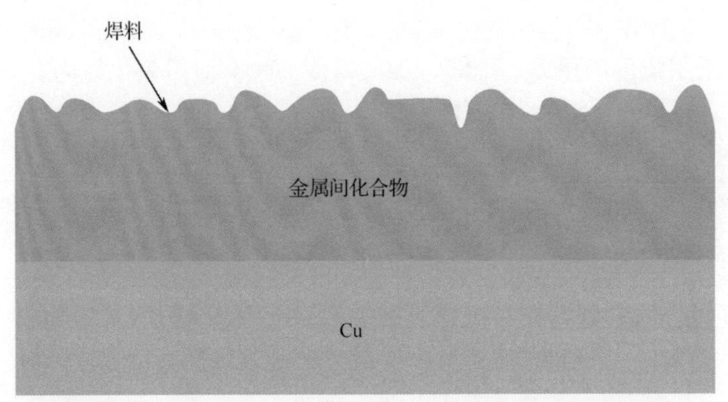

图 6-40　较薄的涂层很快会因 IMC 的形成而失去可焊性

6.5.1　工艺特性

1. 优势

（1）与无铅工艺兼容。

（2）耐储存。如果涂层厚度超过 1.5μm，能够储存半年以上。

（3）可焊性好。在无铅喷锡时，金属间化合物 Cu_6Sn_5 立即形成，涂层与铜基底界面存在金属间化合物，相当于已经完成了一半的焊接。

2. 不足之处

（1）成本上并不具备太大的优势，只有在层数小于或等于 6 层的板上具有一定价格优势。

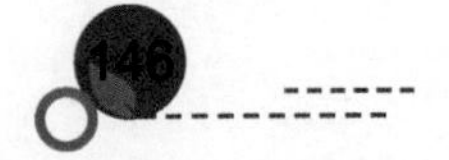

（2）小尺寸焊盘比大尺寸焊盘喷锡更厚，使得密脚间距元器件更容易发生桥连，如图 6-41 所示。

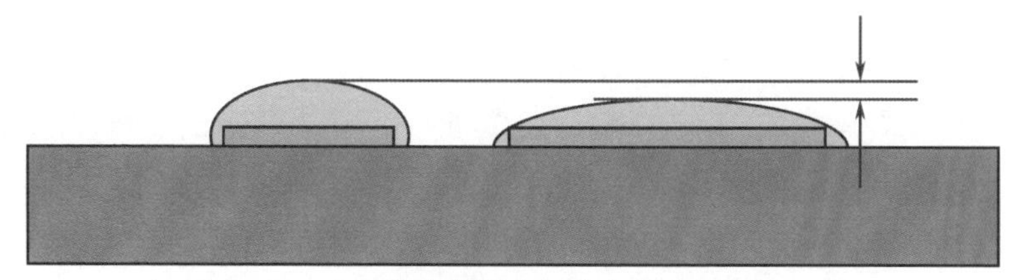

图 6-41　表面张力使得小焊盘上的涂层更厚一些

（3）镀层表面不平整，即共面性比较差，不太适合于多引脚的 QFN/BGA 焊接。表 6-3 为 BGA 焊盘上 Sn-Cu-Ni-Ge 合金的涂层厚度（来源于《环球 SMT 与封装》2009 年第 7/8 期）。

表 6-3　BGA 焊盘上 Sn-Cu-Ni-Ge 涂层厚度

焊盘尺寸/mil	中心距/mil	平均厚度/μm	最大厚度/μm	最小厚度/μm	读数次数
18	40	9.07	16.85	4.32	60
20	50	8.72	15.34	6.16	87
20	50	4.8	9.83	2.53	104
25	50	7.45	10.51	5.49	75
25×20	50	4.95	6.57	3.12	40
30	50	5.39	6.91	2.61	76
30	50	5.04	10.16	3.71	140

需要指出，无铅涂层比有铅涂层更薄、更均匀一些，有铅、无铅喷锡 BGA 焊盘上涂层厚度对比如图 6-42 所示。这也许是因为无铅焊料有较大的表面张力。

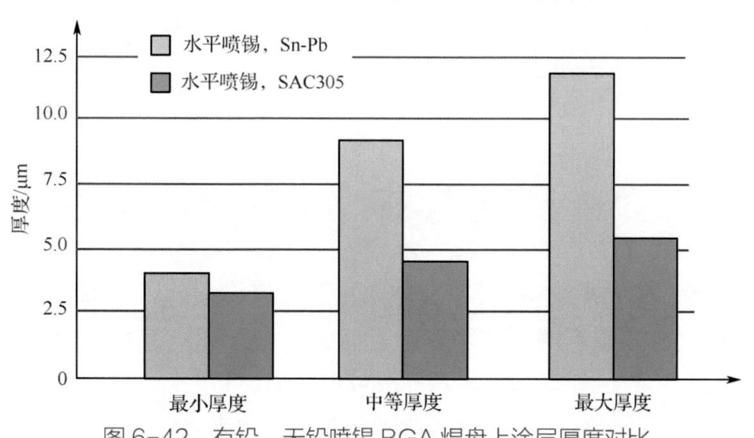

图 6-42　有铅、无铅喷锡 BGA 焊盘上涂层厚度对比

（4）无铅表面喷锡工艺温度更高（一般为 280℃左右），需要对 PCB 介质材料进行选择。

（5）供应商资源相对比较少。

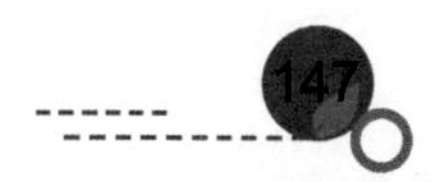

6.5.2 应用问题

（1）润湿不良。通常无铅喷锡层具有良好的可焊性，如果焊剂或焊膏活性问题被排除，则润湿不良一般可能是涂层厚度问题，IMC 层上焊料厚度不足导致焊盘反润湿如图 6-43 所示。如果较薄的地方没有自由的锡层，储存一段时间后，当 Cu_6Sn_5 长出涂层时，可焊性就成为问题。

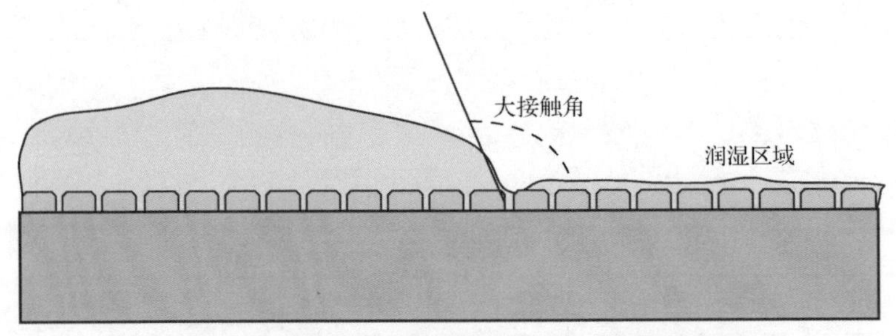

图 6-43 IMC 层上焊料厚度不足导致焊盘反润湿

（2）无铅涂层的成本只有在层数低于 6 层时具有优势，一般可以降低 6%～12%。

（3）由于涂层以熔融的形式涂覆，因此没有残余应力。众所周知，在电沉积涂层中，应力是锡须产生与生长的主要驱动力。根据 JESD22-A121 技术规范委托第三方测试，在热浸涂无铅涂层上，仅在故意引入应力的地方和按照规范最严格的条件下（60℃、87%RH，2000h 后），才能看到锡须的生长。值得注意的是，对于无银的 Sn-Cu-Ni-Ge 合金，一旦诱导压力缓解，锡须立即停止生长。但是，SAC305 涂覆层中锡须晶体继续增长，可能由湿热环境中持续腐蚀产生的应力所驱动，如图 6-44 所示。

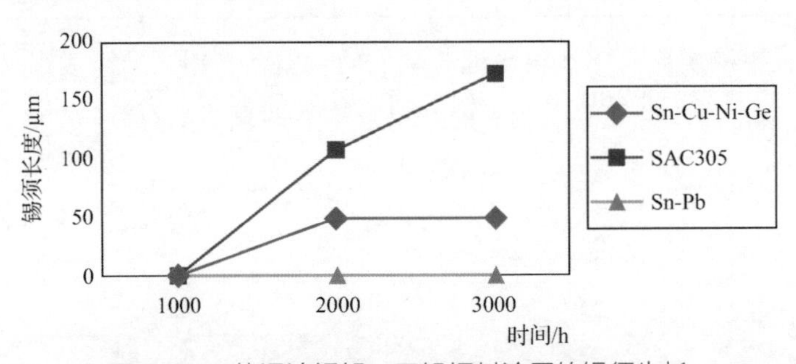

图 6-44 热浸涂锡铅、无铅焊料涂层的锡须生长

6.6 无铅表面耐焊接性对比

不同的表面处理，再流焊接热处理次数对可焊性的影响不同。图 6-45 所示为四种常用无铅 PCB 表面处理在三种状态下的润湿时间对比。PCB 表面处理的三种状态指初始状态（0X）、经过两次再流处理状态（2X）和经过四次再流处理状态（4X）。采用润湿平衡法进行测试，使用的焊料为 Sn-3.4Ag-0.7Cu。

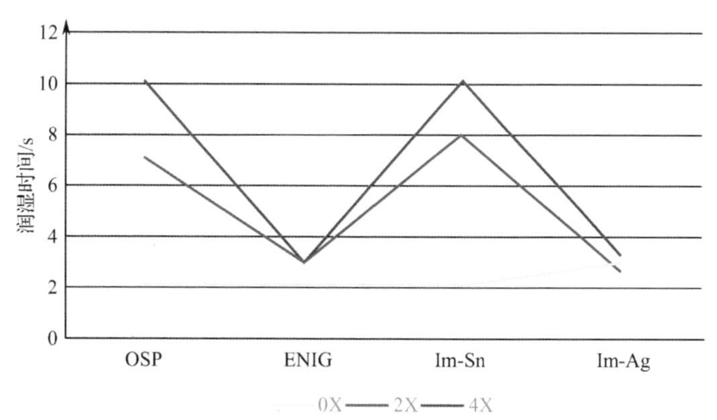

图 6-45　无铅 PCB 表面处理在三种状态下的润湿时间对比

6.7　表面处理对焊点可靠性的影响

PCB 表面处理的选择，除了工艺性，有时也会考虑到可靠性的问题。上述的几种常用无铅表面处理，实际焊接时，就是 Ni 和 Cu 与焊料发生反应。由于生成的金属间化合物不同，可靠性在不同应力环境下的表现也有所不同。通常情况下，PCB 的 OSP 表面处理与 ENIG 表面处理相比，焊点具有更好的耐摔性和抗疲劳性能，这也是大多数手机采用 OSP 表面处理的原因。

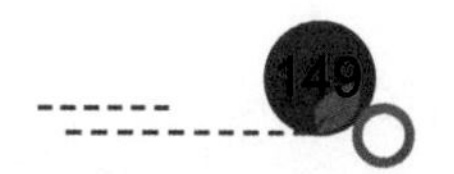

元器件引脚/焊端镀层

7.1 表面组装元器件封装类别

SMD 元器件的封装结构是工艺设计的基础，按引脚或焊端的结构形式可分为 Chip 类、J 形引脚类、L 形引脚类、BGA 类、BTC 类和城堡类，如图 7-1 所示。表面组装元器件的电极有的是焊端，有的是引脚，可以统称为电极。

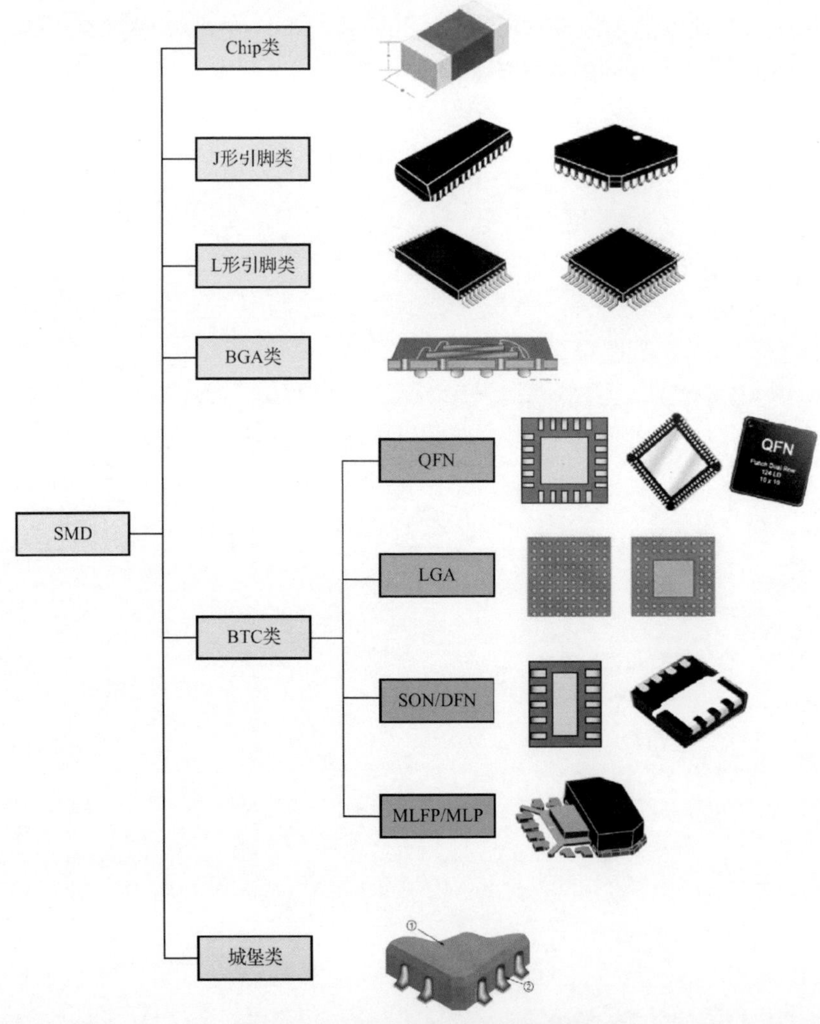

图 7-1　SMD 元器件的封装结构

7.2　电极镀层结构

电子元器件电极结构形式主要有三类，即引脚形式、焊端形式和焊球形式，如图 7-2 所示。元器件的电极可焊镀层（也称外镀层）主要指引脚与焊端的镀层，其作用是防止腐蚀与氧化，确保电极表面可焊。在传统的有铅工艺中，大多数采用电镀或浸锡的方法形成以 Sn-Pb 焊料为主体的表面镀层。在转向无铅化制程时，人们主要将目光放在寻找可替代合金方面，纯 Sn、Sn-Cu 合金、Sn-Bi 合金（2%～4%）、Ni/Pd/Au、Sn-Ag 合金和 SAC 等成为不同公司和不同封装的选择，而最广泛使用的是纯 Sn、Sn-Bi 合金（2%～4%）、Ni/Pd/Au。例如，美国 Intel 公司选择纯 Sn 作为元器件引脚的表面镀层，Boeing 公司选择热浸 Sn-0.7Cu 合金作为元器件表面镀层。

军用器件电极镀层多采用电镀镍金（EG），主要是为了元器件的长期保存。

（a）引脚　　（b）焊端　　（c）焊球

图 7-2　电子元器件电极结构形式

纯锡镀层有产生锡须的风险，所以在日本，可焊镀层很多采用了 Sn-Bi（2%～4%）合金。Sn 中添加 Bi 主要是为了防止产生锡须。在一些 QFN 封装类别中，广泛使用 Ni/Pd/Au，主要是因为它也可以用于内连的焊接，因此，这对于引线框架类封装具有吸引力。其不足之处就是铜引线打弯可能造成 Ni 层开裂，裂缝会引发爬行腐蚀。

可焊镀层与基底材料之间有些需要电镀中间层，也称下镀层，有时也当阻挡层使用，用于阻止 Zn 元素。下镀层必须致密，没有小孔，也必须有韧性，当衬底材料弯曲时不会产生裂纹。不同基体材料上电镀 Sn 的下镀层类型与厚度见表 7-1。

表 7-1　不同基体材料上电镀 Sn 的下镀层类型与厚度

衬底材料	下镀层（如果有）		上镀层	
	镀层	厚度/μm	镀层	厚度/μm
铜	无		Sn	5
铜-锡（铍青铜）	无		Sn	5
铜-锌（黄铜）	铜或镍	（Cu）2 或（Ni）1	Sn	5
铜-镍-锌合金	铜或镍	（Cu）2 或（Ni）1	Sn	3
铁-镍或铁-镍-钴	铜或镍	3	Sn	3
钢	铜或镍	（Cu）2 或（Ni）1	Sn	（Cu）5 或（Ni）3
镍或镍-铜	无		Sn	4

常用无铅可焊镀层与厚度要求见表 7-2。

表 7-2　常用无铅可焊镀层与厚度要求

镀层成分	厚度要求	
Ni/Au	Au≥0.075μm，Ni≥2.5μm	
Ni/Pd/Au	Ni≥2.5μm，Pd≥0.075μm，Au 0.025～0.1μm（Au<4.0%）	
Ni/Pd	Ni≥2.5μm，Pd≥0.2μm	
Sn	≥7.6μm（推荐值 10μm，无中间层，电解电镀）	
	≥5.1μm（热浸锡工艺）	
	≥1.2μm（化学镀）	
	≥2.5μm（Ni/Ag 层 2.0～6.0μm，电解电镀）	
	≥7.6μm（电镀后重熔，电解电镀）	
	≥7.6μm（电镀后退火，推荐：150℃，1h，电解电镀）	
Sn-Ag-Cu	焊球	（BGA 类器件）
	≥2.5μm	（非 BGA 类器件）
	≥5.1μm（热浸锡工艺）	
Sn-Bi	≥3μm（Bi 含量<3.0%）	
Sn-Cu	≥3μm	

对于片式电阻和片式电容，内电极一般为贵金属。为防止焊接时贵金属扩散，在内电极和焊接表面涂层之间采用中间层（阻挡层）加以隔离，中间层通常选用镍，有时也用铜。

对于尺寸较大的插装变压器、电感等，引脚表面采用浸锡处理。

典型无铅元器件封装种类的电极材料见表 7-3。

表 7-3　典型无铅元器件封装种类的电极材料（推荐）

封装类型	电极材料
插装类器件（如 PGA 和连接器等）	锡/锡银铜
表面贴装有引脚器件（如 PQFP 等）	镍钯金/锡/在镍或银层上镀锡
锡球类元器件（如 PBGA 等）	Sn-（3～4）Ag-（0.5～0.8）Cu
Chip 类（如电容、电阻等）	锡/镍层上镀锡/锡铋

要求引脚表面镀层外观清洁，镀层覆盖均匀饱满，无任何可见污染物和锈蚀、裂纹、露底、黑斑、针孔、划痕、烧焦、剥落、变色等缺陷。

7.3　Chip 类封装

1. 片式电阻

片式电阻封装与镀层如图 7-3 所示。

2. 片式电容

片式电容封装与镀层如图 7-4 所示。焊端镀层一般为三层，底层镀层取决于内电极镀层。如果内电极镀层为 Pd 或 Pd-Ag，底层镀层就选用 Ag。如果内电极镀层为 Ni 或 Cu，底层镀层就选用 Cu。

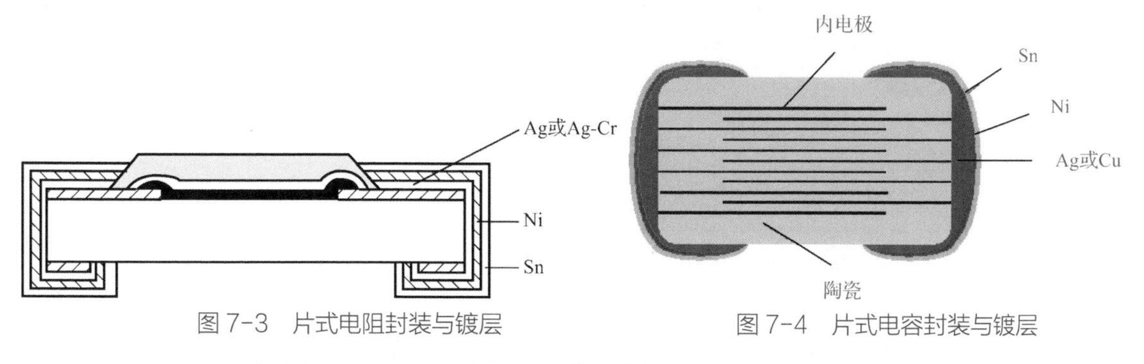

图 7-3　片式电阻封装与镀层　　　　图 7-4　片式电容封装与镀层

7.4　SOP/QFP 类封装

SOP/QFP 类封装属于有引脚封装，引线框架多采用铜合金或铁镍合金，引脚镀层一般为三层结构，SOP/QFP 类封装与镀层如图 7-5 所示。

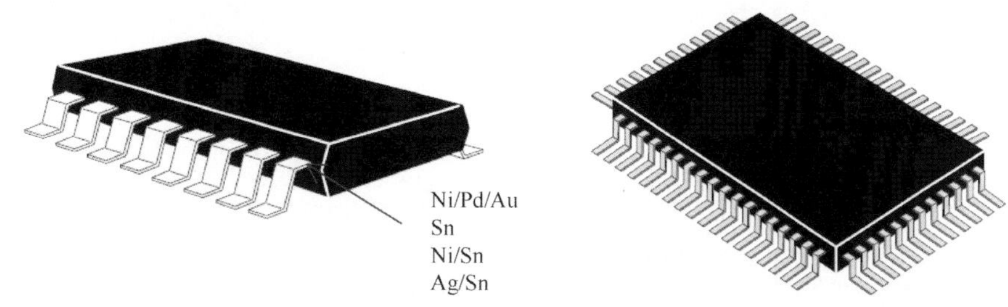

图 7-5　SOP/QFP 类封装与镀层

7.5　BGA 类封装

BGA 类封装的焊球采用与常用焊料一致的合金，目前主要为 SAC 合金，如 SAC305、SAC405。BGA 类封装与镀层如图 7-6 所示。

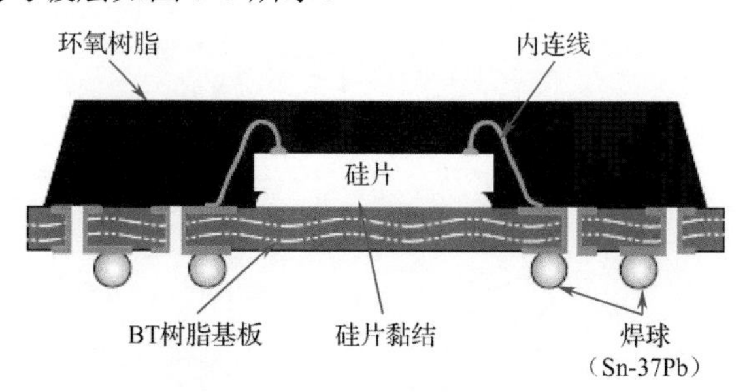

图 7-6　BGA 类封装与镀层

7.6　QFN 类封装

QFN 类封装与镀层如图 7-7 所示。其封装引线框架材料一般为铜，焊端镀层有多种，主要基于内电极的工艺。0.4mm 间距及以下，镀层采用 Ni/Pd/Au，如图 7-8 所示。间距大于 0.4mm，镀层可以采用 Sn 或 Sn-Ag。

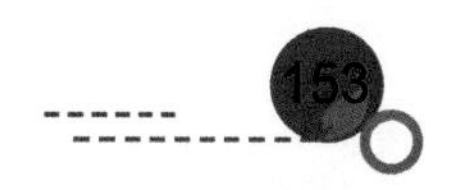

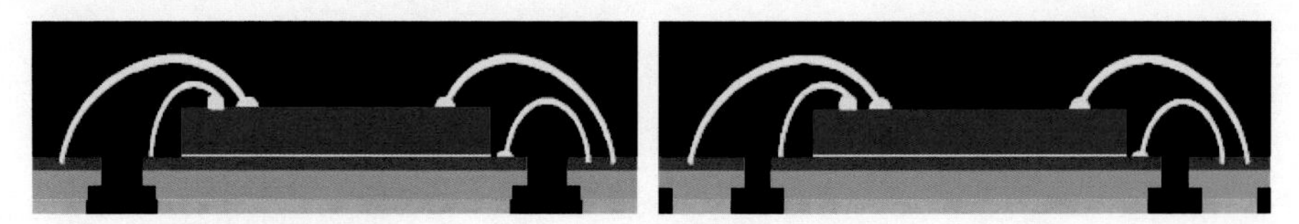

图 7-7　QFN 类封装与镀层

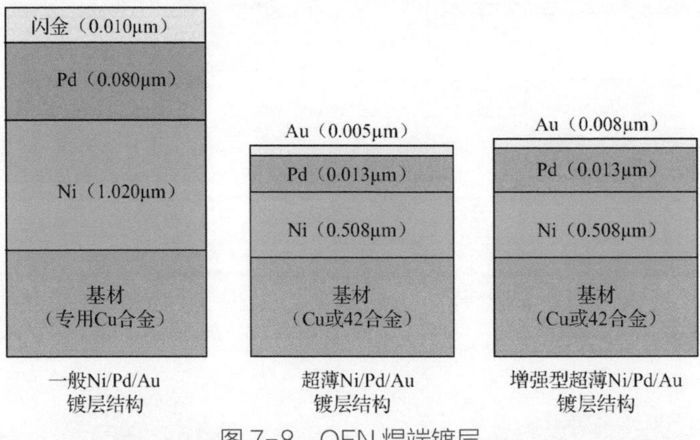

图 7-8　QFN 焊端镀层

7.7　插件类封装

插装元器件（Through Hole Component，THC）的封装，又称插件类封装。如果按引线的结构类型分类，插装元器件主要有四大类，即轴向引线、径向引线、双列直插和单列直插，如图 7-9 所示。

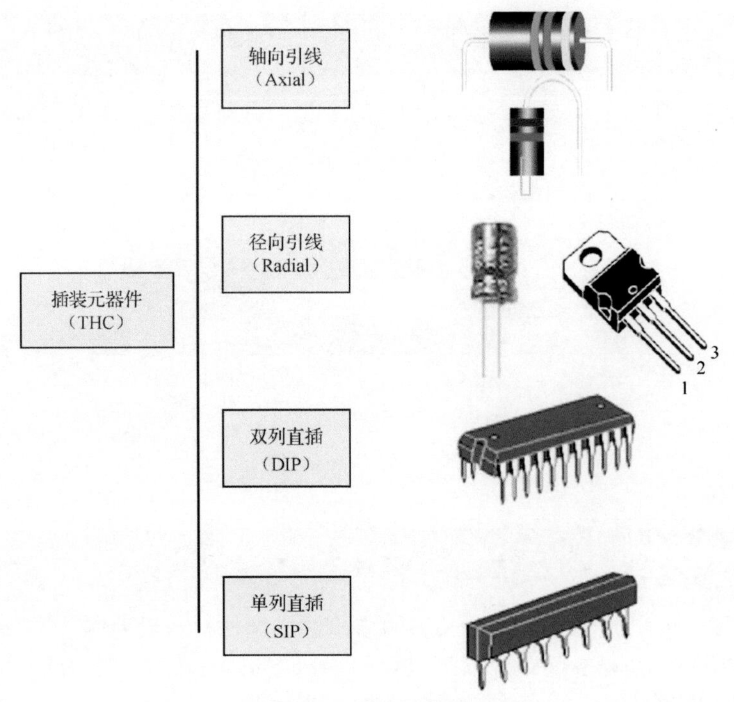

图 7-9　插装元器件

插件类封装引脚主要采用 Sn、Sn-Bi、Sn-Ag-Cu 和 Ni-Sn。

焊膏印刷与常见不良

8.1 焊膏印刷

焊膏印刷是 SMT 组装流程的第一个工序，其功能就是分配焊膏。

焊膏印刷工艺是 SMT 的核心工艺，决定了 SMT 的工艺质量。据统计，表面组装不良的 60%以上与焊膏的印刷工艺有关，更确切地讲与焊膏的量和一致性有关。焊膏的量取决于模板的设计，包括模板厚度与开口形状，它决定了焊接直通率的高低。而焊膏印刷量的一致性取决于印刷工艺，决定了焊接直通率的稳定性。这一点必须清楚，印刷工艺只解决焊接直通率的稳定性问题。要解决焊接直通率的高低问题，必须根据封装的工艺特点，对 PCB 的布局设计、模板设计、印刷和温度曲线设计进行系统的考虑。

将焊膏印刷的目标转换为印刷图形的目标，就是厚度一致、图形完整、位置准确。控制焊膏的印刷工艺，就是希望获得一致的、可重复的印刷图形质量。

随着元器件间距的缩小，焊膏印刷的主要挑战是封装级别每个模板开口转移率的一致性或变化率。统计数据表明，少锡（指少印）比多锡（指多印）对焊接质量的影响更大，诸如开焊、球窝、不熔锡（葡萄球现象）、立碑、偏位等都与少锡有关，而多锡仅与精细间距的翼形引脚器件桥连有关。因此，印刷工艺主要解决的是少锡问题——提高下锡能力并获得稳定的转移率。

8.2 焊膏印刷原理

焊膏印刷原理如图 8-1 所示。通过刮刀的刮动将焊膏填充到模板开口内，再通过印制板与模板的分离，将焊膏转移沉积在 PCB 焊盘上。显然，焊膏印刷过程可以细分为填充与转移两个子过程。

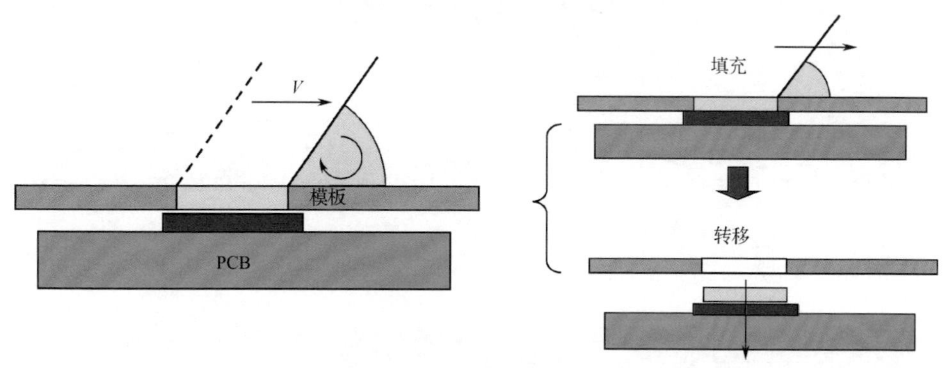

图 8-1　焊膏印刷原理

填充性用填充率表示，指印刷时焊膏被填充进模板开口内的比率，用实际焊膏量与模板开口体积之比表示。由于测量的关系，生产中多用填充的面积比来表征。

转移性也称脱模性、下锡能力，用转移率表示，指印刷时模板开口内焊膏被转移到焊盘上的比率，用实际转移的焊膏量与模板开口体积之比表示。

8.3 影响焊膏印刷的因素

影响焊膏印刷的因素包括三个方面，即焊膏性能、模板和印刷工艺。

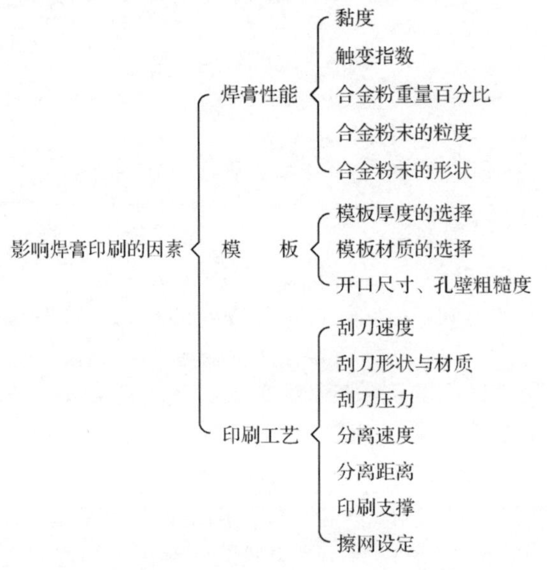

8.3.1 焊膏性能

1. 焊膏黏度

焊膏黏度反映的是焊膏的流动性能，不仅影响焊膏的填充，而且影响焊膏的转移，如图 8-2 所示。

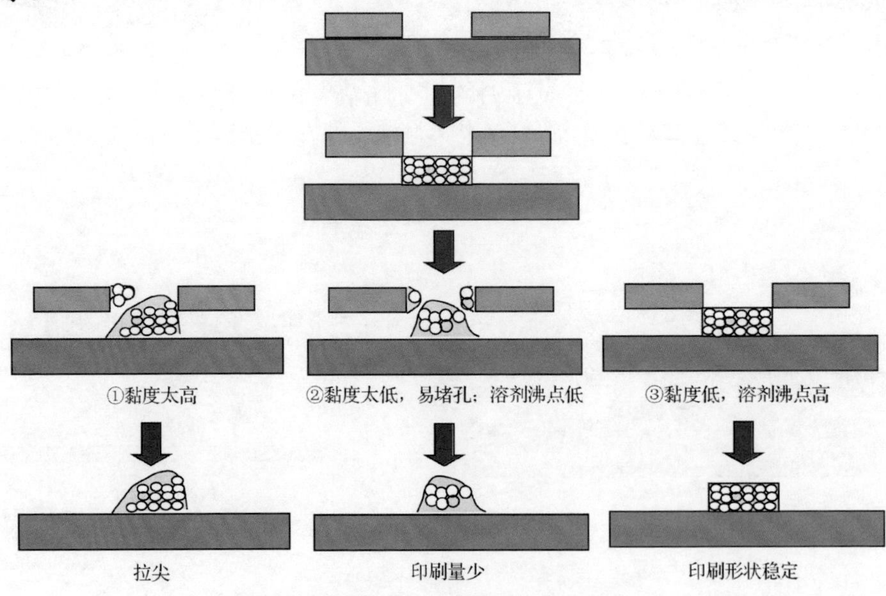

图 8-2　焊膏黏度对焊膏转移的影响

2．焊膏触变性

触变性反映的是流体在剪切力作用下结构被破坏后恢复原有结构能力的大小，用触变指数表示。优良焊膏的触变指数比较高，高触变指数的焊膏具有优良的印刷性，并且印刷图形有较高的分辨率，焊膏图形塌落小，能够更好地保持图形的形状。

3．合金含量

合金含量对焊膏的影响本质上仍然是对黏度的影响，如图 8-3 所示。

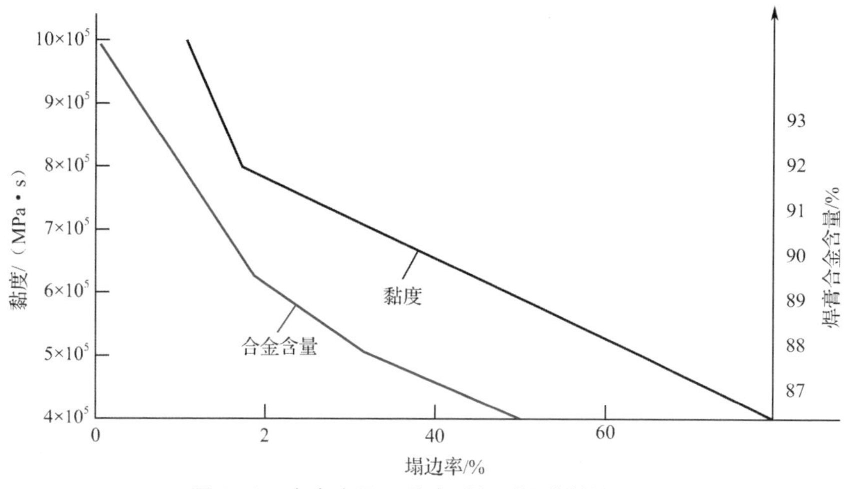

图 8-3　合金含量、黏度对印刷塌落性的影响

4．焊粉粒径

焊粉粒径对焊膏的转移率及图形的规整性（或称为分辨率）有很大的影响。根据经验，焊粉粒径应与模板的开口尺寸和厚度相匹配，业界常根据模板开口宽度和高度尺寸容纳的焊锡球数量来选用焊膏。我们把它总结为 5 球/8 球/4 球原则，如图 8-4 所示。

印刷性能	模板开口		模板厚度
	方形图形	圆形图形	
非常好	>6 球	>10 球	>5 球
好	5 球	8 球	4 球
差	<4 球	<7 球	<3 球

图 8-4　开口尺寸与焊粉颗粒数量

这里提出一个概念，暂且称之为孔壁效应。孔壁对图形转移的影响一定是与模板厚度、焊粉颗粒的尺寸有关。如图 8-5 所示，比如说，孔壁只影响一个焊球距离，显然，开口尺寸越大或焊粉颗粒尺寸越小，那么，孔壁对焊膏图形的影响也越小，这应该就是开口尺寸要匹配焊粉颗粒的原因了。0.4mm BGA（CSP）之所以容易出现拉尖，就是与孔壁对焊膏图形的作用距离及作用长度有关。开口尺寸小，圆周有孔壁，显然不利于焊膏的转移，阻力比较大。0.4mm QFP 焊膏图形两端容易出现拉尖，也是这个道理，是孔壁效应大所致。

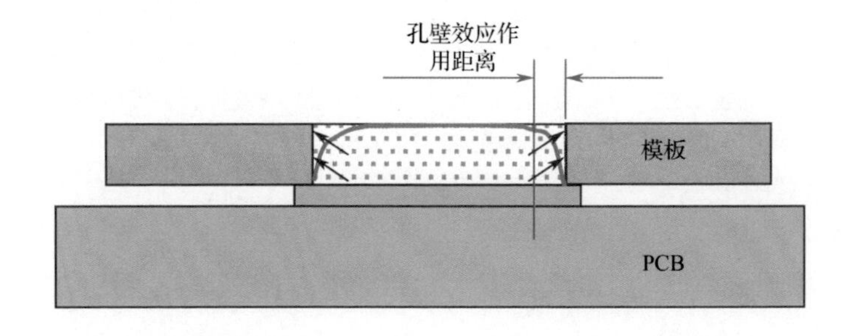

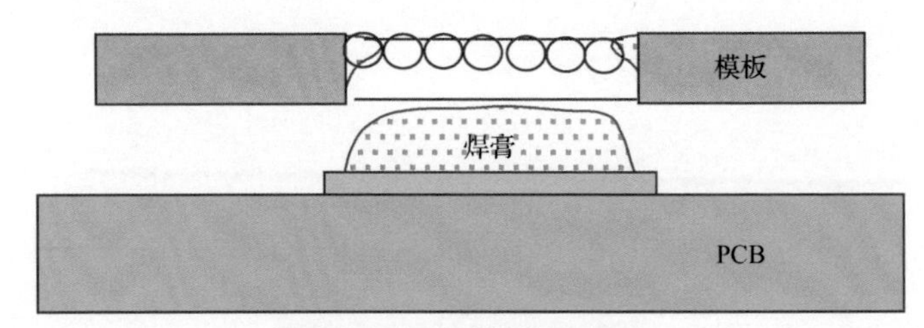

图 8-5　孔壁效应说明图

因此，对于精细间距元器件的组装，模板宜薄不宜厚，焊粉颗粒尺寸宜小不宜大。图 8-6 为模板厚度 60μm、开口尺寸 105μm、采用不同粒径焊粉的焊膏印刷效果图，可以看到焊粉颗粒尺寸越小，印刷的效果就越好，孔壁效应的影响也越小。

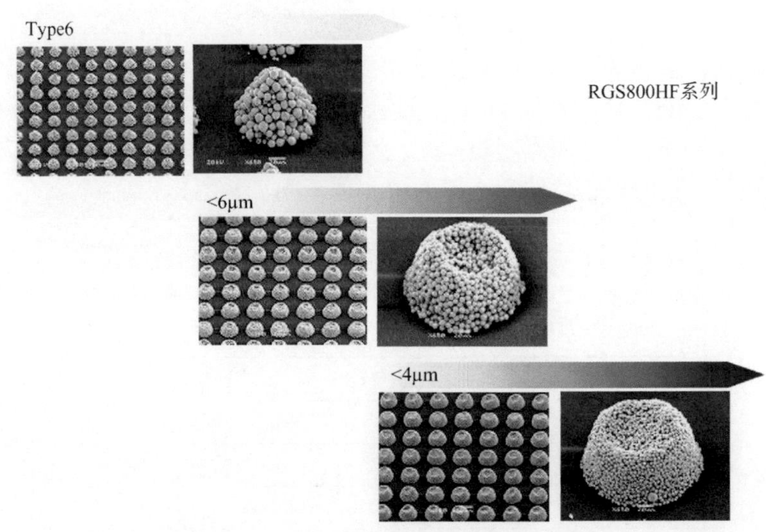

图 8-6　不同粒径焊粉的焊膏印刷效果图

8.3.2　模板因素

模板的面积比、模板孔壁的粗糙度与孔形主要影响焊膏的转移率。

所谓面积比，指模板开口面积与开口孔壁面积的比。面积比是影响焊膏转移率的重要因素，工程上一般要求面积比大于 0.66，在此条件下可获得 70%以上的转移率，如图 8-7 所示。

面积比本质上反映的是模板脱模时侧壁挂锡量的影响。焊膏脱模时，能否将填充到模板开口内的焊膏完全地转移到 PCB 焊盘上，取决于侧壁的粗糙度及焊膏的黏性。显然，面积比越大，模板对焊膏转移率的占比就越小，即上述的孔壁效应现象越小，开口侧壁越光滑越容易

转移，如图 8-8 所示。

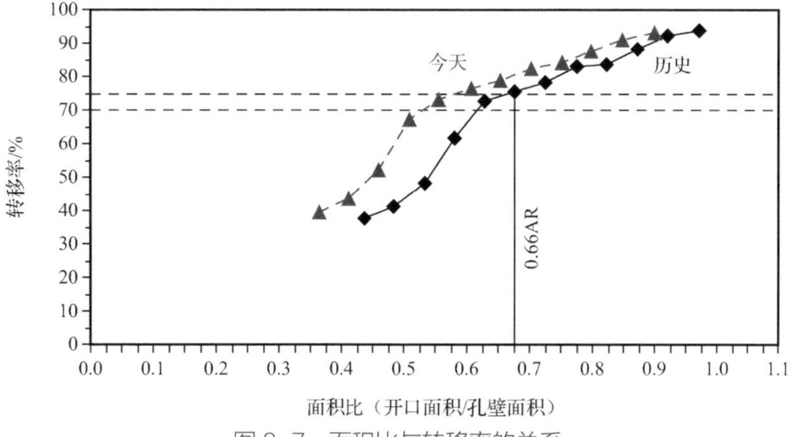

图 8-7　面积比与转移率的关系

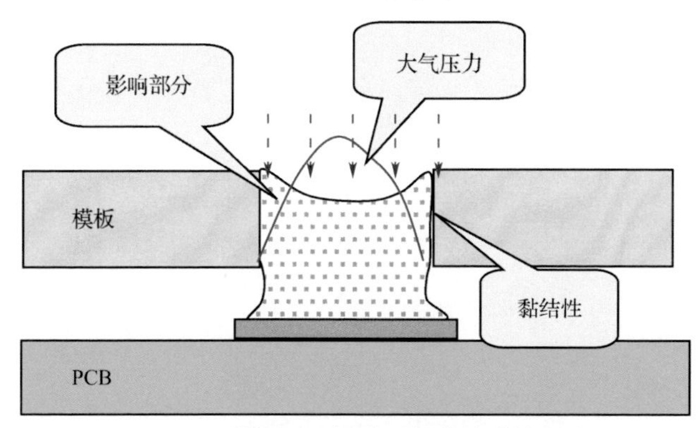

图 8-8　模板开口侧壁对焊膏转移的影响

8.3.3　印刷参数

焊膏印刷参数主要指刮刀速度（v_b）、刮刀角度（θ）、刮刀压力（F）、分离速度（v_s）、分离距离（h）等设备设置参数，如图 8-9 所示。刮刀速度、刮刀角度和刮刀压力主要影响焊膏的填充，分离速度和分离距离主要影响焊膏的转移。

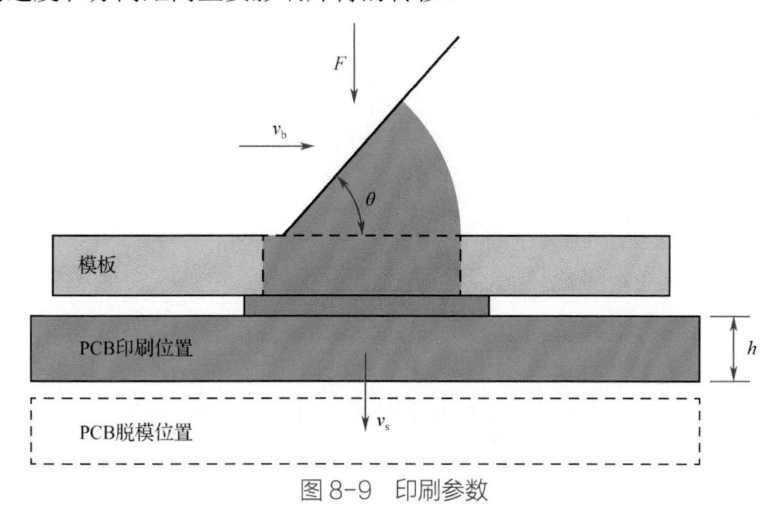

图 8-9　印刷参数

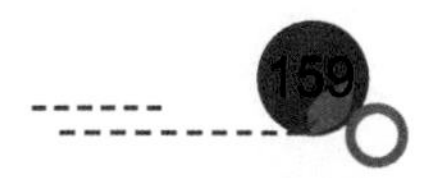

这些参数对焊膏印刷的影响如下。

1．刮刀速度

刮刀速度对焊膏印刷的影响主要是填充性，是通过对焊膏建立向下的压力、改变焊膏的黏度及填充时间来实现的。第一，焊膏在模板上是敞开的（不是装在容器里的），如果没有刮刀的移动将不会受到向下的力的作用（见图 8-10 中的分力 F_2）。这个力取决于刮刀移动的速度和刮刀的角度，是焊膏填充的充分必要条件。第二，刮刀的移动产生使焊膏滚动的分力 F_1。焊膏的滚动使得焊膏黏度变小，从而利于填充。第三，刮刀速度也影响焊膏的填充时间。因此，可以说刮刀速度对焊膏的影响是复杂的，刮刀速度和填充率之间并不是一个简单的线性函数关系，而是有一个合理的速度区间，如图 8-11 所示。

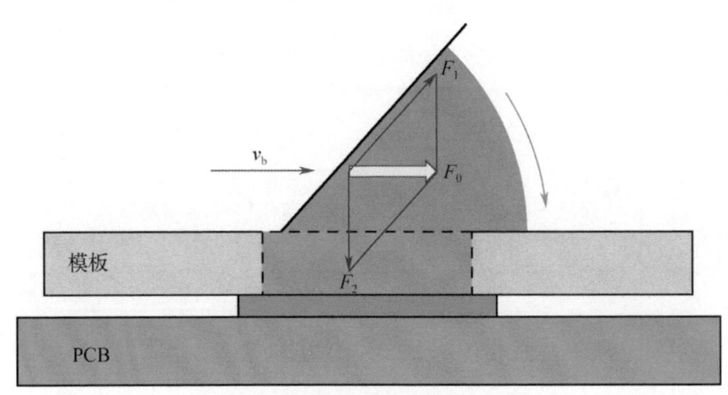

图 8-10　刮刀速度对焊膏的影响

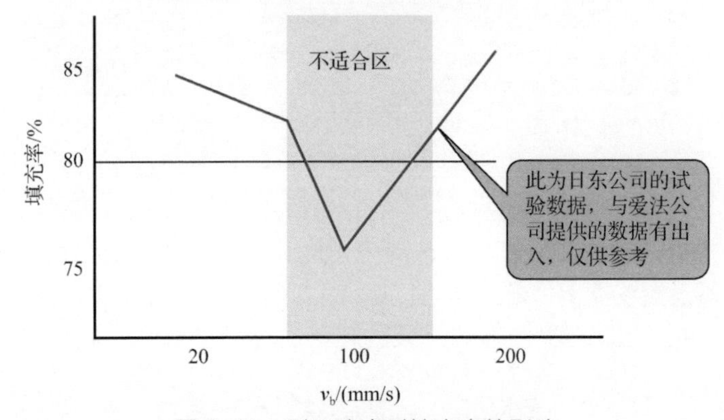

图 8-11　刮刀速度对填充率的影响

一般而言，速度在 100mm/s 以下，填充时间起主导作用；速度在 100mm/s 以上，焊膏黏度起主导作用。注意：速度太快（高于 180mm/s）或太慢（低于 20mm/s），都不利于焊膏的填充。推荐的刮刀速度为：

- 安装普通间距元器件的板：140～160mm/s;
- 安装精细间距元器件的板：25～60mm/s。

2．刮刀压力

刮刀压力指刮刀作用在模板上的力。通过设置刮刀向下的行程或压力，使焊膏与模板表面接触并产生一定的压力，以便刮动时可以把焊膏刮干净。需要注意，这个力最终是通过刮刀的变形产生的，因此，它与刮刀的材料、厚度都有关系。

刮刀压力的大小与焊膏的填充没有必然的关系，它只与印刷时模板与 PCB 的接触间隙及模板表面焊膏的刮净度有关。

印刷时，我们希望模板能够紧贴焊盘表面，刮刀刮动过后的模板表面比较干净。这样，印刷出来的焊膏厚度及分辨率才符合用户的要求。因此，对于刮刀压力的设置，原则上在印刷时模板能够紧贴 PCB、刮刀过后模板表面干净的情况下，越小越好。因为，压力越大，不仅模板的寿命越短，而且容易导致大尺寸开口内焊膏被舀挖的现象，如图 8-12 所示。

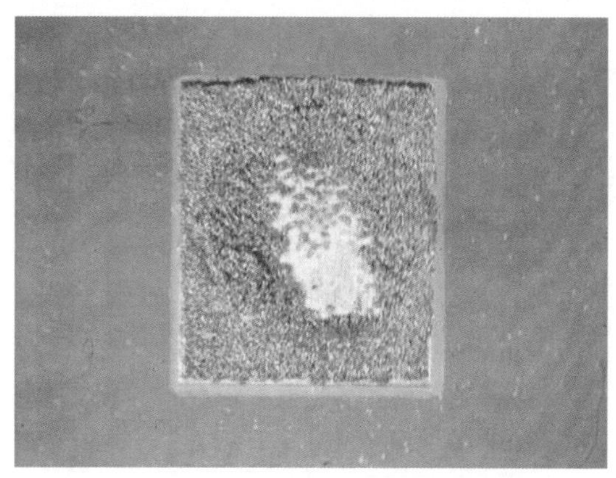

图 8-12　焊膏被舀挖的现象

刮刀压力的设定与刮刀长度尺寸有关，一般初设值按 0.5 千克/英寸来设置，再根据实际印刷结果进行调整。

3．刮刀角度

刮刀角度通常指刮刀与模板表面形成的角度，见图 8-13 中的θ。刮刀角度越小，施加到焊膏上向下的压力就越大，填充性也越好。但是，如果角度偏小，将影响焊膏的正常滚动，也不容易刮干净。

比较合适的范围为 45°～75°。目前，大多数印刷机将其锁定在 60°，并不需要自行设置。需要提示的一点是，因刮刀是较薄的钢片，在压力作用下刮刀会发生一些变形，会影响实际的刮刀角度，如图 8-13 所示，$\theta_0 \neq \theta_1$。

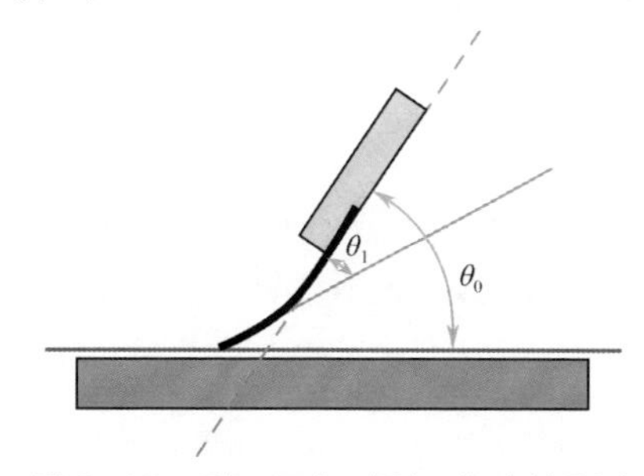

图 8-13　刮刀压力对刮刀角度的影响

4．脱模速度

脱模速度也称分离速度，指印刷完成后 PCB 离开模板的速度。这个速度主要影响脱模时 PCB 与模板之间的空气压力及焊膏的甩出效应。如果分离速度很快，将在 PCB 与模板之间形成负压，脱模的瞬间会使孔壁处的焊膏被抽出，从而降低图形的分辨率、污染模板的底部，如图 8-14（a）所示。如果分离速度比较慢，会得到良好的印刷图形与较高的分辨率，如图 8-14（b）所示。

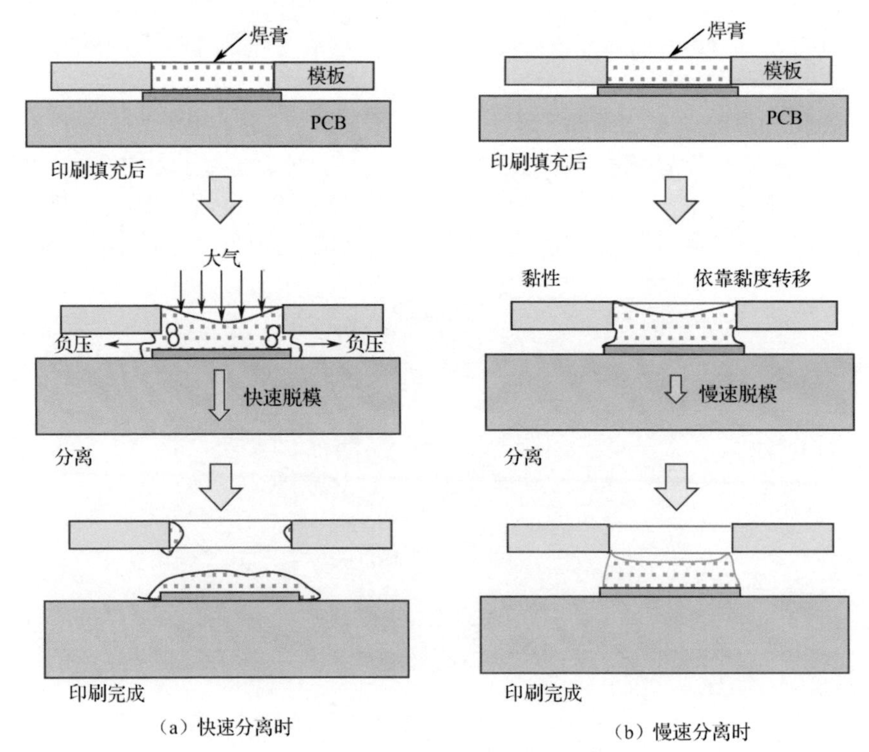

图 8-14　分离速度对焊膏转移的影响

图 8-15 所示是一个以 10mm/s 的分离速度印刷的焊膏图形，从中能够明显地看到焊膏边缘被吸出的现象，通常使用很慢的速度，如 1～5mm/s。

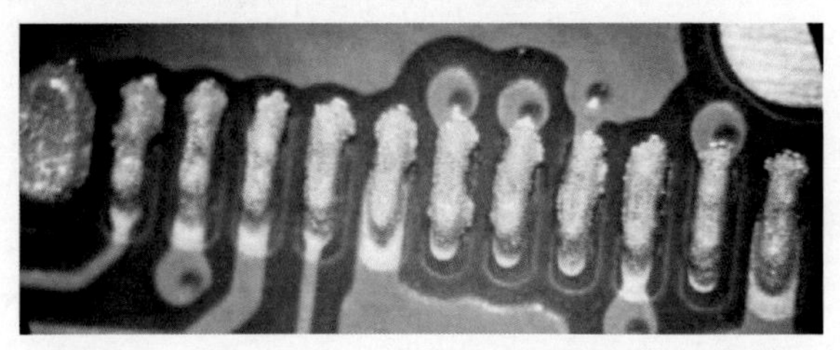

图 8-15　以 10mm/s 的分离速度印刷的焊膏图形

5. 脱模距离

脱模距离指 PCB 离开模板的距离，一般不能太小（如 1mm），否则，将可能因脱模时模板的反弹而重新接触焊膏图形，造成模板底部污斑现象（如图 8-16 所示）或狗耳朵现象（长方形焊膏图形一端的拉尖现象）；一般应大于 2mm，这取决于模板框的尺寸和丝网的张力大小。

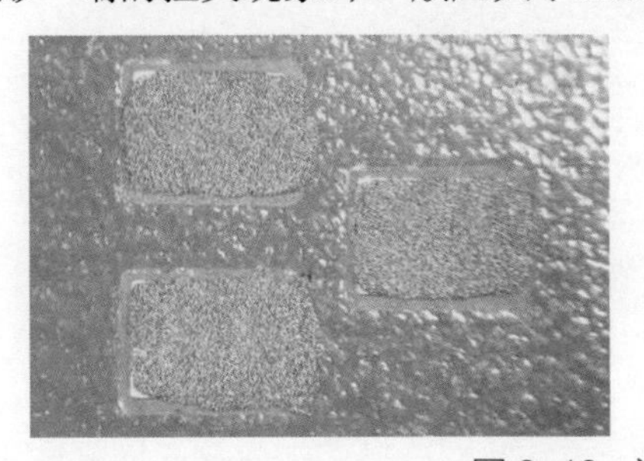

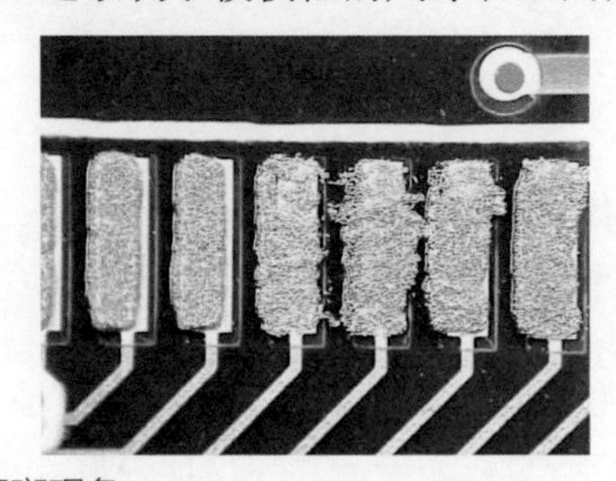

图 8-16　污斑现象

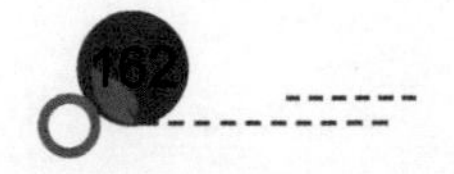

8.3.4　擦网/底部擦洗

1．底部擦洗的意义

由于PCB的变形、定位不准、支撑不到位、设计等原因，印刷时模板与PCB焊盘之间很难形成理想的密封状态。一方面，印刷时或多或少会有焊膏/助焊剂从模板与PCB的间隙挤出，沾污模板底部，等到下次印刷时就会污染到PCB的表面；另一方面，随着印刷次数的增加，开口侧壁会黏附锡膏，影响焊膏的转移率及焊膏量的稳定性。因此，需要对模板底部及开口内残留的焊膏进行清除。由于主要清除钢网底部焊膏污染斑，所以也称底部擦洗或底部清洗。

图 8-17 为钢网印刷 1 次后和 5 次后焊膏/助焊剂在模板开口附近的污染情况，可以看到，随着印刷次数的增加，污染越来越严重。

（a）印刷 1 次后

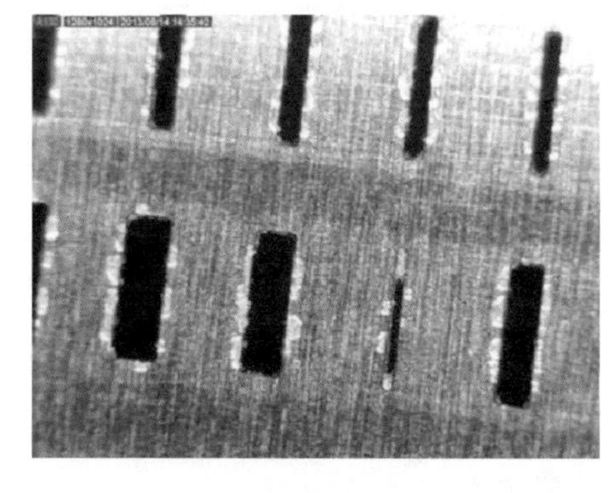

（b）印刷 5 次后

图 8-17　钢网印刷后底部焊膏污染情况

2．底部擦洗工艺

底部擦洗关系到焊膏印刷体积及转移率的稳定性，所以，有人将底部的擦洗工艺称为工艺中的工艺。

对于一般的产品，一个完整的擦洗工艺包括三步：湿擦、真空擦和干擦，原理如图 8-18 所示。

标准的模板底部擦洗系统的运作顺序是，先按产品生产文件规定将擦网纸卷过预先设置的长度，然后把清洗剂喷在擦网纸上，再将擦网纸与模板进行接触，从前面擦到后面。接着系统将擦网纸再卷进一次，然后系统进行真空擦。系统透过擦网纸抽真空，将清洗剂和残留的焊膏从模板的底部吸附到纸上。接着擦网纸第三次卷动，接着系统再进行最后的干擦。整个擦洗周期结束，纸架就停放下来，直到下一个印刷周期再投入使用。

为了缩短擦洗时间，可以调整这个顺序。例如，可以让纸在模板表面移动得更快。为了做到这一点同时又保证有效地进行擦洗，必须改进系统的性能。例如，使用吸力更强的真空装置；或改进擦洗头的设计，减少单个清洗的次数。这种系统的一个例子就是DEK的Cyclone模板底部擦洗系统，它增加了擦洗头覆盖模板表面的有效面积，能够合并湿擦、真空擦和干擦过程，因而能够减少擦拭的时间。

在擦洗工艺中，湿擦工艺主要用于清洗剂溶解模板底部和开口内的焊膏/助焊剂残留，真空擦洗（也是干擦）工艺主要用于将模板底部甚至孔壁上残留的焊膏吸附到擦网纸上；干擦工艺的主要目的是去除底部残留的清洗剂和助焊剂。真空擦与干擦的顺序可以调换，从抽真空的角度看，先干擦再真空擦可能更好。

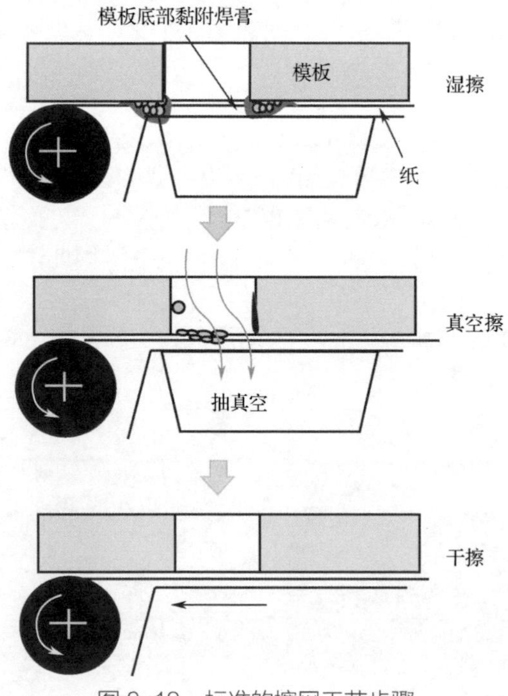

图 8-18　标准的擦网工艺步骤

3．影响擦网效果的因素

为了促进擦洗/焊膏释放的效果，业界对影响钢网擦洗的影响因素进行了研究，主要集中在纳米涂层、底部擦洗溶剂和擦网纸 3 个方面。

1）纳米涂层

高密度和微焊盘化组装使焊膏印刷工艺面临很大的挑战。如果采用 01005、0.4mmCSP、0.35mmQFP等元器件，就要求焊膏的分配足量、一致，这就要求焊膏印刷时有很高的转移率。为了促进焊膏的释放，一个非常有效的措施就是在激光切割后的模板上采用纳米涂层。

纳米涂层以化学方式改变模板开口表面，以使模板减少对焊膏的吸附力，以便提高转移率和开口内及底部的清洗效果。纳米涂层以两种方式运作，减少对焊膏的黏附力：方式一，添加极薄的涂层，以减少开口的表面粗糙度；方式二，使涂层具有疏水、疏油的功能。

纳米涂层对于减少焊膏对模板底部的污染有很大的作用，如图 8-19 所示为印刷 10 次后模板底部焊膏污染图。我们可以看到，纳米涂层对于减少底部焊膏污染很有帮助。

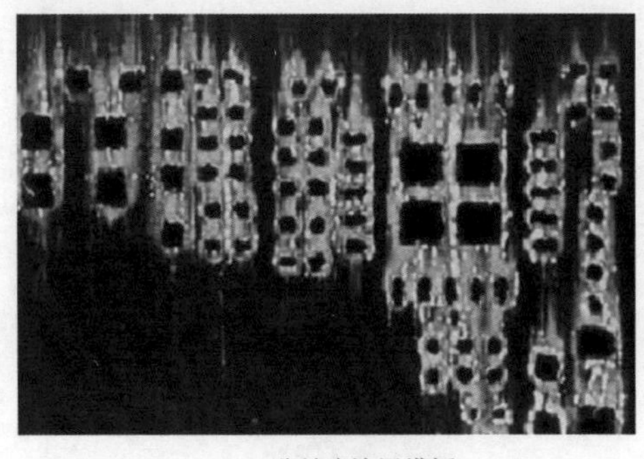

（a）非纳米涂层模板

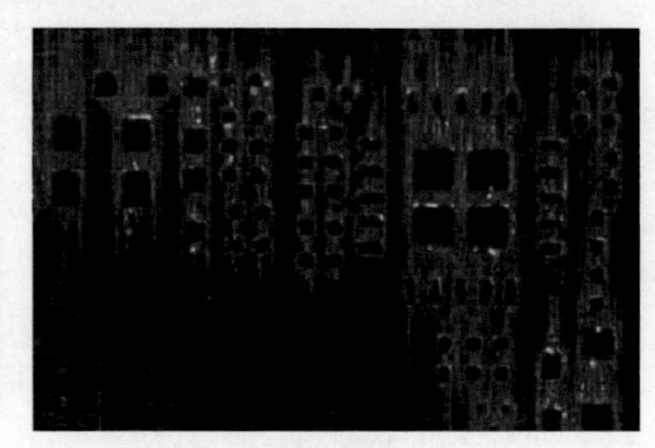

（b）纳米涂层模板

图 8-19　印刷 10 次后模板底部焊膏污染图

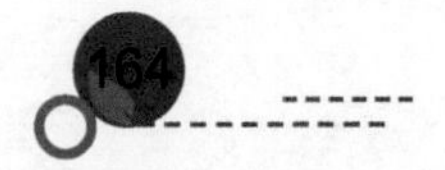

2）底部擦洗溶剂

对于引脚间距比较大或焊盘尺寸比较大的元器件，孔壁上的少量焊膏并不会影响印刷工艺或者说焊膏的转移率，单纯的干擦就可以胜任。随着微焊盘元器件的应用，通常采用化学溶剂溶解开口内残留焊膏的助焊剂载体，促使锡球从开口释放并转移到擦网纸上。

异丙醇（IPA）是钢网擦洗常用的清洗剂/溶剂。从以往经验看，多数助焊剂均以IPA制成，选择IPA作为钢网清洗剂是合乎情理的。

与IPA不同，特制的清洗剂蒸汽压较低，干燥速度比IPA慢。对于蒸发较慢的清洗剂，除了真空擦（也是干擦）外，还应该进行二次干擦。也就是说，使用蒸发慢的清洗剂，必须评估擦拭之后的干燥效果。如果擦拭之后，模板上仍然有清洗剂存在，它的蒸发将影响后续前 1～3 块板的焊膏转移。

3）擦网纸

对于真空擦，名义上是将印刷模板开孔内的残余焊膏吸走，但能否吸走，除了依赖前面讨论的纳米涂层、清洗剂外，使用的擦网纸类型也很重要。如果使用的是传统的平面型擦网纸，一般无法将孔壁上的锡粉擦掉，如图 8-20 所示。因此，真空擦更多起到一个吸附孔壁内渗进清洗剂的作用，以免影响焊膏黏度以及因此而导致的擦网后首次印刷不佳的现象。

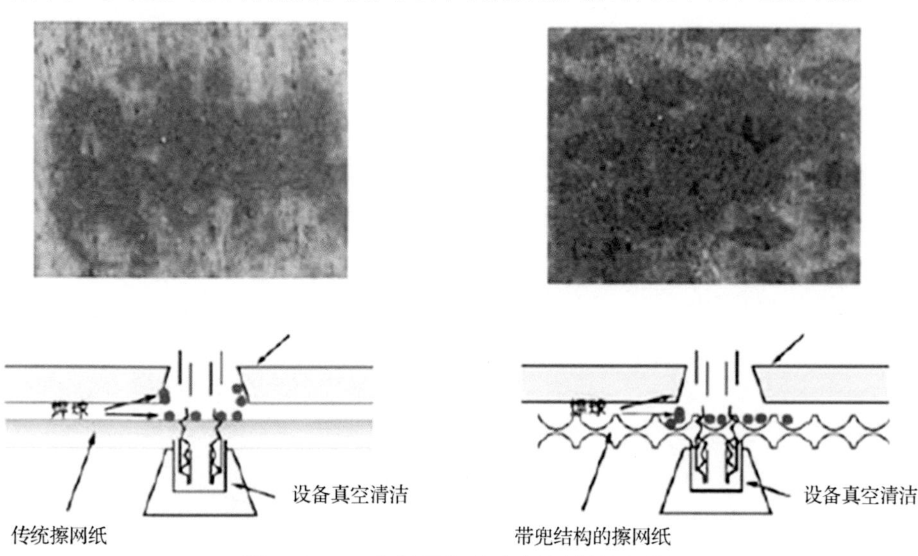

图 8-20　不同擦网纸的真空擦拭效果对比

纸质擦网纸由木质纤维制成，有两个缺陷：一是纸质品的毛细作用普遍较差，意味着溶剂不能被均匀吸收，模板就有可能存在没有得到溶剂清洁的区域；二是缺乏空隙，真空吸力不够。因此，概括来讲，擦网纸并不是理想的清洁材料。

鉴于此，行业对擦网纸进行了专门的研究。目前开发了兜状立体结构的聚合纤维无纺布擦网纸。它不仅具有良好的亲水性，而且兜状立体结构能够将焊膏颗粒吸入并且锁定在结构之内，如图 8-21 所示，更容易将黏附在模板底部以及孔壁上的焊粉助焊剂擦掉。但是，需要注意，使用这种兜状立体结构的擦网纸时，如果应用不当，可能会带来更大的锡珠污染问题，最终在再流焊接后形成焊锡飞溅现象。

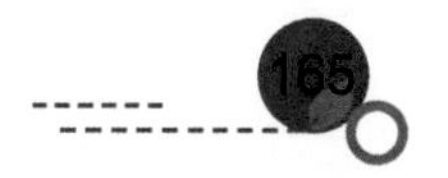

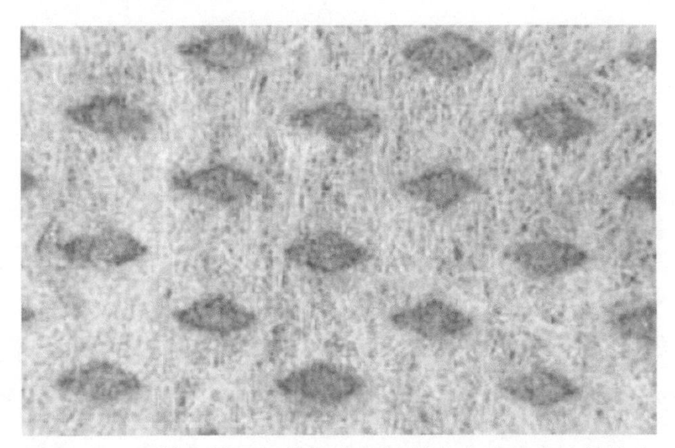

图 8-21　无纺布擦网纸将焊膏颗粒锁定在兜状立体结构内

4. 底部擦洗工艺与参数设置

擦网参数的设置与使用的焊膏有关，比如某品牌的焊膏，要求参数：

- 擦网工艺：湿擦/真空擦/干擦，或湿擦/干擦/真空擦；
- 湿擦速度：50mm/s;
- 干擦速度：50mm/s;
- 真空擦速度：50mm/s;
- 溶剂喷涂时间：0.3s，只要纸润湿宽度达到 2cm 即可，图 8-22 所示的润湿宽度有 5cm 多，会导致过多的清洗剂渗进孔壁；
- 卷纸步进长度：28mm。

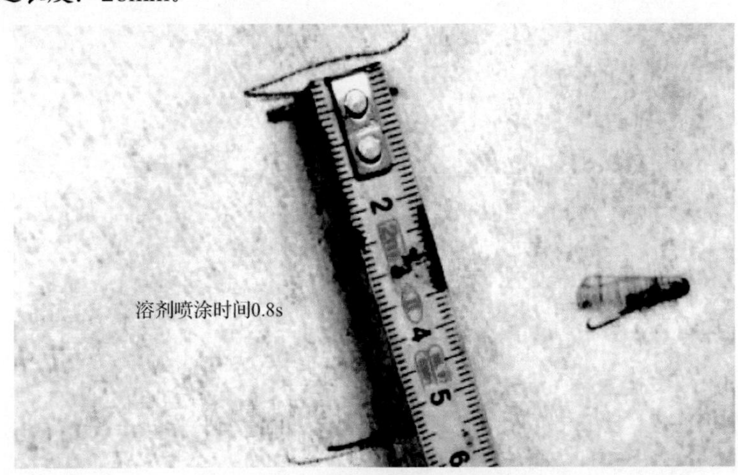

图 8-22　擦网纸清洗剂润湿范围

5. 手工擦洗

除了开启印刷机的自动清洗功能，一般还需要定期手工清洗印刷机。在印刷过程中，随着印刷次数的增加，模板底部会被污染，在孔口周围形成硬痂（相当于模板变厚和开口面积变小），需要定期清除（用蘸有清洗剂的无纺布擦或铲刀铲除）。对于普通间距元件的焊膏印刷，一般每印30～50块板需要人工擦洗一次；如果停印30min以上，也应进行手工擦洗。

如果连续印刷时间超过8h，应该用清洗机自动彻底清洗一次，将孔口周围较干的焊膏硬痂清除掉。

需要注意的是，人工湿擦后应再干擦一下或放置几分钟。因为如果湿擦后立即投入印刷，可能前 1～2 块板的下锡不好。这是因为人工擦网为湿擦，过多的清洗剂渗入开口孔壁，清洗剂的快速挥发导致焊膏黏度升高，影响了下锡。这点可以从湿擦后放置 10min或风吹后的下锡情况得到证明。自动擦洗之所以没有这个问题，主要是因为有真空擦和干擦，它们可以将清洗剂抽走或吸走。

8.3.5　PCB 支撑

PCB 支撑实际上是影响焊膏印刷的一个非常重要的方面。

PCB 支撑主要影响模板与 PCB 焊盘间的间隙。如果模板与 PCB 焊盘之间存在间隙，将导致焊膏增厚、污染模板底部，如图 8-23 所示。这点对于精细间距元器件的印刷是不利的，需要频繁擦网。

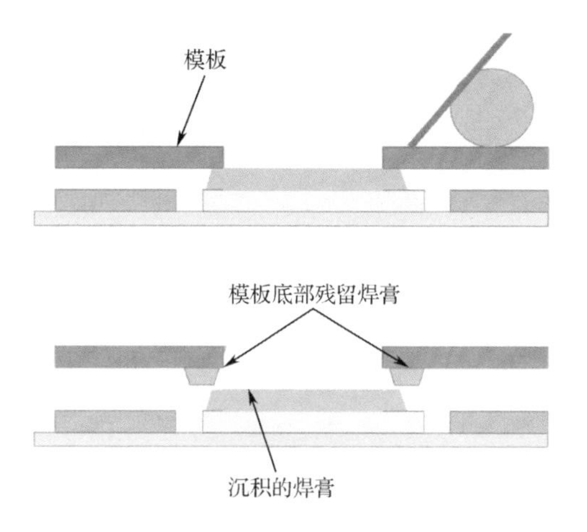

图 8-23　模板与 PCB 焊盘之间存在间隙

图 8-24 所示是一个试验结果，可以看到，如果印刷时模板与 PCB 焊盘能够在刮刀作用下接触，那么焊膏会在印刷方向的前后被挤出；如果印刷时模板与 PCB 焊盘之间仍然存在间隙，那么焊膏将从孔壁四周挤出。不管哪种情况，显然都会增加焊膏量并污染模板底部。

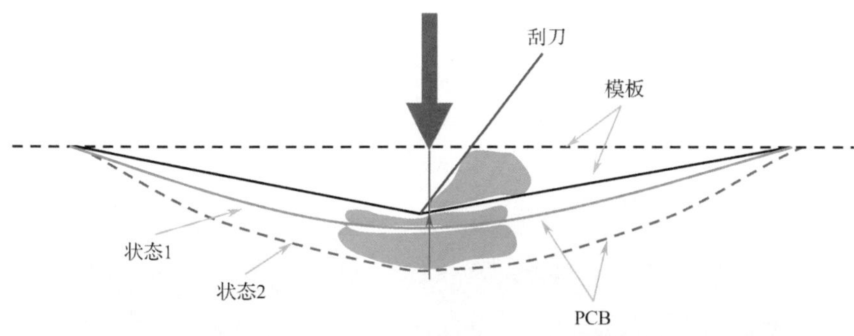

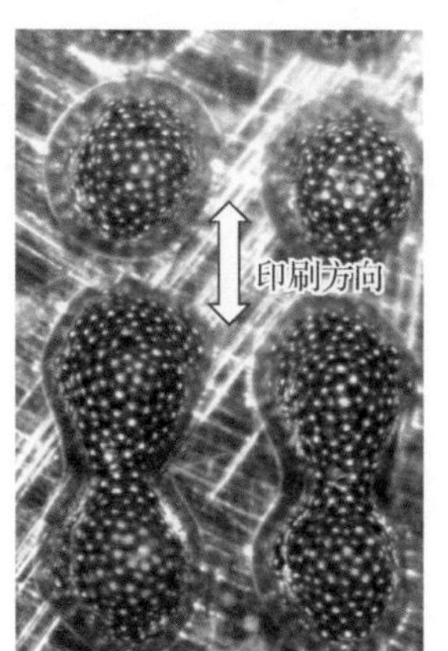

状态1：模板与PCB焊盘在刮刀压力下能够接触

如果 PCB 的变形比较小，就会出现此情况。在此情况下，变形对焊膏印刷的影响主要表现为与刮刀移动方向一致的焊膏图形外扩，这是印刷时刮刀边走边脱模导致的间隙所造成的。

状态2：模板与PCB焊盘在刮刀压力下仍然存在间隙

如果 PCB 的变形比较大，就会出现此情况。在此情况下，变形对焊膏印刷的影响就非常大，主要表现为与刮刀移动方向垂直的焊膏图形也外扩。这种情况对于大多数细间距器件的焊膏印刷是不能接受的，会出现大比例的桥连。

图 8-24　模板与 PCB 焊盘之间的间隙对焊膏印刷的影响

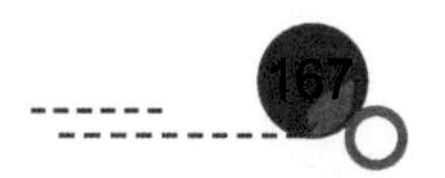

PCB 支撑要达到的目标是模板能够紧贴 PCB 表面（间隙小于焊粉颗粒尺寸的下限尺寸）。要达到这个目的必须通过支撑使 PCB 达到平整并无间隙接触。要做到无间隙接触，其前提就是 PCB 首先必须平整，也就是必须纠正 PCB 的局部变形。从这个意义上讲，支撑的关键是纠正 PCB 的弯曲变形。通常的经验是在宽度方向将 PCB 中心的支撑略垫高一些，比如 0.2mm，使 PCB 中心呈向上弓曲的状态，如图 8-25 所示，这样能够消除 PCB 变形带来的影响，确保刮刀与 PCB 在传送方向无断续、无间隙地接触。但是，需要注意，这个垫高必须尽可能小，以免因为 PCB 的弯曲使 PCB 底面已焊接好的元器件焊点损坏。

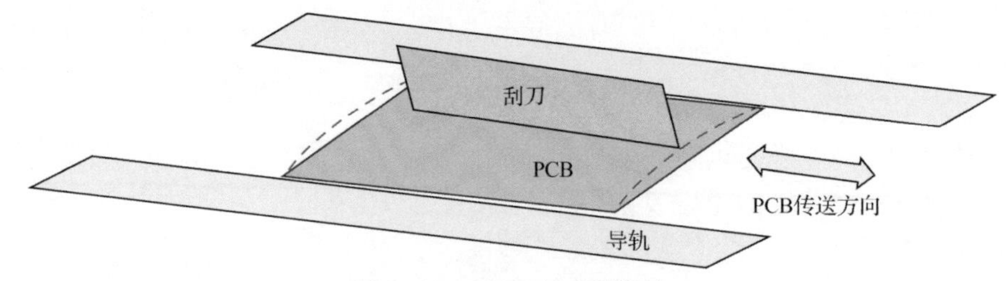

图 8-25　PCB 的支撑策略

对于薄的板子，采用真空夹具（真空底模）支撑效果比较好。真空夹具是一种根据 PCB 的元器件布局定制化设计的工装，如图 8-26 所示。PCB 底部有元器件的地方掏空，没有元器件的地方成为支撑，掏空部分可以抽真空。这种夹具具有两大功能：真空吸力固定 PCB，可以消除压边固定带来的靠边焊膏图形偏厚的情况；矫正局部变形，它特别适合于大批量薄板的生产，像手机板的焊膏印刷。

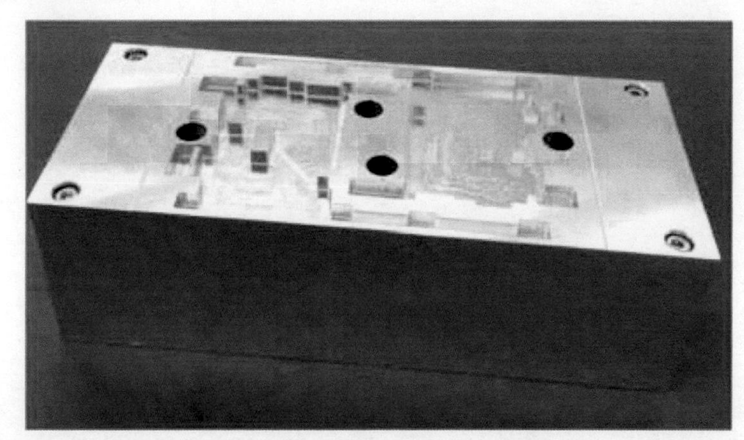

图 8-26　PCB 真空夹具照片

8.3.6　PCB 的清洁

有数据表明，PCB 板面的污染影响焊膏印刷 SPI 检查的合格率为 4%～6%。

PCB 上的污染物主要来自以下源头：

（1）环境，灰尘、衣物和毛发纤维。生产现场人员是主要的污染源，如图 8-27 所示。

（2）包装，PCB 一般用收缩膜包装，往往用纸分隔，两者都是可能的污染源。

（3）制造过程，PCB的制造过程一般不在洁净室中进行，在AOI、修理、冲孔、铣切和包装过程中会设计很多工序，这些工序会留下污染物。像铣切加工，会产生大量的静电荷，会把四周环境和人员身上的污染物吸引过来。

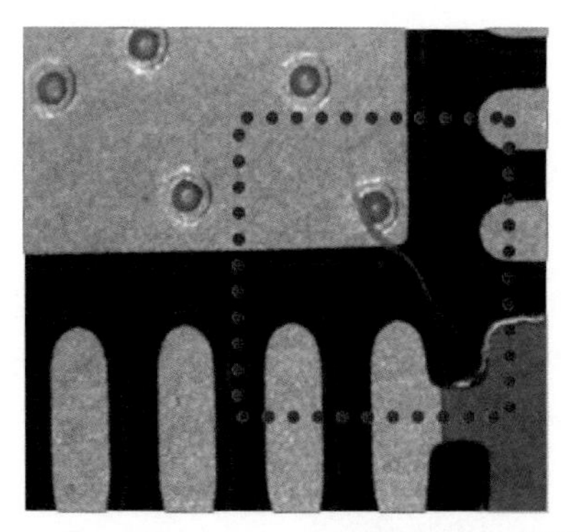

图 8-27　PCB 表面的污染物

这些污染物会影响焊膏印刷的锡量。Teknek公司在一项研究中采用Koh Yong SPI进行调查，发现裸板清洁可以提高印刷的质量：

（1）整体缺陷率，从平均9.5%下降到5%。

（2）多锡现象，从平均3.4%下降到1.3%。

（3）桥连率，从平均1%下降到0.7%。

（4）少锡现象，从平均2.1%下降到0.8%。

8.3.7　印刷作业停顿时间对焊膏转移率的影响

印刷停顿后，焊膏黏度会逐渐变高，从而导致印刷的转移率下降。图 8-28 为千住金属所做的试验数据，M705 焊膏采用 0.4mmCSP 开窗的钢网进行印刷，印刷 4 片后，停留 1 小时，再印刷 4 片。可以看到正常印刷过程中断 1 小时后，焊膏的转移率会下降超过 50%。也看到印刷停顿后，需要连续印刷 3 块板以上才能正常。

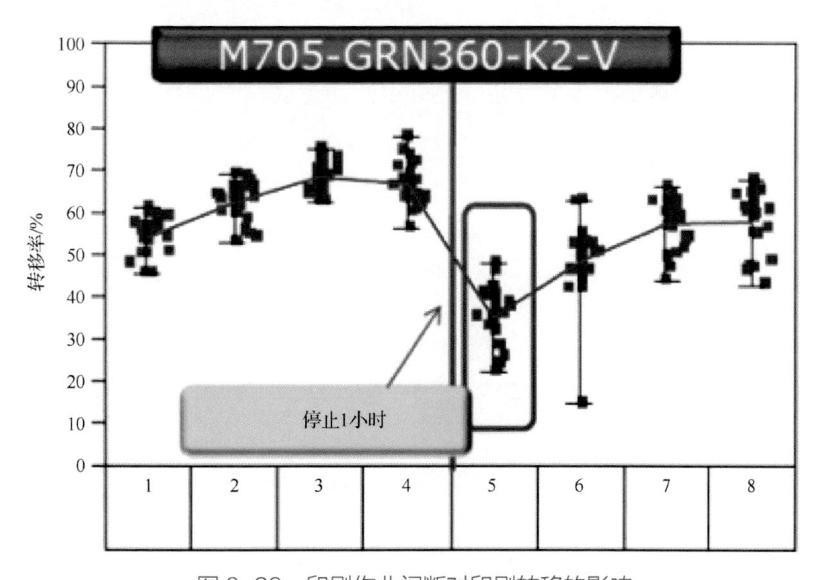

图 8-28　印刷作业间断对印刷转移的影响

8.3.8　实际生产中影响焊膏填充与转移的其他因素

在实际生产中，模板、刮刀和设备等因素并不总是符合要求，模板松弛、刮刀变形、擦

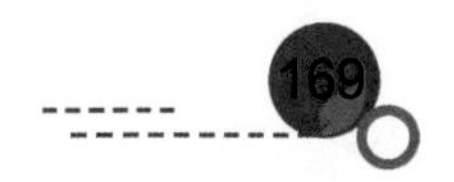

网异常、PCB 翘曲或支撑不良、设备异常（如不喷酒精）等都会改变模板与焊盘间的接触状态，从而影响焊膏量的一致性。

图 8-29 所示是某公司某一段时间内焊膏桥连发生次数与原因的分析图，可以看到影响焊接/焊膏桥连的因素很多，主要的影响因素并非印刷机参数而是 PCB 的支撑和擦网。所以，有人把印刷的支撑和擦网看作印刷工艺中的工艺，可见其重要性。

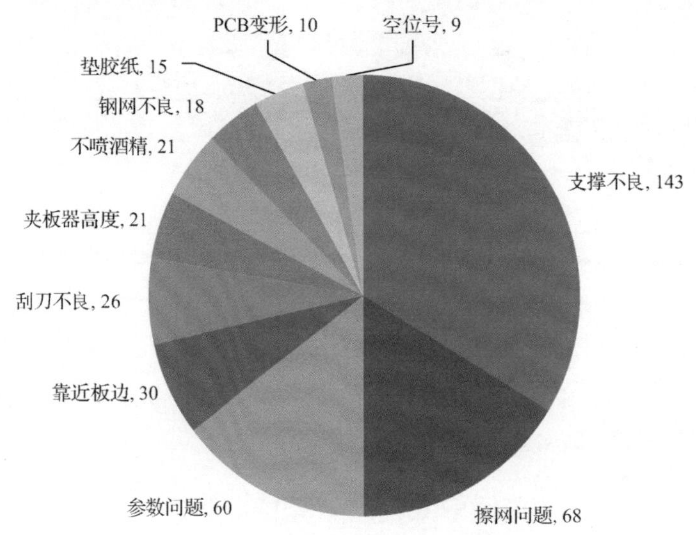

图 8-29　某一段时间内焊膏桥连发生次数与原因的分析图

因此，要获得良好的印刷结果，需要从设备选型、印刷参数调试、PCB 支撑、擦网、模板设计与制作等所有有关方面进行系统优化与控制。

印刷机对 PCB 的固定有两种方式，第一种为以 DEK 为代表的压边夹持型；第二种为以 MPM 为代表的真空吸附型，如图 8-30 所示。前者，由于压边的支撑作用，使得靠边的焊膏厚度会明显增加，这会给如 0.4mm 间距 QFP、0201 等对焊膏量敏感的器件带来焊接问题。

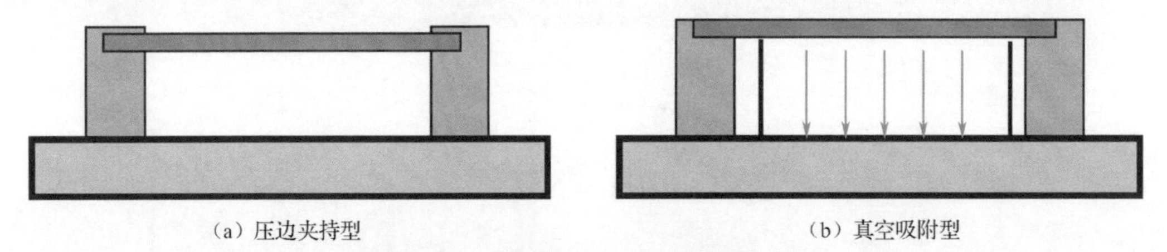

图 8-30　印刷机对 PCB 的固定方式

另外，钢网损伤，如局部有砸坑、划痕等，都会影响焊膏量的变化，如图 8-31 所示。

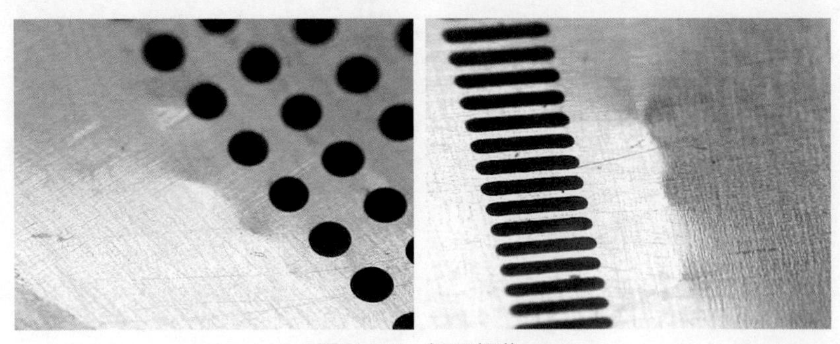

图 8-31　钢网损伤

8.4 常见印刷不良现象及原因

8.4.1 印刷不良现象

在 SMT 早期，印刷不良现象主要是按照印刷图形来分类的，如图 8-32 所示。这些不良现象是基于模板开口来定义的，从外观可以直接判定。如今，随着精细间距元器件的广泛应用，元器件的焊接对焊膏量越来越敏感，很多的焊接不良现象与焊膏印刷厚度或者体积的多少有关，因此，我们更倾向于按照焊膏体积、焊膏厚度和面积进行分类，这更利于自动化检测。焊膏自动检测技术（SPI）也应运而生。

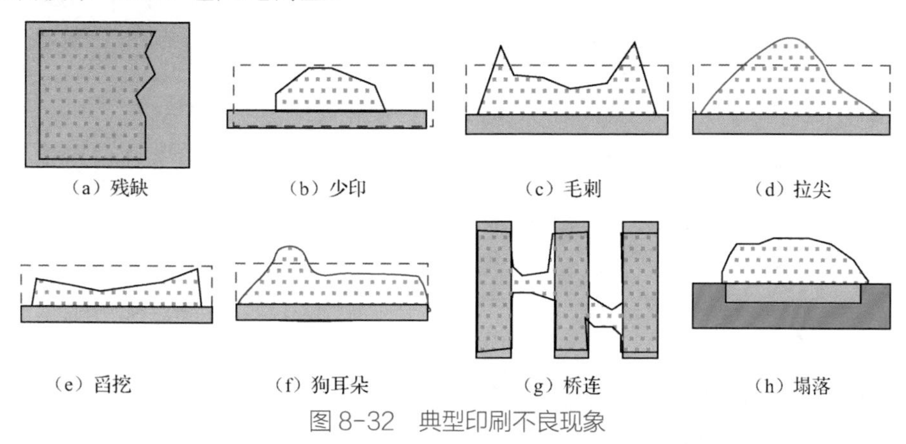

图 8-32　典型印刷不良现象

按照焊膏图形进行分类，最大的好处就是直观。这些不良图形都与特定的工艺条件有关，也就是产生的原因比较清楚，因此，按照图形分类有利于工艺的优化。

图 8-32 所示的印刷不良，大部分会导致少锡不良（少锡为生产一线的俗称，实际指焊膏量少的现象）。还有一类印刷不良就是焊膏印刷厚度偏厚现象（印刷图形的平均厚度超过模板厚度的现象），如图 8-33 所示。偏厚的印刷厚度常常伴随焊膏图形边缘被挤出的现象。焊膏图形偏厚主要因模板与 PCB 间有间隙所致，这个间隙产生的原因很多，如支撑、PCB 变形、丝印字符、标签、印刷机导轨压条等。模板表面焊膏没有刮干净也会导致焊膏偏厚。

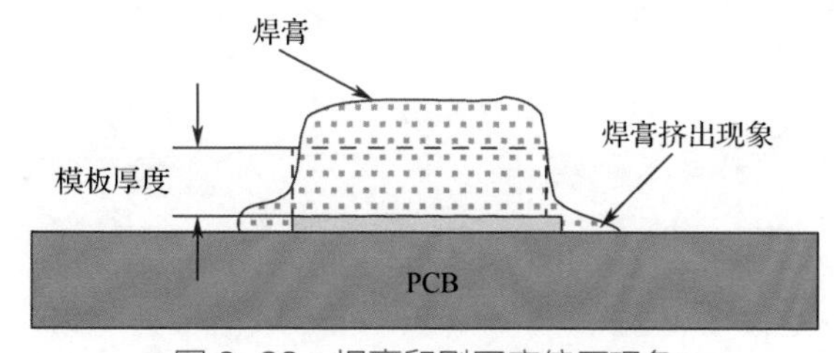

图 8-33　焊膏印刷厚度偏厚现象

8.4.2 印刷厚度不良

焊膏的印刷厚度反映了焊膏的涂覆量，在很大程度上也决定了某些缺陷的产生，如开路、少锡、多锡、立碑、偏移、桥接、锡球等。

焊膏印刷获得一致的印刷厚度非常重要。不幸的是，实际的印刷厚度经常偏离目标厚度（模板厚度），不是太高，就是太低。

影响印刷厚度的因素非常多，最常见的有元器件的布局位置、PCB 的变形、印刷支撑、

邻近的丝印标记、阻焊厚度与偏位，还有焊粉尺寸、模板变形、刮刀变形、刮刀压力、模板底部污染、PCB 阻焊厚度与偏位等。

焊粉尺寸影响焊膏图形的规整性或分辨率。显然，太大的粉粒不能提供光滑的印刷表面。为了获得稳定的高质量印刷结果，焊粉颗粒的直径不应超过长方形开口宽度尺寸的 1/5 或圆形的 1/8，厚度方向不应超过 1/4，如图 8-34 所示。

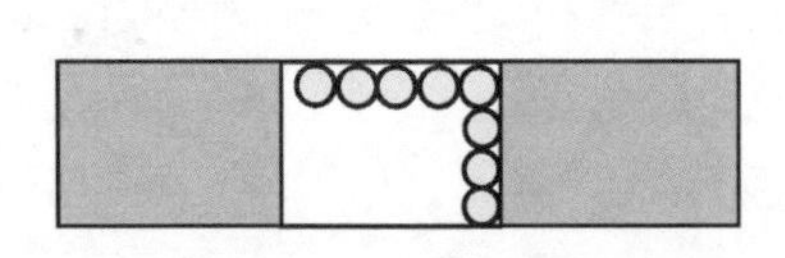

（a）长方形开口宽度方向截面

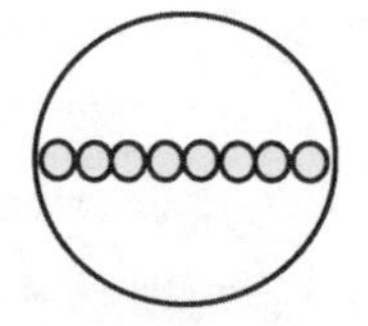

（b）圆形开口

图 8-34　良好印刷对焊粉尺寸的要求

元器件在 PCB 上的位置布局，其影响视所用印刷机而定。有些印刷机印刷时 PCB 的固定是靠夹持 PCB 传送边的方法，这样靠近板边的地方，因 PCB 板边的压板使得模板不能紧贴到 PCB 表面，焊膏印刷的厚度必然偏厚，如图 8-35 所示，这也使得细间距元器件不宜布放到靠近印刷时的传送边附近。在实际生产中，很多 0.4mm 间距 QFP 的桥连与此有关。

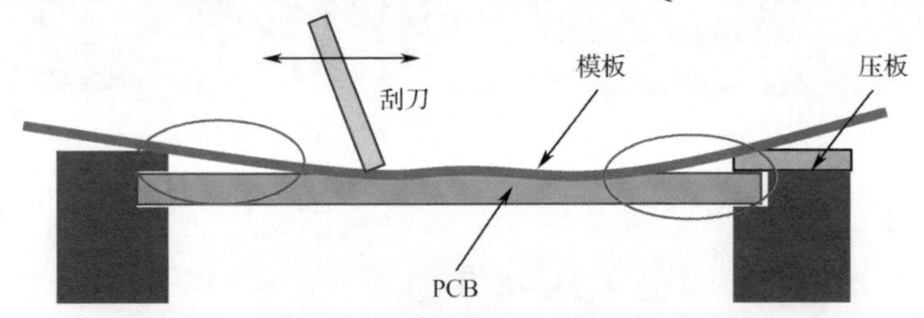

图 8-35　焊膏印刷机导轨压板对焊膏印刷厚度的影响

如果阻焊偏位或膜厚度大于焊盘的厚度，焊膏厚度会大于模板厚度，导致焊膏被挤出，如图 8-36 所示。不规则的阻焊膜厚度会直接产生不一致的印刷厚度。与此类似，如果标记或字符非常靠近窗孔，印刷厚度也会加大。在模板的底面或者在 PCB 的顶部有碎屑，将会导致印刷厚度增加。

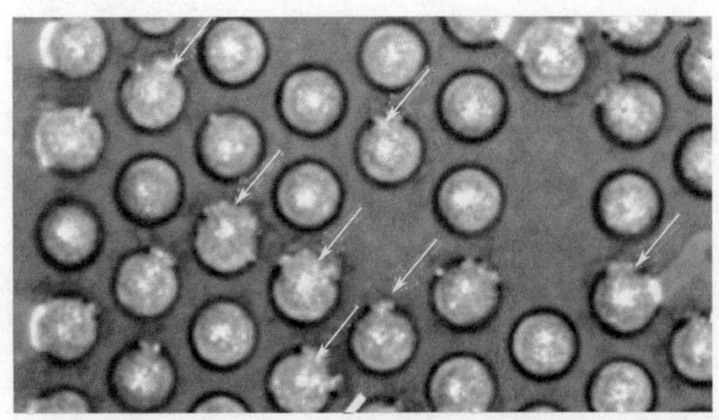

图 8-36　阻焊偏位导致焊膏被挤出

刮刀类型和印刷机参数设置对印刷厚度有很大的影响。因为印刷厚度随着印刷间隙、刮刀速度的增加和刮刀压力的下降而增加。在快的刮刀速度下，印刷厚度甚至会大于模板厚度，这是由在刮刀顶端强制焊膏回到刮刀下面而生成高流体压力所引起的。在较低的刮刀速度下，焊膏有较长的流动时间来允许焊膏顺从刮刀施加的压力，因此刮刀压力较大，印刷厚度就较小。

如果刮刀压力太小，往往刮不干净模板表面的焊膏，脱模后焊膏图形与残留焊膏厚度有

关。刮刀压力对焊膏印刷图形的影响如图 8-37 所示。

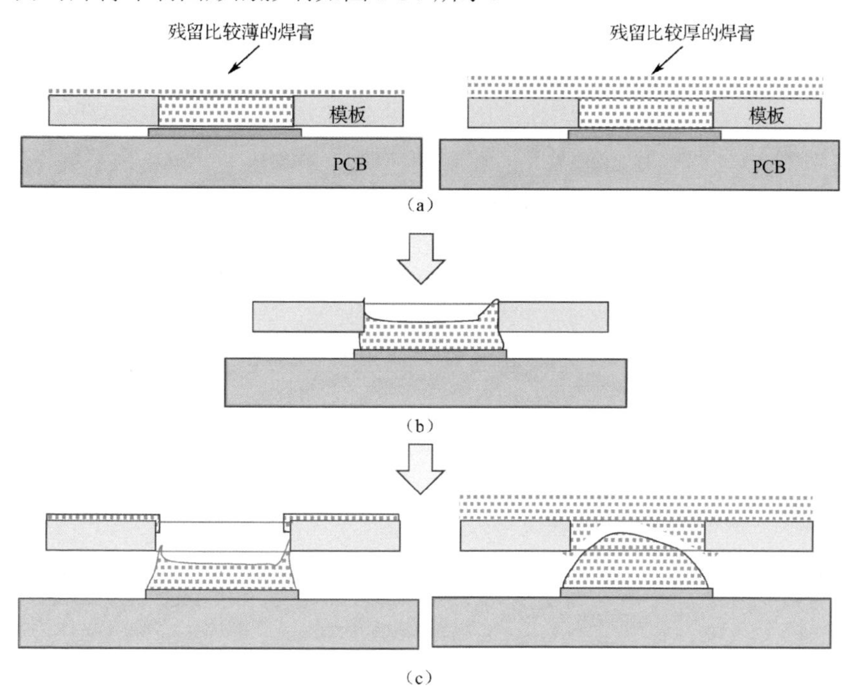

图 8-37　刮刀压力对焊膏印刷图形的影响

较大的印刷间隙会导致较大的印刷厚度。

模板开口变形可导致较大的印刷厚度。孔的方向对印刷厚度有一定的影响。一般来说，垂直的孔比平行的孔具有较大的印刷厚度。

印刷厚度受众多因素影响，为了得到一致的印刷厚度，保持每个因素的一致性是很重要的。

8.4.3　污斑/边缘挤出

污斑是指在印刷期间，当提起模板时焊膏涂覆在不应涂覆的区域，如图 8-38（a）所示。它会在焊盘周围呈现出焊膏模糊，或在相邻的焊盘之间产生焊膏桥接。污斑最主要的形式就是图形边缘模糊，这是由于模板底面与 PCB 焊盘存在间隙，印刷时焊膏被挤出所导致的，这种现象可以称为边缘挤出现象或低分辨率图形，如图 8-38（b）所示。

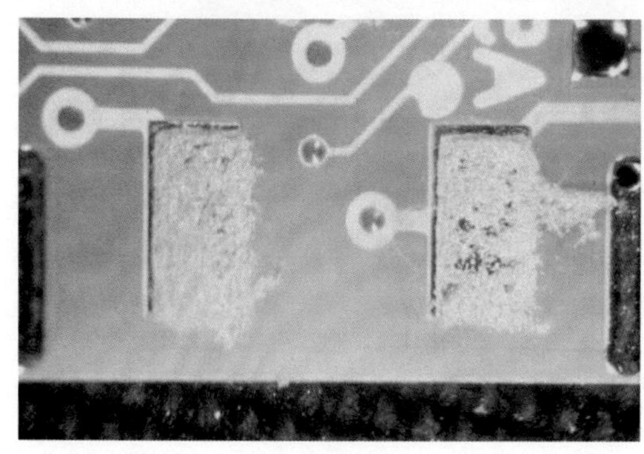

（a）污斑现象

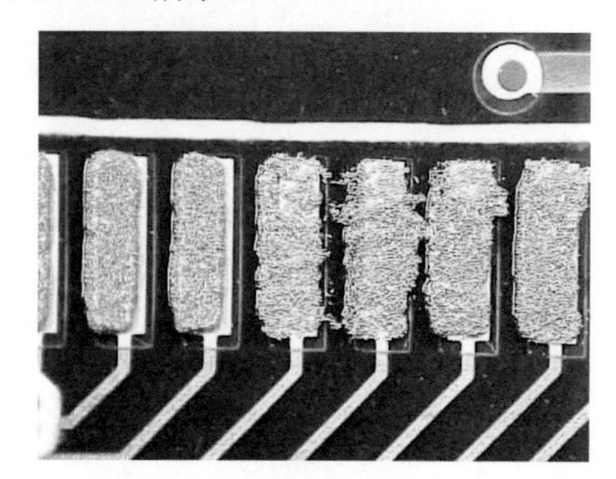

（b）边缘挤出现象

图 8-38　污斑/边缘挤出现象

产生污斑的原因很多，如模板与 PCB 不紧密接触、刮刀压力、模板底面焊膏污染、粉粒大小及模板厚度、孔形处理、节距大小、窗孔方向、喷锡的平整性等，但是，最常见的原因就是模板与 PCB 焊盘有间隙，不密封，如图 8-39 所示。

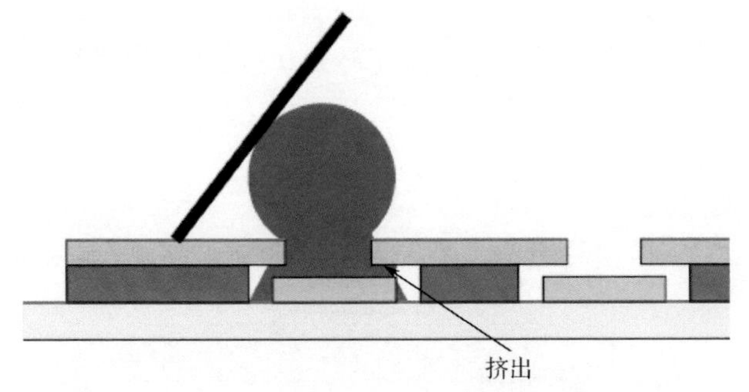

图 8-39　模板与 PCB 焊盘有间隙

污斑通常随着模板厚度的增加而减少。大概是由于施加在焊膏上的印刷压力随着窗孔厚度的增加而逐渐减小。

比较模板开口截面形状，试验数据显示，锥形模式比非锥形模式显示出更高的污斑率，大概归因于锥形孔的底面较宽的开口，允许焊膏在印刷压力下更容易流动。

平行于印刷方向的孔比垂直于印刷方向的孔呈现出更高的缺陷率，孔口方向对焊膏印刷的影响如图 8-40 所示。这主要是因为，平行于印刷方向的孔在间隙印刷时，模板与 PCB 的密封性差。在垂直于印刷方向的情况下，长孔的轴线是平行于刮刀轴线的，因此在印刷的时候整个孔被刮刀同时压着，这使得孔与 PCB 紧密接触，没有留下间隙让焊膏流出。

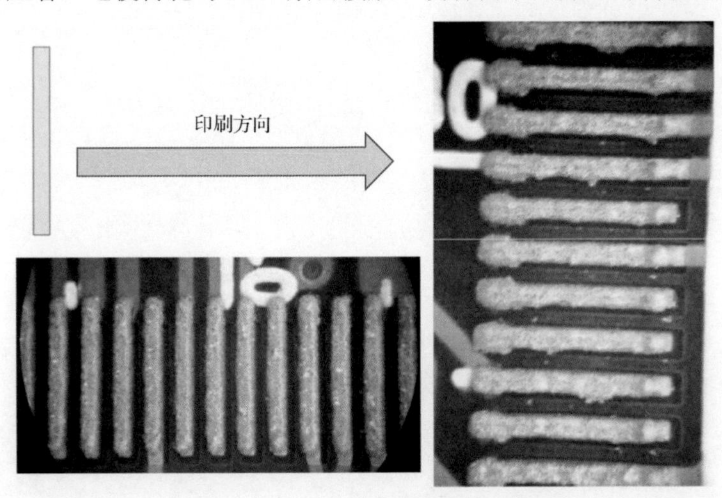

图 8-40　孔口方向对焊膏印刷的影响

如果焊膏在模板底面发生堆积，最简单的解决方法是擦洗模板。然而，值得注意的是，应该正确选择所用的模板擦拭溶剂。一般来说，选用挥发性适度的极性溶剂如异丙醇较好。如果溶剂没有足够的挥发性，剩余的溶剂会在接下来的印刷过程中与焊膏混合在一起，进一步加重污斑问题。

8.4.4　少锡与漏印

焊膏印刷中最常见的一个问题是少锡（实际上指少印现象）。涂覆在焊盘之上的焊膏覆盖

面积小于模板开口面积，主要是因为开口的堵塞。此症状还包括焊膏填充不完全或转移不完全导致的图形残缺现象。

引起少锡的原因有很多，如模板厚度、孔形与侧壁粗糙度、锡粉颗粒大小、刮刀压力、焊膏流变性等。

少锡的表现主要是图形残缺不全，如图 8-41 所示。

图 8-41　少锡现象

模板厚度是导致少锡的一个主要原因。更准确地说，就是模板开口面积比偏小，工程上一般要求面积比大于 0.66。这里我们需要注意两点，第一，这个数据本身就是一个 70%转移率的数据；第二，随着微焊盘的引入，有时很难做到 0.66 这个水平，因此，少锡成为一个常见的印刷不良问题。

模板侧壁不光滑也是容易引起少锡的一个主要原因。侧壁越粗糙，焊膏的释放越困难，也越容易黏附焊膏，这也是使用 FG 模板、电铸模板的原因之一。

模板开口截面形状对少锡也有影响，采用倒梯形的截面形状有利于焊膏释放。

模板开口堵塞常见的原因就是印刷过程中使用了流变性不足的焊膏。这可由多种原因引起，如使用了太高黏度的焊膏，或使用了过期的焊膏，或使用的焊膏没有适当地解冻，或焊膏中溶剂挥发太多，以及由助焊剂与焊粉反应而引起的结硬皮问题。后面的两种情况可能是把焊膏留在模板上太长时间，或使用了已印刷过的焊膏，或在高湿度条件下印刷的结果。

漏印是少锡的一个极端情况，如图 8-42 所示，通常由开口大部分堵塞或焊盘上有异物所致。

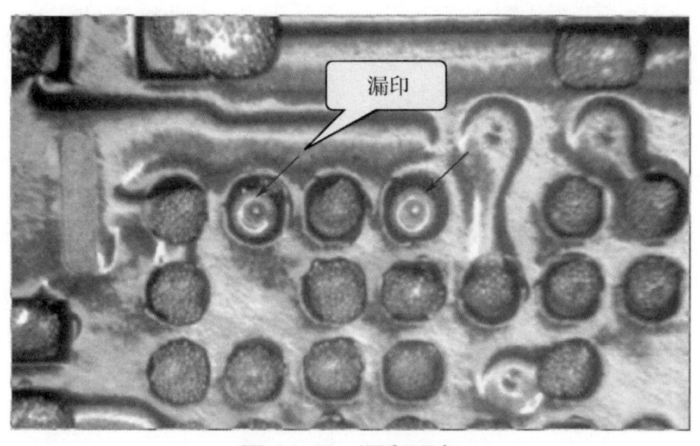

图 8-42　漏印现象

8.4.5 拉尖/狗耳朵

0.4～0.5mm 间距的 QFP，其印刷图形的端部很容易出现拉尖的现象，由于拉尖特别像狗耳朵，因此，也有人将其称为狗耳朵现象，如图 8-43（a）所示。这种现象是由焊膏不能从模板上干净分离所导致的，最常见的原因就是孔壁粗糙，形成机理如图 8-44（a）所示。

对于 0.4mm 间距的 BGA，模板开口尺寸只有 0.25mm，孔壁效应突出，本身转移效果不好，如果印刷时模板与焊盘之间有间隙，就可能出现拉尖现象，如图 8-43（b）所示。其形成机理如图 8-44（b）所示。

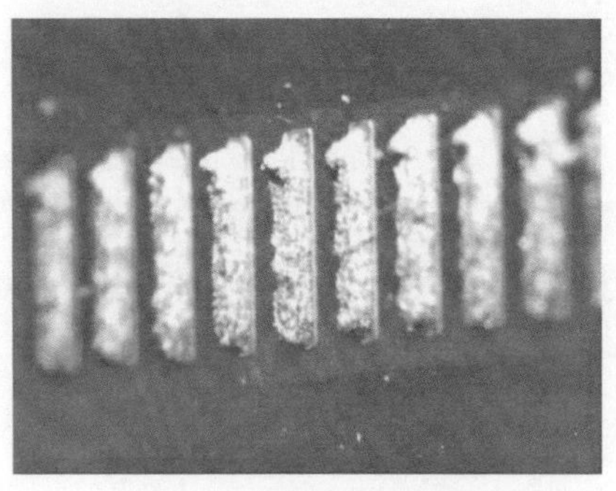

（a）QFP封装焊膏拉尖现象

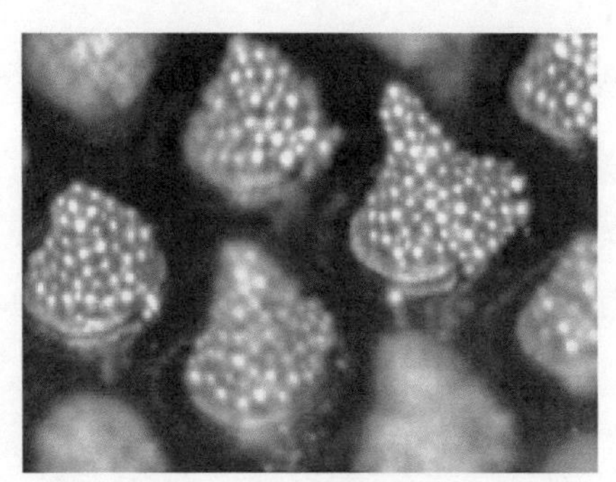

（b）BGA封装焊膏拉尖现象

图 8-43 焊膏拉尖现象

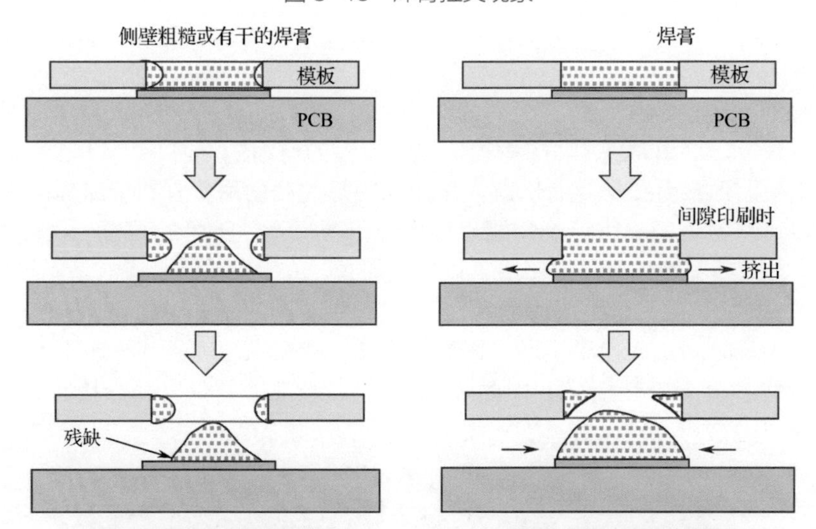

（a）孔壁与焊膏分离不净导致拉尖　　（b）模板与焊盘存在间隙导致拉尖

图 8-44 拉尖形成机理（推测）

拉尖/狗耳朵这种不良印刷图形一般不会对焊接质量造成影响，但是会对 SPI 的检测造成干扰，往往报出的焊膏量偏多。事实上，狗耳朵现象主要是长条形开口快速脱模导致的图形变形。拉尖属于微尺寸开口脱模出现的问题。它们大部分情况下属于略微少印的问题，而不是多锡。

8.4.6 塌陷

塌陷分为冷塌陷和热塌陷。冷塌陷是指发生在室温下的塌陷行为，印刷以后，在周围环境条件下焊膏逐渐扩散，焊膏涂覆逐渐从良好成型的砖块转变成为光滑圆顶形状，冷塌陷现象

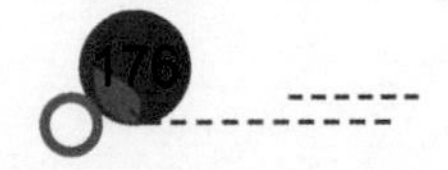

如图 8-45 所示。热塌陷是指发生在再流焊接阶段的塌陷。严格意义上讲，塌陷不属于印刷的问题，而是一个与焊膏性能有关的问题。

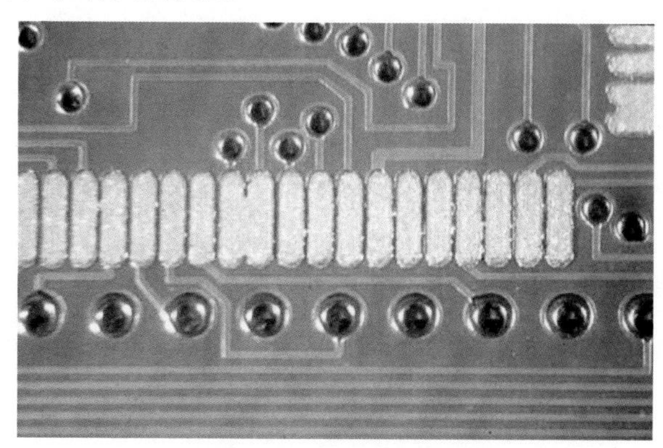

图 8-45　冷塌陷现象

产生冷塌陷的原因有：①低触变性；②低黏度；③低金属含量或固体含量；④较小的颗粒尺寸；⑤颗粒大小分布太宽；⑥助焊剂的低表面张力；⑦高湿度；⑧吸湿性焊膏；⑨较高的元器件贴放压力。对于热塌陷，除了以上讨论的原因，还受到再流曲线的升温速率的影响。

塌陷是因为焊膏黏度不够高，不足以抵抗由重力施加的倒塌力，所以扩散超过了涂覆面积。触变性和黏度对于塌陷的影响可由图 8-46 阐明，这里 A 位置为需要抵抗重力和在印刷后没有塌陷的最小黏度，B 位置是在印刷期间允许焊膏滚动和填充孔的最高黏度。在所给的印刷速度下，两种焊膏（低触变性和高触变性）黏度不高于 B 处的黏度，对于焊膏的滚动和填充孔两者都可接受。然而，对于低触变性的焊膏，在零剪切时的黏度比 A 处的黏度要低，所以在印刷后产生了塌陷；对于高触变性的焊膏，在零剪切时的黏度比 A 处的黏度要高，因此在印刷后没有呈现出塌陷。应该指出，高触变性但在零剪切下太低黏度的焊膏仍然不够好，不足以消除塌陷。

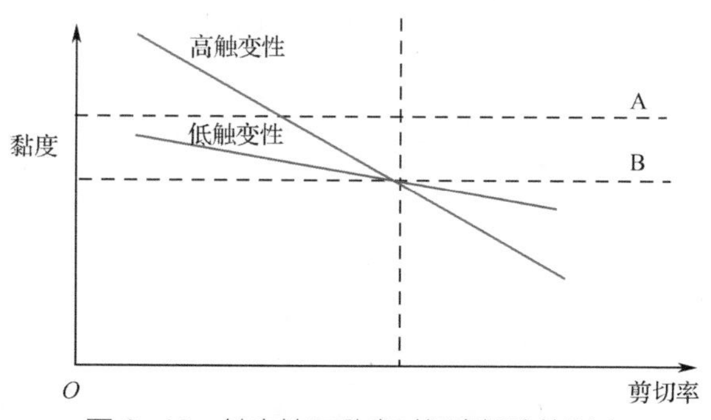

图 8-46　触变性和黏度对焊膏塌陷的影响

对于冷塌陷，金属含量对减少塌陷只有很轻微的积极影响。对于热塌陷（如在 100℃时），91%和 92%金属含量时没有看到短路，然而低于 90%的金属含量，随着金属含量的下降，热塌陷迅速地增加。高金属含量焊膏的低塌陷率可归因于高黏度，因为金属粉粒在熔化之前不能流动。

除金属含量的影响外，塌陷一般也随着助焊剂固体含量的增加而减少。固体含量高的助焊剂不但在室温下，而且在提高的温度下都呈现出较高的黏度，所以有较大的塌陷抵抗力。

焊膏颗粒大小和尺寸分布也影响到塌陷，如图 8-47、图 8-48 所示。因为在室温和 100℃时焊粉都保持固体状态，助焊剂在 100℃时熔化，故在 100℃测试中可看到由助焊剂变稀而引起较大的塌陷。助焊剂液化的效应被减小颗粒尺寸导致的焊膏黏度增加所抵消。结果是塌陷随着颗粒尺寸减小而减少，特别是在 100℃的情况下。同样，发现宽颗粒尺寸分布比窄颗粒尺寸分布

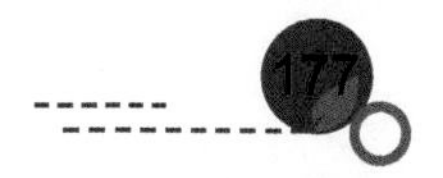

在两个温度时都加重塌陷。在加热时，颗粒之间的助焊剂熔化，被用作润滑剂，以便让颗粒滑过和塌陷。颗粒与颗粒接触概率高，对滑动有更多的抵抗力，且将出现较少的塌陷。大概较高的塌陷指数与宽 PSD 有关，可归因于较好的粉粒填充，它减少了颗粒与颗粒之间接触的概率。

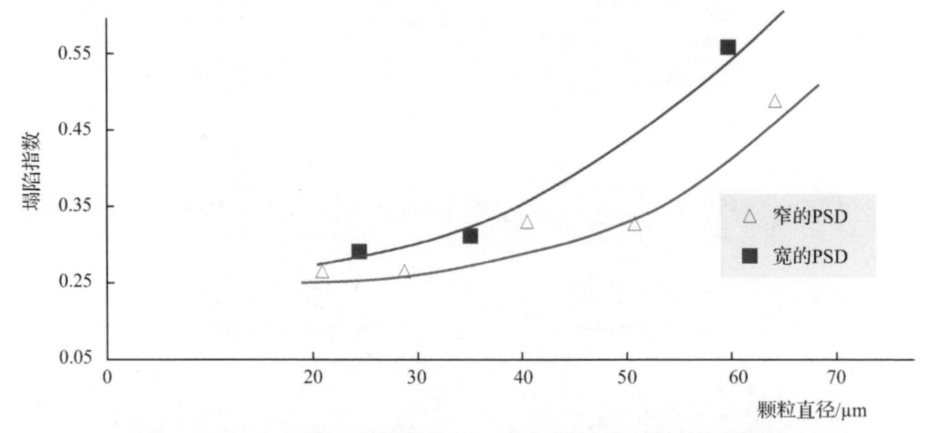

图 8-47　在 100℃时焊膏颗粒大小和尺寸的分布对塌陷的影响

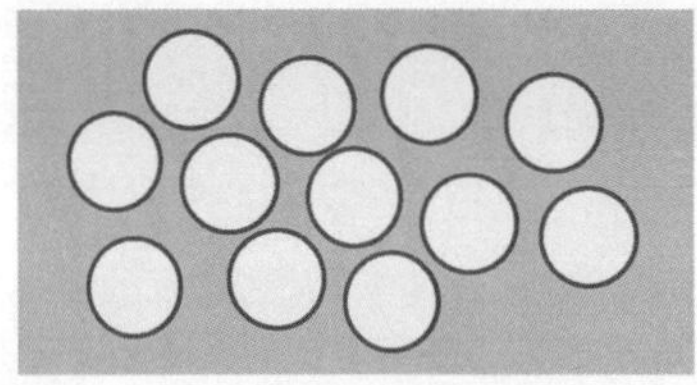
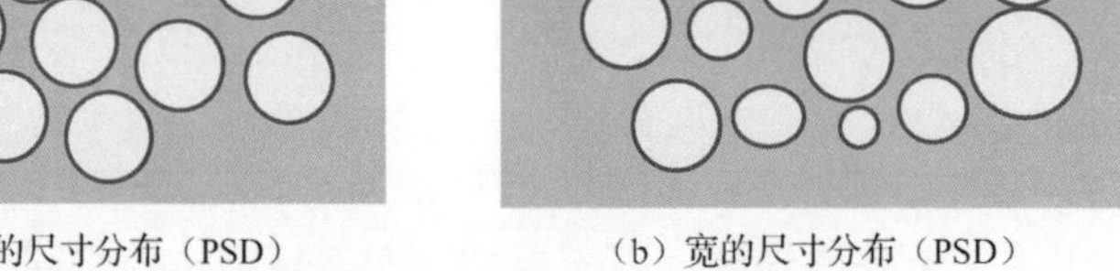

（a）窄的尺寸分布（PSD）　（b）宽的尺寸分布（PSD）

图 8-48　焊膏颗粒尺寸分布对塌陷的影响

助焊剂的表面张力是另外一个影响塌陷的重要因素。较高表面张力的助焊剂有减小其表面面积增大的趋势，因此有较大的抵抗力阻止扩散和塌陷，在室温和提高的温度下都是这样的。助焊剂的高表面张力不仅可以减少焊膏的塌陷，而且可以减少熔融焊料的扩散。

如果在焊膏加工线周围的湿度太高，焊膏能吸取大量的水分，会导致低黏度和塌陷。对于许多可水溶解的具有相当吸湿性的焊膏来说尤其如此。对于大多数焊膏，30%～50%的相对湿度是合适的。

高的元器件贴放压力挤压着焊膏，因此加重了塌陷行为。然而，严格地说，焊膏挤压不属于塌陷范畴。

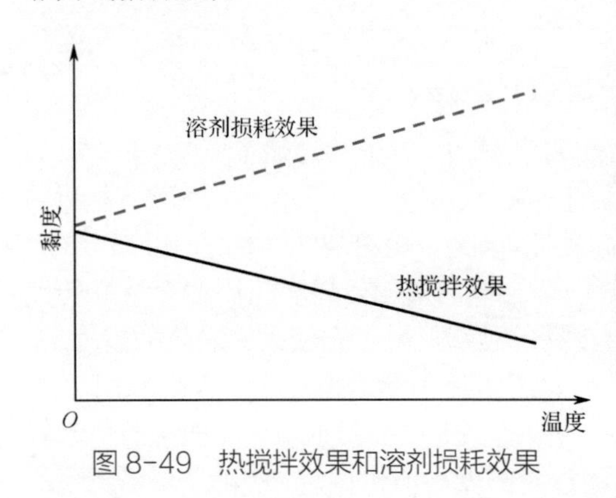

图 8-49　热搅拌效果和溶剂损耗效果

塌陷也可受到再流时升温速率的影响。一般来说，一方面具有固定组成和化学结构的材料黏度随着温度的增加而下降，这是因为增加了分子级的热搅拌。在较高温度下黏度下降将产生较大的塌陷。另一方面，温度的增加通常会脱干更多的助焊剂溶剂，导致固体含量的增加，因此增加了黏度。这两种相对的效果，热搅拌效果和溶剂损耗效果如图 8-49 所示。

热搅拌效应是内部物质的属性，它只是温度的函数且与时间无关，所以，升温速率对它没有影响。然而，溶剂损耗效果是动力学现象，且受升温速率

的影响。溶剂汽化率是与溶剂的热能或温度成正比的。溶剂损耗量与汽化率和汽化时间的乘积成比例。换句话说，总的溶剂损耗是时间和温度两者的函数，因此可通过改变再流升温速率进行调整。升温速率和黏度之间的关系如图 8-50 所示。

通过应用相当缓慢的升温速率，可增强溶剂损耗效果，从而导致黏度下降。塌陷与升温速率之间的关系，参看图 8-51。一般来说，建议从室温到熔化温度期间使用 0.5～1℃/s 的升温速率。

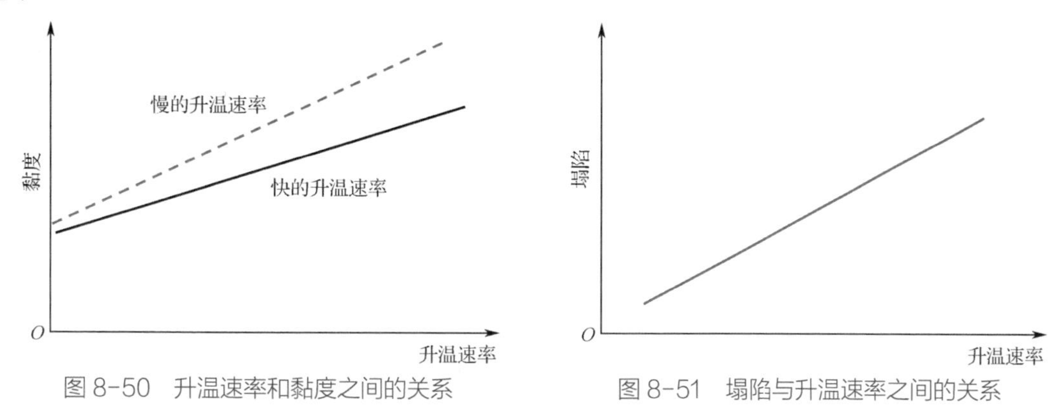

图 8-50　升温速率和黏度之间的关系　　图 8-51　塌陷与升温速率之间的关系

塌陷是焊膏材料的主要特征。减少塌陷的大多数解决办法在于材料的设计。在工艺方面，控制湿度和控制升温速率都是解决这一问题的有效方法。

8.5　SPI 应用探讨

随着焊膏检测（SPI）技术的成熟，焊膏印刷检测将成为 SMT 生产线的标配。但是，目前的应用存在几个问题：

（1）SPI 数据与焊接直通率关联性不强，往往检测有问题，但焊接没有问题。

（2）焊膏厚度、面积、体积检测标准依据什么制定？若设置范围小了，报警频繁，误报率很高；若设置宽了，则似乎又没有什么用途。

怎样用好 SPI 就成了一个问题。以下就此问题进行讨论，纯属个人看法，仅供读者参考。

首先我们必须清楚：

（1）有很多因素，包括元器件封装质量、PCB 设计、焊膏、模板、印刷质量、温度曲线等都可能导致焊接不良。由印刷导致的焊接不良主要集中在与焊膏量有关的焊接不良方面，如桥连、开焊、球窝、立碑、锡球等。所以，印刷不良只是引发焊接不良的部分原因，也只与部分焊接不良有关。

（2）每类封装对焊膏印刷质量的敏感度不同，0.4mm QFP 对焊膏厚度极其敏感，但 PLCC 就根本不敏感。

了解了这两点，就基本清楚了我们的需求。我们需要聚焦精细间距元器件，需要关注每个焊盘上的焊膏质量数据。

如果 SPI 能够选择性地输出我们需要的数据，针对性地给出报警，那么就可以减少频繁的人工处理。

8.5.1　焊膏印刷不良对焊接质量的影响

每类封装都有自己的工艺特性，对焊膏的印刷需求也不同。

焊膏印刷常见的不良现象及对焊接质量的影响见表 8-1。

表 8-1 焊膏印刷常见的不良现象及对焊接质量的影响

序 号	印 刷 不 良	对焊接的影响
1	移位	取决于封装，如果焊膏图形与焊盘有效间隔大于封装要求就没有问题
2	桥连	对于多数封装而言会导致桥连发生
3	漏印	会导致 100%虚焊
4	少锡	如果焊膏量满足要求，就没有问题
5	拉尖	取决于封装，对 QFN、01005 而言，一般会导致焊接不良
6	毛刺	取决于封装，对 QFN 而言，一般会导致焊接不良
7	挤出	取决于封装，如果焊膏图形与焊盘有效间隔大于封装要求就没有问题
8	污斑	会导致锡珠缺陷

8.5.2 焊膏印刷图形可接受条件

由于引线间距超过 0.8mm 的元器件在模板厚度 0.08～0.13mm 范围内对焊膏印刷参数不敏感，印刷的问题不多，因此，我们选择有代表性的精细间距元器件作为确认对象并提出印刷的可接受条件。一般来说，只要这些元器件的焊膏图形符合要求，其他的就不会有问题。

焊膏印刷图形拒收和可接受条件见表 8-2 和表 8-3，这是基于焊膏检测技术的广泛应用使得焊膏量可测而提出的。由于焊膏量对不同封装的影响不同，不可能有一个统一的标准，必须根据使用的封装、焊盘尺寸、模板开口等系统考虑，这里仅提供一种思路供参考。

表 8-2 焊膏印刷图形拒收条件

不 良	桥 连	漏印或拉尖	污 斑	少印	边缘不齐或挤出
例图					
说明	焊膏图形间桥连	无焊膏或焊膏图形中心拉尖	焊盘间残留焊膏	面积多处残缺	边缘不齐或有毛刺
接受性	拒收	拒收	拒收	拒收	拒收

表 8-3 特定封装焊膏量与位置偏移可接受条件

封 装	0.4mm QFP	0.5mm QFN	0.4mm CSP	0201	01005
例图					
焊膏量	30%～220%	30%～220%	25%～220%	30%～250%	30%～250%
面积比	≥70%	≥70%	≥70%	≥70%	≥70%
偏移量	<0.08mm	<0.05mm	<0.05mm	<0.10mm	<0.08mm

基于控制因素与 SPI 常规的检测项目，我们从以下 3 个维度建立焊膏印刷图形的可接受条件：

- 位置偏差，在 SPI 中表现为坐标偏差的百分比；
- 焊膏体积，在 SPI 中表现为焊膏量与模板开口体积的百分比；
- 转移面积，在 SPI 中表现为沉积面积与模板开口面积的百分比。

8.5.3　0.4mm 间距 CSP

1．工艺原理

CSP（Chip Scale Package，芯片级封装）焊端为ϕ0.25mm 球，有少许的空间吸纳熔融焊锡，同时，由于焊膏先熔化、焊球后熔化的特性，一般情况下不会出现桥连的问题，主要问题是印刷少印而导致球窝、开焊等现象。因此，0.4mm 间距 CSP 的印刷目标是获得足够的焊膏量。

2．基准工艺

（1）模板厚度 0.08mm，模板开口ϕ0.25mm。

（2）推荐采用 FG 模板。

3．接受条件

1）可接受条件

（1）焊膏图形中心偏离焊盘中心小于 0.05mm，如图 8-52（a）所示。

（2）焊膏量为 25%～220%（采用 SPI）。

（3）焊膏覆盖面积大于或等于模板开口面积的 70%，如图 8-52（b）所示。

（4）无漏印，挤印引发的焊膏与焊盘最小间隔大于或等于 0.05mm。

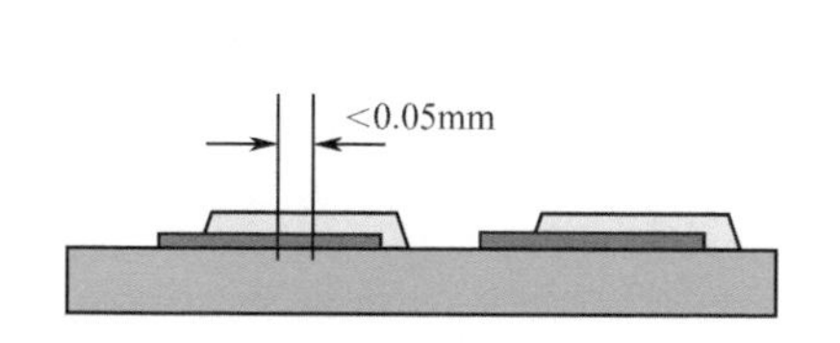

（a）图形与焊盘间隔

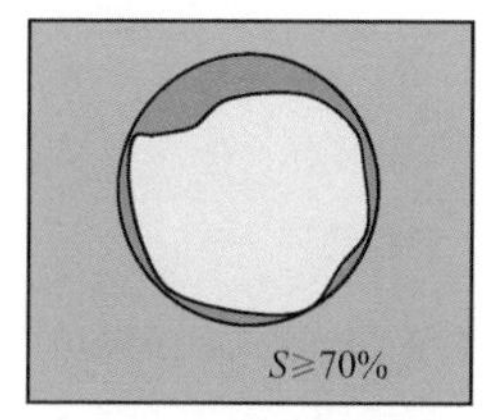

（b）图形覆盖

图 8-52　可接受条件

2）不接受条件

（1）图形中心偏离焊盘中心大于 0.05mm，如图 8-53（a）所示。

（2）焊膏量超出 25%～220%范围（采用 SPI）。

（3）图形覆盖面积小于模板开口面积的 70%，如图 8-53（b）所示。

（4）焊膏漏印、严重挤印与拉尖。

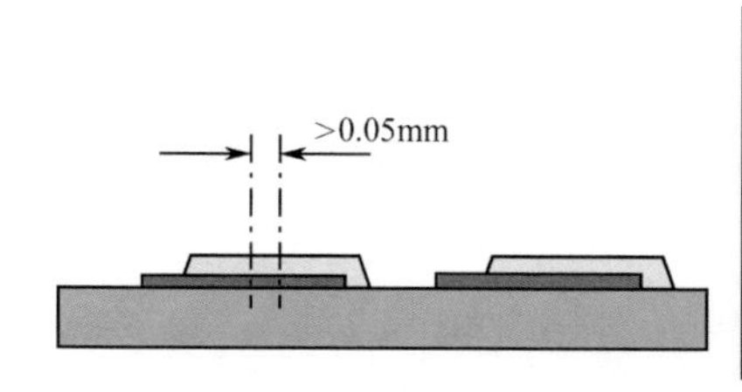

（a）偏移

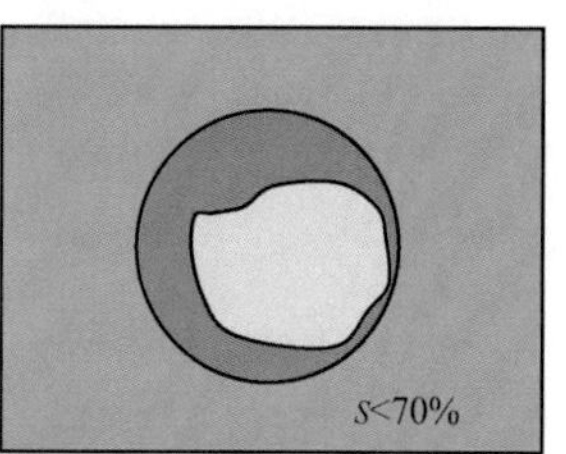

（b）图形残缺

图 8-53　不接受条件

8.5.4　0.4mm 间距 QFP

1．工艺原理

由于 0.4mm 间距 QFP 的引脚有一定的厚度且焊盘有效间隔比较小（最小 0.15mm），与焊膏有关的焊接问题主要是桥连和开焊。因此，焊膏印刷的主要目标就是控制焊膏量在合适的范围内，过少将引起开焊，过多则引起桥连。

2．基准工艺

（1）PCB 的设计采用 0.25mm 宽焊盘、大阻焊开口设计。

（2）模板厚度为 0.10mm，模板开口宽度为 0.20mm。

（3）元器件下支撑到位。

3．接受条件

1）可接受条件

（1）焊膏图形偏离焊盘中心小于 0.08mm，如图 8-54（a）所示。

（2）图形焊膏量为 30%～220%（采用 SPI）。

（3）图形覆盖面积大于等于模板开口面积的 70%，如图 8-54（b）所示。

（4）无漏印、桥连，表面平整。

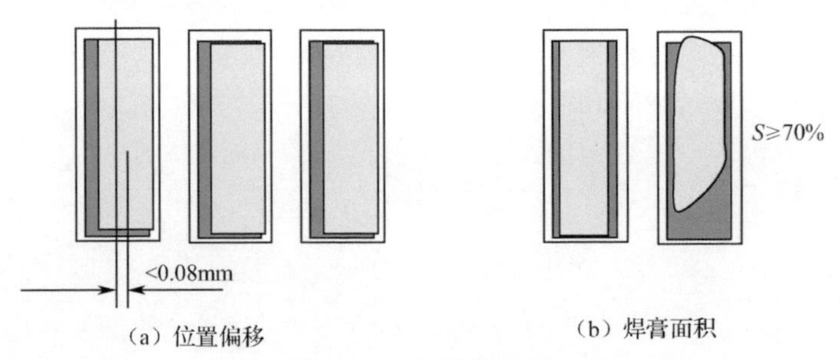

（a）位置偏移　（b）焊膏面积

图 8-54　可接受条件

2）不接受条件

（1）图形中心偏移大于等于 0.08mm，如图 8-55（a）所示。

（2）图形焊膏量超出 30%～220%范围外（采用 SPI）。

（3）图形覆盖面积小于模板开口面积的 70%，如图 8-55（b）所示。

（4）漏印、桥连、表面不平整。

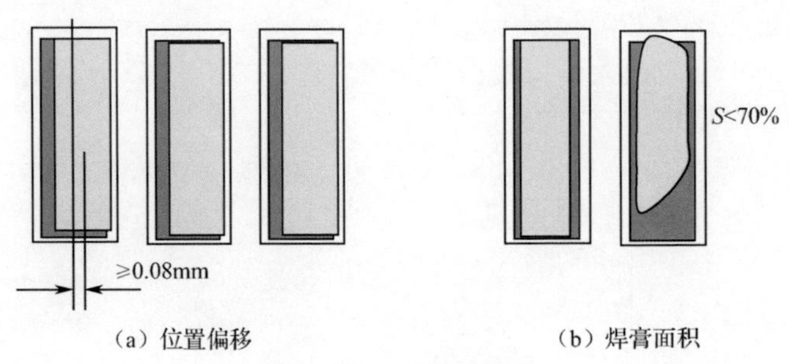

（a）位置偏移　（b）焊膏面积

图 8-55　不接受条件

8.5.5　0.4～0.5mm 间距 QFN

1．工艺原理

QFN 器件的焊点为“面—面”结构，主要焊接不良为桥连和虚焊（开焊），如图 8-56 所示。

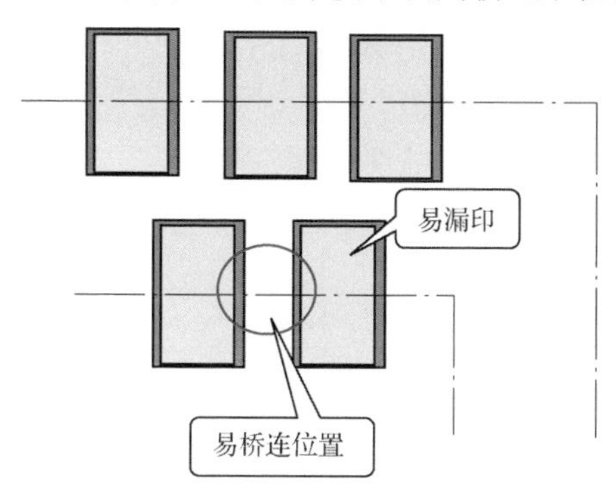

图 8-56　QFN 焊膏印刷主要问题

QFN 工艺控制的难点在以下两方面：

（1）焊缝厚度决定信号焊盘可接受的焊膏量。为了减少桥连，通常倾向于采用 0.12mm 厚的模板及热沉焊盘 75%以上的焊膏覆盖率，便获得 40μm 以上厚度的焊缝。

（2）信号焊盘上焊膏的沉积量。QFN 的引脚焊盘尺寸比较小，大多在（0.20～0.22mm）×（0.45～0.50mm）内，往往模板开口面积比在 0.66 左右，容易少印。为了确保在焊缝厚度提高的情况下不少印，建议采用纳米涂覆模板。

2．基准工艺

1）0.4mm QFN

0.10mm 厚模板，内排焊盘（非边焊盘）开口（0.18～0.20mm）×0.45mm。模板面积比为 0.69。

2）0.5mm QFN

0.13mm 厚模板，内排焊盘（非边焊盘）开口（0.20～0.22mm）×0.45mm。模板面积比为 0.57。

3．接受条件

1）可接受条件

（1）焊膏图形中心偏离焊盘中心小于 0.05mm。

（2）焊膏量为 30%～220%（采用 SPI）。

（3）焊膏覆盖面积大于等于模板开口面积的 70%。

（4）无漏印（包括残缺）、无挤印、无拉尖，表面平整。

2）不接受条件

（1）焊膏图形中心偏离焊盘中心大于等于 0.05mm。

（2）焊膏量超出 30%～220%范围（采用 SPI）。

（3）焊膏覆盖面积小于模板开口面积的 70%。

（4）漏印、挤印、拉尖。

8.5.6　0201

1．工艺原理

0201 焊盘的尺寸大多为 0.4mm×0.25mm，其印刷工艺性远高于 0.4mm CSP 等封装。印刷的主要问题就是对位。

2．基准工艺

模板厚度为 0.08～0.10mm。

3．接受条件

1）可接受条件

（1）焊膏图形中心偏离焊盘中心小于 0.10mm。

（2）焊膏量为 30%～250%（采用 SPI）。

（3）焊膏覆盖面积大于等于模板开口面积的 70%。

（4）无漏印（包括残缺）、无挤印、无拉尖，表面平整。

2）不接受条件

（1）焊膏图形中心偏离焊盘中心大于等于 0.10mm。

（2）焊膏量超出 30%～250%范围（采用 SPI）。

（3）焊膏覆盖面积小于模板开口面积的 70%。

（4）焊膏漏印、挤印、拉尖。

8.6 实际生产数据（举例）

以下内容选自麦彦等发表在《2018 中国高端 SMT 学术会议论文集》上的《焊膏印刷 SPI 控制阈值与印刷质量关系的研究》。

以 0.5mm 间距的双排 QFN 为试验对象进行印刷试验。

试验对象：0.5mm 间距的双排 QFN。

钢网设计：厚度为 0.1mm，QFN 焊盘钢网开口长度尺寸为 0.45mm，改变宽度，设计有 0.14mm、0.15mm、0.16mm、0.2mm、0.28mm、0.30mm。

印刷参数：印刷速度为 30mm/s，脱模速度为 1mm/s，自动擦洗工艺为湿擦/干擦/真空，擦洗频率为一块一擦。

试验结果如表 8-4、表 8-5 所示。

表 8-4 印刷体积比

钢网厚度/mm	标准开口宽度/mm	试验开口宽度/mm	模板面积比	宽厚比	最大体积比/%	最小体积比/%	平均体积比/%
0.1	0.21	0.14	0.61	1.4	99	10	60.3
		0.15	0.65	1.5	91	26	66.2
		0.16	0.69	1.6	113	46	80.5
		0.20	0.83	2	104	54	73
		0.28	1.1	2.8	112	55	85
		0.30	1.15	3	120	84	99
		0.32	1.21	3.2	113	67	87
		0.34	1.27	3.4	136	82	106

表 8-5　印刷面积比

钢网厚度/mm	标准开口宽度/mm	试验开口宽度/mm	模板面积比	宽厚比	最大面积比/%	最小面积比/%	平均面积比/%
0.1	0.21	0.14	0.61	1.4	122	34	86
		0.15	0.65	1.5	113	41	91.8
		0.16	0.69	1.6	107	52	83
		0.20	0.83	2	128	77	102
		0.28	1.1	2.8	115	64	86.7
		0.30	1.15	3	116	83	103
		0.32	1.21	3.2	107	61	87.5
		0.34	1.27	3.4	119	80	99

当开口宽度小于等于 0.15mm 时，容易出现少锡现象，当开口宽度大于等于 0.34mm 时，容易出现桥连现象。这个数据具有一定参考价值，说明对于长条形开口，当使用 0.1mm 厚钢网时，开口宽度应大于 0.15mm；小于此值，容易发生桥连现象。

焊接后，开口宽度大于等于 0.15mm 的焊点没有发现虚焊，小于等于 0.34mm 时没有看到桥连。

通过此实验，推荐的 SPI 阈值见表 8-6。

表 8-6　推荐的 SPI 阈值

器 件 类 型	体积比/%	面积比/%
0.5mm 间距双排 QFN	35～172	40～163
0.5mm 间距单排 QFN	49～171	55～167
0.4mmQFP	53～167	57～158
0.8mm 间距 BGA	59～187	55～178
0402	52～174	49～172

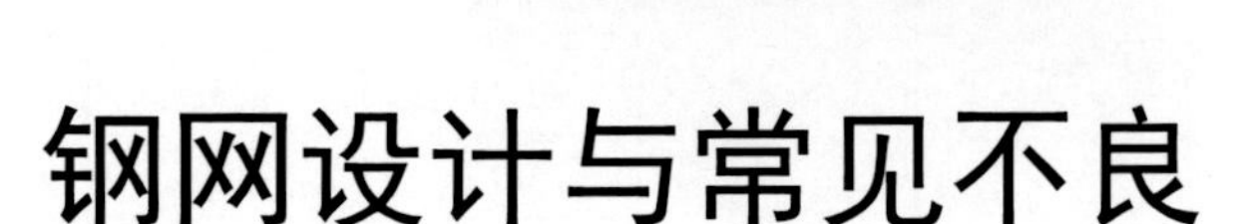

钢网设计与常见不良

9.1 钢网

钢网通常指带有网框的模板，主要由镂空的不锈钢片、网框与尼龙网构成，如图 9-1 所示。一般我们把镂空的不锈钢片称为模板，但在工厂中没有这么严格的区分，更多的时候将模板称为钢网。为了描述方便，我们把模板上的窗口称为开口（主要是孔口尺寸一般比孔深小很多，开口似乎更能准确体现图形的意义，也是业界约定俗成的一个称谓）。

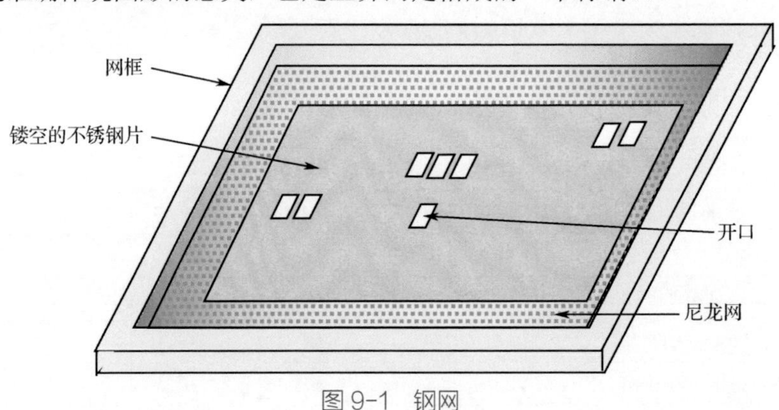

图 9-1 钢网

目前，模板的制造方法主要有激光切割、化学蚀刻和电铸，它们的孔壁形貌如图 9-2 所示。目前主流的制作工艺为激光切割工艺，这主要是质量与成本平衡的结果。随着精细间距元器件的广泛使用，特别是 01005 片式元器件和 0.35mm 间距 CSP 的使用，电铸工艺也得到一定范围的应用。

（a）化学蚀刻工艺加工

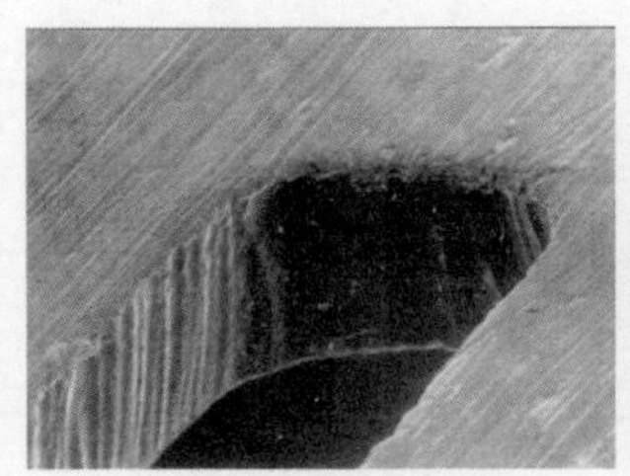
（b）激光切割工艺加工

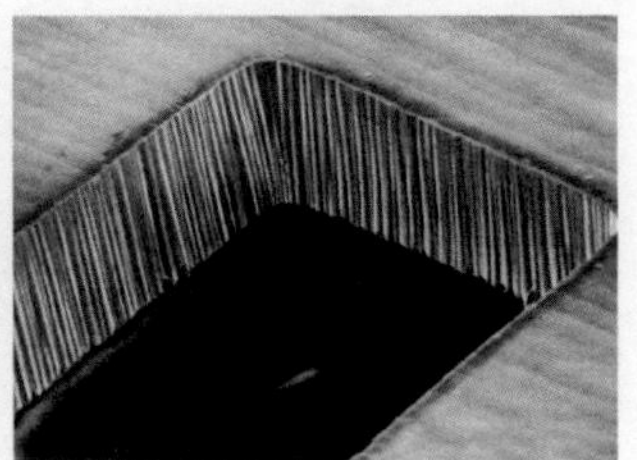
（c）电铸工艺加工

图 9-2 不同加工工艺获得的孔壁形貌

1. 激光切割

激光切割是目前 SMT 焊膏印刷模板的主要制造方法，通常切割后要做进一步的处理，如电抛光或物理抛光、纳米涂覆等。电抛光前后孔壁形貌如图 9-3 所示。

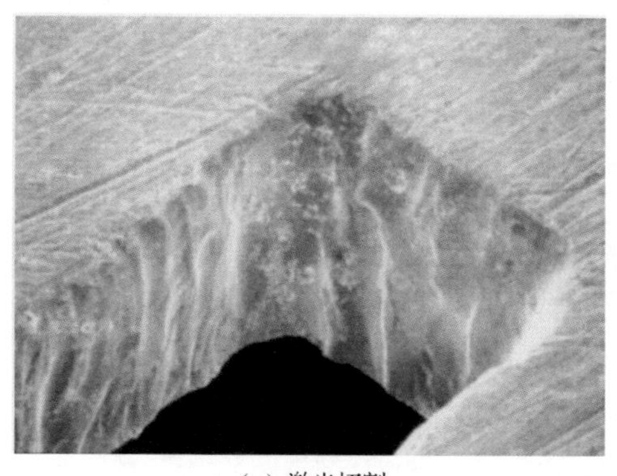

（a）激光切割

（b）激光+电抛光

图 9-3　激光切割孔电抛光前后孔壁形貌

激光切割工艺加工的模板具有以下特点：

（1）孔壁表面较粗糙，焊膏的转移率为 70%～100%，适合于开口尺寸不小于 0.15mm 的应用。

（2）适合模板开口与侧壁的面积比大于等于 0.66 的应用。

激光切割模板的加工精度如下：

（1）开口尺寸精度：0～0.010mm。

（2）开口位置精度：±0.040～0.075mm。

（3）材质厚度：0.050～0.600mm。

（4）侧壁粗糙度：0.005～0.006mm。

主要使用的材料为：

（1）SUS304 钢片，一般模板的寿命在 15 万次以上。

（2）FG 钢片。

（3）FG 模板+纳米涂层。

激光切割孔口表面的粗糙度与材料有关，材料的晶粒越细，粗糙度越小，即越光滑。这是金属熔化首先从晶界开始的缘故。目前，在精细元器件印刷模板制作方面，很多 SMT 厂使用了细晶粒的不锈钢材料，业内称之为 FG 模板。FG 模板的最大优势是下锡的一致性比较好。图 9-4 所示为 0.35mm BGA 普通不锈钢（SUS304）与 FG 模板印刷 SPI 数据对比。

（1）高度数据：普通模板焊膏印刷厚度为 68～80μm，而 FG 模板为 76μm 左右。

（2）面积数据：普通模板焊膏印刷面积为 88%～100%，而 FG 模板为 90%左右。

（3）体积数据：普通模板焊膏印刷体积为 70%～95%，而 FG 模板为 95%左右。

2．电铸

电铸工艺即采用感光膜制作电铸模型，然后采用电镀镍或镍合金的方法生成镍基模板。此工艺可获得较好的孔壁光滑度，从而具有良好的下锡性能。电铸工艺最早用于半导体行业，近来也用于精细间距元器件的焊膏印刷，还用于制作 3D 模板。

电铸工艺加工的模板具有以下特点：

- 孔壁表面平滑，呈细条纹状，焊膏的转移率高，达 85%以上；
- 可用于模板开口与侧壁的面积比小于 0.66、大于 0.5 的场合。

电铸孔壁的表面粗糙度一般为 0.0025mm，如图 9-5 所示。

一般模板的寿命在 10 万次以上。

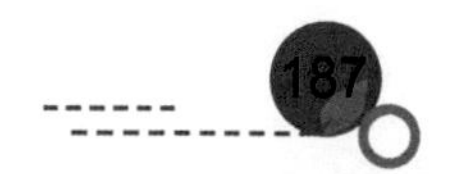

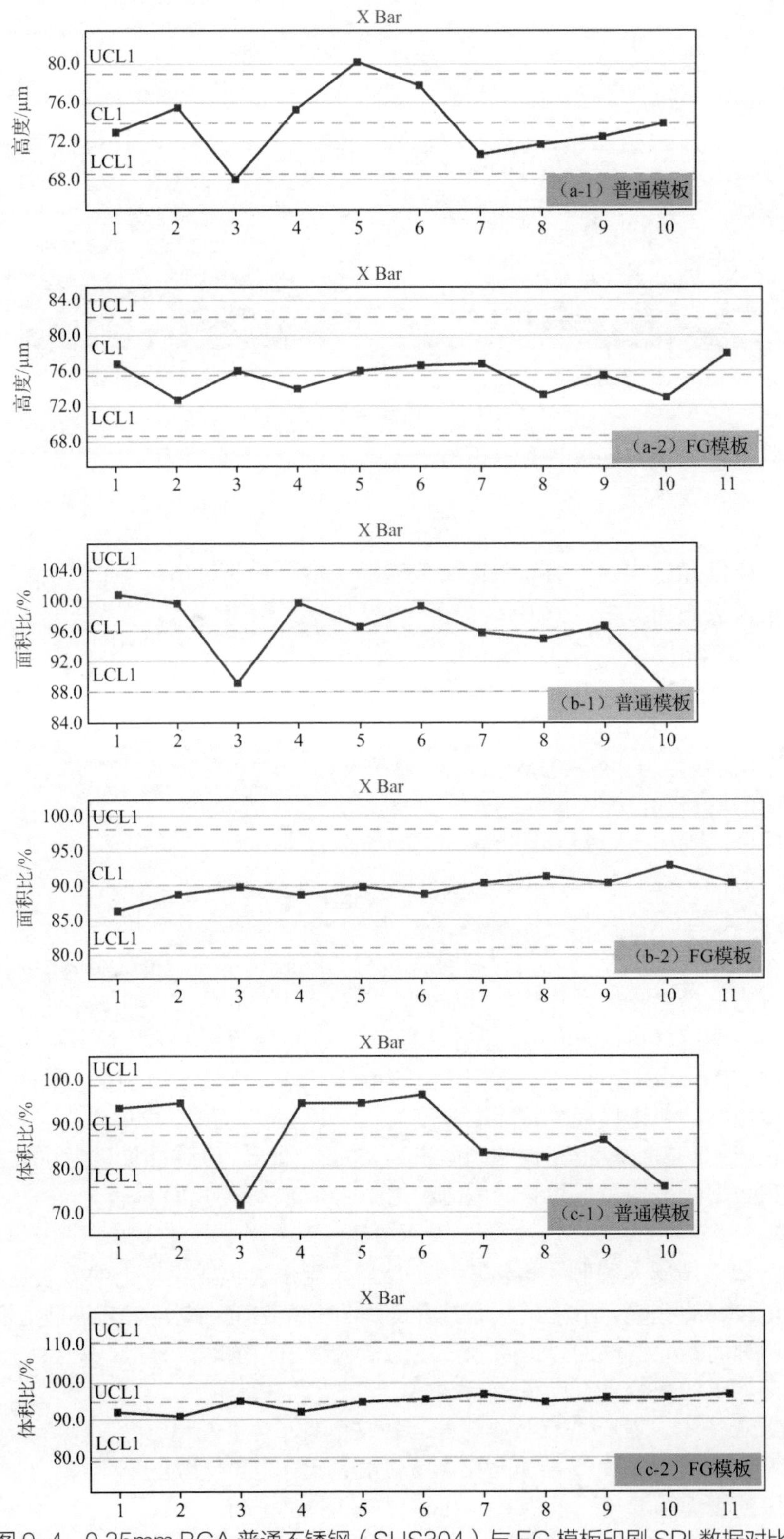

图 9-4　0.35mm BGA 普通不锈钢（SUS304）与 FG 模板印刷 SPI 数据对比

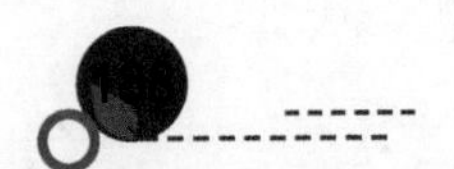

3．化学蚀刻

化学蚀刻工艺由于采用两面蚀刻，开口侧壁并非平面形状，从截面看孔形为细腰形，如图 9-6 所示。此结构显然不利于下锡，不适用于间隙间距元器件的模板，目前已经很少使用。

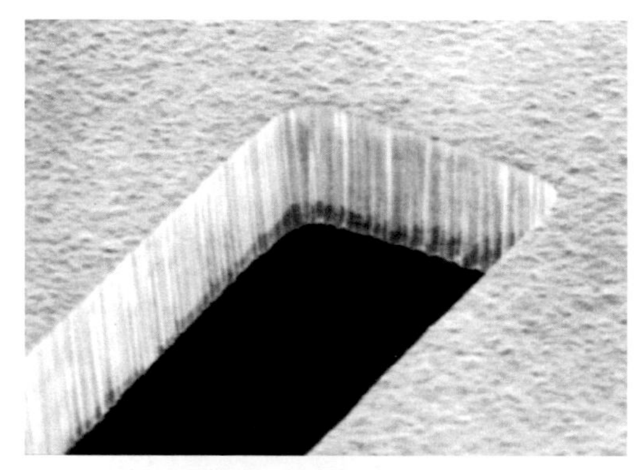

图 9-5　电铸孔壁的质量

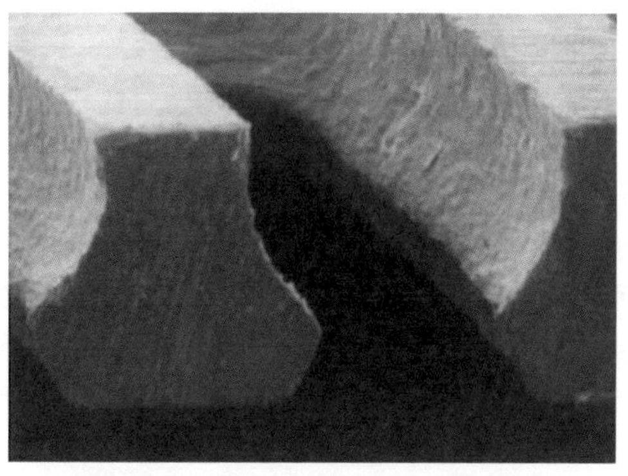

图 9-6　化学蚀刻模板开口截面形状

9.2　钢网制造要求

1．网框与模板的尺寸

模板采用 AB 胶与尼龙网纱的绷网方式，在铝框与胶黏结处须均匀刮上一层保护漆（S224）。为保证模板有足够的张力（规定大于 35N/cm，一般要求为 30～50N/cm）和良好的平整度，要求模板与网框内侧的距离不小于 25mm，最好在 50～100mm 范围内，如图 9-7 所示。

较大的模板张力将提供一个更稳当的印刷平台，回弹更小，会产生更好的印刷效果。但是，较大的张力必须要求加固网框来承受增加的力，成本自然也会增加。

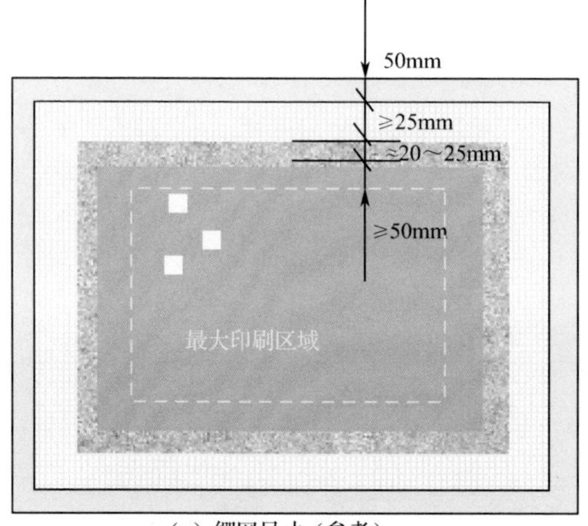

（a）绷网尺寸（参考）

（b）实际模板

图 9-7　绷网尺寸与实际模板

由于模板与网框内侧、模板与尼龙网的黏结区及黏结区与印刷区之间需要距离，因此，网框内侧尺寸并非模板可用的最大尺寸，真正有用的最大印刷尺寸是网框内侧尺寸减去 220mm 以上的尺寸。当然，这还取决于印刷机导轨宽度、擦网机构的尺寸及网框尺寸。如 DEK265 印刷机，网框尺寸为 736mm×736mm，最大印刷面积为 510mm×489mm。再比如，UP3000 印刷机，网框尺寸为 736mm×736mm，最大印刷面积为 559mm×508mm。

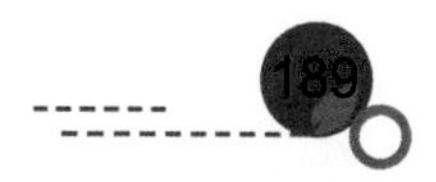

2．张力

模板张力指尼龙网纱作用在模板上的拉力，可采用张力计进行测量。其原理是测试网纱局部的下沉单位距离所需要的推力，单位为 N/cm，张力测试原理与张力计如图 9-8 所示。

图 9-8　张力测试原理与张力计

为保证模板的平整度，要求有足够的张力，一般要求大于 35N/cm，通常在 30～50N/cm 范围内。

3．孔壁形状与粗糙度

模板开口截面理想情况下应呈“梯形”，即开口下尺寸比上尺寸宽 0.01mm 左右（根据模板厚度而定），如图 9-9 所示。

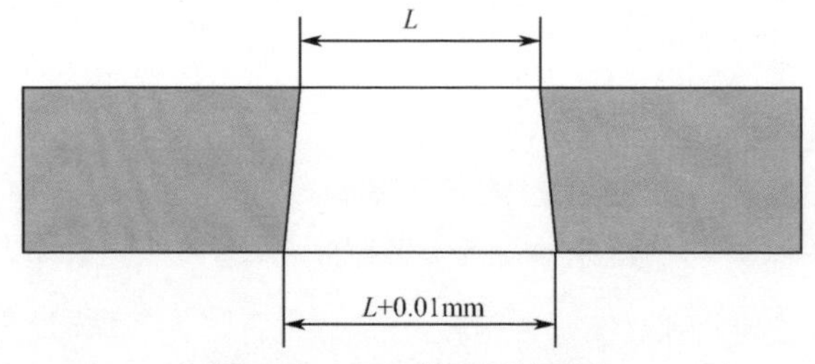

图 9-9　开口截面形状要求

如果是以下情况，模板开口须做抛光处理：

0.5mm 间距及以下的 QFP、SOJ、PLCC、SOP、插座和 CSP 器件，所有印胶模板。

4．尺寸公差

目前国内主要模板厂家电抛光模板的加工精度见表 9-1。

表 9-1　电抛光模板的加工精度

项　目	要　求	测 试 方 法
孔壁粗糙度	R_a≤0.005mm	100 倍放大镜观察，只检查非印刷面
孔口位置精度	（1）板子尺寸≤300mm 时，公差±0.04mm； （2）300mm<板子尺寸<500mm 时，公差±0.06mm； （3）板子尺寸≥500mm 时，公差±0.08mm	光学定位点到光学定位点、光学定位点到任意图形、整板 3 次元抽测
孔口尺寸精度	（1）引脚中心距为 0.35mm 及 01005 器件，公差±1～5μm； （2）引脚中心距小于等于 0.5mm 及 0201/0402 器件，公差±5μm； （3）引脚中心距大于 0.5mm 及 0603 以上的器件，公差±105μm	3 次元抽测
网框平整度	网框平整度≤2.0mm	塞规测量

9.3 模板开口设计基本要求

9.3.1 面积比

为了确保 70%以上的转移率，模板开口面积与孔侧壁面积之比应大于 0.66 或开槽宽厚比大于 1.5，开口尺寸代号说明如图 9-10 所示。

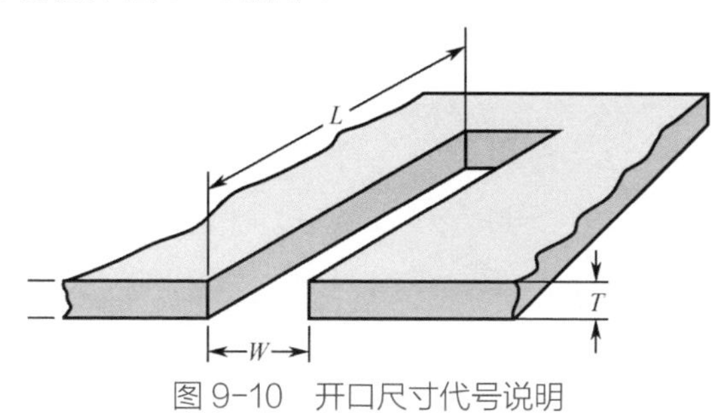

图 9-10　开口尺寸代号说明

转移率与面积比的关系如图 9-11 所示，这是一个试验数据。

面积比：$\text{AreaRatio} = \dfrac{L \times W}{2(L+W) \times T} > 0.66$

宽厚比：$\text{AspectRatio} = \dfrac{W}{T} > 1.5$

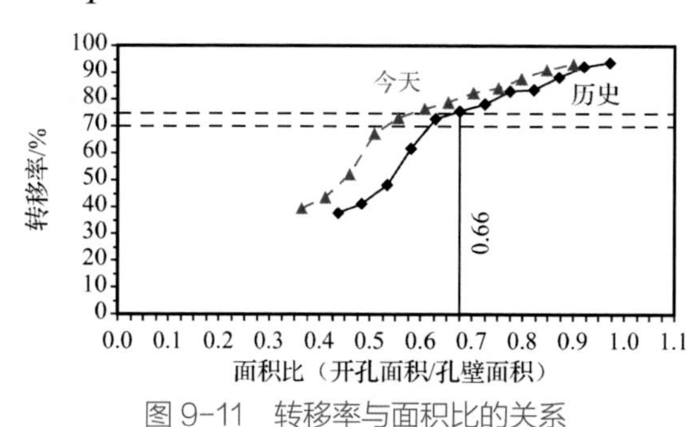

图 9-11　转移率与面积比的关系

9.3.2 阶梯模板

阶梯模板的设计不单是一个模板的设计问题，它涉及元器件的布局间距，即精细间距元器件与普通间距元器件的间距，以满足阶梯焊膏厚度的印刷要求。

1．阶梯方式

阶梯模板主要有两种阶梯方式，即向上台阶（Step-up）和向下台阶（Step-down），如图 9-12 所示。使用 Step-down 阶梯方式，随着印刷次数的增加，蚀刻（下沉）部分的模板会变得松弛，从而会引起精细间距元件焊膏图形的移位，因此，大多采用 Step-up 阶梯方式。

（a）Step-up　　（b）Step-down

图 9-12　阶梯模板阶梯方式

2. 蚀刻表面的处理

阶梯模板的蚀刻表面宜做成光亮面。粗糙的表面往往不利于刮净焊膏，如图 9-13（a）所示；如果加大刮刀的压力，很容易引起模板移位（因有台阶）、焊膏舀挖，如图 9-13（b）所示。

（a）残留焊膏　　（b）舀挖现象

图 9-13　模板表面粗糙带来的问题

3. 间距要求

（1）厚薄开口元器件焊盘间隔须满足如图 9-14 所示的要求。

（2）模板 Step-up 边缘与孔边的间距 k 应根据阶梯高度 h 设计，例如：h 为 1mil 时，k 设计为 1mm。

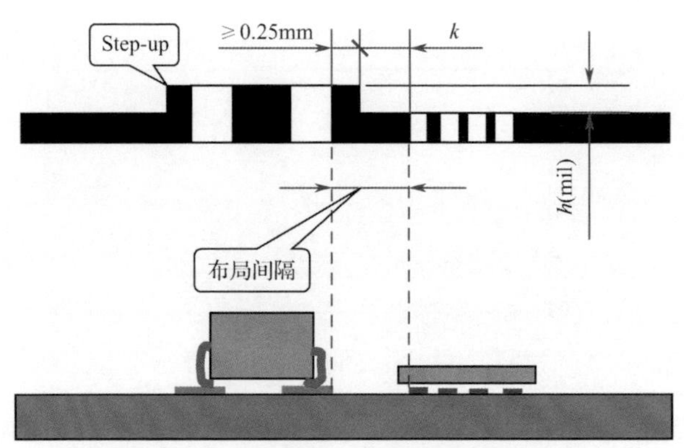

图 9-14　应用阶梯模板的焊盘间隔要求

阶梯模板虽然存在使用寿命短、损坏刮刀刀刃的不足，但在应对复杂的 PCBA 时，可以有效解决不同封装对焊膏量的个性化需求问题，降低虚焊、开焊的缺陷率。

9.4　模板开口设计

9.4.1　通用原则

模板设计是工艺设计的核心工作，也是工艺优化的主要手段。

模板设计包括开口图形、尺寸及厚度设计（如阶梯模板阶梯深度）。

1. 模板厚度

0.4mm 间距的 QFP、0201 片式元件，合适的模板厚度为 0.1mm；0.4mm 间距的 CSP 器件，合适的模板厚度为 0.08mm，这是模板设计的基准厚度，如图 9-15 所示。如果采用 Step-up 阶梯模板，合适的最大厚度为在基准厚度上增加 0.08mm。

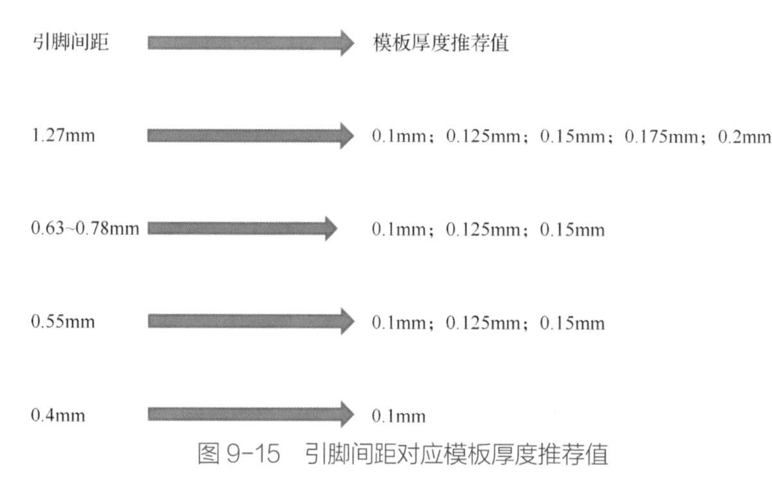

图 9-15　引脚间距对应模板厚度推荐值

2．开口尺寸设计

除以下情况外，可采用与焊盘尺寸 1 : 1 的原则来设计（前提是焊盘是按照引脚宽度设计的，如果不是，应根据引脚宽度开口，这点务必了解）。

（1）无引线元件底部焊接面（润湿面）部分，模板开口一定要内缩，消除桥连或锡珠现象，如 QFN 的热焊盘内缩 0.8mm，片式元件要削角，如图 9-16（a）所示。

（2）共面性差的元件，模板开口一般要向非封装区外扩 0.5～1.5mm，以便弥补共面性差的不足。

（3）大面积焊盘必须开栅格孔或线条孔，以避免焊膏印刷时刮薄或焊接时把元件托起，使其他引脚开焊，如图 9-16（b）所示。

（4）ENIG 键盘板应尽量避免开口大于焊盘的设计。

（5）元件底部间隙（Stand-off）为零的封装元件体下非润湿面不能有焊膏，否则，一定会引发锡珠问题。

（6）有些元件引脚不对称，如 SOT152，必须按浮力大小平衡分配焊膏，以免因焊膏的托举效应而引起开焊。

（7）在采用模板开口扩大工艺时，必须注意扩大孔后是否对元件移位产生影响。

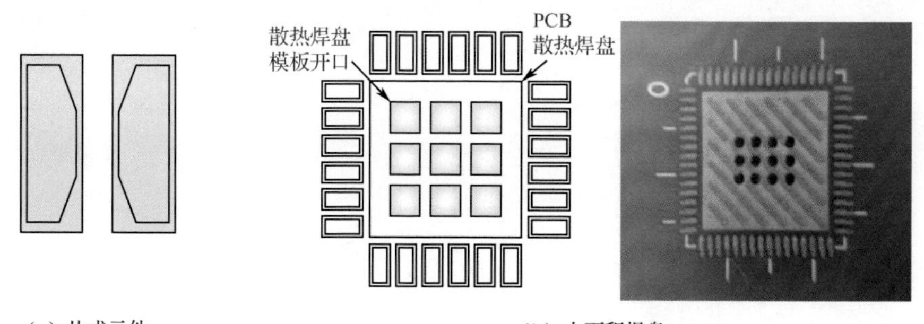

（a）片式元件　　（b）大面积焊盘

图 9-16　模板开口示意图

常见元件模板的开口图形与尺寸要求如图 9-17 所示。

3．阶梯模板的应用

模板开口设计的难点在于满足每个元件对焊膏量的个性化需求，对于 PCB 同一面上元件大小（实质指焊点大小）比较一致的板，这一般不是问题；但对于同一面上元件大小相差很大的板，这就是一个很大的问题。要满足每个元件对焊膏量的个性化需求，阶梯模板提供了一条解决途径。

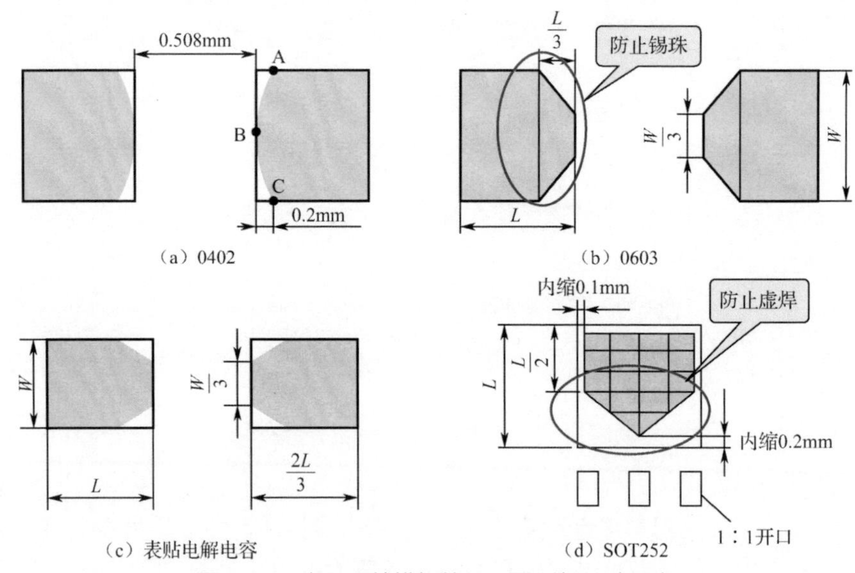

图 9-17　常见元件模板的开口图形与尺寸要求

9.4.2　片式元件

1．0201 元件

开口宽度按焊盘宽度 1∶1 设计，长度方向内削 0.0254mm（1mil），如图 9-18 所示，模板厚度为 0.1mm。

2．0402 元件

（1）内侧开口倒圆弧，其他部位按照焊盘尺寸设计，圆弧顶端内削 0.40mm，圆弧另外两个点距离焊盘内侧边缘 0.15mm，如图 9-19（a）所示。

（2）0402 元件圆形焊盘开口方法如图 9-19（b）所示，圆形开口直径为 0.635mm，两个圆形开口圆心距离为 1.196mm。

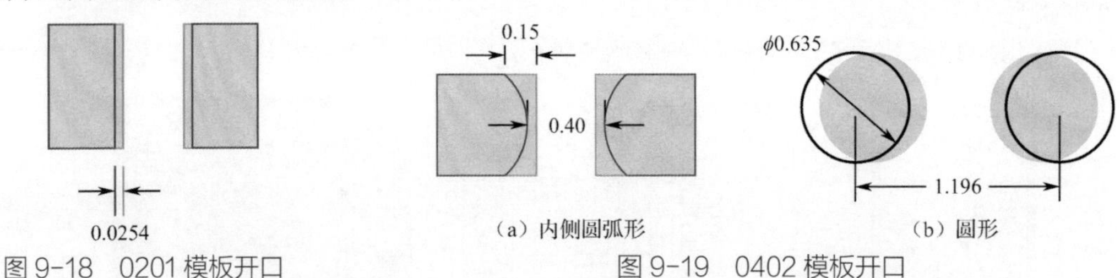

图 9-18　0201 模板开口

图 9-19　0402 模板开口

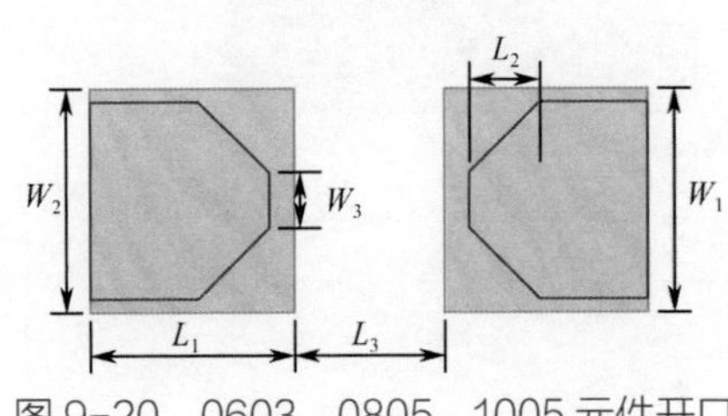

图 9-20　0603、0805、1005 元件开口

3．0603、0805、1005 元件

（1）0603、0805 元件开口如图 9-20 所示，标注的尺寸分别为：$W_2=\frac{9}{10}W_1$，$W_3=\frac{1}{4}W_2$，$L_2=\frac{2}{5}L_1$，L_3=0.7mm。

（2）1005 元件开口如图 9-20 所示，标注的尺寸分别为：$W_2=\frac{9}{10}W_1$，$W_3=\frac{1}{4}W_2$，$L_2=\frac{2}{5}L_1$，L_3=焊盘空气间距+0.3mm。

9.4.3 QFP

细间距 QFP（指引脚中心距≤0.635mm）的桥连一直位列焊接不良的前三位，因此，QFP 的模板设计主要涉及精细间距的封装。对于中心距大于 0.635mm 的封装，通常模板的宽度按照焊盘的宽度 1 : 1 设计即可。

引发精细间距 QFP 桥连的主要原因就是焊膏量偏多。模板的设计就是要考虑如何既减少焊膏量又不造成开焊的问题。通常有很多种方案，比如犬牙交错式设计、宽度缩减式设计等，如图 9-21 所示。

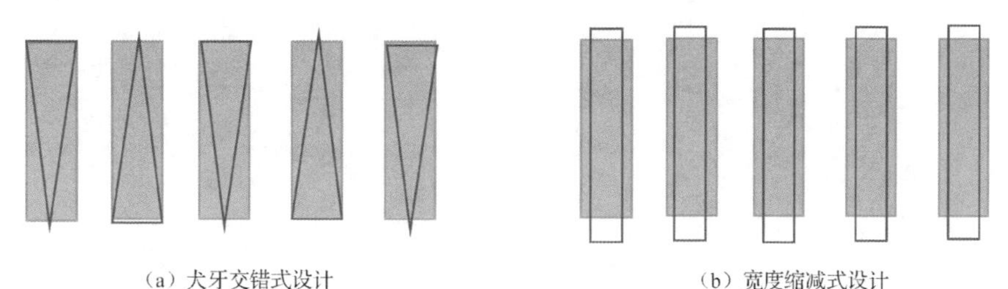

（a）犬牙交错式设计　　（b）宽度缩减式设计

图 9-21　QFP 模板开口设计

9.4.4 BGA

BGA 工艺性非常好，通常情况下按照 IPC 有关标准设计即可。随着 BGA 的大尺寸化和薄尺寸化，再流焊接时的热变形越来越大，会引发球窝（HoP）、无润湿开焊（NWO）、桥连等问题，在模板开口设计方面主要是针对这些问题进行的。

（1）对于塑封的比较薄的 BGA，建议在四角 3～5 个球的范围内角部焊点，增加焊膏量，角部焊点如图 9-22 所示，有利于减少球窝现象的发生。

（2）对于超薄的 BGA，建议根据热变形情况分区设计。中心区域缩小开口面积，角部区域增加开口面积，如图 9-23 所示。

具体尺寸涉及企业机密，读者可通过试验自行确定。

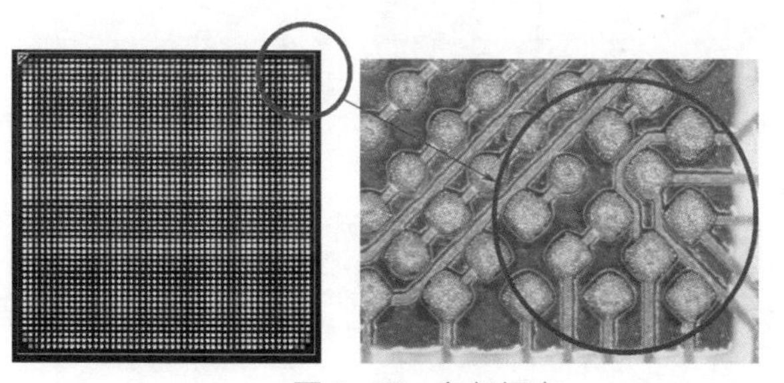

图 9-22　角部焊点

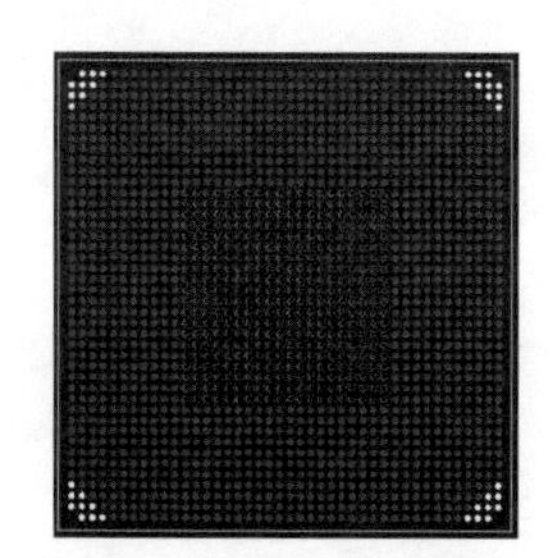

图 9-23　中心区域缩小开口面积，角部区域增加开口面积

9.4.5 QFN

QFN 的工艺性相对比较差，容易发生热沉焊盘空洞与信号焊盘桥连、开焊的现象。模板开口的设计主要针对这些问题进行。

1. 信号焊盘桥连

信号焊盘桥连主要是由热沉焊盘焊膏覆盖率与信号焊盘不一致导致的。理论与实践上都倾向于按照热沉焊盘的焊膏量设计信号焊盘的焊膏量。

（1）对于单排 QFN，由于信号焊盘的外扩，允许信号焊盘上的熔融焊锡根据热沉焊缝确立的高度自行向外转移，因此，模板按照通常的原则开口即可。

（2）对于双排 QFN，由于内排/圈信号焊盘熔融焊锡不像外排那样可以根据热沉焊缝高度转移多余的焊料，所以必须根据热沉焊盘焊膏的覆盖率进行相应的缩减，宽度或长度内缩，如图 9-24 所示。

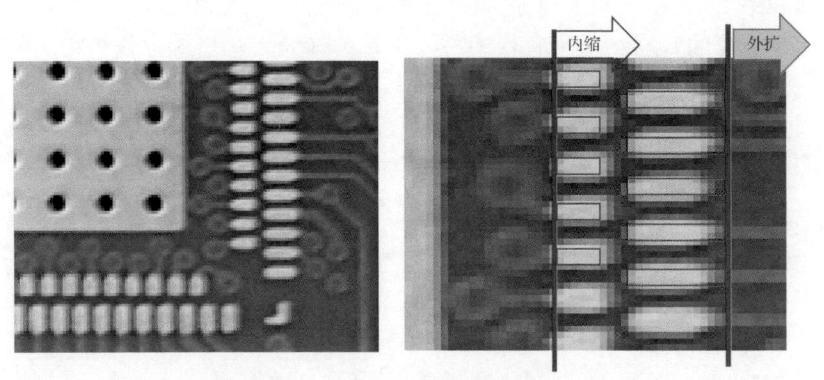

图 9-24　双排 QFN 钢网开窗的设计

2．热沉焊盘

与信号焊盘相比，热沉焊盘的模板开口可能处于更重要的地位。这是因为 QFN 中心的热沉焊盘很容易出现大面积的空洞。

为了减少空洞的发生，在模板开口设计方面需要考虑为焊膏提供溶剂挥发的通道。图 9-25、图 9-26 所示分别为热沉焊盘的几种开口图形和部分焊接后的结果，可以看到这些设计都可以消除大的空洞产生及实现空洞总面积小于 50%的要求。

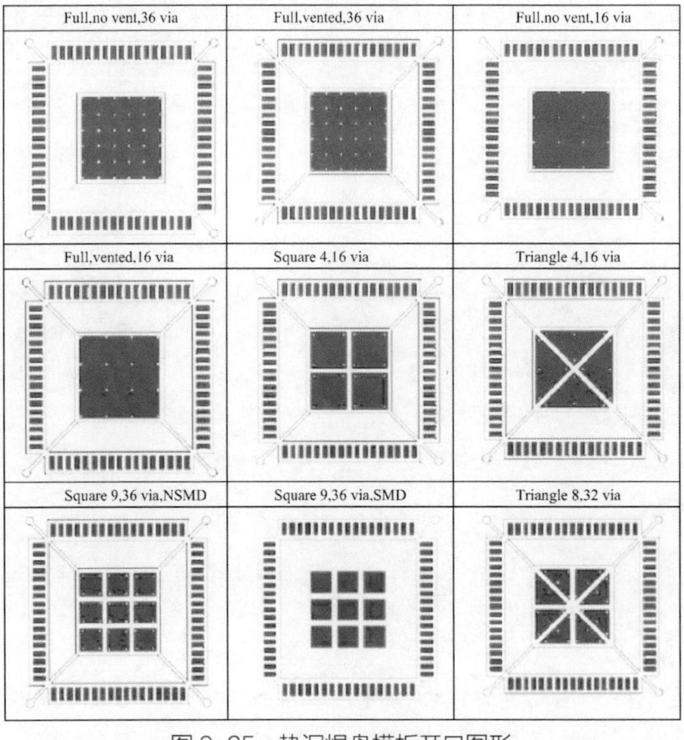

图 9-25　热沉焊盘模板开口图形

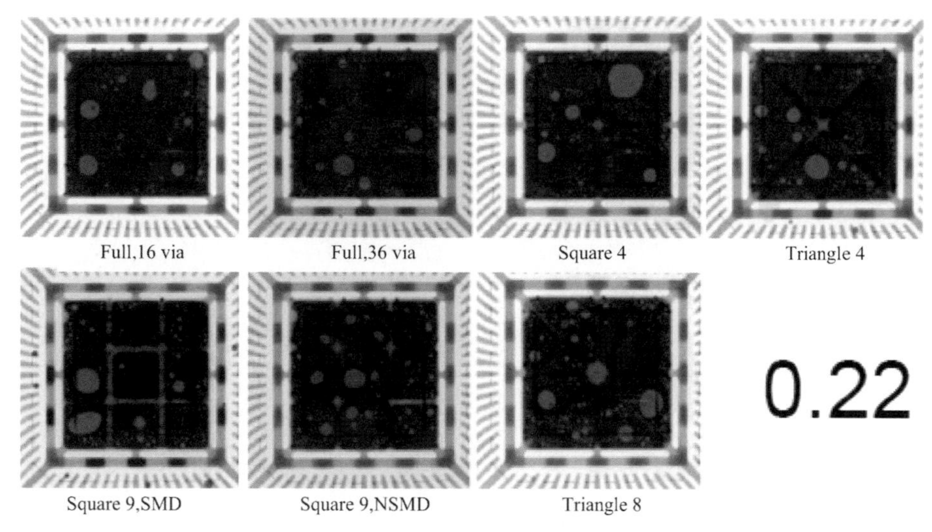

图 9-26　使用 0.22mm 厚模板焊接后的空洞情况

9.5 常见的不良开口设计

9.5.1 模板设计主要问题

模板设计出现的问题主要有两类：

（1）单个封装的模板设计问题。主要与三种焊接不良有关：元件底部冒锡珠、盘中孔背面冒锡珠或焊点开焊、（片式）元件移位。

（2）阶梯模板应用问题。主要与两种器件有关：密脚元件桥连、片式元件立碑。

9.5.2 常见不良设计

No 案例 9　元件底部冒锡珠

有很多焊端在元件底部的表贴元器件，如片式元件、TO 封装、QFN 封装等，如果焊端尺寸比较大，模板开口按照 1 : 1 比例开窗设计时，很容易引起底部冒锡珠的现象，如图 9-27 所示。

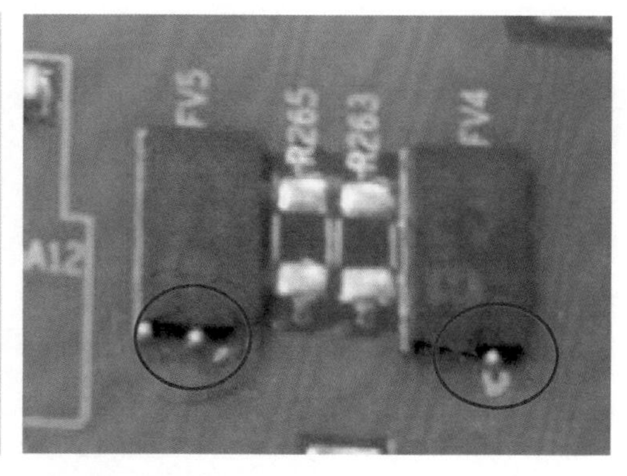

图 9-27　元件底部冒锡珠现象

为了减少这种情况的发生，模板开孔一般采用内缩或隔筋分割的方式设计。最常见的设计形式如图 9-28 所示。

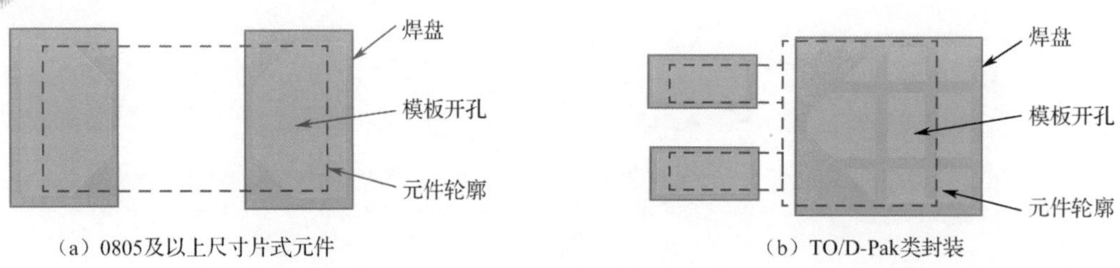

图 9-28 规避锡珠的设计

No 案例 10 盘中孔背面冒锡珠

元件底部焊盘（最常见的就是 QFN 的热沉焊盘）如果存在盘中孔没有塞孔的设计，模板开孔必须采用避孔设计，否则，有可能导致 PCB 背面冒锡珠。是否冒锡珠，除了与模板开孔设计有关，还与 PCB 的表面处理、孔径大小、板的厚度等很多因素有关。但是，模板的避孔设计是最重要的、可操控的设计选项，只要避孔的距离足够大，即可规避冒锡珠的问题。这个距离与散热孔径有关，在孔径≤0.4mm 条件下，孔越大，避孔距离也应该越大些。如果孔径很大，比如达到 1.0mm，反而不需要太大的避孔距离，因为孔不会一下堵住，不会形成封闭的环境。

图 9-29 所示为 TO 封装，模板没有采用避孔设计，导致 PCB 背面冒锡珠。

图 9-29 PCB 背面冒锡珠现象

No 案例 11 盘中孔避孔距离不够大，导致热沉焊盘少锡

盘中孔避孔距离不够大，不仅会导致底部冒锡珠，同时还会导致焊点少锡。少锡使导热截面不足，对一些功率器件，导热不足将会引发芯片烧毁。

图 9-30 所示为实际案例，该器件为功率器件，对接地散热要求很高。原模板设计如图 9-31（a）所示，在接地焊盘处采用开斜条并避通孔的措施。但由于孔径较大，避孔距离不够，焊锡容易流进通孔，导致焊接面的锡量不足，使实际的接地面积减小。后来改为图 9-31（b）的设计，问题得以解决。

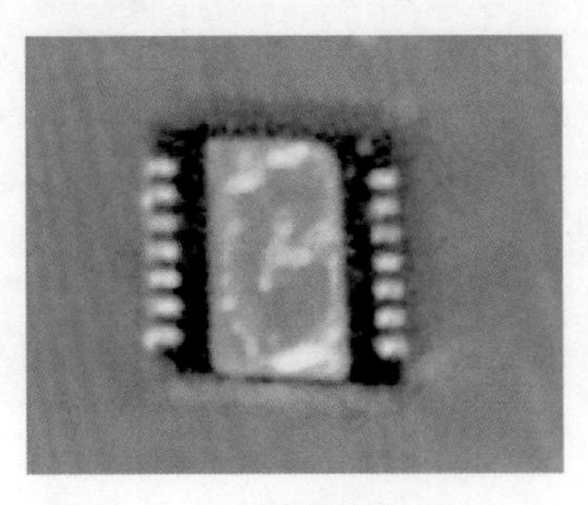

（a）器件底部

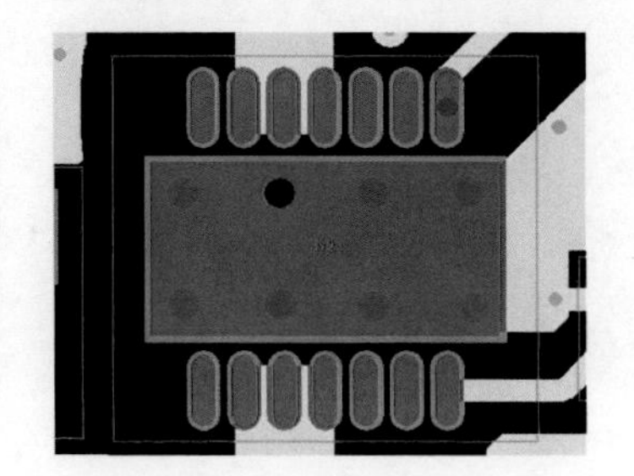

（b）焊盘设计

图 9-30 发生少锡的器件底部与焊盘设计

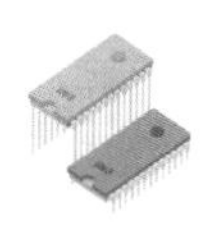

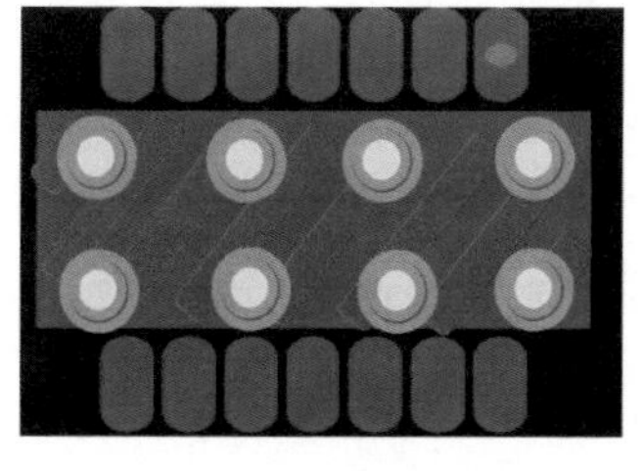

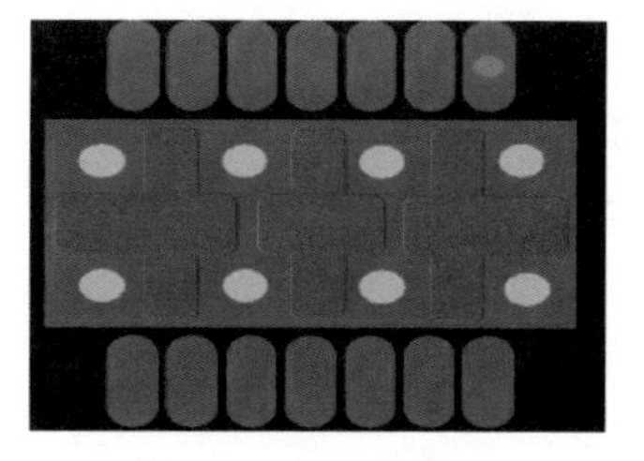

（a）原设计　　（b）改进的设计

图 9-31　模板开孔设计

元件移位

元件移位主要发生在引脚比较少的情况下，最常见的就是片式元件移位。元件移位有很多原因，但是焊盘设计和模板开孔的设计不良却是重要的、常见的原因。

如果焊盘尺寸比元件引脚尺寸宽很多（常常因为多家供货而采用的一种兼容性设计），模板又没有根据引脚的宽度进行优化设计，就可能导致元件移位。

No 案例 12　焊盘宽、引脚窄，导致 SIM 卡移位

SIM 卡的焊接不仅要求焊点符合要求，同时对位置也有严格的要求，如果偏移过大，则不仅影响外观而且影响外壳的装配。如图 9-32 所示的 SIM 卡因为焊盘与引脚宽度不匹配，焊接时出现显著移位。

（a）SIM卡，引脚宽0.8mm

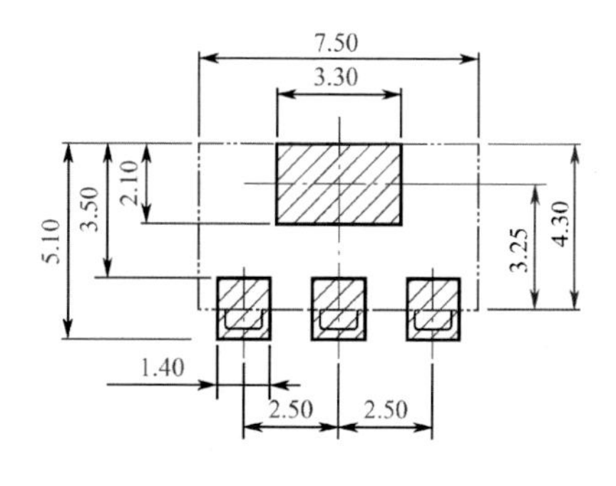

（b）焊盘宽1.4mm，模板开口尺寸按焊盘尺寸1∶1开

图 9-32　元件移位案例

No 案例 13　焊膏多、器件轻，熔融焊锡漂浮导致变压器移位

某产品试产时变压器出现移位现象，如图 9-33 所示，移位率几乎达到 100%。

（a）移位元件外形　　（b）移位现象

图 9-33　变压器移位现象

该变压器引脚为塑料框架绕线式结构，焊接时吸锡的部位只有绕线部分。由于引脚底部共面度不好，绕线也不规则，存在上锡不同步的现象，本质上有引起移位的内在条件。

生产采用的模板，开口是按全金属引脚变压器设计的，同时，为了弥补平面度不足，印锡外延 0.3mm。但由于此变压器采用的是绕线结构，上锡部位有限，同时焊盘封装上在长度、宽度方向做了增加锡量设计，使得印锡量相对较多，变压器在再流过程中容易被浮起，降低了器件在过炉过程中抗风或链条颤动的能力。

这个案例说明了模板开窗必须与元器件引脚相匹配。

No 案例 14　防锡珠开孔导致圆柱形二极管炉后飞料问题

某圆柱形二极管焊后出现飞料问题，不良率较高。

圆柱形二极管如图 9-34（a）所示。器件与焊盘的有效接触部位是器件底部的一部分圆弧区域，两者接触面积不到整体焊盘面积的 1/5。同时，该器件的质量只有 31mg，很轻，容易受外界干扰而产生移位。

（a）圆柱形二极管　　（b）传统焊盘设计

图 9-34　圆柱形二极管与传统焊盘设计

传统上，对于圆柱形片式元件一般采用“内削+防锡珠开口”的焊盘设计，如图 9-34（b）所示。这样的设计导致贴片后器件与锡膏接触的面积非常小，固定不牢。如果单板在再流焊接炉中受到链条抖动、热风吹动等影响，就可能导致元件移位甚至大的挪位——飞料。

由于圆柱形底部与 PCB 成线接触的特点，实际上不容易发生锡珠现象，为了过炉时黏结牢固，建议其模板的开口采用与焊盘尺寸一样的设计。

9.5.3　模板开窗在改善焊接良率方面的应用

模板设计与焊接良率有着非常重要的关联，通常达到 80%以上。很多特定的焊接问题——特定封装、特定原因导致的焊接不良，都可以通过模板的工艺设计（包括厚度、形状的设计）加以改善，甚至消除。

1．密引脚元器件的桥连与开焊问题的解决

No 案例 15　兼顾开焊与桥连的葫芦形开窗设计

90° 弯脚 29 针 SAS 硬盘插座（如图 9-35 所示）使用普遍，但是，这种元件的开焊与桥连一直是业界的难题。为了解决开焊问题，往往采用比较厚（0.18mm）的模板（在不加压块工艺条件下，如果加压块，则模板厚度不能太厚），这对解决开焊效果较好，但桥连率却大幅增加。这符合所有翼形引脚器件的工艺特性，造成开焊与桥连两种缺陷的原因正好相反，工艺措施呈现跷跷板现象。采用厚的模板，对于连接器中部的细间距引脚部分，桥连严重的能达到 50%以上。

图 9-35　SAS 硬盘插座

该硬盘插座中间小引脚部分较密。模板加厚后，焊盘上的锡膏量增加，贴片后锡膏被器件引脚挤向四周甚至连在一起，如图 9-36 所示，导致回流焊后引脚连锡。

图 9-36　SAS 硬盘插座贴片后焊膏挤压现象

为了解决桥连问题，将中部引脚的开窗形状进行优化——缩减脚尖部分焊盘宽度，外扩趾根和趾尖部分开口（焊盘长度方向），如图 9-37 所示。这样既保持了焊锡量不减少，同时又不会因贴片而桥连，实际生产表明这种优化是非常有效的。需要指出，这种思路适合于引脚空气间隔比较大的场景，一旦空气间隔小于 0.20mm，很容易因为再流时熔融焊锡向中间迁移而桥连。这个案例说明，任何工艺方法的应用都是有条件的，不可盲目推而广之，必须进行验证。

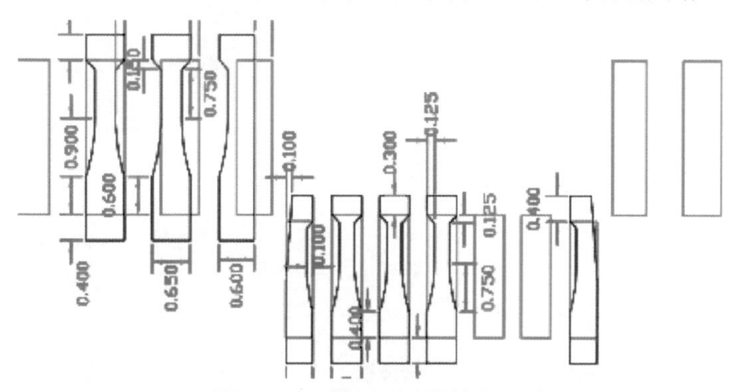

图 9-37　模板开孔的优化设计

优化后的贴片情况如图 9-38 所示。

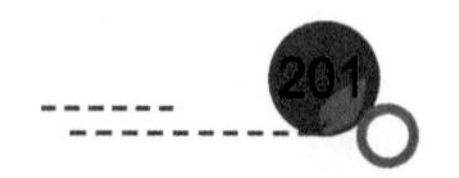

图 9-38　优化后的贴片情况

2．封装变形导致焊接问题

No 案例 16　电解电容底座鼓包导致移位

在无铅工艺条件下，焊接的峰值温度提高。焊接时电解电容往往处于能够承受的最高温度上限，不是发生鼓包现象就是元器件底座翘曲变形，使引脚离板。特别是后者将导致焊点虚焊，此现象多数情况下发生在单边，电解电容鼓包与起翘现象如图 9-39 所示。

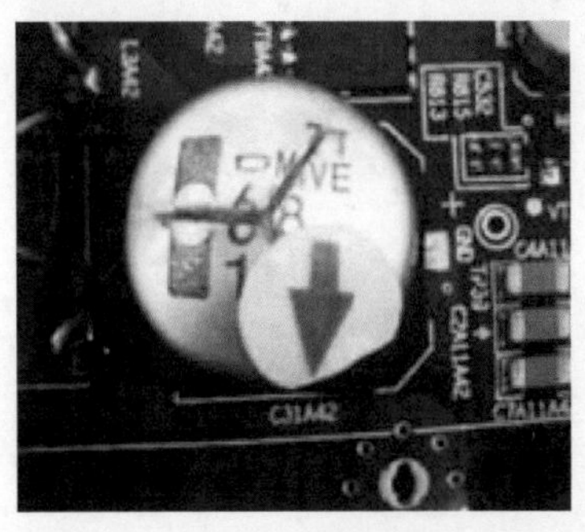

（a）鼓包现象

（b）起翘现象

图 9-39　电解电容鼓包与起翘现象

如果电解电容在接近 245℃温度下时间比较长，可能导致电解液汽化，使电容壳内压力增加。如果底座变形，往往中心部分鼓出，导致单引脚翘起；如果是密封橡胶鼓出，就会将底座推出，这种情况下会导致电解电容双引脚离板，电解电容热变形机理如图 9-40 所示。

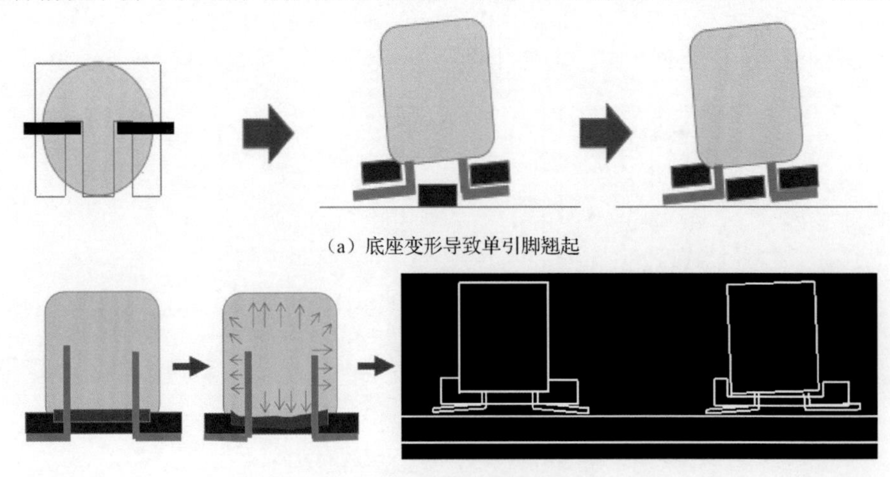

（a）底座变形导致单引脚翘起

（b）密封变形导致双引脚离板

图 9-40　电解电容热变形机理

液态电解电容虚焊主要是再流焊接时高温下时间太长而变形所致。根本的方法首先是优化再流焊接温度曲线，控制焊接峰值温度及焊接时间。其次，也可以通过增加焊膏量或增加模板厚度的方法，弥补因电解电容变形而发生的引脚不共面现象。如图 9-41 所示为增加焊膏量的方法，但这是下策。

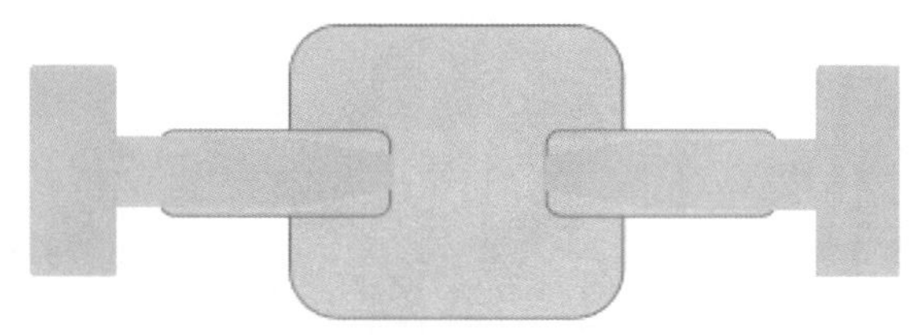

图 9-41　模板优化设计案例——增加焊膏量

No 案例 17　超薄 BGA 变形导致桥连与球窝

随着组装密度的提高，BGA 的封装厚度也趋向薄形化。但是，这也容易发生变形。BGA 的动态变形将导致开焊和球窝，我们可以通过调整 BGA 不同部位或区域的焊膏量加以解决，实现的途径就是优化模板开窗设计，如图 9-42 所示。

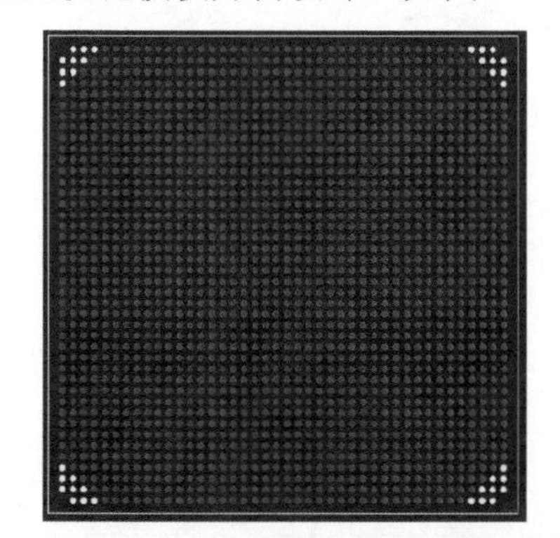

Solder Paste Stencil Design

Pad Color	Pad Description	QTY
Yellow	19 mils (0.483 mm) round aperture for 9 pads in each corner	36
Red	13 mils (0.330 mm) round aperture for 20x20 grid in center of array	400
Blue	29 mils (0.736 mm) round aperture for all remaining pads	1324
5 mils thick stencil		

（源自Intel资料，仅做示意说明）

图 9-42　优化模板开窗设计

No 案例 18　超大动态翘曲 F-BGA 的模板设计

某 F-BGA 封装的外观如图 9-43 所示，有关尺寸如下：

- 尺寸 67.5mm×67.5mm×4.7mm。
- 重 86g。
- 基板厚度为 1.53mm，16 层，为 7+2+7 堆叠结构的 HDI 板。
- 焊盘尺寸为 0.6mm，阻焊开窗 0.5mm，镀层为 Im-Sn。
- 球径 0.6mm，球中心距 1.0mm。
- 封装的动态翘曲曲线如图 9-44 所示。

图 9-43　封装外观

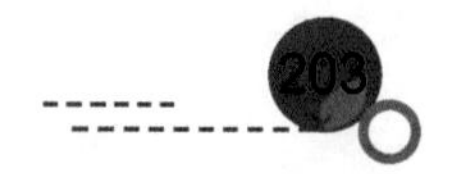

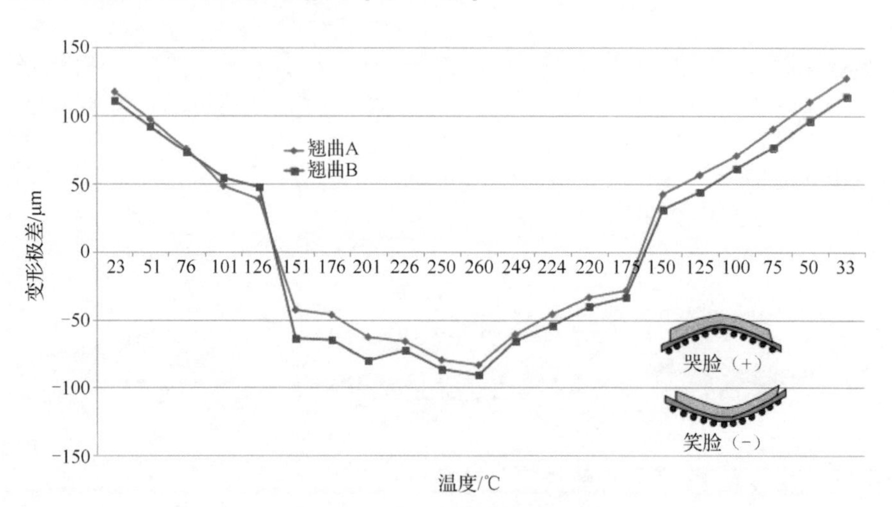

图 9-44　封装的动态翘曲曲线

从图 9-44 可以看到，此封装翘曲比较大，室温时呈哭脸，为了避免再流焊接时中心部位焊点桥连，模板开窗采用阶梯缩减的方式设计。供应商对钢网设计的建议如图 9-45 所示。

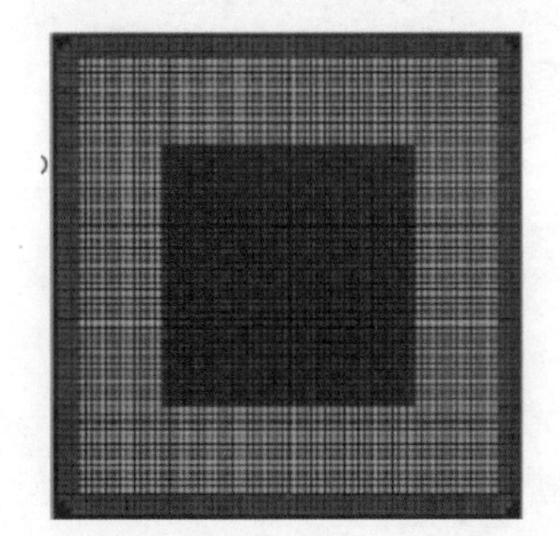

设计建议		尺寸/mil	说明
焊盘	焊盘直径	19	
	阻焊直径	27	
模板开窗	粉色区域	20×20	外 3 排
	绿色区域	ϕ17	从外数，4～12 排
	红色区域	ϕ12	红色区域
模板厚度		4	

图 9-45　供应商对钢网设计的建议

再流焊接与常见不良

10.1 再流焊接

再流焊接英文为 Reflow Soldering。所谓“再流”，有很多种说法，如锡膏印刷时流动过一次，焊接时又流动过（熔化）一次，有两次流动，所以称为再流焊接。

再流焊接指通过熔化预先分配到 PCB 焊盘上的膏状焊料，实现表面组装元器件焊端或引脚与 PCB 焊盘之间机械和电气连接的一种软钎焊工艺。从这个定义可以解析出再流焊接的工作原理：首先在需要焊接元器件的焊盘上印刷焊膏，其次把表面组装元器件贴装到相应的位置并依靠焊膏黏性临时固定住。最后，通过加热使焊膏温度上升到焊料熔点以上，并停留一段时间使其润湿被焊接表面。当温度降低后，凝固并形成焊点。因此，从工艺的角度看，再流焊接应理解为包括焊膏印刷、贴片、再流焊接的整个工艺过程，而不仅仅是再流焊接的“加热”过程，如图 10-1 所示。

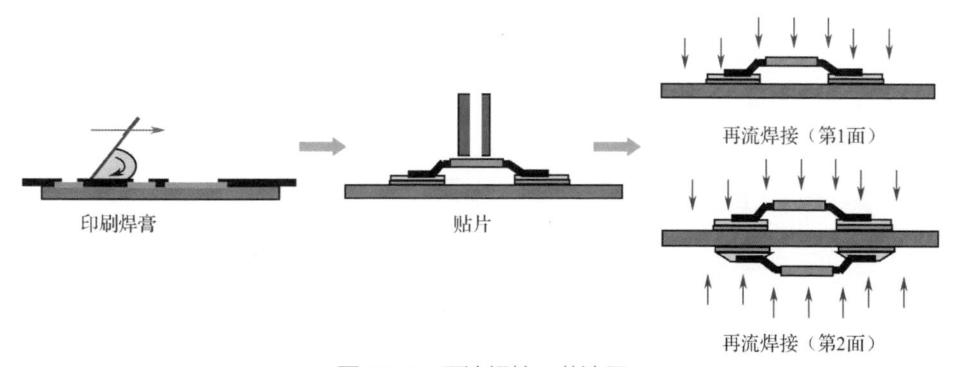

图 10-1　再流焊接工艺流程

再流焊接的主要优点就是焊料仅仅放置在需要焊接的部位，也就是可以对焊点的大小及位置进行控制。

10.2 再流焊接工艺的发展历程

再流焊接技术（设备）的发展经历了热板再流焊接、气相再流焊接、红外再流焊接、热风再流焊接几个主要阶段。随着底部焊端元器件封装的出现，为了消除焊点中的空洞，2012 年前后市场上又出现了真空热风再流焊接设备，也重新兴起了对气相再流焊接技术的研究热潮。但是，不得不说这些都是针对特定产品对象的工艺需求开发的，其机器成本、生产成本比较高，效率比较低，还难以广泛普及。目前，广泛使用的仍然是强迫对流热风再流焊接技术。

再流焊接技术性能对比见表 10-1。

表 10-1　再流焊接技术性能对比

项　目	热板再流焊接	气相再流焊接	红外再流焊接	热风再流焊接	真空热风再流焊接
加热热源	热板	惰性热蒸汽	红外线	热风	热风
传热方式	传导	传导/对流	辐射	对流	对流
加热特性	依靠基板导热，焊点温度与元器件热容量有很大关系，PCBA 温度均匀性差	利用蒸汽冷凝热加热，能较好地控制最高温度，PCBA 温度均匀性好，基本无氧环境焊接，加热与 PCBA 几何形状无关，但是加热速率难控制	辐射传热效率高，能够穿透焊点里面，但是有颜色效应和遮蔽效应，PCBA 的温度均匀性差	强迫对流，PCBA 温差小，温升速率可控，具有良好的工艺性，适合各类 PCBA 焊接	具有消除焊点空洞的功能
应用范围	比较适合单面组装陶瓷类基板的焊接	比较适合金属基等热容量分布不均 PCBA 的焊接	由于存在颜色效应和遮蔽效应等被淘汰	适合各种类型的 PCBA	特别适合对焊点空洞要求比较高的产品
成本	设备成本低	设备与运行成本高	设备与运行成本适中	设备成本低，运行成本适中	成本高，效率低

10.3　热风再流焊接技术

热风再流焊接依靠热风对被焊接 PCBA 进行加热，炉体构造很简单，实际上就是一个上下热风加热的隧道炉。无铅工艺条件下基本以 10 个以上加热区的结构为主，热风再流焊接炉的结构与热风单元的布局示意图如图 10-2 所示。其核心是热风单元的设计，保证吹到 PCBA 上的热风温度分布均匀是其主要考量。图 10-3 所示是目前绝大多数热风再流焊接设备采用的热风加热单元构造，利用轴流风机将加热的空气加压，使之从热风箱风口吹出，并从两侧回流。

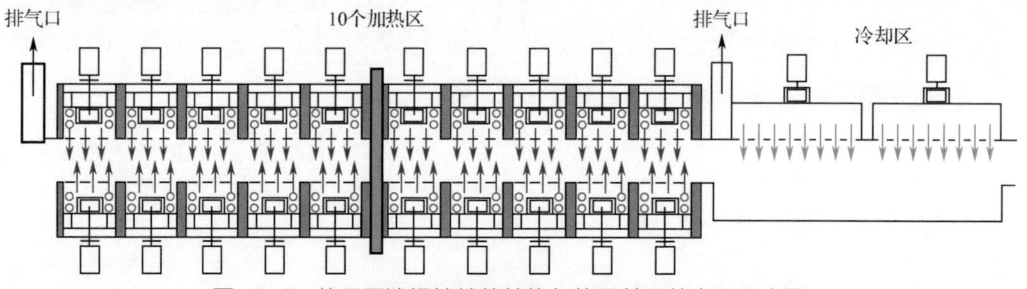

图 10-2　热风再流焊接炉的结构与热风单元的布局示意图

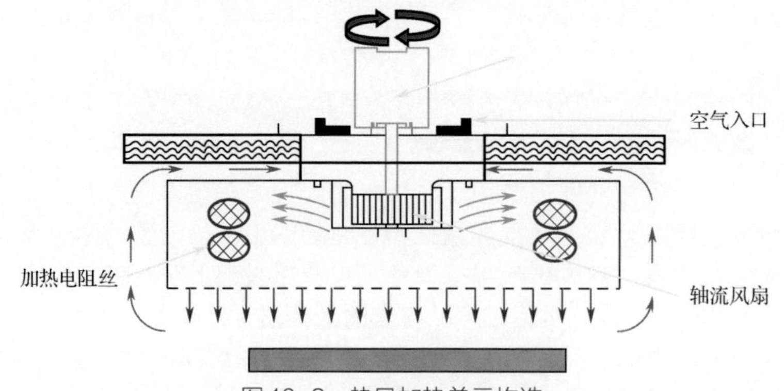

图 10-3　热风加热单元构造

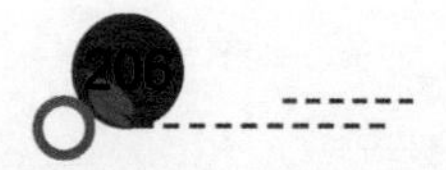

对于设备，需要了解的一点就是热电偶的位置，热风温度检测热电偶的位置如图 10-4 所示。几乎所有炉子的热电偶都安装在热风单元的出风板上，这说明我们设置的温度其实是热风板的温度或热风的温度。由于热风加热单元上下距离传送带的距离很近（通常为 30mm 左右），并且是在一个相对密封的环境，可以忽略风温的下降，这样我们可以把设置的温度看作热风的温度。

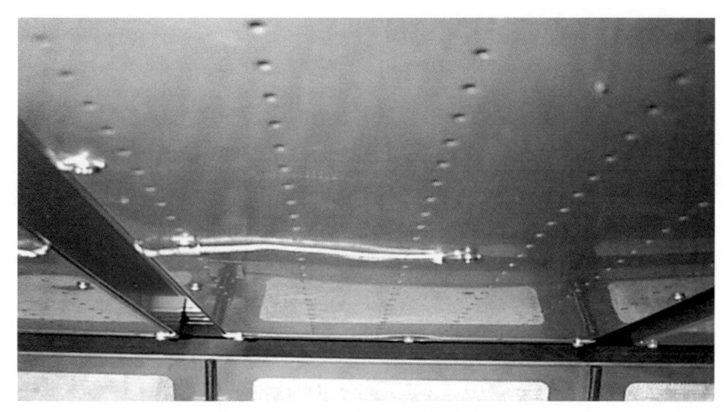

图 10-4　热风温度检测热电偶的位置

热风再流焊接技术相对其他的再流焊接技术具有以下优势：

- 升温速率可控；
- 相对于红外加热，没有颜色效应和遮蔽效应，加热均匀性好；
- 适应性强，可用于各类 PCBA 的焊接；
- 适合在线、批量生产，具有成本优势。

10.4　热风再流焊接加热特性

再流焊接目前广泛使用的是热风再流焊接设备，依靠强迫对流的热风进行加热。热风从上下加热单元吹出，加热 PCBA 表面，通过 PCB 和元器件封装体传热，使整个 PCBA 趋向温度均匀。热风首先加热元器件和 PCB 的表面，因此，这些部位的温度往往高于 PCB 内部和封装体底部的温度。由于非金属材料的导热系数比较小，再流焊接期间，不足以使 PCBA 完全达到热的平衡，像 BGA 类的器件，其中心与边缘焊点的温度存在温差，如图 10-5 所示，甚至有可能达到 10℃以上。这对 BGA 的焊接影响很大，不仅导致 BGA 的热变形加重，而且导致边缘与中心焊点的熔化与凝固不同步，这些都是影响焊接质量的因素。

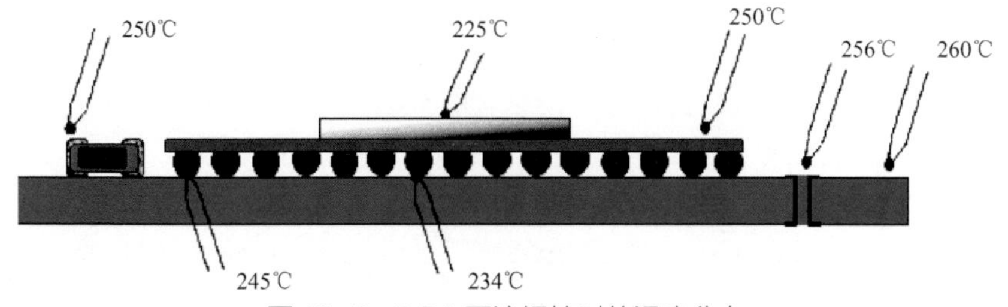

图 10-5　BGA 再流焊接时的温度分布

热风再流焊接加热时间相对比较长，对焊膏性能及元器件的耐热性能有更高的要求。

（1）焊接时间长，要求焊膏焊剂在加热期间持续具有活性。因此，焊膏使用的活性剂往往不是一种，而是多种的组合，活性剂活性要求如图 10-6 所示。

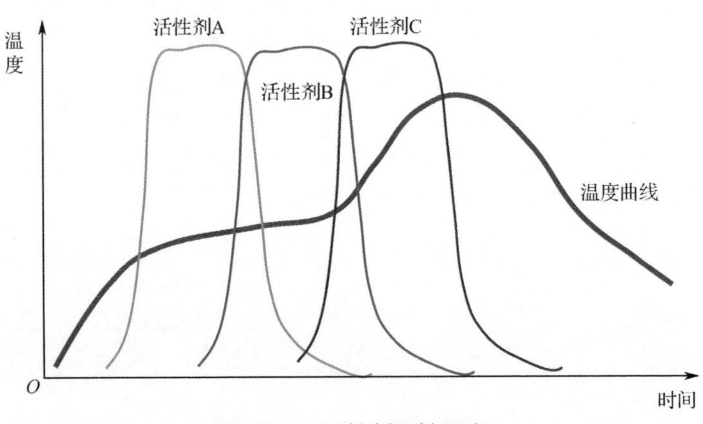

图 10-6　活性剂活性要求

（2）再流焊接不同于波峰焊接，元器件封装体必须能够承受长时间的焊接热，这对元器件的吸潮量也有更严格的要求。

10.5　温度曲线

再流焊接的本质就是“加热”，其工艺的核心就是设计温度曲线的形状与参数，设置炉温，测试 PCBA 温度曲线。

温度曲线一般指 PCBA 上测试点的“温度—时间”曲线，某产品的无铅再流焊接温度曲线如图 10-7 所示，也指工艺人员根据所要焊接 PCBA 的代表性封装及焊膏制定的特征性质的“温度—时间”曲线，即标示了峰值温度范围、预热时间、焊接时间、形状等要求的技术性质的曲线。

Setpoints (Celsius)

Zone	1	2	3	4	5	6	7	8	9	10	11	12
Top	150	150	150	170	180	180	190	210	235	255	265	265
Bottom	150	150	150	170	180	180	190	210	235	250	260	260

Conveyor Speed (cm/min):　65.0

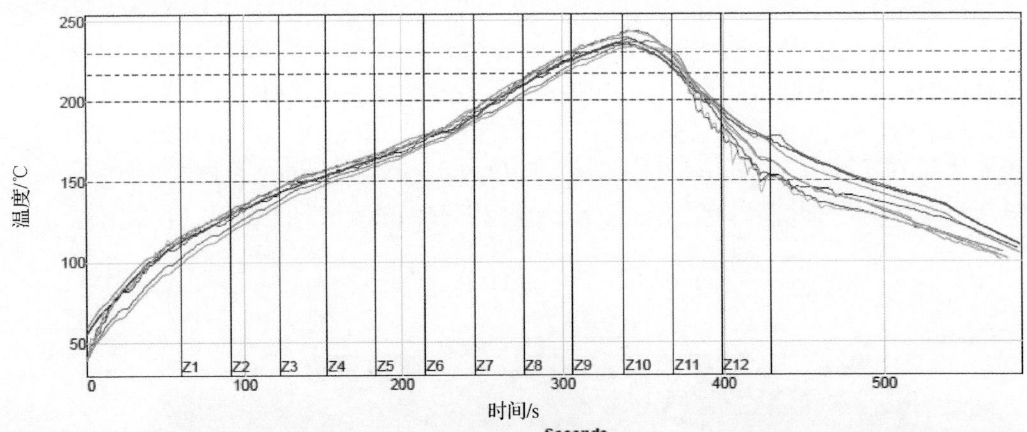

Seconds

PWI= 107%	Max Rising Slope		Max Falling Slope		Soak Time 150-200C		Reflow Time /217C		Peak Temp		Tot Time /230C	
GF	1.19	-21%	-0.87	107%	119.54	14%	83.58	19%	234.86	-51%	33.28	-44%
GF	1.16	-22%	-1.00	100%	118.34	12%	83.76	19%	235.92	-41%	36.63	-33%
GF	1.22	-19%	-0.99	100%	120.34	15%	95.17	45%	239.34	-7%	53.35	18%
xinpian	1.86	24%	-1.85	57%	125.07	22%	83.10	18%	238.27	-17%	41.23	-19%
dianrongdibu(hei)	1.96	31%	-1.51	74%	123.05	19%	95.19	45%	243.28	33%	60.67	41%
dianrongbiaomian	1.43	-5%	-1.43	78%	119.20	13%	80.40	12%	236.84	-32%	42.60	-15%
dianrongdibu(bai)	1.97	32%	-2.03	48%	122.77	18%	93.83	42%	243.01	30%	60.49	40%
dianrongbiaomian	1.20	-20%	-1.35	82%	114.55	7%	75.36	1%	233.82	-62%	34.13	-41%
Delta	0.81		1.16		10.52		19.83		9.46		27.39	

图 10-7　某产品的无铅再流焊接温度曲线

10.5.1　温度曲线的形状

采用烙铁焊接，只要焊点被加热到足够高的温度，几秒即可完成。热风再流焊接属于群焊技术，它的加热方式与烙铁不同，不仅加热焊点，而且加热元器件与 PCB。它们不属于一个系统，因此，有一个温度曲线的设计问题——形状与参数。

在讨论温度曲线的形状之前，先来了解一下温度曲线形状的原始意义。

再流焊接的本质是加热。对于一个焊点而言，只要温度达到焊料合金的熔点以上 25～40℃并保持几秒钟即可。如图 10-8 中的 *A* 曲线，烙铁焊接就是这样的一个过程。对于热质量分布不均的 PCBA，采用热风再流炉焊接时，其整体都被加热。由于不同元器件的大小、材质不同，热膨胀系数（CTE）也不同，温度分布不均。为了使再流时大热容量的元器件（引脚）能够达到熔点以上的温度要求，则小热容量的元器件（引脚）可能过热。为了避免这种情况发生及减小变形，往往采用平台式的加热温度曲线，如图 10-8 中的 *B* 传统曲线。这种曲线一般称为传统的或保温型的温度曲线，它具有焊接良率高、适应性强的特点，被广泛使用，但是，它存在一些不足：

- 初始升温速率太大，容易引起热塌落、焊膏“爆炸”；
- 预热/浸润时间太长，会引起被焊接表面及焊锡粉表面的过度氧化；
- 熔点附近升温速率太快，容易引起焊锡、焊剂飞溅及芯吸；
- 冷却速度慢或导致焊点晶粒粗大。

为了减少这些问题，有人提出了帐篷式的温度曲线，如图 10-8 的 *C* 帐篷式曲线所示（蓝色）。但是，相对于传统的保温型温度曲线，其适应性要差很多。总的来讲，其应用仅限于 PCBA 上元器件热容量比较小的类似手机那样的产品。

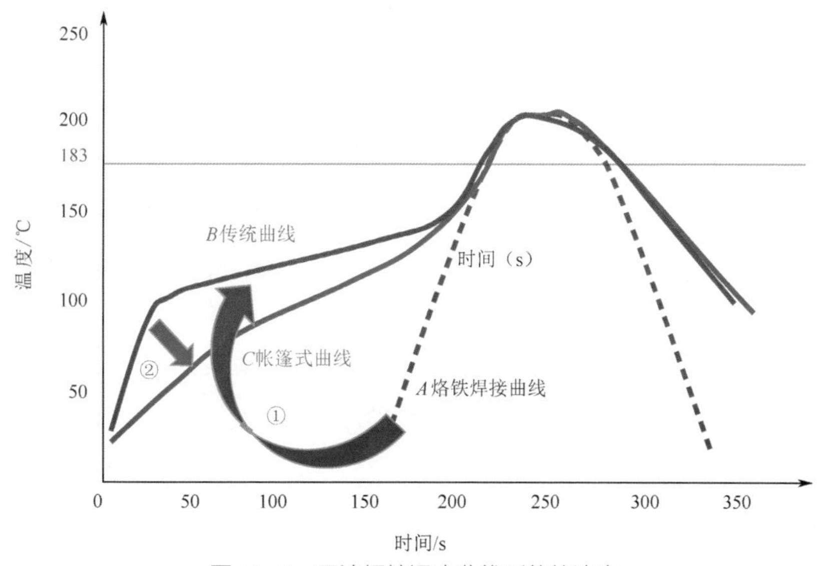

图 10-8　再流焊接温度曲线形状的演变

了解了温度曲线形状的意义后，我们应该明白，温度曲线是服务于产品焊接的，只要焊接良好，就是最好的温度曲线。好的温度曲线建立在 PCBA 特性和焊膏特性上，比如低残留焊膏，由于使用的松香比较少，在加热过程中防止再氧化的能力比较弱，就不宜采用传统的温度曲线。如图 10-9 所示是几种特殊形状的温度曲线，它们都有特定的应用场景。

显然，从这些特殊形状的温度曲线中，我们可以得出一个结论，就是温度曲线形状的设计主要是确定焊膏熔融之前的形状，即室温到焊膏熔点之间的加热段（浸润/预热区）的形状，

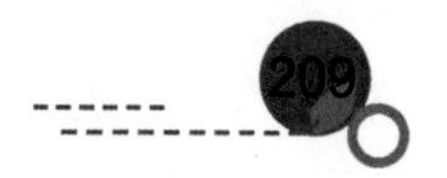

它是温度曲线设计的关键。

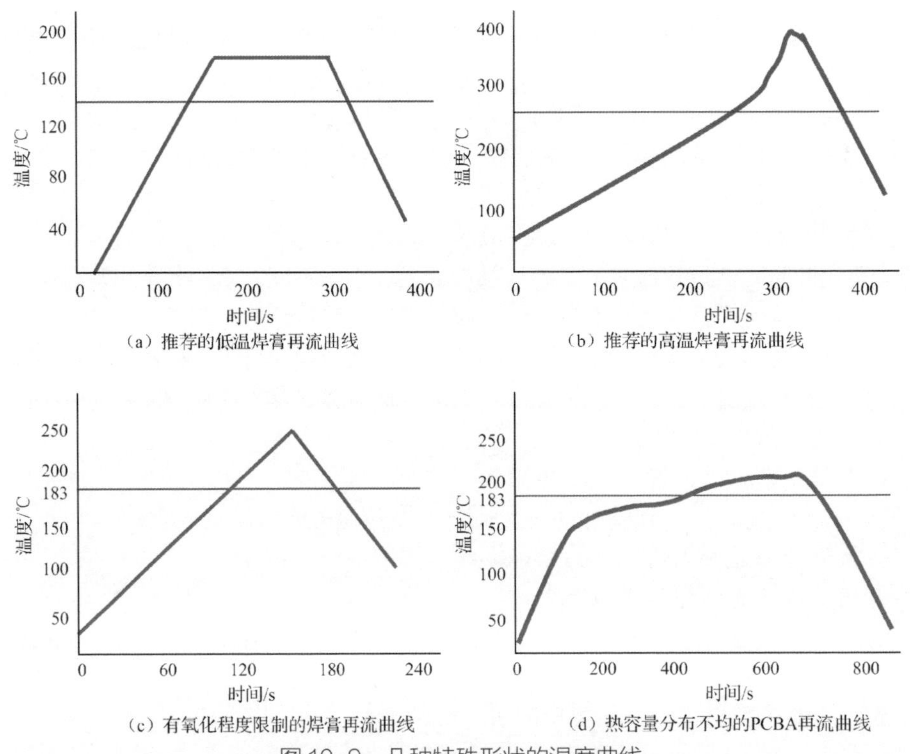

（a）推荐的低温焊膏再流曲线　（b）推荐的高温焊膏再流曲线

（c）有氧化程度限制的焊膏再流曲线　（d）热容量分布不均的PCBA再流曲线

图 10-9　几种特殊形状的温度曲线

但是，这并不是说峰值温度、液态以上焊接时间不重要。加热阶段与再流阶段的功能不同，前者主要是热平衡及焊剂活化，而后者决定焊点的微观组织与可靠性。就减少焊接不良而言，更多与加热段有关，而可靠性更多与再流焊接阶段有关。

10.5.2　温度曲线主要参数与设置要求

1. 温度曲线参数

典型的再流焊接温度曲线与工艺参数如图 10-10 所示。

温度曲线根据功能一般可划分为 4 个区，即升温区、浸润区（也称预热区）、再流焊接区和冷却区，其中再流焊接区为核心区。

温度曲线一般用升温速率、浸润温度、浸润时间、焊接峰值温度、焊接时间来描述。关键参数如下：

- 浸润开始温度，用 T_{smin} 表示；
- 浸润结束温度，用 T_{smax} 表示；
- 焊接最低峰值温度，用 T_{pmin} 表示；
- 焊接最高峰值温度，用 T_{pmax} 表示；
- 再流浸润时间，用 T_s 表示；
- 再流焊接时间（焊膏熔点以上时间），用 T_L 表示；
- 焊接驻留时间，用 T_p 表示；
- 升温速率 v_1 与 v_2，其中 v_1 以熔点以下 20～30℃范围内的曲线为对象；
- 冷却速度 v_3，它以熔点以下温度曲线为测量对象。

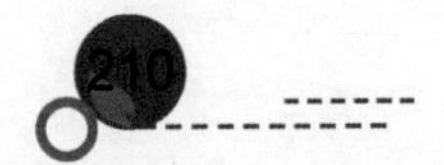

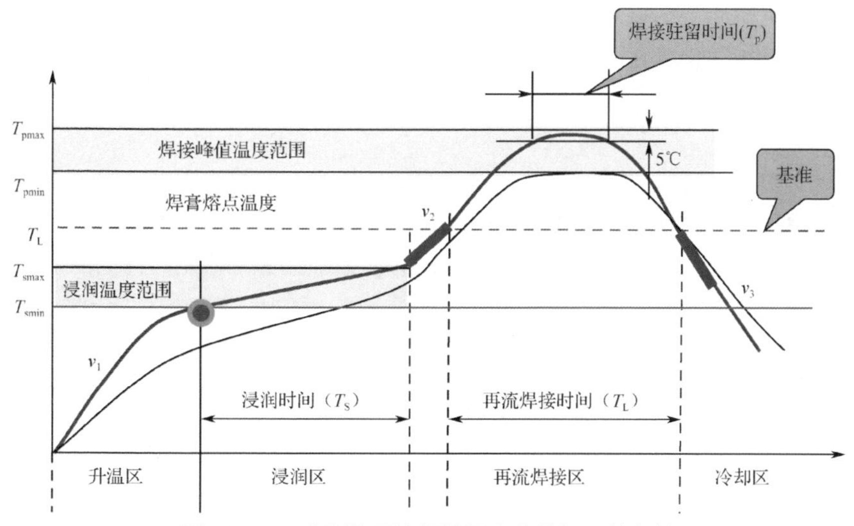

图 10-10　典型的再流焊接温度曲线与工艺参数

2．浸润温度与时间

浸润区也称预热区，是温度曲线形状设置的关键，是不同焊膏、不同产品温度曲线的差异所在。其作用主要有 3 个：使焊剂中的溶剂挥发；使焊剂活化并去除被焊接金属表面氧化物；减小焊接时 PCBA 各部位的温差。

浸润区参数的设置，除了考虑 PCBA 的温度均匀性外，焊剂的有效性也是重要考虑因素。助焊剂从 100℃起就具有比较明显的活性，温度越高，反应越快，如 150℃时的反应速度比 100℃时高出一个数量级。去除被焊接表面的氧化物的过程主要发生在 150℃到焊膏开始熔化这段时间，是助焊剂的主反应区。因此，控制焊剂活性的有效性就是需要监控 150℃到焊膏熔化这段时间。对于 SAC305 焊膏，浸润参数的设置如下：

（1）浸润开始温度（T_{smin}），通常按 150℃来设置（对于有铅工艺，按 100℃设置）。

（2）浸润结束温度（T_{smax}），通常按 200℃来设置（对于有铅工艺，按 150℃设置）。

（3）浸润时间（T_s），一般在 60～120s。只要 PCBA 在进入再流焊阶段前达到基本的热平衡即可，在此前提下，时间越短越好。

为什么选择 150℃这个温度呢？因为一般的塑封器件的铸模温度在 150～160℃，那么在此温度下塑封的 QFP、BGA 等器件可以认为是无变形的。这种情况下，元器件电极与焊膏没有分离，一定程度上可以有效地隔离热风对电极下焊膏焊粉的氧化。

对于 PCBA 而言，从进入再流焊接炉到焊锡粉熔化，称为预热段。我们之所以把预热段划分为升温区和浸润区，主要是为了更好地控制焊剂助焊功能——焊点熔化之前持续有效的助焊能力和防再氧化能力。

对于有铅焊接工艺或混装工艺，由于浸润温度比较低，器件的变形还不是很明显，浸润时间对焊剂活性的影响也比较小，因此，可以不做重点的监控，通常把 100～150℃之间的时间作为工艺监控项即可。经验表明，对于有铅工艺，这个时间窗口比较大，一般的焊膏不超过 3min 都是可以的。但是，对于无铅工艺而言，150～200℃范围之间的时间对助焊剂的影响很大，必须进行监控。

3．焊接峰值温度与焊膏熔点以上的时间

1）焊接峰值温度

由于 PCB 上每种元器件的封装结构与大小不同，测试获得的温度曲线不是一根曲线，而

是一组温度曲线，因此，焊接的峰值温度有最高峰值温度和最低峰值温度。

焊接峰值温度的设计首先必须确定工艺类别，如：

（1）混装工艺——有铅焊料焊接 SAC305 焊球的 BGA。

（2）低温焊料工艺——低温焊料（如 Sn-57Bi-1Ag）焊接 SAC305 焊球的 BGA。

（3）常规无铅工艺——使用 SAC305 焊料焊接 SAC305。

（4）低银焊料工艺——低银焊料焊接无铅 BGA。

其次，要满足基本的焊接工艺要求，即峰值温度既不能高于元器件的最高耐热温度，也不能低于焊接的最低温度要求。也就是说，焊接峰值有一个窗口，那么，在此窗口范围内焊接峰值温度是相对高一点好还是低一点好呢？这取决于用户关心的问题。比如，从减少 PCB 和元器件的变形及空洞考虑，我们希望焊接的温度越低越好。但是，从润湿性角度考虑，我们希望温度越高越好。因为，再流焊接不管使用的是空气气氛还是氮气气氛，都表现为温度越高润湿时间越短的规律，温度与润湿时间的关系如图 10-11 所示。图 10-12 所示是焊接峰值温度对球窝不良率的影响，这个案例也说明了温度越高润湿性越好的规律。

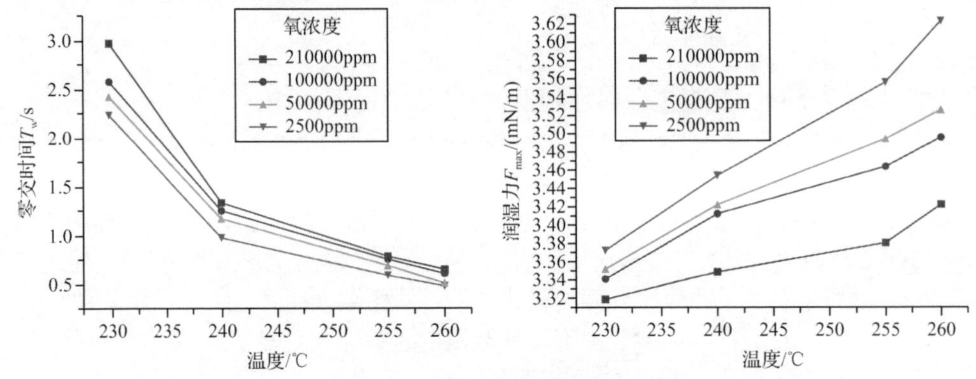

图 10-11　温度与润湿时间的关系

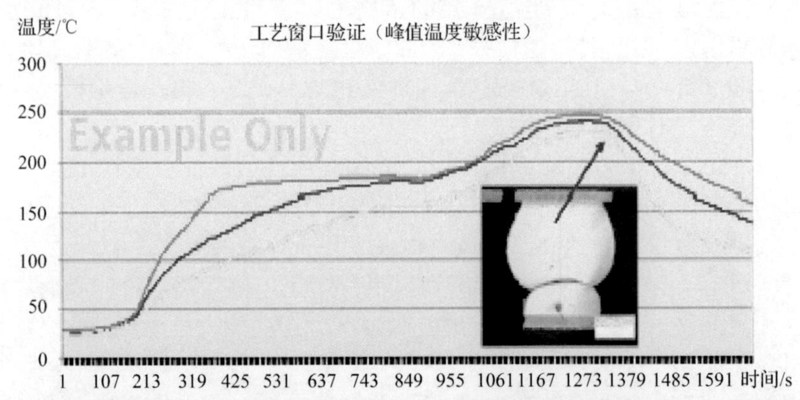

举　例	再流焊接工艺参数		HoP缺陷率	
	峰值温度/℃	TAL/s	空气气氛再流焊接	氮气气氛再流焊接
低的温度范围	226～234	29～56	90%	0
中等温度范围	233～241	53～75	25%	0
推荐温度范围	236～243	73～93	10%	0

图 10-12　焊接峰值温度对球窝不良率的影响

最后，需要提示一点，BGA 的焊接有其特殊性——出现二次塌落现象，如图 10-13 所示。BGA 焊接只有完成两次塌落，才能形成标准的鼓形焊点形貌和实现自对中。试验表明，要实现二次塌落，BGA 焊点的焊接峰值温度必须高于焊膏熔点 11～12℃以上并持续足够的时间。在实际生产中，考虑到 PCBA 进炉的间隔不均匀性及炉温的波动性，往往要求高 15℃以上，这是为了确保所有 BGA 满足此要求。否则，就可能产生焊球未与焊料完全融合的焊点，如图 10-14 所示，这也是混装工艺使用低温焊接峰值温度及低温焊料焊接的标准特征。如果因元器件耐热等问题确实需要低温焊接，就必须确保 BGA 贴片位置居中，因为焊球与焊料不能融合时无法实现自动对中。这种情况也容易出现因对位问题而发生的特殊桥连现象。

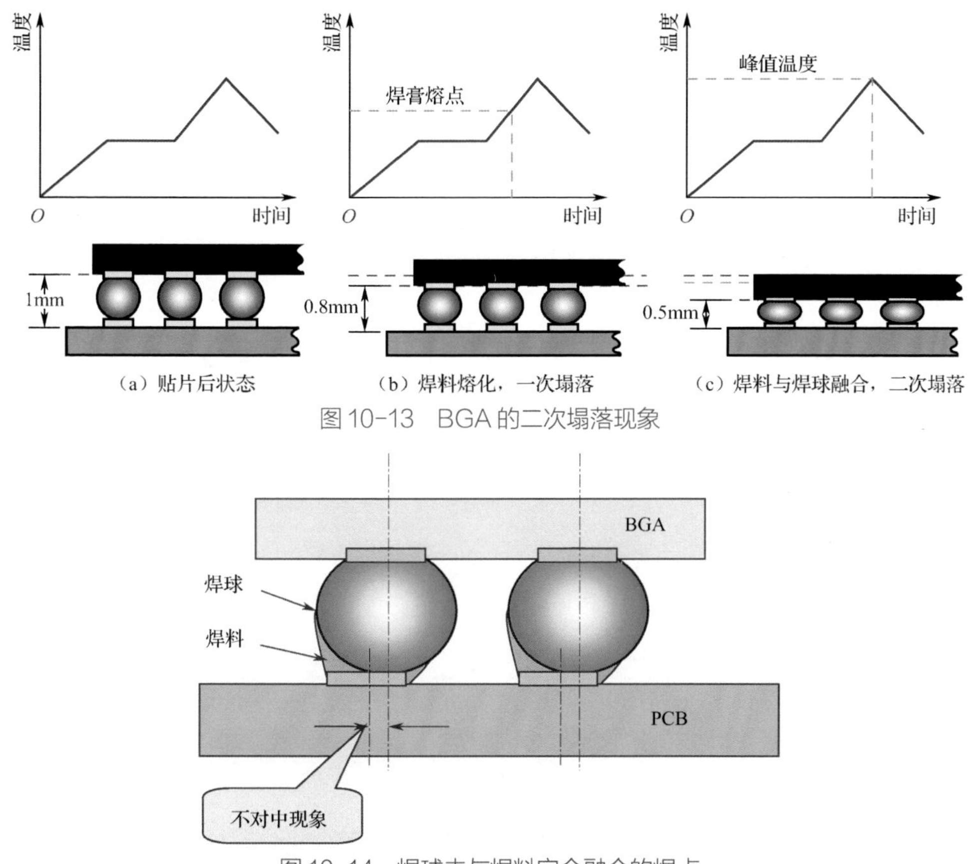

图 10-13　BGA 的二次塌落现象

图 10-14　焊球未与焊料完全融合的焊点

2）焊接时间

焊接时间主要取决于 PCB 的热特性和元器件的封装，只要能够使所有焊点达到焊接合适温度及 BGA 焊锡球与熔融焊膏混合均匀并达到热平衡即可。

焊接的时间，对一个普通焊点而言 3～5s 足够，对一块 PCBA 而言，还必须考虑减小 PCBA 不同部位的温差或者说减少 PCB 和元器件热变形问题，因此，PCBA 的焊接与单点焊接有本质的差别，可以说它们不属于一个系统，一般需 40～120s，40s 是保证塌落及润湿的最少时间。

还应注意一点，尽可能减小液态延迟时间（Liquidus Time Delay，LTD），这个时间决定了整个 BGA 的塌落时间（约 5s），LTD 如图 10-15 所示。

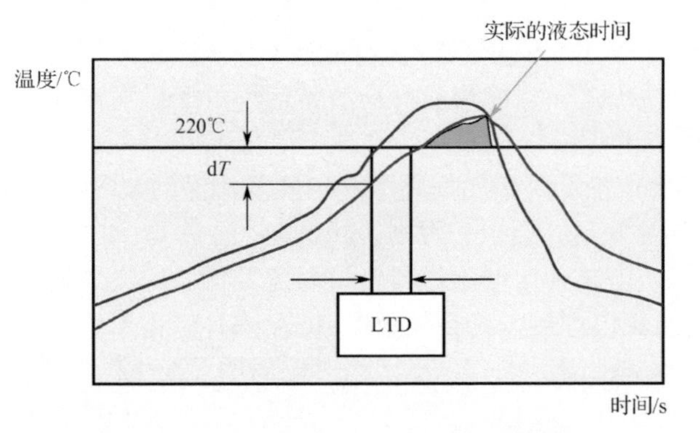

图 10-15　液态延迟时间（LTD）的概念

BGA 焊接时，其周边焊点先熔化，中心部位焊点后熔化。LTD 就是先、后熔化的时间差。而我们关心的是实际的液态时间及在这个时间点 BGA 的变形状态，一般 LTD 应小于 1/3 实际的液态时间。图 10-16 所示为 LTD 与实际的液态时间对焊接不良的影响。对于 HoP 缺陷，增加 TAL 和峰值温度可降低缺陷级别，其原理是在焊球完全塌陷和熔融后通过增加封装与焊膏接触时间来达成。影响 HoP 的另一项再流焊参数是保温时间，其影响程度取决于所用焊膏高温环境下的抗氧化性能。

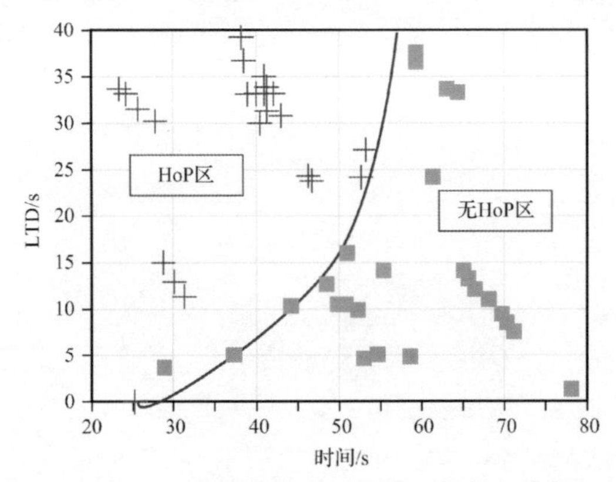

图 10-16　LTD 与实际的液态时间对焊接不良的影响

3）不同温度和时间下 BGA 焊点的微观结构

图 10-17 所示是不同温度下形成的 BGA 焊点的微观结构示意图，从中可以了解到，随着温度的升高，焊球中 Ag_3Sn、Cu_6Sn_5 会变得细化，但金属间化合物（IMC）会变得更厚。

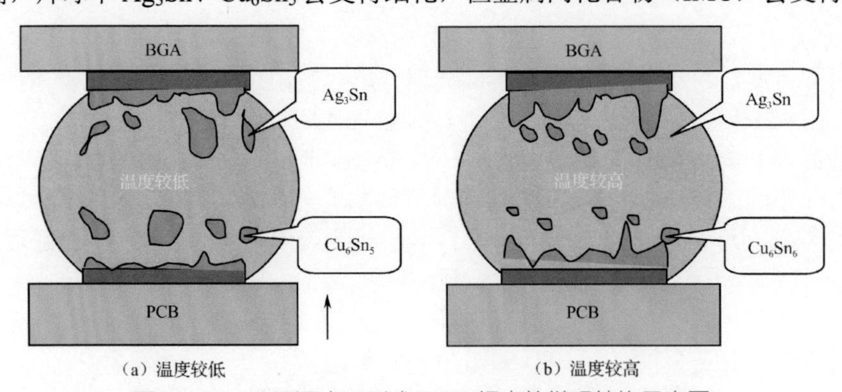

图 10-17　不同温度下形成 BGA 焊点的微观结构示意图

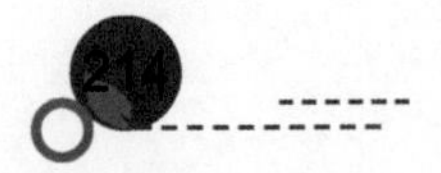

如果温度过高，也会使 BGA 焊球过度塌落，影响可靠性，特别是那些带有金属散热壳的 BGA。

图 10-18 所示是不同温度与时间下形成的 BGA 焊点的形态。它取决于焊料与焊球的混合程度及混合合金的表面张力，如果混合不均、表面张力不够，就不会形成鼓形的焊点，甚至带有硬过渡的外形。

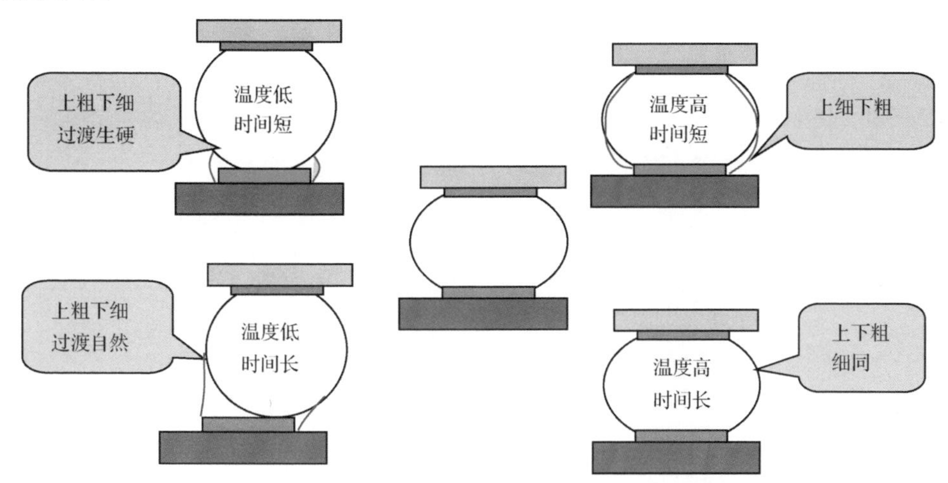

图 10-18　不同温度与时间下形成的 BGA 焊点的形态

4．升温速率

室温—预热段的升温速率（v_1）主要影响焊膏焊剂的挥发速度。其值过高容易引起焊锡（膏）飞溅，从而形成锡球，因此，一般要求控制在 1～2℃/s。

预热—再流段的升温速率（v_2）是一个关键参数，对一些特定焊接缺陷有直接的影响。其值过高容易引发锡珠、立碑、偏斜和芯吸。一般要求尽可能低，最好不要超过 1.5℃/s。

5．冷却速度

IPC-7095C 标准对业界能接受的冷却斜率做了规定，该标准将-4～-8℃/s 作为冷却斜率的范围。但这样的规定实际上存在很大的风险，特别是焊接 BGA 器件时，如果冷却速度达到-4.5℃/s 以上，则很可能造成焊点断裂。事实上，依靠风冷的许多炉子也根本做不到，这点请读者注意，千万别追求理论上的质量。

一般而言，较厚的塑封 BGA 需要慢速冷却，甚至需要热风慢冷，因为它是一个典型的双层结构且容易吸潮。实际案例表明，如果冷却速度不大于 2.5℃/s，一般不会因 BGA 翘角而发生收缩断裂，但如果超过 2.5℃/s，就容易发生收缩断裂了。

6．特定封装的特别要求

1）BGA 器件

（1）焊接最低峰值温度必须达到二次塌落所需要的温度［熔点+（11～12℃）］，不管是有铅工艺还是无铅工艺。

（2）必须有足够的焊接时间，以便 BGA 封装体达到基本的热平衡，避免 BGA 在严重变形状态下焊接。

大部分情况下，较大尺寸 BGA 的焊接问题主要是温度不合适和时间不够，按照一般的升/降温速率，用有铅焊膏焊接无铅 BGA 时，最短的焊接时间应大于 40s，BGA 焊接温度曲线如图 10-19 所示。

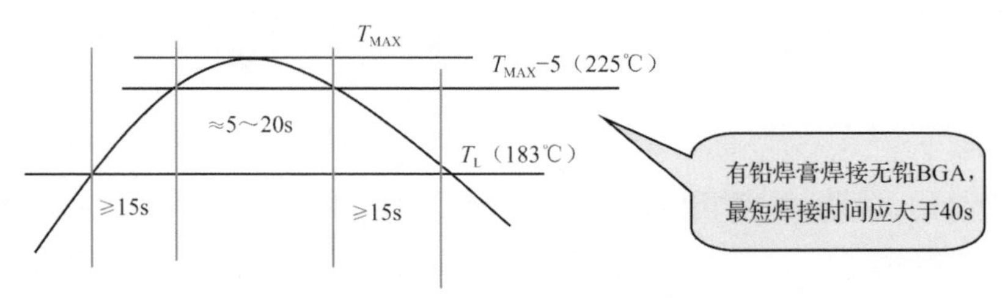

图 10-19　BGA 焊接温度曲线

2）0201 元件

图 10-20　葡萄球现象

0201 元件主要的焊接问题是立碑和葡萄球现象，葡萄球现象如图 10-20 所示。

一个减少立碑现象的措施就是减小熔点以下 10℃到熔点之间的升温速率，如在无铅焊接工艺条件下，需要适当降低再流焊接温度曲线上 200～220℃区间的升温速率。

葡萄球现象是无铅、微焊盘焊接带来的新问题。一般而言，焊盘尺寸小，相应印刷的焊膏也少；焊膏少，其含有的焊剂总量也随之减少，由于去除氧化物的能力不足，很容易发生葡萄球现象。因此，在温度曲线设置时需要适当减少预热的总时间，避免焊膏表面焊粉的过度氧化。

3）0.4mm QFP

0.4mm QFP 容易桥连，要尽量减少热塌落现象的发生，这就需要减少高温预热阶段的停留时间。

10.5.3　业界推荐的温度曲线

IPC-7095C推荐的温度曲线如图 10-21、图 10-22 所示。

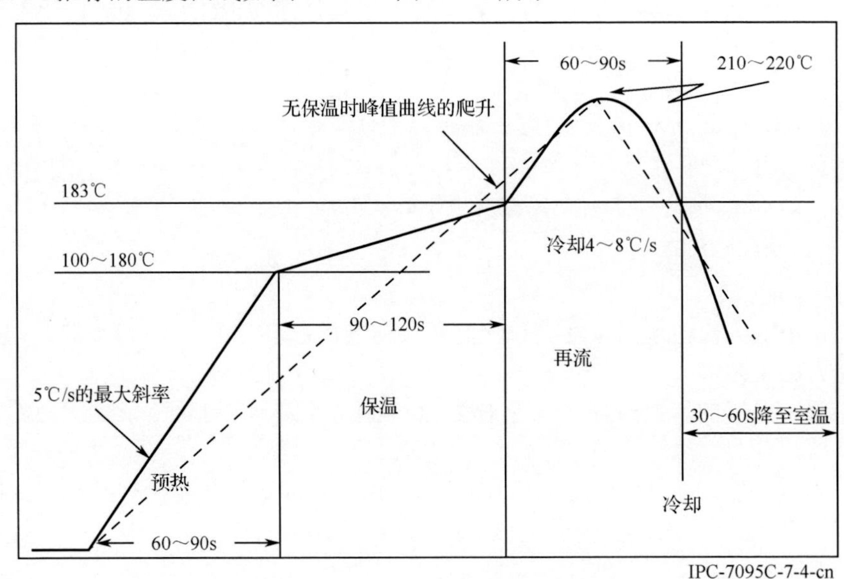

图 10-21　Sn-37Pb 焊料的推荐温度曲线

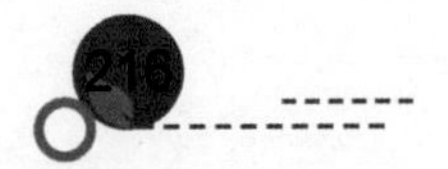

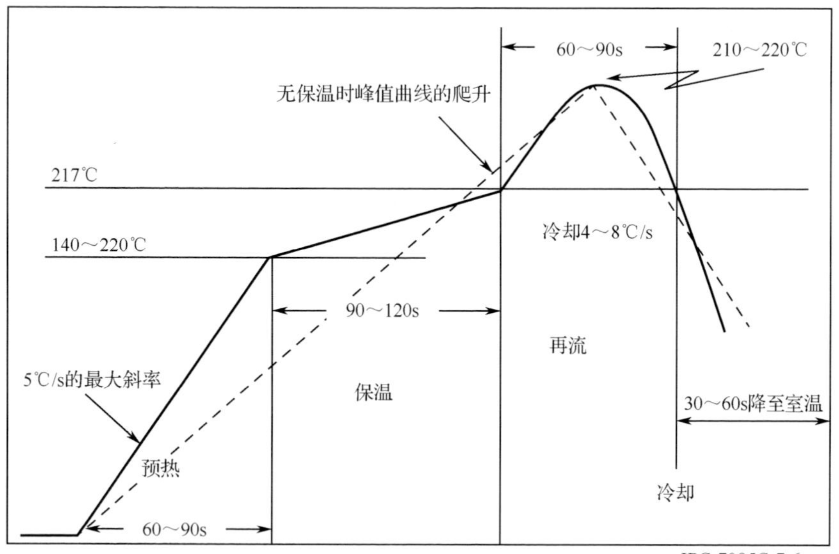

图 10-22　SAC305 焊料的推荐温度曲线

这个曲线是基于焊料熔点以及BGA的工艺特性给出的。我们知道，再流焊接焊点的形成与元器件的封装结构有直接的关系，因此，对于具体的PCBA再流温度曲线，一定要根据其上的安装封装工艺特性进行优化，下面举几个温度曲线应用的案例进行说明。

No 案例 19　温度曲线对空洞的影响

空洞主要是由助焊剂中溶剂的挥发导致的。助焊剂溶剂的挥发与封装有很大的关系，有些封装的焊点，如片式元件、QFP、BGA等，焊点表面附近无任何遮挡，再流焊接时溶剂很容易挥发出去，我们把这类焊点称为敞开型焊点。可以通过延长预热时间或提高预热温度，在焊粉熔化并融合之前将焊膏中的绝大部分挥发性物质挥发出去，从而减小形成空洞的概率和尺寸。还有些焊点，如QFN、LGA、SGA等，溶剂的挥发通道受限，必须经过元器件底部低矮的间隙甚至必须冲破周边液化的松香才能跑出去，焊点中很容易出现空洞，我们把这类焊点称为封闭型焊点。对于这类焊点，企图通过延长预热时间或提高预热温度来减少焊点中的空洞往往作用有限，效果比较差。

图 10-23 为不同预热条件下片式元件和BGA焊点空洞实测结果，可以看到，对于片式元件和BGA等这种敞开型焊点的封装，适度地延长预热时间，对控制焊点中的空洞是有效果的。

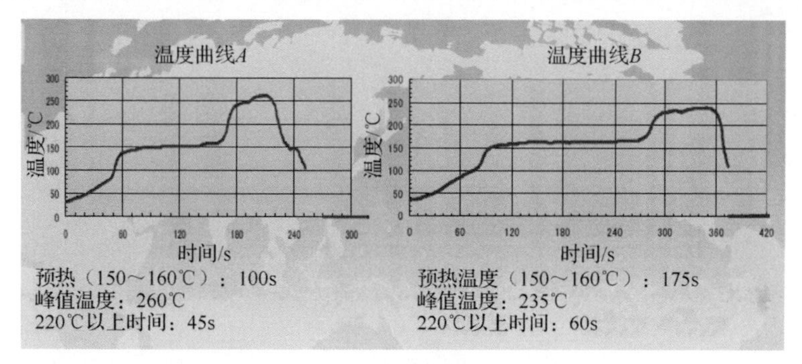

（a）温度曲线

图 10-23　不同预热条件下对片式元件和 BGA 焊点空洞实测结果

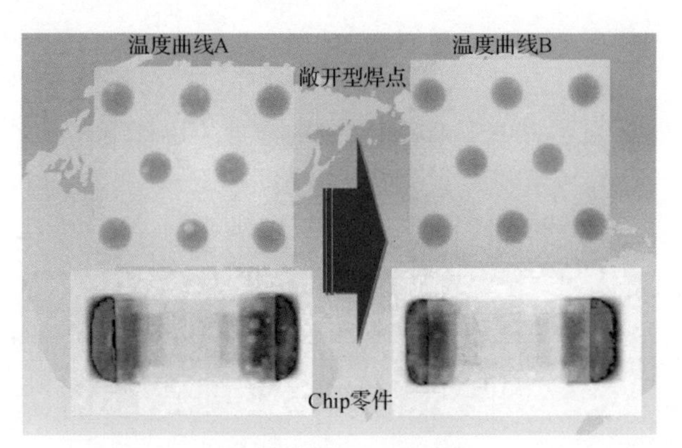

（b）温度曲线对空洞的影响

图 10-23　不同预热条件下对片式元件和 BGA 焊点空洞实测结果（续）

图 10-24 为不同温度曲线下QFN焊接的结果。我们可以看到焊接峰值温度对QFN空洞的形成有明确的影响。*B*、*C*、*F*一组温度曲线，焊接峰值温度高，形成的空洞面积比较小，而*A*、*E*、*D*一组温度曲线焊接峰值温度低，形成的空洞面积比较大。而预热温度高低对空洞没有明显的影响。

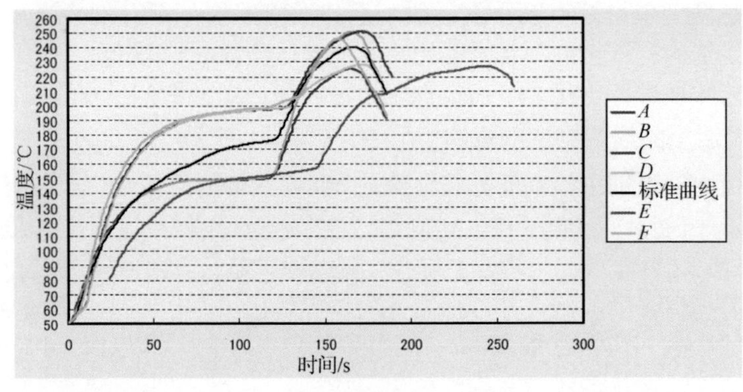

（a）温度曲线

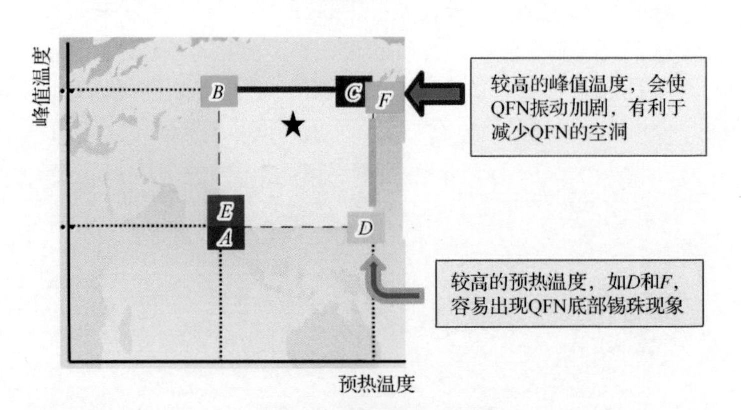

（b）温度曲线对应的参数特征

图 10-24　不同温度曲线下 QFN 焊接的结果

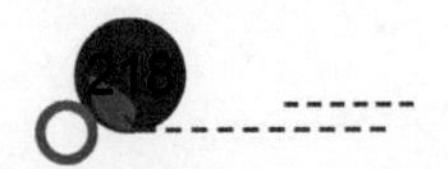

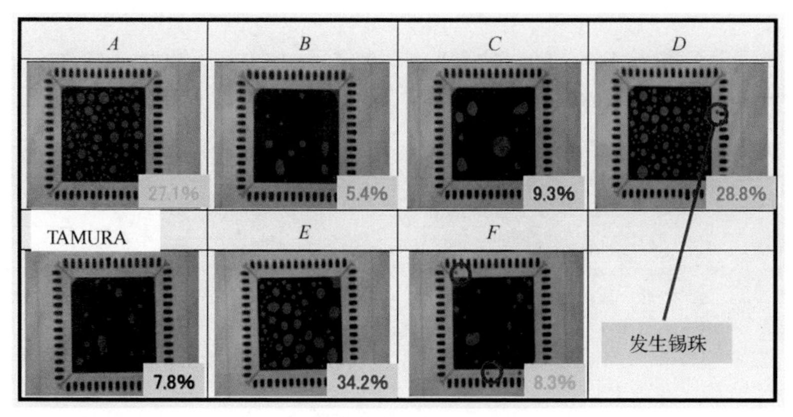

（c）空洞情况

图 10-24　不同温度曲线下 QFN 焊接的结果（续）

从图 10-23 和图 10-24，我们可以了解到温度对不同类型焊点空洞的影响。对于敞开型的焊点，如BGA、片式元件的焊点，延长预热时间，对减少空洞有利，而对于QFN等封闭型的焊点，提高峰值温度对减少空洞有利。所以，在运用温度曲线消除空洞时，必须根据封装的焊点结构类型来确定。

No 案例 20　再流焊接时间对 QFN 虚焊的影响

QFN 是典型的 BTC 类器件，再流焊接时，一般周边焊点先于热沉焊盘熔化，聚集并将 QFN 暂时性地浮起。随着热沉焊盘上焊膏的熔化并润湿 QFN 热沉焊盘表面，QFN 又被拉下，QFN 焊点形成过程如图 10-25 所示。这个过程是基于 QFN 尺寸比较大、存在温度差的前提以及 I/O 焊点焊膏量的扩展（钢网开窗外扩 0.2～0.3mm）。再流焊接时，QFN 的浮起与塌落需要一定的时间，所以，再流焊接时间太短可能会终止这样的过程，比如时间短于 30s，可能会导致热沉焊盘上的熔融焊料来不及润湿 QFN 焊盘（没有时间将其拉下来），最终导致热沉焊盘虚焊，如图 10-26 所示，也就是再流焊接时间会影响 QFN 焊接的完成状态。

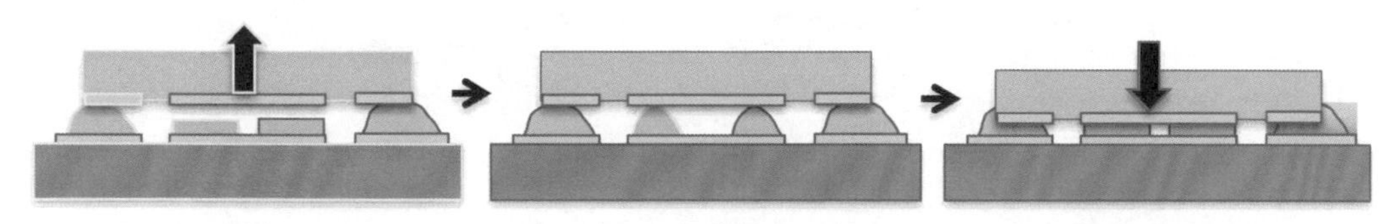

（a）周边熔化，使之浮高　（b）热沉焊盘焊膏润湿　（c）热沉润湿完成，使之塌落

图 10-25　QFN 焊点形成过程

图 10-26　热沉焊盘虚焊

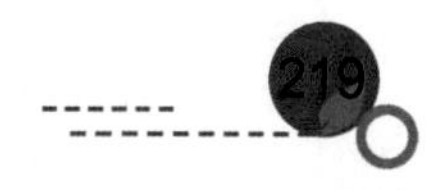

从这个案例还可以了解到 QFN 焊点的形成过程非常复杂。实际上，这个过程除再流焊接时间外，信号焊盘上的焊膏与热沉焊盘上的焊膏覆盖率也会影响焊点的形成过程。QFN的浮起现象如图 10-27 所示。

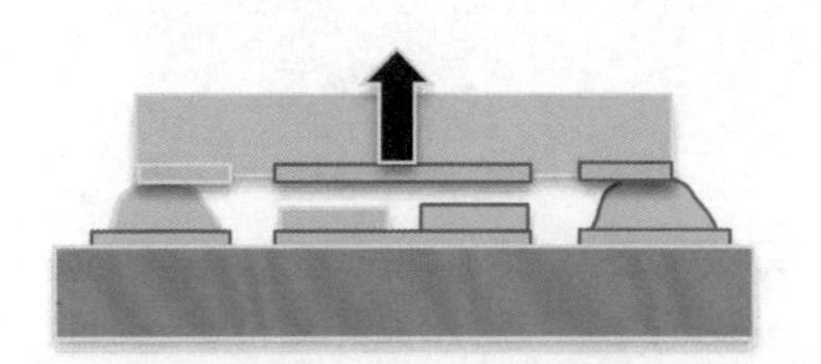

（a）周边焊盘焊料多，使之浮高，如果再流时间短，将导致热沉焊盘虚焊

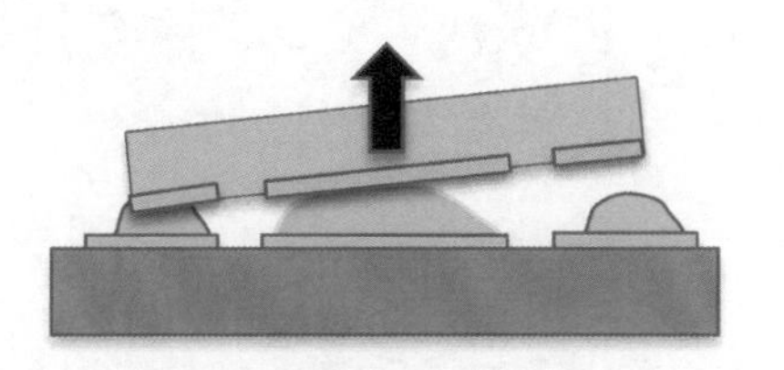

（b）热沉焊盘焊料多，使之浮高，并引发起翘和单边焊点虚焊

图 10-27　QFN 的浮起现象

№　案例 21　冷却速度对厚的封装变形的影响

对于像P-BGA/F-BGA等封装，由于层的封装结构，再流焊接时一般会发生“哭脸—平整—笑脸—平整—哭脸”的热变形过程，如图 10-28 所示。如果冷却速度比较高，就会改变热变形的恢复过程——本来由笑脸逐渐变平整，却变成了笑脸加重。这会影响到BGA焊球与熔融焊料的结合，可能最终导致球窝、开焊或焊点拉断等现象。

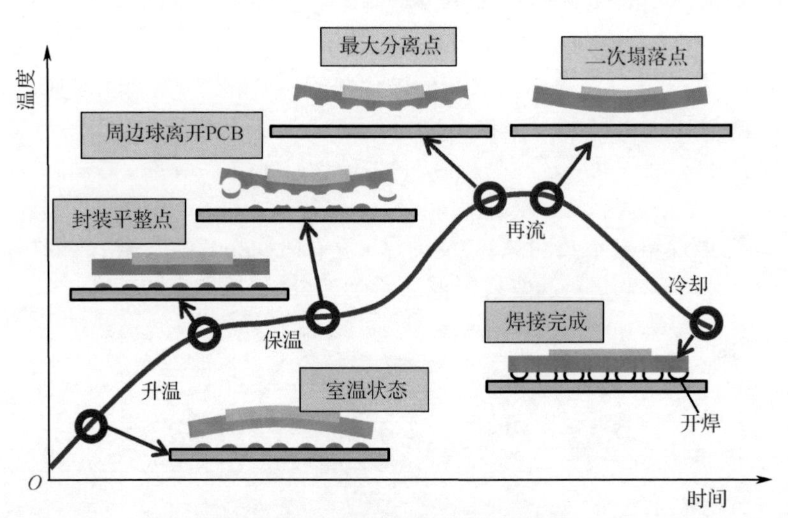

图 10-28　BGA 再流焊接热变形过程

№　案例 22　预热条件对微焊盘焊接的影响

微焊盘焊接有一个普遍的问题就是容易出现不熔锡的现象（如图 10-29 所示）。这是因为焊膏加热时助焊剂漫流会引起焊膏图形顶部覆盖的松香膜变薄，意味着防氧化功能劣化。焊盘尺寸越小，其上印刷的焊膏图形相应也越小。焊膏越小，液化松香的漫流引起的覆盖厚度会更薄，对加热状态下的焊粉氧化的保护越弱，也就越容易发生不熔锡现象，助焊剂漫流示意图如图 10-29 所示。

为了减少不溶锡的问题，通常采取的措施之一就是降低预热温度并减少预热时间。

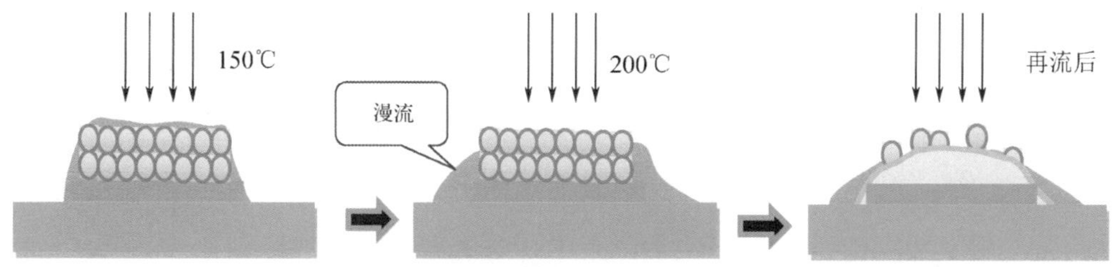

图 10-29　助焊剂漫流示意图

10.5.4　炉温设置与温度曲线测试

炉温设置指根据设计的温度曲线工艺要求设定再流焊接炉各温区温度的活动。一般要经过“设置—测温—调整”几个循环，以使实测温度曲线与设计温度曲线的关键参数基本一致。设置好后输出炉温设置表，以便再生产时调出，见表 10-2。有时人们也把再流焊接炉各温区的设置温度以图形的形式表现出来，如图 10-30 所示的“设置 *A*”“设置 *B*”折线，也称为炉温折线。

表 10-2　某产品有铅焊接炉温设置表

温　区	Z1	Z2	Z3	Z4	Z5	Z6	Z7	Z8	Z9	Z10
上温区设置温度/°C	100	120	150	150	150	170	180	210	240	230
下温区设置温度/°C	100	120	150	150	150	170	180	210	240	230
传送速率：80cm/min；冷却风扇转速：2500r/min										

对于多品种、小批量的生产模式，大多数企业为了简化温度曲线设置的工作量，使用了通用温度曲线。也就是一些热特性差不多的板，使用同一条温度曲线。这时，温度曲线的测试与设置必须确立测试用的“代表板”及“代表封装”，其关键是“代表板”的代表性。一般把这种代表板称为测试板。

对于非定线生产的企业，一个产品会在不同的生产线生产。由于不同品牌炉子的结构不同，需要进行单独的温度设置，如图 10-30 所示的“设置 *A*”“设置 *B*”。即使相同的炉子，由于出厂调试存在误差，也应该进行单独的设置。

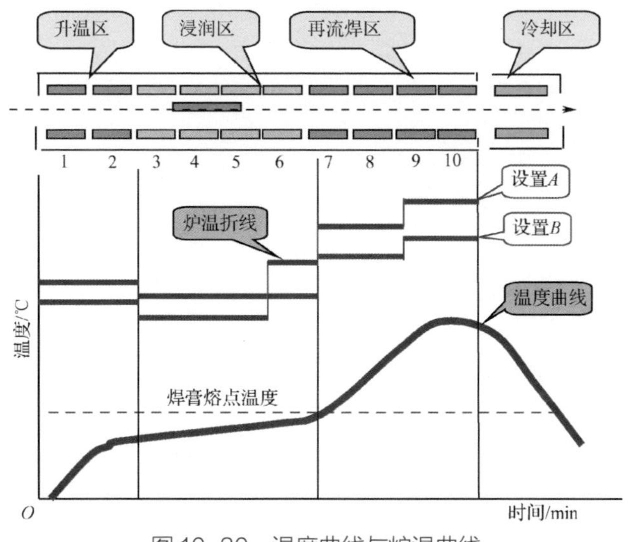

图 10-30　温度曲线与炉温曲线

1．炉温设置的传热学原理

一般再流焊接炉操作界面上所显示的温度是炉中内置热电偶测头处的温度，它既不是PCB上的温度，也不是发热体表面或电阻丝的温度，实际上是热风的温度。要做到会设置炉温，必须了解以下两条基本的传热学定律：

（1）在炉内给定的一点，如果PCB温度低于炉温，那么PCB温度将升高；如果PCB温度高于炉温，那么PCB温度将下降；如果PCB温度与炉温相等，将无热量交换。

（2）炉温与PCB温度差越大，PCB温度改变得越快。

炉温的设置，一般先确定炉子链条的传送速度，其后才开始进行温度的设定。链速慢，炉温可低点，因为较长的时间也可达到热平衡，反之，可提高炉温。如果PCB上元件密、大元件多，要达到热平衡需要较多热量，这就要求提高炉温；相反，则要降低炉温。需要强调的是，一般情况下链速的调节幅度不是很大，因为焊接的工艺时间、再流焊接炉的温区总长度是确定的，除非再流焊接炉的温区比较多、比较长，生产能力比较足。

2．炉温设置步骤

炉温的设置是一个设定、测温和调整的过程，其核心就是温度曲线的测试。目前，测温使用的是专用测温仪，其尺寸很小，可随PCB一同进入炉内，测试后将其与计算机相连，就可显示测试的温度曲线。

设定一个新产品的炉温，一般需要进行1次以上的设定和调整。设置步骤如下：

（1）将热电偶测头焊接或胶粘到测试板或实际的板上，注意测点位置的选取。

（2）调整炉内温度和带速，做第一次调整。

（3）等候一定的时间，使炉内温度稳定。

（4）将测试板与测温仪放到传送带上，进行温度测试。

（5）分析获得的曲线。

（6）重复步骤（2）～（5），直到满意为止。

3．测试点的选择

（1）BGA底部靠中心的焊点/测试点（BT1）、BGA封装体上表面靠近中心的测试点（BT2）、BGA边上的焊点/测试点（BT3）。

（2）最大热容量的焊点，如陶瓷封装BGA、BTC封装的模块、包封的变压器等。

（3）热敏感元器件焊点或封装体，如电解电容。

（4）PCBA光板区域、距边25mm以上距离的点（PCBT）。

焊点/测试点位置如图10-31所示。

4．热电偶的选择及探头的固定

一般选择线径36AWG的K型热电偶，即线径0.127mm的镍铬-镍铝热电偶线。这个线径能够满足现有各类封装焊点的测试，且寿命比较长，太粗影响应用，太细容易折断。K型热电偶测试温度范围很宽，在-200～1250℃，温度精度±1.5℃，其不足之处就是可焊性差，难以用高温焊料焊接。为了减少测试噪声或干扰，一般线长不应超过90cm。绝缘包皮可以选用PTFE或玻璃纤维。

热电偶探头的固定是准确测量温度曲线的关键。

如果热电偶探头在焊接过程中松动，离开了要测试的焊点，或用于固定热电偶探头的焊锡/胶的热容量超过了焊点热容量的大小，测试出来的温度曲线就没有意义。对于BGA的焊接，甚至2℃的误差就会严重影响到最终的焊接质量。因此，科学地设立测温板非常重要。

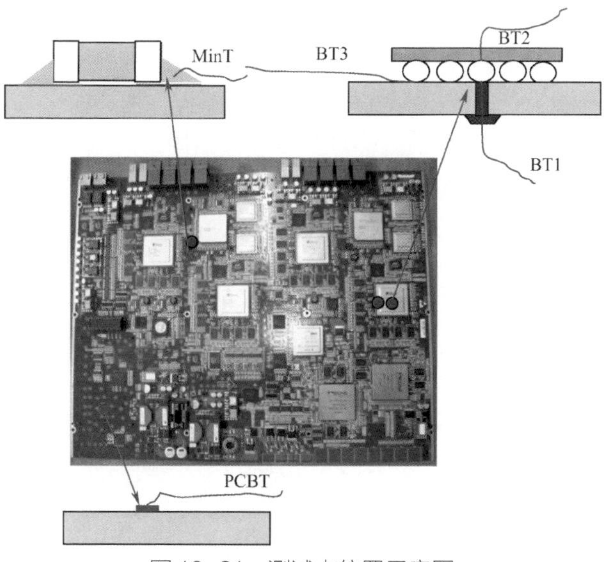

图 10-31　测试点位置示意图

热电偶探头固定的一般原则：

- 必须牢固，焊接时不可松动；
- 如果采用胶黏剂固定，胶应具备良好的导热性；
- 由于再流焊接基本属于平衡加热，热电偶连接的胶或焊锡量一般不会影响测试点的终极温度的准确性，因此，不必考虑焊点热容量的问题。（但波峰焊接就不同了，因为加热时间很短，热电偶的固定胶或焊锡量会影响测试点温度的准确性。）

IPC-7530 介绍了 5 种热电偶的固定方式，即高温焊料固定、胶带固定（如铝箔和高温胶带）、胶粘固定、埋置固定和机械连接（如采用弹簧压住），图 10-32 为热电偶常见的几种固定方式。

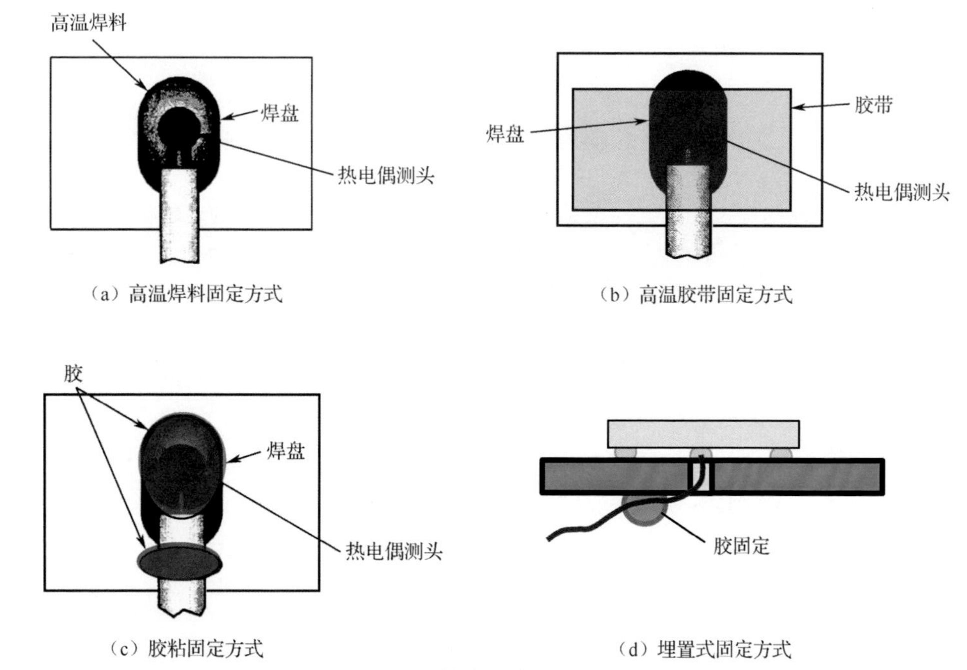

图 10-32　热电偶常见的固定方式

高温焊料固定方式用于测试板热电偶的固定，它可以反复测试。胶带固定方式用于一次性测试板热电偶的固定，不会破坏 PCB，也不会有残留物，但是高温胶带的连接可靠性比较差，测试时有可能热电偶松动。胶粘方式与高温焊料方式一样，用于多次使用的测试板（俗称金板），注意选用的胶应该具有良好的导热性。埋置式的固定方式主要用于 BTC 类元器件的焊点，从 PCB 的底部钻孔插入并用胶固定。机械连接方式多用于波峰焊接测试板，通常热电偶用一个弹性元件压住。

如果需要精确地测量，推荐采用高温焊料焊接的连接方式固定热电偶，BGA 中心测点应焊接在 BGA 焊盘上，因为 BGA 封装体的导热性高于 PCB，焊点温度取决于封装的导热性。

5．温度曲线设计注意事项

在调试温度曲线时有时调试不出来。这是因为对一个特定的封装而言，其热容量、受热面积及导热系数已定，要加热到一定的温度必然需要一定的时间，如图 10-33 所示。同时，从工艺的角度看，升温速率又不能超过 3℃/s，也就是热风的温度与设计达到的峰值温度差不能太大。这样，在一定时间条件下，能够达到的最高峰值温度是受限的。比如，焊接时间 20s，对一个大尺寸的 BGA 而言，其焊接最高峰值温度不可能超过 230℃。

如果热容量很大，即使没有升温速率的限制，要达到一定的峰值温度，也必须有足够的时间，最具有典型意义的例子就是铜基板的焊接。

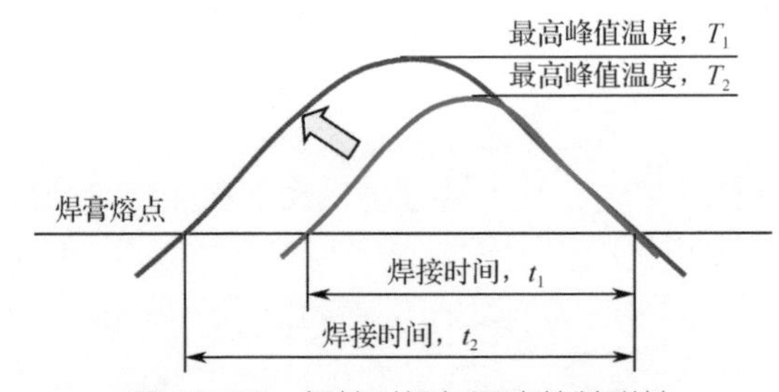

图 10-33　焊接时间与温度的关联性

还有一点必须明白，升温速率反映的是测点的温度变化情况。如果炉温与 PCB 的目标峰值温度差比较大，即使测试曲线反映的升温速率符合要求，也不能保证元器件封装内外的温差符合要求。因此，提高温度加速升温是不可取的。但如果是做实验，希望获得大的温差，这样的做法是可以使用的。

目前，使用的测温仪都具备模拟测温的功能。由于软件设计时有一个模型，在我们测试一次后，它就可以根据测试板的温度曲线自动提取模型所需有关参数，进行虚拟的设定和调试，这样可大大提高设置的效率。如果设计的曲线与测试板的热容量不匹配，就设计不出来。

如用有铅焊膏焊接一个无铅 BGA，我们希望在 20s 内将焊接的峰值温度拉升到 220℃，但这在现有的再流焊炉上一般很难实现。因为炉子在设计时已经确定了合适的温度范围和链速范围，做不到任意设置。

10.5.5　再流焊接曲线优化

1．理想再流焊接曲线特征概述

表 10-3 列出了与再流焊相关的缺陷类型、缺陷形成机理、理想再流曲线特征及优化指南。

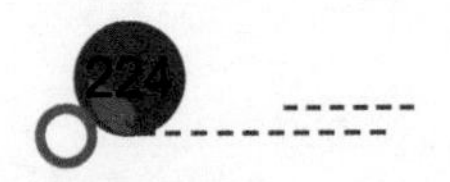

表 10-3　再流焊接温度曲线优化指南

项　目	缺陷机理	理想曲线特征	优化方向		
			升温速率	峰值温度	冷却速度
元器件破裂	由快速温度变化产生极高的内应力	减缓温度变化速率	慢		慢
立碑与偏移	元器件两端润湿不平衡	在接近和超过焊料熔点时采用较慢的升温速率以减小元器件的温度梯度	慢		
芯吸	引脚比 PCB 热	焊料熔化前利用慢的升温速率使电路板和元器件达到温度平衡；增加底部加热	慢		
锡球	飞溅	减慢升温速率，逐渐蒸发焊膏溶剂或水分	慢		
	焊料熔化前过度氧化	再流前减少热量输入（减慢升温速率），浸润区不设温度平台，以减少氧化物	慢		
热塌落	随着温度增加黏度下降	黏度降低过多之前，减慢升温速率，逐渐蒸发焊膏溶剂	慢		
桥连	热塌落	黏度降低过多之前，减慢升温速率，逐渐蒸发焊膏溶剂	慢		
锡珠	小间隙元器件下面迅速除气	再流前降低升温速率以减慢焊膏除气速率	慢		
虚焊	芯吸	焊料熔化前，利用慢的升温速率使电路板和元器件达到温度平衡；增加底部加热	慢		
	不润湿	再流前减少热量输入（减少浸润区时间，或从室温到焊料熔化温度使用线性升温）以减少氧化	慢		
润湿不良	过度氧化	再流前减少热量输入（减少浸润区时间，或从室温到焊料熔化温度使用线性升温）以减少氧化	慢		
空洞	过度氧化	再流前减少热量输入（减少浸润区时间，或从室温到焊料熔化温度使用线性升温）以减少氧化	慢		
	过度氧化	降低再流曲线温度，使助焊剂残留物有更多溶剂		低	
碳化	过热	降低温度，缩短时间		低	快
浸析	焊料熔点以上过热	通过降低温度或缩短时间在焊料熔点以上减少热量输入		低	快
反润湿	焊料熔点以上过热	通过降低温度或缩短时间在焊料熔点以上减少热量输入		低	快
冷焊	焊料熔化时合并不充分	使用足够高的峰值温度		中等	
过量金属间化合物	焊料熔点以上过多热量输入	降低峰值温度，缩短时间		低	快
晶粒过大	由于慢的冷却速度产生退火效应	加快冷却速度			快
焊料或焊盘分层	由于热膨胀失配产生很高的应力	降低冷却速度			慢

2．再流焊接曲线优化

理想再流曲线特征已经列在表 10-3 中。在加热阶段出现的缺陷中，13 种可以通过较低的升温速率来解决，而没有一种能通过提高升温速率解决。在冷却区出现的缺陷中，两种缺陷需要降低冷却速度，5 种缺陷需要增大冷却速度。在峰值温度区出现的缺陷中，5 种缺陷需要降低峰值温度，1 种缺陷需要提高峰值温度。这些结果总结于图 10-34 中。因此，再流曲线优化走向可大致总结为：缓慢升温到较低的峰值温度，然后迅速冷却。结合上面所讨论的时间因素，有铅工艺优化的再流曲线如图 10-35 所示。在温度达到 180℃以前，升温速率为 0.5～1℃/s；然后在 30s 内逐渐上升到 186℃；再以较快升温速率 2.5～3.5℃/s 上升至 220℃；最后温度以不超过 4℃/s 的冷却速度迅速下降。

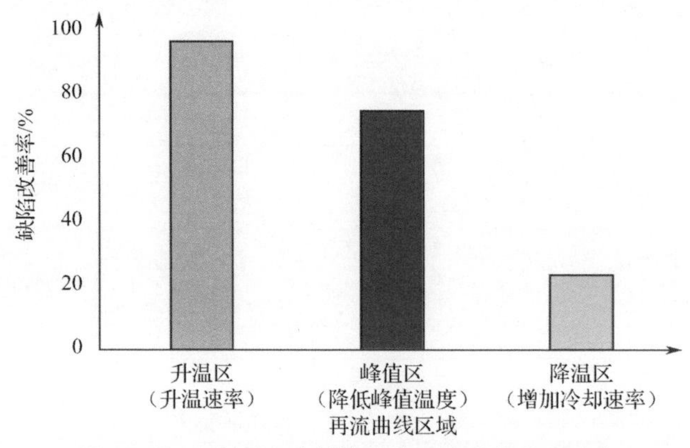

图 10-34　有利于改善缺陷的再流曲线优化方向

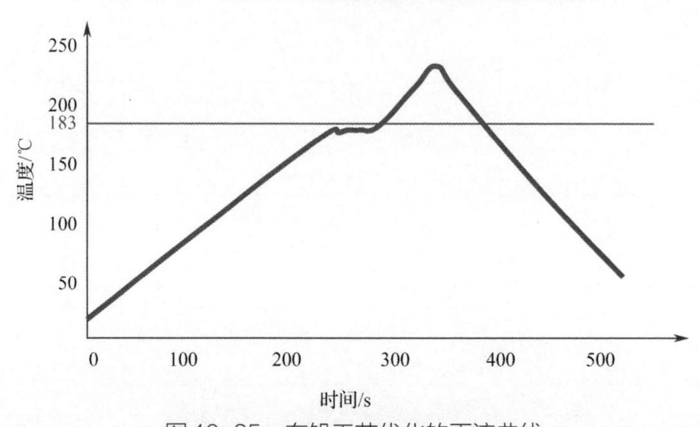

图 10-35　有铅工艺优化的再流曲线

10.6　低温焊料焊接 SAC 锡球的 BGA 混装再流焊接工艺

所谓混装再流焊接工艺，本书特指采用低熔点的焊料合金（焊膏）焊接 SAC 锡球的 BGA 再流焊接工艺。低温焊料焊接 SAC 锡球的混装再流焊接工艺主要有两类：

- 采用 Sn-37Pb 焊料焊接 SAC（如 SAC305、SAC405）锡球的 BGA 工艺；
- 采用 Sn-Bi 低温焊料焊接 SAC（如 SAC305、SAC405）锡球的 BGA 工艺。

之所以单列一节，主要是因为这种工艺与普通的再流焊接工艺有很大的不同——BGA 焊球半熔化或不熔化，如图 10-36 所示。这一特性使得 BGA 不会出现二次塌落，因而也不能自动对中，从而可能导致桥连的高概率发生及焊点可靠性的问题。

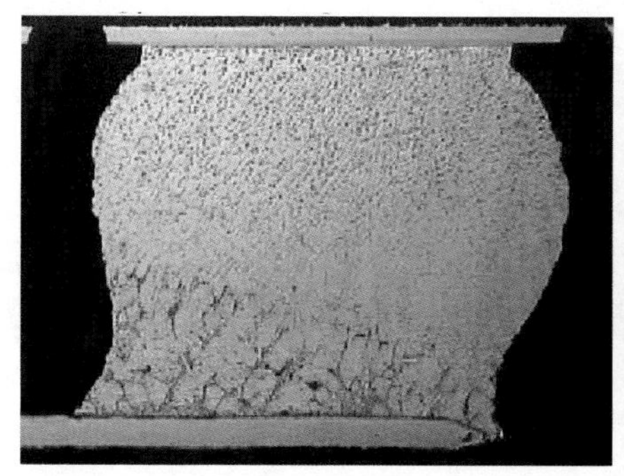

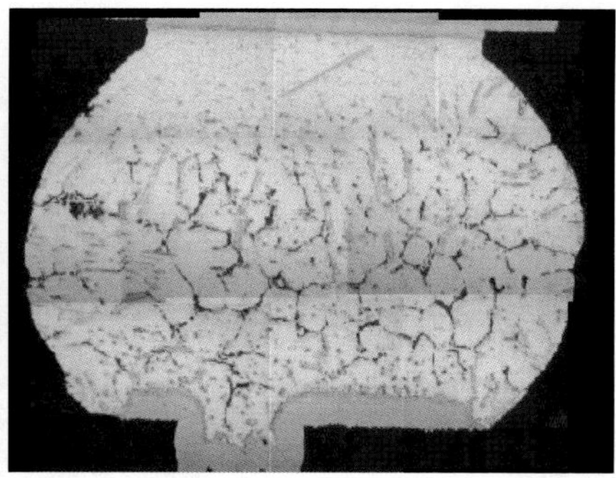

图10-36 BGA焊球半熔化或不熔化

10.6.1 有铅焊料焊接无铅BGA的混装工艺

1. 混装工艺的本质

混装工艺本质上是一种变组分的焊点形成过程。

由于BGA焊球、焊膏的金属成分不同，在焊料/焊球熔化过程中，成分不断扩散、迁移，而形成一种新的“混合合金”，也就是在焊点的不同层，其成分不同、熔点不同。

根据笔者的研究，混合高度与焊接峰值温度及焊接时间有关，温度是先决条件，时间是加速因子。如果温度低于220℃，就可能形成部分混合的情况。根据这一特点，可以按焊接的峰值温度将混装工艺分为两类：

（1）低温焊接工艺，即焊接峰值温度低于220℃的焊接。在此条件下，焊膏一般很难均匀扩散到整个BGA焊球的高度，形成半融合焊点。这种焊点在可靠性方面已经做过评估，据英特尔公司的研究，只要混合部分高度不小于焊点高度的70%就可以达到可靠性的要求，如图10-37所示。

（2）高温焊接工艺，即焊接峰值温度大于220℃的焊接。在此条件下，焊膏与BGA焊球成分基本能够完全融合，形成均匀的组织，如图10-38所示。如果温度高于245℃，位于晶界的富铅相偏析组织就会呈断续状。这种组织的可靠性肯定没有问题，但工艺性比较差，有出现恶性块状IMC的风险。

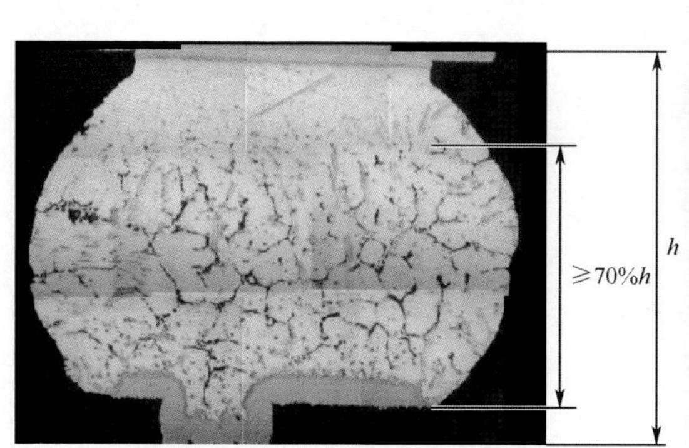

图10-37 混合部分高度要求

图10-38 混合均匀的焊点

这种分类对有铅焊膏焊接、无铅BGA非常有意义。因为BGA的焊球至少要经过两次再流焊接，很多情况下会经历3次再流焊接。BGA焊球完全熔化和半熔化，对于焊球BGA侧的界面IMC的厚度与形态发展有很大的不同，特别是采用OSP处理的BGA载板。

2．焊点形成的微观过程

用有铅焊膏焊接无铅 BGA，与纯有铅或纯无铅工艺相比，最大的不同点就是焊点形成的微观过程随焊接工艺条件而变。

1）低温（≤220℃）焊接工艺下 BGA 焊点的形成过程

一般的过程可以理解为“分层溶解”过程，如图 10-39 所示。如果焊接时间比较长，容易出现“晶界间富铅偏析”现象，如图 10-40 所示。晶界间富铅偏析现象，看上去好像不规则的空洞，实际上不是空洞，空洞一定是中空的圆形。

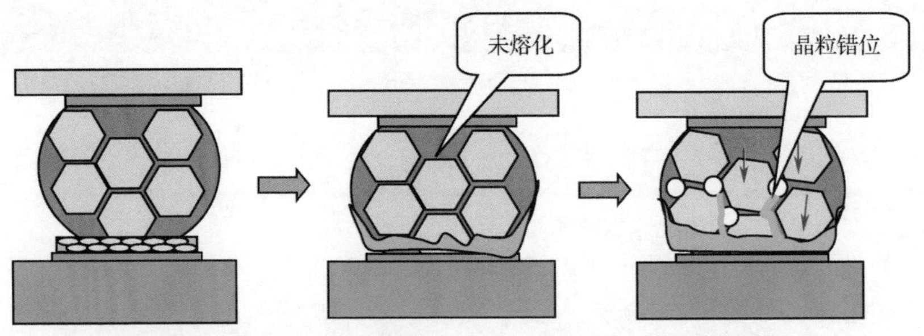

图 10-39　BGA 焊点形成的微观过程推测（“分层溶解”）

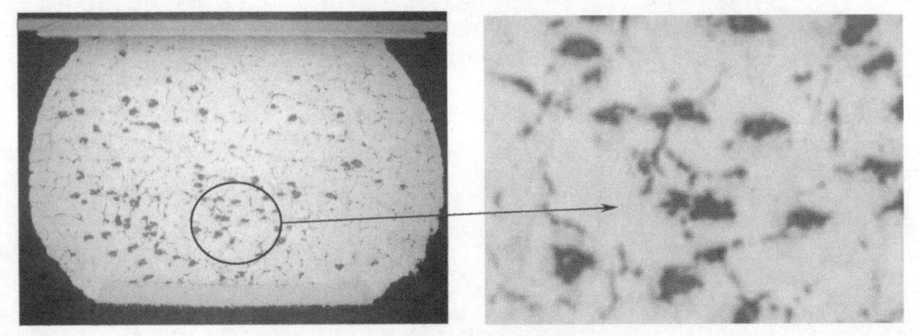

图 10-40　晶界间富铅偏析现象

2）高温焊接（>220℃）工艺下 BGA 焊点的形成过程

一般的过程可以理解为“两次塌落、混合扩散”过程。如果焊接时间比较短，容易出现微空洞现象，如图 10-41 所示。此富铅偏析与“晶界富铅偏析现象”有明显差别，它是焊点凝固时形成的，一般接近圆形。富铅组分在光学显微镜下呈黑色，所以看上去好像空洞一般。

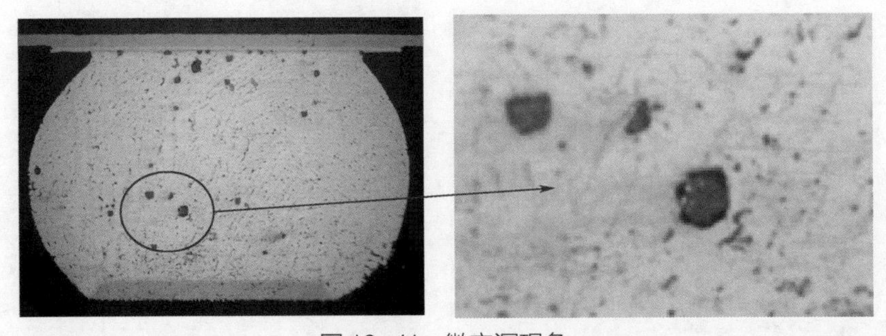

图 10-41　微空洞现象

3．温度曲线

有铅焊膏焊接无铅的 BGA，工艺比较复杂，一般有无铅 BGA 焊球全熔和非全熔两种工艺，各有优势与不足。

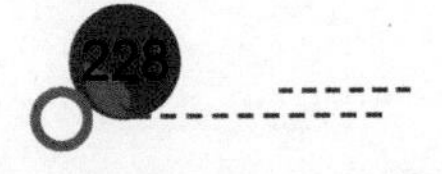

1）低温焊接工艺

试验表明，有铅焊料能够在 200～220℃范围内使无铅 BGA 焊球溶解并融合。即使出现半熔化的焊球，其可靠性对一般的产品在室内环境下也是可以接受的。不足的地方就是在 BGA 无铅焊球半熔条件下，BGA 无法实现二次塌落，存在不对中的风险，如果 BGA 偏移超过 20% 就会存在可靠性风险。业界的研究表明，如果 BGA 焊球没有熔化，形成非融合的非均匀组织（焊球与焊料两相组织区分明显），在做高低温循环时，焊点的开裂往往是从低熔点的焊料侧开裂，如图 10-42（a）所示。这很好理解，Sn-Pb 焊料比较软，强度较低，因此，会从 PCB 侧开始裂开。而无铅焊点温循试验时裂纹的位置总是出现在应力集中的地方，可能在 PCB 侧，也可能在 BGA 侧，也可能位于大空洞的水平截面上，如图 10-42（c）所示。由于上述原因，对于用有铅焊膏焊接无铅 BGA 的应用情况，需要控制焊膏焊球熔融部分的高度，业界的研究一般要求熔融部分高度超过 70%，也就是使焊点熔融部分足够高，能够满足一定条件下的可靠性要求。

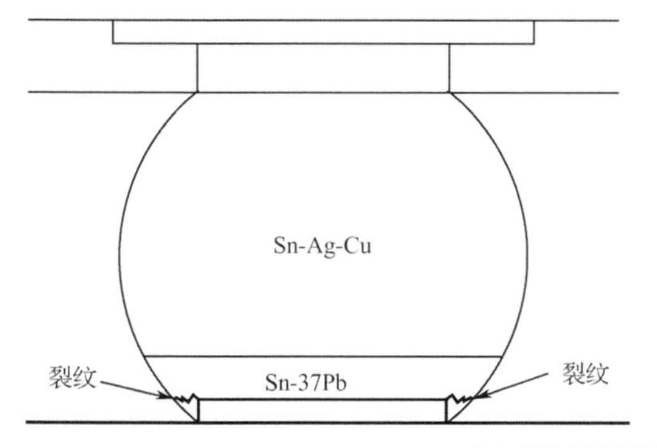

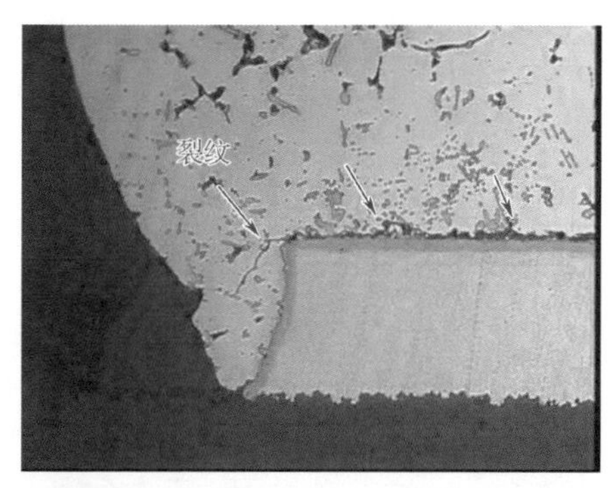

（a）混装焊点温循裂纹位置

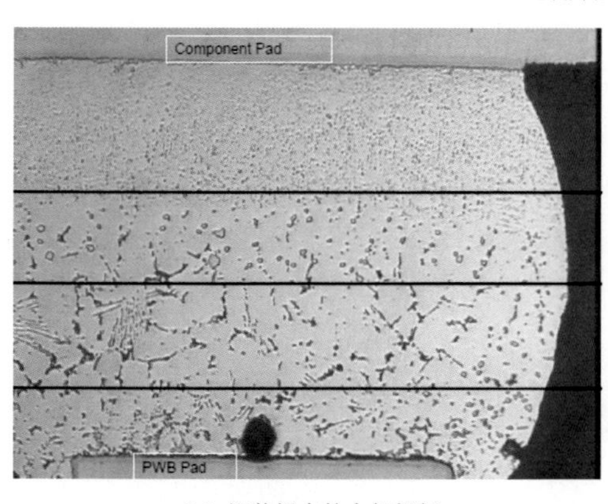

（b）混装焊点的金相组织

（c）无铅焊点的温循裂纹位置

图 10-42　高低温循环试验时焊点开裂的位置

此工艺的要点如下：

（1）BGA 焊点峰值温度。试验表明，可以设置在 210～220℃范围内。

（2）焊接时间。183℃以上的液态时间可以在 40～90s 范围内选取，只要确保最大尺寸 BGA 实现 70%熔化即可。

另外，此工艺的应用前提是 PCBA 上所有焊点接受这样的温度条件，也就是没有浸锡的涂层（非 Im-Sn，这里指通过浸入熔融纯锡液槽而完成的元器件电极涂层），它需要较高的焊接温度（≥225℃）。

2）高温焊接工艺

高温焊接工艺条件下，BGA 焊球完全熔化，工艺的稳定性也比较好，但对特定的对象存在一定的风险——载板焊盘表面采用非 ENIG 处理的 BGA 工艺和变形比较大的 BGA，前者在 BGA 侧可能形成块状 IMC，后者可能发生收缩断裂现象，重要的是这些往往在生产前难以识别与预防。此工艺的要点如下：

（1）BGA 焊点峰值温度。试验表明，要使无铅焊球与有铅焊料充分混合均匀并实现二次塌落，BGA 的焊接峰值温度应设置在 220～230℃范围内。

从减少铅偏析的角度考虑，峰值温度也是越高越好，但限于在我们能够使用的温度范围内无法消除偏析现象，因此，不必追求较高的温度，太高的温度反而会导致空洞的产生。

（2）焊接时间。183℃以上的液态时间可在 60～120s 范围内选取（仅供参考）。其实，在允许的升温速率下，最高峰值温度决定了最少的焊料液态以上时间，显然峰值温度提高，液态以上时间会增加。

3）参考温度曲线

温度曲线的设置应该以实际焊接结果为准。混装 BGA 温度曲线如图 10-43 所示，仅供参考。

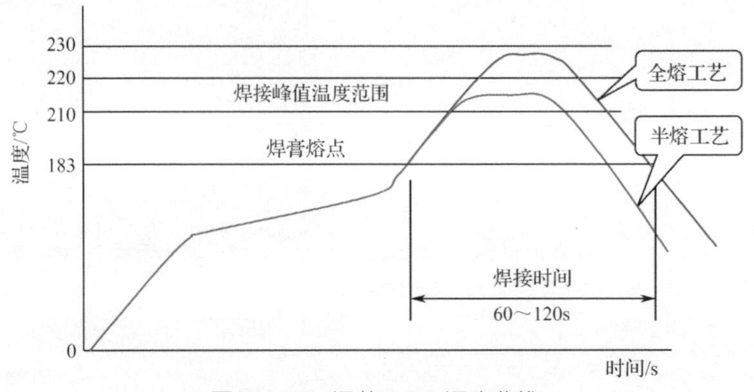

图 10-43　混装 BGA 温度曲线

4. 工艺可靠性

工艺可靠性的含义是：焊点不仅在产品刚刚生产时具有所要求的性质，而且在电子设备整个使用寿命中应当保证工作无误。

1）可靠性标准

焊点的失效主要为热机械疲劳引起的焊点开裂，因此，通常焊点的可靠性主要用高低温循环试验进行评价。英特尔公司的标准为：

（1）在-40～125℃条件下进行高低温循环试验（ATC），1400 周期内不应出现失效。

（2）在 0～100℃条件下进行高低温循环试验（ATC），3500 周期内不应出现失效。

2）混装工艺焊点的可靠性

混装工艺焊点的可靠性比较复杂，焊盘的表面处理工艺、焊球的成分、封装的类别与尺寸、温度曲线的形状与关键参数等因素的影响都比较大，不同研究对象在不同载荷条件下所获得的试验结果相差很大，难以简单描述。

英特尔公司的研究结论是，采用高于 217℃以上的焊接峰值温度比采用低于 210℃的焊接峰值温度具有较小的工艺、可靠性风险。但从笔者的经验看，采用高于 217℃以上的焊接峰值温度进行焊接，也存在一些尽管概率很小但影响重大的隐患，如缩锡断裂，混装工艺的可靠性如图 10-44 所示。

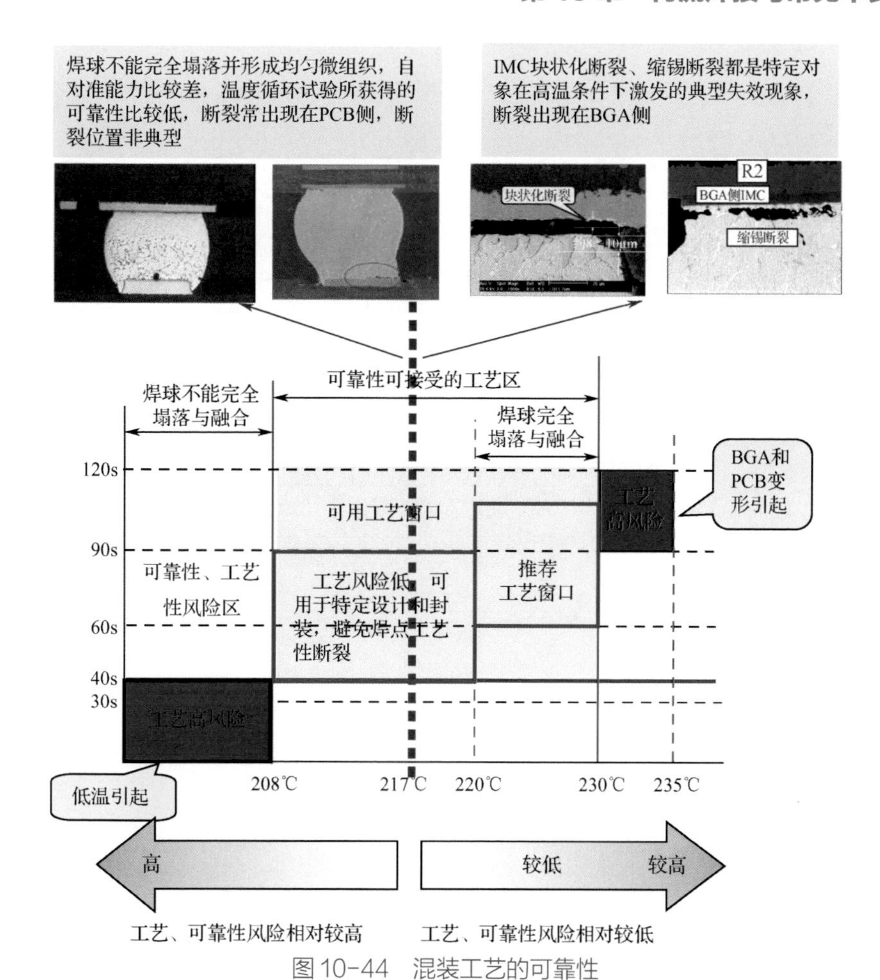

图 10-44　混装工艺的可靠性

10.6.2　低温焊料焊接 SAC 锡球的混装再流焊接工艺

由于一些元器件或 PCB 材料承受不了 SAC305 的高温，需要使用低温的焊料焊接，如耳机。业界研发了以锡铋合金为主体的低温焊料，这些合金的熔点在 140℃左右。

如果产品应用到 SAC 焊球的 BGA，那么采用低温焊料就有 BGA 焊球是否熔化及低温焊料焊点的可靠性等一系列问题。

1. 低温焊料

市场上的低温焊料主要是 Sn-Bi 合金。常用的合金有：Sn-58Bi、Sn-57Bi-0.4Ag、Sn-57Bi-1Ag、Sn-57Bi-2Ag。

表 10-4 所示为千住金属的低温合金性能。

表 10-4　千住金属的低温合金性能

合 金 类 型	千住代码	合 金 成 分	熔点/℃	拉伸强度/MPa	拉伸率/%	杨氏模量/MPa
Sn-Bi	L20	Sn-58Bi	139～141	74.2	37	35.8
Sn-Bi-Ag	L23	Sn-57Bi-1.0Ag	138～204	74.3	41	36.0
Sn-Bi-Cu-Ni	L27	Sn-40Bi-Cu-Ni	139～174	76.4	47	39.2
Sn-Ag-Cu	M705	Sn-3.0Ag-0.5Cu	217～220	53.3	56	46.9

Sn-58Bi 合金的相图如图 10-45 所示。

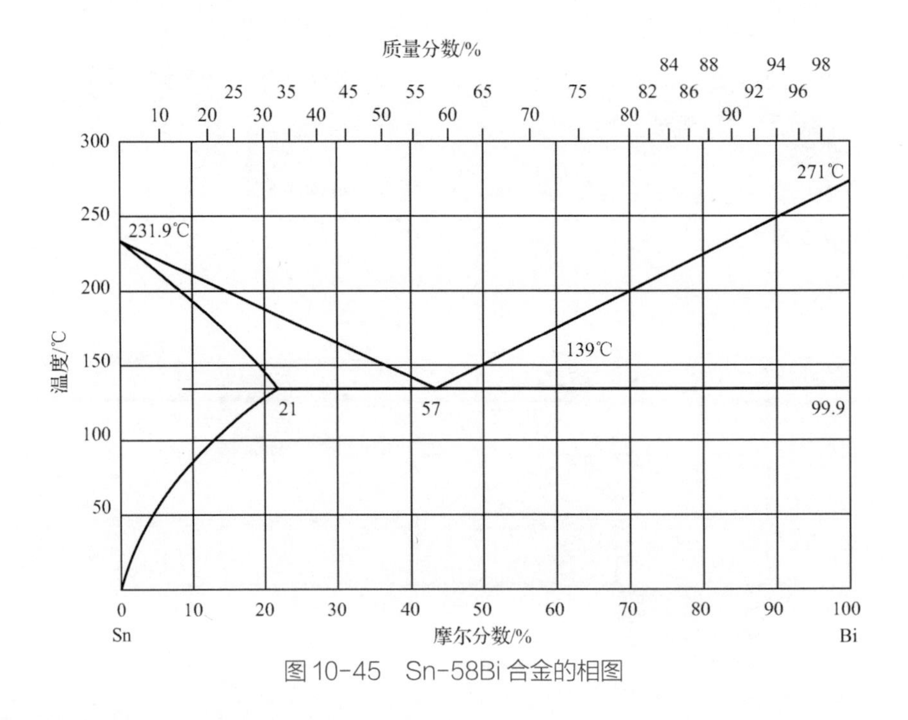

图 10-45　Sn-58Bi 合金的相图

Sn-58Bi 共晶合金的熔点为 139℃。

2．温度曲线

使用 Sn-58Bi 合金的目的是可以使用较低的焊接温度。在满足元器件耐热条件下，应尽可能提高焊接的峰值温度，但又必须控制液态以上焊接时间。一般可以采用焊接峰值温度 185～195℃、液态以上焊接时间 60～90s 的条件进行再流焊接，温度曲线如图 10-46 所示。

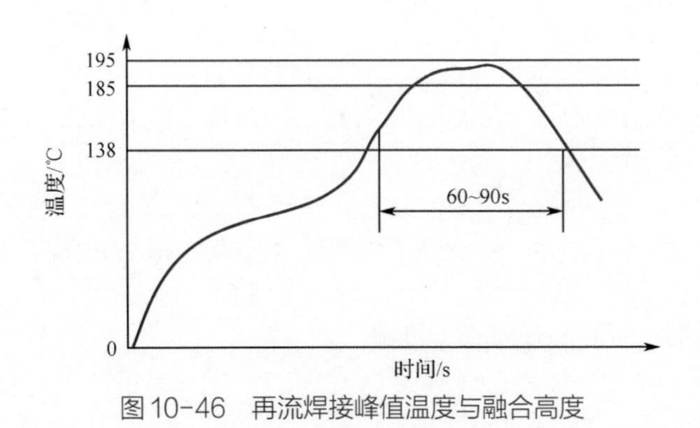

图 10-46　再流焊接峰值温度与融合高度

为什么要采用 185～195℃之间的峰值温度，主要是基于使用低温焊料的价值和控制 SAC305 焊球与 Sn-58Bi 合金的混熔高度，以便获得合适的疲劳寿命。试验表明，混熔高度控制在锡球高度的 30%～40%是比较好的。这个混熔高度受焊接峰值温度的影响，如图 10-47 所示。

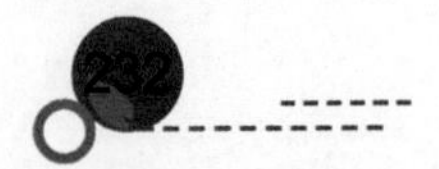

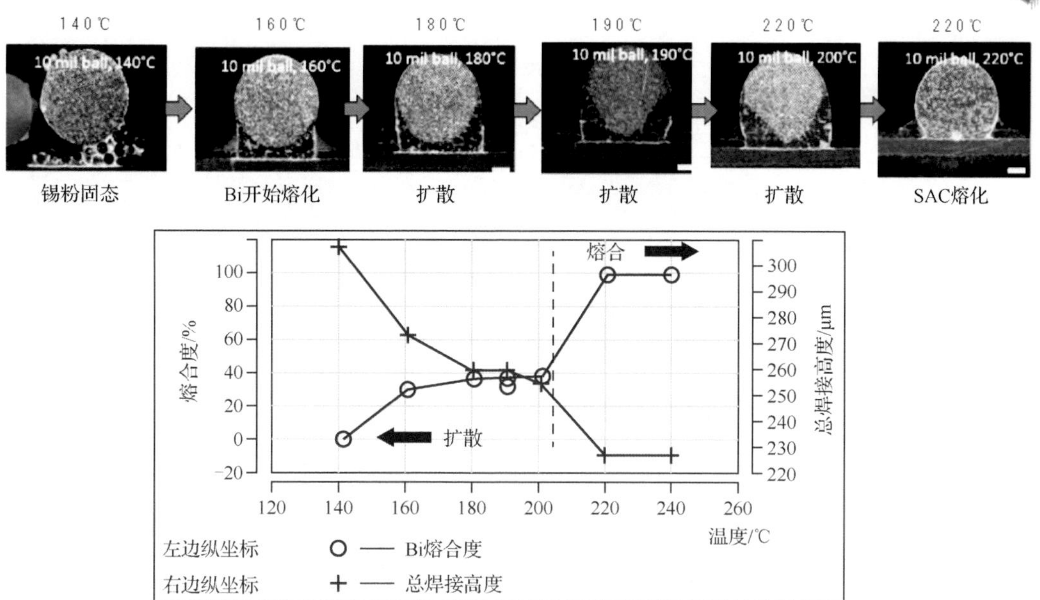

图 10-47　再流焊接峰值温度与熔合度

案例 23　用爱法 OM550 HRL1 锡膏焊接 SAC305 BGA 工艺特性

OM550 HRL1 锡膏的熔点为 138～151℃。

采用微再流焊接系统观察 OM550 HRL1 锡膏焊接 SAC305 BGA 的情况，可以发现在峰值温度 180℃时，SAC305 焊球基本没有被熔化；在峰值温度 190℃时，SAC305 焊球与焊膏部分熔合；在峰值温度 200℃时，SAC305 焊球与焊膏完全熔合。OM550 HRL1 锡膏焊接 SAC305 BGA 不同峰值温度下焊点的金相组织如图 10-48 所示。这些工艺典型值可以作为温度曲线设置的依据，低于 180℃，有形成缩颈焊点的风险，高于 195℃，有全熔合的风险。研究表明，采用 OM550 HRL1 锡膏焊接 SAC305 BGA，全熔焊点的温循寿命劣化（片状 Bi 析出）。研究表明，熔合高度达到焊缝总高度（焊球高度）的 30%～40%比较合适。这要通过焊膏量与焊接峰值温度进行控制，一般建议焊膏量为焊球的 40%～60%。

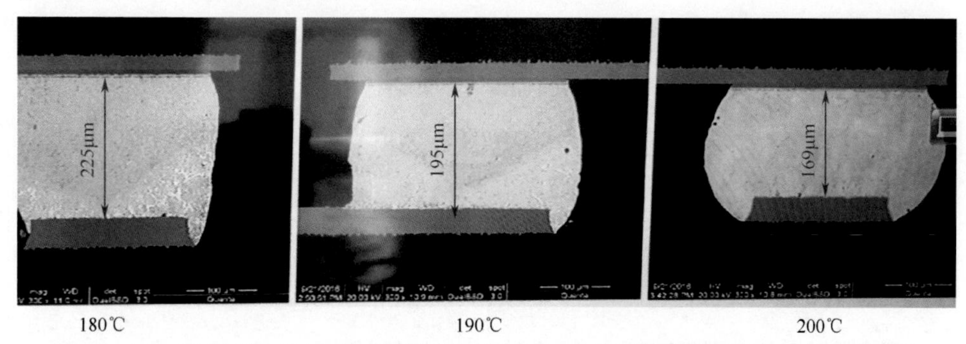

图 10-48　OM550 HRL1 锡膏焊接 SAC305 BGA 不同峰值温度下焊点的金相组织

我们还观察到，焊膏在 139～145℃时被熔化，在 185～188℃时焊球出现明显的塌落动作。之所以有一个范围，主要是焊膏溶蚀焊球是随时间的延长发生的。

如果 BGA 变形比较大，将在角部焊点中形成缩颈现象，将严重劣化焊点的可靠性，采用 Sn-Bi 焊膏焊接 SAC305 焊球 BGA 的情况如图 10-49 所示。特别是在焊膏量偏少、焊接峰值温度偏低、BGA 尺寸偏大的情况下，很容易发生缩颈现象。

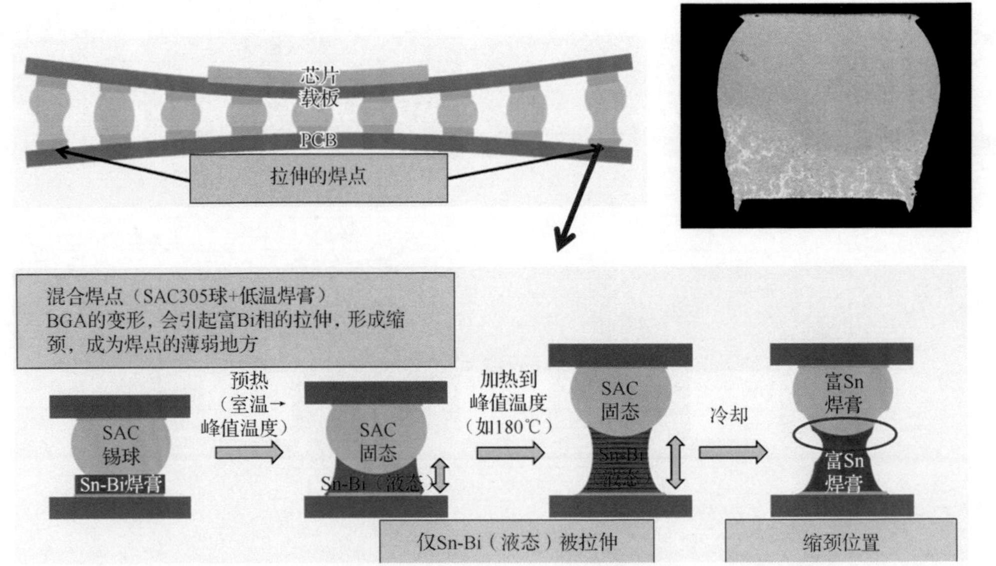

图 10-49　采用 Sn-Bi 焊膏焊接 SAC305 焊球 BGA 的情况

这种现象是所有混装工艺（如用有铅焊膏焊接无铅 BGA 等）采用温度窗口下限进行焊接时普遍产生的问题。对于 Sn-Bi 系低温合金，由于熔点范围比较宽，还需要注意到合金凝固半熔半固状态条件下的拉伸问题，如果冷却速度比较快，很可能导致豆腐渣式的焊缝（焊点中有很多因凝固拉伸形成的不规则空洞）。

10.6.3　混装焊点的可靠性

无论是有铅共晶焊料还是低温 Sn-Bi 合金，与 SAC305 焊锡球的 BGA 形成的焊点都是 SAC305 半熔状态的焊点，也就是混合合金形成的非均匀组织的焊点。业界的研究表明，这些混合合金的焊点，其可靠性取决于焊料溶解 SAC 的高度，或者说熔融高度。半熔的混合合金焊点微观组织如图 10-50 所示。

图 10-50　半熔的混合合金焊点微观组织

1. 共晶 Sn-Pb 合金焊接 SAC305 锡球的焊点微观组织要求

共晶 Sn-Pb 合金焊接 SAC305 锡球的焊点，温度循环试验时，发现大多数焊点的开裂发生在靠近 PCB 焊盘的一侧，少部分发生在 BGA 侧或者两侧都有。这是因为 Sn-Pb 焊料侧混合合

金的强度低于靠近 BGA 焊盘侧的 SAC305。提高可靠性就是要提高混合合金部分的高度，高度越高，分散到每层的剪切应变幅度就越小，因此，焊点的可靠性也越高。共晶 Sn-Pb 合金焊接 SAC305 锡球 BGA 的焊点组织要求如图 10-51 所示。当然，其值越高越好，但是，完全的混合需要较高的峰值温度、较长的液态以上时间。这在大部分情况下反而会劣化可靠性（会助长界面 IMC 的生长），因此，一般我们不必追求全混合的焊点，只要混合高度达到 70%，就足以胜任通常的应用。图 10-52 为混装工艺条件下焊点混合合金高度对可靠性的影响。

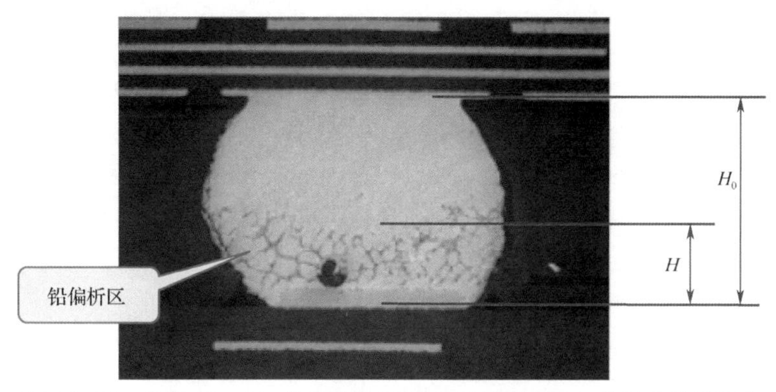

图 10-51　共晶 Sn-Pb 合金焊接 SAC305 锡球 BGA 的焊点组织要求

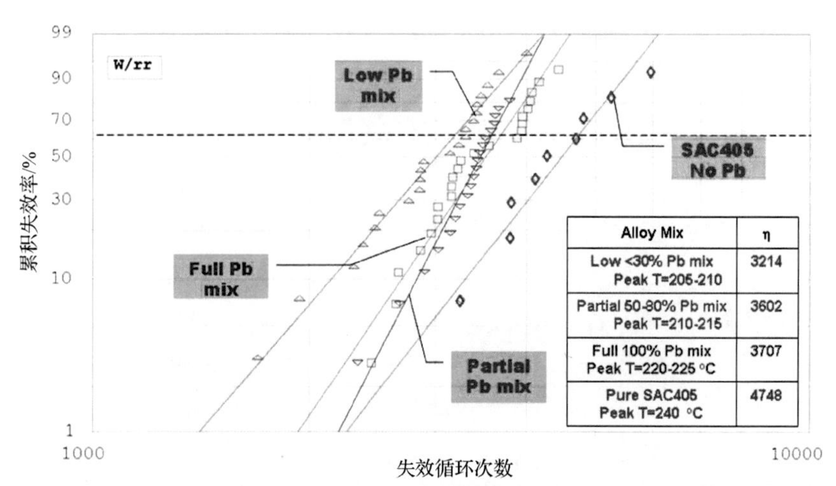

Alloy Mix	η
Low <30% Pb mix Peak T=205-210	3214
Partial 50-80% Pb mix Peak T=210-215	3602
Full 100% Pb mix Peak T=220-225 °C	3707
Pure SAC405 Peak T=240 °C	4748

图 10-52　混装工艺条件下焊点混合合金高度对可靠性的影响

我们必须清楚一点，就是无论混装焊点混合度多高，其可靠性永远低于纯无铅工艺或纯有铅工艺下的焊点，如图 10-53 所示。

2. 低温 Sn-Bi 合金焊接 SAC305 锡球的焊点微观组织要求

对于低温 Sn-Bi 合金焊接 SAC305 锡球的焊点，温度循环试验时，我们发现绝大多数焊点的开裂发生在靠近 PCB 的一侧。但并不意味着靠近 PCB 侧的混合合金强度弱，事实上 Sn-Bi 焊料侧混合合金的强度、硬度高于靠近 BGA 焊盘侧的 SAC305。提高可靠性就是要控制混合合金部分的高度，使靠近 BGA 侧的焊点部分的应力分散，试验表明，一般混合合金的高度控制在 30%～40%比较合适，即 H=30%H_0～40%H_0，如图 10-54 所示。

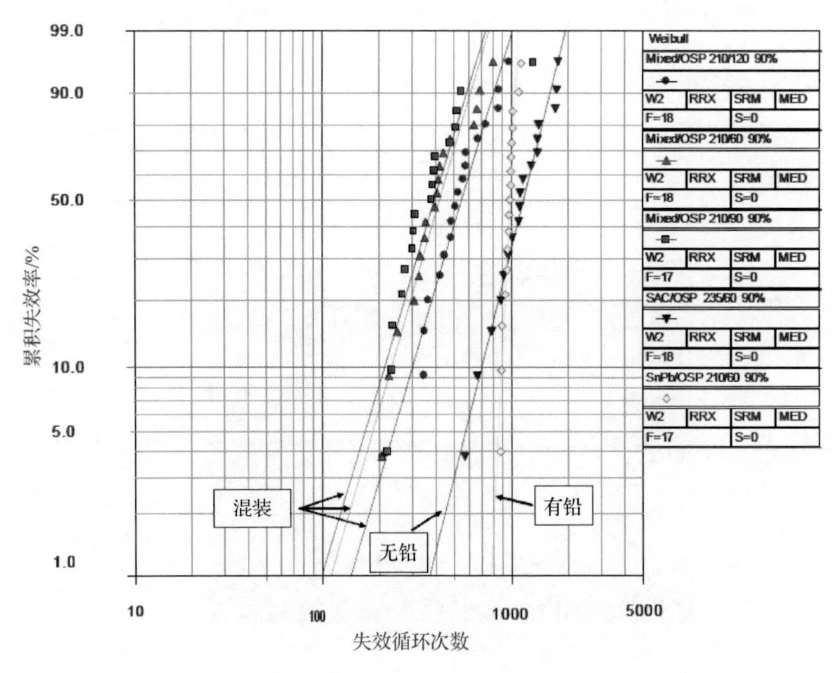

图 10-53 混装焊点、无铅焊点、有铅焊点可靠性对比

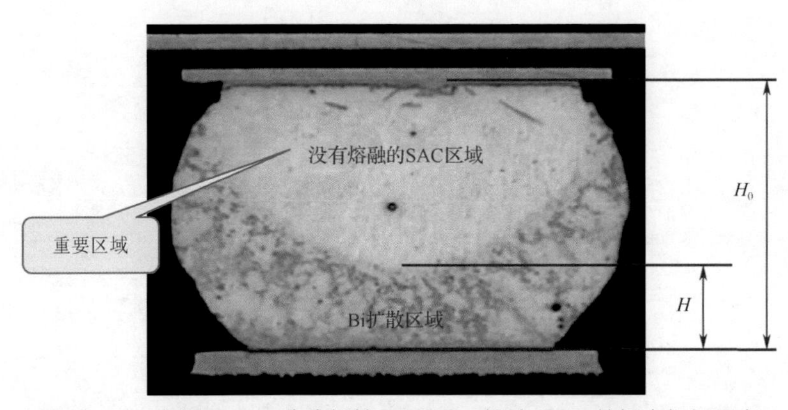

图 10-54 低温 Sn-Bi 合金焊接 SAC305 锡球 BGA 的焊点组织要求

3．无铅焊点疲劳开裂特性

为了更进一步理解上述混装焊点的可靠性，我们看一下无铅焊点通常的疲劳开裂裂纹都发生在焊点的哪些位置。

如果是采用无铅 SAC305 焊料焊接同样成分的 BGA 锡球，会得到均匀的合金组织。焊点的疲劳开裂往往发生在应力集中的地方。对于 BGA 而言，有时出现在靠近 BGA 的一侧，有时出现在靠近 PCB 焊盘的一侧，也会看到两侧同时出现的情况，均匀组织焊点（SAC305）的疲劳裂纹发生位置如图 10-55 所示。这与混合焊接最大的不同就是温度变化引起的疲劳裂纹位置不固定，总是从应力比较集中的点开始孕育与发展。

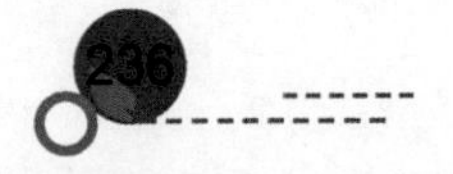

图 10-55　均匀组织焊点（SAC305）的疲劳裂纹发生位置

10.7　常见焊接不良

在再流焊接过程中发生的问题可大概分为两大组，第一组与冶金现象有关，包括冷焊、不润湿、半润湿、渗析、过量的金属间化合物；第二组与异常焊点形态有关，包括立碑、偏移、芯吸、桥接、空洞、开路、锡球、锡珠、飞溅物。

10.7.1　冷焊

冷焊指有不完全再流现象的焊点，例如，出现粒状焊点、不规则形状焊点或焊粉不完全融合，各种冷焊不良如图 10-56 所示。

（a）预热时间过长不熔锡现象

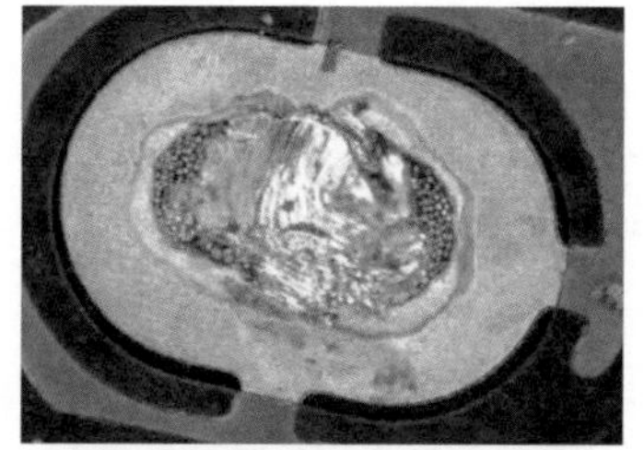

（b）通孔再流焊接不熔锡现象

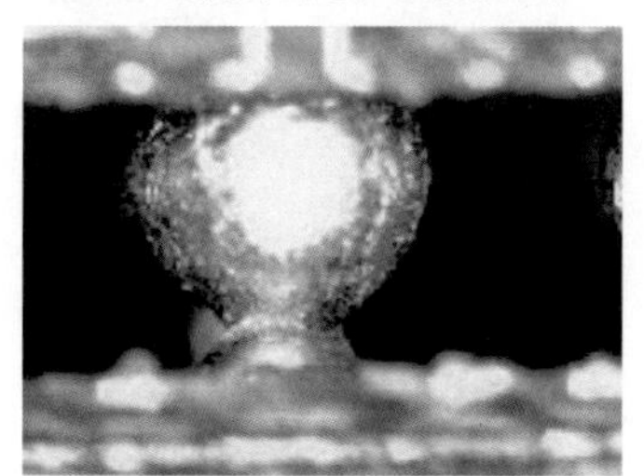

（c）温度不足导致的不规则焊点

（d）预热时间过长导致不熔锡现象

图 10-56　各种冷焊不良

IPC-T-50 对冷焊连接的定义是：焊接连接呈现出润湿不良及灰色多孔外观（这是由于焊料杂质过多、焊接前清洁不充分和焊接过程中加热不足造成的）。

需要指出两点：

（1）冷焊不良源自波峰焊接时代，引脚或 PCB 焊盘加热不足，焊料与被焊接面没有形成

良好的连接（无连续的 IMC）。之所以称为冷焊，是因为这类焊点主要是加热不足造成的。但是，在再流焊接工艺下，冷焊并非专指“加热不足”，涵盖的范围更宽，指的是无再流的现象。按照这个定义，有时俗称的不熔锡/葡萄球现象也属于冷焊。

（2）冷焊有时是润湿不良的结果，因此，冷焊点与润湿不良有时指的是一回事。

1．形成原因

名义上，冷焊是在再流焊接温度或时间不足时出现的焊点。然而，其他的因素也影响到冷焊的形成。所以，产生冷焊的原因包括：

（1）再流时峰值温度不足。随着 BGA 器件的广泛应用，如果需要实现焊球与焊料的融合，需要比熔点更高的温度。如果焊接温度低于焊料熔点加 11℃，就可能形成表面颗粒化、形状不规则的焊点，如图 10-56（c）所示。

（2）再流时预热时间过长。

（3）助焊能力不足。如微焊盘上的焊膏量少，其总的助焊能力不足。这种情况下将会导致焊点表面不熔锡现象，即位于焊点表面的锡粉因严重氧化没有与焊点内部熔融焊料完全融合，呈现葡萄球现象。

（4）不良的焊粉质量（过度氧化）。

（5）焊端氧化严重，过度消耗助焊剂也会导致冷焊。

2．微焊盘焊接不熔锡机理分析

在无铅工艺条件下，微焊盘焊接经常会看到一种焊点表面颗粒化的现象，业内有很多称谓，如葡萄球现象、不熔锡现象、青蛙脊背现象等。对这种焊点进行切片分析，可以看到焊点的内部正常，只是表面有不熔的锡粉。个人觉得是助焊剂高温时（200℃）黏度下降太多而漫流导致的。焊剂漫流使得表层焊粉颗粒上覆盖的焊剂变薄，焊粉颗粒容易被氧化，机理如图 10-29 所示，这一推测已经得到试验确认。由于焊剂漫流的距离一定，焊盘越小，实际对表层焊粉上覆盖的焊剂厚度影响越大，这很好地解释了为什么微焊盘焊接容易出现冷焊现象。

3．改进建议

（1）使用活性比较强的焊膏。

（2）增加焊膏量。

（3）定期对再流焊接炉传送系统进行保养，降低再流焊接时的扰动风险。

（4）确保焊接峰值温度和液态以上时间符合工艺要求。

（5）对于微焊盘焊接，尽可能加大焊膏量或换用活性比较强的焊膏；缩短预热时间；采用氮气气氛；减小贴片压力。

（6）不使用回温后超期的焊膏。

10.7.2 不润湿

不润湿也称上锡不良，指的是在基板焊盘或器件引脚上焊料的覆盖范围少于目标焊料润湿面积，不润湿现象如图 10-57 所示。通常在焊料和基底金属之间形成大的接触角。不润湿的地方焊料基底金属没有形成冶金键合，呈基底本色。

1．形成原因

不润湿产生的原因有：

（1）金属润湿性差。金属润湿性差可被认为是由于焊盘、引脚的金属杂质或被氧化，以及焊盘、引脚本身的性质造成的。例如，电镀工艺在 Ni/Au 表面涂层存在磷、针孔、铜焊盘氧化、42 合金在引脚端暴露处或 OSP 涂层太厚等，这些都是不润湿的原因。

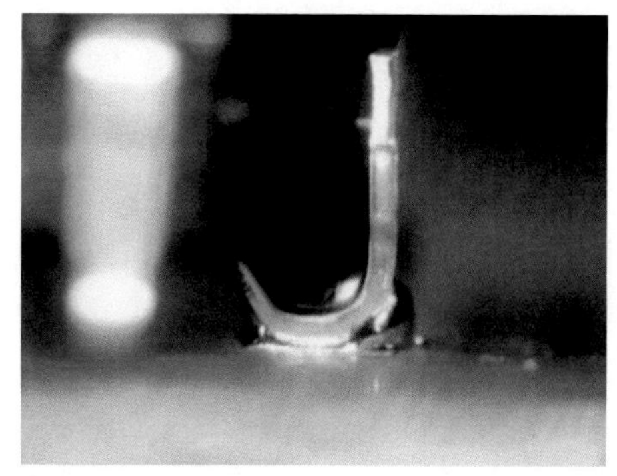

图10-57　不润湿现象

（2）镀层属性。一般来说，在HASL焊盘上的焊料很容易充分地润湿。对于不是HASL的表面，如OSP或Ni/Au，焊盘不能在焊盘边缘周围充分地润湿，尽管已经形成了适当的焊缝结构。

（3）焊料合金也有相同的问题，如焊料里含有铝、镉或砷等杂质。不规则的焊粉形状反映出较大的氧化物含量，因而要消耗更多的助焊剂和导致不良的润湿。显然，不良润湿是由不良的助焊剂活性所导致的。

（4）不适当的再流曲线及气氛。

再流焊接的预热温度、预热时间、焊接峰值温度及再流焊接气氛对润湿性能影响很大。一方面，如果加热时间太短或者温度太低，将导致助焊剂反应不完全，结果就是润湿不良；另一方面，焊料熔化之前过量的热量不但使焊盘和引脚的金属过度氧化，而且会消耗更多的助焊剂，也会导致润湿不良。采用氮气再流，将对润湿产生显著改善。

不润湿是否成为问题，取决于形成的焊点有没有足够的键合强度和疲劳抵抗力。对于焊点，如果润湿角符合要求，即使焊盘上的一些面积仍然不被焊料润湿，一般也会认为焊点是可靠的。对于细间距元器件的应用，为了保证焊膏印刷时模板与焊盘的密封性能，通常模板开口尺寸要比焊盘尺寸小。结果通常在非HASL表面处理的焊盘边缘的范围形成不润湿。

No 案例24　连接器引脚润湿不良现象

某单板上有一个50引脚的连接器，再流焊接后部分引脚润湿不良，失效率不稳定。引脚材质为铜表面镀镍锡，PCB焊盘为OSP，焊膏为SAC305。

通过外观与切片，可以观察到引脚润湿不良，如图10-58、图10-59所示，引脚与焊料间没有形成良好的连接。机械剥离引脚，发现剥离力很小，焊盘焊料表面及引脚底部存在较多异物，焊料在焊盘上圆滑光亮，润湿良好，引脚底部未发现明显的焊料。采用FTIR对连接处表面成分进行分析，存在羧基结构物质，说明该异物为助焊剂。

为了验证引脚不上锡与其自身可焊性的相关性，参考IPC J-STD-002C，对连接器引脚可焊性进行测试。随机抽取3个未使用的连接器，用助焊剂涂覆引脚，浸入255℃无铅锡槽保持5s后拿出样品，放在体视显微镜下观察。观察发现未使用连接器引脚表面上锡符合要求。

为了确认连接器过炉时的热变形，采用产品过炉温度曲线，测试焊接前、220℃及峰值温度时的连接器引脚共面度。焊接前共面度良好，在焊接过程中，部分引脚共面度超过0.1mm，符合要求。

再对连接器引脚处实际焊接时的温度进行测试，发现中间焊点的温度要比边上低3～5℃，最低为230℃。通过降低再流焊接炉的链速，发现温度提高后上锡良好。

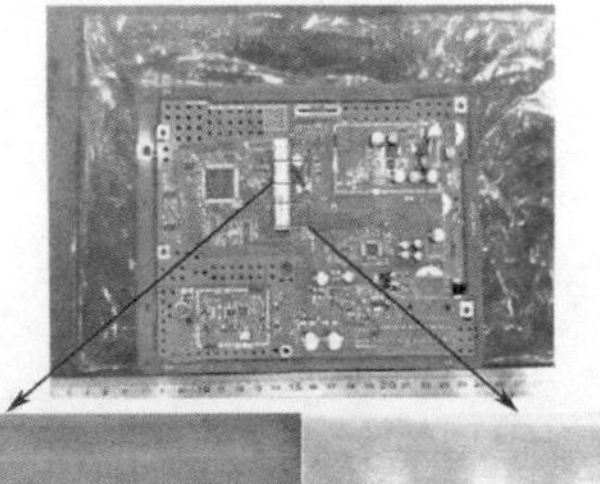

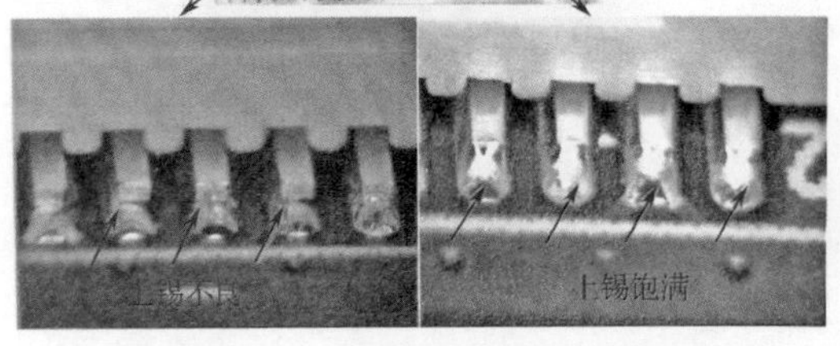

图 10-58　失效样品及失效焊点外观　　图 10-59　失效焊点切片图

本案例的意义在于说明了润湿与焊接温度的关系。大多数情况下，提高焊接峰值温度，对于减少球窝、开焊、虚焊都会有明显的作用。

No 案例 25　沉锡板焊盘不上锡现象

失效样品为双面贴装 PCBA，发现第二次焊接出现个别焊盘不上锡现象，如图 10-60 所示。

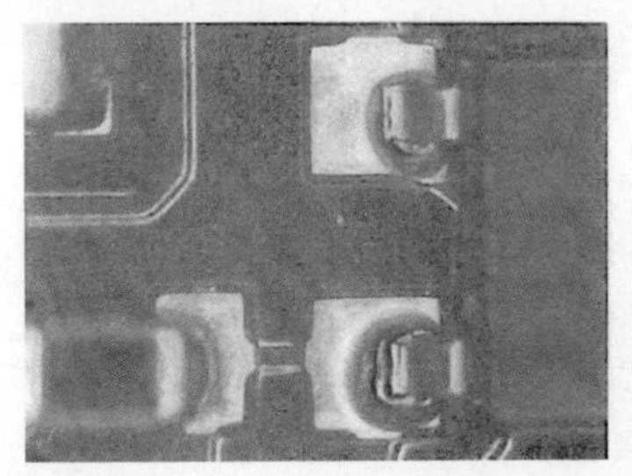

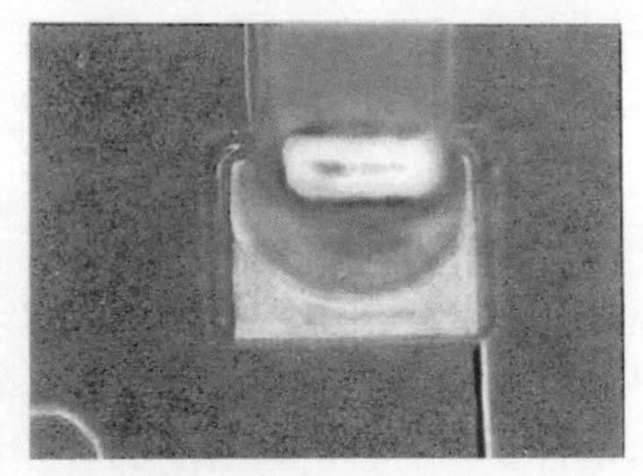

图 10-60　沉锡板焊盘不上锡现象

通过外观观察，不上锡焊盘位置不固定，表面无明显变色。

通过 SEM 分别对未过炉焊盘、过炉一次焊盘和失效焊盘表面进行显微观察，不同状态下的沉锡表面形貌如图 10-61 所示。结果表明，未过炉焊盘沉锡表面层成型良好，过炉一次焊盘和失效焊盘表面存在微小的凸起颗粒，似锡须。通过 EDS 分析，凸起的颗粒为 Cu_6Sn_5。

（a）未过炉焊盘表面

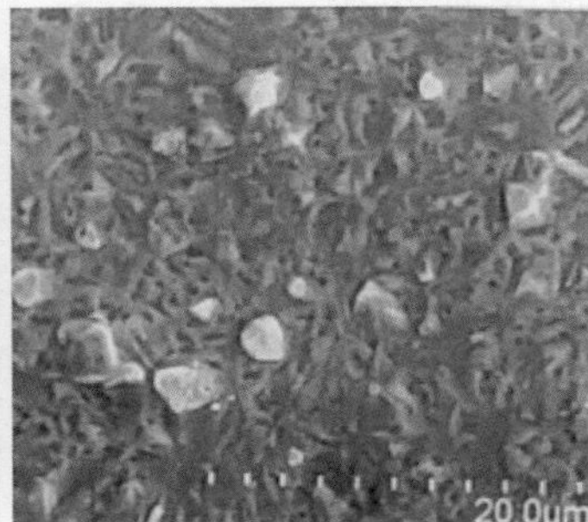

（b）过炉一次焊盘表面

（c）失效焊盘表面

图 10-61　不同状态下的沉锡表面形貌

通过 FIB 对未过炉焊盘、过炉一次焊盘和失效焊盘制作剖面，再通过 EDS 对剖面进行成分线扫描。结果表明失效焊盘在表层已经出现 Cu 元素，过炉一次焊盘在 0.3μm 左右深度出现 Cu 元素，未过炉焊盘在 0.8μm 左右深度出现 Cu 元素，说明纯锡镀层厚度约为 0.8μm。

由于 EDS 的检测深度超过沉锡层厚度，再重新用 AES（俄歇电子能谱，分析深度约为 5nm）对失效焊盘和过炉一次焊盘进行深度成分分析。如图 10-62 所示为失效焊盘表面在 0～350nm 深度范围内的成分分布曲线图。由图可知，在 0～200nm 深度范围内，成分主要为 Sn 和 O；在 200nm 深度出现 Cu 元素；在 200～350nm 深度范围内，主要为铜锡化合物。成分分析说明失效焊盘表面已经不存在纯锡层。

此案例证明了沉锡层的不耐焊性。

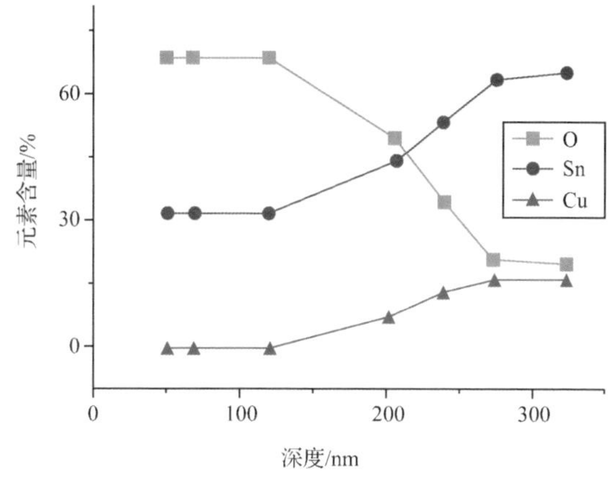

图 10-62 失效焊盘表面 0～350nm 深度范围内的成分分布曲线图

2. 改进建议

（1）提高基底金属的可焊性。

（2）消除基底金属的杂质和出气源。

（3）采用惰性或还原性再流气体。

（4）使用合适的再流焊接温度曲线。

10.7.3 半润湿

半润湿现象与看到的水在油腻表面上的现象一样，最初表面被润湿但随后收缩，过了一段时间后焊料聚集成为分立的小球和隆起物，如图 10-63 所示。虽然在基底金属表面的剩余物仍保持焊料的灰白的颜色，但它很薄且润湿性很差。此薄层主要是金属间化合物。

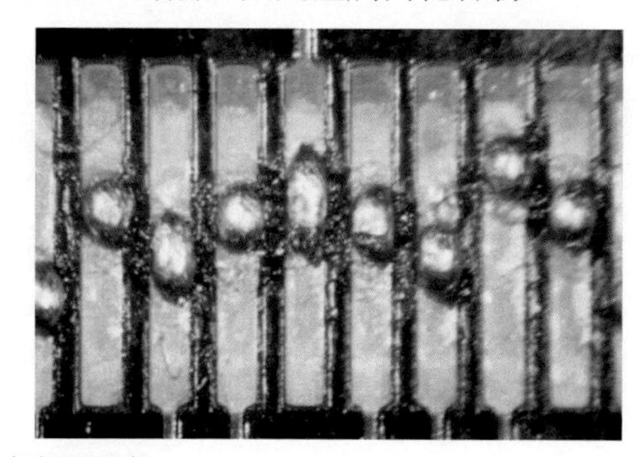

图 10-63 半润湿现象

1. 形成原因

产生半润湿的原因有：

（1）基底金属可焊性不良和不均匀。基底金属可焊性较差和不均匀引起半润湿。

（2）基底金属可焊性的退化。即使基底金属最初是可润湿的，但随着时间的推移可焊性的退化仍然会导致半润湿。或许是在基底金属上有污染物在锡、锡-铅、银或金的涂层下面，在焊接时涂层溶解而污染物暴露出来。界面的金属间化合物的增长也可能产生半润湿，因为当金属间化合物暴露于空气中时通常会迅速地变成不可焊物质。在这两种情况下，可焊性退化并产生小的不润湿面积。

（3）出气。半润湿也会在部件与熔融焊料接触时因气体释放而引起。有机物的热崩溃或无机物水合作用释放的水会产生气体。水的汽化也可产生于助焊反应中。在焊接温度时，水蒸气具有非常大的氧化性，不是在熔融焊料膜的表面就是在熔融焊料界面的金属间化合物表面导致氧化。一旦金属间化合物暴露出来，如果被氧化，将会变成不润湿表面。

（4）不适当的再流曲线和气体。不适当的再流曲线和气体也可产生半润湿。对于临界润湿表面，不充足的热量，如太低的再流温度或太短的驻留时间将加重不良的润湿，且导致在焊料-基底金属界面形成更多的不润湿点。另外，过多的热量也可通过退化或出气产生半润湿。常常可看到较高的焊接温度和较长浸润时间导致更严重的不润湿。在可润湿的表面涂层溶解进入焊料之后，隐藏在基底金属之内的污染物暴露出来，发生半润湿。

2．改进建议

消除半润湿的方法有：

（1）提高基底金属的可焊性。

（2）消除基底金属的杂质和出气源。

（3）采用惰性或还原性再流气体。

（4）应用适当的再流曲线。

10.7.4 渗析

渗析是再流焊接时基底金属溶解到熔融焊料里的现象，如图 10-64 所示。结果，这些相异的金属渗入焊点可达到饱和状态并形成松散状组织。由于那些颗粒的表面堆积，焊点表面会出现砂粒状现象。基底金属在过度渗析的情况下，例如，厚膜的表面金属层，可完全被夺取，进而导致不润湿。

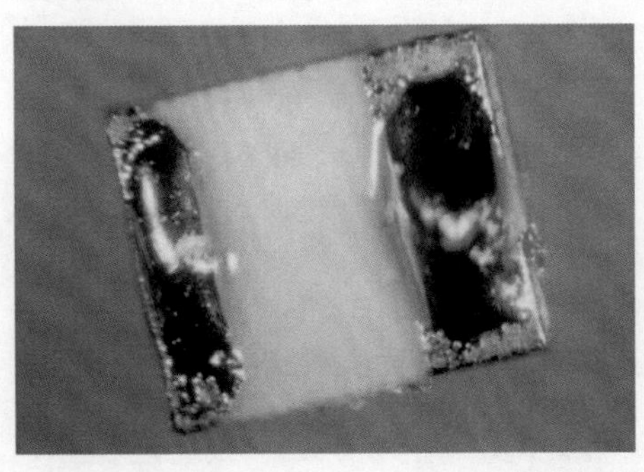

图 10-64　渗析现象

1．形成原因

产生渗析的原因有：

（1）基底金属溶入焊料的高溶解率。金属和金属层在 Sn-40Pb 中的溶解率按如下的顺序减小：Sn→Au→Ag→Cu→Pd→Ni，如图 10-65 所示。理论上，渗析问题由一些基底金属的高溶解率所引起，可以更换金属或加一些较低溶解率的金属进行调节。锡的非常高的溶解率加上它

的低熔化温度，只可用作表面镀层，不能作为基底金属。金在锡中溶解率很快，不能作为基底金属。镍也易于氧化，不能作为可焊层。一个实用性的解决办法就是使用复合镀层，例如，在化学镍上浸金。这里金是 0.05～0.20μm 的薄膜，可作为氧化保护层，而镍层有 3～8μm 厚，它可作为溶解阻挡层和扩散阻挡层。当在化学镀镍/浸金上焊接时，金在零点几秒之内完全溶解到焊料里，因此在焊料和无氧化的镍之间直接形成冶金键合。

基底金属的高溶解率可以通过预先把基底金属掺杂到焊料来解决。例如，通过加少量的银到焊料里去，可有效地减少在 Sn-40Pb 焊料合金里银的溶解，可通过在焊料里掺银来变动银的平衡，在 Sn-40Pb 中加 Ag 对 Ag 溶解率的影响如图 10-66 所示。然而，相同的方法不能应用在金表面上的焊接。掺入金到 Sn-Pb 系统里将形成太多 $AuSn_4$ 金属间化合物。过多的 $AuSn_4$ 金属间化合物将会把焊料转换成黏性流体，导致不良润湿。

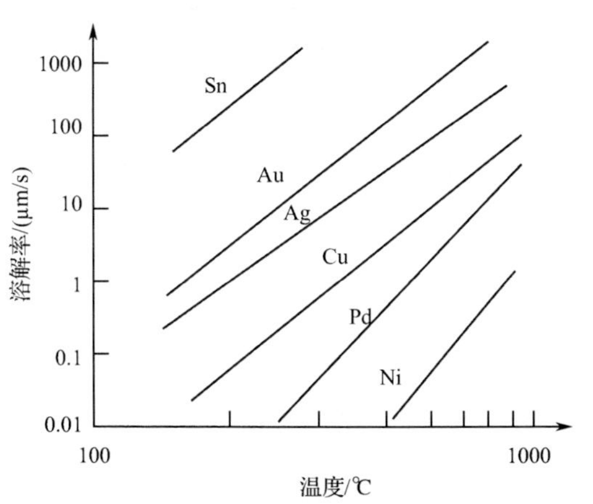

图10-65　金属和金属涂层在 Sn-40Pb 中的溶解情况

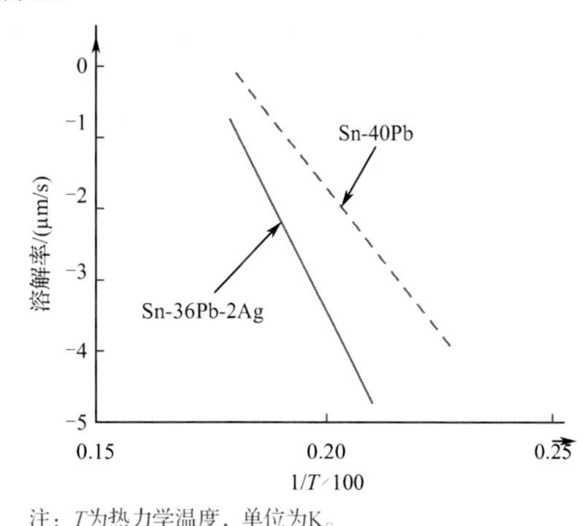

图10-66　在 Sn-40Pb 中加 Ag 对 Ag 溶解率的影响

（2）太薄的基底金属层。如果基底金属太薄，渗析就会成为问题，因为轻微的溶解会把它从基板上完全地除去，从而产生不润湿问题。对于混合器件的应用，由于不良的烧结工艺在厚膜里产生了高气孔率，厚膜也会呈现出高的溶解率。

（3）助焊剂的高活性。虽然渗析是冶金的现象，值得注意的是助焊剂的活性也起了作用。使用更大活性的助焊剂通常会加重渗析。具有较高活性的助焊剂会更迅速地除去金属氧化物，所以在熔融焊料和基底金属之间接触时间更长。用一个固定的再流曲线，较长的接触时间就意味着较大的渗析程度。

（4）工艺曲线。再流时高的工艺温度和长的驻留时间对渗析有双重影响。首先，将会增加金属层溶解到焊料中的量；其次，助焊剂的活性也会随着温度的增加而增加，因此更进一步地增强渗析。

2．改进建议

减少渗析的解决方法有：

（1）用较低溶解率的金属替换基底金属，可用或不用表面镀层。

（2）在基底金属中掺入较低溶解率的元素。

（3）在焊料中掺入基底金属的元素。

（4）保证厚膜的烧结质量。

（5）使用低活性的助焊剂。

（6）使用较低的热量输入。

10.7.5 立碑

立碑是无引脚元器件（如电容器或电阻器）的一端被提起，且站立在它的另一端之上，如图 10-67 所示。更多情况下表现为轻度的立碑，即开焊、虚焊。立碑也称为曼哈顿效应、吊桥效应。它是由再流时元器件两端的不平衡润湿引起的，随后导致施加到两端之上熔融焊料的表面张力不平衡。

图 10-67 立碑现象

1. 产生原因

（1）焊盘间隔、焊盘大小、片式元件端子尺寸和热量分布对立碑的影响起着重要的作用。

片式元件的两个焊盘之间不适宜的间隔会产生立碑。图 10-68（a）是片式电阻 0805 采用 Sn-40Pb 气相焊接的一个试验结果，仅供参考。一方面，太小的间隔将引起片式元件体在熔融焊料上部漂移，会产生更多的立碑。太大的间隔也很容易造成两者之中任一端从焊盘上翘起。另一方面，在片式元件与焊盘之间的临界复叠也会产生更多的立碑，这是由于焊盘的任一端很容易分离。所以，简单地只考虑立碑的话，焊盘之间的最佳间隔可定为稍短于片式元件端子的两个金属层之间的间隔，如图 10-68（b）所示。

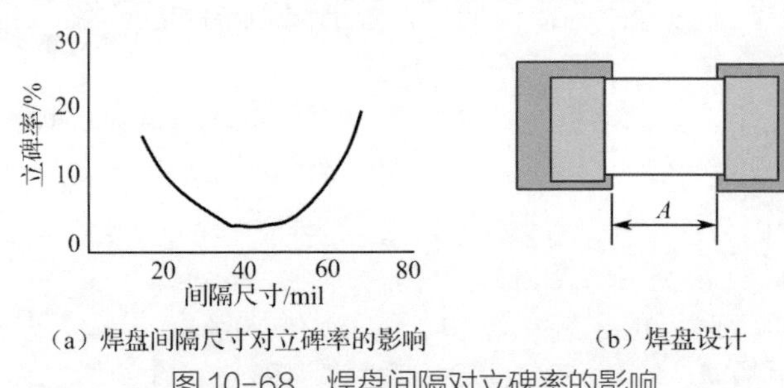

（a）焊盘间隔尺寸对立碑率的影响　　（b）焊盘设计

图 10-68 焊盘间隔对立碑率的影响

焊盘大小也影响到立碑。焊接焊盘超过片式元件端子向外延长太长将减小润湿角，增加熔融焊料对元件焊端的拉力，使立碑率更高。如果焊接焊盘太宽，片式元件势必会漂移并使片式元件两端之间的把持力失去平衡，这也容易产生立碑。

片式元件端子金属尺寸是影响立碑的另一个因素。如果片式元件下面的金属端子的宽度和面积都太小，它们将减小片式元件下面的拉力（抵消立碑驱动力），因此加剧立碑。

（2）贴片偏移，这是除焊盘设计之外最常见的原因。热风再流焊接是对流加热，首先加热表面。由于片式元件有一定的热容量，因此，总是外露的焊膏首先被加热熔化。如果片式元件偏移，则露出焊膏面积比较大的一端焊膏先熔化，产生表面张力，将元器件拉起，如图 10-69 所示。

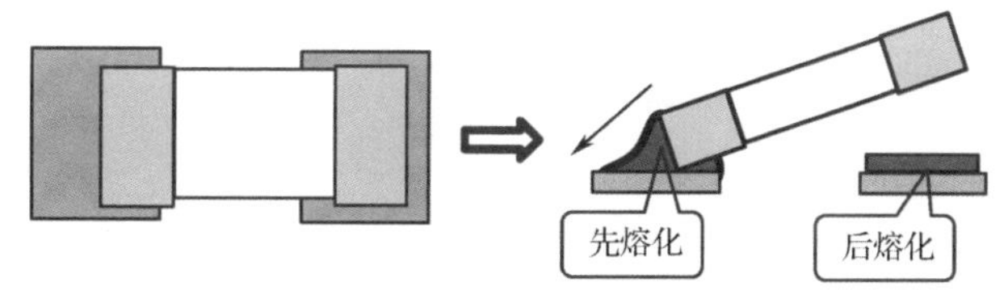

图 10-69　贴片偏移导致立碑

（3）焊膏印刷偏位，这也是最常见的原因之一，它与贴片偏移导致立碑的机理一样。

（4）元器件焊端或 PCB 焊盘镀层如果受到污染或氧化，可能导致两端的可焊性不一致，它也是导致立碑的一个重要因素，如图 10-70 所示。

（5）焊料合金熔化速度太快也会产生立碑。因此，当普通焊膏遭遇到严重的立碑问题时，使用延时非共晶的焊膏将是有用的。使用凝固时比较宽的糊状范围的焊料可以产生延时润湿。例如，用 Sn-36Pb-2Ag 比使用 Sn-37Pb 会产生更少的立碑现象。

（6）太厚的焊膏印刷也可能成为问题。较高的印刷厚度会产生更多的立碑，这是因为大量的熔融焊料会使元器件浮起，如图 10-71 所示。

图 10-70　因两端焊盘连接方式不同导致立碑

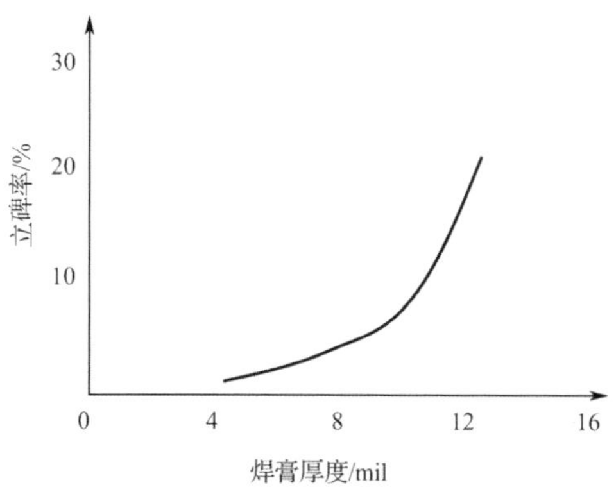

图 10-71　焊膏厚度对立碑率的影响

2．改进建议

1）工艺或设计方面

（1）选用焊端比较宽的片式元件（镀层沿元件长度方向的尺寸、非封装的宽度）。

（2）适当增加片式元件两个焊盘之间的间隔。

（3）焊盘长度超过片式元件端子的延伸要适当。圆形焊盘比矩形或正方形焊盘更能消除立碑。

（4）减少焊盘的宽度。

（5）通过优化焊盘的连线，尽可能使两个焊盘的温差减少到最小。

（6）在铜焊盘上使用有机的可焊性保护剂（OSP）或 Ni-Au 涂层、Sn 涂层代替 Sn-Pb 涂层。

（7）减小元器件端子金属层或 PCB 焊盘金属层的污染和氧化水平。

（8）使用较薄的焊膏印刷厚度。

（9）提高元器件的贴放准确率。

（10）再流焊接时使用比较缓慢的加热速率。避免采用气相再流方法。

（11）焊料熔化温度以上采用比较缓慢的升温速率。

2）材料方面

（1）使用较慢润湿速率的助焊剂。

（2）使用较慢出气速率的助焊剂。

（3）使用延时熔化的焊膏，如锡粉和铅粉的混合或宽糊状的合金。

10.7.6 偏移

偏移也称为偏斜、移位，指元器件在水平面上位置的转动与移动，如图 10-72 所示。它主要发生在引脚少、重量轻的元器件上。

图 10-72 偏移现象

1．形成原因

发生偏移的原因很多与发生立碑的原因一样，除此以外，与封装也有很大的关系，常见的原因有：

（1）再流焊接炉风速太大，会导致尺寸大、引脚少、质量比较轻的元器件的移位。

（2）传送导轨振动、贴片机传送动作（比较重的元器件）。

（3）焊盘设计不对称。

（4）大尺寸焊盘熔融焊锡托举（SOT147）。

（5）轻、引脚少、跨距比较大的元器件，容易被焊锡表面张力拉斜。对此类元器件，如 SIM 卡，焊盘或钢网开窗的宽度必须小于元器件引脚宽度加 0.3mm。

（6）元器件两端尺寸大小不同。

（7）元器件受力不均，如封装体反润湿推力、定位孔或安装槽卡位。

（8）旁边有容易发生排气的元器件，如钽电容等，受潮后会向外排气，会把旁边的元器件吹走。

（9）焊膏活性，一般活性比较强的焊膏不容易发生移位。

（10）凡是可以引起立碑的因素，也都会引起移位。

引起移位的原因很多，遇到具体问题必须具体分析。

№ 案例 26　限位导致手机电池连接器偏移

手机电池连接器偏移如图 10-73 所示。

如图 10-73 所示的连接器，为槽口安装，其侧翼有两根翼形引线，底部有三根扁平引线，本身所受焊锡表面张力不均。由于槽口设计采用了内圆角结构，如图 10-74（a）所示，再流焊接时，连接器在不对称熔融焊料表面张力的作用下很容易卡死，这就是连接器偏移的原因。对于此类槽口安装的元器件，安装槽孔的设计必须使元器件能够在焊锡的表面张力作用下自由校准位置，如图 10-74（b）所示的槽口设计一般就不会导致偏移。

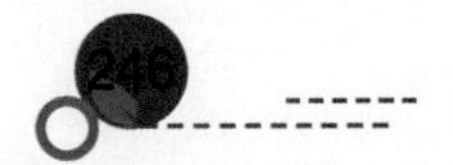

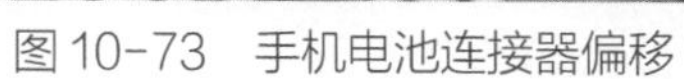

图 10-73　手机电池连接器偏移

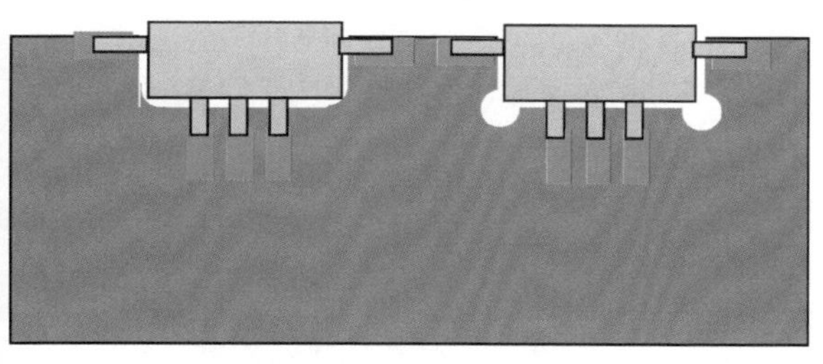

图 10-74　两种设计对比

案例 27　元器件安装底部喷出的热气流导致元器件偏移

某铜基板上 R40 焊后移位，如图 10-75 所示。此板为铜基板，为了使 R40 热沉焊盘上的导热孔能够灌锡，此元器件热沉焊盘下基板与铜板间没有半固化片，这样印刷焊膏后就形成了一个密封气穴。焊接时，空气膨胀，会将焊膏“吹沸”，使元器件漂移。

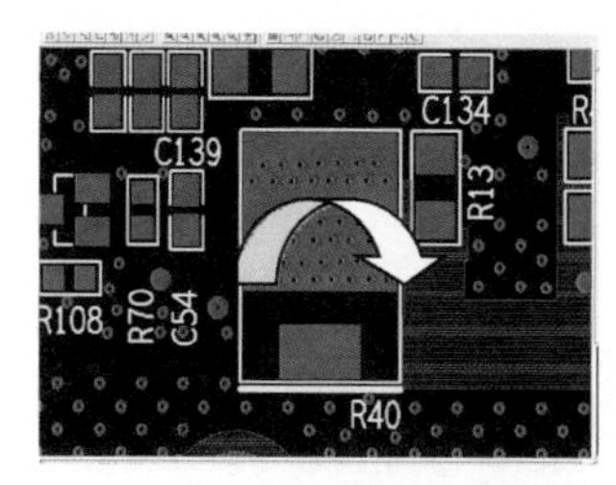

图 10-75　某铜基板上 R40 焊后移位

案例 28　元器件焊盘比引脚宽导致元器件偏移

SIM 卡的焊接不仅要求焊点符合要求，同时也要求位置比较正。如果偏移过大，不仅影响外观，而且影响外壳的装配。SIM 卡外形与引脚尺寸如图 10-76 所示。由于模板开口按照焊盘设计，因而导致熔融焊料将 SIM 卡浮起，最终导致 SIM 卡移位。

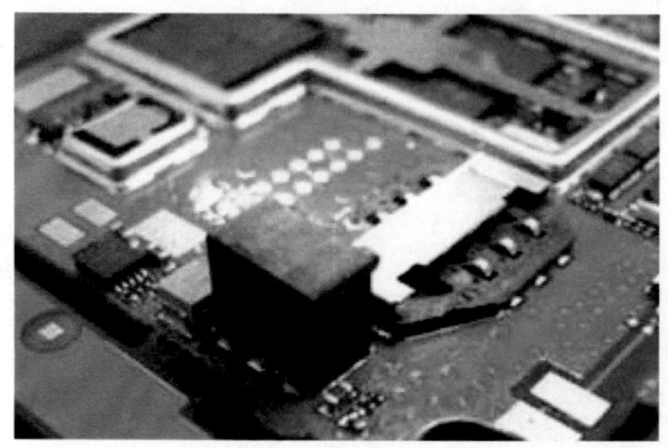

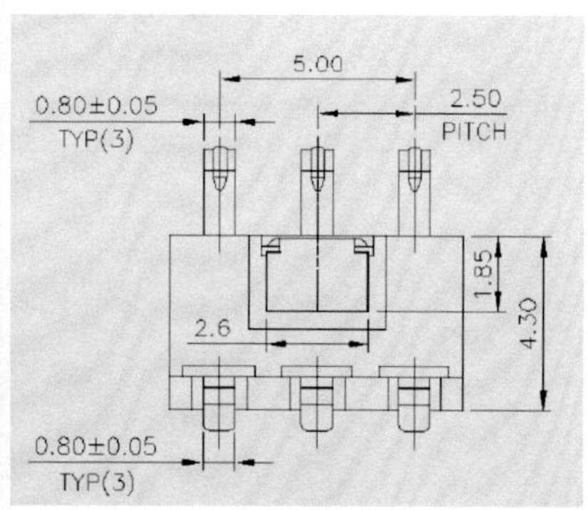

图 10-76　SIM 卡外形与引脚尺寸

案例 29　片式元件底部有半塞导通孔导致偏移

某电源模块在焊装到 PCB 上时，其下面的元件发生移位短路，如图 10-77 所示。

图 10-77　元件偏移现象

按理说，已经焊接好的元件不会因为焊盘两端不同步熔化而偏移，因为先熔化的一端不会把没有熔化的一端拉起。如果此料存在虚焊问题，应该发生的是立碑而非偏移，而且在模块生产时就应该发生。但发生偏移一定是受到力的驱动，那么这个力来自哪里？

发生偏移的元件有一个共同的特点，就是底部有一个半塞导通孔，如图 10-78 所示，这是发生偏移的原因。片式元件焊接后，半塞导通孔与焊剂形成密封的空间，再次加热时就可能造成气爆，将元件吹偏。

图 10-78　偏移原因

No 案例 30　不对称焊端容易导致偏移

图 10-79 所示为 LED 偏移现象，由于封装及焊端的不对称，生产时 LED 很容易出现偏移现象，并且具有一定的规律性，移位概率为 2%～3%。

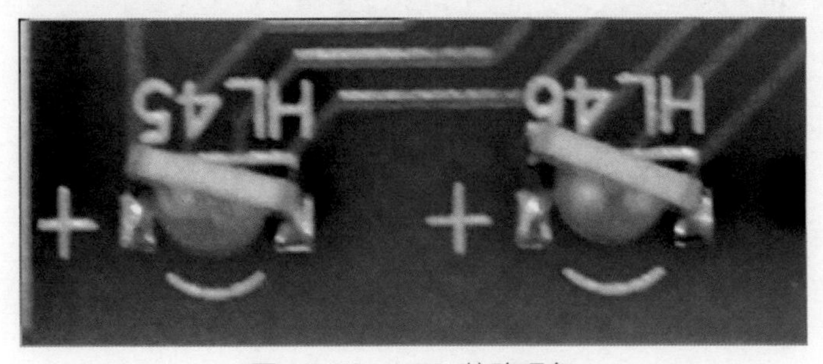

图 10-79　LED 偏移现象

厂家推荐的 LED 焊盘设计如图 10-80 所示，引脚 2、3 焊盘外伸尺寸为 0.35mm，引脚 1、4 则外伸 0.2mm。由于引脚 2、3 焊盘外伸尺寸大，焊膏熔化后产生的表面张力也较大，将元

件拉偏。这点从图 10-79 中可以看到，元件明显地偏到有焊端的一侧。

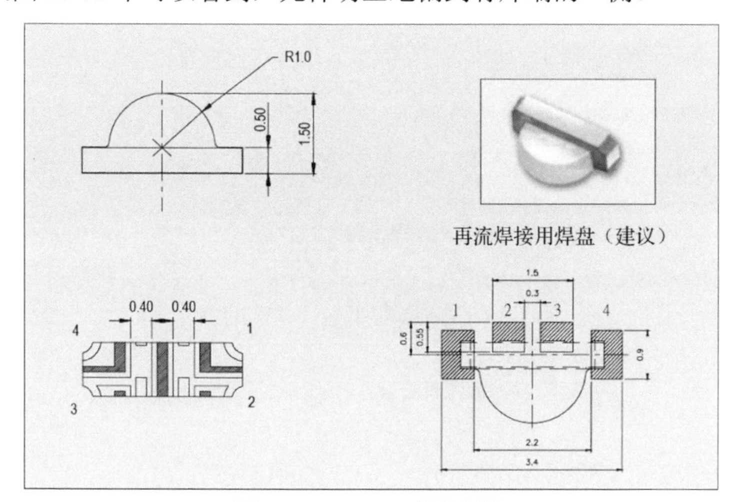

图 10-80　LED 焊盘设计

No 案例 31　钽电容吹气导致自身甚至旁边小尺寸片式元件偏移

在生产过程中，经常会遇到钽电容周围的小元件被“吹”移位的现象，如图 10-81 所示。

图 10-81　钽电容将周围片式元件“吹”移位的现象

为什么钽电容高温时会“吹气”？在多高温度时会吹气，从哪里吹出？

首先，我们了解一下钽电容的制造工艺、结构和材料特性。固体钽电容是通过将钽粉压制成型，之后经高温真空烧结成一多孔的坚实芯块（圆柱形状），芯块经过阳极化处理生成氧化膜 Ta_2O_5，再被覆上固体电解质 MnO_2，然后覆上一层石墨及铅锡涂层，最后用树脂包封而成，钽电容内部结构示意图如图 10-82 所示。

MnO_2 是在阳极氧化膜 Ta_2O_5 表面被覆的一层电解质。在实际的加工过程中，MnO_2 层是通过 $Mn(NO_3)_2$ 的热分解而得到的，其过程是将 Ta_2O_5 的阳极基体没入 $Mn(NO_3)_2$ 溶液中充分浸透，然后取出烘干，在水汽（湿式）或空气（干式）的高温气氛中分解，制取出电子电导型的 MnO_2。作为钽电容的固体电解质，其分解温度是 210～250℃，化学方程式如下：

$$Mn(NO_3)_2 \xrightarrow{\text{高温}} MnO_2 + 2NO_2 \uparrow$$

在固体钽电容的生产过程中，如果工艺参数控制不到位，就会造成 $Mn(NO_3)_2$ 分解不完全。在元件贴装再流时，残留的 $Mn(NO_3)_2$ 进一步分解，释放出 NO_2 气体。由于钽电容塑封体底部有一个脱模坑，此处非常薄，在 NO_2 的高压下就会开裂，从而造成钽电容本身或附近元件移位。

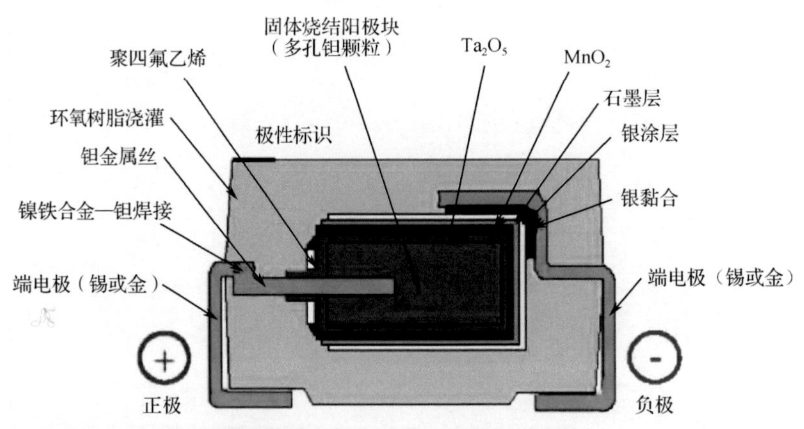

图 10-82　钽电容内部结构示意图

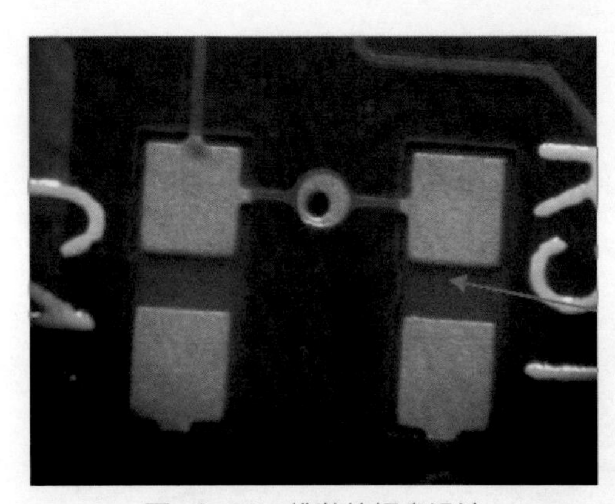

图 10-83　推荐的焊盘设计

了解了以上原理，在 PCB 设计上可以采用焊盘中间非铜非阻焊的设计，为钽电容排气减压提供空间，推荐的焊盘设计如图 10-83 所示。

在 SMT 生产过程中产生钽电容“吹气”问题，可以通过将钽电容过回流炉后再贴装的方法加以解决。

2. 改进建议

元件偏移常见于片式元件及质量轻、焊端不对称的元器件上。从根本上讲，元件偏移都是力的作用不对称导致的，这个力包括熔融焊料的表面张力、热风吹力、设计上的自动校准阻力等，因此建议：

（1）对于片式元件，焊盘连线的布局应对称引出。同时，禁止布局半塞导通孔。

（2）对于焊端不对称元器件，焊盘设计上必须考虑焊端表面张力的影响，将不对称的焊端产生的表面张力尽可能减小，对起定位作用的对称焊端尽可能加大表面张力。

10.7.7　芯吸

芯吸是熔融焊料润湿元器件引脚时，焊料从焊点位置爬上引脚的现象，留下的是饥饿焊点或开路焊点，芯吸现象如图 10-84 所示。

（a）翼形引脚芯吸现象

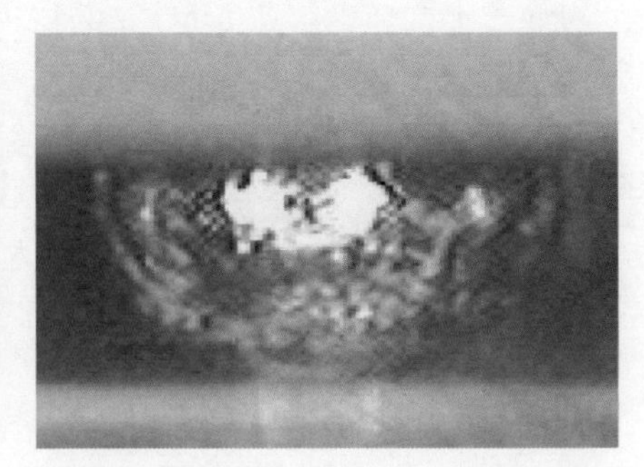

（b）BGA 的无润湿开焊现象，一种特殊芯吸现象

图 10-84　芯吸现象

1．形成原因

芯吸形成有 3 个步骤，如图 10-85 所示。第一步，将引脚放入焊膏中；第二步，焊膏与热引脚接触而熔化且芯吸上元器件引脚；第三步，一旦大部分的焊料沿着引脚向上芯吸只留下少量焊料，便形成了饥饿焊点或开路焊点。芯吸的直接推动力是在引脚和印制板之间温度的差异及熔融焊料的表面张力。再流焊接时，由于引脚的较小热容量，其温度常常高于印制板。另外，熔融焊料接点形成的内部压力在各点间是有差别的。一般来说，较大的曲率（$1/R_1+1/R_2$）（R_1、R_2 含义见图 2-24），会产生较大的内部压力ΔP，见 Young 和 Laplace 等式。为了平衡内部压力，较大曲率的表面将消除，并将熔融焊料压入较小的曲率区域。如果新的焊接结构偏离了想要的“理想焊接结构”，这样形成的焊点就被认为是有了“芯吸”问题。由于内部压力的影响，较大曲率的引脚往往会截留更多的熔融焊料，因此加重了芯吸现象。

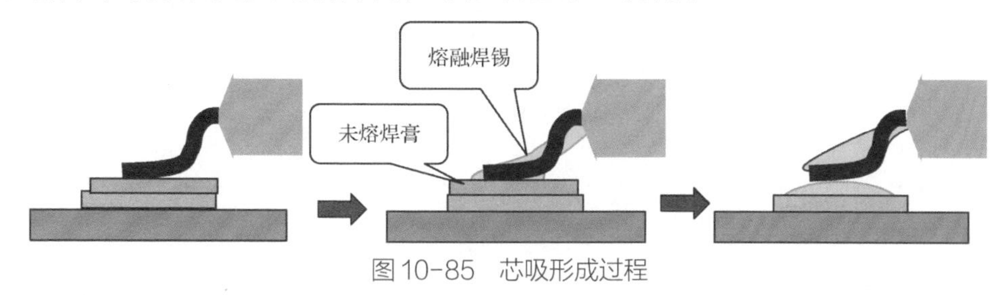

图 10-85　芯吸形成过程

如图 10-84（a）所示的芯吸现象是由引脚较小的热容量引起的，在多数的再流方法里，其受热快于印制板。可用缓慢的升温速率将热量更均衡地传送到印制板，从而减少芯吸现象。

如图 10-84（b）所示为 BGA 再流焊接的无润湿开焊现象（NWO），从熔融焊料的流向看也可以归为芯吸现象。但是，它产生的机理是 BGA 的热变形导致的，如图 10-86 所示。

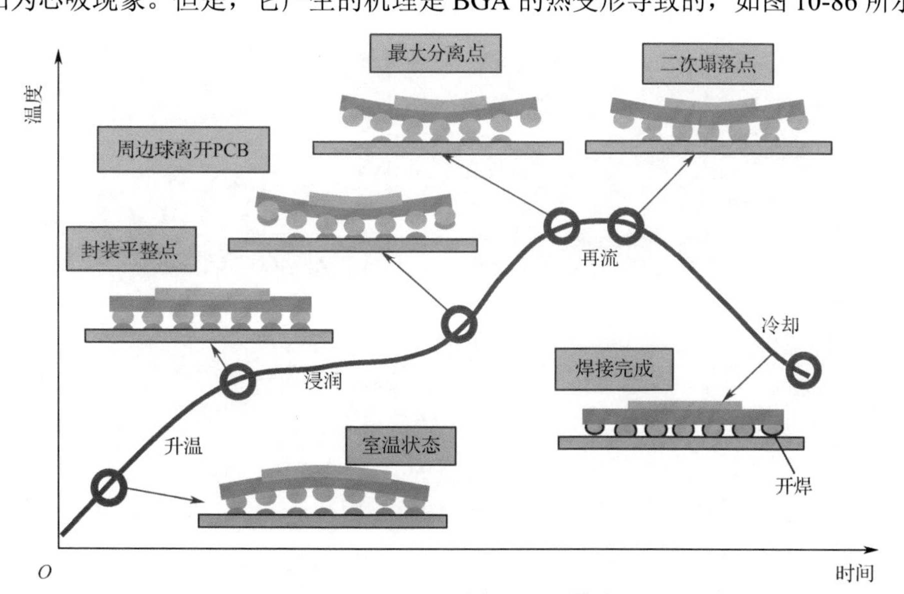

图 10-86　BGA 的无润湿开焊现象形成机理

芯吸的症状，如饥饿焊点或开路焊点，被引脚的不良共面性进一步恶化。另外，使用快速的润湿速率的助焊剂或使用容易润湿的焊料合金也会促进芯吸问题的发生。

塌陷也可能加重芯吸。

如果焊盘附近有阻焊连接的非塞导通孔，这种设计会导致焊料流入通孔里，导致翼形引

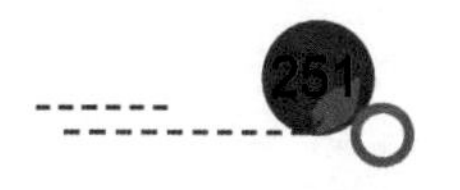

脚焊点在脚趾位置没有形成焊缝。纠正的方法有：（1）在焊盘与通孔之间放置阻焊膜或焊料隔离带；（2）对导通孔进行塞孔；（3）在 PCB 上使用非可熔的表面涂层。

2．改进建议

1）工艺和设计方面

（1）使用较慢的加热速率。避免使用气相再流方法。

（2）多使用底部加热，少使用顶部加热。

（3）提高元器件引脚的共面性。

（4）对于印制板和引脚使用 Sn 涂层或非可溶的表面涂层。

（5）在镀 Sn-Pb 之前，在印制板焊盘与导通孔之间加阻焊膜。

（6）遮盖导通孔。

（7）减小引脚的曲率。

2）材料方面

（1）使用较小塌陷趋势的焊膏，用较高黏度的焊膏。

（2）使用较慢润湿速率的助焊剂。

（3）使用较高活化温度的助焊剂。

（4）使用延时熔化的焊膏，如非共晶合金焊料的焊膏。

10.7.8 桥连

桥连是由于局部过多的焊料量在邻近的焊点之间形成焊料桥，桥连现象如图 10-87 所示。形成的焊料桥可能跨越两个或更多的焊点。桥接主要出现在 QFP、QFN、BGA 等密脚封装器件上，也出现在密集布局在一起的片式阻容元件之间。

（a）腰部桥连

（b）脚部桥连

图 10-87 桥连现象

1．形成原因

桥连产生的原因根本上是焊盘间隙过小或焊料过多，超过了正常工艺能力承受范围。产生的机理往往比较复杂，如焊膏桥连、熔融焊料的流动、元器件塌落、焊盘无足够的吸附能力、不对称润湿、焊盘间距过小等，并非总是因焊膏桥接而桥连。下面举几个例子进行说明。

№ 案例 32　0.4mm QFP 桥连

间距小于 0.65mm 的 QFP，特别是最常用的 0.4mm 间距 QFP，其桥连是 SMT 焊接位列第一的焊接不良。0.4mm 间距 QFP 的桥连通常原因是焊膏过多或焊盘尺寸偏小，桥连的机理如图 10-88 所示，它是根据高速摄像视频解析的。再流焊接时，因引脚对焊膏的覆盖影响，总是引脚脚尖和脚跟部分的焊膏先熔化。随着加热温度的提高，脚尖和脚跟部分熔融的焊料会沿引脚侧面向引脚中心部位（焊盘中心位置）迁移。焊锡的这种迁移不是一种有序、平缓的流动，而是一种像蚯蚓爬行一样的脉冲式锡滴移动。如果相邻引脚熔融焊料的迁移同步，碰在一起，

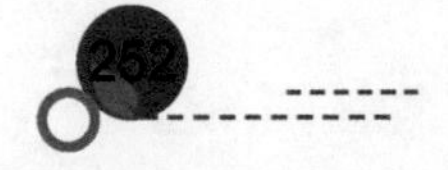

就发生了桥连。QFP 的引脚不像 BGA 那样会完全将熔融的焊料“吃掉”，在表面张力的作用下自动拉开。QFP 上吸附的焊料服从熔融焊料表面能最小的原则成形，只能均匀地铺展，因此，桥连的熔融焊锡无法自动分开。

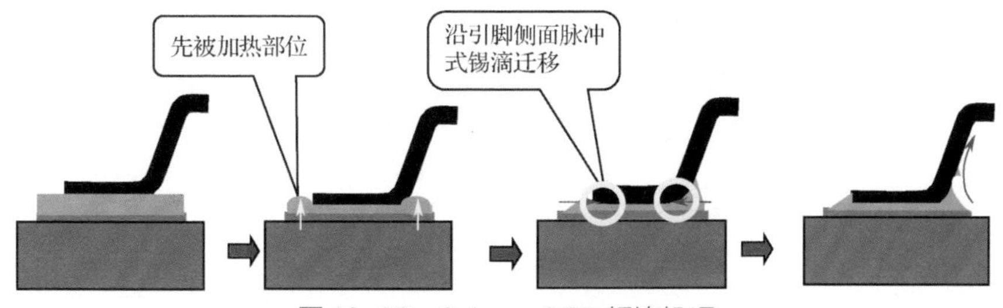

图 10-88 0.4mm QFP 桥连机理

No 案例 33 0.4mm 间距 CSP（也称μBGA）桥连

CSP 即芯片尺寸的 BGA，实际就是 BGA 封装，只是里面的硅片大小与封装体尺寸相近而已，对于焊接而言就是中心距为 0.4mm 的 BGA。

CSP 的工艺性比较好，不容易发生桥连。如果发生桥连，往往与设计或 PCB 的制作质量有关。

CSP 的焊球中心距比较小，一般使用ϕ0.25mm 的焊球，球到球的空气间隔只有 0.15mm，这几乎是 BGA 类封装不桥连的最小尺寸。如果个别焊盘加工偏大，或个别焊点焊盘采用阻焊定义设计，就可能发生桥连，如图 10-89 所示。这里强调了“个别”一词，这是 CSP 焊接焊缝高度取决于大多数焊球的共同作用的缘故。CSP 桥连就是个别焊点焊膏量相对于容纳能力而言过多，多余的焊料没有地方去，只能横向扩展，最终形成桥连，如图 10-90 所示。

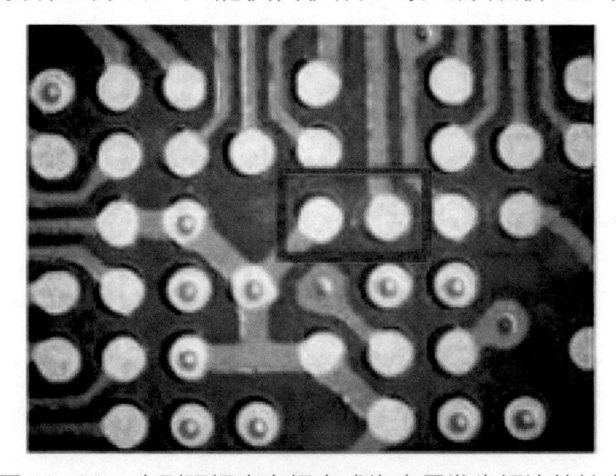

图 10-89 个别阻焊定义焊盘成为容易发生桥连的地方

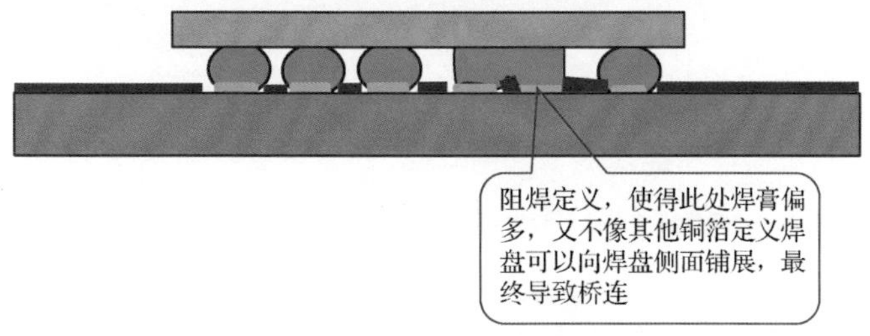

图 10-90 CSP 桥连机理示意图

如图 10-91 所示为一个实际产品案例的 CSP 桥连 X 线图和切片图。

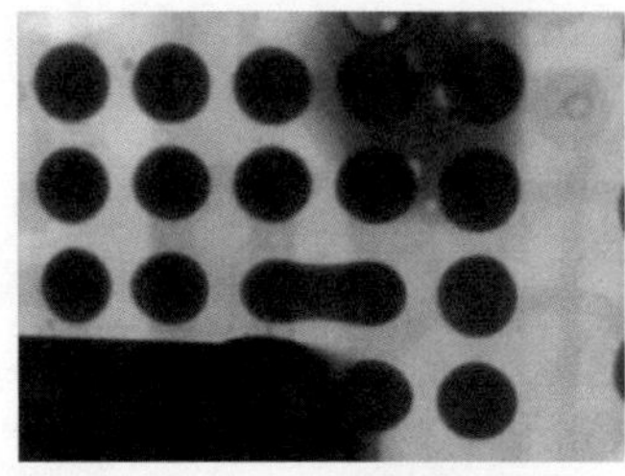

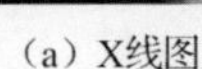

（a）X线图

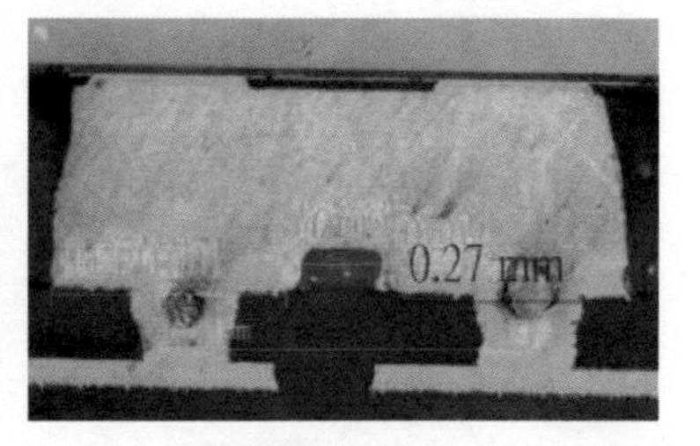

（b）切片图

图 10-91　CSP 桥连现象

No 案例 34　铆接锡块表贴连接器桥连

为了解决表面贴装连接器直接植球工艺导致的共面性差的问题，有些连接器采用了铆接锡块的设计，其引脚结构如图 10-92 所示。由于是冷加工，共面性容易保证。

图 10-92　铆接锡块表贴连接器引脚结构

这种铆接锡块的连接器是比较容易发生桥连的，其机理与一般的桥连不同，不是焊锡过多造成的，而是不对称润湿导致的，铆接锡块连接器桥连机理如图 10-93 所示。不对称润湿的主要原因就是铆接接缝存在沟槽。

图 10-93　铆接锡块连接器桥连机理

No 案例 35　MTK 的 α-QFN 封装焊端桥连

α-QFN 封装截面示意图如图 10-94 所示。由于其焊端侧面没有可焊镀层保护，直接为 Cu，焊接时焊膏不能保证均匀地润湿焊端侧面，会出现随机的局部润湿现象，这很容易导致桥连，α-QFN 封装桥连现象如图 10-95 所示。这种封装的桥连机理属于局部润湿所造成的桥连。只要焊端侧面能够全面爬锡，就不会导致桥连。

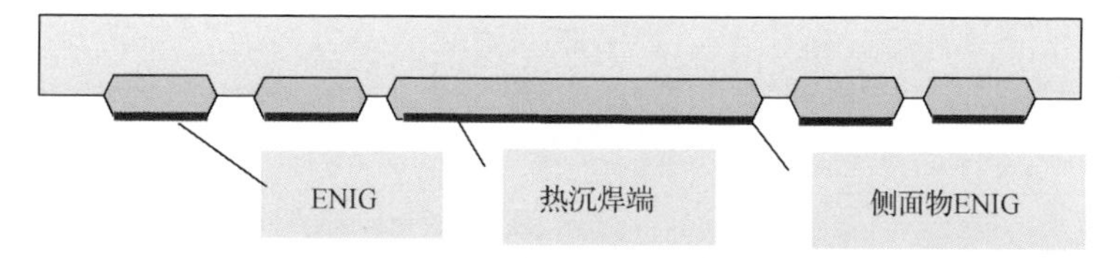

图 10-94　α-QFN 封装截面示意图

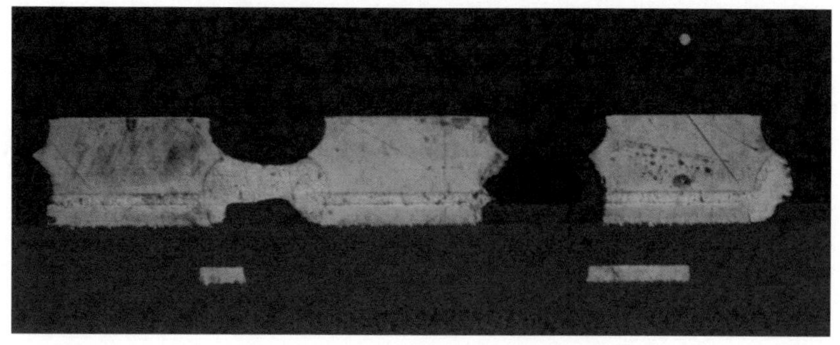

图 10-95　α-QFN 封装桥连现象

另外，这个封装还有一个特点，就是底部有一个热沉焊盘，因其 CTE 比塑封材料大，焊接时会因其 α-QFN 封装四边向上翘曲，这点影响到熔融焊锡向 PCB 焊盘侧面的润湿。待再流焊接进入冷却阶段时，α-QFN 封装又恢复平整，会挤压熔融焊料加重局部润湿特性。

举这个案例，旨在说明元器件封装结构对焊接良率的影响，提示我们在元器件选型时要识别焊端或引脚存在局部润湿风险的器件，因为这类封装往往会导致较高的焊接不良。一个简单的试验方法就是将元器件贴装到一块不润湿的陶瓷基板上，看元器件引脚或焊端能否全面均匀润湿。

解决此类桥连，主要在于控制焊端或引脚非可焊面或可焊性差异面的同步、全表面地润湿。减少焊膏量、抬高焊缝高度往往不是上策，会带来其他问题，如虚焊。使用氮气气氛焊接，或活性比较好的焊膏（最直接、最有效的方法！）是通常可以考虑的方向。

其他因素也会影响到桥连的发生概率：

（1）引脚中心距。桥接率随着引脚中心距的变小而增加，如图 10-96 所示。例如，引脚中心距为 50mil 时，桥接率为 0，而引脚中心距为 30mil 时，桥接率迅速地上升到 17%。

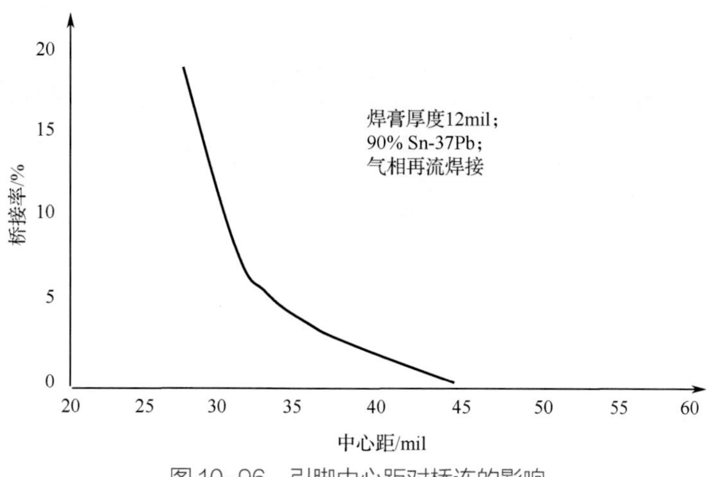

图 10-96　引脚中心距对桥连的影响

（2）再流焊接峰值温度。桥接率随着再流焊接峰值温度的增高而增加，特别是那些较低金属含量或较低黏度的焊膏更加明显。显然，它直接反映了热塌陷与再流焊接峰值温度之间的关系。

（3）润湿时间。桥接率随着润湿时间的增加而增加。这种现象的基本理论是：当润湿时间较长时，焊料掠夺（焊料沿着邻近的引脚重新分布，这是不同步润湿的最常见现象）可能会沿着跨越几个引脚的熔融焊料带发生。熔融焊料在它润湿焊盘之前寻求最小的表面张力，这将会产生桥接。

2. 改进建议

减少或消除桥连的办法总结如下：

（1）使用较薄的模板、交错的孔图案，或减小窗孔尺寸以减少焊膏量。

（2）增加节距。

（3）降低元器件贴放压力。

（4）避免污斑。

（5）使用较冷再流曲线或较慢的升温速率。

（6）印制板加热要比元器件快。避免使用气相再流方法。

（7）使用较慢润湿速率的助焊剂。

（8）使用较低溶剂含量的助焊剂。

（9）使用较高树脂软化点的助焊剂。

10.7.9 空洞

空洞现象通常比较普遍，差别仅是数量与尺寸大小的不同，空洞现象如图 10-97 所示。焊点中的空洞与焊膏成分、焊点结构及工艺条件有显著相关性，如 HDI 微盲孔就会导致 BGA 焊点产生比较大的空洞，有些焊膏容易形成空洞等。空洞对焊点的影响主要是机械性能与导热性能的劣化，影响焊点的可靠性。具体的影响视空洞的大小及位置而定。目前业界还没有对空洞的可接受条件达成一致，IPC 也仅对 BGA 焊点空洞给出一个参考接受条件。在 IPC-7095C 中的 3.5.7 点中已经明确指出，对于 BGA 焊点的空洞，在热应力或机械应力作用下，焊点的空洞总数量与可靠性没有相关性。关于这点笔者也进行过评估，的确没有证据表明空洞对温循寿命有相关性。图 10-98 为某 LGA 封装器件，焊接后有较大的空洞。我们在−45～125℃循环条件下温循 300 次，没有检测到任何焊点开裂的现象。

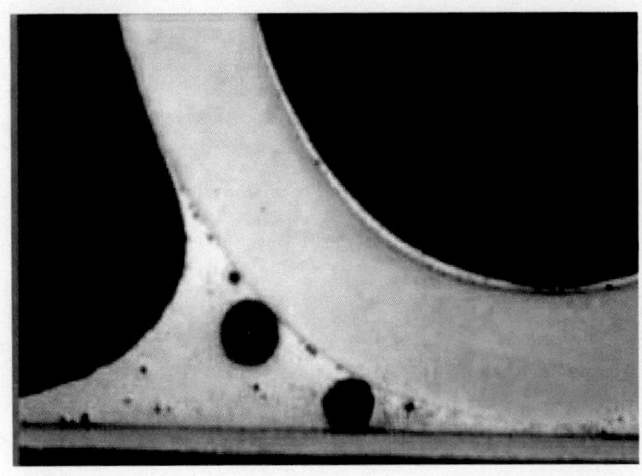

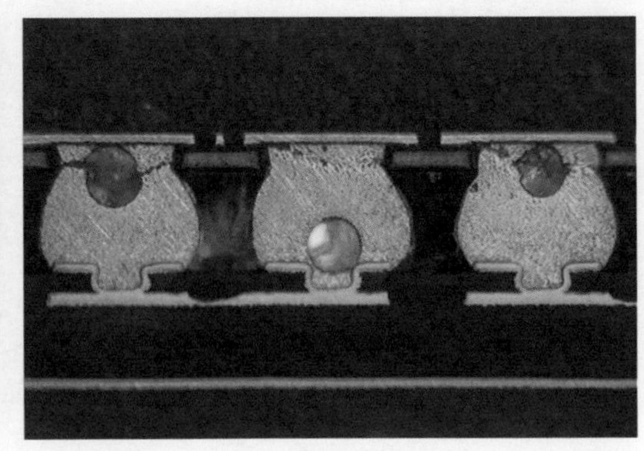

图 10-97　空洞现象

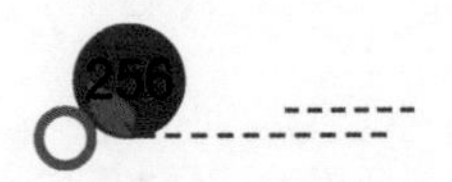

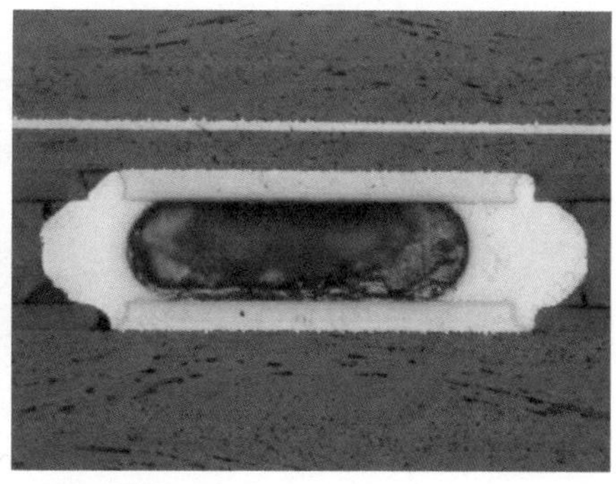

图 10-98　LGA 焊点空洞

1．形成原因

焊膏成分和焊点结构对空洞的形成和发展有很大的影响。通过对两片铜试样之间的焊膏熔融后空洞的形成与发展进行研究，发现：

（1）大多数的空洞内没有有机残留物。说明大多数空洞的形成是由于助焊剂的出气或助焊剂反应出气形成的。

（2）空洞量（空洞的体积与焊球的体积之比）随着助焊剂活性的递增而减少，如图 10-99 所示，图中 s 是润湿平衡法测得的助焊剂润湿时间。较高的助焊剂活性会产生更多的助焊剂反应产物，而较多的反应产物并没有产生较多的空洞，可以说明助焊剂反应物不是空洞产生的主要原因。换句话说，内部截留助焊剂本身的出气要对空洞形成负主要责任，较低的空洞量意味着较少的内部截留助焊剂量。当使用焊膏时，助焊剂直接接触粉粒表面氧化物和被焊接表面。因此，在再流焊接时任何残留氧化物都会黏附一些助焊剂。考虑到较高活性助焊剂通常更迅速和完全地消耗氧化物，所以只会留下少数的点与助焊剂黏附。

（3）空洞量随着可焊性的递增而减少，如图 10-100 所示，可由上面讨论的一些机理得到解释。随着可焊性的增加，基板的氧化物可被更迅速地清洗，因此允许内部助焊剂形成空洞的机会就很小了。

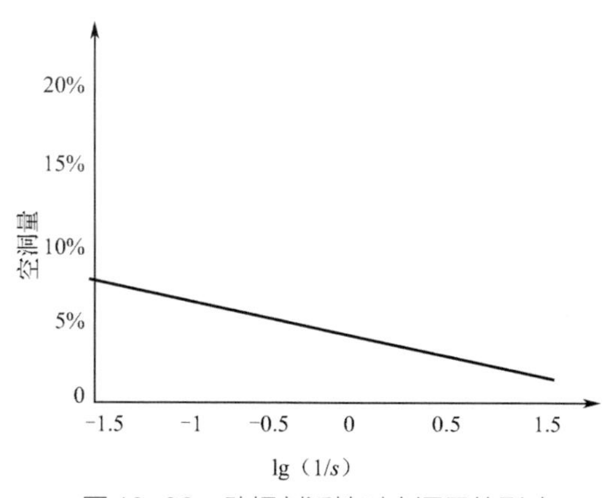

图 10-99　助焊剂活性对空洞量的影响

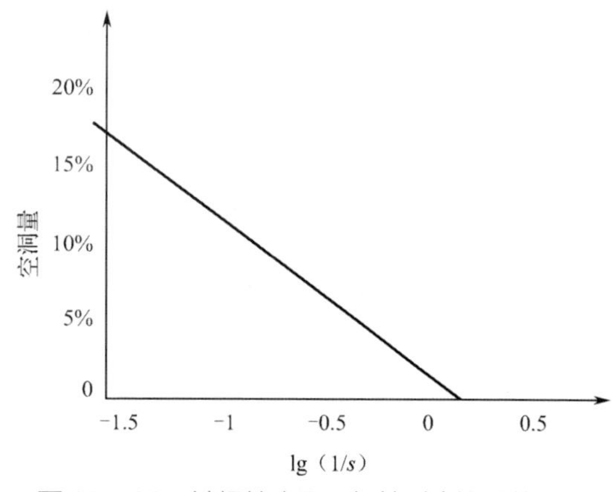

图 10-100　被焊接表面可焊性对空洞量的影响

空洞现象并不是单独的润湿时间的函数，它对于基板的可焊性比对助焊剂活性更敏感，如图 10-101 所示。敏感度的差别可认为是“时间因素”。如果在再流焊接时焊膏凝聚比基板氧化物的除去更快，助焊剂会黏附于基板氧化物的表面（固定的相）并会陷入熔融焊料中去。陷入的助焊剂将是出气的来源，它会不断地释放蒸汽并直接促进空洞的形成。

（4）空洞随着焊膏覆盖面积的下降而减少，如图 10-102 所示。因为印刷厚度和最终焊点高度保持不变，减小印刷宽度意味着增大侧面开路与总焊料量的比率，所以便于出气和避免截留助焊剂。随着极细间距技术的发展，覆盖面积会越来越小。在空洞的问题里，覆盖面积因素有利于极小间距技术的推广应用。

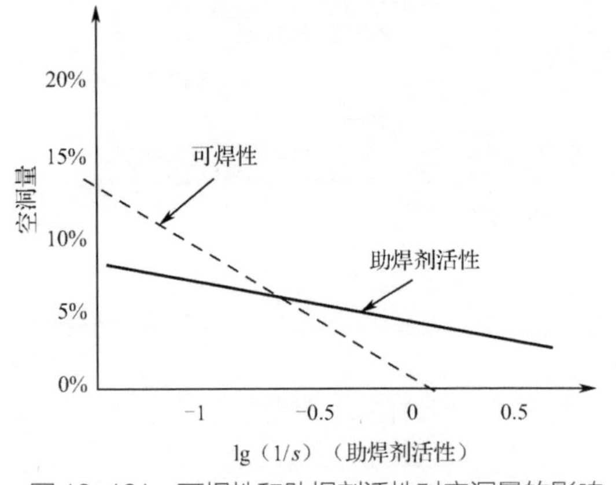

图 10-101　可焊性和助焊剂活性对空洞量的影响

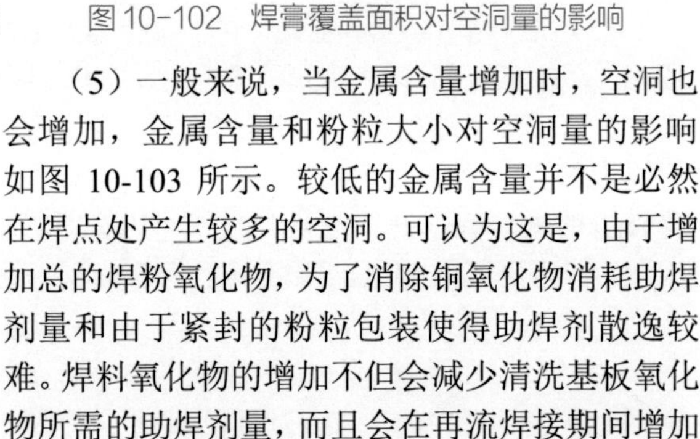

图 10-102　焊膏覆盖面积对空洞量的影响

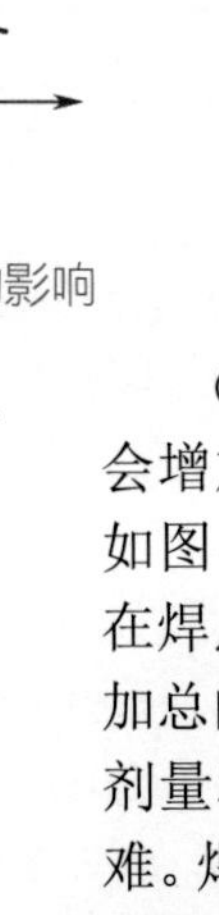

图 10-103　金属含量和粉粒大小对空洞量的影响

（5）一般来说，当金属含量增加时，空洞也会增加，金属含量和粉粒大小对空洞量的影响如图 10-103 所示。较低的金属含量并不是必然在焊点处产生较多的空洞。可认为这是，由于增加总的焊粉氧化物，为了消除铜氧化物消耗助焊剂量和由于紧封的粉粒包装使得助焊剂散逸较难。焊料氧化物的增加不但会减少清洗基板氧化物所需的助焊剂量，而且会在再流焊接期间增加遗留的一些微量的焊料氧化物陷入熔融焊料中。

在实践中，我们也有很多这方面的经验：

（1）使用的焊膏多一些，或者焊膏活性比较强一点，空洞就会减少。

（2）焊膏的回温时间短，容易产生大的空洞。焊膏的回温时间必须足够，确保冷藏的焊膏温度均匀并与室温一致，低于 1 小时的回温，不足以达到这样的要求，很容易出现冷凝水。吸湿的焊膏一定会产生大的空洞。

（3）水溶性的焊膏容易吸潮，必须有足够的预热时间，例如预热时间≥100s。

（4）温度曲线对空洞的影响取决于预热时间和峰值温度。第一，预热时间对于形成空洞的面积有较大的影响。一般而言，如果预热时间相对长一些（≥120s），空洞会有明显减少。第二，焊接峰值温度对形成空洞的影响比较复杂。温度太低，包裹在焊点外的助焊剂覆盖膜黏度会比较大，不利于卷进熔融焊料中挥发气体的溢出（可以理解为不利于空洞溢出），会形成比较大的空洞。而温度太高，形成的初始空洞内气体压力比较大，也容易产生比较大的空洞。因此，对于焊接峰值温度而言，中位数的温度可能更有利于减少空洞。需要指出的是，这些都是基于敞开环境下的焊点应用场景来说的。如果是 LGA 和 QFN，则与之不同，预热温度与时间对空洞的影响基本不大，影响大的是峰值温度，这与 QFN 焊接时的密封性和振动特性有关。

（5）被焊接表面氧化程度低，空洞就会少。

（6）HDI 微盲孔，一定会有空洞产生。

（7）树脂塞盘中孔，往往会导致焊点有比较大的空洞产生。

（8）QFN 等带有热沉焊盘的元器件，如果热沉焊盘上没有排气通道，其上会产生较大的空洞。

（9）QFN 格状分割比交错条纹分割开窗的空洞要小。这是因为交错的斜条开窗，焊膏熔融非常容易连通，堵塞排气通道。

上述的研究与经验表明，再流焊接焊点中空洞的形成原因很多、很复杂。总的来讲，空洞的产生主要是助焊剂的出气和排气通道不畅两方面作用的结果。为了说明空洞的复杂性，再举几个案例予以说明。

No 案例 36　BGA 焊球表面氧化等导致空洞形成

BGA 空洞是在焊膏开始熔化并融合（一次塌落）时形成的，如图 10-104 所示，与 BGA 焊球表面的状况、氧化情况及焊球大小有关。随着焊球与熔融焊料的融合，空洞有可能聚集并演变成一个大的空洞。从高速摄像机拍摄的 X-Ray 视频看，一旦二次塌落，焊球内的空洞就很难跑出去了，这在很大程度上取决于覆盖在焊球表面的熔融松香膜厚度与黏度。同样的焊膏及印刷量，我们可以通过植不同尺寸的焊球验证这一现象，球越小，意味着助焊剂覆盖越厚，往往空洞也越大、越多。

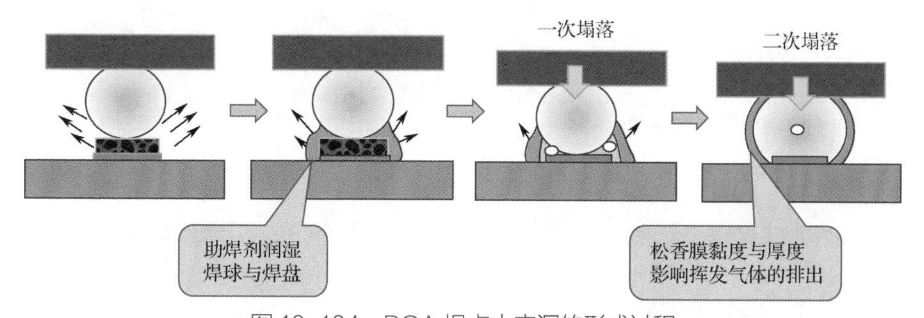

图 10-104　BGA 焊点中空洞的形成过程

另外，需要指出，BGA 焊球上的测试探针压坑也是影响 BGA 焊点空洞的一个重要因素。图 10-105 所示为一个 BGA 焊球的表面形貌，如果探针压坑很深，它将导致 BGA 焊点空洞的形成与发展。此压坑会妨碍熔融焊锡的润湿，其表面黏附的助焊剂最终将发展成为空洞。

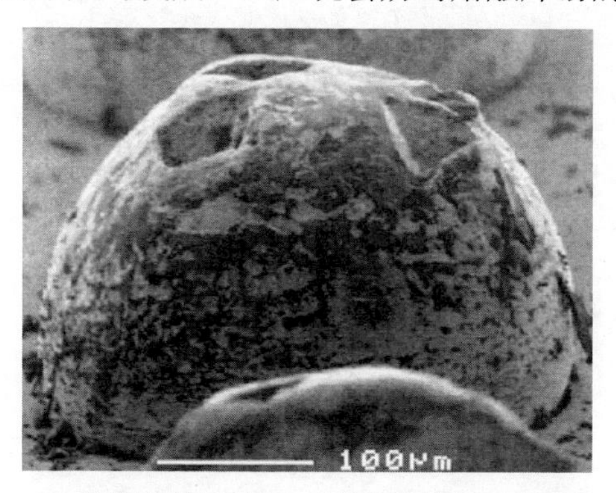

（a）焊球上探针压坑很深，容易黏附助焊剂，引发空洞

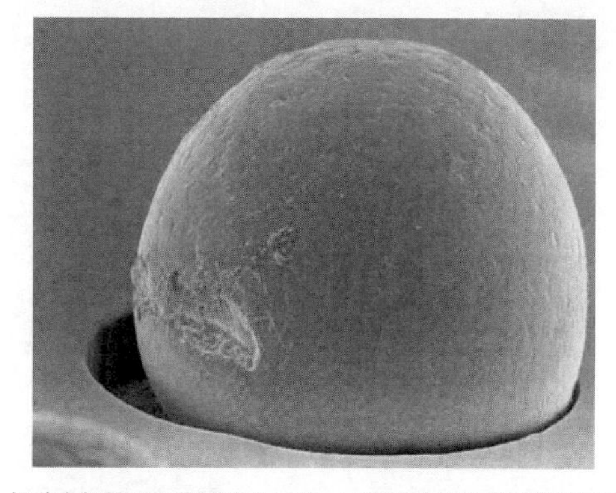

（b）焊球上探针压坑位置偏上且浅，不容易黏附助焊剂并引发空洞

图 10-105　BGA 焊球的表面形貌

No 案例 37 焊盘上的树脂填孔吸潮导致空洞形成

随着组装密度的提高，盘中孔的应用越来越多。为了防止焊锡流到孔中，一种设计就是采用树脂填孔工艺，如图 10-106 所示。这种设计理论上好于阻焊半塞，因为没有盲孔出现。但是这种填孔树脂容易吸潮，焊接时容易引发大的空洞，特别是 BGA，如图 10-107 所示。

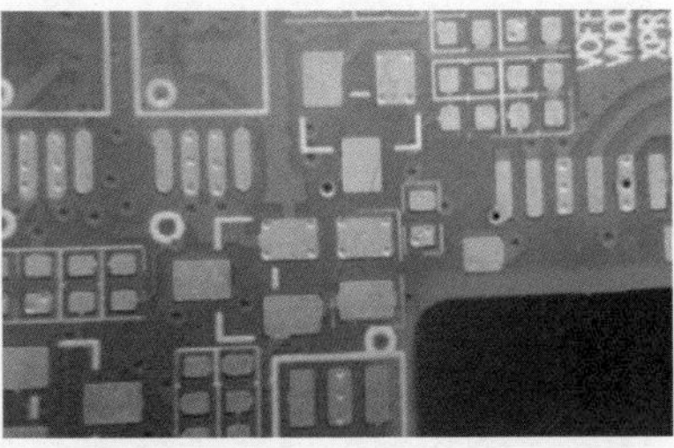

图 10-106 焊盘中树脂填孔工艺

（a）POFV铜盖偏位造成半露树脂情况，再流焊接时导致空洞

（b）树脂填孔，再流焊接时树脂排气导致空洞

图 10-107 树脂填孔引发的 BGA 焊点大空洞现象

树脂本身不能被焊锡所润湿，很容易成为空洞形成的“种子”，如果树脂受潮排气，就会形成大的空洞。

No 案例 38 HDI 微盲孔导致 BGA 焊点空洞形成

激光微盲孔用作盘中导通孔时，会导致焊点空洞，如图 10-108 所示。这种情况一定会引发焊点空洞的形成，不同焊点的差别仅体现在空洞的大小上，它取决于盲孔的形状及微盲孔内残留有机物的情况。一般而言，如果激光微盲孔的形状呈细腰形或梯形，则其内的电镀液不容易被清洗干净，最终形成残留物，焊接时会挥发并与盲孔内被焊膏封闭的空气一起形成空洞，HDI 微盲孔导致焊点空洞如图 10-109 所示。

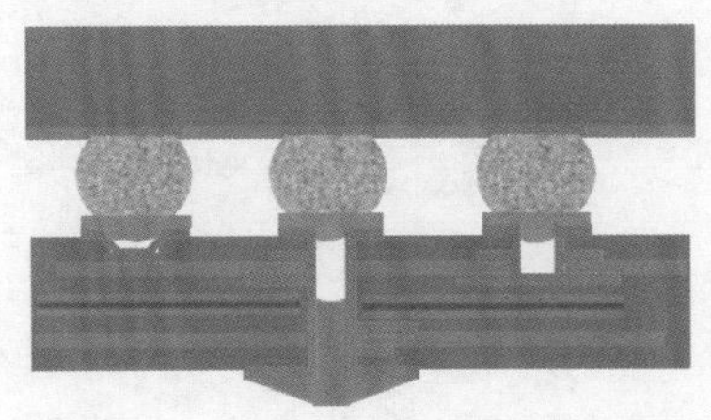

（a）贴片后

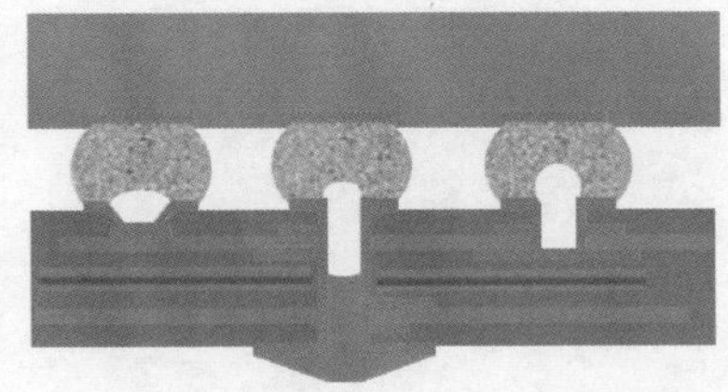

（b）焊接后

图 10-108 微盲孔导致焊点空洞现象

图 10-109　HDI 微盲孔导致焊点空洞

№ 案例 39　焊膏不足导致空洞产生

对于像 QFN 那样的“面—面”结构焊缝，焊缝高度一般取决于热沉焊盘焊锡的多少。有一种特殊情况，PCB 设计或制作使得热沉焊盘不能自由塌落，如果热沉焊盘上的焊膏覆盖率比较低，将会形成少锡型空洞——非圆滑过渡或很大的空洞，如图 10-110 所示。

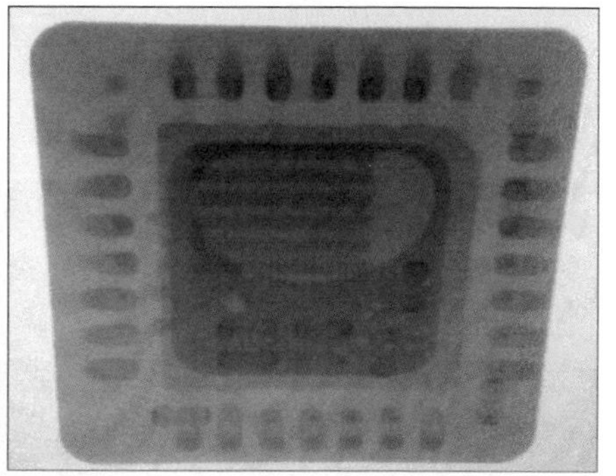

图 10-110　少锡型空洞

№ 案例 40　排气通道不畅导致空洞产生

绝大部分焊点中的空洞都是焊剂在焊接过程中产生的挥发性气体排气不畅形成的，QFN 热沉焊盘空洞的形成也不例外。但是，由于 QFN 周边存在密集的信号焊盘，当助焊剂中溶剂挥发后形成黏稠的松香液体填满焊盘之间时，热沉焊盘中的挥发气体将难以排出，这种情况下往往会导致热沉焊盘形成比较大的空洞。

根据 Core 公司的视频，QFN 热沉焊盘空洞的形成过程可以解析为如图 10-111 所示的过程。

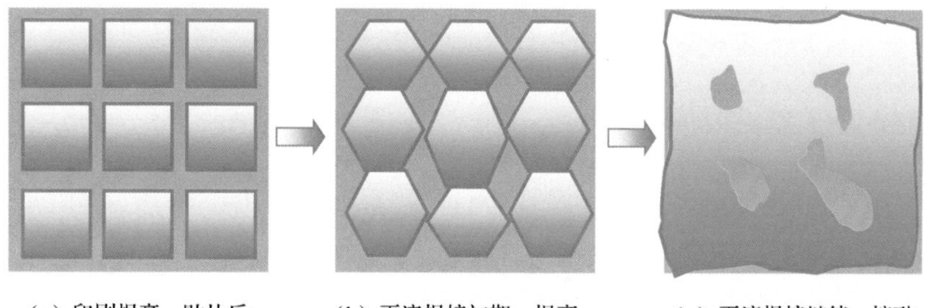

（a）印刷焊膏、贴片后　（b）再流焊接初期，焊膏熔融、内缩、连起来，将空气、挥发气体包围起来　（c）再流焊接继续，熔融焊锡铺展、包围的气体滞留，最终形成空洞

图 10-111　QFN 热沉焊盘空洞的形成过程

案例 41　喷印焊膏导致空洞产生

喷印焊膏含有比较高的助焊剂（其中的溶剂），挥发性成分占比比普通印刷焊膏多。再流焊接时，如果加热阶段助焊剂挥发物质没有充分挥发的话，焊接时将出现比较多的空洞。图 10-112 所示为 0402 片式电阻的焊点 X-Ray 图，可以清楚地看到空洞多且比较大。所以，使用喷印焊膏工艺时，需要注意到如何减少空洞的问题。

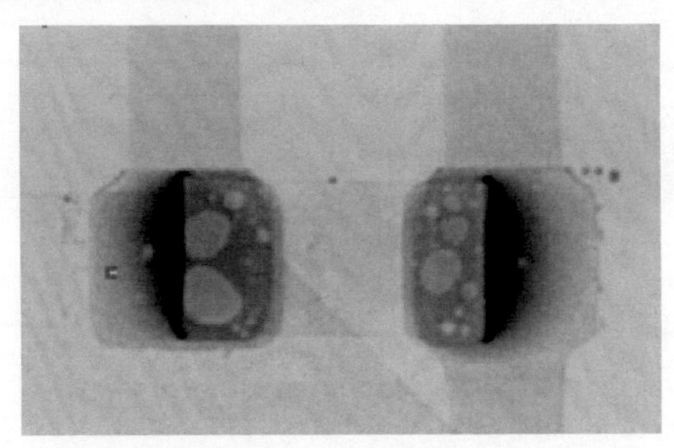

图 10-112　0402 片式电阻的焊点 X-Ray 图

案例 42　QFP 引脚表面污染导致空洞产生

图 10-113 所示的 QFP 引脚空洞是由于引脚遭到有机污染而产生的，我们可以看到依附引脚表面生成了很多小的圆形空洞。

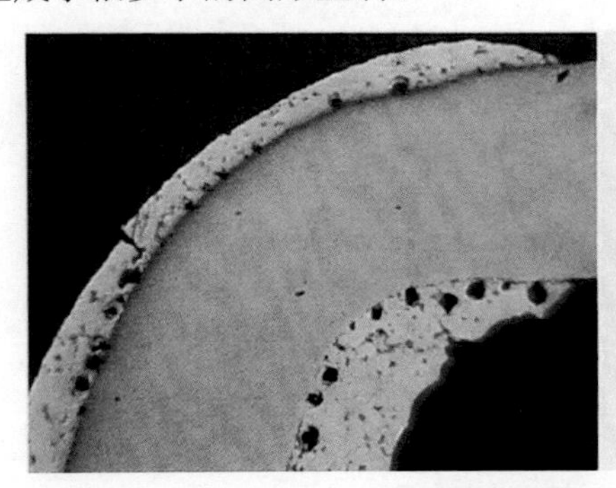

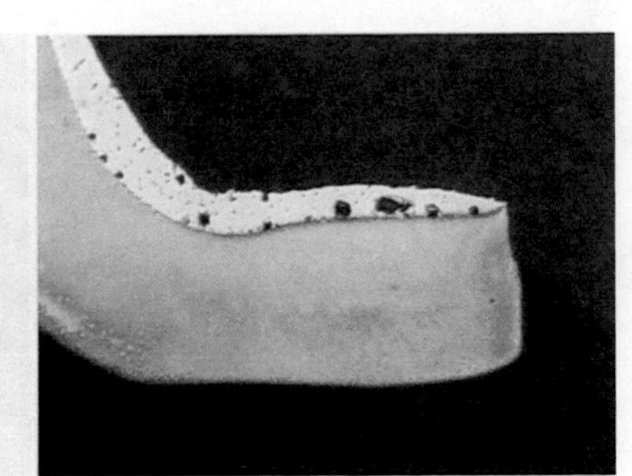

图 10-113　QFP 引脚空洞

2．改进建议

综上分析，我们应该了解到，空洞是在焊料熔融状态下因助焊剂的挥发而形成的。控制空洞的基本思路就是两方面：一方面，使用活性比较强的焊膏，严格物料可焊性控制，从源头减小焊膏熔融状态时卷进助焊剂的概率；另一方面，提供排气通道，促进溶剂尽早挥发。图 10-114 为空洞产生的原因与控制措施简单的总结图。

控制空洞措施有：

（1）提高元器件/基板的可焊性。

（2）使用活性高的助焊剂。

（3）使用惰性加热气体。

（4）优化钢网开窗，建立助焊剂排气通道。

（5）在焊接时分开熔融焊点。此条措施适合于尺寸比较大的焊盘的应用，分开熔融的焊点较简单的方法就是分割焊盘，如阻焊分割、铜箔分割。从排气效果讲，铜箔分割具有明显的效果，如图 10-115 所示。排气效果与分割带的宽度尺寸有关，如图 10-116 所示。

（6）适度增加预热时间，促进溶剂提早、较多地挥发。

（7）提供比较充分的焊接时间，使熔融焊料中挥发气团能够逃逸。

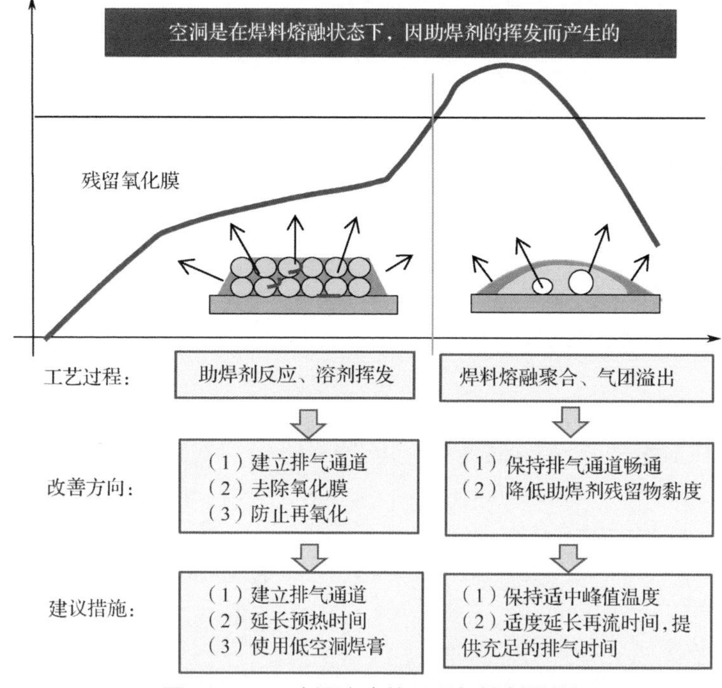

图 10-114　空洞产生的原因与控制措施

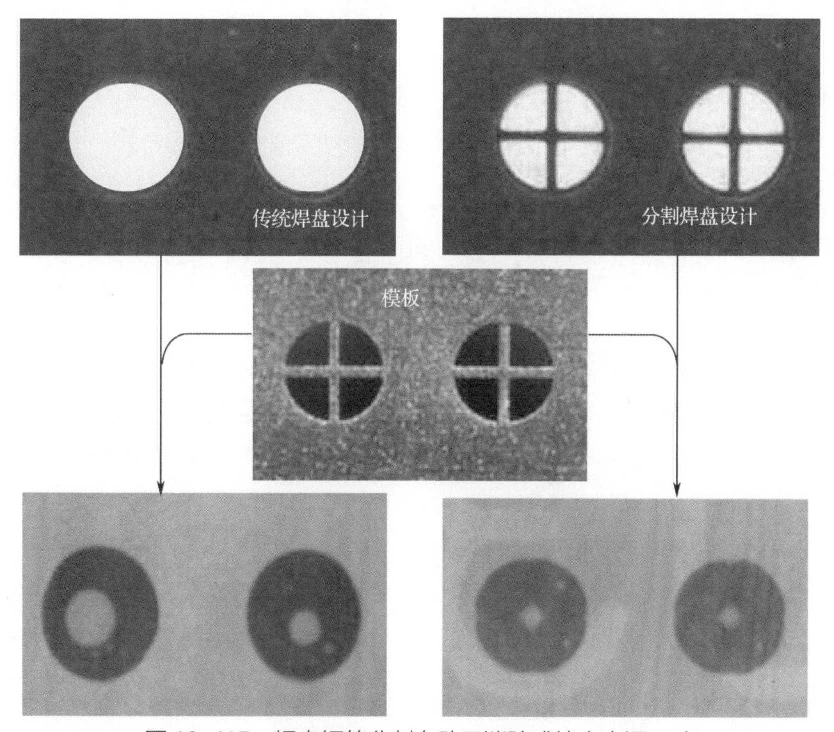

图 10-115　焊盘铜箔分割有助于消除或缩小空洞尺寸

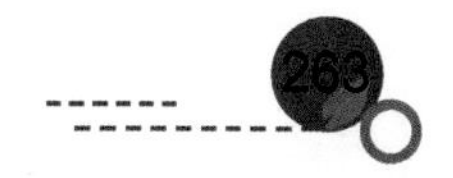

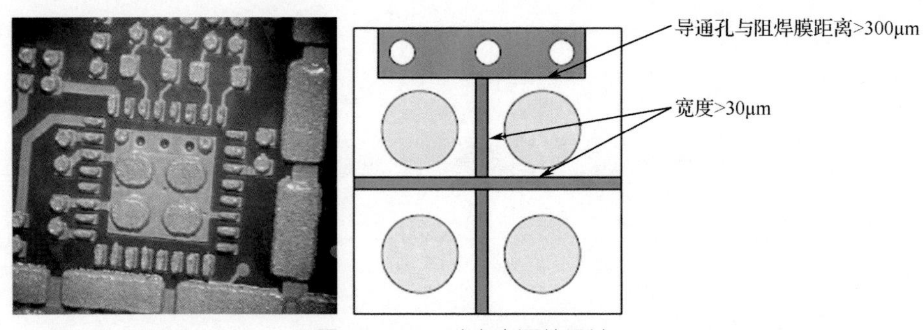

图 10-116　减少空洞的设计

10.7.10　开路

开路指的是在焊点里出现了电接触中断或没有机械接触，常见开路原因如图 10-117 所示。它是虚焊的一种。

（a）芯吸引起的开焊现象

（b）引脚不润湿引起的开焊现象

图 10-117　常见开路原因

1．产生原因

1）引脚共面性引起的开路

开路也会由引脚下共面性的变动或焊膏印刷厚度的变动而引起。例如，QFP 的引脚常常在共面性上呈现出±25μm 的变动。使用 3.175mm 厚度的模板和传统的矩形焊盘设计，再流后一般产生焊料凸点高度大约为 70μm，再流后焊料凸点高度分布的低端会低于引脚的非共面性分布的高端，不可避免地导致开路。由于这个原因造成的开路可通过减少元器件引脚的非共面性或通过增加焊膏印刷厚度来进行修正。前面的方法受到制造商能力的限制，后面的方法由于过多的焊料量会导致桥连。

2）引脚氧化引起的枕形焊点

枕形焊点是引脚搁置在焊料凸点上，表现为引脚放在枕垫上，没有形成电接触，如图 10-118 所示，它是由引脚和焊料之间的不润湿引起的。解决枕形焊点的方法与解决不润湿的方法相同。

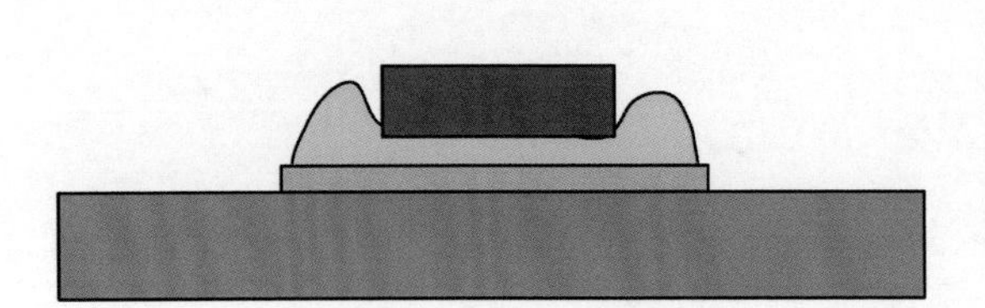

图 10-118　枕形焊点

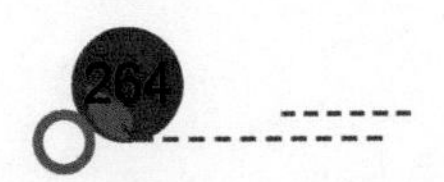

3）其他开路

开路也常常与其他焊接缺陷相伴产生，如立碑和激烈的芯吸。开路也会由元器件放置对准不良而引起。显然，必须提高放置对准的准确度以纠正这种错误。

元器件或印制板的翘曲也会引起开路，实例包括PBGA的焊接。

2．改进建议

（1）参考解决润湿不良、立碑和芯吸的办法。

（2）使元器件加固或避免局部化的加热。

（3）提高贴片对准度。

（4）减少印制板与元器件之间的温度梯度。

（5）HASL印制板时避免形成过多的金属间化合物。

10.7.11　锡球

在再流焊接时，焊料离开了焊盘，凝固后不与焊盘聚集而形成不同尺寸的小球状颗粒，这种现象称为锡球现象（Solder Balling），如图10-119所示。大多数情况下颗粒由所用焊膏的焊粉颗粒组成。然而，在一些其他的情况下，锡球可以是数个焊粉颗粒相结合的结果。通常认为锡球是一个主要与焊膏工艺有关的问题。锡球的形成会引起电路桥接或漏电，还有焊点中焊料不足的可能性。随着细间距技术和免洗方法的发展，要求SMT工艺没有锡球产生是越来越迫切了。

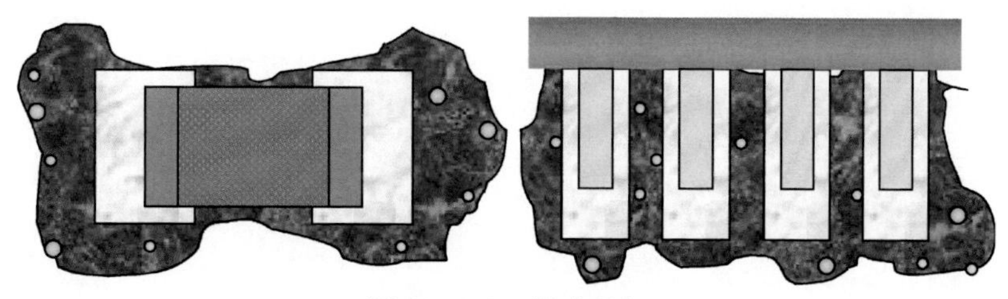

图10-119　锡球现象

1．形成原因

（1）印刷污染。印刷污染是引起锡球现象的一个主要原因。印刷时只要模板与PCB焊盘之间存在间隙，就会导致焊膏从模板下挤出的现象，产生锡球。不良的印刷支撑、焊盘镀覆层不平整、阻焊偏位或太厚、周围字符、标签纸等都会导致模板与焊盘之间的不良密封，产生焊膏污染现象，如图10-120所示。这种情况也会使焊锡量过多导致桥连的发生，因此，有时锡球与桥连现象会同时出现。印刷时对准不良也会造成相同的结果。焊膏的过度塌陷也使焊球症状更加严重。

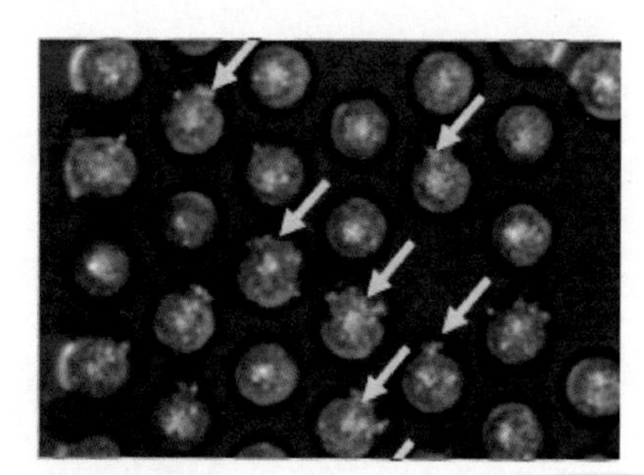

图10-120　焊膏污染现象

（2）被焊接面氧化严重。锡球也会由于元器件引脚和基板金属镀层不良的可焊性引起。在金属镀层上积累过多氧化物会消耗一些助焊剂，并相应地产生不充分的助焊能力对焊球的控制。焊膏广泛地暴露于氧化环境也会使焊球更加严重。不遵守焊膏操作规定，使用已用过的焊膏会加重锡球现象。

（3）不适当的再流焊接温度曲线。如果预热升温速率很快，将引起焊膏“爆炸”，熔融前如果升温速率很快，也会引起焊料飞溅，尤其是激光焊接。如果产生锡球，通常可通过采用缓慢的升温速率而减少。

（4）焊膏焊剂组分。对于某些再流工艺中使用的助焊剂，其中含有不适宜的挥发物是产生锡球的另外一个原因，这种情况的发生与使用的再流焊接技术有很大的关系。一些加热方式容易引起焊膏中焊剂“爆炸”，如红外再流技术，由于红外线的穿透性，往往会引起焊锡粉飞溅。

（5）许多焊膏在潮湿的环境里会变质，易产生锡球。这是由于吸取水分加快焊料氧化物积累在再流焊接时产生焊溅物而引起的。吸湿性助焊剂的焊膏更易于发生这样的问题。一般来说，建议焊膏工艺环境的控制湿度水准在 60%RH 或以下。然而，应该指出，当前使用的少数焊膏能够在湿度高达 85%RH 的环境下搁置 24h 而不出现锡球问题。

（6）芯吸效应也是产生锡球的原因之一。元器件之间间距差很小，如片式电容器或电阻器，阻焊膜会将焊粉与溶剂拖入元器件下产生锡球。阻焊膜与焊膏之间相互作用是另一个产生锡球的原因，一些欠固化低 T_g 膜在再流焊接时会释放挥发物，这些挥发物可与焊膏起反应且产生锡球。

（7）锡球会受金属含量的影响。图 10-121 显示了金属含量对锡球数量的影响。

（8）不充足的助焊能力将产生锡球。这是由不足的助焊活性或过多的焊粉氧化物、污染物引起的。太细的焊粉也会产生相同的现象，焊粉直径对锡球数量的影响如图 10-122 所示。

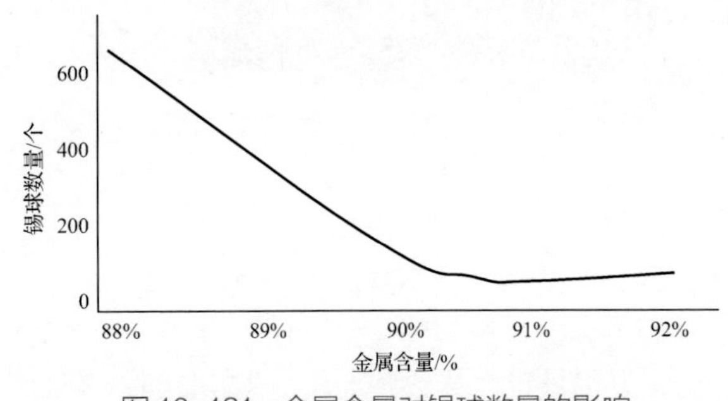

图 10-121　金属含量对锡球数量的影响

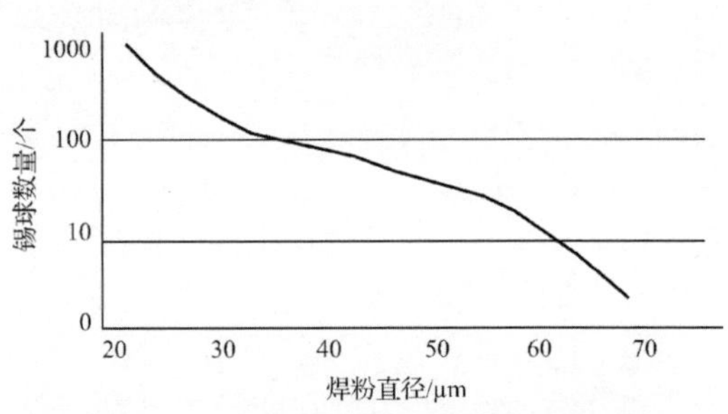

图 10-122　焊粉直径对锡球数量的影响

2. 改进建议

总的来说，解决锡球的办法有：

1）工艺方面

（1）调整印刷工艺，更频繁地擦拭模板底面。

（2）提高元器件和基板的可焊性。

（3）不要将残留在模板上的焊膏再度使用。

（4）控制焊膏加工环境的湿度，大多数焊膏首选的相对湿度不超过 50%RH。

（5）使用适当的焊膏干燥条件，与焊膏供应商协商。

（6）使用适当的再流曲线，避免太长时间或太短时间的再流曲线，也避免太快的加热速率，渐升式曲线是理想的。

（7）选择合适的再流焊接方法、底面加热方法，如热板炉，具有较好的抗锡球性能。
（8）对于某些无引脚片式元件底部区域，去除或减薄阻焊膜，以避免焊膏芯吸效应。
（9）选择适当的阻焊膜材料以避免焊膏与之相互作用。
（10）印刷时要正确对准。
（11）减小孔的尺寸，孔对焊盘的尺寸每边退缩 50μm 能有效改善锡球性能。
（12）对于铜焊盘，减小焊料涂层厚度或使用其他薄的表面涂层。
（13）使用惰性再流气体。

2）材料方面

（1）使用有充足的助焊活性和助焊能力的焊膏。
（2）减少焊粉的氧化物或污染物含量。
（3）减少细粉量。
（4）通过适当的助焊剂配制减少焊膏塌陷和吸湿性。
（5）使用较高的金属含量。
（6）只要条件允许使用较粗的粉粒。
（7）对于某些再流技术或再流曲线，调整助焊剂的挥发性以消除焊溅物。

10.7.12　锡珠

简单地说，锡珠（Solder Beading）指的是一些很大的锡球，此时可能出现微小的锡球，形成于非常低的底部高度元器件周围，如片式电容器或片式电阻器，如图 10-123 所示。它是锡球的特殊一类。

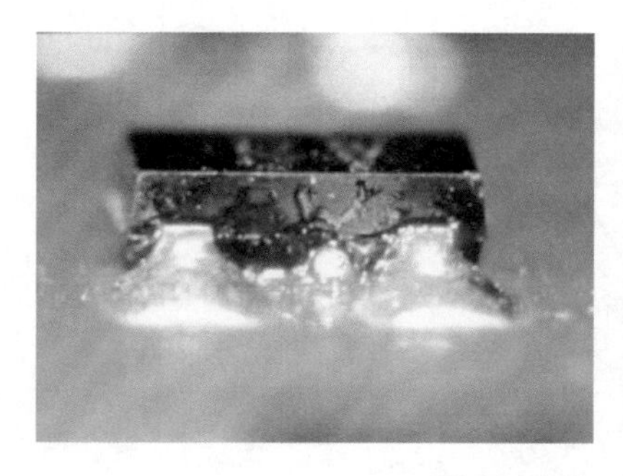
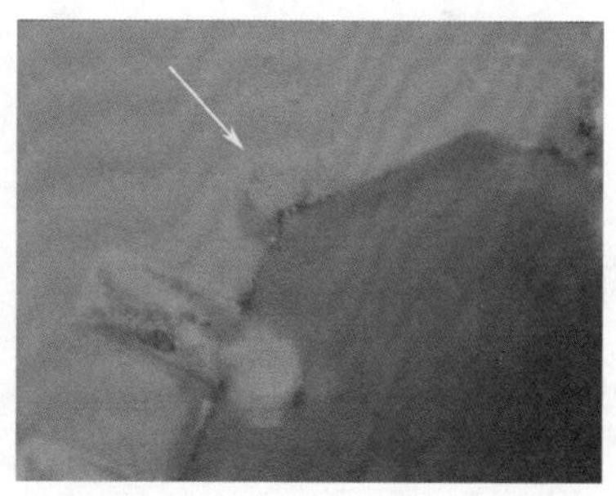

图 10-123　锡珠现象

再流焊接产生的锡珠是牢固粘在 PCB 上的，只有用水或溶剂清洗才能将其清除掉。生产测试或运输振动过程是不会导致锡珠移动的，因此不用担心其可靠性。锡珠成为缺陷主要是出于对外观的考虑。

1．形成原因

锡珠的产生与特定封装有关——低间隙（Low Stand-off）。主要的机理就是元器件底部不润湿面处有多余的焊料存在，在熔融焊料表面张力的作用下被挤出来。多余的焊料至少有五种情况可以产生：

- 再流焊接预热时，焊膏中溶剂挥发过猛，将焊膏“炸”出焊盘范围；
- 半塞盘中孔，再流焊接时，半塞孔残留药水“气爆”，将熔融焊料“炸”出焊盘范围；
- 焊膏印刷全覆盖，贴片时压力过大，将焊膏挤出焊盘范围；
- 片式元件大焊盘设计，再流时元件塌落过程将熔融焊料挤出焊盘的范围；

- 印刷时因为周围丝印字符等垫高钢网，焊膏被挤到焊盘之外。

No 案例 43　贴片压力大导致锡珠产生

某功率管如图 10-124 所示，模板开口按焊盘尺寸 1∶1 设计，再流焊接时发生锡珠现象。这个案例就属于第二种情况。

图 10-124　某功率管引发锡珠的原因

No 案例 44　QFN 热沉焊盘半塞孔“气爆”导致隐蔽性锡珠产生

某 QFN 的热沉焊盘尺寸为 5.2mm×5.2mm，散热孔径为 0.3mm，孔距为 1.0mm，热沉焊盘散热孔采用绿油半塞设计。焊接后，QFN 底部，主要是热沉焊盘角部出现锡珠现象，如图 10-125 所示，锡珠率超过 60%。

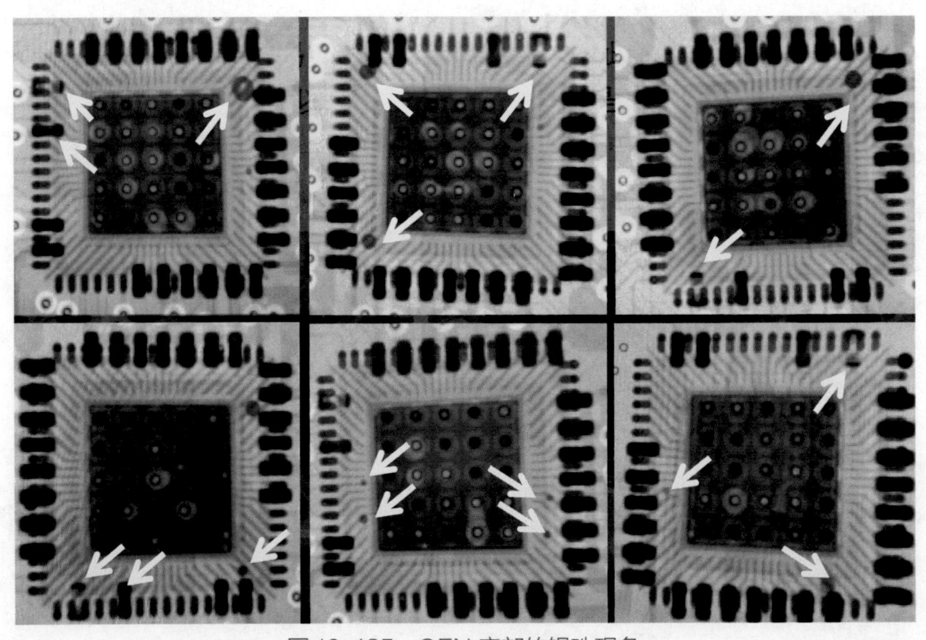

图 10-125　QFN 底部的锡珠现象

通常情况下，这种底部的锡珠是由于焊膏活性比较弱或预热温度比较高所致。但此案例非常特殊，在散热孔半塞、孔到热沉焊盘边缘距离比较小、再加上焊膏活性比较弱等因素作用下，导致熔融焊料被半塞孔内残留 PCB 制程药水挥发“气爆”而挤出。之所以大部分锡珠出现在角部，是因为角部熔融焊料少，容易被拉断爆出，QFN 热沉焊盘角部锡珠产生原理如图 10-126 所示。

此现象之所以发生，还有一个原因，就是热沉焊盘与信号焊盘比较远。如果比较近，就可能导致两种结果：①信号焊盘桥连，这可能是很多 QFN 桥连莫名其妙产生的原因；②因信

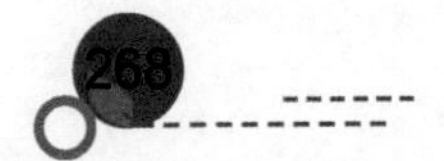

号焊盘助焊剂填满信号焊盘与热沉焊盘之间的间隙，即使“气爆”也不容易挤出，被助焊剂残留堵住。

此案例非常独特，也说明了工艺的复杂性。

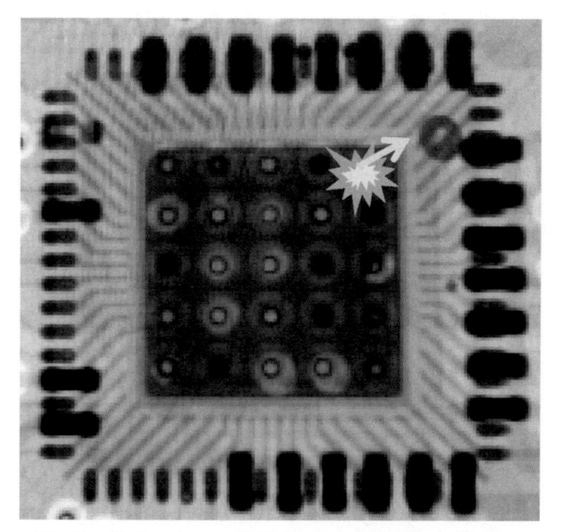

图 10-126　QFN 热沉焊盘角部锡珠产生原理

No 案例 45　内缩式焊端 QFN 施加的焊膏大多会增加出现锡珠的风险

底部暴露型焊端 QFN 如图 10-127 所示，焊接时出现比较严重的锡珠现象，如图 10-128 所示。

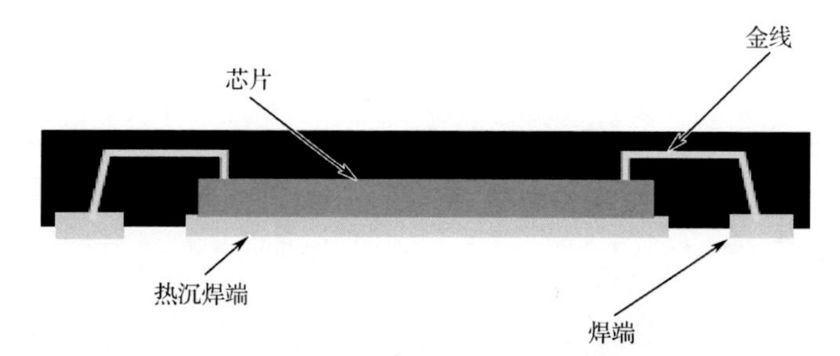

图 10-127　底部暴露型焊端 QFN

图 10-128　锡珠现象

这个案例也非常典型，从封装结构看，属于容易产生锡珠的封装类别，有非润湿面压在焊膏上。在从锡珠位置看，锡珠大多出现在旁边有导通孔或丝印字符的位置，这些地方焊膏往往偏厚。这两个因素导致锡珠的产生。

No 案例 46　极低的底部间隙导致器件侧形成吹气型的锡珠

光模块器件再流焊接后侧面有锡珠，如图 10-129 所示。这个案例极其复杂，也很典型，对于了解锡珠的形成原因多元化有一定帮助。

图 10-129　光模块器件侧锡珠现象

这个锡珠形成的直接原因是器件封装底部间隙（Stand-off）极低，导致再流焊接预热时出现气爆现象，将未熔焊膏吹散。但是，导致光模块形成极低 Stand-off 的原因却很独特——空腔类器件受潮引发器件基板向器件底部鼓起，使器件底面形成锅底形状，在外力作用下，如风压作用下，向一侧倾斜，从而导致极低 Stand-off 的形成。

图 10-130 为光模块器件周围的元件布局情况，图 10-131 为焊接后的倾斜情况，图 10-132 为 X-Ray 图，说明了倾斜的原因。这种倾斜不仅导致锡珠现象，更严重的是导致光模块翘起一边焊点的虚焊，如图 10-133 所示。

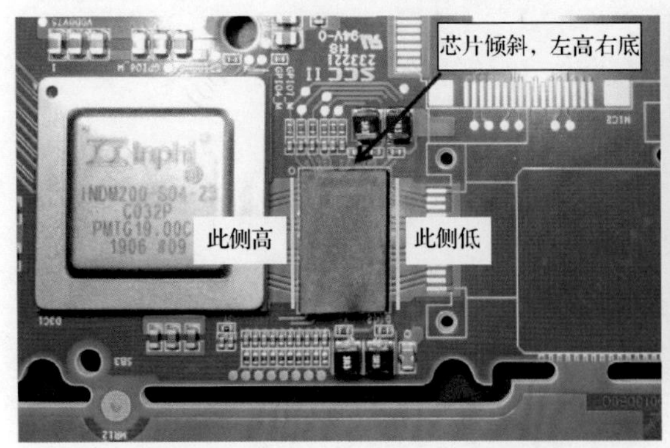

图 10-130　光模块周围元器件的布局

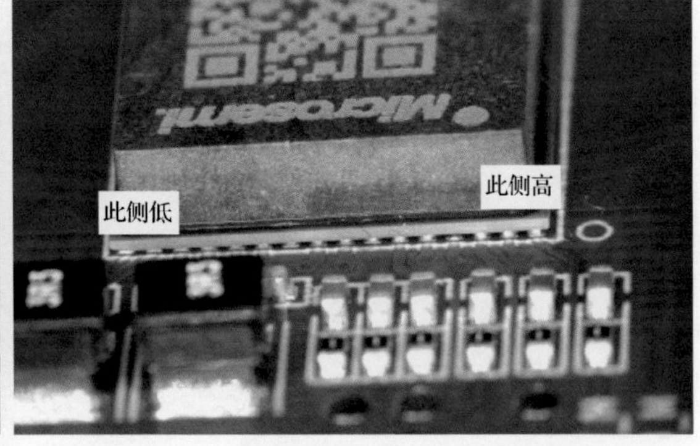

图 10-131　光模块再流焊接后的倾斜现象

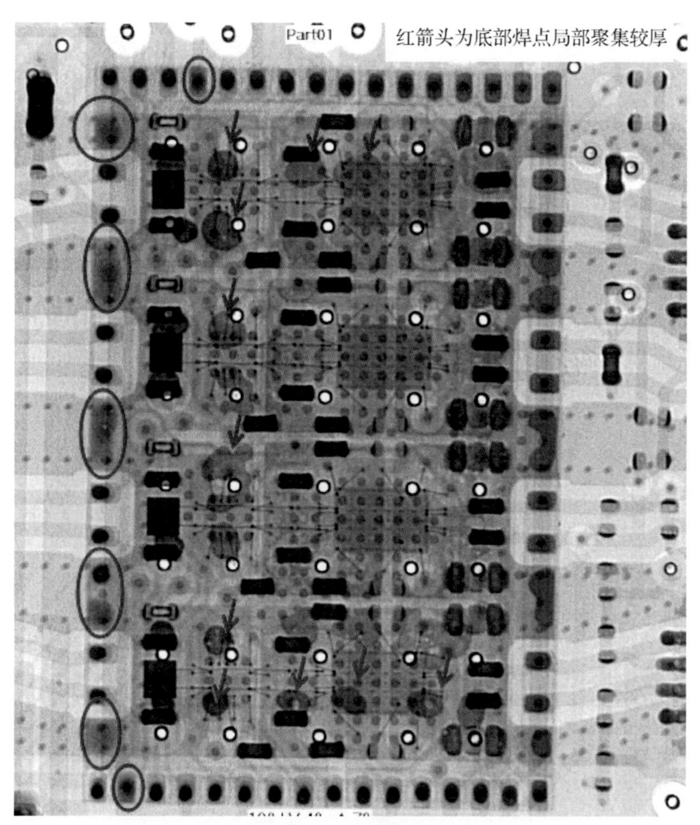

图 10-132　光模块再流焊接后的 X-Ray 图

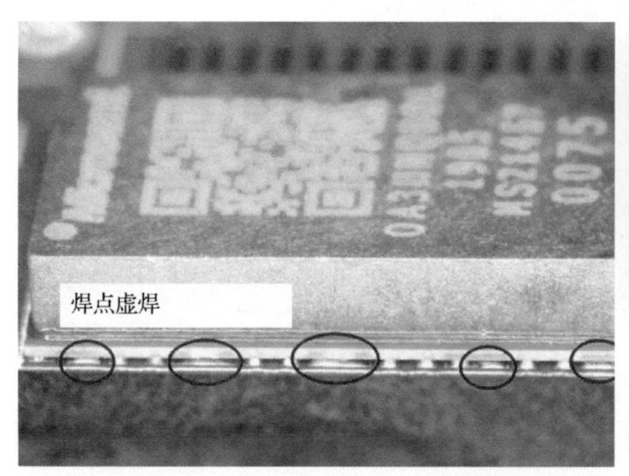

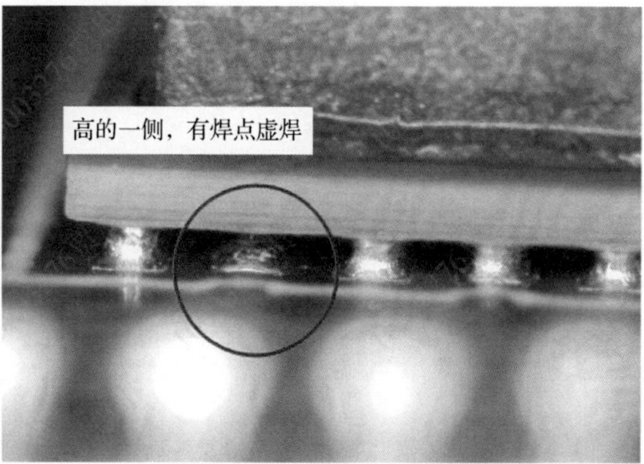

图 10-133　光模块起翘边的虚焊现象

No 案例 47　焊膏印刷在字符上形成锡珠

某器件采用通孔再流焊接，焊膏采用扩口工艺，印在了焊盘周围的丝印字符上，焊接后在字符上形成了锡珠现象，如图 10-134 所示。这个案例比较简单，但很有意义，说明粗糙的表面具有吸附熔融焊料的作用。这使我们很容易联想到很多波峰焊接的单板上密脚的地方印有白油，以降低桥连的风险。这实际上也利用了白油表面粗糙的特点吸附助焊剂，以便过波峰时助焊剂挥发形成气隔离层，将桥连的焊锡分开。

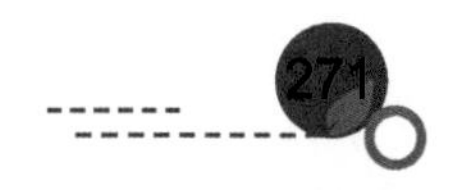

图 10-134　丝印导致的锡珠

另外，还有其他一些因素也会影响到锡珠的发生概率。

（1）再流焊接预热温度。有人就预热温度对锡珠的影响进行过试验研究，发现预热温度越低，锡珠率就越低，如图 10-135 所示。显然，预热温度较低锡膏出气率也低，将焊膏从主要涂覆部分排除的推力也小。在这个试验里预热时间保持不变。另外，既然预热也能引起焊粉的进一步氧化从而加重锡珠，那么最佳的预热条件应是这两个影响结果的折中方案。

（2）助焊剂活化温度。在实际意义上，活化温度可被定义为助焊剂以不大于某个湿润时间运作时所需要的最低温度。焊接的应用有相当的不同，标准选择是很主观的。这里选择 20s 润湿时间，是考虑到正常的焊膏再流工艺要几分钟的时间。有人采用润湿平衡试验并计算得出锡珠率随着助焊剂活化温度的递增而增加，这是由于较低活化温度的助焊剂将在预热阶段促进焊粉冷焊的事实，因此导致较低的锡珠率。助焊剂活化温度对锡珠率的影响如图 10-136 所示。

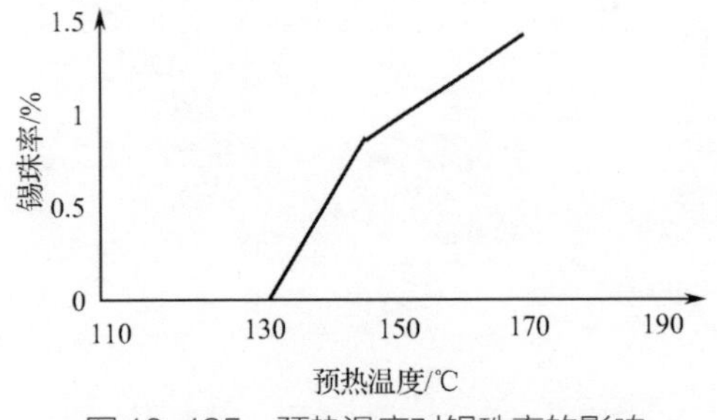

图 10-135　预热温度对锡珠率的影响

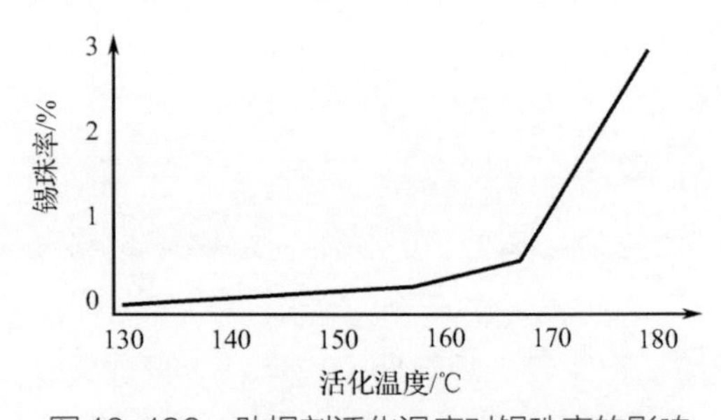

图 10-136　助焊剂活化温度对锡珠率的影响

（3）焊膏中焊粉的含量。锡珠率随着金属含量的递增而下降，如图 10-137 所示。认为至少一部分是由于冷焊机理所致。一方面，当金属含量增加时，所有粉粒被更紧密地包装，更有机会彼此接触。这也增加了冷焊的可能性。另一方面，金属含量的影响也可由黏度因素来体现。一般来说，焊膏黏度随着金属含量的递增而增加。一个焊膏黏度高，则能较好地保持其完整性，从而阻止出气。同样，较高金属含量时，出气的来源减少了，也有助于降低焊珠率。

（4）氧化物含量。较高氧化物含量的焊膏呈现出较高的锡珠率。由于较高的氧化物含量，

粉粒会有更多的阻挡层以克服它们彼此的冷焊。关于活化温度，如果助焊剂处理的时间是不变的，助焊剂需要较高的温度以清理较高的氧化物含量，换句话说，助焊剂将表现出较高的活化温度。相应地，会有较高的锡珠率。

（5）焊膏印刷厚度。随着印刷厚度的递增，锡珠率增加。也许这是因为有较高的塌陷可能性和更多助焊剂，它会出气。

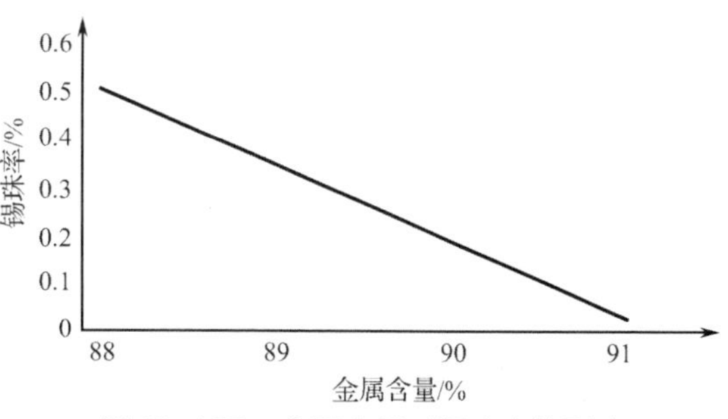

图 10-137　金属含量对锡珠率的影响

在实际的生产组装工艺中，最常使用的减少焊珠发生率的方法是修正模板孔的图案。图 10-109 展示了孔或焊盘设计有效地减少或消除锡珠的例子。孔设计的准则是减少底部高度元器件下面印刷的焊膏量。因此，锡珠可通过把孔从较大的矩形改变成较小的梯形来得到纠正，或只使用较小的孔，或应用较薄的涂覆。

减少或消除锡珠使用的模板开口设计形状如图 10-138 所示，图中的所有设计虽然都能有效地减少锡珠，但一些设计可能引起其他问题，小的焊盘会加重偏移和危害焊点强度，当孔间隔比焊盘间隔要宽时会更易于产生立碑和锡珠。笔者建议最好用弓形和屋形设计，其负面效应最小。

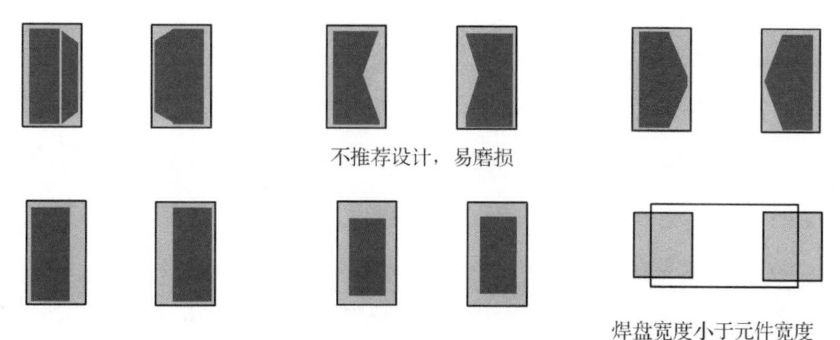

图 10-138　减少或消除锡珠使用的模板开口设计形状

2．改进建议

总的来说，解决锡珠的办法有：

1）工艺方面

（1）减小模板厚度。

（2）减小孔的尺寸。

（3）使用能较少印刷到元器件下面焊膏的孔设计。

（4）降低预热升温率。

（5）降低预热温度。

（6）减小元器件贴放压力。

（7）在使用前预先烘焙元器件或印制板。

2）材料方面

（1）使用较低活化温度的助焊剂。

（2）使用较高金属含量的焊膏。

（3）使用粗粉粒焊膏。

（4）使用低氧化物焊粉的焊膏。

（5）使用较少塌陷的焊膏。

（6）使用适当蒸汽压力的溶剂。

10.7.13 飞溅物

飞溅物包括焊料飞溅物、助焊剂飞溅物，它们是由再流焊接时助焊剂的沸腾或焊膏污染引起的，如图 10-139 所示。这些飞溅物可以从焊点飞溅到离焊点几毫米甚至几十毫米外。焊料飞溅往往会引起问题。如果焊料飞溅在阻焊层上，会形成锡珠；如果落到按键或金手指表面，会形成轻微的“凸点”，影响接触性。助焊剂飞溅通常不会引起问题，但是如果落在按键或金手指的表面，则会形成水印般的污点，焊料、助焊剂飞溅物如图 10-139（b）所示。由于助焊剂的绝缘性，也会产生接触风险。

（a）焊料飞溅物　　（b）助焊剂飞溅物

图 10-139　焊料、助焊剂飞溅物

1．形成原因

（1）飞溅物大多数情况下是由焊膏的吸潮引起的。由于存在大量氢键合，在它最终断开和蒸发之前水分子堆积相当的热能。过度的热能与水分子相结合直接爆发汽化活动，即产生飞溅物。暴露于潮湿环境下面的焊膏或采用吸湿性助焊剂的焊膏会加重吸取水分。比如，水溶性（也称水洗型）焊膏一旦暴露在 90%RH 条件下达 20min，就会产生比较多的飞溅物。

不同的焊膏，吸湿性不同，引起的飞溅倾向也不同。S70G-PX 焊膏与其他焊膏助焊剂飞溅情况对比如图 10-140 所示，可以看到焊膏的影响非常大。

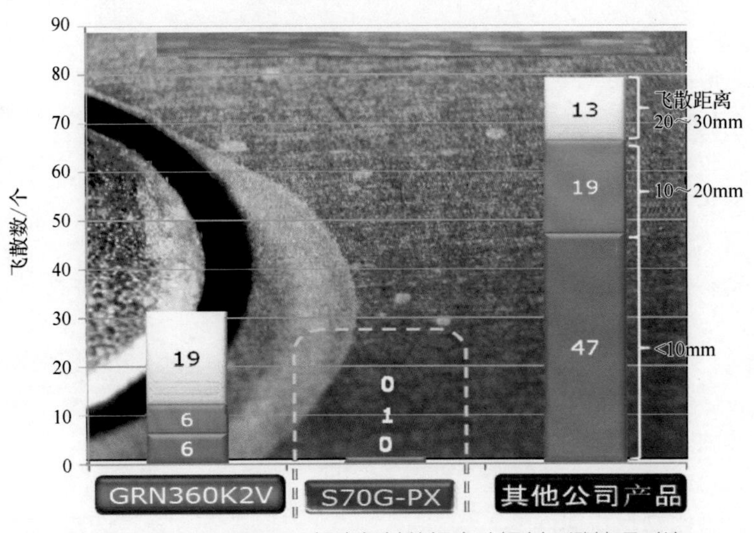

图 10-140　S70G-PX 焊膏与其他焊膏助焊剂飞溅情况对比

（2）焊膏再流过程中，溶剂挥发、还原产生的水蒸气挥发及焊料凝聚过程引起助焊剂液滴的排挤，既是焊膏再流的正常物理过程，也是导致焊剂、焊料飞溅的常见原因。焊膏加热过程中助焊剂飞溅发生的时段与原因如图 10-141 所示，其中，焊料凝聚是一个主要原因。在再流时，焊粉的内部熔化，一旦焊粉表面氧化物通过助焊剂反应消除，无数的微小焊料小滴将会融合和形成整体的焊料。助焊剂反应速率越快，凝聚推动力越强，因而可以预见到会产生更严重的飞溅。

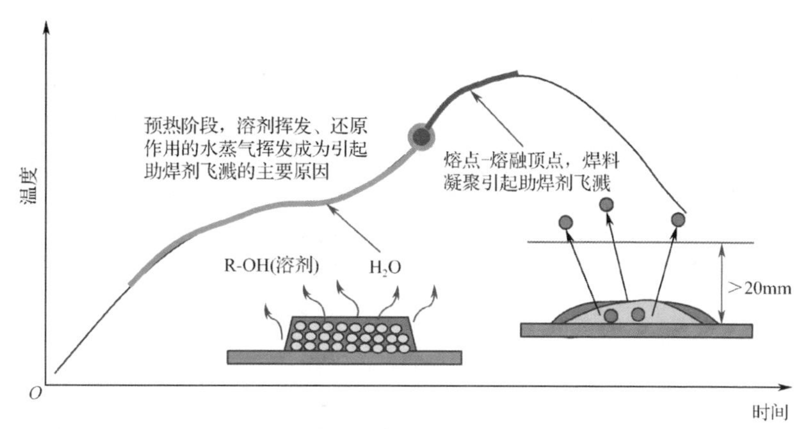

图 10-141　焊膏加热过程中助焊剂飞溅发生的时段与原因

助焊剂的反应率或润湿速率对助焊剂飞溅的影响已有人研究过。润湿时间是决定助焊剂飞溅的最重要因素，较慢的润湿速率不容易发生飞溅。

（3）擦网不干净也可能导致模板底部锡球污染，最终残留到 PCB 表面，从而形成类似锡飞溅的现象。如果改进措施没有效果，这可能就是原因了。

2．改进建议

飞溅物可通过增加预热温度或延长预热时间予以改善或消除，其原因如下：①吸收的水分被脱干；②预热时有更多氧化物的产生，因此减慢了凝聚进程；③由于挥发物质的损失，助焊剂获得更大的黏性，使得其与焊料氧化物的反应速率更慢；④由于助焊剂介质更黏，焊粉的凝结更慢。

但是，需要注意到，过高或过长的预热可能引起润湿不良和空洞。

一般而言，减少飞溅物的途径有：

1）工艺方面

（1）避免在潮湿的环境下进行焊膏印刷。

（2）使用长的预热时间和/或高的预热温度曲线。

（3）使用空气气氛进行再流焊接。

2）材料方面

（1）使用吸湿性低的焊膏（助焊剂）。

（2）使用缓慢润湿速率的焊膏（助焊剂）。

10.7.14　底面 QFN 二次过炉时掉件

QFN 布局在 PCB 的底面（Bottom），二次过炉时有时会出现掉件现象，这种现象在无铅工艺条件下变得越来越常见。

首先来了解两个案例：

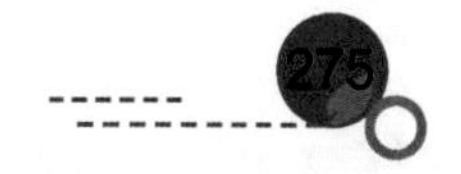

No 案例 48 单排 QFN 二次过炉掉件

如图 10-142 所示单板，QFN 为单排 QFN，热沉焊盘上的散热孔采用绿油半塞孔设计，生产采用斜条纹模板开口，面积覆盖率约为 44%，二次过炉后出现掉件现象。后来尝试了对单板干燥和调试温度曲线等方法，效果不明显。

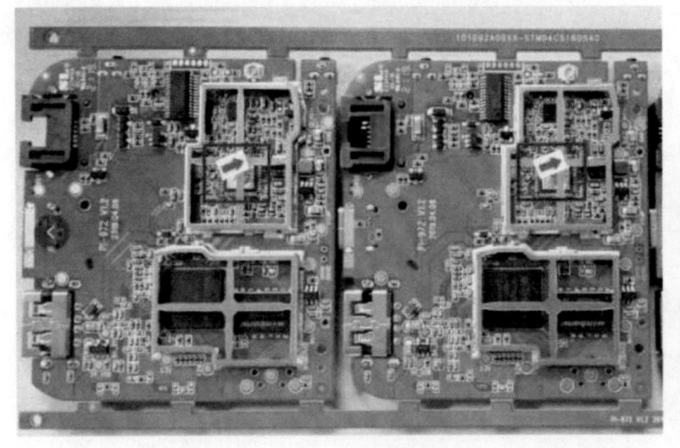

（a）单板外观

（b）QFN 焊盘设计

图 10-142 案例单板与 QFN 热沉焊盘设计

最后重新设计了模板开口图形，将斜条纹改为 4×4 栅格设计，覆盖率约为 55%，如图 10-143 所示。焊接后空洞虽然没有多大的改善，如图 10-144 所示，但是不掉件了。

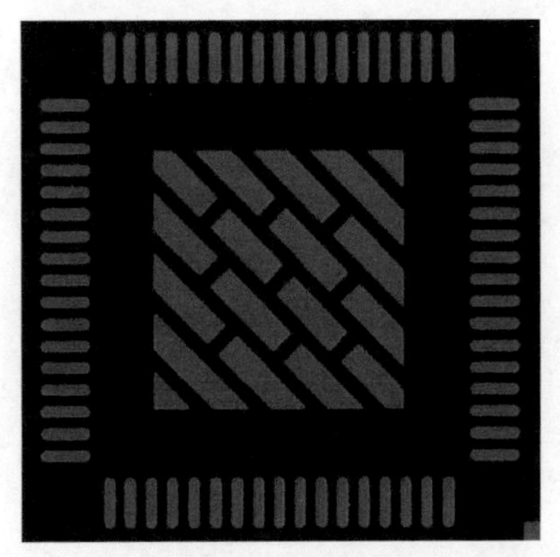

（a）掉件生产用模板开口

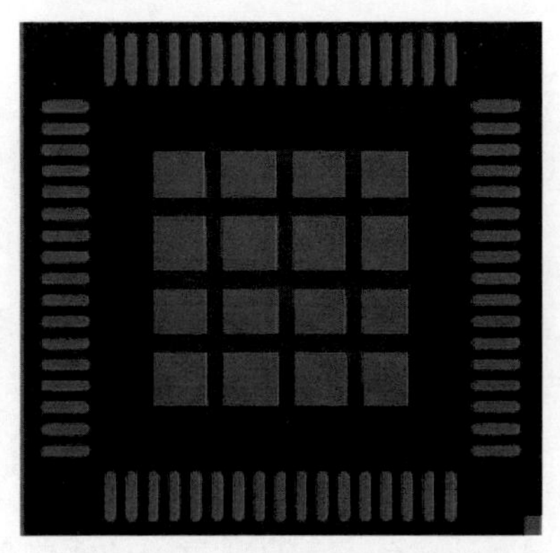

（b）改进的模板开口设计

图 10-143 模板开口优化

（a）原用模板开口设计

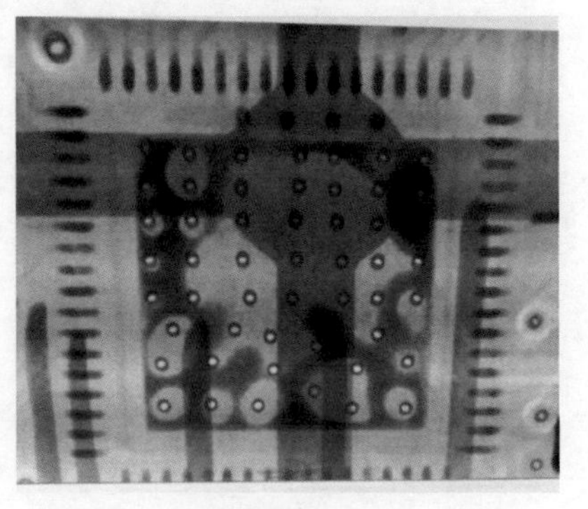

（b）改进的模板开口设计

图 10-144 模板改进前后空洞的情况

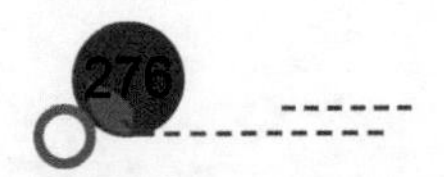

从这个案例看，掉件与初始的空洞没有多大的关系，似乎与初次焊接时助焊剂的挥发程度有关，也就是二次焊接时空洞会不会继续扩展。改进的模板开口提高了焊缝高度，也相应提高了助焊剂挥发的能力，使得首次焊接助焊剂可以充分地排出。

No 案例 49　单排 QFN 二次过炉掉件

掉件的 QFN 及散热孔的设计如图 10-145 所示。热沉焊盘上的散热孔采用树脂塞孔设计，二次过炉发生掉件现象。

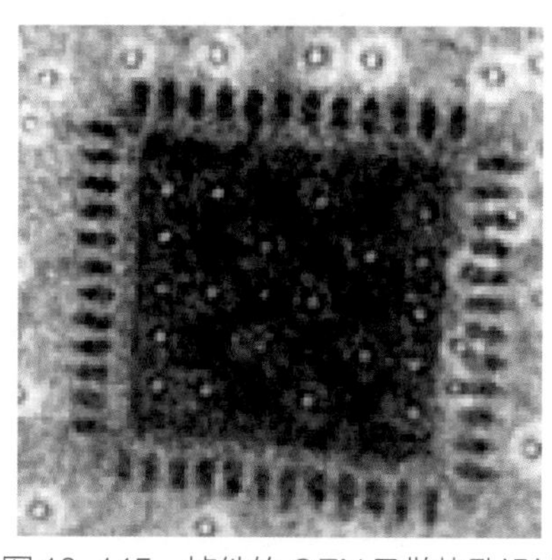

图 10-145　掉件的 QFN 及散热孔设计

从生产试制过程看，使用托盘二次过炉，或设计专门的排气孔，或采用 30%的覆盖率斜条模板开口设计，均能够有效减少甚至消灭掉件现象。

采用有铅工艺，也不会出现掉件现象。

从这个案例看，降低二次焊接时 QFN 的温度（使用托盘）或设计专门的排气孔，有助于降低掉件的风险。也表明掉件的根本原因可能就是二次过炉时空洞的进一步扩展。只要不扩展，QFN 就不会掉件。因此，控制首次焊接时助焊剂的挥发程度非常重要。

从以上两个案例看，促进首次焊接时 QFN 下助焊剂的充分挥发，减少二次过炉时热沉焊盘下的空洞继续扩展，是减少 QFN 二次过炉掉件的有效途径。具体方法有：

（1）设计上尽可能减少气源——尽可能减少散热孔数。

（2）设计上提高 QFN 排气能力——设计排气孔。

（3）工艺上提高 QFN 的排气能力——增加模板开窗隔筋宽度或使用较厚的模板，提高排气能力。

（4）控制二次过炉时原有空洞面积的扩展——二次过炉使用托盘。

10.8　不同工艺条件下用 Sn-37Pb 焊接 SAC305 BGA 的切片图

表 10-5 所示为在不同峰值温度和液态以上时间条件下，使用 Sn-37Pb 焊膏焊接 SAC305 BGA 的切片图。可以看到，只要焊接峰值温度在 210℃以上、焊料熔点以上时间超过 40s，使用有铅共晶焊料焊接无铅 BGA 就没有问题。

表 10-5　不同工艺条件下用 Sn-37Pb 焊接 SAC305 BGA 的切片图

时间 温度	40s	60s	80s
210℃			

续表

时间 温度	40s	60s	80s
220℃		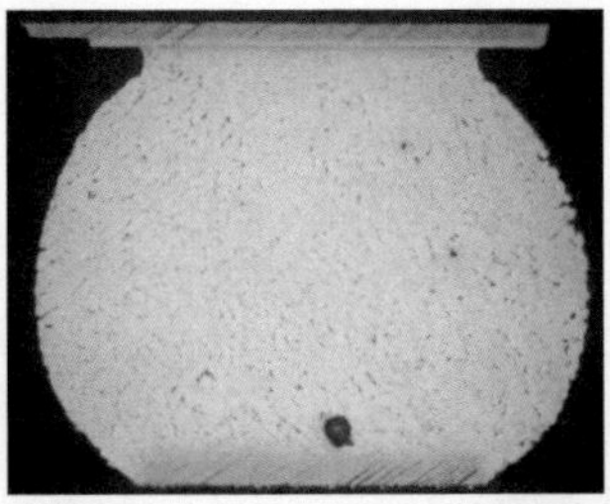	
230℃			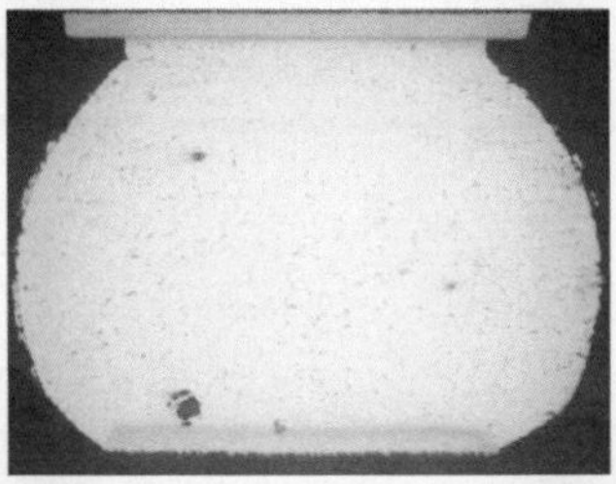
240℃	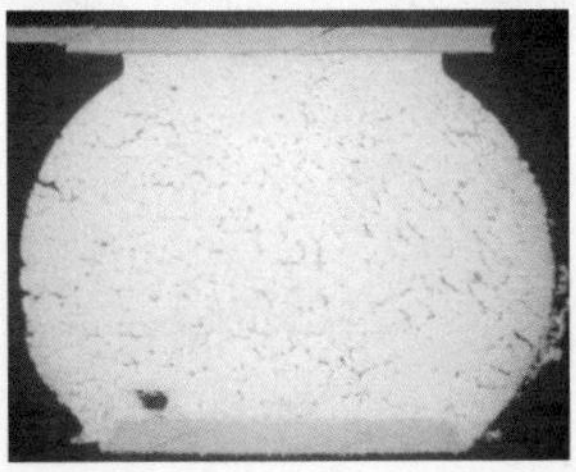		

在 210℃、焊料熔点以上时间超过 40s 条件下，有可能 BGA 焊球部分没有熔化，可以预测，焊接时间如果再短，焊点的混合高度将更低。要满足 70%的混合高度要求，在相对比较低的焊接峰值温度下，焊接时间不宜偏小。但是在 240℃、焊料熔点以上时间超过 80s 条件下，焊点晶粒尺寸往往偏大，可以预测，焊接时间再延长，焊点的晶粒尺寸会更粗大。

第 11 章

特定封装的焊接与常见不良

11.1 封装焊接

前面已经提到，在实际生产中，焊接不良更多地与元器件封装有关，不同的封装具有不同的工艺特性，也会导致特定的焊接不良。本章介绍的三类封装，既代表了当今电子焊接的难点，也汇总了封装焊接典型的问题。通过对这三类封装焊接工艺原理的了解、常见焊接不良的分析，有助于认识元器件焊接的复杂性，它绝不是“印刷—贴片—再流焊接”那样简单，而是涉及焊膏的选择、焊盘的设计、模板的设计、印刷工艺和温度曲线设置，以及封装的热变形、熔融焊料的润湿与流动、焊点的界面反应等问题，是一项复杂的系统性工程。

选择细间距的 SOP/QFP（小外形封装/方形扁平式封装）封装，首先，是因为它仍然位列实际生产中最容易发生问题封装的前几位（前三以内），其次，其桥连不良产生的机理具有典型的代表性；选择 BGA，是因为其热变形及二次塌落特性具有典型性和代表性，有助于认识元器件焊接的复杂性；选择 QFN，是因为它是“面—面”结构焊点的典型代表，同时具有热沉焊盘主导焊缝高度的特性。

11.2 SOP/QFP

SOP/QFP 的焊接主要有两类缺陷——桥连和开焊（虚焊的一种），而这两类焊接缺陷的产生原因与工艺措施正好相反，是一对具有跷跷板效应的焊接不良，一般桥连多，开焊就少；桥连少，开焊就多。因此，在采用改进措施时需要平衡考虑。

11.2.1 桥连

SOP/QFP 属于密脚器件（在工厂里，一般把引脚间距≤0.80mm 的 SOP/QFP 俗称为密脚器件），桥连是目前业界遇到的缺陷数量位于前三位的焊接缺陷，一般有两种形式：

- 引脚的腰部桥连，如图 11-1（a）所示；
- 引脚的脚部桥连，如图 11-1（b）所示。

（a）引脚的腰部桥连

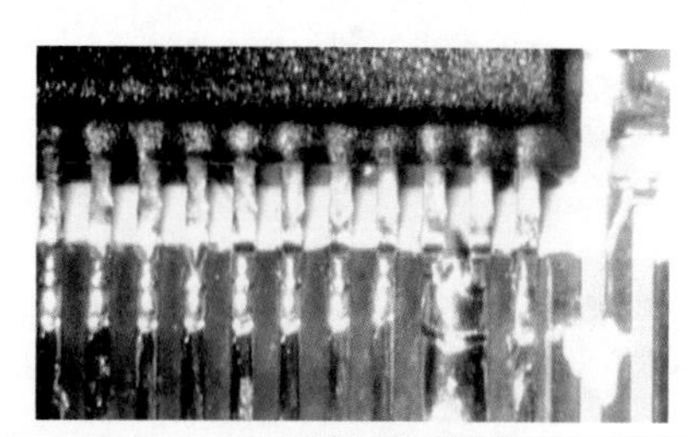
（b）引脚的脚部桥连

图 11-1 引脚桥连现象

1．产生原因

生产中引发桥连的因素很多，主要有下列几种：

（1）焊膏量过多（因模板厚、模板与 PCB 间有间隙、器件周围有标签及丝印字符等引发）。

（2）焊膏塌落。

（3）焊膏印刷不良。

（4）引脚的变形（多出现在器件的四角位置）。

（5）贴片不准。

（6）模板开口与焊盘尺寸不匹配。

（7）焊盘尺寸不符合要求。

（8）PCB 的制造质量，如阻焊间隙、阻焊厚度及喷锡厚度的影响。

QFP 焊点的形成过程为：首先，引脚脚尖与引脚脚跟处焊膏先熔化，接着熔化的焊膏在引脚润湿瞬间沿引脚两侧面向焊盘中心迁移。如果焊料过多就会碰到一起，这就是桥连形成的机理，如图 11-2 所示。因此，为避免开焊而采取的向引脚两端外扩模板开口的方法是有前提的，就是相邻导体最小空气间隔必须满足一定的要求。

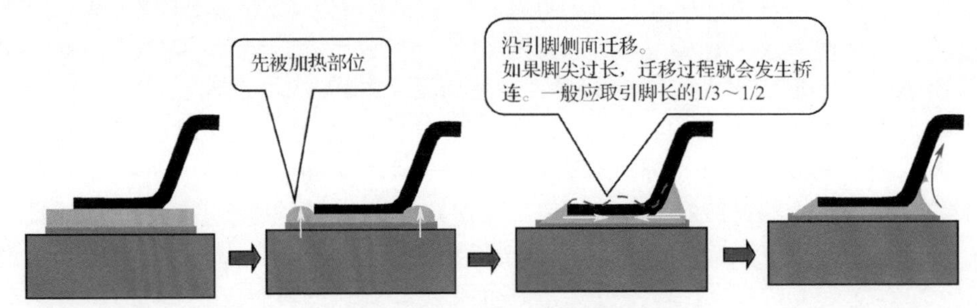

图 11-2　QFP 桥连机理

2．改进建议

1）设计方面

（1）采用较宽的焊盘和较窄的模板开口设计，如 0.25mm 宽的焊盘尺寸和 0.20mm 宽的模板开口。密脚 QFP 引脚空气间隔很小，相邻焊点熔融焊料的流动有可能相遇，从而引起熔融焊料的转移、桥连，最终导致焊接的问题。采用较宽的焊盘和较窄的模板开口设计，旨在建立熔融焊料流动的约束或吸附面，使之沿着规划的管道流动，如图 11-3（a）所示。这点在解决 QFP 桥连与短路方面已被证明有效，但有一个应用前提就是 PCB 板厂具有精细的阻焊能力，能够在 0.15mm 间隙处做出阻焊桥，如图 11-3（b）所示。或干脆取消阻焊，这是一种优秀的设计理念，也是最容易实现“宽焊盘和窄模板开口”的设计。唯一不足之处就是返修工艺性稍差，熔融焊锡不容易拉开。主要原因是阻焊膜具有非常好的拒锡功能。

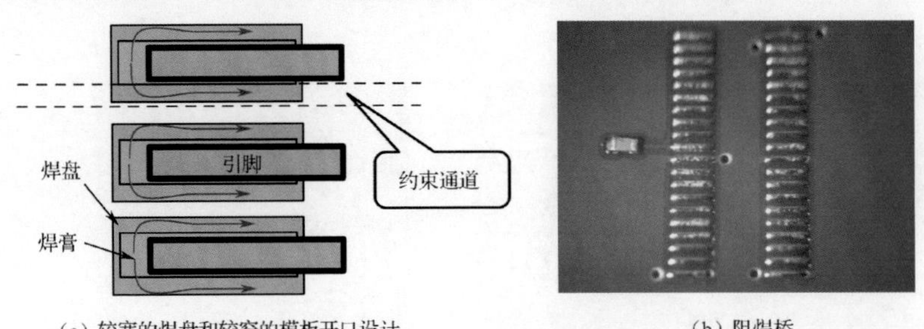

（a）较宽的焊盘和较窄的模板开口设计　（b）阻焊桥

图 11-3　QFP 焊盘与模板设计

（2）优化布局。密脚 QFP 应尽可能远离传送边。大部分印刷机都采用压边的方法固定 PCB，这个压边通常有 0.20～0.25mm 厚，即使只有 0.10mm 厚，也会垫高模板，增加靠边元器件处焊膏的印刷厚度。这几乎是目前生产中造成密脚 SOP/QFP 桥连最主要的原因。

QFP 焊盘周围 2.50mm 范围内最好不要布局丝印字符、标签等，这些都会垫高模板，增加焊膏的印刷厚度。

2）现场工艺方面

（1）使用厚度≤0.13mm（5mil）的模板。如果可能尽量使用 0.10mm（约 4mil）的模板。对于焊膏量合适的判定，可以采用在 QFP 焊盘上印刷焊膏的方法来验证。如果再流焊接后熔融焊料均匀铺展在焊盘上，表示焊膏量合适，如图 11-4（a）所示，也就是使用的模板厚度和开口尺寸与焊盘尺寸匹配。如果再流焊接后在 QFP 焊盘上有焊料隆起，说明焊膏量偏多，如图 11-4（b）所示，这种情况会有桥连风险。

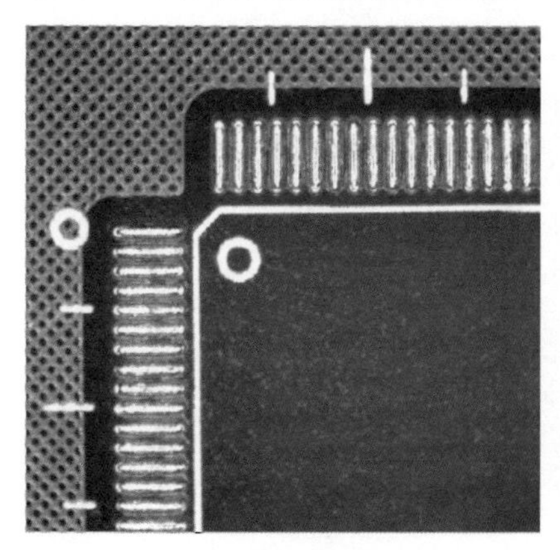

（a）均匀铺展　　（b）焊料隆起

图 11-4　焊膏量合适与否的验证

（2）调整印刷机的支撑和印刷参数，确保焊膏印刷时不会从模板下挤出来。密脚 SOP/QFP 对于焊膏量非常敏感，支撑对于消除 PCB 变形带来的印刷间隙至关重要，良好的支撑有助于控制 PCB 与模板之间的间隙，减少焊膏多印的问题。有间隙情况下，印刷速度对焊膏的挤出有很大的影响，减慢印刷速度，有利于减少焊膏从模板底部挤出的量。

（3）确保贴片居中的精度要求，偏移不得大于 0.03mm。实际生产表明，密脚 SOP/QFP 不像 BGA 及片式元件那样能够自动对中，其对中能力很差。

（4）使用比较慢的升温速率温度曲线有助于减少热塌落。慢的升温速率可使溶剂充分挥发，焊膏黏度增加，有利于减少热塌落。对于密脚 SOP/QFP，如果焊膏桥连，往往就会导致焊点的桥连。

（5）严格控制印刷环境（温湿度）。

№　案例 50　某 PCB 板上一个 0.4mm 间距 QFP 桥连率达到 75%

75%的概率一定是系统性的问题。经分析，确认此单板使用了 0.15mm（6mil）厚的模板，显然，这是引发桥连的原因。后来更换为 0.13mm（5mil）厚的模板，焊接正常。可以看到 0.02mm 的厚度变化就可以引起桥连。

一般手机板的生产多使用 4mil 厚的模板，很少产生 0.4mm 间距 QFP 桥连的现象，说明模板厚度对密脚 QFP 的桥连影响很大。

No 案例 51　QFP 焊盘宽度不同则桥连率不同

某单板上面有 4 个 0.4mm 间距 QFP，使用 0.13mm（5mil）厚模板印刷，中途更换了不同批次的板子，结果是桥连率各不相同。

分析发现，一个批次的焊盘宽度为 0.25mm 且焊盘间无阻焊，没有桥连缺陷；而另一个批次，焊盘宽度为 0.20mm 且焊盘间有阻焊，桥连率为 8%。说明采用“宽焊盘设计和窄模板开口工艺”对解决密脚 QFP 的桥连故障有效。

图 11-5 所示为日本一家公司的 0.4mm 间距 QFP 的焊盘设计，焊盘宽度为 0.25mm，焊盘间阻焊，工艺性非常好。但这需要 PCB 厂家具备“1.5+3+1.5”的阻焊制作工艺能力（目前国内大部分 PCB 厂家还不具备批量生产能力）。

图 11-5　0.4mm 间距 QFP 的焊盘设计

11.2.2　虚焊

密脚器件虚焊指引脚与焊盘没有形成电连接的现象，如图 11-6 所示。其中因引脚翘起或没有焊膏而导致的开焊（Open Soldering）缺陷是最常见的一类。

（a）芯吸引起的虚焊现象

（b）焊接温度不足引起的虚焊现象

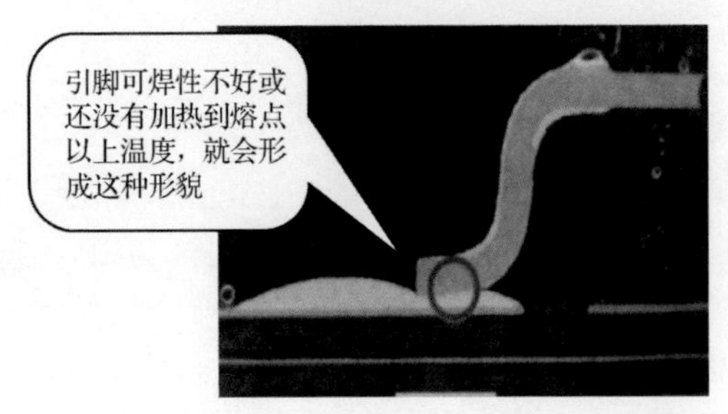

（c）引脚可焊性不好引起的虚焊现象

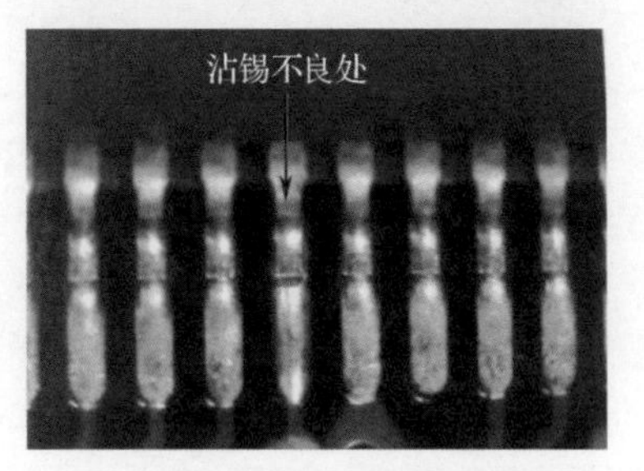

（d）引脚不润湿引起的虚焊现象

图 11-6　密脚器件虚焊现象

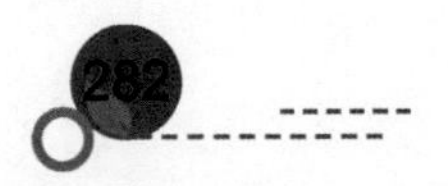

密脚器件虚焊往往难以发现，是一种危害性比较严重的缺陷。生产上，有些厂家采用牙签拨动的方法来确认是否虚焊，这是比较有效的，但完全依赖操作工人的责任心。

1．产生原因

造成密脚器件虚焊的原因很多，如焊膏漏印、引脚变形、可焊性不好、PCB 可焊性差、芯吸等，这些因素在元器件或引脚上的出现概率往往不确定，随机性很强，因而在工艺上也比较难以控制。

常见原因有：

（1）焊膏少印甚至漏印。我们知道，焊膏量少则总的焊剂也少，因而去除氧化物的能力也就比较差。如果元器件引脚的可焊性不好，就可能导致虚焊。

（2）引脚共面性差，如跷脚，会因焊膏与引脚不接触而开焊。

（3）焊盘上有为阻焊而设置的导通孔，熔融焊锡流到孔内，从而减少了引脚下的填充，也容易引起开焊。

（4）引脚或焊盘的可焊性差。SOP/QFP 引脚表面多为电镀锡，如果厚度不足，随着存储时间的增加，可焊性会越来越差。

（5）芯吸作用。如果 PCB 很厚，热容量大，温度低于元器件引脚，焊膏熔化后会先沿引脚上爬。

2．改进建议

密脚器件虚焊与设计关系不大，主要是物料和工艺问题。一般应注意以下几点：

（1）避免焊接前写程序，因为写程序操作很容易引起引脚变形。

（2）避免开包点料，因为在转包装过程中很容易引起引脚变形。

（3）勤擦网。

11.3 QFN

11.3.1 QFN 封装与工艺特点

1．QFN 封装

QFN（方形扁平无引脚）封装是最广泛使用的 BTC（底部焊端类器件）封装，起初仅用于对可靠性要求不高，但对价格敏感的产品。由于其优良的高频性能，在军用电子、网络设备等方面应用也越来越多。QFN 封装外形如图 11-7 所示。

图 11-7　QFN 封装外形

QFN 封装非常个性化，从焊端的布局看，有单排（圈）的、双排（圈）的、异形（不规则）的，从焊端结构来看也有两大类、三小类，QFN 焊端结构如图 11-8 所示。

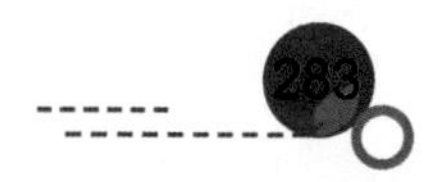

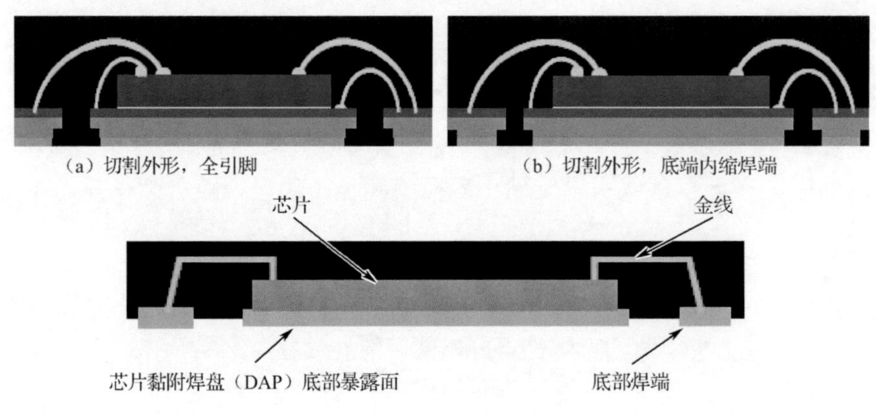

图 11-8　QFN 焊端结构

QFN 封装特点如下：

（1）引线框架结构。

（2）焊端与底面齐平。

（3）引脚中心距标准，常用的有 0.65mm、0.50mm、0.40mm，QFN 封装结构与焊端中心距如图 11-9 所示。

（4）中心有比较大的热沉焊盘。

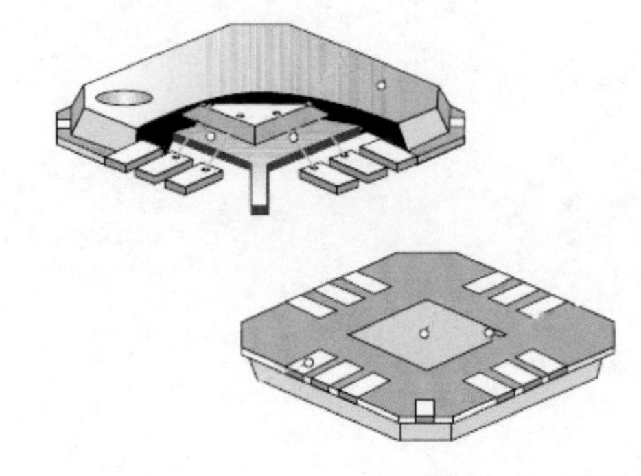

焊端中心距/mm	焊端尺寸/mm		
	最小尺寸	标称尺寸	最大尺寸
0.65	0.25	0.30	0.35
0.50	0.18	0.25	0.30
0.40	0.15	0.20	0.25

图 11-9　QFN 封装结构与焊端中心距

2. 工艺特点

QFN 封装属于组装工艺难度比较大的封装，不仅体现在直通率方面，而且体现在可靠性与返修方面。

主要焊接不良包括：

（1）引脚虚焊。

（2）引脚桥连。

（3）焊点空洞多，特别是封装底面中心的热沉焊盘最容易产生空洞。

（4）封装内部分层。

（5）焊点温度循环寿命比较短。

（6）焊剂残留物挥发不完全，较湿的状态容易导致漏电甚至短路击穿。

11.3.2　焊点形成过程

对于 QFN 封装典型的 BTC 类器件，再流焊接时，一般周边焊点先于热沉焊盘熔化，聚积

并将 QFN 封装暂时性地抬起。随着热沉焊盘上焊膏的熔化并润湿 QFN 焊盘表面，QFN 焊盘又被拉下，QFN 焊点形成过程如图 11-10 所示。这是基于 QFN 焊盘尺寸比较大、存在温度差的前提，以及 I/O 焊点焊膏的扩展（钢网开窗外扩 20～30mil）。这个过程的完成需要一定时间，所以，再流焊接时间太短可能终止这样的过程，如果时间短于 30s，可能热沉焊盘上的焊膏来不及润湿 QFN 焊盘、没有时间将其拉下来，就会导致热沉焊盘虚焊，如图 11-11 所示。

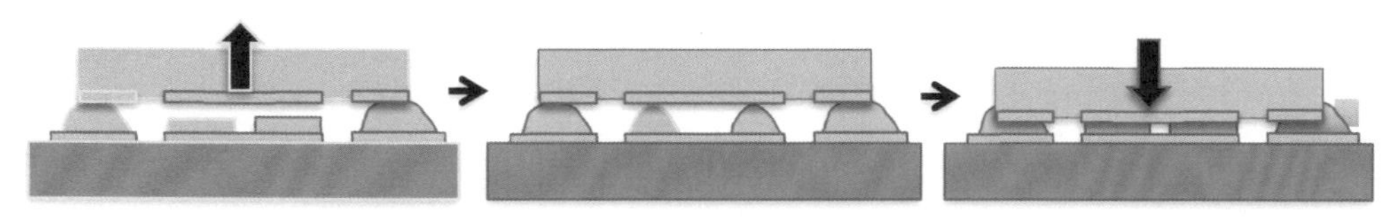

（a）周边熔化，使之浮高　（b）热沉焊盘焊膏润湿　（c）热沉润湿完成，使之塌落

图 11-10　QFN 焊点形成过程

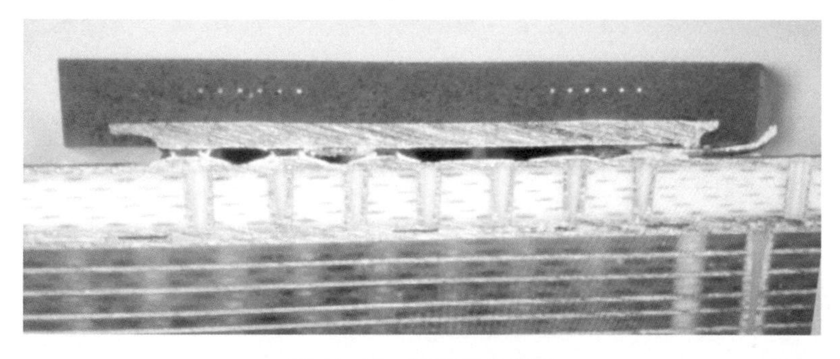

图 11-11　热沉焊盘虚焊

这个推理基于试验的结果。我们可以看到 QFN 的焊接其实非常复杂，钢网、温度曲线、器件尺寸、焊膏等很多的因素影响到焊接的良率。

11.3.3　虚焊

虚焊在 IPC-T-50G 中没有对应的术语，属于俗称，通常指不良的电连接，即 IPC-7351 中提到的“intermittent contact”。此类焊点往往具有按压特性——按住通、放开断。它是一种从电功能方面定义的焊接缺陷，我们经常提到的冷焊、假焊、球窝、NWO、开焊、不润湿等都属于虚焊。对于 QFN 封装而言，大部分的虚焊都是由于少锡或润湿不良导致的，QFN 虚焊现象如图 11-12 所示。

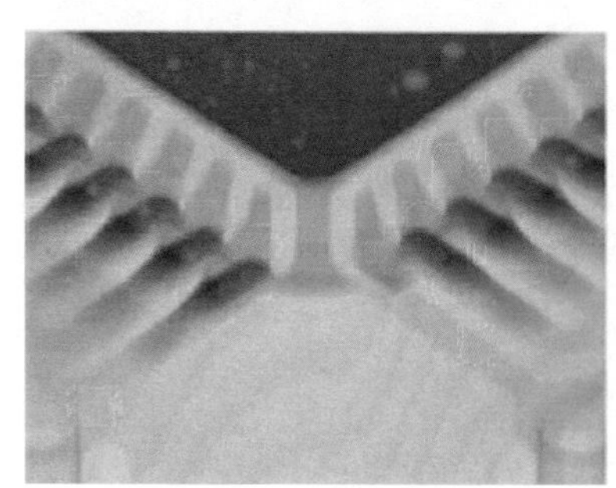

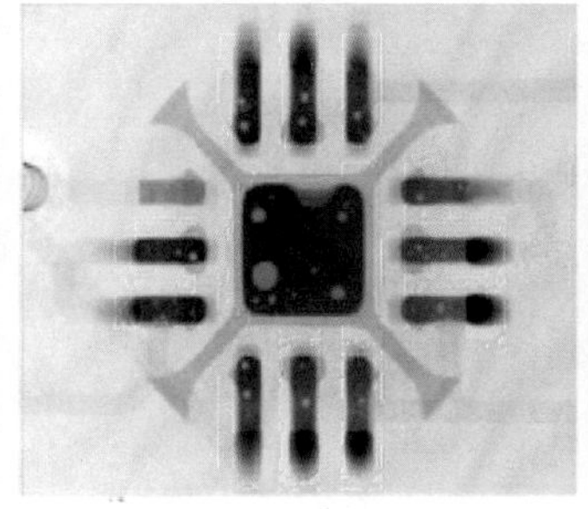

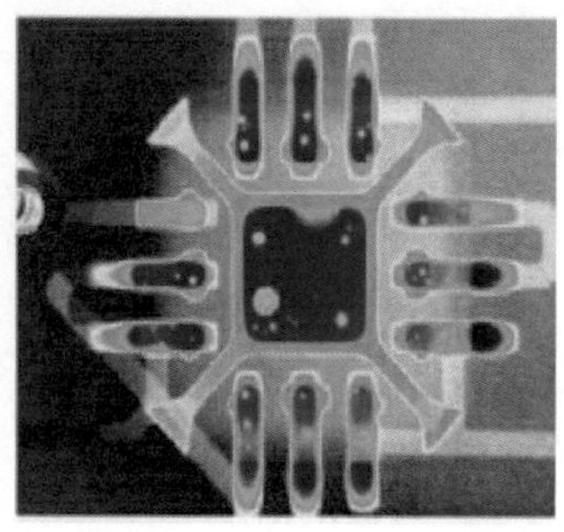

图 11-12　QFN 虚焊现象

虚焊原本就是一种电接触不良，所以电测是最有效的方法。事实上生产厂商也是通过电测发现虚焊的，但大多数测试还定位不到焊点上，仅到器件级别。

除此之外，对于单排 QFN，可以用光学的方法检测，通过焊点的润湿状态、有无裂纹等综合情况进行判定；对于双排 QFN，光学检测就无能为力了，可以利用 3D X-Ray 系统，通过焊点轮廓与焊接区长度来进行检测。利用 2D X-Ray 系统来推断是否虚焊仅是一种方向性判定，还必须结合切片、染色等才能准确定位。

QFN 虚焊主要发生在以下情况或应用场景：

- 双排 QFN 的内圈；
- 与大铜皮连接的焊盘（包括单、双排）。

1. 产生原因

QFN 虚焊的原因不单一，有如下几种：

1）少印导致的虚焊

少印不等于虚焊，但少印有可能导致虚焊。对于双排 QFN，内排焊盘模板开口相对比较小，更容易发生少印或漏印，因而也更容易出现虚焊。有效的检测方法应是“电测→X-Ray→切片”。QFN 少印导致的虚焊现象如图 11-13 所示。

（a）QFN虚焊点切片图

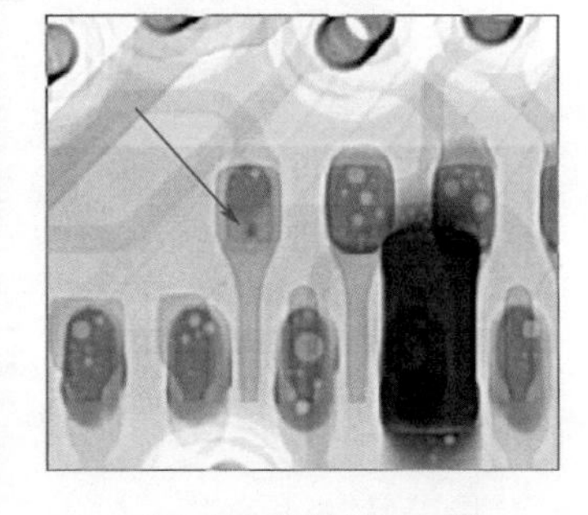

（b）QFN虚焊点X-Ray图

图 11-13　QFN 少印导致的虚焊现象

2）芯吸导致的虚焊

如果焊盘与大铜皮连接，其上焊膏先被熔化并拉出或挤出（因 QFN 焊端温度与熔融焊膏存在时间差，类似锡珠形成那样，被内聚力挤出），从而使 QFN 焊端与焊料间形成间隙。芯吸导致焊料转移，并形成虚焊点，如图 11-14、图 11-15 所示。

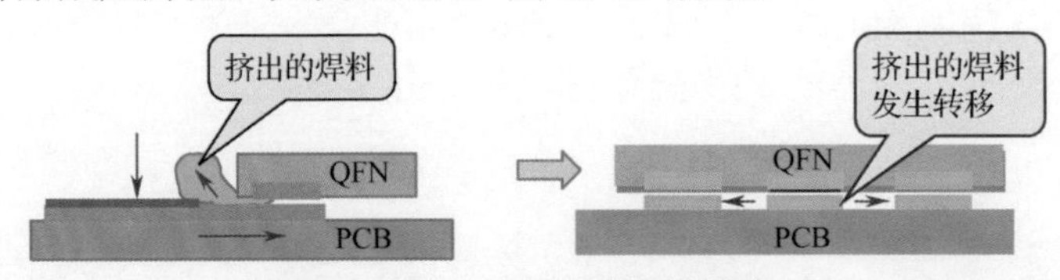

图 11-14　芯吸导致焊料转移

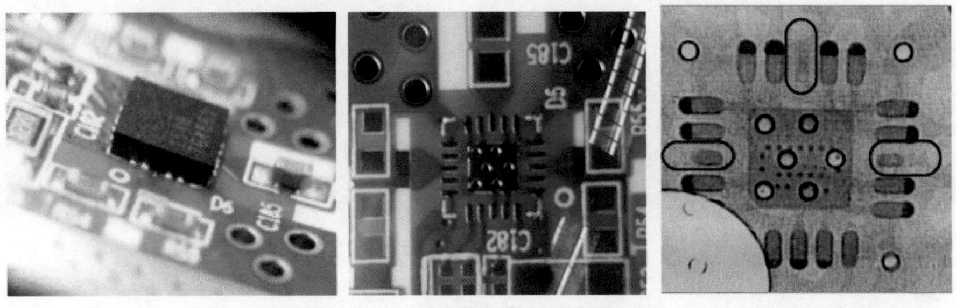

图 11-15　芯吸导致的虚焊案例

3）球窝机理导致的虚焊

有些热沉焊盘尺寸大，上面有密集的空洞。这种设计很容易导致热沉焊盘出现超大型空洞（局域性、超过面积的 30%），同时伴随着球窝型虚焊。此类虚焊由热沉焊盘存在空洞而被举高所致，产生的机理与球窝机理相似，一般用 X-Ray 难以甄别，因为透视图显示的与正常焊点没有差别。球窝机理导致的虚焊焊点特征如图 11-16 所示。

图 11-16　球窝机理导致的虚焊焊点特征

4）空洞导致的虚焊

如果焊盘焊膏量比较多，再流焊接时焊剂残留出现桥连，完全堵死排气通道，将在焊盘中形成较大的空洞，如图 11-17 所示。这种现象有可能导致焊点虚焊。

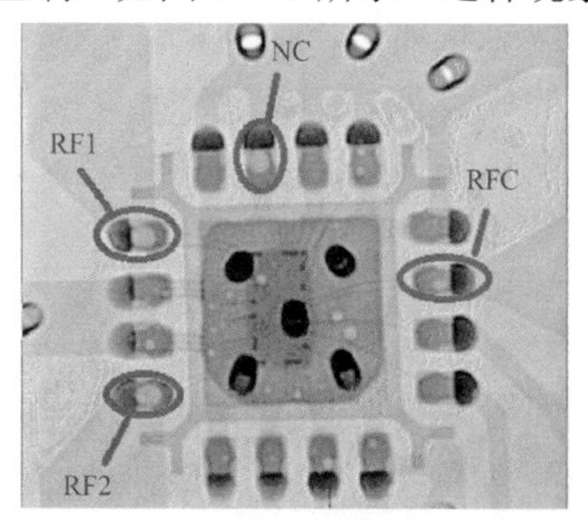

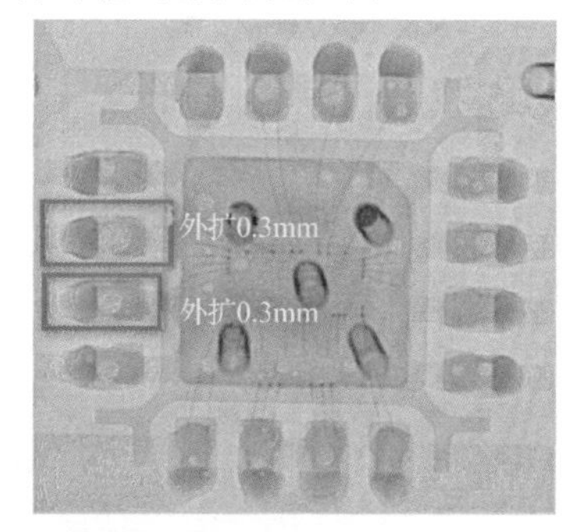

图 11-17　空洞导致的虚焊现象

5）特定应用场景

如果焊盘上温度差比较大，可能引起 QFN 倾斜，从而形成虚焊。

No 案例 52　QFN 靠近屏蔽架的边出现虚焊现象

在图 11-18 所示的应用场景中，靠近屏蔽架的 QFN 一边出现焊点虚焊现象。在已经生产的数万块板中，不良率低于 0.15%，严重批次的虚焊不良率达到 2.46%。案例中 QFN 焊盘尺寸为 12mm×12mm。

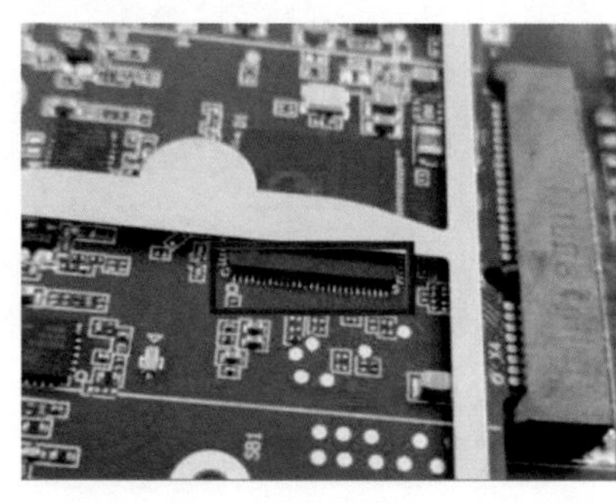

（a）虚焊 QFN

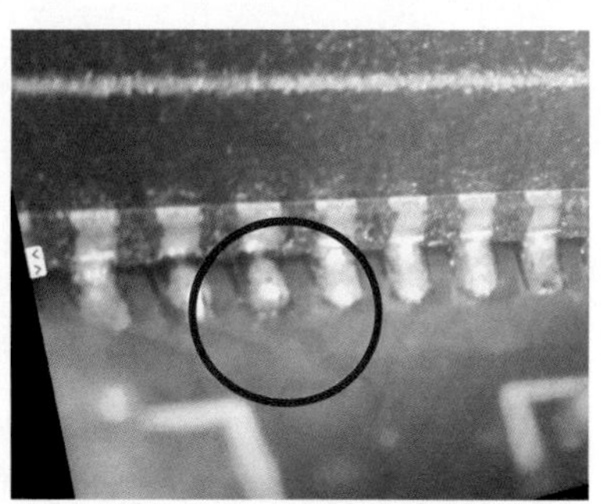

（b）虚焊焊点外观

图 11-18　QFN 虚焊

虚焊 QFN X-Ray 检测图如图 11-19 所示。

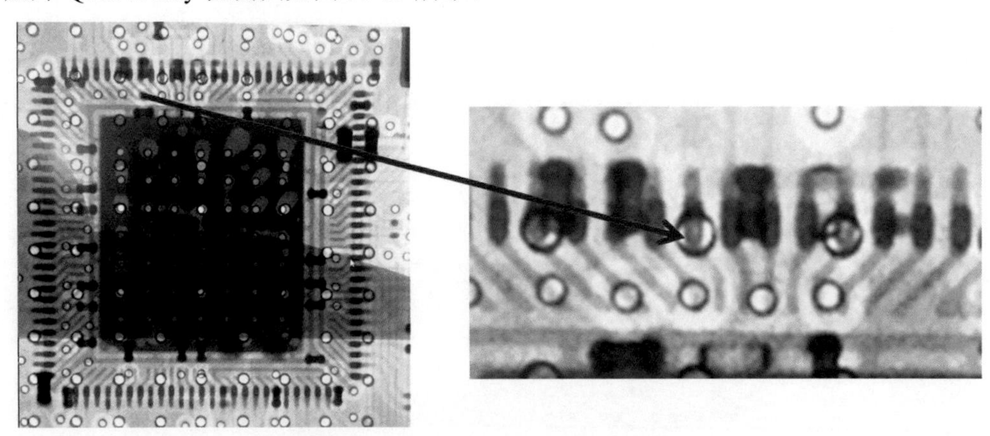

图 11-19 虚焊 QFN X-Ray 检测图

切片分析如图 11-20、图 11-21 所示。

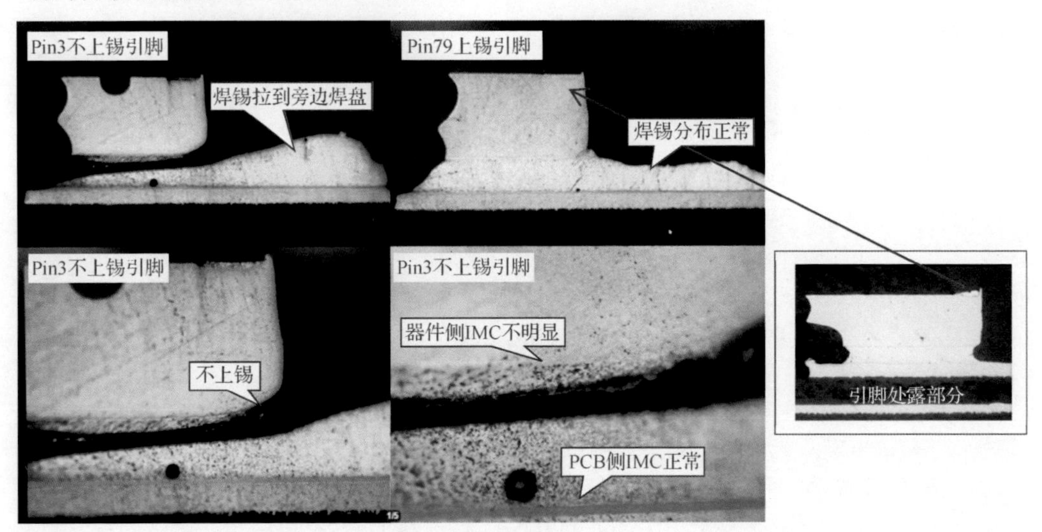

图 11-20 切片分析（一）

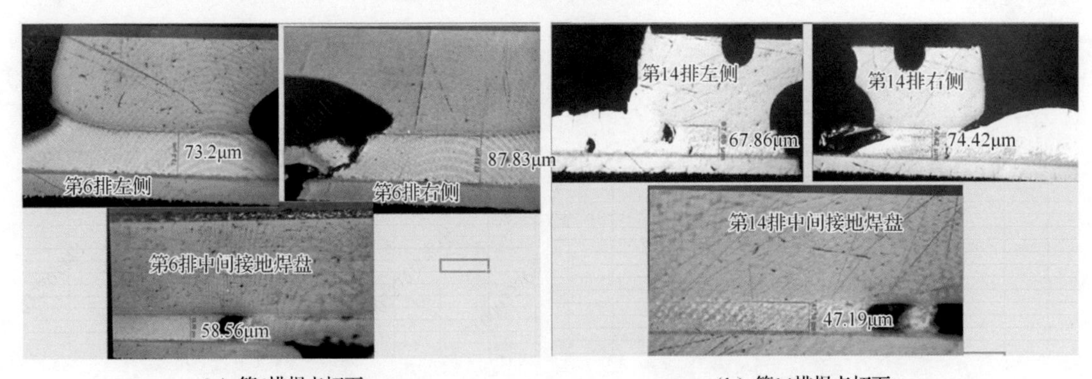

图 11-21 切片分析（二）

从图 11-20 可以看到，熔融焊膏与 QFN 没有接触。从图 11-21 可以了解到 QFN 变形严重，

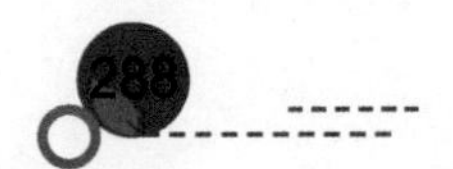

信号焊盘与热沉焊盘焊缝厚度相差超过 30μm，同时，也说明 QFN 倾斜，两边高度差 10μm。

图 11-22 为虚焊 QFN 机械拉开看到的外观图。可以清晰地看到焊点的虚焊现象以及焊点表面不润湿的现象。

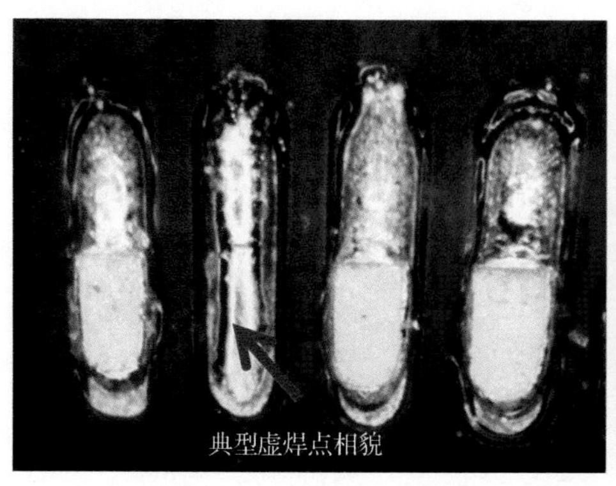

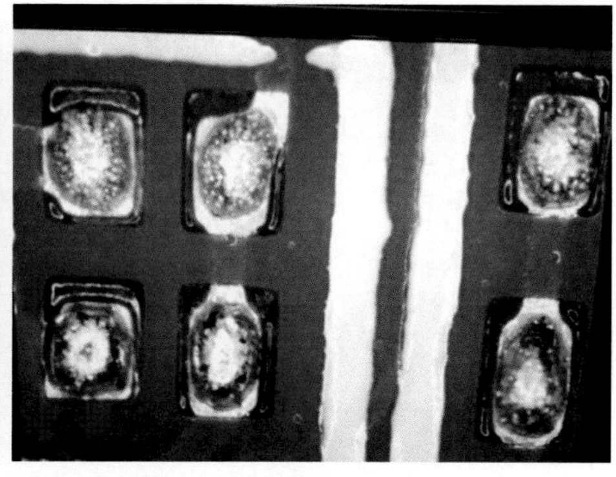

图 11-22　虚焊 QFN 机械拉开看到的外观图

从以上的分析可以确定，QFN 的虚焊机理类似 BGA 的球窝现象，就是 QFN 单边起翘，造成熔融焊锡与 QFN 之间的间隙。再加上焊膏的活性比较差或预热时间过长，使得熔融焊锡表面被氧化。之所以会发生单边翘，就是因为 QFN 上方的屏蔽条改变了 QFN 临近边的受热状态，如图 11-23 所示。

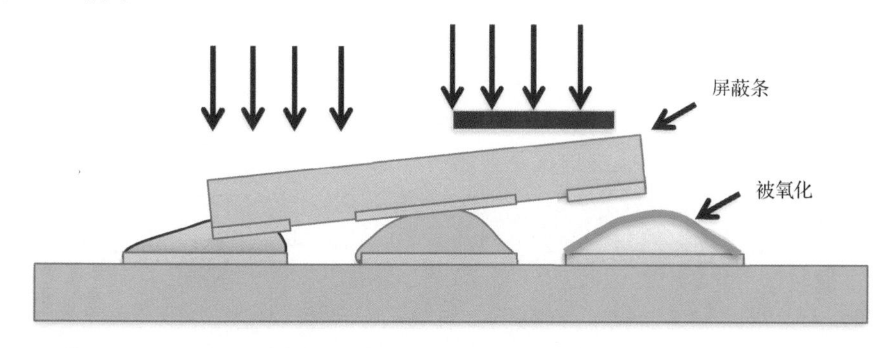

图 11-23　QFN 单边翘的机理

这个案例非常典型，它提供了 QFN 单边翘导致虚焊的证据。

2．改进建议

（1）模板开口面积比应符合要求。

（2）外圈模板开口方向外封装外扩至少 0.1mm，对于与大铜皮连接的焊盘外扩至少 0.2mm 以上。

（3）勤擦网，严防焊膏少印，重点检测双排 QFN 内圈焊膏的印刷情况。

（4）在设计上，凡是直接与大铜皮连接的焊盘，应有 0.3mm 以上的细径过渡。

11.3.4　桥连

QFN 桥连多见于双排 QFN 的内排焊点间，如图 11-24 所示，单排 QFN 的桥连不常见。

1．产生原因

通过 X-Ray 图，我们很容易观察到内排焊点饱满的现象，显然，桥连就是因为焊料被挤到非润湿面而形成的，如图 11-25 所示。

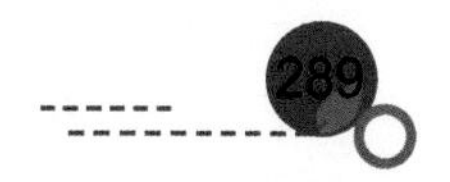

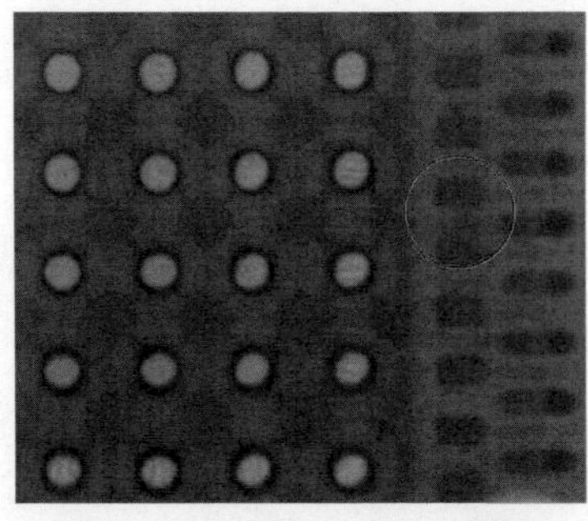

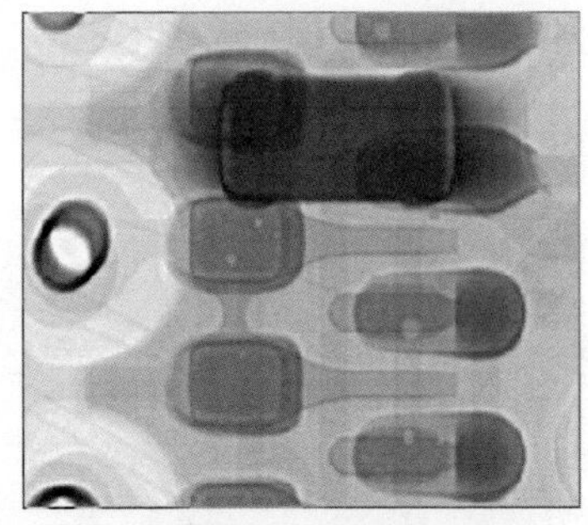

图 11-24　双排 QFN 内圈焊点桥连现象

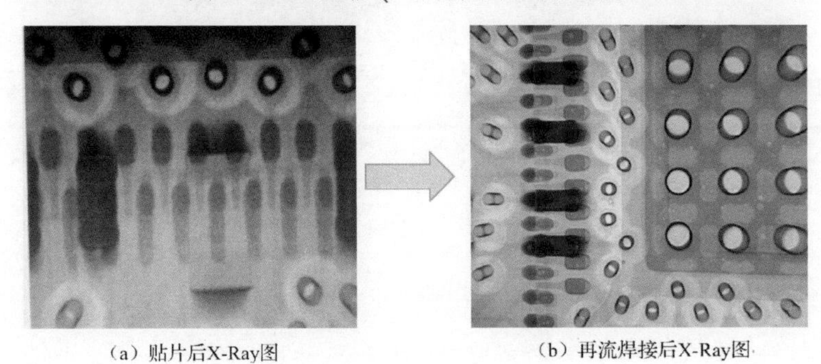

（a）贴片后X-Ray图　　（b）再流焊接后X-Ray图

图 11-25　桥连的形成机理

QFN 封装底部有一个面积比较大的热沉焊盘，它决定了焊缝的高度。多数情况下，热沉焊盘上的焊膏都不是印刷成一个整体图形，而多为窗格式或条纹式，主要目的就是排气，控制焊缝中出现空洞。但是它减小了焊膏覆盖面积，也就是减少了焊膏的总量，QFN 再流塌落时必然导致引脚焊料向外挤压，这种情况下，就可能引发桥连。

另外，QFN 变形严重也是原因之一（内外排有时相差十多微米）。

通常，桥连与信号焊盘的空洞率会有对应关系，桥连率高，往往空洞也会更多。

2．改进建议

清楚了原因，工艺上也就有了改进的方向。

（1）减少内圈焊膏印刷量。理论上应根据热沉焊盘的焊盘覆盖率设计同等量的漏印面积。考虑到 QFN 本身焊盘比较小、印刷难度大，通常通过缩减内圈焊盘开口的尺寸来减少焊膏量，双排 QFN 防桥连设计建议如图 11-26 所示。

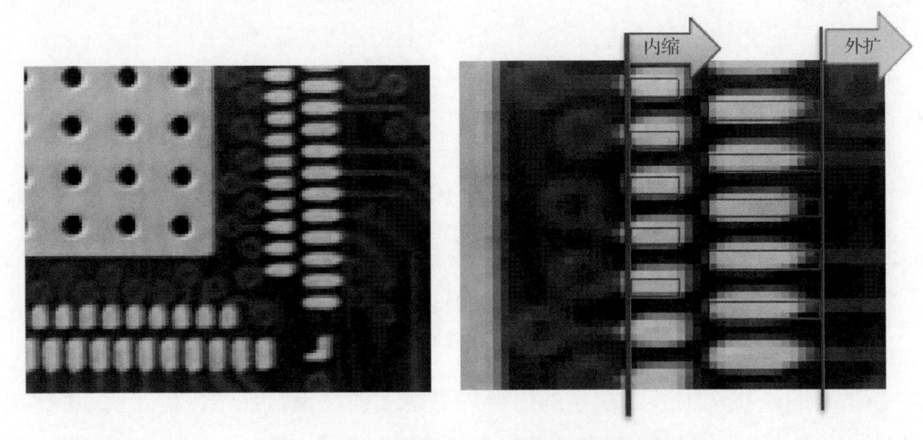

图 11-26　双排 QFN 防桥连设计建议

（2）提供容锡空间也是一种方法，比如，焊盘间去阻焊设计、宽焊盘窄开口工艺设计、热沉焊盘阻焊定义（大焊盘可以运用，小焊盘存在应力集中问题）。

11.3.5　空洞

QFN 焊点是一种“面—面”结构的焊点，焊接后焊缝的高度只有几十微米，器件底部往往充满了焊剂残留物。由于这个原因，空洞往往比较多，不仅是热沉焊盘容易出现空洞，信号焊盘也容易出现比较多的空洞，QFN 空洞现象如图 11-27 所示。

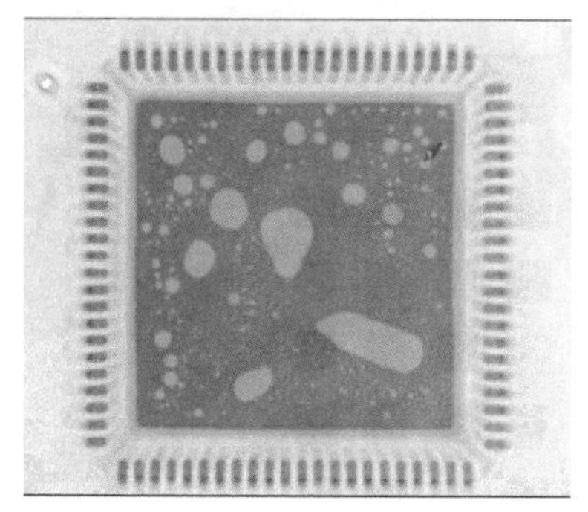

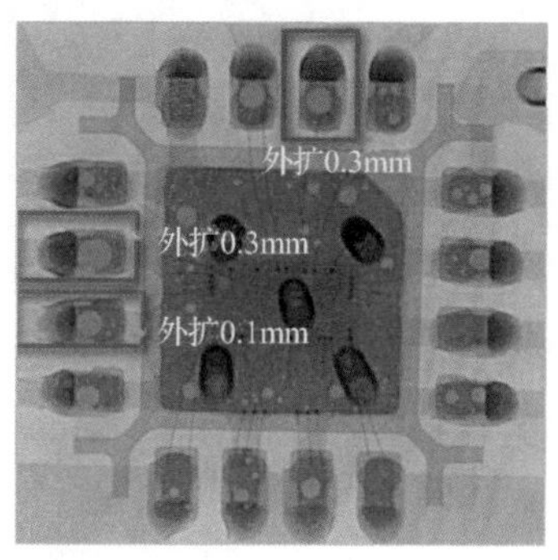

图 11-27　QFN 空洞现象

1．产生原因

空洞产生主要与热沉焊盘焊膏覆盖率、模板开口宽度、焊膏性能及温度有关。前两项为外因，决定焊缝高度，影响排气性能；后者是内因，有时影响更大。热沉焊盘焊膏覆盖率对信号焊盘空洞的影响如图 11-28 所示。

QFN 空洞分热沉焊盘空洞和信号焊盘空洞，形成原因不同，下面分别介绍。

序号	编号	钢网设计	X-Ray（局部）	X-Ray（整体）
1	D1A21	中央15%锡量；边缘为0.25mm×0.45mm及0.25mm×0.7mm；厚度为0.12mm		
2	D1A22	中央60%锡量；边缘为0.25mm×0.45mm及0.25mm×0.7mm；厚度为0.12mm		
3	D1A23	中央90%锡量；边缘为0.2mm×0.4mm及0.2mm×0.5mm；厚度为0.12mm		

图 11-28　热沉焊盘焊膏覆盖率对信号焊盘空洞的影响

2．热沉焊盘空洞

QFN 热沉焊盘空洞的形成有其特殊性，其机理至少有两种：

机理一：焊膏量不足型。

QFN 焊点是一种“面—面”结构的焊点，焊缝高度取决于热沉焊盘焊缝的高度。但有一

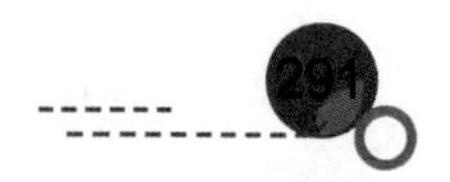

种特殊情况，PCB 设计或制作使得热沉焊盘不能自由塌落，这种情况下，如果热沉焊盘上的焊膏覆盖率比较低，将会形成少印型空洞——超大空洞，如图 11-29 所示。

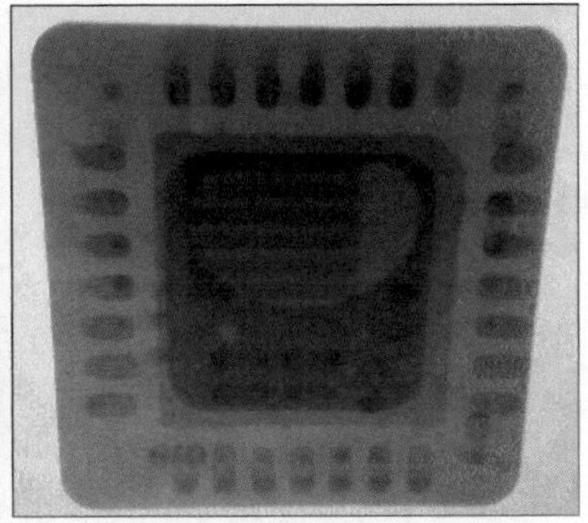

图 11-29　焊膏不足导致超大空洞

机理二：排气不畅型。

绝大部分焊点中的空洞都是由于焊剂在焊接过程中产生的挥发性气体排气不畅形成的，QFN 热沉焊盘空洞的形成也不例外。但是，由于 QFN 热沉焊盘尺寸比较大，周边存在信号焊盘，排气不畅，往往更容易形成比较大的空洞。

根据 Core 公司的视频，排气不畅导致热沉焊盘空洞的机理如图 11-30 所示。

（a）印刷焊膏、贴片后

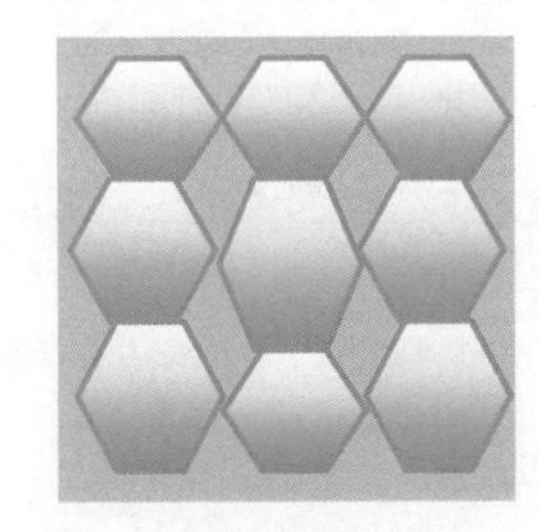

（b）再流焊接初期，焊膏熔融、内缩、连起来，将空气、挥发气体包围起来

（c）再流焊接继续，熔融焊锡铺展、包围的气体滞留，最终形成空洞

图 11-30　排气不畅导致热沉焊盘空洞的机理

改进建议：

（1）由于 QFN 的焊点是“面—面”结构，QFN 塌落后，周边焊点间容易被残留的焊剂松香填满，不仅自身容易产生空洞，而且热沉焊盘中的气体没有办法跑出去，最终形成空洞。要消除热沉焊盘上的空洞，必须设计专门的排气孔，如图 11-31 所示，这是解决 QFN 热沉焊盘中空洞的必然之举。

（2）优化模板开口设计，根据焊膏量设计焊缝的高度，也就是通过焊膏覆盖率控制焊缝的高度。如图 11-32 所示是 IPC-7093 提供的不同覆盖率模板开口设计图形。

（3）选用少空洞焊膏，必须意识到不同焊膏配方不同，产生空洞的情况也不同。

（4）优化温度曲线，适度延长预热时间，提高焊剂的挥发率，尽可能减少焊剂残留量。

3. 信号焊盘空洞

通过一些案例可以清楚地了解到，焊盘间焊膏空气间隔是影响信号焊盘排气的最重要因素。模板开口宽度应尽可能窄，以避免再流焊接时焊剂残留物堵死焊盘之间的空间，影响焊剂挥发气体的排除。经验表明，0.1mm 厚模板条件下，0.4mm 间距时焊膏空气间隔不小于 0.2mm，0.5mm 间距时焊膏空气间隔不小于 0.23mm，这些数据仅供大家参考。

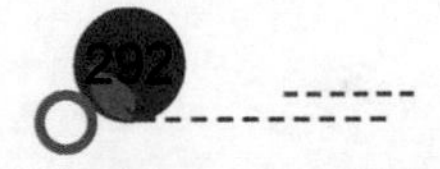

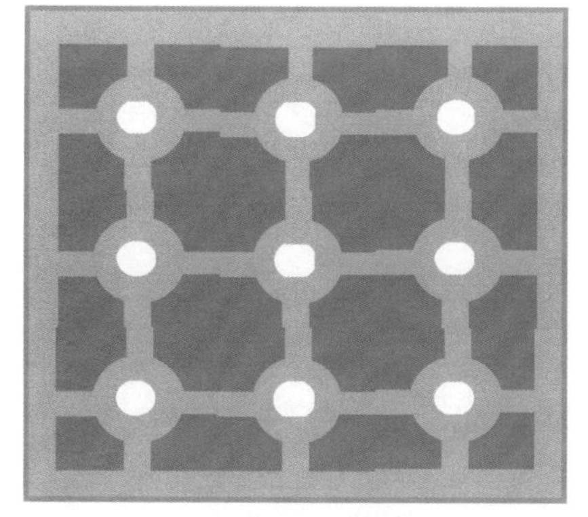

（a）散热孔不塞孔

（b）设计专门排气孔

图 11-31　解决 QFN 热沉焊盘空洞的设计建议

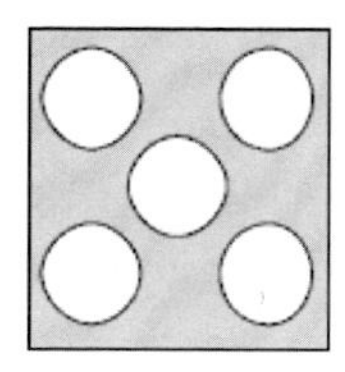

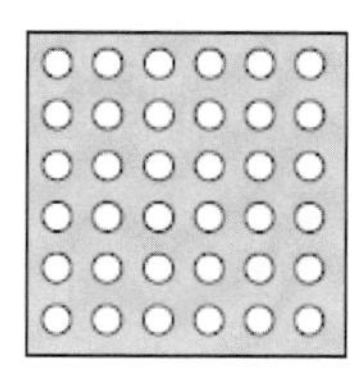

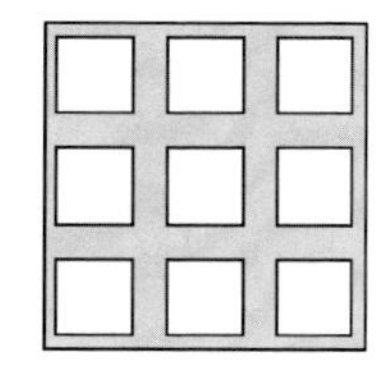

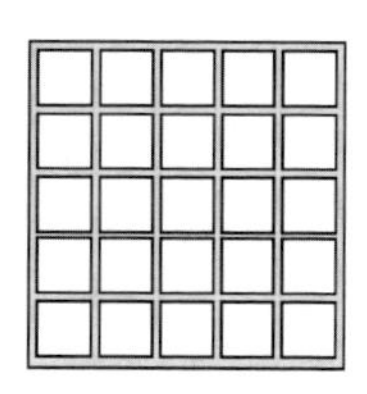

图 11-32　IPC-7093 提供的不同覆盖率模板开口设计图形

改进建议：

（1）优化热沉焊盘的模板开口设计，提升焊膏覆盖率，也就是提升焊缝高度，创造良好的焊剂排除通道。

（2）选用少空洞焊膏，必须意识到不同焊膏配方不同，产生空洞的情况也不同。

（3）优化温度曲线，适度延长预热时间，提高焊剂溶剂的挥发率，尽可能减少焊剂残留量。

限于篇幅，对其余缺陷不再做进一步的介绍。坚持一个核心理念，就是关注焊点的形成过程与机理，套用一句当前流行的话“不忘初心”，也就是时刻要回归到基本的原理上。只要掌握这一点，一切问题都会迎刃而解。

11.4 BGA

11.4.1 BGA 封装类别与工艺特点

BGA（Ball Grid Array，球栅阵列）封装有 PBGA、TBGA、CBGA、FBGA 等类别，如图 11-33 所示。BGA 端子类型有 4 种，如图 11-34 所示。

CBGA 的基板采用陶瓷，由于其热膨胀系数与 PCB 差别较大，CBGA 通常使用高铅合金球或柱，即 Pb-10Sn，其熔点为 302℃，再流焊接时不会完全熔融和塌落。采用高铅合金的主要目的就是控制焊点高度，获得可接受的可靠性。

另外，BGA 尺寸越大、封装越厚，在再流焊接加热过程中，BGA 中心部位焊点的温度与四周焊点的温度差别也越大。这个温度差也是影响 BGA 焊接的重要因素，所以通常需要控制这个温度差，理想状态下应小于 3℃，但实际上受尺寸大小、封装厚度、PCB 厚度以及 PCB 布线的影响，有时高达 10℃以上，这严重影响了焊接时的液态延迟时间，这对球窝的现场影响很大。

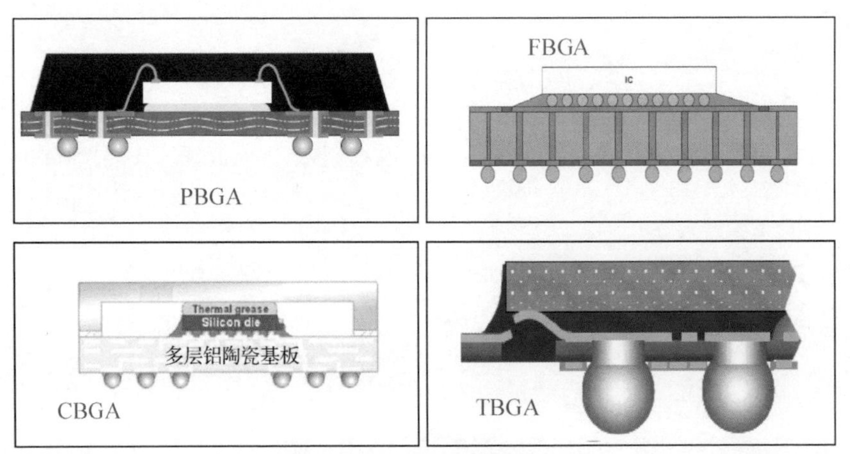

图 11-33　BGA 封装类别

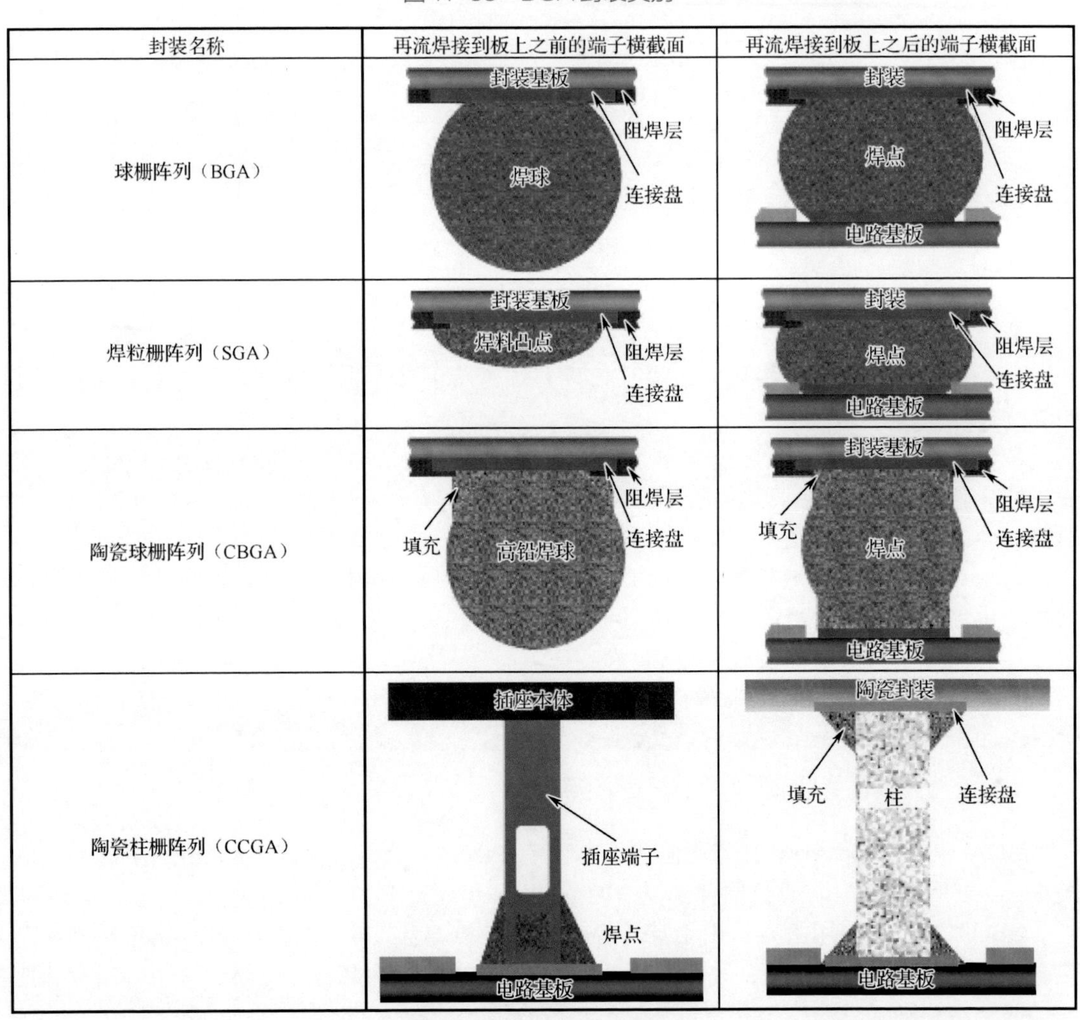

图 11-34　BGA 端子类型

BGA 的焊接不良与 BGA 的动态变形和 PCB 的动态变形有关，BGA 的动态变形对焊点形成的影响如图 11-35 所示。

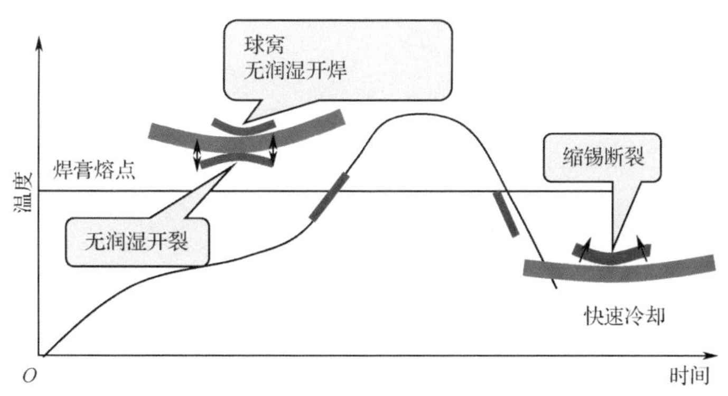

图 11-35　BGA 的动态变形对焊点形成的影响

动态变形的变形方向、变形量（翘曲度）主要取决于 BGA 的具体封装结构——封装与硅片的尺寸等，还与吸潮程度有关。要掌握 BGA 的工艺特点，必须了解其封装结构。

动态变形是一种物理现象。由于 BGA 封装材料的 CTE（热膨胀系数）不同，因而随着温度的升高 BGA 一定会发生变形。生产中我们没有办法消除 BGA 的变形，能够做的就是减少由 BGA 变形带来的危害，不加重 BGA 的变形。

个人经验：

（1）增加 BGA 四角焊点的焊膏量，补偿变形或增加焊剂总量。

（2）BGA 上线前干燥处理，减小 BGA 的动态变形幅度。必须清楚包装袋内湿度指示卡所定义的合格是以吸潮不引起 BGA“分层或爆米花”为判定标准的。但是，对于 BGA 而言，即使吸潮量不会引起 BGA 发生“分层”或“爆米花”现象，但也可能引起大的动态变形，它会导致 BGA 焊接问题。

（3）使用托盘，减小 PCB 的变形带来的应力叠加。

11.4.2　无润湿开焊

无润湿开焊（Non Wet Open，NWO）指 PCB 上 BGA 焊盘没有润湿的开焊焊点，其切片图典型特征为 PCB 焊盘上全部或部分无焊锡润湿，如图 11-36 所示。

图 11-36　无润湿开焊焊点切片图

1．产生原因

无润湿开焊焊点开始形成于再流焊接升温阶段（160～190℃），其形成机理如图 11-37 所示。简单讲，就是 BGA 发生翘曲，将焊膏带到 BGA 焊球上，因焊膏与焊盘分开，冷却后不能形成良好的焊点。

还有几种情况也可导致开焊焊点：①焊膏漏印；②焊盘氧化；③焊盘上有污物；④BGA 沾涂焊剂工艺。

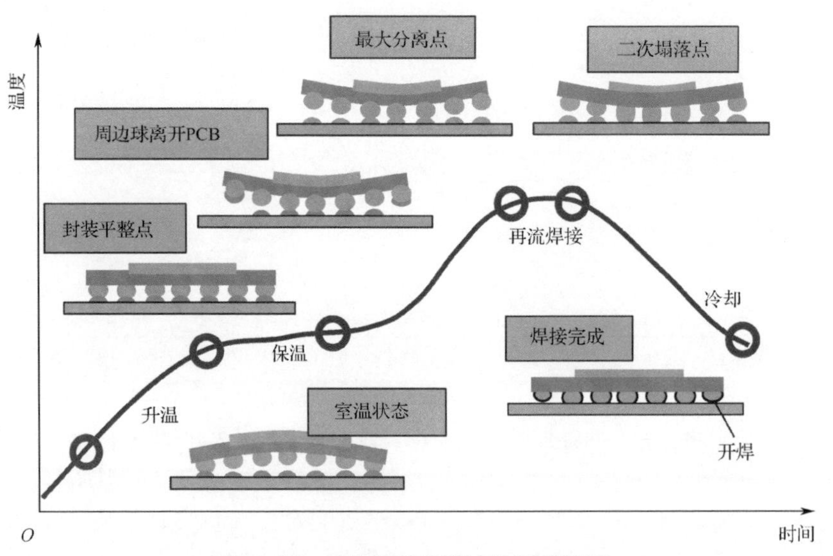

图 11-37 无润湿开焊焊点的形成机理

产生此缺陷的根本原因在于 BGA 的变形并把焊膏拉起。华为公司的朱爱兰等人对焊膏拉起的原因进行了研究，他们对焊膏拉起现象与其低温活性、高温黏结力及黏结力稳定性等因素进行了试验研究，没有发现直接的相关性。但通过低温过炉（低于焊膏熔化点）直接起拔的方法研究了焊膏的拉起现象，结果表明焊膏被拉起的概率为 0～7.6%，至少表明这种现象是存在的。

无润湿开焊现象可以通过 X-Ray 识别，由于焊膏被覆盖到焊球上，通常焊点会明显比周围焊点大，如果这种现象与失效焊点对应，基本就可以确认为出现了无润湿开焊现象。

2. 改进建议

产生开焊的原因很多，需要具体情况具体分析。一般应做到：

（1）PCB 上线前对其进行表面清洁。

（2）采用 SPI 监控焊膏印刷质量，防止漏印单板流入后续工序。

（3）慎用焊剂沾涂工艺组装 BGA。

11.4.3 球窝焊点

球窝（Head in Pillow 或 Head on Pillow，HoP）也称“枕头现象”或“枕头效应”，指 BGA 焊球与焊盘上熔融焊膏没有形成良好连接的焊点。切片图典型特征为焊盘焊球与熔融焊膏间完全没有熔合，存在明显的氧化层界面，球窝焊点切片图如图 11-38 所示。

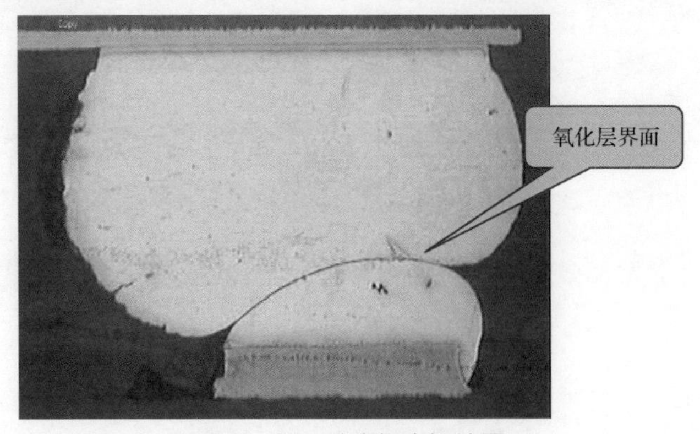

图 11-38 球窝焊点切片图

对于球窝焊点，可以采用 5D X-Ray 系统进行检测，它是根据多个层截面信息再造的 3D 图形，如图 11-39 所示。也可以采用 2D X-Ray 系统进行检测，由于球窝焊点是两部分焊料冷接在一起的，倾斜检测到的 X-Ray 图表现为灰度有明显不同的两个椭圆图形的错位叠加，如图 11-40 所示，轮廓为非平滑过渡的椭圆形影像。

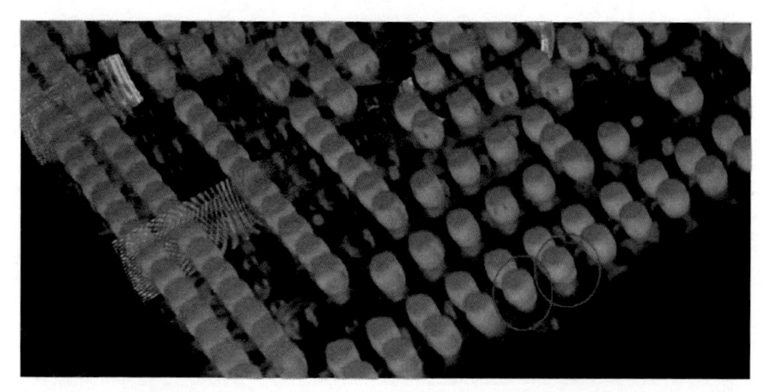

图 11-39　5D X-Ray 系统检测的球窝焊点图

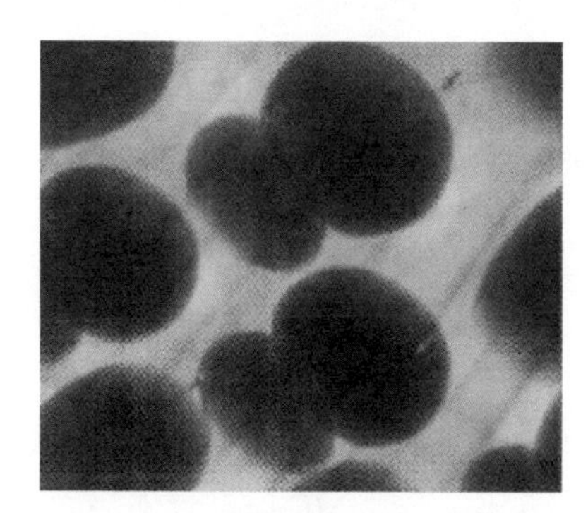

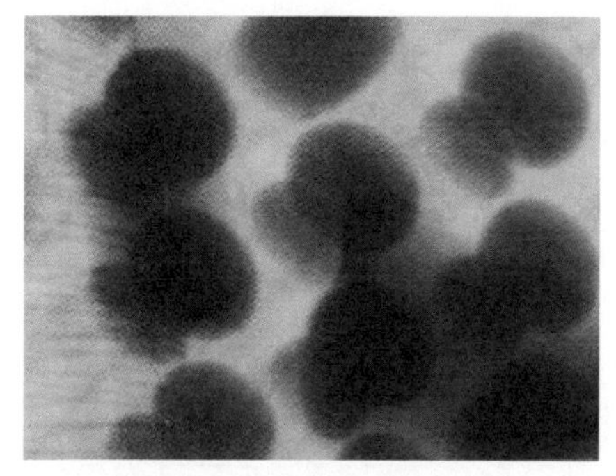

图 11-40　2D X-Ray 系统检测的球窝焊点图

由于球窝焊点主要发生在 BGA 的四角处，很多情况下从侧面就可以看到，手机拍照的球窝焊点图如图 11-41 所示。

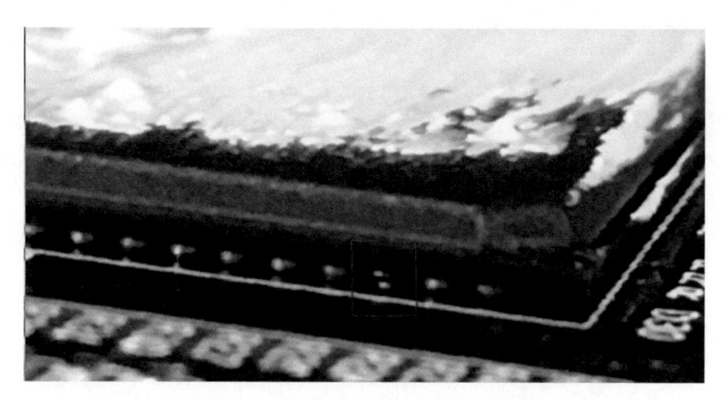

图 11-41　手机拍照的球窝焊点图

1．产生原因

球窝焊点形成的机理与无润湿开焊焊点一样，核心仍然是 BGA 的动态变形。再流焊接时，随着加热温度的升高，BGA 出现笑脸式翘曲，焊球与熔融焊料分离，出现间隙，冷却后形成

无良好连接的焊点，球窝焊点形成机理如图 11-42 所示。

导致球窝焊点的原因有：①焊膏绝对量少，多见于 0.4mm CSP；②BGA 采用沾涂焊剂工艺，多见于 PoP 组装；③贴片移位严重，多见于比较重的模块；④焊接峰值温度不够。

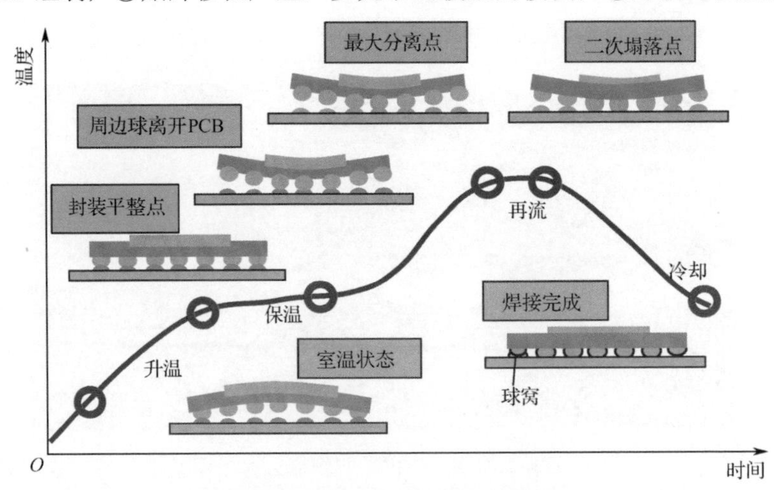

图 11-42　球窝焊点形成机理

2. 改进建议

（1）对 0.4mm CSP，建议采用 FG 模板或焊盘外切方形开口，增加焊膏量；采用惰性气体进行焊接。

（2）对 PoP，采用沾涂焊剂工艺时，应适度延长再流焊接时间，采用惰性气体进行焊接。

11.4.4　缩锡断裂

缩锡断裂是笔者自行定义的一种工艺缺陷，指 BGA 焊点在未完全凝固时因 BGA 四角上翘而形成的断裂焊点，切片图典型特征为裂纹发生在 BGA 侧 IMC 与焊球的界面处，断裂焊球侧有明显的自然凝固表面形貌，如图 11-43 所示，属于熔断类项。

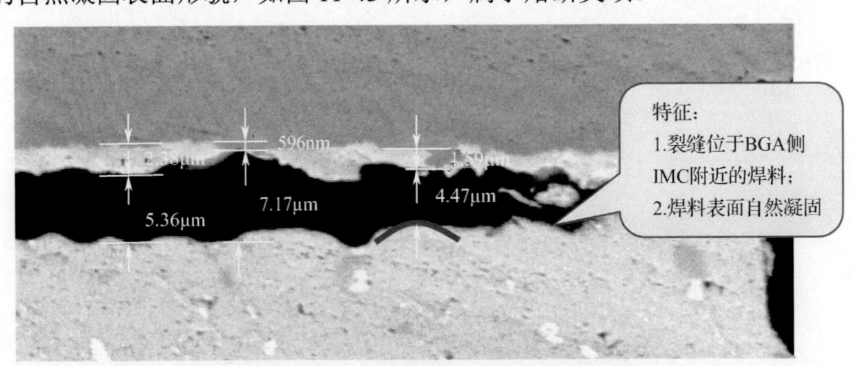

图 11-43　缩锡断裂焊点切片图

这种焊接不良主要发生在用有铅焊膏焊接无铅塑封 BGA 的特定场景下，纯的有铅工艺或无铅工艺很少见。这种焊接不良具有很强的欺骗性，测试时往往没有问题，使用一段时间后就会出现断路现象。

1. 产生原因

缩锡断裂发生于焊点开始凝固阶段（183～217℃）。当焊点处于半凝固状态时，随着 PCB

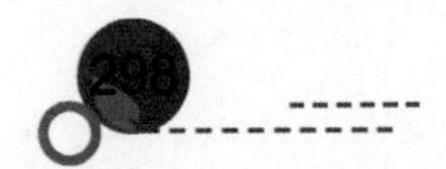

变平及 BGA 因冷却而加重的翘曲，焊点被拉断，凝固后无法形成连接良好的焊点，缩锡断裂形成机理如图 11-44 所示。

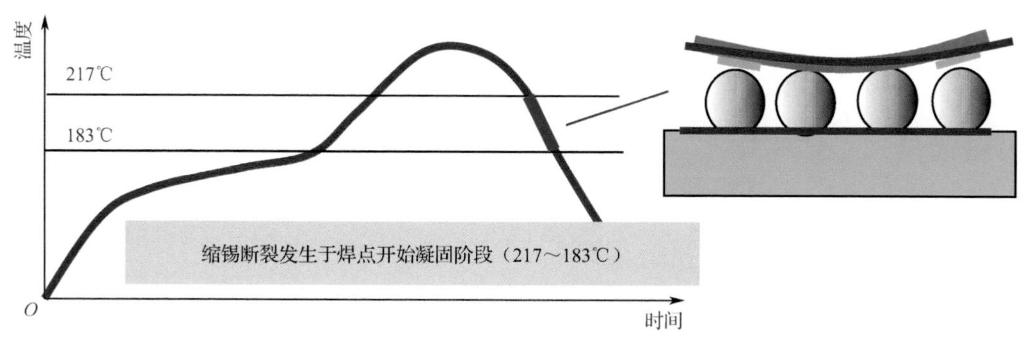

图 11-44 缩锡断裂形成机理

缩锡断裂大多发生在混装工艺条件下。有铅焊膏焊接无铅 BGA 改变了焊点的共晶特点。如果 PCB 比较薄，就会在 BGA 侧形成低熔点的富铅相。但也有无铅工艺条件下出现缩锡断裂的案例，说明“凝固时拉开”也可能产生缩锡断裂现象。

混装工艺条件下，众多案例表明，BGA 缩锡断裂主要发生在特定厚度单板上安装 PBGA 的应用场景。

2. 改进建议

对于特定厚度单板上安装的 PBGA：

（1）上线前做 125℃×4h 的干燥处理。

（2）对模板进行特殊开口设计，使 BGA 角部焊盘焊膏量渐进增加，模板特殊开口设计如图 11-45 所示。

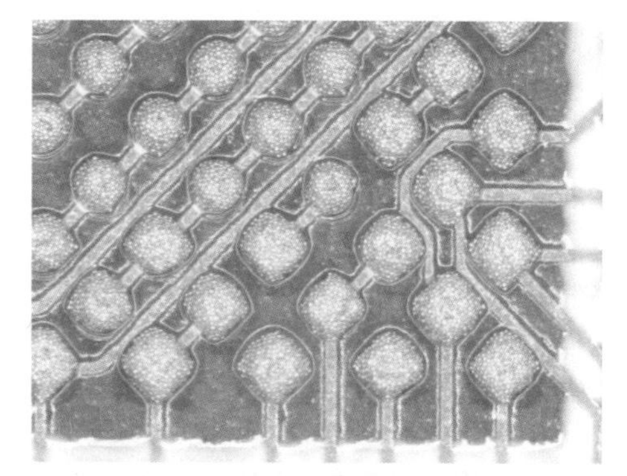

图 11-45 模板特殊开口设计

11.4.5 二次焊开裂

二次焊开裂焊点在 BGA 侧焊盘部分呈现不润湿的特征，焊球呈圆形。其典型特征为裂缝出现在 BGA 侧载板焊盘与 IMC 的界面处，且焊球表面呈圆形（切片），如图 11-46 所示。

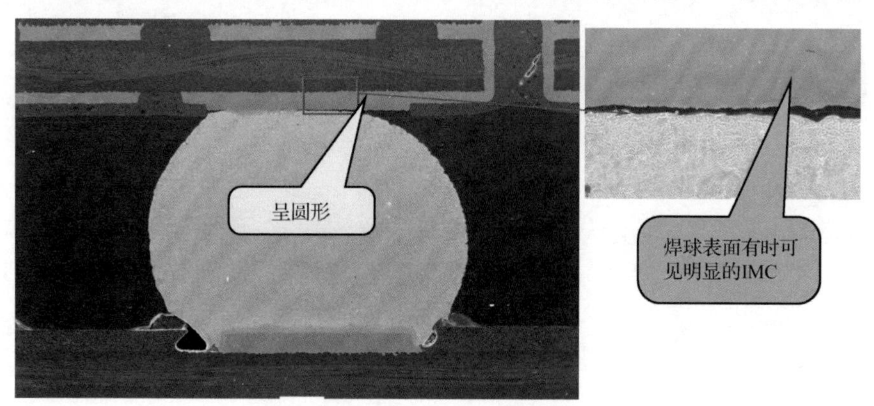

图 11-46 二次焊开裂焊点切片图

1. 产生原因

二次焊开裂焊点常见于两次过炉的 BGA 上，根据失效焊点的切片形态推测，应发生在第

二次焊接的升温阶段，如图 11-47 所示。

在第二次过炉前或过炉中，已经焊接好的 PCBA，由于 BGA 受应力等原因发生脆性开裂或断裂，在继续升温时裂缝表面被氧化，最终导致不良焊接的形成，表现出 BGA 载板焊盘不润湿的假象。

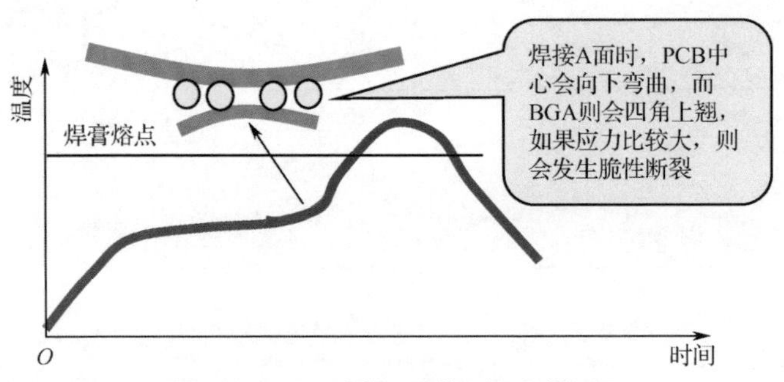

图 11-47　二次焊开裂焊点形成机理

有三种情况最容易导致二次焊开裂的发生：

（1）印刷支撑导致 BGA 处 PCB 变形严重时，这往往是局域性多个焊点开裂。

（2）BGA 中焊盘为 POFV 孔，过炉次数超过两次以上时容易发生焊点开裂，如图 11-48 所示。

（3）再流焊接导轨调试不合适（炉中偏紧），导致 PCB 严重弯曲。

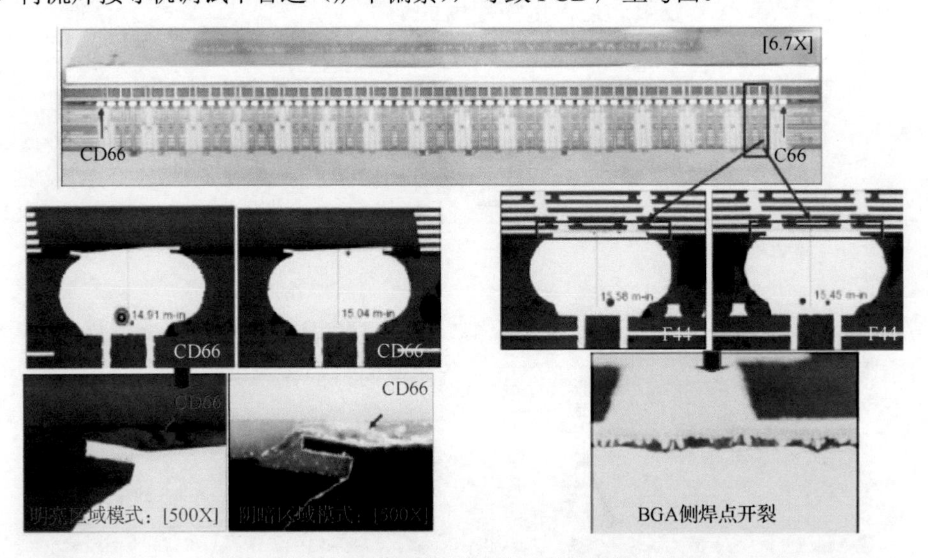

图 11-48　POFV 孔焊盘二次过炉导致焊点开裂

2. 改进建议

（1）严格控制 FBGA、PBGA 上线到第二次焊接的时间，时间应小于 48h。

（2）对于宽厚比小于 150 且装有比较大重器件的单板，第二次过炉应采用托盘进行焊接，这有利于减小 PCB 的变形及 BGA 焊点所受的应力。

11.4.6　应力断裂

不同的单板，BGA 应力断裂的位置不同，这是因为应力源不同。应力断裂可以出现在 IMC 根部、焊料中间、PCB 次表层基材（也称坑裂）、IMC 与焊料界面（随机振动裂纹特征），应力断裂焊点切片图如图 11-49 所示。断裂焊点的分布也不具规律性，可以出现在 BGA 角部、

边、中心，但对于特定的对象，断裂焊点的位置分布比较一致，这是应力源类似的原因。

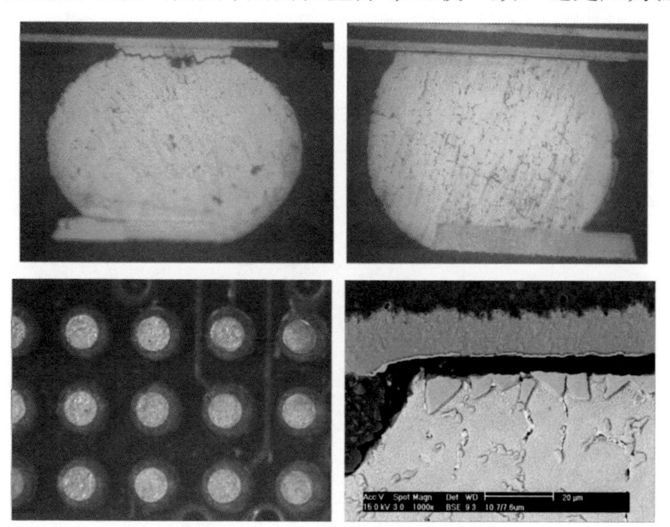

图 11-49　应力断裂焊点切片图

不管应力断裂位置如何、断裂焊点分布如何，应力裂缝有一点是一样的——可以啮合，这点可以作为判断应力断裂的标志。

1．产生原因

应力断裂产生的机理比较简单，就是焊点承受的应力超过了本身的强度而发生断裂。在单板装配过程中，车间内的周转、打螺钉、压接连接器、插件、分板等，如果操作不规范都可能导致 PCB 的过大弯曲，使 BGA 焊点断裂。单板的长途运输及产品的结构设计不合理也可能导致焊点的应力断裂。应力断裂是多发的组装不良之一，由于常常在整机测试环节才被发现，因而较难准确定位到产生问题的环节，除非位置分布具有明显的规律性。

坑裂、块状 IMC 断裂都属于应力断裂，因其形成原因特殊，所以在后续章节单独列出。

以下情况都可以引起 PCB 变形：

（1）手工压接、手工分板、无支撑装螺钉、插件、单板周转拿放，这些操作都会引起 PCB 的局部变形。

（2）波峰焊接、再流焊接导轨宽度不够，很容易导致 PCB 弯曲，前者会导致整个 BGA 脱落，后者可能导致个别焊点开裂（最终呈不润湿开裂），也可能导致完全脱落（拉丝断），情况复杂。

（3）ICT 测试，如果探针高度不一，会引起 PCB 局部变形。

2．改进建议

对于安装有大尺寸 BGA 的单板，应采取以下措施：

（1）规范车间作业，严禁单手拿板，严禁无支撑（工装）装配螺钉作业，严禁手持单板压接连接器操作。

（2）对大尺寸 BGA 进行四角加固。

（3）控制 IMC 的生长，特别是 Cu 盘上直接植球的 BGA，应控制再流焊接的液态以上时间（183℃以上时间≤120s）。

11.4.7　坑裂

坑裂属于应力断裂的一种，之所以单独列出，是因为其具有典型的特征，裂纹出现在 PCB

焊盘次表层，其焊点切片图如图 11-50 所示。由于是基材开裂，所以在拆除 BGA 后，在 PCB 焊盘周围可以观察到白斑，坑裂焊点外观图如图 11-51 所示。

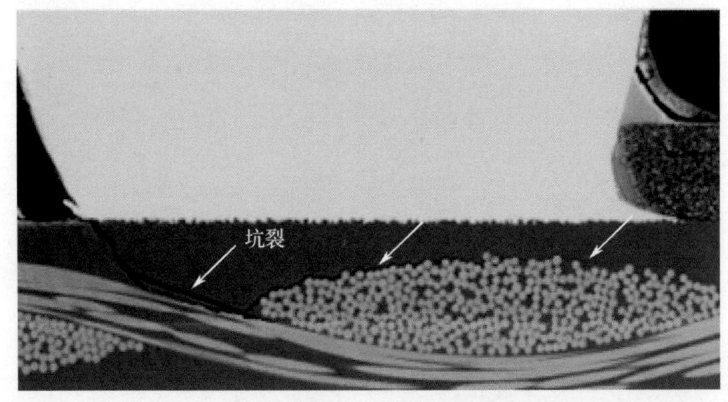

图 11-50　坑裂焊点切片图

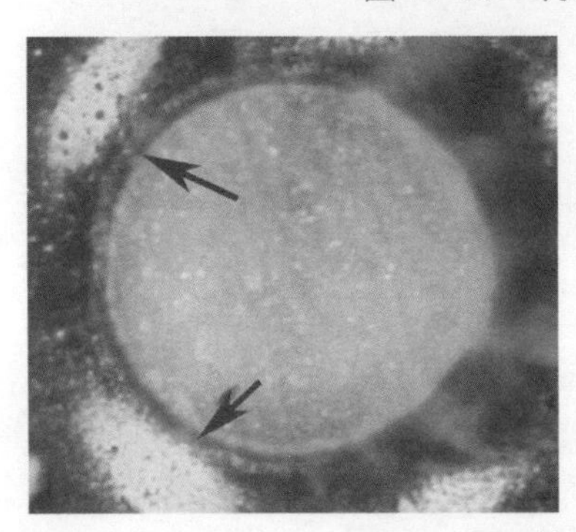

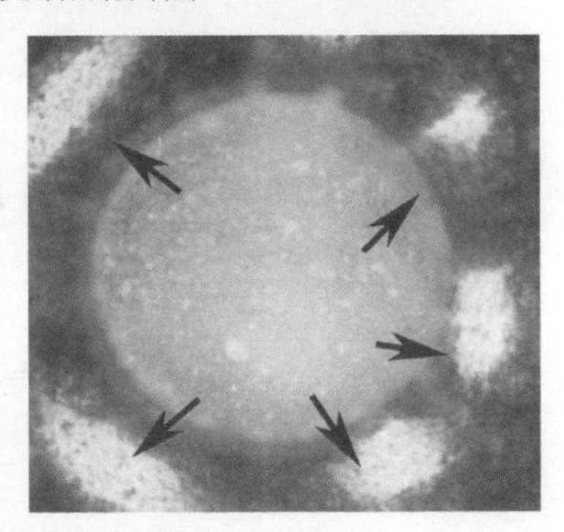

图 11-51　坑裂焊点外观图

1. 产生原因

坑裂多发于跌落或冲击状况下，也产生于应力过大的不规范作业情况下。

换成无铅焊接后，由于无铅焊点有更高的刚性，所以 BGA 焊点在机械冲击作用下由有铅焊点的焊料开裂变为无铅焊点的 PCB 次表层树脂的开裂。有铅焊点与无铅焊点的耐应变情况如图 11-52 所示。

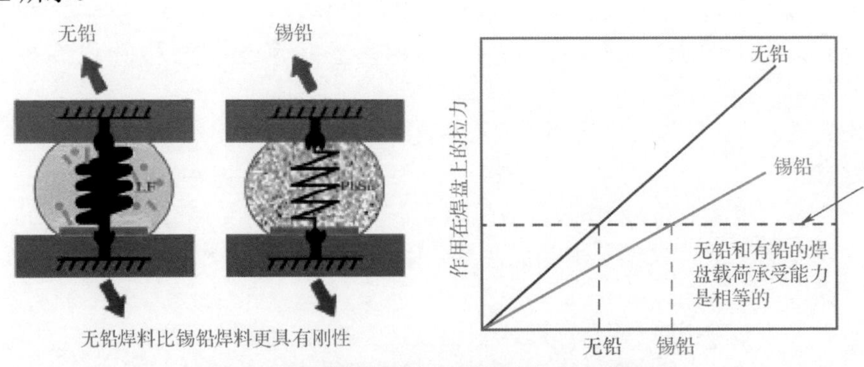

图 11-52　有铅焊点与无铅焊点的耐应变情况

高 Tg（玻璃化转变温度）与标准 Tg 板材焊盘剥离峰值拉力对比如图 11-53 所示。

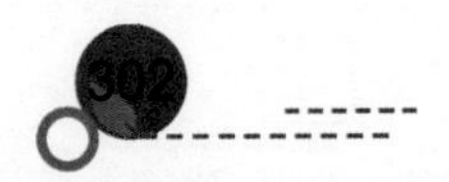

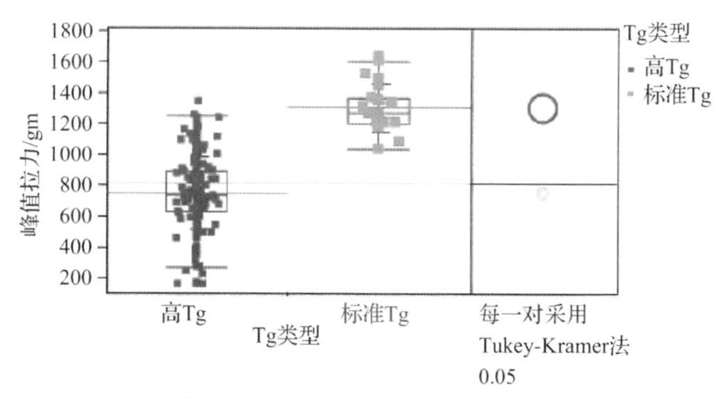

图 11-53 高 Tg 与标准 Tg 板材焊盘剥离峰值拉力对比

2．改进建议

（1）焊盘设计时适度加大 BGA 四角的尺寸，降低焊盘下基材单位面积强度。

（2）严格规范车间人工作业，避免过应力产生。

11.4.8 块状 IMC 断裂

所谓“块状 IMC”指贝壳状的 IMC，其宽度超过高度，且 IMC 间连续层厚度小于高度的 1/10，如图 11-54 所示。

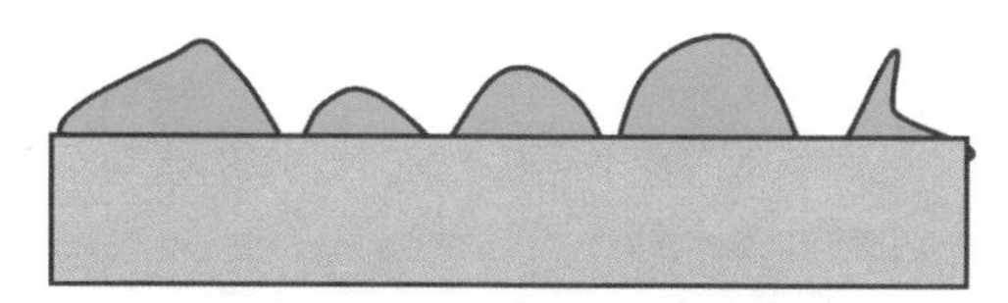

图 11-54 块状 IMC 形貌示意图

块状 IMC 断裂属于应力断裂的一种，因其特殊性而单独列出。块状 IMC 断裂的典型特征为断裂焊点 IMC 具有相对非连续性的块状化 IMC，块状 IMC 断裂焊点切片图如图 11-55 所示。

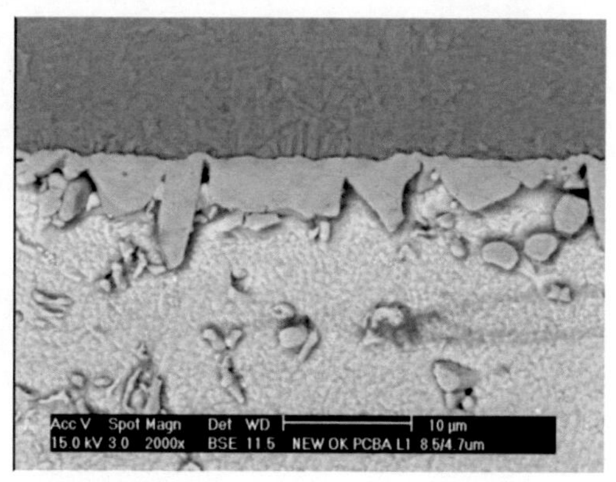

图 11-55 块状 IMC 断裂焊点切片图

1．产生原因

其形成机理包括块状 IMC 的形成机理和断裂的形成机理。

（1）块状 IMC 的形成机理目前尚未明确，如果 BGA 再流焊接时液态以上温度过高、时间过长就可能形成块状 IMC。典型的发生场景或条件是，如果 BGA 植球时形成比较厚的 IMC，则 BGA 在高温、长时间焊接时就可能形成块状 IMC。

（2）块状 IMC 断裂是本书定义的一种从失效原因命名的 BGA 断裂缺陷。多个案例表明，

块状 IMC 焊点的剪切强度要比正常焊点低 20%以上，由于其相对的不连续隔绝了力的传递而形成应力集中，很容易发生应力断裂，如图 11-56 所示。如果 PCB 发生较大的弯曲变形，有可能导致 BGA 的整体脱落。

图 11-56　块状 IMC 断裂

2. 改进建议

对于混装工艺：

（1）183℃以上时间≤120s。

（2）规范操作。

11.4.9　热循环疲劳断裂

热循环疲劳断裂是一种与时间有关的黏滞性塑性变形失效，它是焊点主要的失效形式。其裂纹发生在焊点最薄弱的地方，裂纹总是从焊点的表面开始逐步向内扩展，直至发生断裂，如图 11-57（a）所示。裂纹形貌与温度循环条件有关，应变力越大啮合性越差，如图 11-57（b）所示。

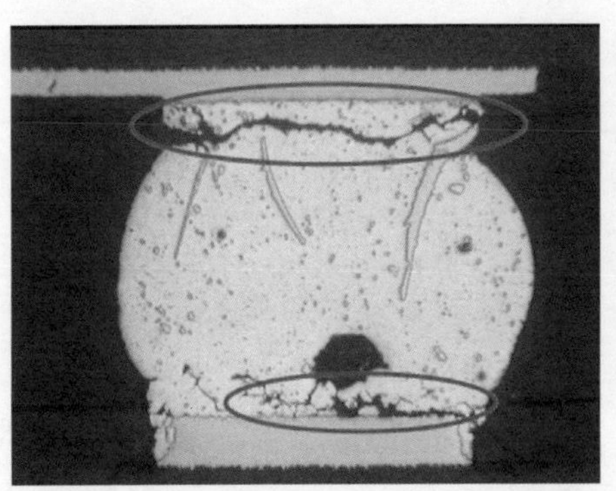

（a）裂纹的扩展特性

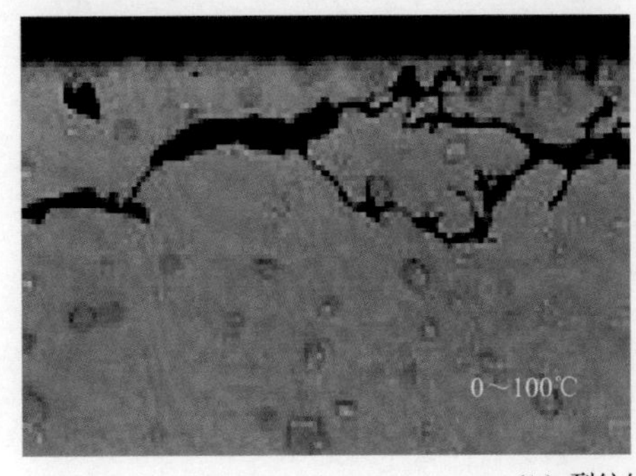

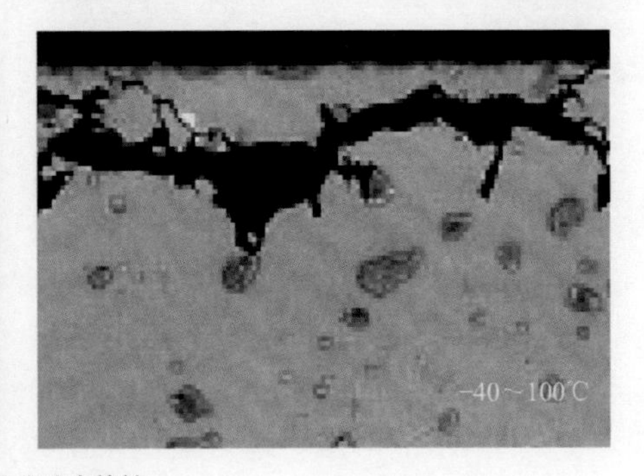

（b）裂纹的非啮合特性

图 11-57　热循环疲劳断裂焊点切片图

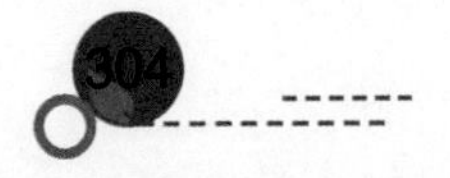

1. 产生原因

详细机理见 IPC-SM-785。

裂纹的扩展规律是：晶粒变粗→晶界微空洞→累积的疲劳损伤→形成裂纹并扩展，热循环疲劳失效滞回曲线如图 11-58 所示。由于裂纹总是沿晶界开裂，所以疲劳裂纹总是弯曲的，由于再结晶的原因，裂纹上下一般不能啮合在一起。

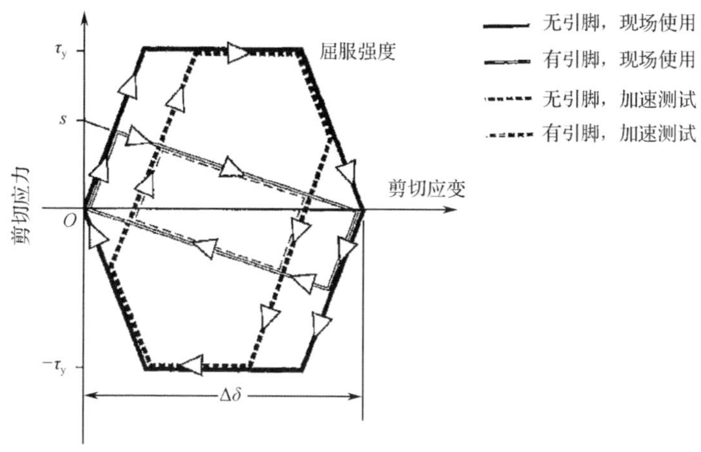

图 11-58　热循环疲劳失效滞回曲线

这里需要指出，由于无铅焊料 SAC305 的硬度远高于共晶有铅焊料，对于安装到 PCB 上的 BGA 封装，在温度范围很大的热循环过程中，SAC305 合金对焊盘的影响远高于共晶锡铅合金，这可能导致铜盘下方出现裂纹。因此，对于 SAC305 合金焊球的 BGA 而言，热疲劳的失效模式可能有两类，SAC 合金焊球不同的微观组织导致不同的失效模式，如图 11-59 所示，它是热疲劳后通过背散射衍射获得的焊点图形，左图是方向随机的单晶组织，该晶粒中没有裂纹，只有一个被抬起的焊盘；右图所示的焊点是多晶粒的，裂纹出现在焊球内部。

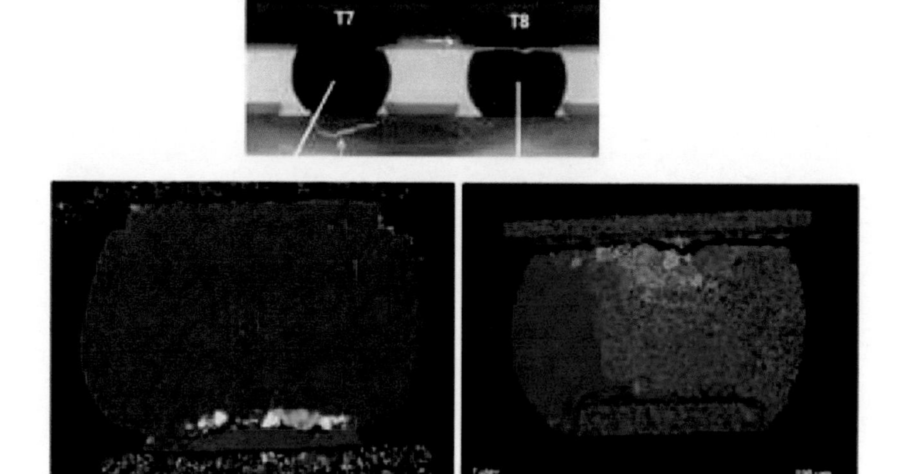

图 11-59　SAC 合金焊球不同的微观组织导致不同的失效模式

2．改进建议

疲劳失效是一个物理现象，任何一个焊点，只要循环次数足够多，最终都会发生疲劳失效，我们能够做的事情就是减小焊点的应变幅度，确保寿命周期内焊点满足要求。

（1）增加焊缝的厚度（减小应变）。

（2）增加焊缝的强度（转移应力）。

（3）产品设计上减少功率循环频次，如频繁地加载功率。

（4）降低焊点的工作温度。工作温度越高，焊点的强度就越低，试验表明，100℃时焊点的强度仅为 25℃时的 1/2。

第 12 章

波峰焊接与常见不良

12.1 波峰焊接

波峰焊接指将熔化的软铅焊料经过机械泵或电磁泵喷流成焊料波峰，使预先装有电子元器件的 PCB 通过焊料波峰，实现元器件焊端或引脚与 PCB 焊盘之间机械和电气连接的一种软钎焊工艺。

波峰焊接的使用已经有几十年的历史，经历了插装元器件时代的单波峰焊接和表面组装时代的双波峰焊接发展过程。目前使用的波峰焊接机主要是双波峰焊接机。

虽然再流焊接相对波峰焊接有很多优点，但是，在可预见的未来，波峰焊接仍是一种主要的焊接技术。因此，有必要了解一点波峰焊接方面的知识。

12.2 波峰焊接设备的组成及功能

双波峰焊接机的发明基于片式元件的出现。为解决片式元件的漏焊问题，先后发明了喷射波峰焊接机、Ω 波波峰焊接机等数十种类型，最终双波峰焊接机成为主流。

图 12-1 所示为双波峰焊接机的功能组成示意图，主要包括焊剂喷涂、预热和双波峰焊接三部分。

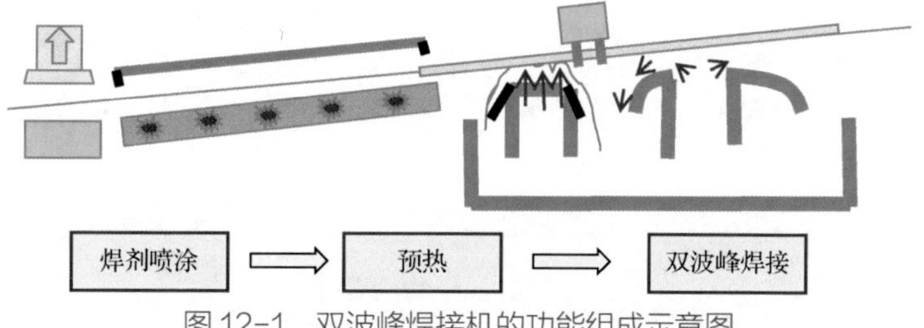

图 12-1　双波峰焊接机的功能组成示意图

（1）焊剂喷涂：将焊剂均匀涂覆在引脚/PCB 焊盘表面，特别是 QFP 引脚内面应覆盖到。

（2）预热：焊剂挥发，获得适当温度和黏度；促进焊剂活化；减少热冲击与变形。

（3）双波峰焊接：利用熔融锡波实现元器件与 PCB 的互连。双波峰焊接有两个锡波，如图 12-2 所示。一个为紊流波，具有向上冲击的功能，锡波有谷有峰，主要起驱赶焊剂挥发气团的作用，防止漏焊；另一个为平滑波，锡波表面非常平滑，起焊点修正作用，它对焊接质量影响很大，典型的波形有 T 形波、λ 波，这些全依靠前后导流板的设计，它的设计决定了 PCB 如何离开锡波。

紊流波的使用：

（1）紊流波为解决片式元件漏焊而生，如果片式元件垂直于传送方向布局且焊盘已做外伸优化，可以不用。

（2）如果插装密脚元器件比较多，也建议不用。因为双波消耗助焊剂，不利于进入第二个波峰时降低锡波表面张力，如图 12-2 所示。

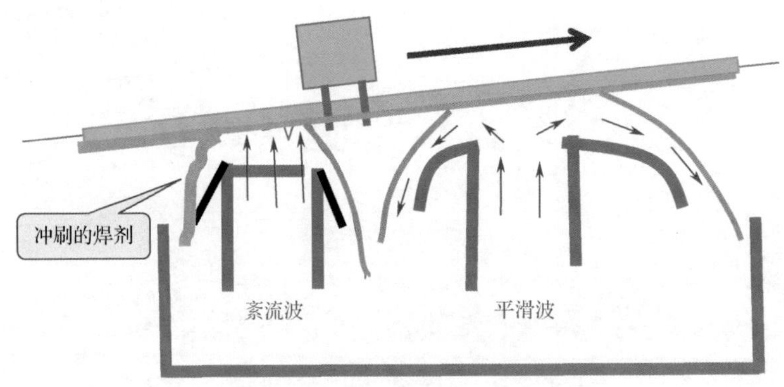

图 12-2　双波峰焊接工作机理

（3）如果过炉方向与片式元件布局方向平行，或需要良好的透锡，应打开紊流波。双波其实就是两次焊接，对于解决透锡有良好的作用（叠加填充）。

12.3　波峰焊接设备的选择

波峰焊接机不同于再流焊接设备，其焊接性能与设备性能直接关联，在很大程度上取决于波峰喷嘴的结构类型以及预热区长度、焊接气氛。因此，如何选择波峰焊接机很重要。

选择波峰焊接机主要考虑三个方面：波峰喷嘴的结构、预热区的长度、焊接气氛的可选性。

其中，波峰焊接喷嘴的选择最重要，它决定了适合焊接的单板类项。根据市场上的情况，我们把双波峰焊接机喷嘴的结构类型大致分为三类，即“标准（窄）紊流波+T 形平滑波”“标准（窄）紊流波+λ 平滑波”和“扩展（宽）紊流波+λ 平滑波”，如图 12-3 所示。

一般而言，“标准（窄）紊流波+T 形平滑波”比较适合于厚度 1.6mm 及以下单板的焊接；“标准（窄）紊流波+λ 平滑波”，比较适合厚度在 1.6～2.4mm 单板的焊接；“扩展（宽）紊流波+λ 平滑波”，比较适合厚度大于 2.4mm 且通常需要使用大、厚、重的选择性夹具进行焊接的单板。单板的工艺特性及喷嘴选择建议见表 12-1。

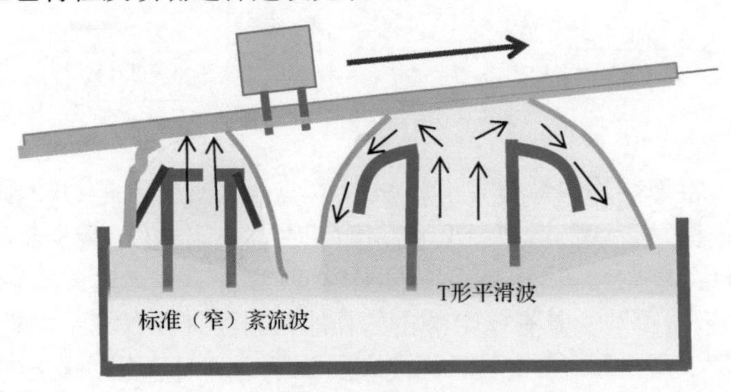

（a）标准（窄）紊流波+T形平滑波

图 12-3　双波峰焊接机波峰喷嘴的主要结构类型

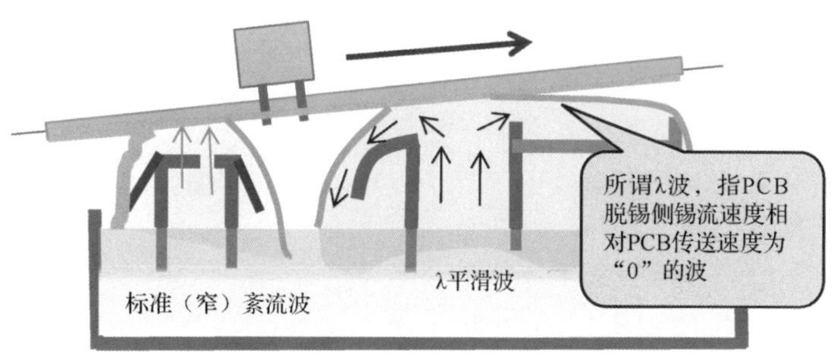

（b）标准（窄）紊流波+λ平滑波

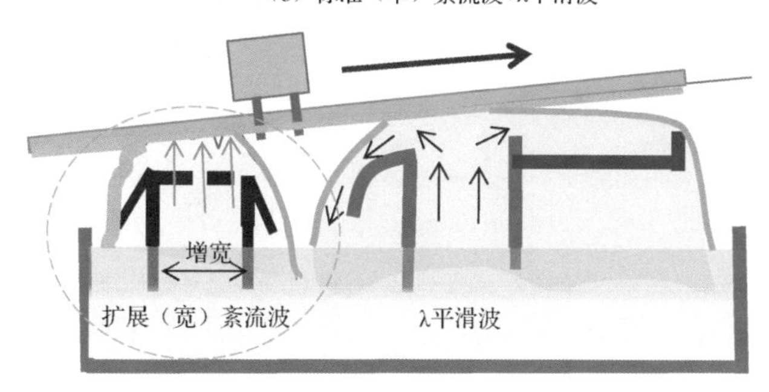

（c）扩展（宽）紊流波+λ平滑波

图 12-3　双波峰焊接机波峰喷嘴的主要结构类型（续）

表 12-1　单板的工艺特性及喷嘴选择建议

类　别	工 艺 特 性	工 艺 因 素	喷 嘴 类 型
1	● 厚度≤1.6mm ● 低热量需求 ● 低器件密度 ● 尺寸小于 10 英寸×12 英寸	● 预热比较灵活 ● 接触时间小于 5s ● 锡槽温度 250～265℃ ● 工装夹具简单	● 单波峰 T 形波 ● 单波峰 λ 波 ● 如果需要可以使用双波峰
2	● 厚度=2.4mm ● 有一定的热量需求 ● 元器件密度变化大 ● 尺寸变化大	● 工艺窗口窄 ● 接触时间通常 5～7s ● 锡槽温度 265℃以上 ● 返修困难但可以完成	● 双波，“标准紊流波+λ 平滑波” ● 扩展型双波峰
3	● 厚度≥2.4mm ● 热量需求大或加热困难 ● 尺寸大热容量大 ● 混合设计	● 通常需要大、厚、重的工装夹具 ● 接触时间超过 7s ● 返修困难	● 扩展型双波峰

其次，需要考虑预热区的长度。预热区的长度决定了生产批量，预热区传送链的安装状态（水平还是倾斜）决定了传送时助焊剂是否会向低的方向流动，它影响着掩模选择焊接时保护区的预留空间。

最后，需要考虑焊接气氛的可选择性。低固含量的助焊剂、水基助焊剂往往其本身不具备防氧化的功能或防氧化的能力比较差，为了良好的润湿与填充，最好选用 N_2 保护气氛的波峰焊接机。需要注意的是，N_2 保护气氛的焊接设备一定是隧道式的。如果预热区也是 N_2 气氛保护，就必须考虑隧道盖能否完全打开使用的应用场景。因为很多插装元器件是不耐高温的，如 LED 灯，隧道式预热区就没有办法实现 PCB 焊接面高温、元件面低温的工艺应用场景。

总之，选择波峰焊接机时，必须根据自己的产品工艺特性来选择。

另外，还要认识到，不是所有的波峰焊接设备厂商都是焊接技术方面的“专家”，有些厂商的设备是在不理解原理的基础上抄袭的，没有掌握诀窍，抄袭过程中走样了。因此，在选择设备时必须确认一些关键的技术点，如：

（1）助焊剂喷涂膜的覆盖性与均匀性。

（2）预热区的长度，预热区到紊流波的间隔。

（3）紊流波与平滑波的间隔（注意不是喷嘴到喷嘴的距离，而是 PCB 焊接面两锡波之间的间隔，它对焊接温度的影响比较大）。

（4）如果采购的是可充 N_2 的波峰焊接设备，一定要确保 N_2 隧道盖能够打开，以便能够对一些不耐热元器件进行焊接。

12.4 波峰焊接工艺参数设置与温度曲线的测量

波峰焊接机设置参数包括：助焊剂喷涂量、上下预热温度、锡槽温度（指锡槽中熔融焊料的温度）、链条传送速度、传送倾角及锡波高度（通过锡泵的电机转速控制）。通过对这些参数的设置，来控制 PCBA 上下板面的预热温度、焊点的实际焊接温度与时间。PCBA 上的这些参数通常称为工艺参数，这是我们关心的工艺条件，要使焊接机设置参数能够满足要求，需要进行温度参数或曲线的测量。

12.4.1 工艺参数

经常调试的波峰焊接工艺参数包括元件面预热温度、焊接面预热温度、焊接温度、接触时间（也称焊接时间）；还有一些参数通常不做调试，如助焊剂喷涂量、传送角度、锡波高度。

元件面预热温度、焊接面预热温度和焊接温度都是指 PCBA 上的实际温度，而不是焊接机的设置温度，与再流焊接一样，需要通过测量来确认。

波峰焊接不同于再流焊接，焊点的加热是通过熔融锡波传导的，类似烙铁焊接，工艺参数的设置相对于再流焊接而言，工艺窗口比较大，焊剂的挥发情况、元器件的变形、焊接质量等，都可以在现场实时观察到。因此，很多工厂大多数情况下并不做工艺参数或温度曲线的测量，完全根据经验确定。

之所以能够这样做，是因为波峰焊接的加热方式属于传导加热，锡槽的温度决定了焊接（焊点）的最高温度，受限于 PCB 的耐热能力，一般锡槽的温度设置为固定值。对于给定的波峰焊接机，锡槽结构固定，锡波的宽度也就固定，因而实际的焊接（焊点）温度可以通过 PCBA 的传送速度，也就是接触时间（焊接时间）来控制。

12.4.2 工艺参数设置要求

1）*元件面预热温度*

元件面预热温度大体上代表了金属化孔焊接的起始温度，关系到金属化孔的润湿性能以及填充性能。金属化孔的气孔不良是波峰焊接的代表性不良之一，它是由润湿不良而卷入助焊剂导致的，因此，气孔率也代表了金属化孔的润湿性。图 12-4 为预热温度对润湿性的影响。可以看到，预热温度对孔金属化的影响很大，而且比较复杂，并非线性关系，有一个合适的范围。

对于多层板，其内层的电平面层比较多，如果与孔壁连接的层数比较多，孔壁的温度会因平面层的散热而难以提升，最终影响孔的润湿与填充。可以通过适当地提高元件面的预热温度、

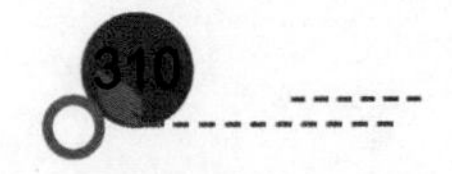

提高孔壁的温度，以此来提升其润湿性和填充性，但必须确保元器件不受损。

元件面预热温度应根据 PCB 的尺寸、厚度、层数、元器件数量大小或多少进行控制，一般的范围为 100±20℃。

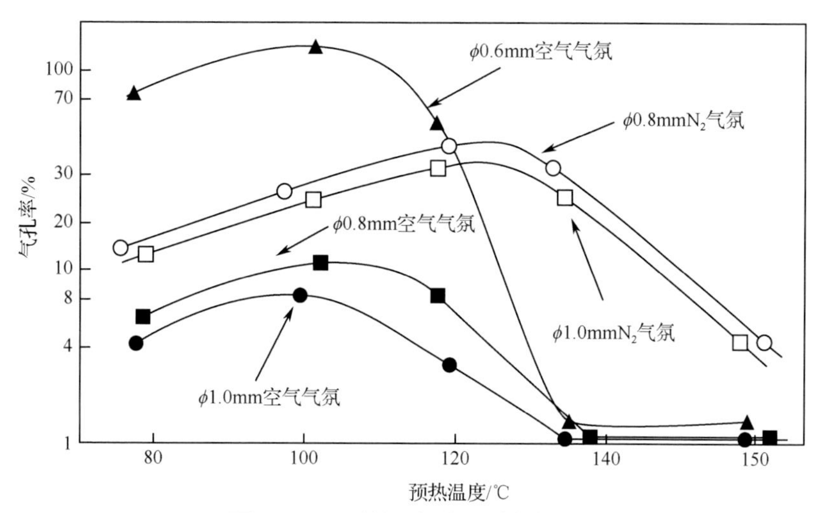

图 12-4　预热温度对润湿性的影响

2）焊接面预热温度

焊接面预热温度关系到焊点的温度、助焊剂溶剂的挥发情况及焊接表面氧化物的去除情况。通常以助焊剂挥发比较彻底但发黏为宜，如果溶剂挥发不充分，容易出现锡球、漏焊等现象。

3）焊接温度

焊接温度主要取决于焊料合金。焊接温度一般应高于焊料熔点 40℃以上，但不高于 270℃。过低的温度，熔融焊料流动性比较差；过高的温度，会带来更多的锡渣及导致更严重的 PCB 弯曲变形。通常，

- 对于 Sn-37Pb：250±5℃；
- 对于 Sn-0.7Cu 和 SAC305：265±5℃。

试验表明，260～270℃对桥连率的影响不明显，但对透锡率的影响比较大。

4）接触时间

接触时间决定了焊点的实际温度。温度越高孔的填充性越好，但板子的变形越严重。

通常选取 3～5s，对于无铅工艺而言，太高的温度将会导致铜盘的侵蚀甚至消失。

12.4.3　波峰焊接温度曲线测量

波峰焊接温度曲线一般采用专用的测试夹具或再流焊接温度测试仪进行测量。温度曲线如图 12-5 所示，预热结束到接触紊流波期间，因为没有加热热源，PCB 的温度有少许下降，一旦接触波峰，温度直线上升。紊流波与平滑波之间温度有所下降，说明紊流波短暂的加热不足以将 PCB 均衡加热，仅加热了表面，一旦离开，马上就因 PCB 的吸热与散热，使其温度立即下降。对于插孔的填锡而言，这里提到的两次温度下降都是不利因素。

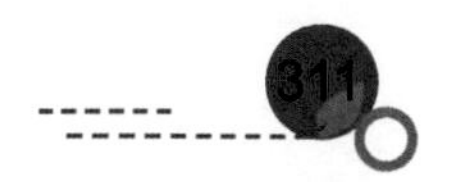

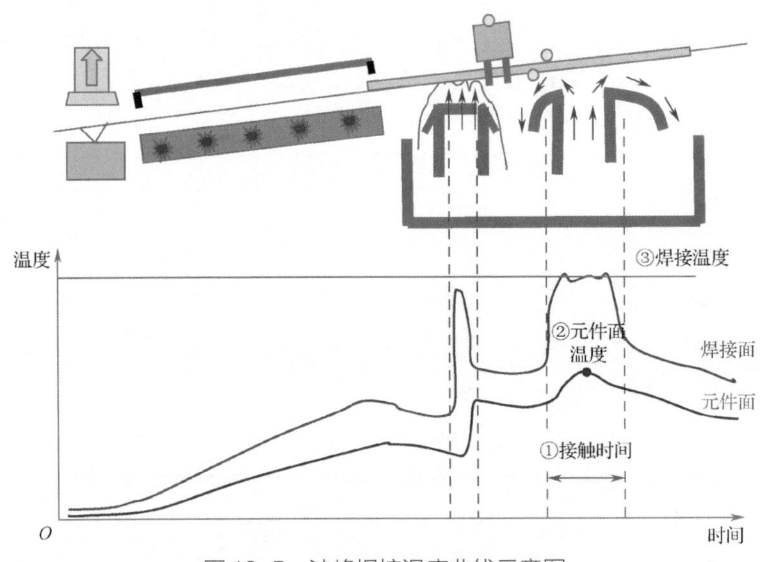

图 12-5　波峰焊接温度曲线示意图

需要指出的是，通常，波峰焊接温度曲线的测试都是测试焊接面和元件面的温度，这只是一个基本要求，更精细化的温度曲线测试应像再流焊接那样具体到实际封装的焊点（插件与贴片元件不同，插件引脚的伸出长度、离板距离都会显著影响实际焊点的温度，因此插件的封装从工艺的角度应理解为封装安装状态下的焊点温度）。有人做过研究，一般插件元件引脚伸出PCB的长度对温度的影响大概为每长 1mm温度提高 1℃左右，元件离板距离每架高 1mm，引脚的温度升高 5℃左右而封装体的温度则降低 5℃，这个数据对于工艺的优化、理解波峰焊接工艺具有重要启示。

12.5　助焊剂在波峰焊接工艺过程中的行为

波峰焊接时，助焊剂在预热阶段，溶剂会部分挥发，清洁被焊接表面，留下松香膜，起到隔离部分空气、防止氧化的作用，如图 12-6 所示。

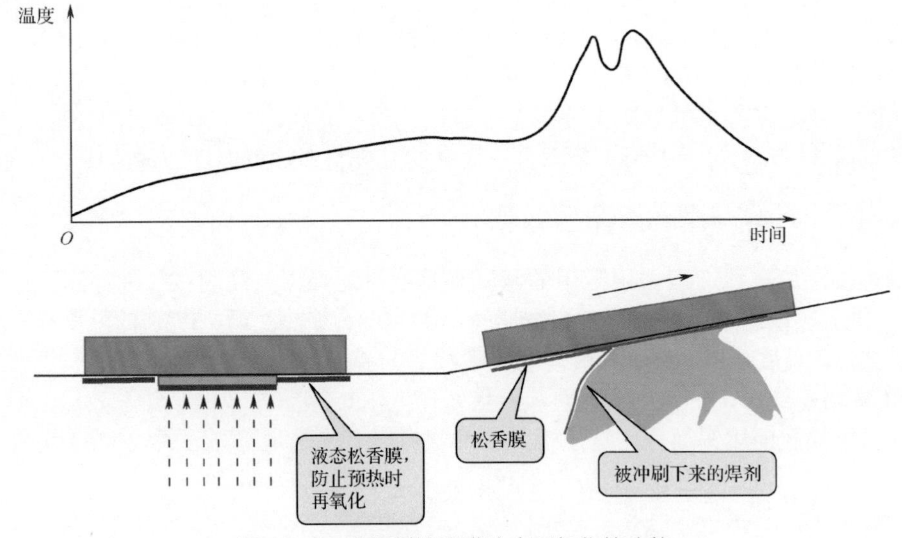

图 12-6　助焊剂松香膜防止再氧化的功能

如果使用的是水基助焊剂，就没有覆盖膜，对于 OSP 板的焊接可能是个问题。因为 PCBA 通常都是经过 1～2 次再流焊接后才进行波峰焊接，这时 OSP 膜基本不具有保护作用，而助焊剂也没有防再氧化功能，预热时间过长，助焊剂效能释放完，就很容易再次氧化。图 12-7 所示为 OSP 板不润湿现象，这是一个实际的案例。为了提升插孔的透锡率，生产中将 PCB 的预热温度从 100℃提高到 130℃，在焊接时出现了个别焊盘不润湿的现象，但再调回预热温度或采用氮气气氛焊接后，不润湿现象消失。这个案例至少说明一点，助焊剂中固体含量（主要指成膜物质含量）对防止被焊表面再氧化影响很大，水基助焊剂不含松香，在焊接过程中难以对已经网裂（可以理解为 OSP 膜的碎裂现象）的 OSP 膜下的 Cu 面形成有效保护。

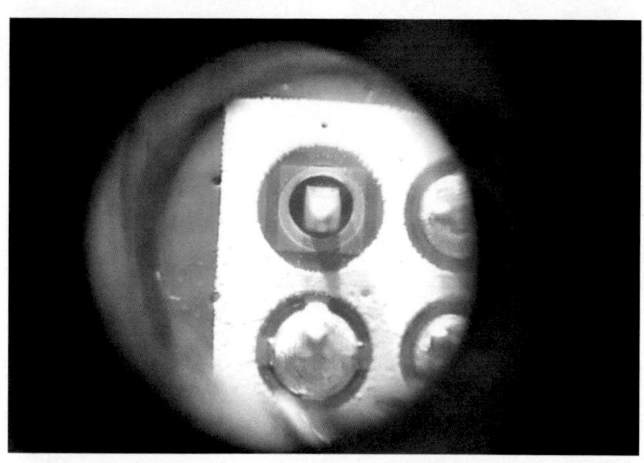

图 12-7　OSP 板不润湿现象

12.6　波峰焊接焊点的要求

波峰焊接焊点的要求见表 12-2 和图 12-8，详细请查阅 IPC-A-610 有关内容。

表 12-2　波峰焊接焊点的要求

要　求	1　级	2　级	3　级
A．焊料的垂直填充	未建立	75%	
B．焊接终止面的引线和孔壁的润湿	未建立	180°	270°
C．焊接终止面的焊盘区域被润湿的焊料覆盖的百分比	0		
D．焊接起始面的引线及孔壁的填充和润湿	270°		330°
E．焊接起始面的焊盘区域被润湿的焊料覆盖的百分比	75%		

1．目标——1、2、3 级

1）孔内填充

100%填充，如图 12-8（a）所示。

2）引线与孔壁润湿

1、2、3 级，引线和孔壁呈现 360° 的润湿。

3）焊盘润湿

辅面焊盘区域被完全覆盖，如图 12-8（b）所示。

2．可接受条件——1、2、3级

1）孔内填充

最少75%填充，允许包括主面和辅面一起最多25%的下陷。

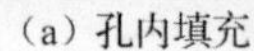

（a）孔内填充　　（b）焊盘润湿

图12-8　有引线的镀覆孔的理想目标

2）引线与孔壁润湿

1级：未建立标准；2级：引线和孔壁至少呈现180°的润湿，如图12-9（b）所示；3级：引线和孔壁至少呈现270°的润湿，如图12-9（c）所示。

3）焊盘润湿

主面的焊盘区域无润湿要求，辅面的焊盘区域至少有75%被焊料覆盖，如图12-9（d）所示。

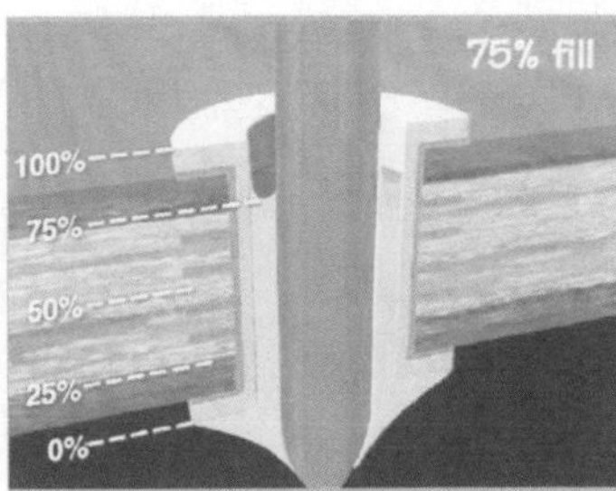

（a）孔内填充

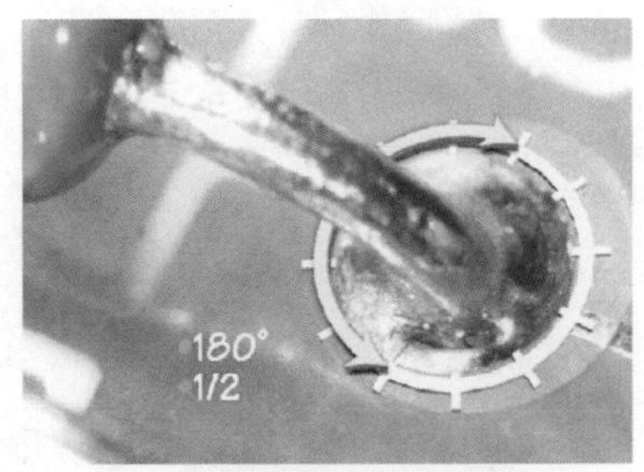

（b）引线和孔壁的润湿

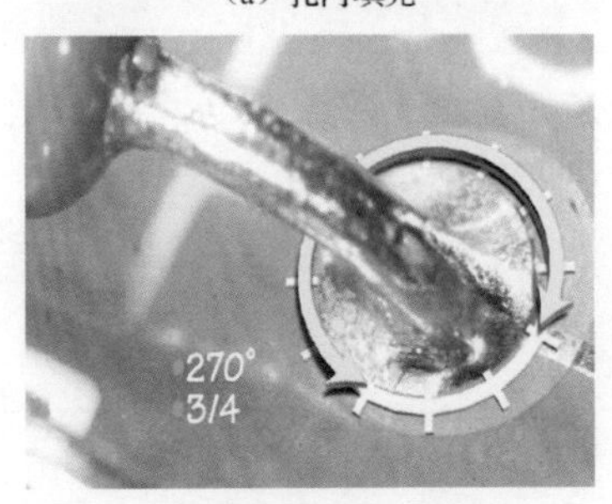

（c）引线和孔壁的润湿

（d）辅面焊盘的润湿

图12-9　有引线的镀覆孔的可接受条件

3．缺陷——2、3级

1）孔内填充

孔的垂直填充少于75%。作为填充要求的一个例外，对于2级产品，允许镀覆孔的垂直填充最小为50%或1.19mm，取两者中的较小者，只要满足以下条件：

- 镀覆孔连接到散热层或起散热作用的导体层；

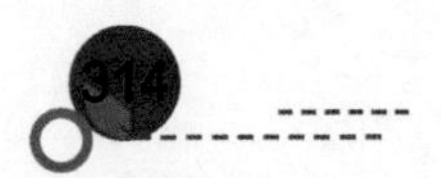

- 元器件引线在如图 12-10 所示的 A 面焊接连接内可辨识；
- 在图 12-10 所示的 A 面，焊料填充 360° 润湿镀覆孔内壁和引线的周围；
- 周围的镀覆孔满足表 12-2 的要求。

注：某些应用中不接受小于 100%的焊料填充，例如，热冲击、电性能。用户有必要向制造商说明这些情况。

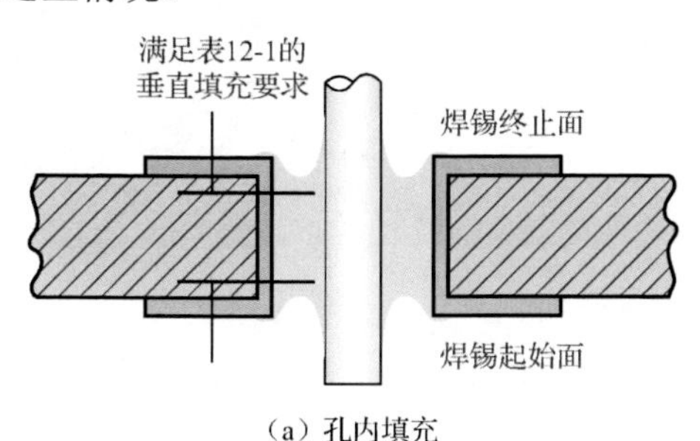

（a）孔内填充

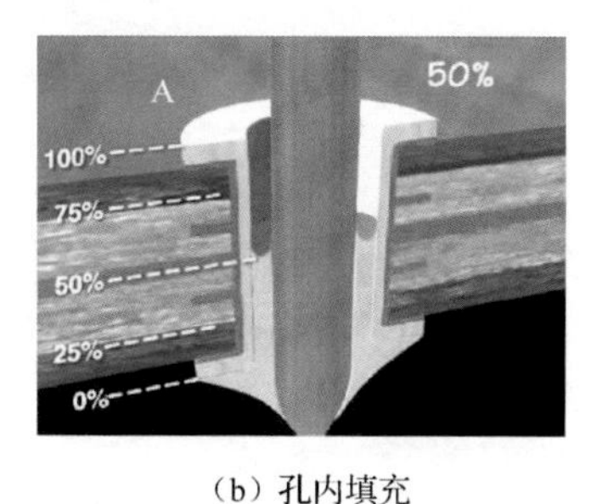

（b）孔内填充

图 12-10　可接受的缺陷

2）引线与孔壁润湿

2 级：引线或孔壁润湿小于 180°；3 级：引线或孔壁润湿小于 270°。

3）焊盘润湿

主面的焊盘区域无润湿要求，辅面的焊盘区域焊料覆盖面积少于 75%。

12.7　波峰焊接元器件的布局要求

12.7.1　布局方向要求

1．波峰焊接贴装元器件的布局方向

贴装元器件的引线或片式元件的长方向建议垂直于波峰焊接的传送方向，即应按照如图 12-11 所示的元器件方向进行布局，且前后相邻的两个元器件必须满足一定的间隔要求，以避免漏焊现象发生。

对于封装尺寸小于等于 0805 的片式元件，允许平行于波峰焊接的传送方向布局。

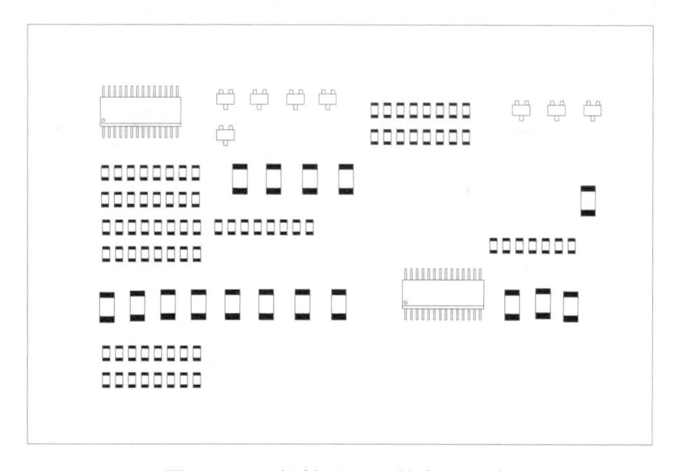

图 12-11　焊接面元器件布局要求

元器件布局方向导致漏焊的机理如图 12-12 所示。如果元器件布局方向与传送方向平行，

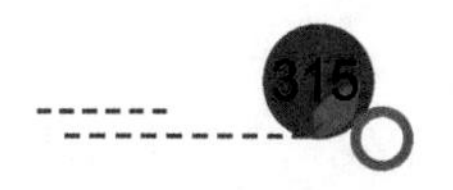

将会导致后进入锡波的焊端包裹助焊剂挥发形成的气囊，影响锡波与焊盘、焊端的接触，从而可能形成漏焊或少锡。为了消除漏焊，业界发明了很多种波峰焊接系统，最著名的就是“紊流波+平滑波”的双波峰焊接机系统，利用紊流波的波峰、波谷特性赶走包裹的气囊。

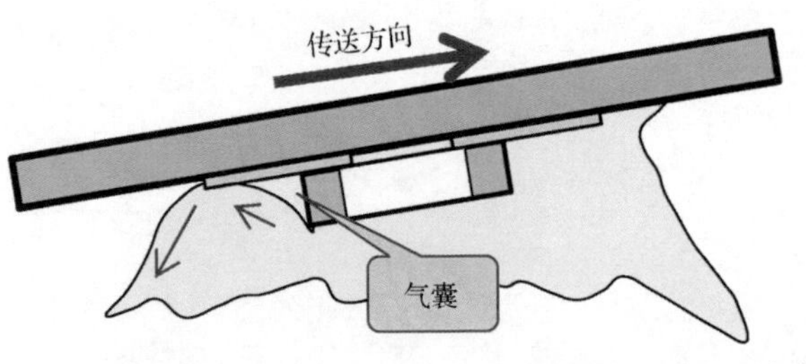

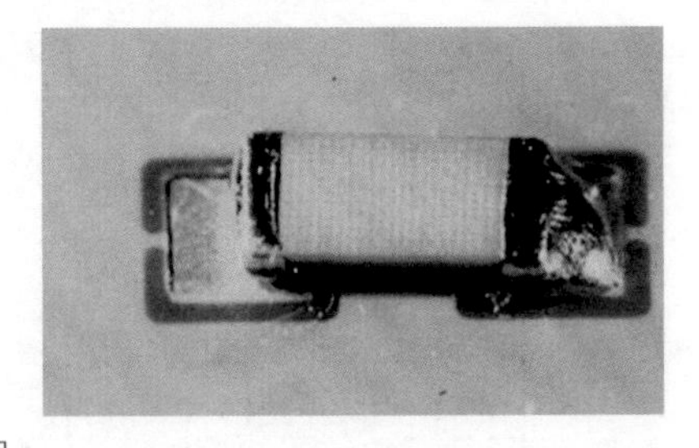

图 12-12　漏焊机理

元器件布局方向也影响焊点的形貌，如图 12-13 所示。这种形貌随着封装厚度尺寸的增加更加明显。对于较大尺寸的片式电容（≥1210），这种形貌还可能因为一端焊点爬锡高度的不够而造成应力集中，从而影响热疲劳寿命。

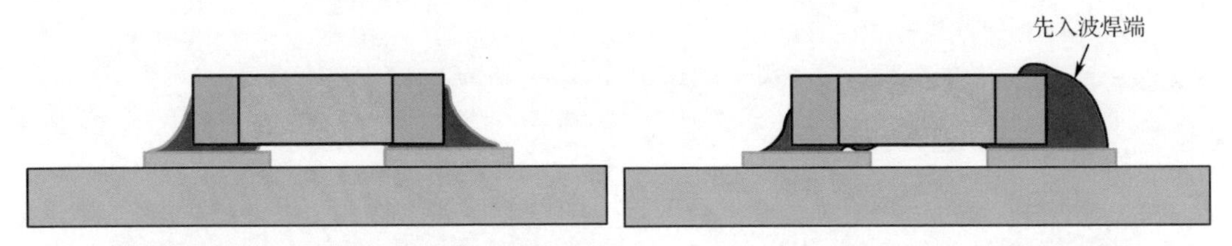

（a）垂直于传送方向布局时焊点的形貌　　（b）平行于传送方向布局时焊点的形貌

图 12-13　不同布局方向带来的焊点形貌比较

为什么平行传送时片式元件的焊点形貌不一样呢？这是因为平行布局时，片式元件先后入波的两端焊点的脱锡方式不同，如图 12-14 所示。由于后端焊点是在裹着气囊的情况下脱离锡波的，其焊点比前端焊点要小。如果焊盘不够长，还可能产生漏焊。

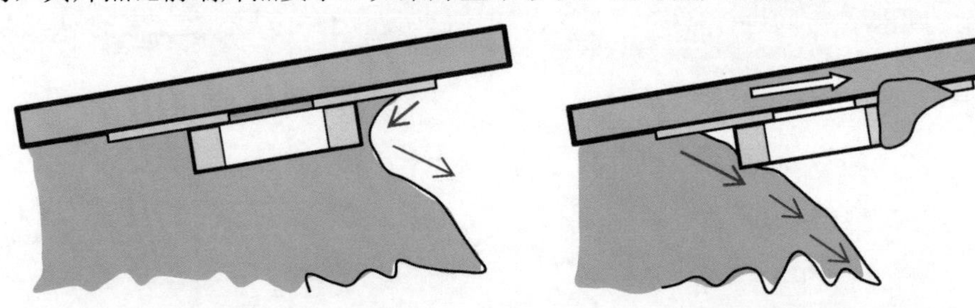

（a）前端焊点（先入波的焊点）　　（b）后端焊点（后入波的焊点）

图 12-14　脱锡方式

2．插装元器件的布局方向

多个双引脚的插装元器件（引线间距大于等于 3.8mm 时）其插孔中心连线方向应尽可能与传送方向一致；一排或多排引线的连接器，其引线排的方向应尽可能与传送方向一致，如图 12-15 所示。这样，进行波峰焊接时引线能够连续脱锡，有利于减少引线间桥连的概率。但不禁止其他方向的布局。

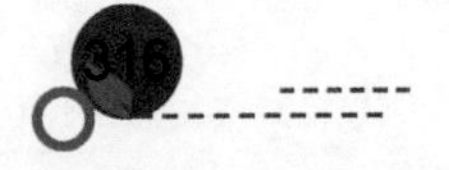

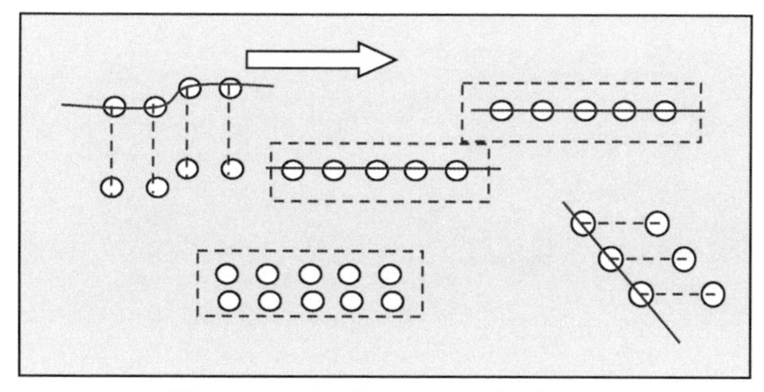

图 12-15　插装元器件的布放要求

12.7.2　元器件/焊盘间隔要求

元器件/焊盘间隔指波峰焊接面上波峰焊接元器件焊盘之间的间隔。

原则上，封装体与封装体（如图 12-16 所示的 E 端，注意片式元器件的特殊定义）之间的间隔不小于 1.0mm，焊盘与焊盘（如图 12-16 所示的 S 端）之间不小于相邻元件最高那个元器件的高度值。如果布线密度允许，应尽可能按以下的优化设计要求执行。

1．贴片元器件焊盘边缘之间的间隔

（1）波峰焊接贴片元器件焊盘边缘之间的最小间隔如表 12-3 所示。E、S 含义如图 12-16 所示。如果焊盘内缩，则以封装体间隔尺寸要求执行。表 12-3 所示间隔只给出符合波峰焊接要求布局方向的间隔。

表 12-3　波峰焊接贴片元器件焊盘边缘之间的最小间隔　　单位：mm

间　隔		0603～1206		SOT		SOIC	
		E	S	E	S	E	S
0603～1206	E	1.25	—	—	—	—	—
	S	—	1.50	—	—	—	—
SOT	E	—	2.50	1.25	—	—	—
	S	1.25	—	—	1.25	—	—
SOIC	E	—	2.50	1.90	—	2.50	—
	S	1.25	—	—	1.90	—	2.50

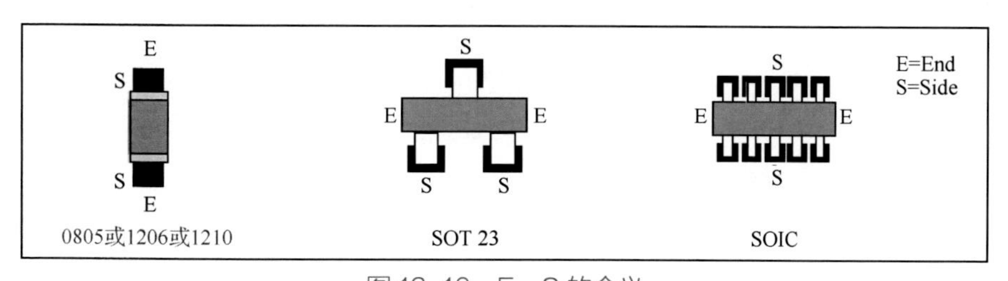

图 12-16　E、S 的含义

（2）贴片元器件错位布局时，按图 12-17 所示要求设计。

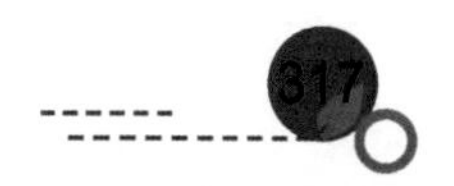

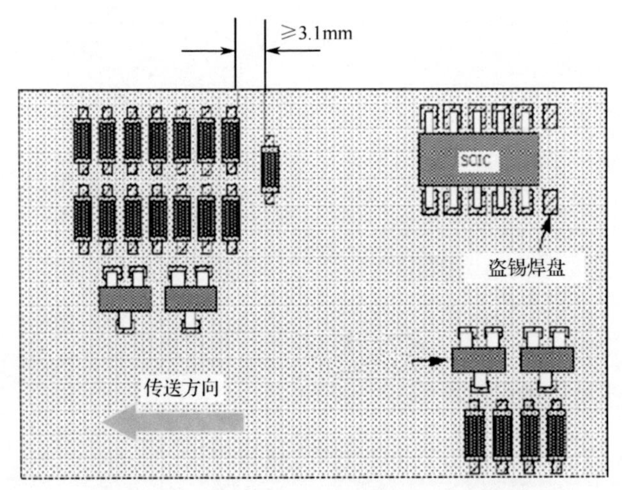

图 12-17　贴片元器件错位布局时间隔要求

2．插装元器件焊盘边缘之间的间隔

（1）焊盘间隔，俗称空气间隔（air gap），指相邻焊盘边缘之间的最小距离，如图 12-18 所示。

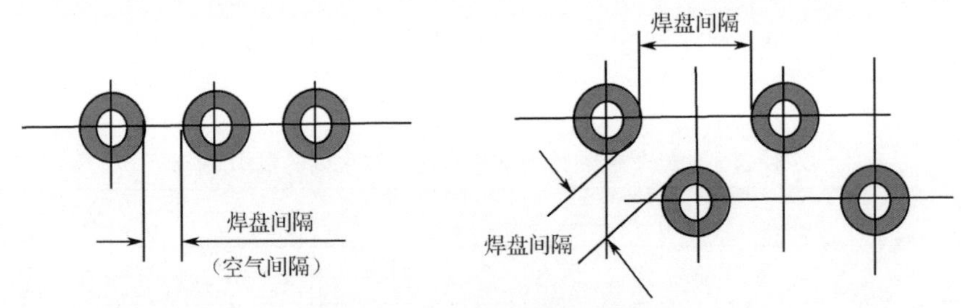

图 12-18　焊盘间隔的含义

（2）焊盘间隔一般应大于等于 1.00mm。对于细间距插装连接器，允许适当减小，但最小不应小于 0.60mm，如图 12-19 所示。如果焊盘间隔在 0.60～1.00mm 之间，需要在脱锡端设计盗锡焊盘。

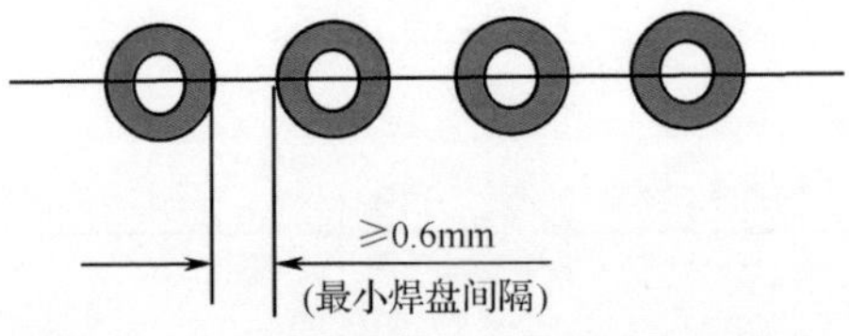

图 12-19　插装元器件焊盘边缘间隔要求

（3）如果按正常焊盘环宽设计，焊盘间隔不能满足上面第（2）条中的最小间隔的要求，可通过减少焊盘环宽来达成最小间隔要求，只要焊盘环宽不小于 0.15mm，都可接受。

3．插装元器件焊盘与贴片元器件焊盘边缘之间的间隔

插装元器件焊盘与贴片元器件焊盘边缘之间的间隔应大于等于 1.25mm，如图 12-20 所示。

4．测试点与其他焊盘边缘之间的间隔

测试点与测试点焊盘边缘、测试点焊盘边缘与表贴焊盘边缘、测试点焊盘边缘与插件焊盘边缘大于等于 0.6mm。

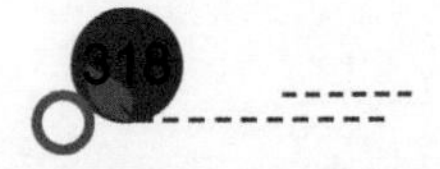

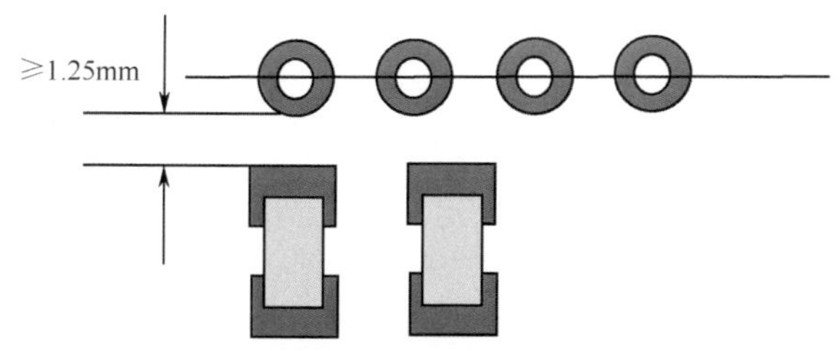

图 12-20　插装元器件焊盘与贴片元器件焊盘边缘间距要求

12.8　波峰焊接焊点的形成机理

插装焊点的形成过程可以细分为填充与修整两个子过程。填充，是指熔融焊料依靠毛细作用或熔融焊料向上的流动作用力（源自压板高度）填充金属化孔的过程；修整，是指利用锡波对熔融焊料的拖曳作用去除焊点上多余焊料的过程。

1．填充及主要不良

焊料的填充机理有两个，即毛细作用和焊料向上的填充机理，如图 12-21 所示。正常设计的插孔（孔径与引线直径差小于 0.6mm），孔内焊料的填充机理基本上以毛细作用为主。只有在一些特殊的设计中，如在葫芦孔设计中，由于引线与 PCB 金属化孔壁间隙很大，所以焊料的填充才以填充机理为主。

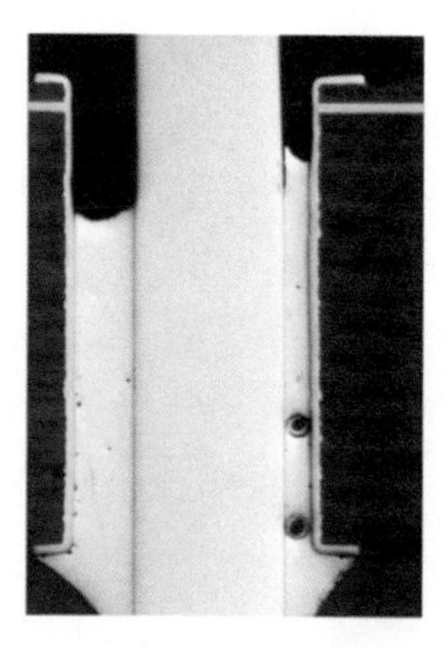

（a）常规设计——毛细机理

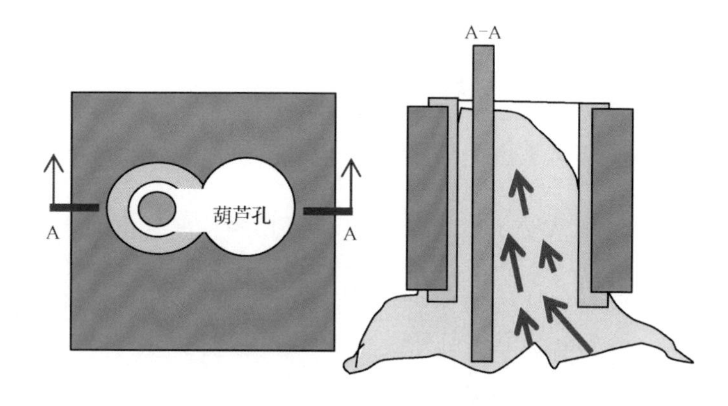

（b）葫芦孔设计——填充机理

图 12-21　焊料的填充机理

填充不良主要包括垂直填充高度不足、针孔、空洞等三种。

2．修整及主要不良

修整主要依靠锡波的拖曳作用（大面积的锡波对焊点的锡具有抽吸效应），将焊点上多余的焊料拖走。修整产生的不良主要有桥连、内缩和拉尖。

锡波拖曳作用的发挥不仅与整个板面上焊盘的布局、焊盘间隔、引脚的伸出长度有关，而且与波峰焊接工艺条件有关（使用的助焊剂、工艺参数等），特别是内缩与拉尖在很大程度上与工艺条件有关，即与预热温度、锡槽温度与焊接时间有关。

内缩与拉尖主要与孔内所填焊料（留锡）的温度有关，焊点内缩与拉尖主要形成机理如图 12-22 所示。内缩常常发生在多排连接器的内排，主要是孔内填锡在脱锡时仍然保持液态。拉尖与之相反，引线散热太快，几乎与脱锡同步发生，引脚尖端的锡还未来得及爬回焊盘就已经凝固。

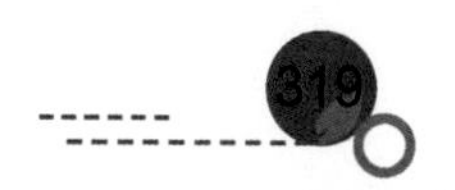

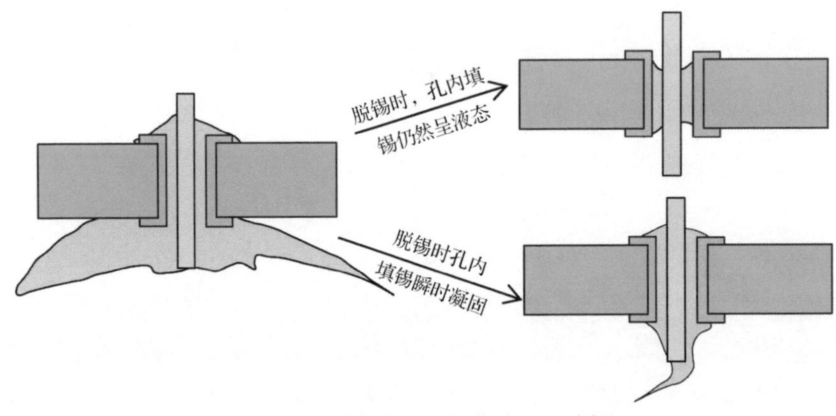

图 12-22　焊点内缩与拉尖主要形成机理

12.9　波峰焊接常见不良

12.9.1　桥连

桥连的英文为 Solder Joint Bridge、Bridging、Solder Bridging，是指导体间形成的有害焊料通路。

根据安捷伦公司对全球 25 家 EMS/OEM 企业的波峰焊接不良率调查，波峰焊接焊点不良率平均在 0.15%以上，桥连占波峰焊接不良的一半以上。

对于透锡不良，只要设计之初注意到，通过设计与工艺优化，往往可以完全解决，但是，波峰焊接桥连却难以 100%完全解决。这一直困扰着业界，至今仍然是一个工艺难题。

之所以如此，一是影响因素多且复杂；二是与焊点周围的润湿面布局有关；三是工程上很难做到完全优化，比如，插件引脚的长度规格，我们不可能一种板厚定制一种规格引脚长度。

根据桥连发生的位置及表面现象，波峰焊接桥连基本可以归为三大类，如图 12-23 所示。

1．桥连机理

1）*说法 1——脱离速度说*

如图 12-24 所示，当 PCB 进入 *A*–*B* 区域，PCB 完全被焊料所桥连，导体上的焊料被排走，但绿油上的焊料仍然部分存在。*B* 点的位置受 PCB 板面润湿区的影响而发生变化，从 *B* 到 B_1 前后跳动。B_1 点附近焊料的垂直速度是十分重要的，变化太快就意味着没有足够的时间将焊点上稳定态需求以外的焊料拉走，此时锡波突然脱离与焊点的接触，就会发生桥连。

因此，要解决桥连，就必须防止锡波与焊点的突然脱离，PCB 的设计任务就是使 PCB 建立起连续的载（润）波能力，确保锡波稳定地从焊点分离——盗锡焊盘就是实现连续载波能力的一个手段。不希望出现波峰向后的不断跳动。

2）*说法 2——拖曳说*

当我们近距离观看熔融锡波脱离 PCB 的微观过程时，可以看到，PCB 离开波峰时会拖曳着焊料，即液态焊料不会马上离开焊盘而会被前进中的 PCB 焊盘拖曳一小段距离（或时间），直到液态焊料克服表面张力才会脱离 PCB 焊盘回到锡槽中。这种现象在波峰焊接发明的初期就已经被大家认识到，所以波峰焊接的传送导轨都与水平面有一个传送角度的设计，以便液态焊料在重力的作用下能够完美地分离。显然，倾角越大越利于拖曳作用的发挥，但这又牺牲了接触宽度，一个平衡的角度是 7°。

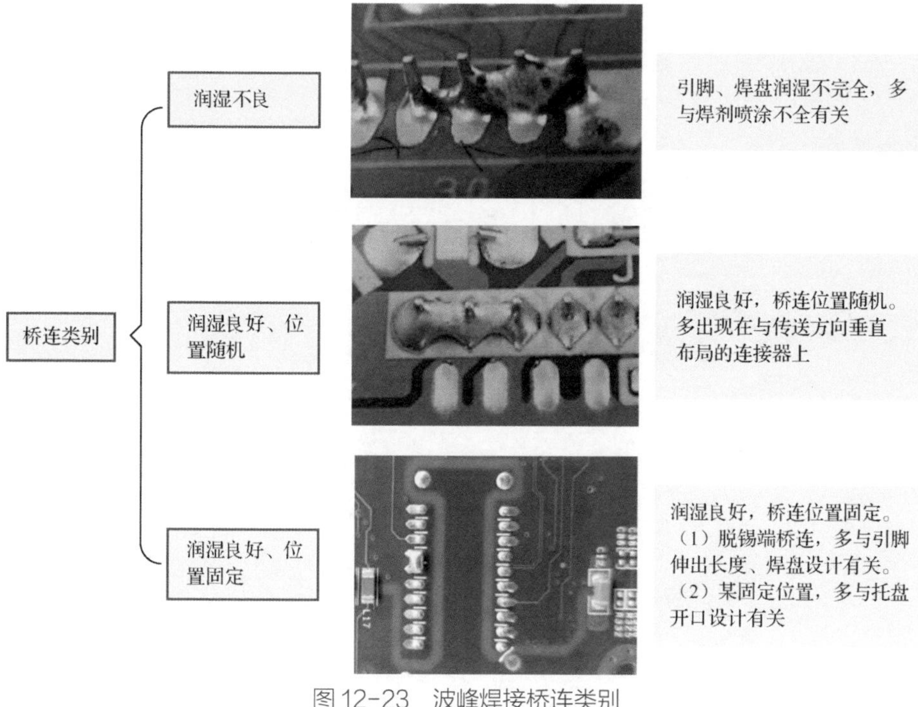

图 12-23　波峰焊接桥连类别

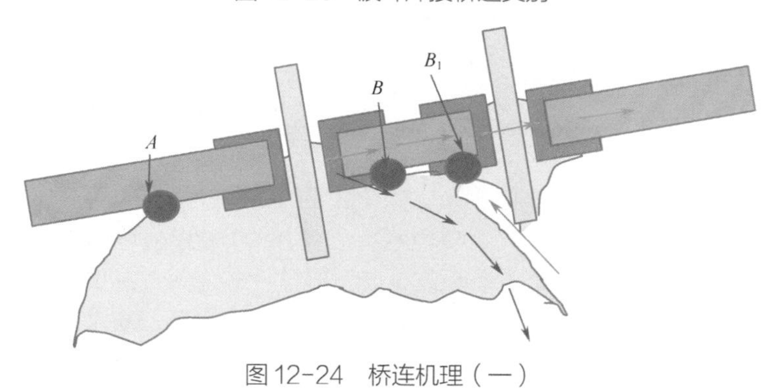

图 12-24　桥连机理（一）

这一现象可以解释为什么桥连总是发生在密脚连接器的脱锡端焊盘，也可以用来说明盗锡焊盘的作用机理，如图 12-25 所示。对比图 12-25（a）和（b），可以看到盗锡焊盘改变了脱锡焊点波峰侧液态锡的截面积，大的面积更有利于将焊盘上的焊锡“拖走”，这意味着更少的桥连发生。

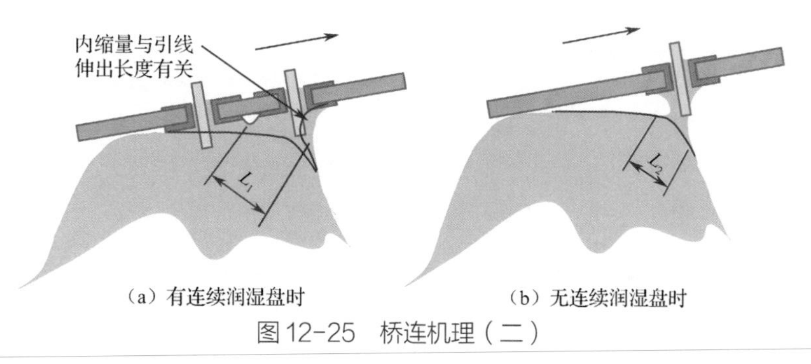

图 12-25　桥连机理（二）

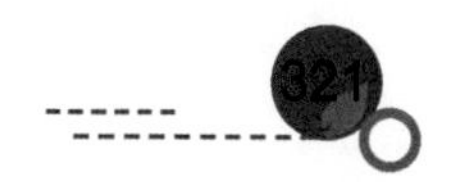

上述两种说法其实本质上是一样的，就是焊接面应有连续的载波面或连续的、较大的润湿面（至少面积超过焊点焊盘，提供比焊点更大的表面张力），将焊点上多余的焊料拽走。图 12-26 所示案例很好地诠释了连续载波的概念，整个板面几乎形成了一个连续的润湿面，使锡波能够缓慢有序地剥离。尽管此板的焊盘间距都比较小，但是却不易发生桥连。

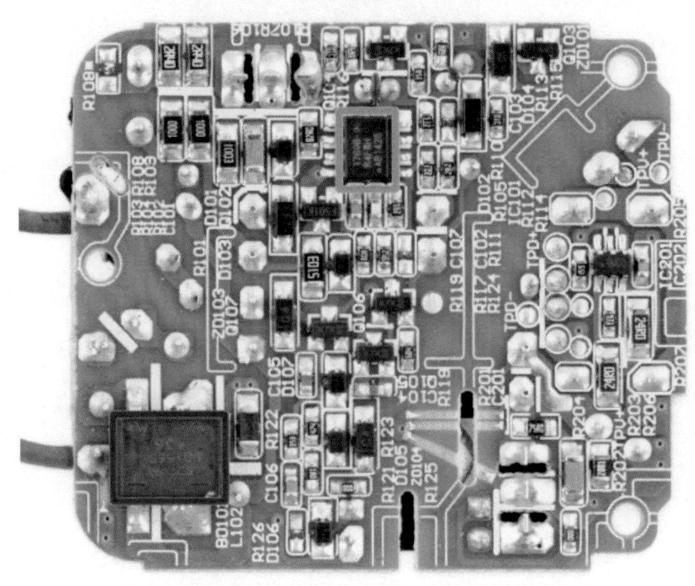

图 12-26　波峰焊接板面元器件的布局及连续载波能力的设计

2．产生原因

1）设计因素

（1）引脚中心距、直径及其截面形状是引发桥连的决定性因素。

（2）传送方向是引发桥连的第二重要因素。它使相邻焊盘起到盗锡焊盘的作用，或者说规范桥连的位置，使桥连位置固定下来，再通过专门设计的盗锡焊盘解决桥连。

（3）焊盘空气间隔和引脚伸出长度（决定了焊缝形状）影响锡桥的断开能力。

（4）布局位置。有些位置，比如脱锡板边，就比较容易发生桥连。

2）工艺因素

（1）接触时间/链速决定了焊点实际的温度，它既影响焊料的黏度，也影响焊剂效能。

（2）预热温度确保焊剂形成合适的黏度。

（3）喷涂的助焊剂要有一定的膜厚。日本村田（Tamula）公司的研究表明，使用 15%固态含量的最佳涂覆厚度为 7μm。

（4）焊料温度要适中。

（5）波的平稳性（如贴胶纸就会干扰波的平稳性）。波越平稳越容易消除桥连。

№　案例 53　波峰焊接时片式电容器表面出现桥连和拉尖现象

某产品如图 12-27 所示，波峰焊接时片式电容器表面出现桥连与拉尖现象。

现场对预热温度和链速进行调试，桥连仍然存在，而关掉紊流波，仅使用宽平波焊接，桥连现象消失，但漏焊现象出现了。

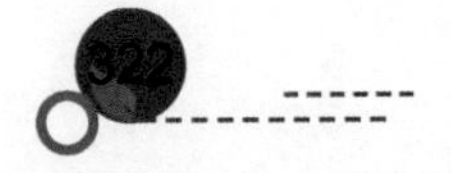

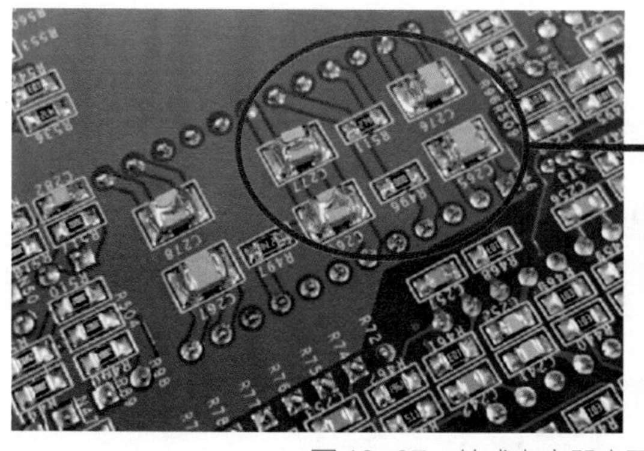

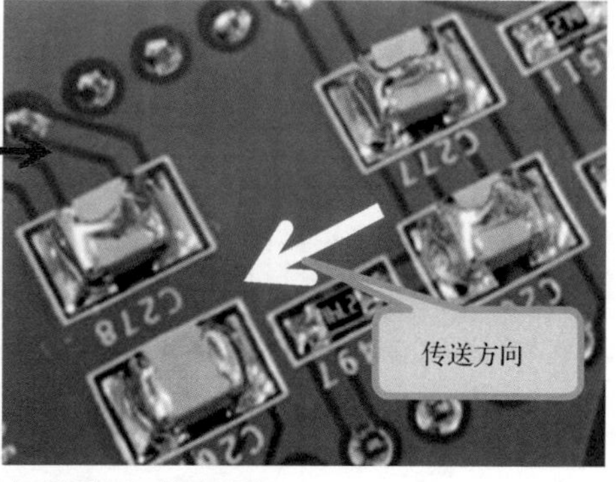

图 12-27　片式电容器表面出现桥连和拉尖现象

从出现桥连的片式电容器看，只发生在封装尺寸为 1825 片式电容器上（如图 12-28 所示），这个尺寸的片式电客器比较特别，属于较短（4.5mm），但较宽（6.4mm）和较高的封装，焊端间隔只有 2.3mm，本身属于桥连风险比较高的元器件。

使用紊流波，会使 PCB 表面的助焊剂被冲刷掉，再过平滑波时熔融焊料表面覆盖的助焊剂会变薄，焊料表面张力会变大，锡桥不容易断开，容易发生桥连。之所以只有 1825 片式电容器发生桥连，是因为它最后脱离熔融锡波。片式电容器的良好导热与 PCB 的迅速降温，导致片式电容器桥连（类似拉尖机理），这与 8 脚的 SOP 容易桥连机理相同，解决方法就是将焊盘拉长。

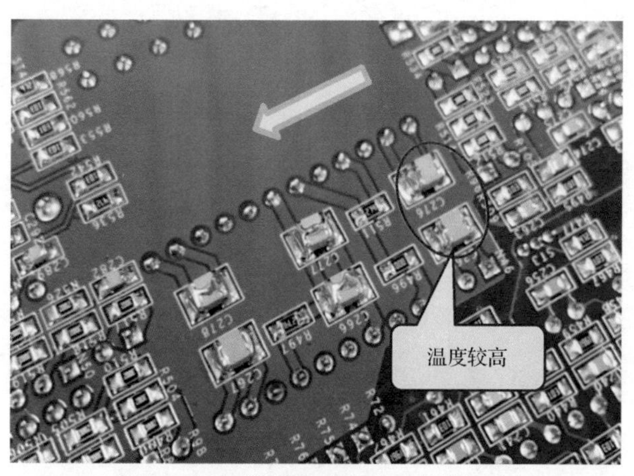

图 12-28　片式电容器表面桥连现象

本案例还有一个问题就是传送方向不合理，这也是出现桥连的一个重要原因。

3．改进建议

桥连位列波峰焊接不良的首位，很难完全消除，但以下的经验可以显著地减少桥连现象：

（1）优先选择引脚中心 2.0mm（非规格书标注的 *X*、*Y* 距离）以上的封装。引脚的垂直截面形状与尺寸，扁的好于圆的，圆的好于方的，细的好于粗的。

（2）引脚排列方向应平行于传送方向。

（3）引脚伸出长度应控制在 0.4～0.8mm。

（4）焊盘间隔应不小于 0.6mm，0.8mm 及以上效果更好。

（5）在脱锡端布局盗锡焊盘。

12.9.2 透锡（垂直填充）不足

透锡率是 IPC-A-610 中的一个主要指标。透锡率差的元器件如图 12-29 所示，透锡率差的情况一般发生在以下应用场景：

（1）吸热量大的元器件引脚（如电源模块铜柱子、粗的电感线圈引脚、嵌入铝板的引脚）或铁镍合金材质的引脚（导热系数仅 16 左右，是铜的 1/25），还有一些标准的封装，如电解电容器、薄膜电容器等，都属于吸热量比较大的封装。

（2）板子的厚度超过 2.4mm 或经过 OSP 处理。

（3）插孔连接平面层数超过规定层——5 层花焊盘连接或 3 层实连接。

图 12-29　透锡率差的元器件

1. 产生原因

影响透锡率的主要因素是孔壁与引脚的温度，受板厚、掩模开口尺寸、元器件耐温（允许的预热最高温度）及孔壁与大铜箔（如地、电层）的连接等多种因素影响，情况复杂，如图 12-30 所示。

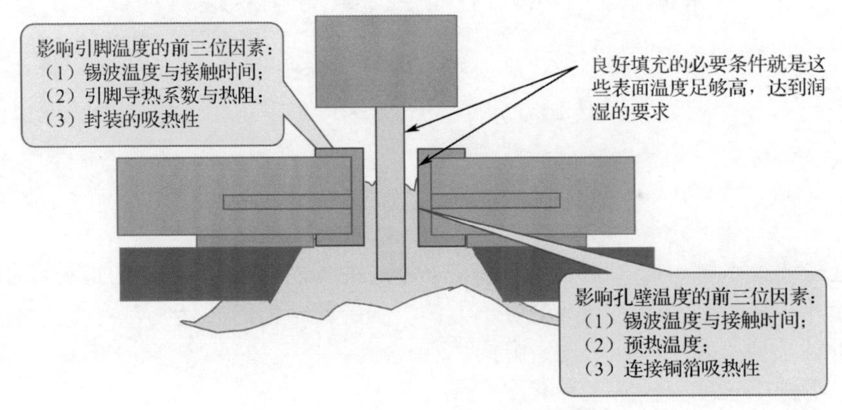

图 12-30　影响透锡率的主要因素

助焊剂、间隙（与毛细作用有关）、焊锡合金的本身润湿性也是关键，这些往往是能够管控的。

No 案例 54　（芯吸）连接器须过波峰焊接后内排焊点出现内缩现象且透锡不足 30%

某单板上有元器件透锡比较差，为了解决此问题，将波峰焊接链速调低，同时，为了避免薄膜电容热损伤，将预热温度调低。波峰焊接后板上的连接器中间两排焊点出现内缩现象，如图 12-31 所示。

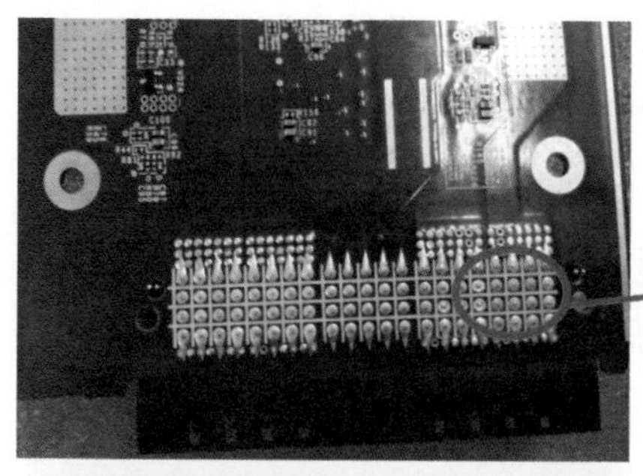

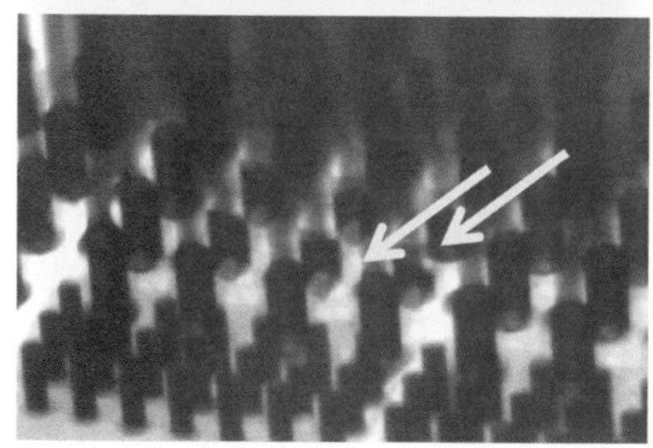

图 12-31　焊点内缩现象

出现这种现象通常都是因为焊接时间过长或焊点温度过高。无论焊接时间过长还是焊点温度过高，都会导致板内温度升高，最终会引起焊点凝固时间延长。当 PCB 离开锡波时，处于熔融状态的焊点会被锡波抽走部分焊锡，当焊点凝固后就会出现内缩现象。现场工艺将链速降低，从 85cm/min 降低到 70cm/min，就是延长了焊接时间。中间两排出现内缩，也说明是焊点温度偏高所致。

2．改进建议

要提高透锡率，可根据具体情况，按照以下原理进行优化设计：

1）设计方面

（1）减缓铜箔吸热，如控制实连接平面层数，采用导热孔、花焊盘、分流孔、加大间隙等措施补热或阻止热流失。

（2）如果使用掩模板，应尽可能扩大开口面积。

（3）架高元器件和减小引脚直径，提高元器件引脚热阻，减少引脚的热量损失。

（4）如果没有桥连风险，可以增加引脚外伸长度（也就是增加引脚插入锡波的深度），多插入 1mm 大约可以提高约 10℃。

2）工艺方面

提高锡槽温度和预热温度，调慢传送速度，增加热量供给。

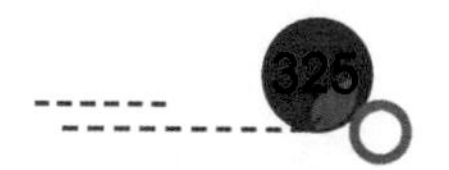

12.9.3 锡珠

波峰焊接板面往往有不少小的锡珠，如图 12-32 所示。在清洗时，锡珠会被洗掉，然而，随着免洗工艺的应用，焊后不再清洗焊板，这使得锡珠现象成了问题。

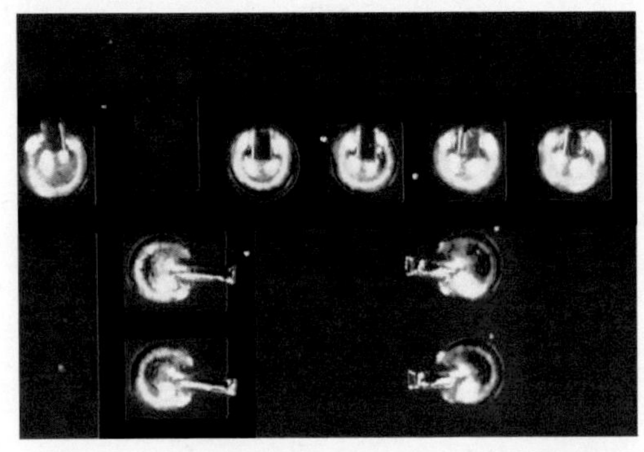

图 12-32 锡珠现象

1. 产生原因

有人采用高速摄像机对锡珠的产生机理进行了记录，观察到当波峰焊接中的液态焊料和焊盘剥离时（这个过程叫作 peel-off），就会形成锡珠，形成过程如图 12-33 所示。液态焊料大的表面张力导致了锡珠的形成，这个小锡珠获得了较高的运动能量并且在 PCB 表面和锡波之间上下弹跳 1～2 次。如果黏附在 PCB 的表面将成为锡球。主要影响因素包括：

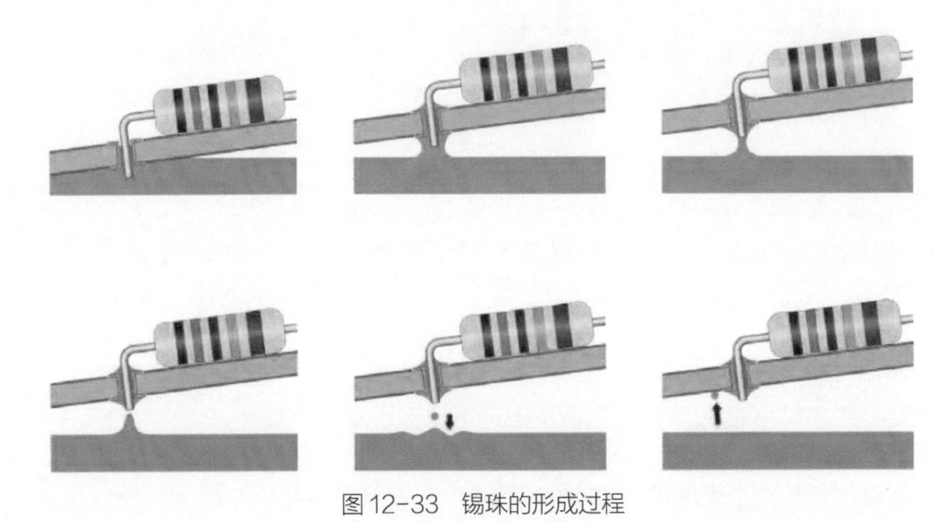

图 12-33 锡珠的形成过程

1）助焊剂

在低固态含量助焊剂推出之前，普遍使用的是松香型高固态含量助焊剂，固态含量经常高达 20%～30%。那时，锡珠弹跳现象也存在，但从来就不是一个问题。因为焊接时含有松香的助焊剂在 PCB 表面形成了液态助焊剂层，如果一个焊球撞击这个液态层，锡珠就会漂走，不会附着在 PCB 的表面。其缺点是在焊接后留下很多助焊剂的残留物。

当低固态含量的助焊剂被引入后，PCB 表面的环境从根本上改变了，免清洗助焊剂的固态含量很少有超过 3%的。焊接时，这样低的固态含量是不可能在 PCB 表面形成液态层的。而且现在所用的活化剂也经常是基于有机酸的，很少是合成松香，这也使上述现象更加明显。锡珠直接撞击空白的、干净的阻焊层覆盖的 PCB 表面，问题就产生了。锡珠附着问题不仅仅取

决于助焊剂，而且很大程度上也取决于阻焊层的特性。

2）阻焊层

PCB 板厂生产线经常采用双组分的阻焊层。通过对一家阻焊层厂商的调查发现，仅仅是树脂和催化剂配比的细微变化（小于 1%）就足以改变阻焊层的工艺行为，而这种改变又会在后续的焊接工艺中产生重大的影响。产生这个变化的参数是固化或者高分子链的交联程度。如果树脂和催化剂的配比有一点不匹配，就会使阻焊层不能完全固化，这样在后续的焊接过程中，焊接的热量就会导致阻焊层软化，而锡珠也就容易黏附在上面。

阻焊层的粗糙度对黏附力也有很大的影响。光滑的阻焊层表面粗糙度很低，这就给锡珠附着提供了条件，如图 12-34 所示。

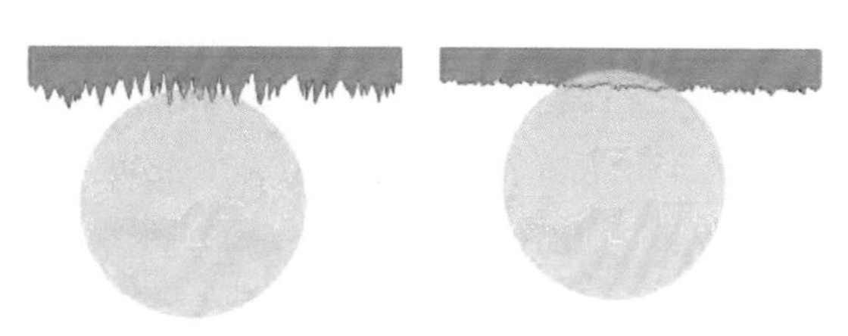

图 12-34　阻焊层粗糙度对锡珠的影响

3）其他影响因素

（1）对于随机产生的锡珠，这是最容易处理的缺陷，通常是在锡波到达之前，助焊剂过多而且锡波高度不一致造成的。当电路板接触锡波进行焊接时，如果听到“嘶嘶”的声，说明预热的温度太低或助焊剂涂得太多，也可能是锡槽/锡波的温度设得太高。

（2）锡珠在同一位置或有拖尾的管脚中出现，往往是因为助焊剂不足或预热温度过高。

（3）防溅挡板造成的锡球，最常见的原因是锡波高度过高，或者锡波中紊流过大。如果设计得当，大约 95%的波峰焊接应用可以只使用平滑波焊接，这样可以避免出现这种缺陷。

2. 改进建议

（1）选择合适的助焊剂。

（2）采用粗糙的阻焊层。

（3）烘板，125℃条件下 4h 以上。

12.9.4　漏焊

漏焊主要发生在片式元器件及人造盲孔式焊点上。所谓人造盲孔式焊点，是指插件封装体盖住插孔的情况，如图 12-35 所示，大部分为自制的零件，如变压器，设计时没有考虑助焊剂的排气问题。

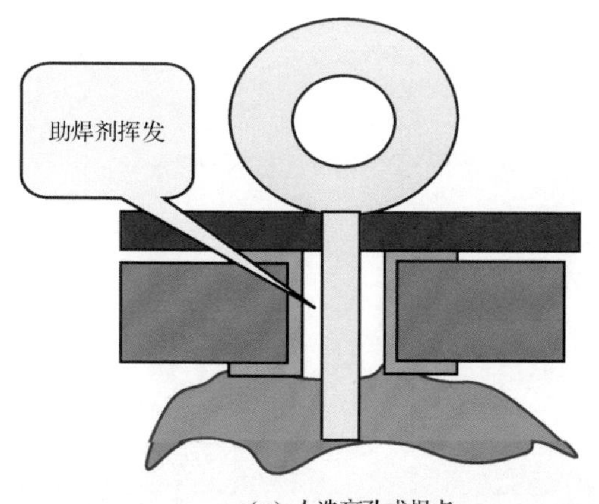

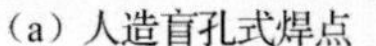

（a）人造盲孔式焊点

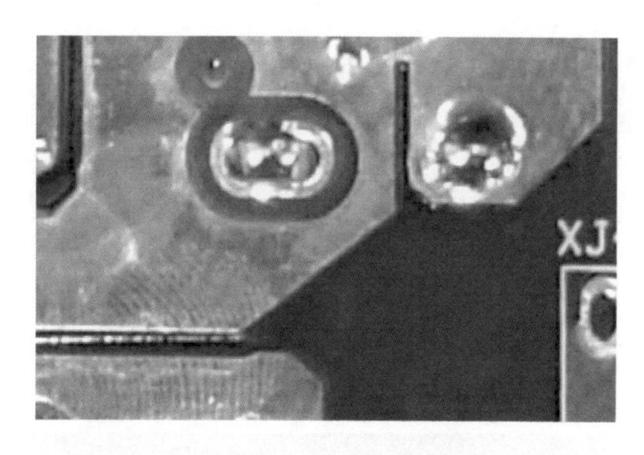

（b）漏焊现象

图 12-35　人造盲孔式焊点及漏焊现象

1．产生原因

引起漏焊的原因比较清楚，主要是漏喷焊剂、焊盘氧化、元器件的“遮蔽效应”和助焊剂的“气囊隔绝”等。大多数时候，主要与元器件的“遮蔽效应”和助焊剂的“气囊隔绝”有关。

2．改进建议

（1）优化元器件布局和焊盘设计，将片式元器件长方向垂直于传送方向布局，推荐的片式元器件布局如图 12-36 所示。

图 12-36　推荐的片式元器件布局

（2）如果用于焊接片式元器件，一定要打开紊流波，以便将助焊剂挥发形成的气泡赶走。

（3）对于盲孔式焊点，必须改进元器件设计，使元器件安装底座与 PCB 板面有间隙。如果元器件设计已经定型，焊接时需要在安装底座下采取工艺补救措施，如贴胶纸或用临时垫片垫高。

（4）充分预热或减少焊剂量，消除“气囊隔绝”效应的影响。

（5）注意挡条和托架的设计不要影响元器件的受热与受锡空间。

12.9.5　孔盘润湿不良

波峰焊接孔盘边缘部分不润湿现象如图 12-37 所示。这属于黑盘问题，只不过最严重的地方出现在孔盘边缘与孔口处，如图 12-38 所示，这与电镀时电流的分布及镀层结构有关。这种不润湿，预示着整板存在黑盘风险，只是比较轻微，在 SMT 工艺下一般能够被润湿，外观上表现不出来，但连接强度会有所下降。一般的应用条件下可以接受，不会严重劣化可靠性，但对于高可靠性要求的军用、航空电子等产品，就需要根据客户的要求进行评估。此现象类似反润湿，但 Ni 层上没有任何锡，看上去呈黑灰色。

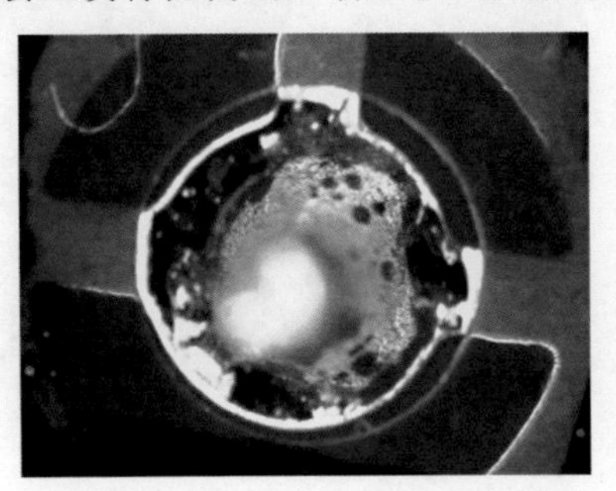
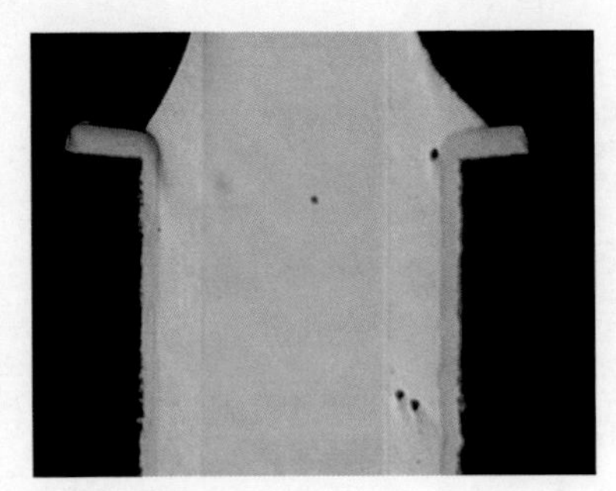

图 12-37　孔盘不润湿现象

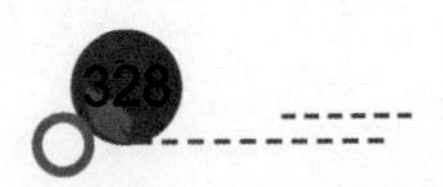

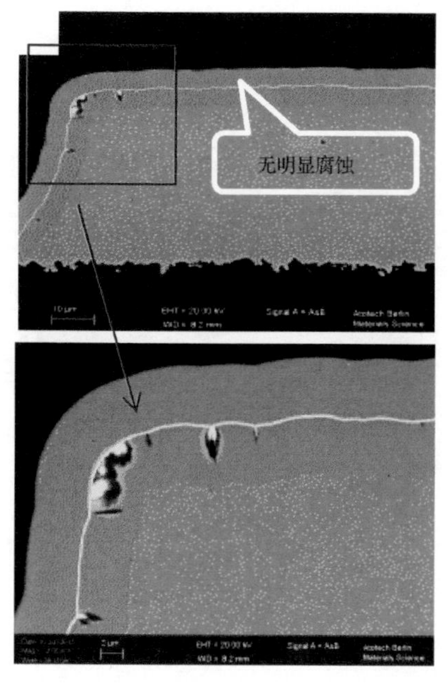

（a）孔盘边缘

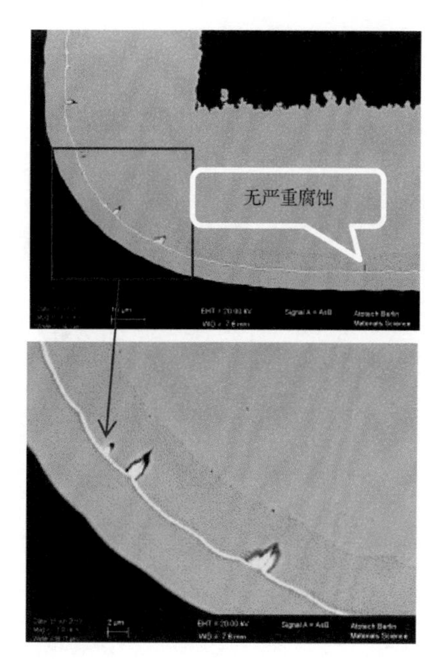

（b）孔口

图 12-38　孔盘边缘及孔口黑盘现象

№ 案例 55　孔盘不润湿现象

随着无铅工艺的实施，PCB 的表面处理更普遍地采用了 ENIG 工艺，也有更多的机会看到 ENIG 板波峰焊接时孔盘边缘不润湿的现象。图 12-39 是笔者工作中遇到的两个案例，都表现为非常严重的孔盘不润湿现象。

（a）案例一

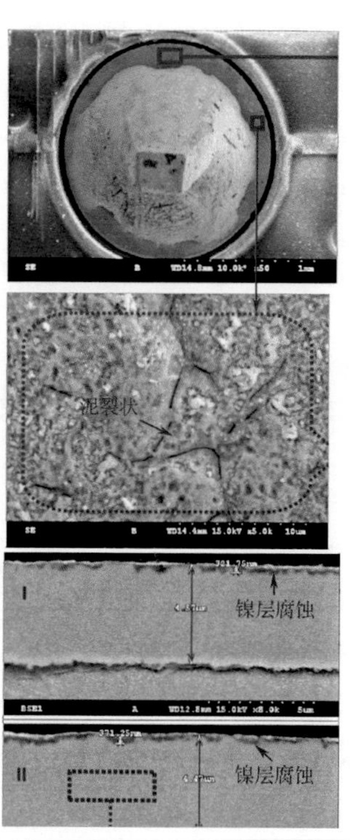

图 12-39　波峰焊接孔盘不润湿案例

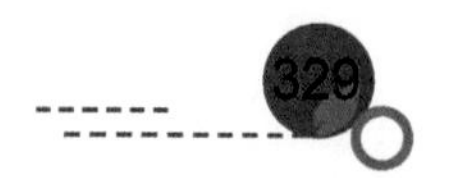

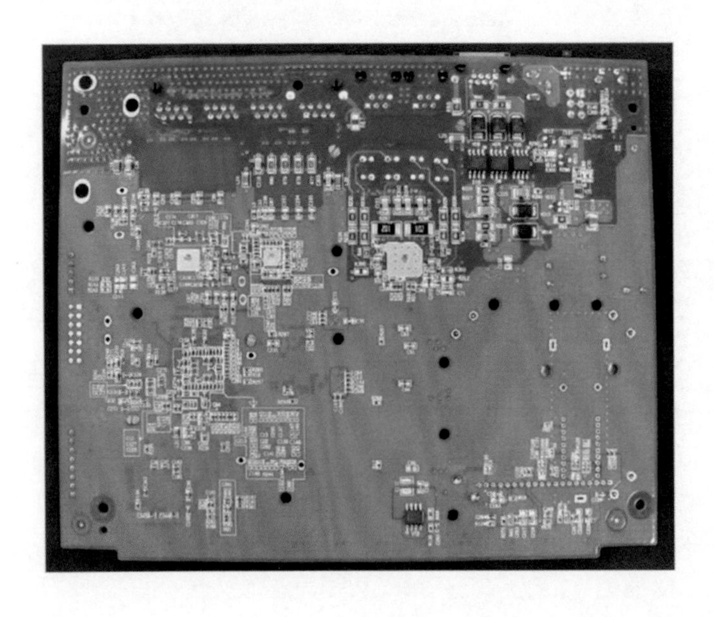

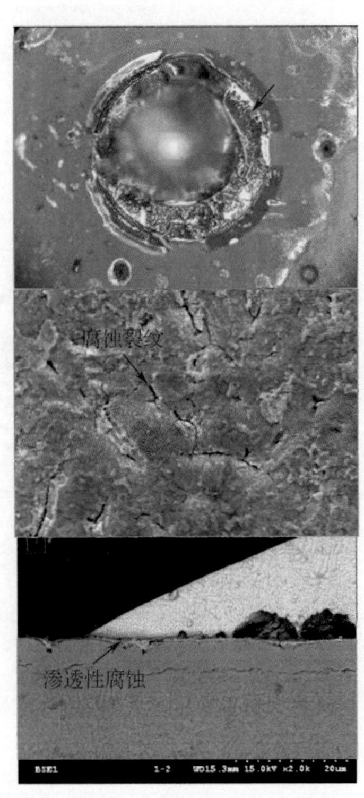

（b）案例二

图 12-39　波峰焊接孔盘不润湿案例（续）

从这两个案例都能够看到泥浆裂纹特征与针刺现象，说明孔盘缩锡为黑盘所致。

有黑盘风险的单板，为什么焊点缩锡只出现在插件的孔盘边缘和孔口呢？一方面是孔盘边缘和孔口腐蚀严重，另一方面是波峰焊接锡波的拖曳作用造成的，孔盘不润湿产生的可能原因之一如图 12-40 所示。被腐蚀的 Ni 层表面润湿性比较差，熔融焊锡与之的结合力很弱，在流动锡波的拖曳下往往会被拉开。

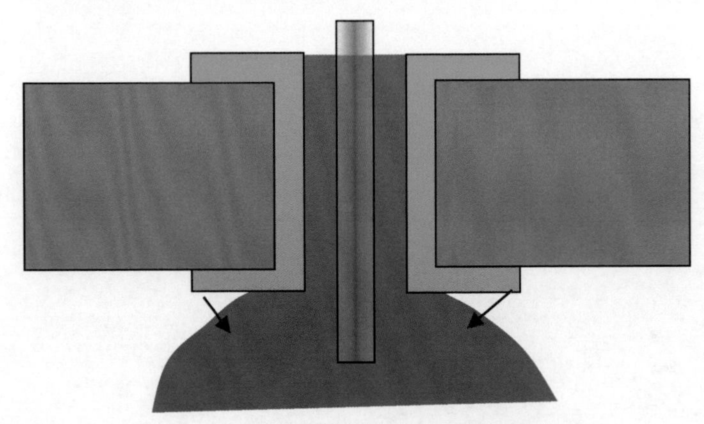

图 12-40　孔盘不润湿产生的可能原因之一

SMT 焊点或插件孔内看不到不润湿现象，只是熔融焊锡没有受到拖曳作用而表现出来，但并不意味着没有黑盘现象，黑盘是同样存在的，如图 12-41 所示。

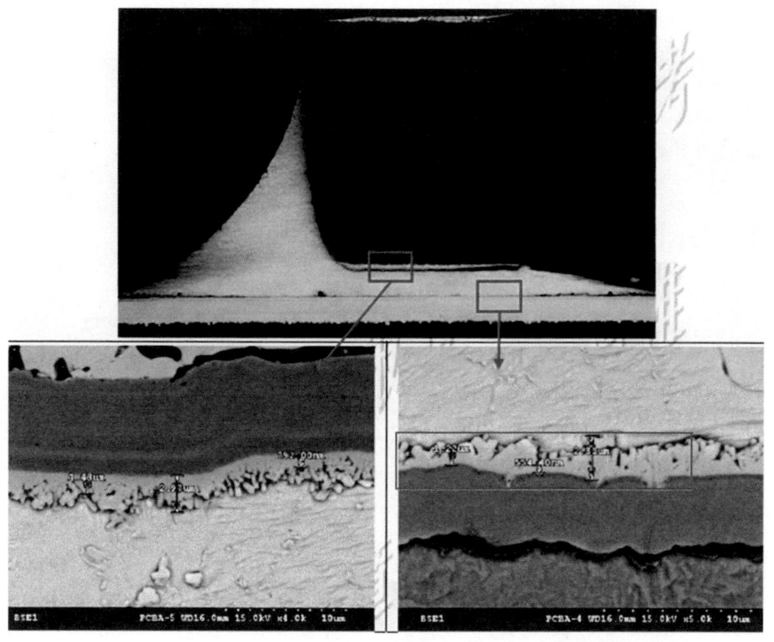

图 12-41　孔盘边缘不润湿单板上 SMT 焊点也有黑盘现象

出现孔盘边缘不润湿现象的单板，一般镍层腐蚀都比较轻，腐蚀深度往往小于 2μm，如图 12-42 所示。切片观察时如果放大倍数不够（≤2500 倍），一般难以观察到，因此，需要采用比较高的放大倍数工具进行观察。

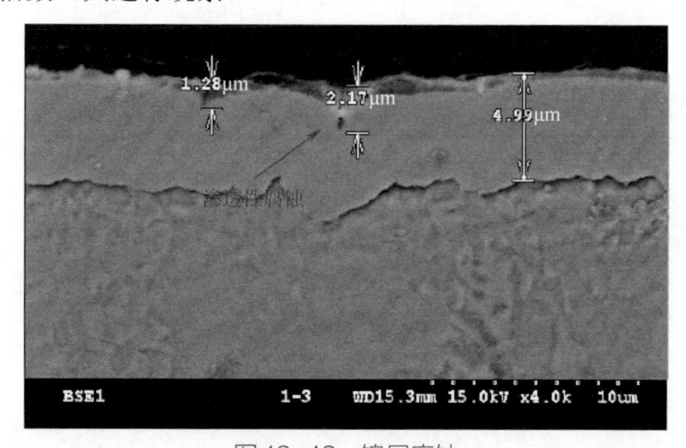

图 12-42　镍层腐蚀

能否利用孔盘不润湿现象评估 ENIG 板的黑盘风险？完全可以。我们从成品单板外观上是没有办法判定黑盘现象的，因为 Ni 层表面被 Au 覆盖。工程上，都是在焊接后才发现的。在实际生产过程中，如果 ENIG 板在过波峰时出现孔盘不润湿现象，那么就可以判定这批 PCB 有黑盘腐蚀问题。

12.9.6　孔/空洞

1．波峰焊接焊点孔/空洞类型

波峰焊接焊点的孔/空洞基本有四类，如图 12-43 所示。

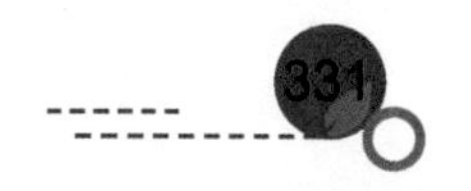

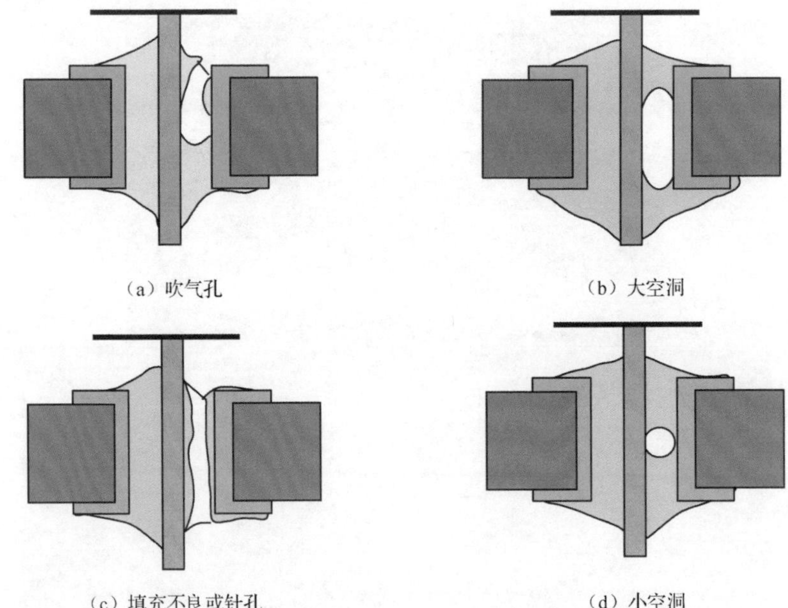

（a）吹气孔　（b）大空洞

（c）填充不良或针孔　（d）小空洞

图 12-43　波峰焊接焊点孔/空洞类型

2．吹气孔形成的原因

吹气孔的特征非常典型，它是一个盲孔，孔口如火山口一样，有非常典型的吹气特征，孔边有毛刺，如图 12-44（a）所示。其产生的原因是 PCB 孔壁存在针孔。焊接时 PCB 内的潮气或 PCB 制程中残留药水的挥发气体溢出，将吹出空洞，如图 12-44（b）所示。

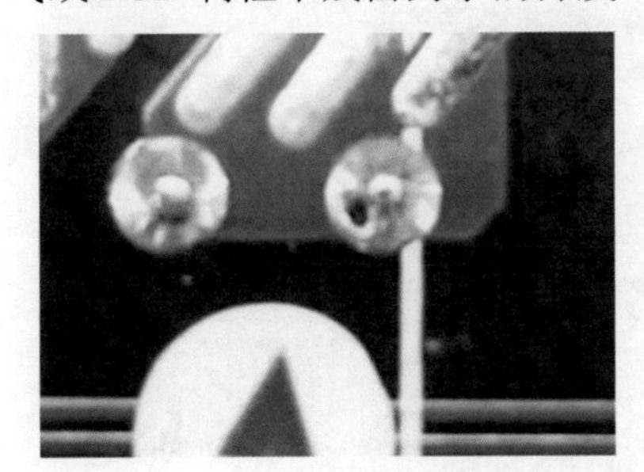

（a）吹气孔口形貌

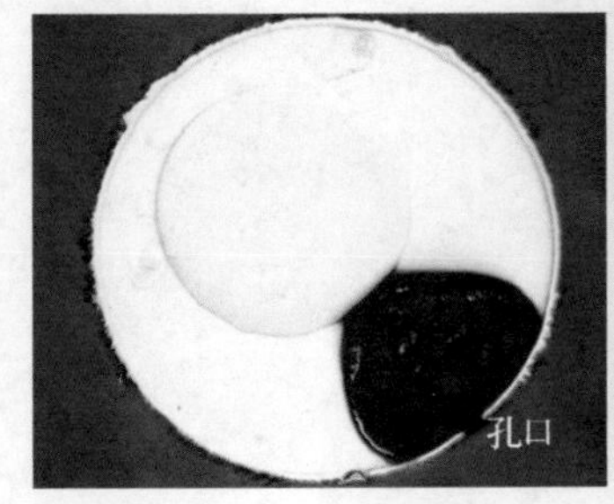

（b）形成机理

图 12-44　吹孔特征与形成机理

3．大空洞形成的原因

图 12-45 所示的大空洞有时被称为有机物污染空洞。形成的原因基本确定，就是孔壁或引脚部分被有机物污染，波峰焊接时不被焊料润湿，形成大的空洞。这种波峰焊接焊点空洞外观上有时表现为鼓包，大部分情况下从焊点外观上无法判定，在做 X-Ray 检测时会被发现。

No 案例 56　波峰焊接过孔冒锡珠

波峰焊接后过孔冒锡珠如图 12-46（a）所示。切片后可以看到孔内有较大的空洞，如图 12-46（b）所示。

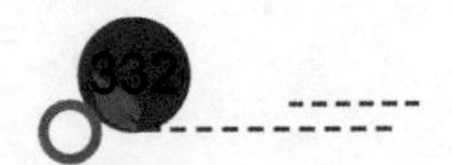

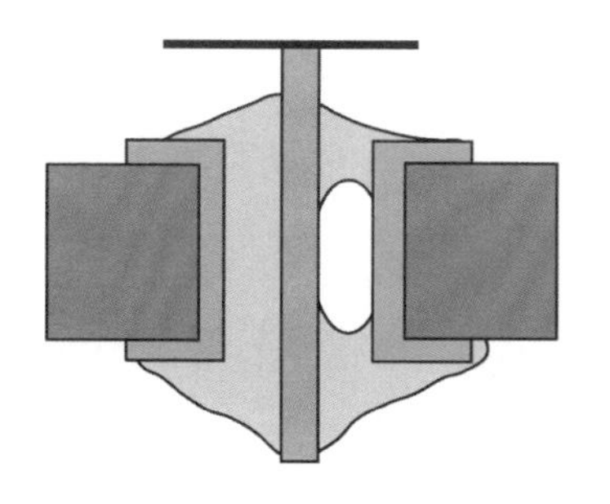

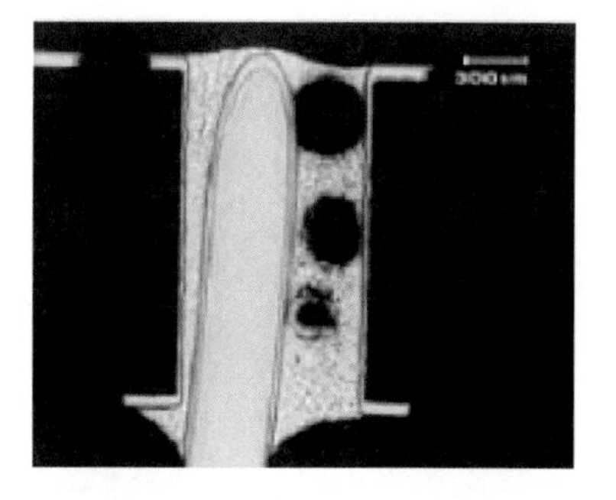

（a）有机物污染空洞示意图　　（b）有机物污染空洞实际切片图

图 12-45　焊点内较大的空洞

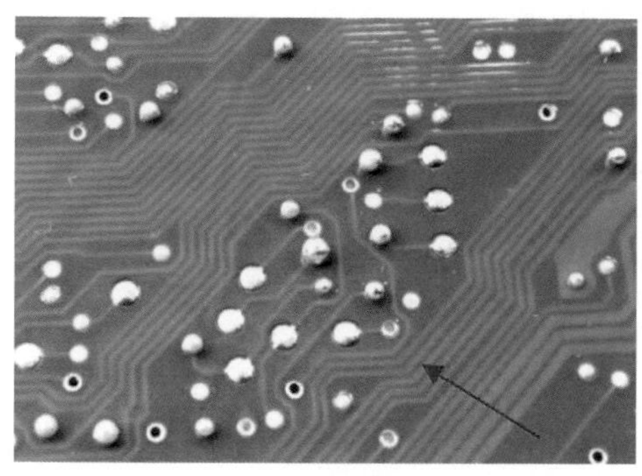

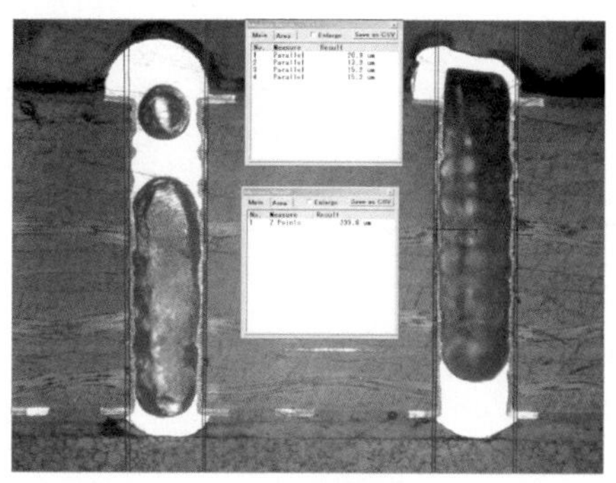

（a）外观图　　（b）切片图

图 12-46　过孔冒锡珠现象

正常的波峰焊接，首先喷涂助焊剂，接着预热，最后过波峰。从机理上讲，如果过波峰时没有空洞，过波峰后也不会有，因为焊点会迅速凝固。从焊点两侧冒出锡珠的特征看，空洞应形成于过波峰期间，也就是焊接的过程中。

如果孔壁被有机物污染或严重氧化，熔融焊锡不能迅速润湿孔壁，就会形成较大的空洞。局部孔壁不能及时润湿时就会成为“空洞种子”，类似于再流焊接时被焊接表面氧化容易产生空洞的机理。

另外，助焊剂覆盖孔壁不足也可能导致过孔空洞的出现。比如，PCB 板厂做漂锡试验（一种测试 PCB 耐热性的试验）时，一般不会喷涂助焊剂，我们会看到相等部分的导通孔存在空洞现象，如图 12-47 所示。此现象表明孔壁上没有助焊剂也是导致通孔空洞的原因之一。

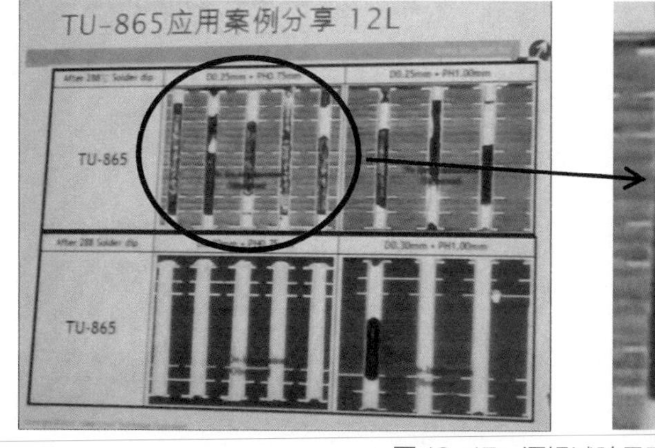

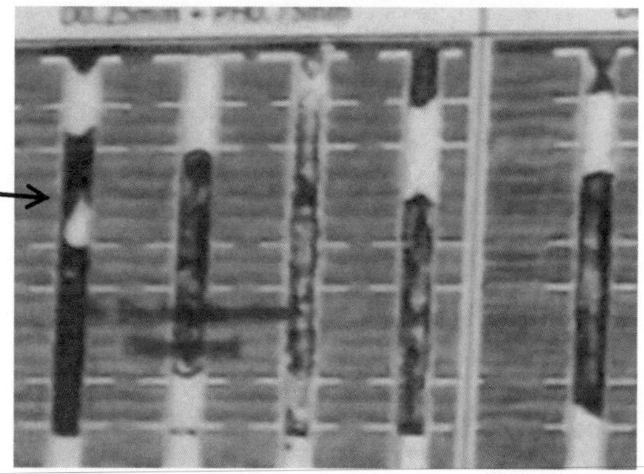

图 12-47　漂锡试验导致过孔空洞现象

4．孔填充不良或针孔形成原因

孔填充不良是指插孔没有完全填充的现象。此现象与通常所讲的透锡不良（垂直填充）是两种不同的不良现象。孔填充不良与焊点中针孔在外观上也有很大的区别，就是没有填充的孔呈不规则形貌，不是圆形的。

1）产生原因

孔填充不良属于典型的、由设计引起的问题。波峰焊接孔内的填充与插孔和引线的间隙（指孔径减引线直径）有关，此间隙阈值与插孔的结构有关。

- 单面板（非金属化）插孔与引线的合适间隙一般应选在 0.05～0.3mm 范围内（最优为 0.15mm），超过 0.4mm，孔穴率明显增加，如图 12-48 所示。

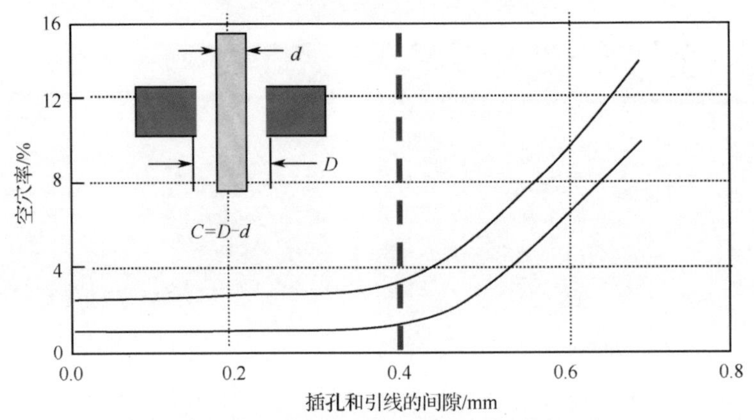

图 12-48　插孔和引线的间隙与空穴率的关系

- 双面板（金属化孔）插孔与引线的合适间隙一般应选在 0.2～0.4mm（最优为 0.3mm）范围内，间隙过大也会导致填充不良，如图 12-49 所示。

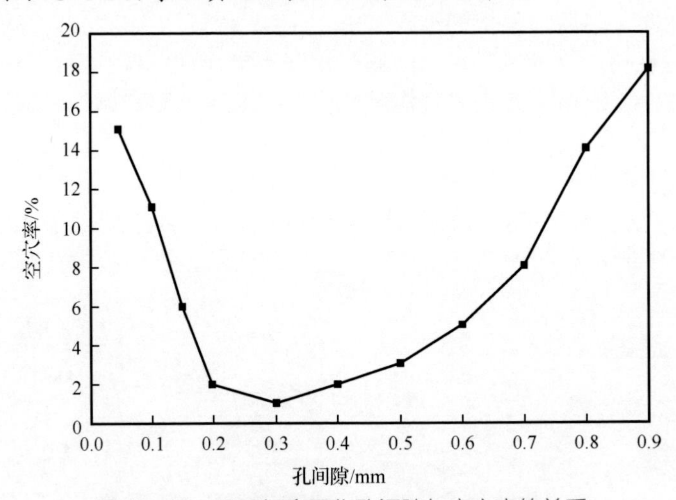

图 12-49　双面板金属化孔间隙与空穴率的关系

- 宽的扁形引线配圆孔是非常糟糕的设计，焊接时很容易产生不完全填充，如图 12-50 所示。

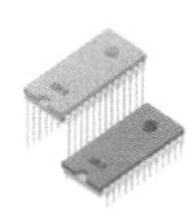

图 12-50　不完全填充实例

2）改进建议

按照工艺要求设计孔径。

12.9.7　尖状物

尖状物有两类——拉尖和锡旗，如图 12-51 所示。从机理上讲，主要是焊锡温度过低（不管是预热不足，还是引脚或孔吸热比较快），引脚尖部的锡过早凝固，不能流回到焊盘与引线构筑的焊缝区。单面板插孔为非金属化孔，焊点凝固相较于双面板的金属化插孔，其焊点凝固更快，因而更容易产生尖状物。金属化孔的多层板很少会出现拉尖现象。

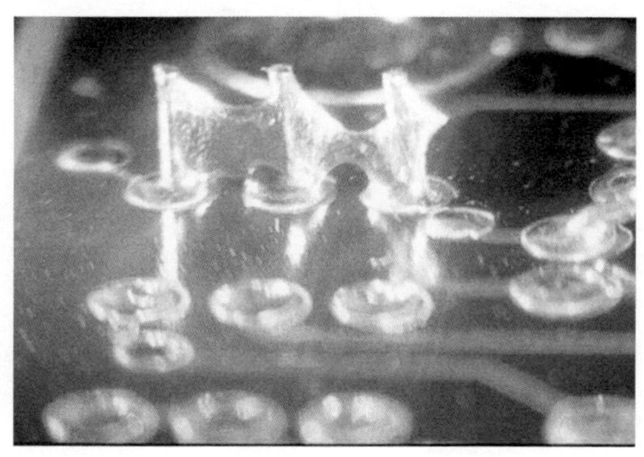

图 12-51　尖状物

1．产生原因

（1）助焊剂涂覆不全或活性比较差。

（2）工艺参数不合适，如预热温度比较低、焊接温度低或传送速度快，使熔融焊料黏度过大。这是出现拉尖最常见的原因之一。

（3）引脚伸出长度过长或氧化。

2．改进建议

（1）如果是不稳定的助焊剂涂覆所致，一般 PCB 表面也会看到较短的锡丝。检查助焊剂喷雾嘴是否堵塞。

（2）如果是因为不良的分离所致，一般是随机出现的。

（3）如果拉尖总是出现在引脚端头，很可能是引脚切割后储存时间过长导致的可焊性不良所致。因为如果引线的润湿缓慢，那么从锡波分离也会缓慢。

（4）有时候，尖状物可以通过增加与锡波接触时间或预热时间来消除，特别是那些热容量比较大的引脚，这样可以避免分离时快速变冷而留下多余的焊锡。

12.9.8 板面脏

波峰焊接后，板面有白色晕纹。

1．产生原因

与所用焊剂、板面颜色、预热温度有关。板面颜色越深，白色晕纹越明显；温度越高，板面越干净（一般免洗焊剂预热温度达到 120～130℃时，板面就会比较干净）。但过高的温度有可能使助焊剂提前失效，增加焊接缺陷率。

2．改进建议

（1）更换低残留助焊剂。

（2）适度提高预热温度。

12.9.9 元器件浮起

元器件浮起指波峰焊接后元器件外斜或一端被浮起的现象。这种现象主要发生在短插工艺中。

1．产生原因

元器件浮起看似简单，其实原因还是比较多的。

（1）元器件引脚数量多，比较轻。

（2）元器件可焊性不好。

（3）引脚与插孔间隙比较大。

（4）波峰焊接链速太快。

（5）短插工艺。由于组装密度越来越高，很多 PCBA 都是双面表贴结构，因此，插件普遍采用短插工艺，这种情况下，元器件浮起现象明显。

2．改进建议

（1）使用工装压住，如沙袋、顶针夹具。

（2）合理设计插孔孔径，应避免插孔与引脚间隙过大。

№ 案例 57 连接器浮起

某产品上的单排连接器，在波峰焊接链速为 100cm/min 时焊接良好，提高速度后出现如图 12-52 所示的浮起现象。

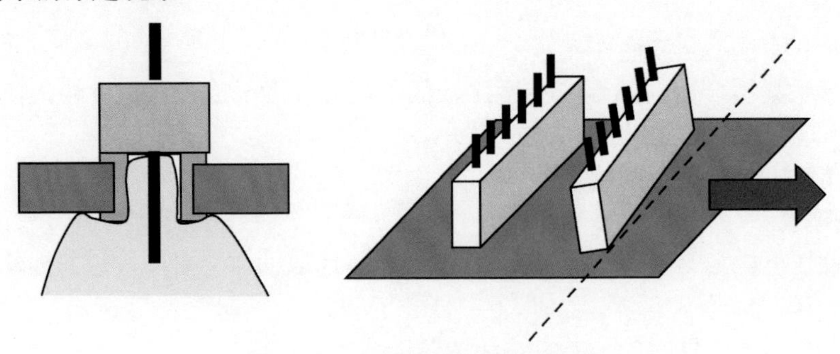

图 12-52 单排连接器浮起现象

速度较快，插座受到的向上力比较大，再加上受热不足（温度不变的前提下），连接器很容易浮起。

12.9.10　焊点剥离

焊点剥离也称填充起翘，指通孔焊点从基板焊盘上分离的现象，如图 12-53 所示。

（a）焊点剥离现象

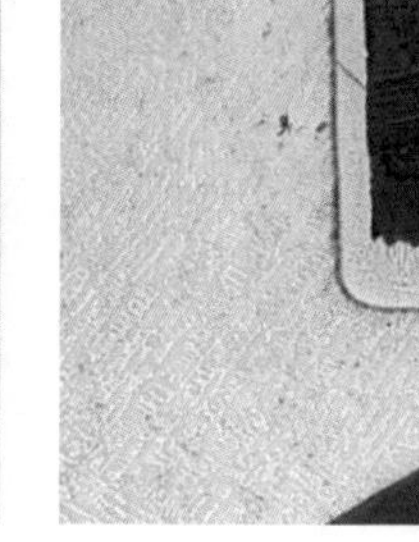

（b）剥离焊点界面图

图 12-53　通孔焊点的剥离现象

焊点剥离一般发生在含 Bi、In、Pb 等元素且偏离共晶成分很远的合金之中，当 Bi、In 含量在 9%以上，或在有微量的 Pb 存在的情况下，容易出现焊点剥离现象。图 12-54 显示了 Sn 二元合金中不同 Bi、In、Pb 含量对焊点剥离结果的影响。

传统的有铅焊料发生的焊点剥离现象一般只发生在基板的元器件侧，而无铅焊点的剥离现象一般同时发生在基板的两侧。

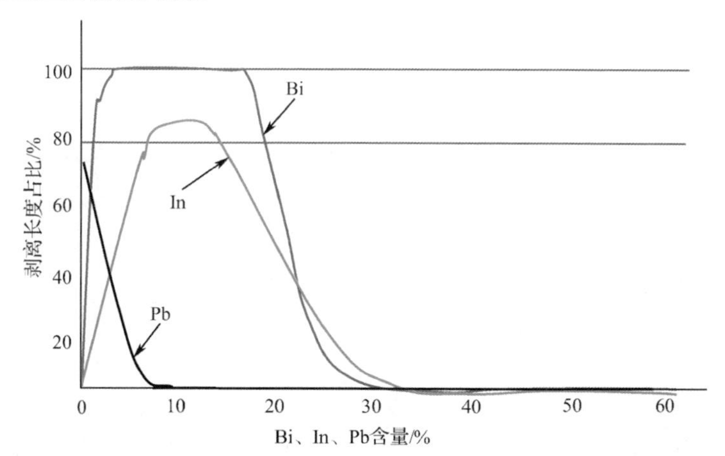

图 12-54　Sn 二元合金中不同 Bi、In、Pb 含量对焊点剥离的影响

1．产生原因

Bi、Pb 等元素的加入引起焊点剥离的机理如图 12-55 所示。其发生原因与凝固过程密不可分，微观偏析、非均匀导热及基板因温度变化产生形变都是焊点剥离的原因。焊点剥离主要是液相在界面处最终凝固造成的，产生此现象的原因有两点：第一是当固液两相共存范围较大的合金从焊接温度开始冷却时，先形成树枝状枝晶，Bi、Pb 等溶质元素从固相中排出，因此，液相中溶质元素增多，熔点下降得非常快；第二是焊接凝固的过程非常短暂，凝固过程极度不均，基板表面的 Cu 引线会把焊点及通孔内部的热量导出，因此与引线接触的焊料温度比较高，并且倾向于最后凝固。由于这两点共同作用，所以引线界面处的焊料容易形成液相层。

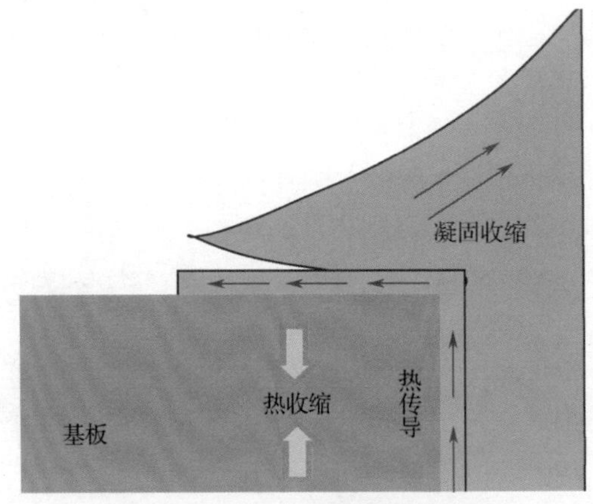

图 12-55　引起焊点剥离的机理

界面处于未凝固的状态下，焊料的凝固收缩和基板厚度方向的收缩同时作用于引线。特别是近年来为了保证器件固定而采用了纤维强化塑料（FRP）基板来抑制横向变形，因此纵向变形很大。有时过厚的基板的热膨胀甚至会导致引线的直接剥落，因此基板越厚，基板蓄热量越大，焊点剥离的现象越严重。

2．改进建议

焊点剥离本质是一种凝固缺陷，因此，改进的方向也是选用靠近共晶成分的焊料。

12.9.11　焊盘剥离

焊盘剥离虽然不属于凝固缺陷，但也是在凝固中出现的失效现象之一。在凝固过程中并没有发生焊点剥离，而是出现了焊点下的整个焊盘剥离，如图 12-56 所示，这是凝固中的应力得不到释放而集中于焊盘与基板之间导致的。

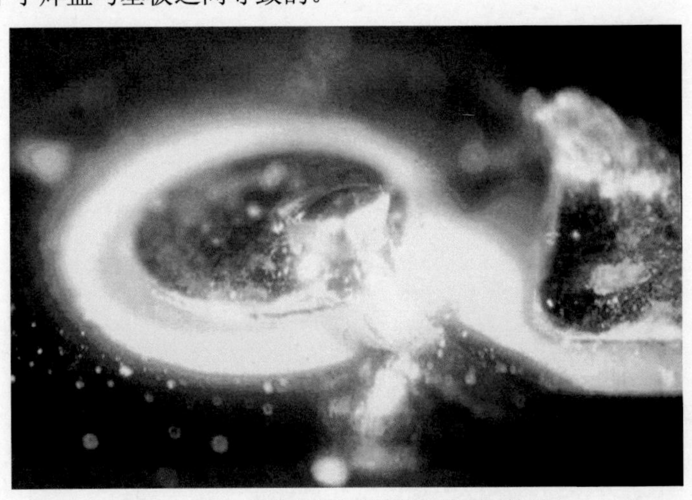

图 12-56　通孔在进行波峰焊接时焊盘剥离

1．产生原因

使用 Sn-Pb 焊料进行波峰焊接时经常因基板受潮而发生焊盘剥离，如果再加上热循环疲劳，可能导致整个布线被拉断，因此该问题在基板设计时就需考虑。

焊盘剥离现象也出现在手工焊接或选择性焊接情况下，其机理与波峰焊接导致的焊盘剥离一样，都是焊盘与基材的热膨胀系数不匹配导致的。导致手工焊接或选择性焊接焊盘剥离的

直接原因是加热时间过长。

2．改进建议

（1）严格控制 PCB 的吸潮量。

（2）对于局部焊接工艺，应控制焊接时间。

12.9.12　凝固开裂

焊料凝固中会有微观偏析产生，即枝晶生长时空隙之间会有液体存在，在凝固的一瞬间产生的热应力导致液体部分开裂，即凝固开裂。凝固开裂的机理在铸造中已被研究透彻。图 12-57 所示为采用 Sn-0.7Cu 焊料进行通孔波峰焊接时凝固开裂的例子。

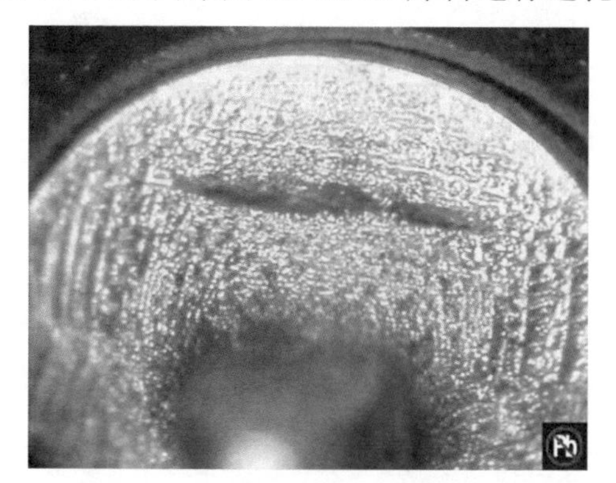

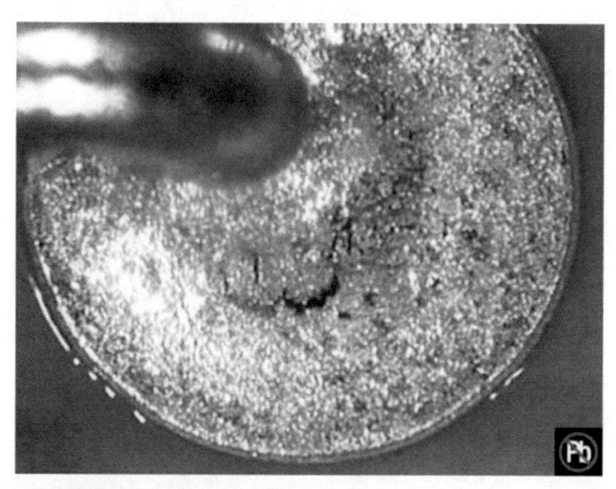

图 12-57　采用 Sn-0.7Cu 焊料进行通孔波峰焊接时凝固开裂

采用 Sn-Ag-Cu 和 Sn-Cu 焊料焊接时，即使不出现裂纹也可观察到表面非常粗糙，如图 12-58 所示的凹凸断面，凸的部分为 Sn 的枝晶，凹的部分是共晶组织。即 Sn 先以枝晶析出，接着共晶液相凝固，并同时凝固收缩，收缩的体积在 Sn 晶粒之间形成粗糙的表面。

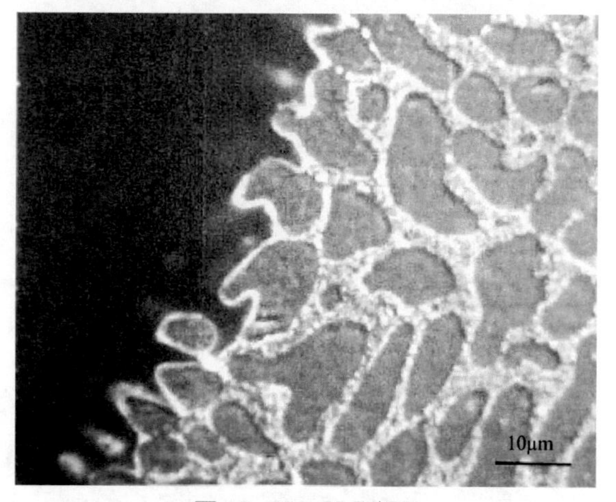

图 12-58　凹凸断面

温度循环载荷是否会引起应力集中导致凝固开裂现在还没有定论，但粗糙表面凹的部分一般是较硬的共晶组织，因此通常（不是绝对）认为是 Sn 枝晶在温度变化中发生变形，降低了裂纹发生的概率。但为了保证可靠性，一般希望能够得到较光滑的表面。有报告称 Sn-Ag-Cu 合金凝固时增加冷却速度可以起到一定的效果。另外，改变焊料成分、增加 Ag 的比例也可抑制表面的凝固缺陷。添加 Ag 还有很多好处，不失为一个良好的解决方案。

12.9.13　引线润湿不良

焊料可以润湿通孔却不能润湿引线，如图 12-59 所示。这种情况多出现在引线材料为黄铜（Cu-33Zn），而在其表面镀 Sn-Pb 之前没有镀铜或镍的情况下。这一中间镀铜层是非常重要的，用于阻挡黄铜中的锌向 Sn-Pb 镀层的迁移，因此被称为阻挡层。

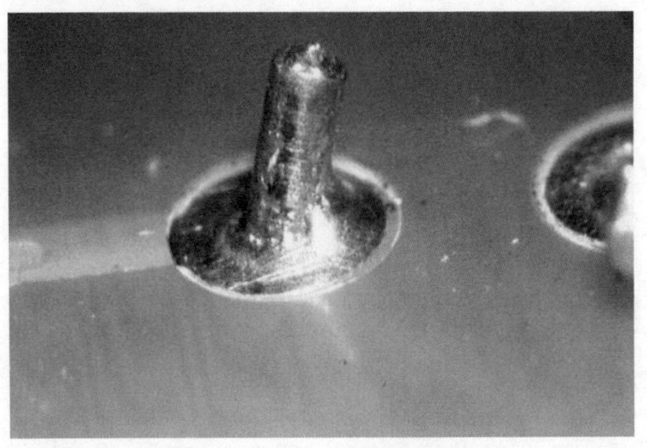

图 12-59 引线润湿不良

12.9.14 焊盘润湿不良

PCB 焊盘润湿不良如图 12-60 所示，常常有以下几种情况。

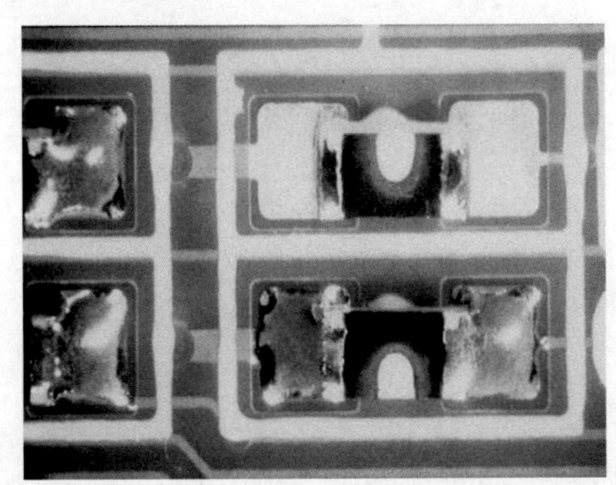

图 12-60 PCB 焊盘润湿不良

（1）助焊剂漏喷。

（2）PCB 焊盘可焊性劣化。最常见的是 Im-Sn 镀层的 PCB，由于常温下锡、铜很容易扩散，界面金属间化合物不断生长，最终锡层被合金化，从而润湿变差。OSP 处理的板经过多次再流焊接后，OSP 膜下的铜会氧化，从而也会导致不可焊；ENIG 镀层也会看到不润湿的情况，而且原因还比较复杂，有些是原因不明的有机物污染，有些是底层镍氧化。

12.10 波峰焊接锡渣

12.10.1 锡的氧化物及锡渣

在认识锡渣之前，先了解一下锡（Sn）的氧化物。

锡的氧化物有两种，即 SnO 和 SnO_2。SnO，即一氧化锡，也称氧化亚锡，是具有金属光泽的蓝黑色结晶粉末，在空气中稳定，加热时转化为 SnO_2，不溶于水和醇，溶于盐酸或稀硫酸生成亚锡盐。SnO_2，即氧化锡，也称二氧化锡，白色、淡黄色或淡灰色，四方、六方或正交晶体，密度为 6.95g/cm^3，熔点为 1630℃，于 1800～1900℃升华，难溶于水、醇、稀酸和碱液。锡在空气中灼烧或将 $Sn(OH)_4$ 加热分解可制得锡的氧化物。

固态锡合金表面的氧化物主要为 SnO，而在进行波峰焊接时熔融焊锡在静态条件下（不

流动或搅拌时）生成的氧化膜有以下三层结构。

- SnO_2 的薄外层：厚度约为 2nm。
- SnO 层：混有小而疏散的金属 Pb。
- SnO 和金属 Sn 及 Pb 的过渡层：SnO 浓度随着深度减少，而金属浓度增加。这一层的下面就是焊料金属。

搅动条件下生成的氧化膜不断被破坏，并卷起焊料，最终以锡渣形态表现出来。锡渣为氧化皮包裹着焊料金属的包囊。尽管氧化物含量很低，但这种包囊的外观看上去像非金属。这些渣滓可以是燃烧和裂变了的焊料和助焊剂的混合物。锡渣中的氧化物仍然以 SnO 为主，SnO_2 含量很少。波峰焊接正常的锡渣为黑色粉末状或疏松的黏结状，如图 12-61 所示。

（a）黑色粉末状锡渣

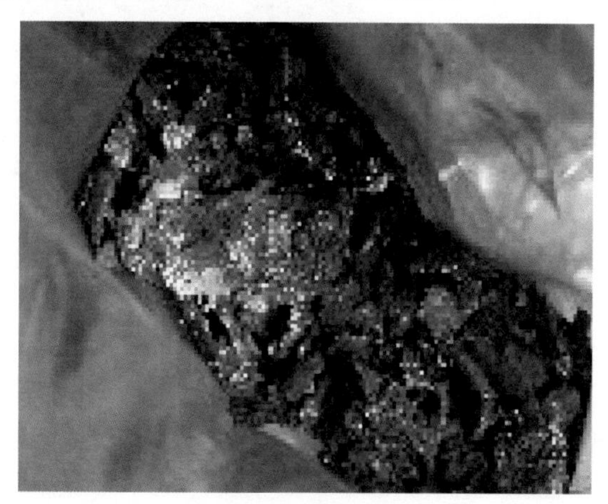

（b）疏松的黏结状锡渣

图 12-61　波峰焊接锡渣

12.10.2　波峰焊接锡渣的形成机理与形态

波峰焊接锡渣是在锡波流动或搅动过程中生成的。按照锡渣形态可以把锡渣的产生机理归为以下三种：

（1）表面氧化膜。锡炉中的熔融焊料，在高温下，通过其在空气中的暴露面和氧相互接触发生氧化而在表层形成氧化膜。这种氧化膜主要形成于锡炉中相对静止的熔融焊料表面并呈皮膜状，主要成分是 SnO，看上去像镜面一样。只要熔融焊料表面不被破坏，它就能起到隔绝空气的作用，保护内层熔融焊料不被继续氧化。这种表面氧化膜占渣量的很小一部分，一般不超过 10%。

（2）黑色粉末。这种粉末产生于熔融焊料的液面和机械泵轴的交界处，在轴的周围呈圆形分布并堆积。轴的高速旋转会和熔融焊料发生摩擦。黑色粉末的形成并不是因为摩擦温度的升高所致，而是轴旋转造成周围熔融焊料面的旋涡，氧化物受摩擦随轴运动而球化，同时摩擦可造成焊料颗粒的表面温度升高从而加剧氧化。黑色粉末约占氧化渣量的 20%左右。

转动轴（焊料槽上未加油）周围形成的黑色粉末包含黄色、蓝色、紫色颗粒，如图 12-62 所示。不管焊料的牌号、种类怎样，这种渣滓含有 2.5%～3%的氧化物。X 射线衍射证明，大约在 250℃下形成的 Sn-Pb 共晶焊料的氧化物包括 SnO 和不到 0.5%的 SnO_2 结晶，在这种氧化膜里不存在 Pb 的氧化物。

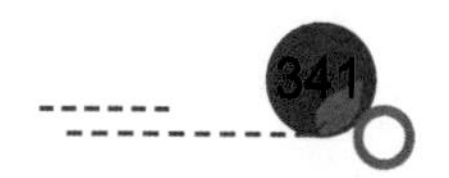

图 12-62　泵轴附近形成的黑色粉末

（3）氧化渣。机械泵波峰发生器具有剧烈的机械搅拌作用，在熔融焊料槽内形成剧烈的旋涡运动，再加上设计不合理造成的熔融焊料面的剧烈翻滚，这些旋涡和翻滚运动形成吸氧现象，使空气中的氧不断被吸入熔融焊料内部。由于吸入的氧有限，不能使熔融焊料内部的氧化过程进行得像液面那样充分，因此会在熔融焊料内部产生大量银白色沙粒状的氧化渣。这种渣的形成量较多，氧化发生在熔融焊料内部，然后再浮向液面大量堆积，甚至占据焊料槽的大部分空间，阻塞泵腔和流道，最后导致波峰高度不断下降，甚至损坏泵叶和泵轴。另一种是波峰打起的熔融焊料重新流回焊料槽的过程中增加了熔融焊料与空气中氧的接触面积，同时在熔融焊料槽内形成剧烈的旋涡运动形成吸氧现象，从而形成大量的氧化渣，如图 12-63 所示。这两种渣通常占整个氧化渣量的 70%，是造成焊料浪费最大的因素。应用无铅焊料后将产生更多的氧化渣，且 Sn-Cu 多于 Sn-Ag-Cu，典型结构是 90%金属加 10%氧化物。

图 12-63　泵轴附近形成的氧化渣

12.10.3　锡渣影响及其控制

锡渣本身含锡量较高，但由于产生了难熔的 Sn-Cu 合金，所以很难被再利用。锡渣的产

生既有其必然性，也有规律性，在生产作业中注意各方面程序可以将其降到最低。

在进行波峰焊接时焊锡处于熔化状态，其表面的氧化及其与其他金属元素（主要是 Cu）作用生成一些残渣都是不可避免的，但是合理正确地使用波峰焊接设备和及时地清理对于减少锡渣也至关重要。

（1）严格控制炉温

对于 Sn-37Pb 锡条而言，其正常使用温度为 240～250℃。使用方要经常用温度计测量炉内温度并评估炉温的均匀性，即炉内 4 个角落与炉中央的温度是否一致，我们建议偏差应该控制在±5℃之内。需要指出的是，不能单看波峰炉上仪表的显示温度，因为事实上仪表的显示温度与实际炉温通常会存在偏差，这一偏差与设备制造商及设备使用时间均有关系。

（2）波峰高度的控制

波峰高度的控制不仅对焊接质量非常重要，而且对减少锡渣也有帮助。一方面，波峰不宜过高，一般不应超过印制电路板厚度方向的 1/2，也就是说波峰顶端要超过印制电路板焊接面，但是不能超过元器件面。同时波峰高度的稳定性也非常重要，这主要取决于设备制造商。从原理上讲，波峰越高，与空气接触的焊锡表面就越大，氧化也就越严重，锡渣就越多。另一方面，如果波峰不稳，液态焊锡从峰顶回落时就容易将空气带入熔融焊锡内部，加速焊锡的氧化。

（3）清理

必须经常性地清理锡炉表面的锡渣。否则，从峰顶上回落的焊锡落在锡渣表面上，由于缺乏良好的传热而进入半凝固状态，如此恶行循环，也会导致锡渣过多。锡渣的形成主要是锡波流动所致，企图依靠锡槽表面的锡渣去阻止锡渣的形成，结果往往适得其反，反而会增加更多的锡渣。

（4）锡条的添加

在每天/每次开机之前，都应该检查一下炉面高度。先不要开波峰，而是加入锡条，使锡炉里的焊锡达到最满状态，然后开启加热装置使锡条熔化。由于锡条的熔化会吸收热量，此时的炉内温度很不均匀，应该等到锡条完全熔解、炉内温度达到均匀状态之后才能开波峰。适时补充锡条，有助于减小焊接面与焊锡面之间的高度差，即减小焊锡波峰与空气的接触面积，也能减少锡渣的产生。

上述方法可以排除一部分的铜。但是如果焊锡中含铜量太高，就要考虑清炉。根据生产情况，大约每半年或一年要清炉一次。

（6）定期检测锡炉中锡的成分，严格控制锡中不纯物的含量，因为不纯物含量的增加会影响锡渣的产生量。波峰焊接采用的 Sn-Pb 合金锡条中允许的杂质金属的含量（ISO 9453）见表 12-4。

表 12-4 锡条杂质金属含量要求

序　号	杂 质 元 素	最 大 含 量/%
1	Sb	0.12
2	Cd	0.002
3	Zn	0.001
4	Al	0.001
5	Bi	0.10
6	As	0.03
7	Fe	0.02

续表

序　号	杂质元素	最大含量/%
8	Cu	0.05
9	除 Sb、Bi、Cu 外杂质总和	0.08

锡渣比较多的原因：

（1）没有经常清理锡渣，使峰顶掉下来的锡不能尽快进入炉中，而是留在锡渣上面。加热不均匀，也会造成锡渣过多。

（2）平时的清炉也是很关键的，长时间没有清炉，炉中的杂质含量偏高，也是造成锡渣过多的原因之一。因此，应定期清炉换锡，大约每半年换一次锡。

（3）锡槽的温度一般都控制得比较低，也容易形成过多的锡渣。对于 Sn-37Pb，一般采用锡槽最低温度，应为 250℃±5℃，如果达不到这个温度，锡不能很好地熔解，就会造成锡渣过多的情况。

（4）波峰太高，焊料从峰顶掉下来的时候，温度降低比较多，焊料混合着空气冲进锡槽中造成氧化和半熔解现象，形成锡渣。

（5）与锡条的纯度有关。波峰炉一般都要求采用纯度高的锡条，杂质多的锡条在焊接时会造成锡渣过多。

（6）锡槽里的锡使用时间过久，锡本身的抗氧化能力在降低，造成氧化速度加快，也会形成更多的锡渣。

第13章

返工与手工焊接常见不良

返工在工厂俗称返修，它与维修有本质的不同。

返工一般指通过使用原有工艺或替代工艺，对不合格产品进行再加工并确保加工质量完全符合图纸或技术规范的要求。而维修是指使有缺陷的产品恢复功能的行为，不能确保修复后的产品符合适用图纸或技术规范。

返工不是一个标准的工艺，因此，本章不详细介绍有关封装的返修技术，感兴趣者可以学习一下 IPC-7711，它提供了一种基本的方法。下面仅对返工中遇到的一些主要风险问题进行简要介绍。

13.1 返工工艺目标

（1）返工工艺必须是安全的工艺。在任何返工过程中，不应对PCB、相邻元器件以及要拆除的元器件造成损伤。

（2）返工工艺必须可控、可靠、可重复。

（3）返工工艺必须能够快速、容易地进行，不应有时间上的停顿。

13.2 返工程序

返工包括很多内容，经常面对的任务主要是更换元器件。

元器件更换过程包括拆除元器件、整理焊盘、元器件安装 3 个基本程序，有时还需要考虑电子组件的结构零件、敷形涂覆的去除和更换。

13.2.1 元器件拆除

每项返工程序都有其特点和注意事项，这些取决于特殊操作、元器件（引线/端子的设计、尺寸、主体材料等）、元器件的贴装位置（相邻元器件、易接近、基板类项、热容量等）及操作员的技能水平。元器件的拆除程序如下。

1. 表面贴装元器件的拆除

（1）如需要，预热 PCBA 和/或元器件。

（2）以快速可控的方式均匀地加热焊点，使所有焊点同时熔化。

（3）注意避免对元器件、板子、相邻元器件及焊点造成热损伤或机械损伤。

（4）在焊点重新凝固之前，迅速从板子上拆除元器件。

（5）整理焊盘以待重新安装元器件。

2. 通孔元器件的拆除

方法一，用真空法一次清除元器件的一个焊点：

（1）如需要，预热 PCBA 和/或元器件。

（2）注意避免对元器件、板子、相邻元器件及焊点造成热损伤或机械损伤。

（3）边摇晃边抽真空，清除焊料。

（4）检查孔壁和焊盘是否有损伤。

方法二，用小型锡槽或小型选择性波峰焊接方法拆除元器件：

（1）在小型锡槽上熔化所有焊点。

（2）拆下旧元器件，并立即插入新的元器件，或清理焊盘以备稍后安装。

13.2.2 焊盘整理

在安装、更换新元器件之前，需要对焊盘进行整理。

（1）不管是清理 PCB 焊盘还是 BGA 焊盘，应根据湿度敏感等级决定是否需要对清理对象进行预热。预热有多重好处，可避免分层起包、掉焊盘（试验表明预热可减少焊盘掉落风险 50%）。

（2）清除旧焊料——可以采用电烙铁和吸锡线，或连续真空拆焊法（吸锡器）完成。连续拆焊法使用一个焊料吸锡器和拆焊头，使得熔融的旧焊料不断被真空吸除。在清理焊料时注意控制加热时间，过长的加热时间容易造成焊盘熔蚀，试验表明 BGA 焊盘带焊料连续加热时间超过 6 分钟就可能被熔蚀掉。

（3）清洁焊盘——在清除焊料后、施加新焊料之前，应将助焊剂残留物清理干净。这是核心步骤和标准动作，进行任何焊接之前都必须把原有的助焊剂残留物清理干净。

13.2.3 元器件安装

1. 表面贴装元器件的安装

安装工艺取决于所用的返工工艺，如加热方法、焊料类型和元器件封装。通用方法如下：

（1）将焊料（预成型焊料、焊丝、焊膏）置于焊盘上。

（2）贴放元器件并将元器件引线与焊盘对准。

（3）如贴放元器件前未施加焊料，将焊膏置于引线/焊盘上的区域。

（4）如有需要，预热 PCBA 和/或元器件。

（5）预烘施加的焊膏。

（6）在保持引线/焊盘对准的同时，通过集中目标的加热方式，快速可控地使焊点逐个、成组或一起焊接。

（7）注意避免对元器件、板子、相邻元器件及焊点造成热损伤或机械损伤。

（8）清理和检查。

2. 通孔元器件的安装

通孔元器件安装非常简单，不管采用什么方式封装的插件，都可以用烙铁逐个完成焊接。

（1）将新元器件插入板子。

（2）如有需要，预热 PCBA 和/或元器件。

（3）通过集中目标的加热方式，快速可控地使焊点逐个、成组或一起焊接。

（4）注意避免对元器件、板子、相邻元器件及焊点造成热损伤或机械损伤。

（5）清理和检查。

13.2.4 工艺的选择

对于某一特定元器件的安装和拆除，业界可能有不同的方法，而每种方法都有其优缺点。工艺的选择主要根据封装结构、需要的设备、成本、人员培训等因素进行考虑，还应考虑以下因素：

- 元器件封装结构；
- 元器件尺寸；
- 元器件潮湿敏感等级；
- 基材类型（FR-4、陶瓷等）；
- 元器件安装位置（热容量、相邻元器件、元器件或焊点的可接近性）；
- 返工的任务（安装或拆除）；
- 被拆下的元器件是否必须回收利用；
- EOS/ESD 控制要求。

13.3 常用返工设备/工具与工艺特点

最常用的返工工具是烙铁、热风返修工作站或热风枪、吸锡器。

13.3.1 烙铁

1．烙铁的种类

烙铁目前主要有两类，即传统电烙铁和 OK 智能烙铁。

传统电烙铁是将镍铬发热电阻丝缠在云母、陶瓷等耐热绝缘材料上，然后通电产生热量，再将热量传递给烙铁头。

OK 智能烙铁（采用 Smart Heat 技术）自动检测焊点温度，恒定烙铁头温度（温差 1.1℃左右），热能直接传递到焊点，可以在低温条件下快速达到焊接温度。Metcal®有 500、600、700 和 800 系列烙铁头，烙铁合金成分决定了烙铁头的温度，如 500 系列温度为 260℃，600 系列温度为 315℃，700 系列温度为 370℃，800 系列温度为 425℃。

传统电烙铁与 OK 智能烙铁相比，属于储热方式而非直接功率输出，电热芯与焊点为独立的两部分，无法进行温度的闭环控制。传统电烙铁与 OK 智能烙铁的加热原理如图 13-1 所示。

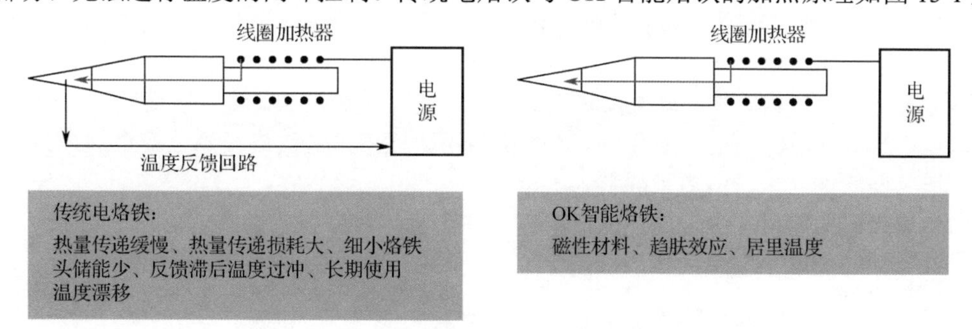

图 13-1　传统电烙铁与 OK 智能烙铁的加热原理

2．烙铁加热特点

烙铁对焊点的加热属于传导加热。由于烙铁头的热容量及导热能力的限制，烙铁头一旦接触到焊点或焊盘/引脚，温度就会立即下降，然后再回升，达到供热与散热的新平衡状态，典型的烙铁工作温度变化如图 13-2 所示。由于这样的加热特点，烙铁设置的温度往往比较高，通常高于焊料熔点 140℃以上，对于有铅焊接通常设置在 320℃左右。我们把烙铁头接触焊点

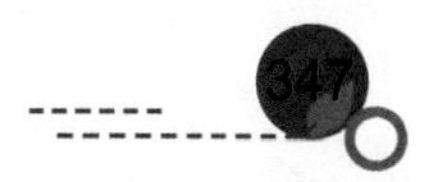

到指定温度的时间称为回温时间，这个参数通常作为选择烙铁的关键性能指标，回温时间越短越好。工作时烙铁头的温度变化曲线示意图如图 13-2 所示。

IPC建议，焊接温度（焊点实际温度，不是烙铁头的设置温度）应比焊料熔点高 40℃，焊接时间（焊点上的停留时间）为 2～5s，这样焊接出来的焊点其界面金属间化合物的厚度大约为 1μm。

烙铁加热属于非平衡加热，焊接部位温度在短短 2s 左右从室温上升到焊接温度，有强烈的热冲击，所以，一般不适合于焊接大尺寸的片式电容器。

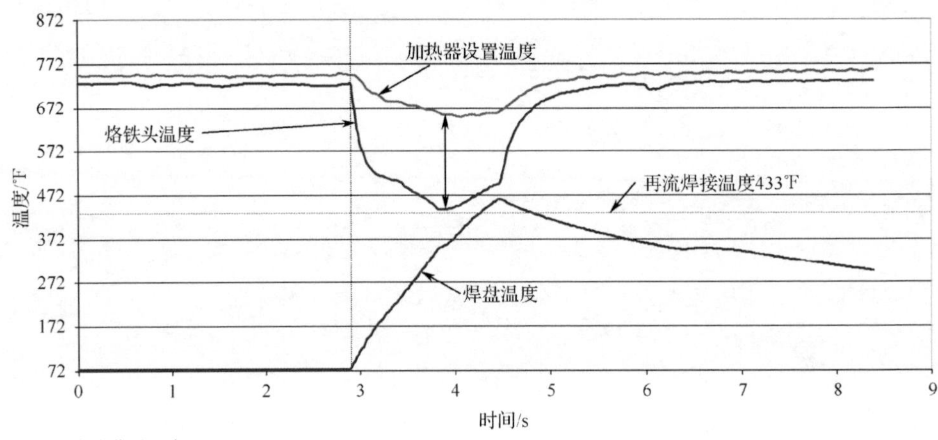

注：℉表示华氏温度。

图 13-2　工作时烙铁头的温度变化曲线示意图

3．烙铁头的维护与保养

手工焊接时，对烙铁头进行适当的维护是必不可少的，这样不仅能够延长烙铁头的寿命，而且能够确保形成一个最好的连接。不正确的烙铁头维护或操作会出现冷焊点、对PCB和元器件造成热冲击，并可能对焊盘和PCB造成损伤。

（1）选择尽可能低的烙铁头温度。

（2）将烙铁头放回烙铁架之前，应清洁烙铁头并上锡。如果 10 分钟不使用，应关闭控制系统或电源。

（3）选择烙铁头的形状时，要使其适合被焊接的元器件引线和焊盘，被选择的形状应该使烙铁头与焊盘和引线的接触区域最大，以减少焊接时的停留时间。

（4）在一个干净、微潮和不含硫的海绵上快速地擦拭烙铁头，将对烙铁头产生热冲击，在擦拭过程中形成的蒸汽可清除氧化物。这个步骤不应该用来清洁烙铁头上多余的焊料，可以用黄铜刷或卷曲状铜丝来清洁多余焊料。

（5）焊接时应尽可能少地施加力，摩擦力太大会导致烙铁头磨损。

（6）上锡时一般不宜直接在烙铁头上加锡，特别是烙铁头温度较高时。

13.3.2　热风返修工作站

热风返修工作站主要为 BGA 返修而设计。所谓工作站，就是集成了不同种类的返修工具，使用起来比较方便。但其核心的功能就是热风枪通过风嘴对被拆除或焊接的元器件进行加热。热风发生装置类似吹发加热器，只不过工作温度更高一些，能够根据工艺需要进行“温度—时间”设定而已。图 13-3 所示是某品牌的返修工作站，具有底部加热、PCB 夹持与 *X-Y* 定位功能。

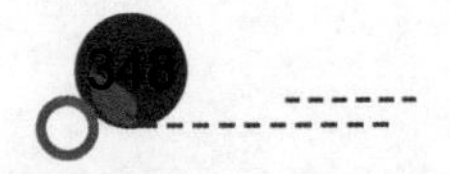

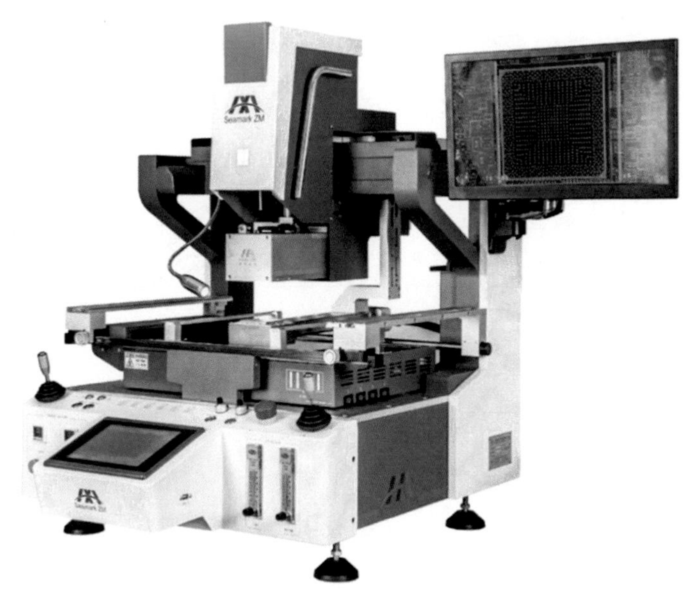

图 13-3　返修工作站

热风返修工作站的热风加热原理与热风枪的工作原理没有太大区别，都需要适配对应的风嘴。在这种情况下，吹到元器件表面的热风温度是不均衡的，特别是使用比较大出口尺寸的喷嘴时。一般而言，热风嘴中心的风速比较高，加热时风温相对稍高，热风加热的不均匀性如图 13-4 所示，而冷却时风温比较低。还有，返修工作站的加热属于单向、局部加热，这与普通再流焊接炉的全方位加热不同，很容易导致返修中的元器件产生更大的变形，如图 13-5 所示，这是导致 BGA 返修发生问题的主要原因。

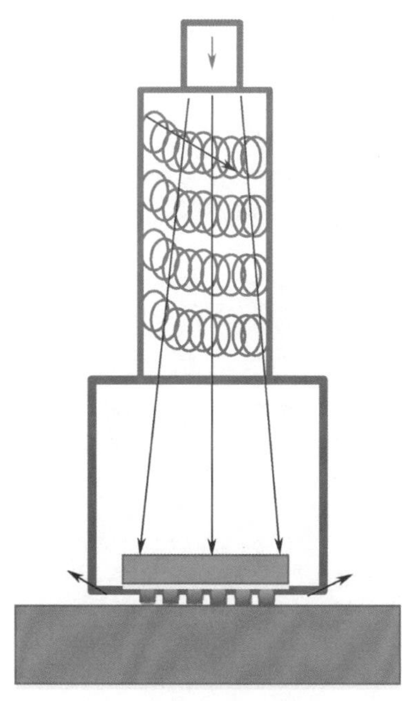

（a）热风枪加热原理

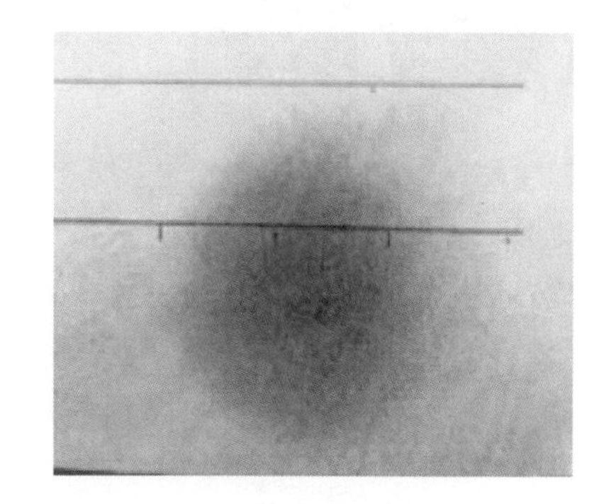

（b）热风加热纸的结果

图 13-4　热风加热的不均匀性

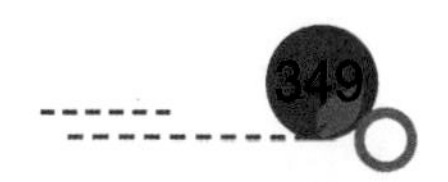

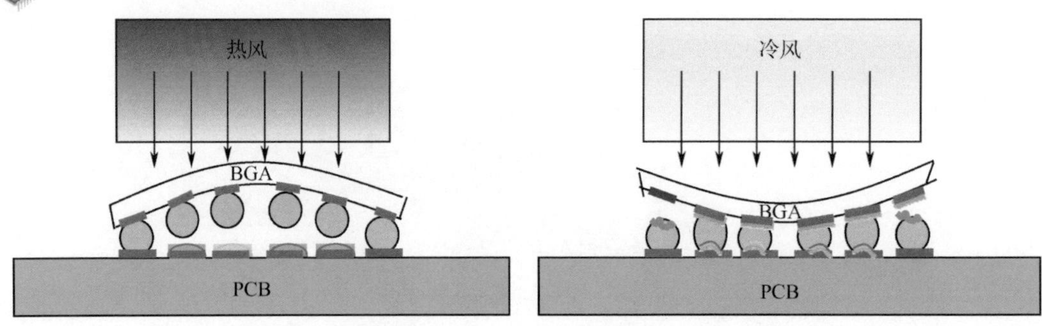

图 13-5 热风加热 BGA 时的热变形

BGA 热风喷嘴的发展也经过了多次演进，从最初的单边吹到反射式吹，再到现在的筒式吹，加热特性不同，如图 13-6、图 13-7 所示。目前主要使用的是筒式吹，因其结构简单而被广泛使用，但其加热特点是中心热、边缘冷，有不足的地方。

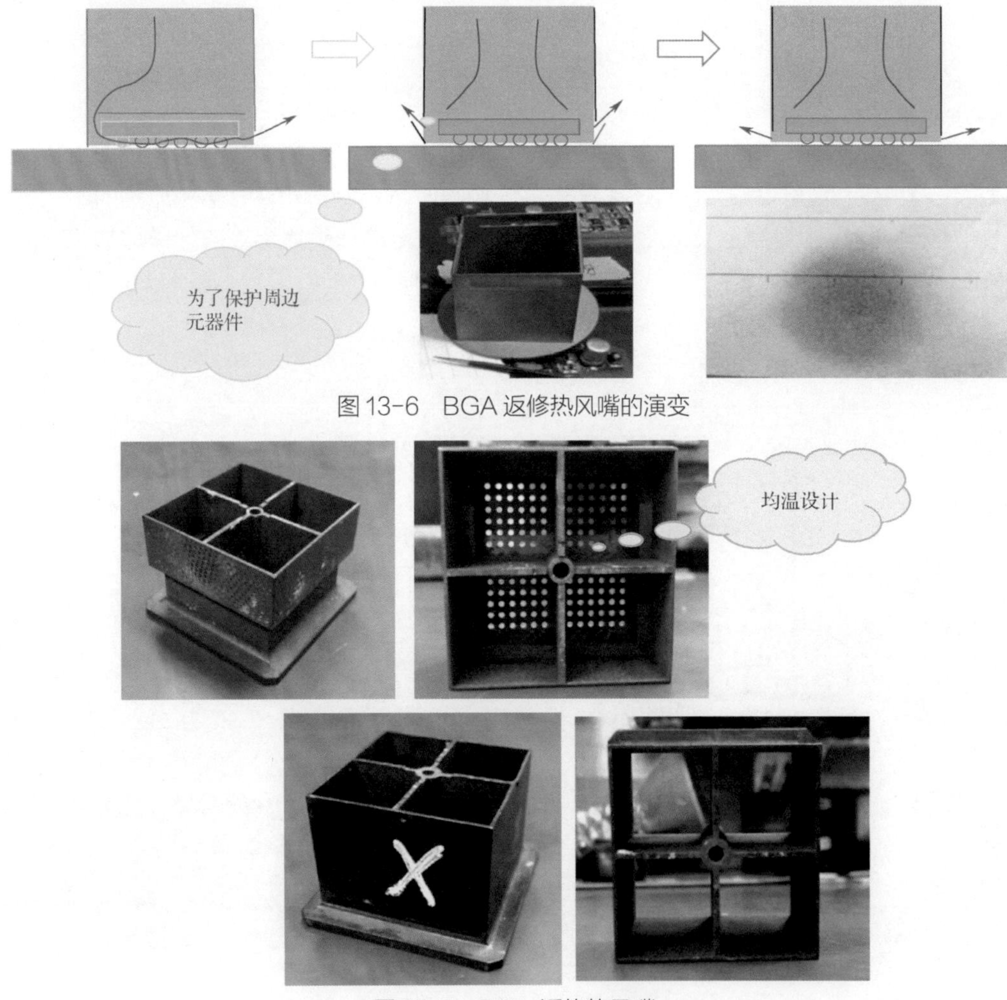

图 13-6 BGA 返修热风嘴的演变

图 13-7 BGA 返修热风嘴

13.3.3　吸锡器

吸锡器实际上就是一个可以吸锡的烙铁，如图 13-8 所示，用于清理焊点的焊料。一般工作时，先通过烙铁头对焊点进行加热（有时需要添加一些焊料，保证封闭烙铁头，以便吸锡），待焊点完全熔化后启动真空开关抽锡。

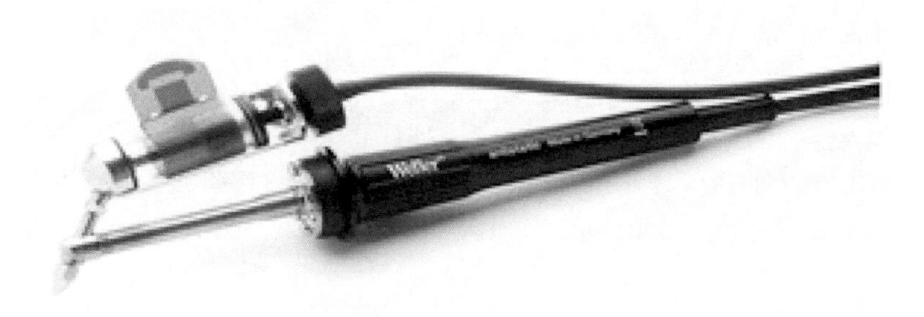

图 13-8　吸锡器

13.4　典型元器件的手工焊接

13.4.1　片式元器件的焊接

片式元器件的焊接比较简单。要焊接首先要进行定位，各厂家基本是先焊接元器件一端，再焊接另一端，具体的细节可能有差异，但主要的操作是通行的。

一般的操作步骤：

（1）将烙铁头安装在手柄上，并将烙铁头的温度设置在 315℃，必要时做调节。

（2）在焊盘上涂覆助焊剂。

（3）在焊盘上施加焊料，如图 13-9（a）所示。

（4）将元器件放在焊盘上，并用小木棒或镊子固定。

（5）将烙铁头放在已预加焊料的焊盘和元器件端子的结合处，如图 13-9（b）所示。

（6）观察焊料完全熔融（突然落下）。

（7）稍停片刻待焊料固化。

（8）焊接剩余的那个焊盘，可根据需要施加焊料，如图 13-9（c）所示。

（9）给烙铁头重新上锡，将烙铁手柄放回支架。

（10）必要时进行清洁，并按照自己建立的工艺要求进行检查。

预先施加焊料这种做法其实是被逼无奈，一只手固定元器件位置，另一只手拿烙铁，没有空闲的手拿锡丝，只能预先涂覆焊锡。这样做的好处就是焊接焊点的锡量可控，不会太多。

但需要注意到，对于较大尺寸（≥1206）的片式电容，焊缝的弯月面填充高度需要达到元件厚度的 75%以上，否则，在温度变化时焊点的应力会集中在焊料填充的片容角部，很可能在温变比较大的应用场景下发生早期片容开裂现象。

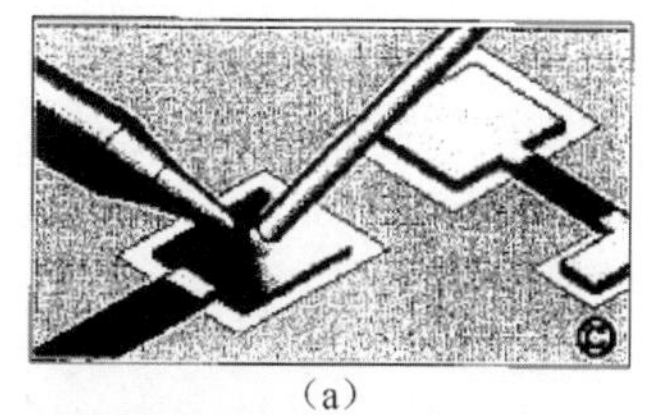

（a）

（b）

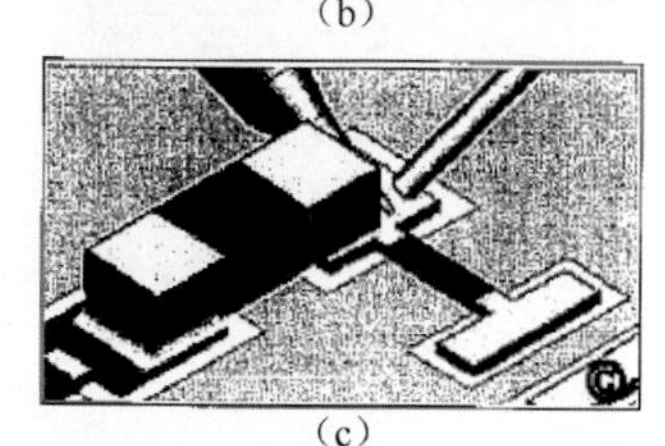

（c）

图 13-9　片式元器件的焊接

我们应注意到片式电阻与片式电容封装上的差异以及对焊点的不同要求。

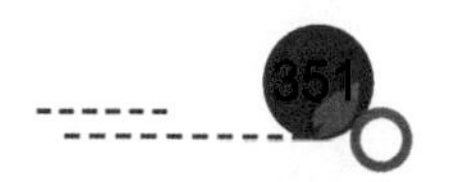

13.4.2 QFP 的焊接

QFP 是手工焊接比较难的封装，需要使用专用的烙铁（烙铁头带有凹坑，可以挂一定量的锡），操作者需要两周以上的训练。一般的操作步骤如下（见图 13-10）：

（1）将选用的专用烙铁头安装在手柄上，并将烙铁头的温度设置在 315℃，必要时做调节。

（2）放置元器件，对准焊盘。

（3）在元器件对角线的引脚或任意相对两边中部引脚上用焊料固定。

（4）在引脚上刷涂助焊剂。

（5）清洁烙铁头，给烙铁头加上焊料并形成熔融焊锡珠（挂上多余的焊锡）。

（6）焊接时，烙铁头上的焊料珠只接触引线脚部，在整排引线上缓缓移动烙铁头（上下拉焊并缓慢扫焊，上下拉的动作有助于对引脚校正，防止开焊），确保在每个焊点上形成合适的焊料填充。

（7）重复（5）～（6）步骤，焊接元器件其他侧引线。

（8）给烙铁头重新上锡，将烙铁手柄放回支架。

（9）必要时进行清洁，并按照自己建立的工艺要求进行检查。

QFP 手工焊接不仅出现在产品返工、维修中，而且出现在一些小批量产品的生产中。由于 QFP 引脚比较密、比较软，焊接的过程实际就是一个去桥连的过程。所以，工艺的核心就是必须确保熔融焊料足够低的表面张力和没有氧化皮覆盖，通常就是焊接前涂覆助焊剂。

对于一些高可靠性产品，有时会重复焊接一遍，目的就是消除可能存在的虚焊。

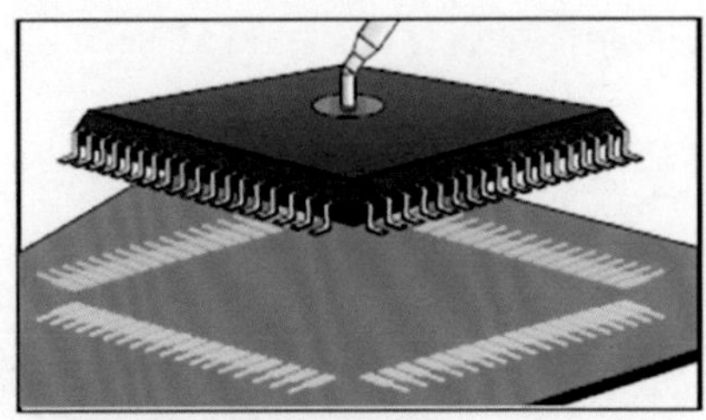

（a）元件对位

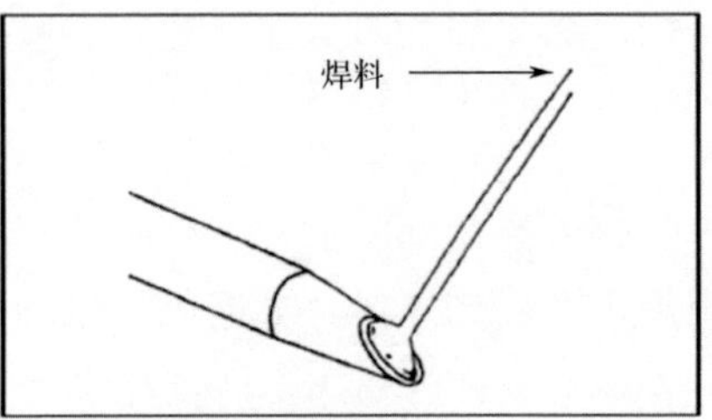

（d）烙铁头上锡

（b）元件锡焊定位

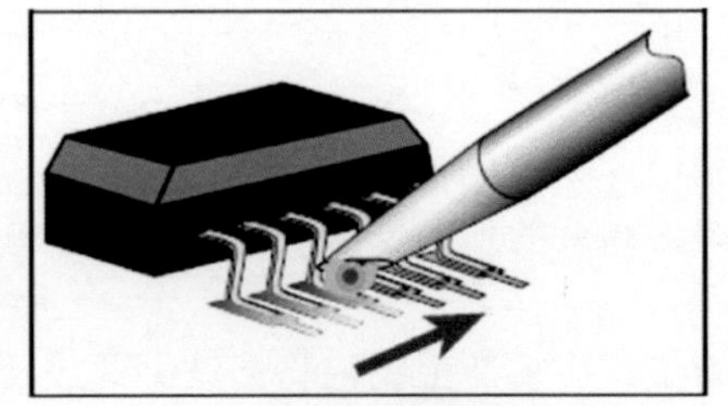

（e）逐个引脚焊接

（c）涂助焊剂

图 13-10　QFP 的手工焊接步骤

13.4.3 QFN 的焊接

QFN 手工焊接的一般步骤：

（1）清理 PCB 焊盘。

（2）对 PCB 焊盘进行搪锡处理（刷助焊剂→加锡→清洗助焊剂残留→重新刷涂助焊剂）。

（3）对 QFN 信号（热沉焊盘根据其大小确定是否需要进行搪锡处理，因为尺寸大往往焊锡量比较多，比 PCB 上的焊锡加起来还多）焊盘进行搪锡处理（刷助焊剂→加锡→清洗助焊剂残留→重新刷涂助焊剂）。

（4）将 QFN 放置在焊盘上，对准位置。

（5）热风加热，观察焊料完全熔化后（塌落）停止加热并冷却。

（6）四周补焊（如果需要，可以用热风扫吹，以消除可能的锡丝短路等）。

（7）确认是否焊接好（也可以用 X-Ray 检查）。

此方法适合于单排 QFN，双排的返修质量难以保证。

这种方法有一定的风险和难度。焊盘上涂锡过多会桥连，过少会开焊。有些元器件对热沉焊盘空洞要求很高，这种方法有一定局限性。

13.5 常见返修失效案例

No 案例 58 采用加焊剂方式对虚焊的 QFN 进行重焊导致返工失败

有些厂家在返修 QFN 时，为了省事，往往不把元器件拆下，而是直接从侧面加助焊剂或助焊膏，然后采用热风加热的方法进行重焊。

这种方法不可靠。对 QFN 来讲，由于焊接后元器件周围有残留焊剂，直接涂覆助焊剂或助焊膏很难渗进去，重焊成功与否存在很大的不确定性。图 13-11 所示就是一个 QFN 加焊剂重焊失效案例，可以看到虚焊的地方（也属于球窝现象）仍然没有重新熔合在一起。

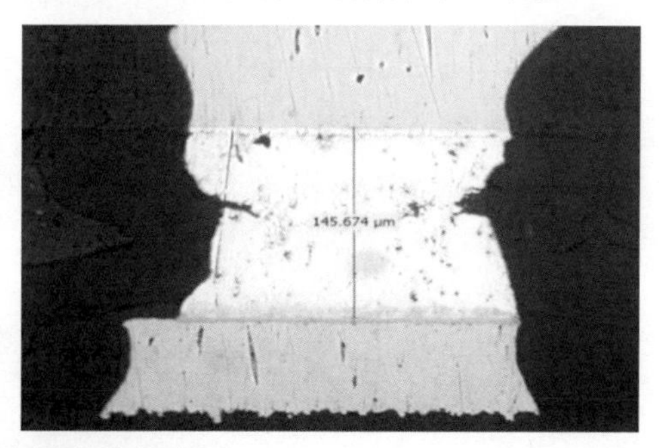

图 13-11 QFN 加焊剂重焊失效案例

No 案例 59 采用加焊剂方式对虚焊的 BGA 进行重焊导致 BGA 中心焊点断裂

当采用从周边添加助焊膏、用热风枪加热重熔的方法返修 BGA 时，对于加热的风温、风速有一定要求，如果风温过高、风速过快，将导致 BGA 中心部位焊点拉裂。一旦 BGA 受到应力作用，就会整体掉落。

这是为什么呢？因为热风枪的加热属于单方向的加热方式，如果热风速度与温度比较高，往往会引起 BGA 中心鼓起的变形，使 BGA 中心部位焊点受到很大的拉应力作用。如果应力过大，焊点将被拉断，如图 13-12 所示。断裂后的结果就是这些焊点失去了直接的热量来源，一方面熔化不了，另一方面严重氧化，冷却后就会成为虚焊点。

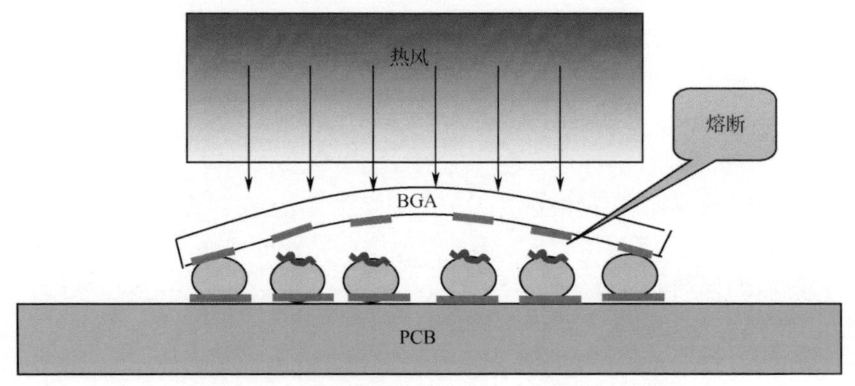

图 13-12　返修导致 BGA 中心大面积焊点断裂

这种不良很容易判断，一般有两个主要特征：

（1）BGA 周围及角边处焊点附近有助焊膏残留痕迹，如图 13-13 所示。这是添加的助焊膏残留物。

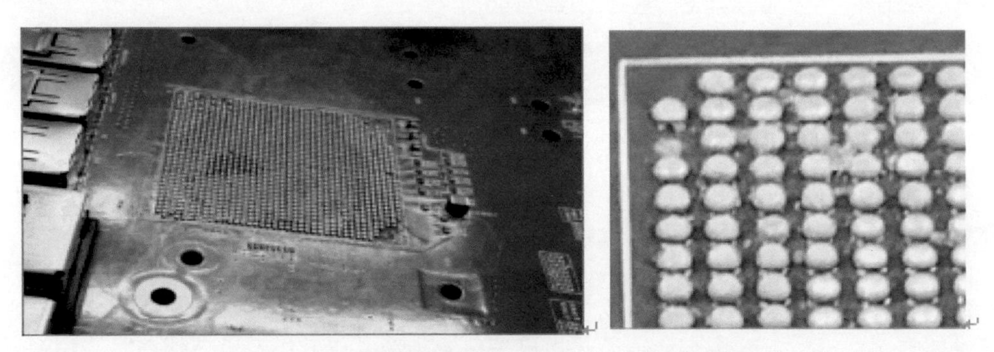

图 13-13　BGA 周围及角边处焊点附近有助焊膏残留痕迹

（2）BGA 断裂焊点呈圆形分布，如图 13-14 所示。内圈呈熔断特征，焊点大部分从 BGA 侧断开，焊球留在 PCB 焊盘上，表面呈熔融断裂形态。另外氧化严重，颜色暗淡。外圈呈脆断形貌，从 BGA 侧断裂，颜色比较亮。角部多为坑裂，从 PCB 侧基材断裂。后两者发生于返修完成后的装配或测试阶段。

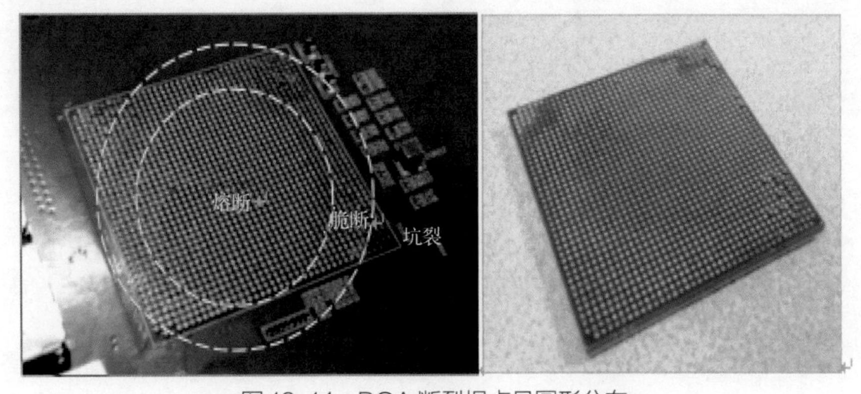

图 13-14　BGA 断裂焊点呈圆形分布

№ 案例 60 风枪返修导致周边邻近带散热器的 BGA 焊点开裂

对于返修件周围有 BGA 的情况，如果采用热风枪返修，将可能导致邻近带散热器 BGA 焊点的开裂，如图 13-15、图 13-16 所示。

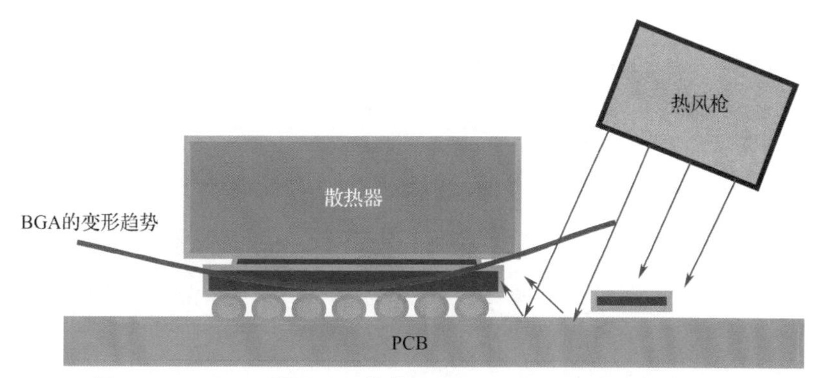

图 13-15 BGA 周围元器件热风返工导致 BGA 邻近焊点开裂

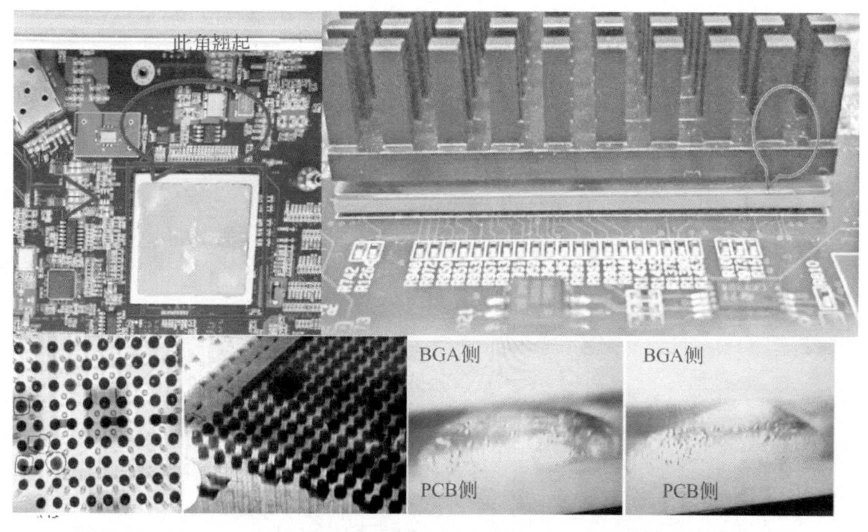

图 13-16 BGA 周围元器件热风返工导致 BGA 邻近焊点开裂案例

由于 BGA 上粘有散热器，返修的热风基本只会加热 BGA 的基板，这种情况会引发 BGA 的局部上翘。如果应力过大，就会将焊点拉裂。随着温度提升，焊点熔化并重新凝固。由于 BGA 焊盘氧化不能润湿，从而形成类似双面再流焊接时那样的焊点外貌。

这个案例提醒我们，对 BGA 周围元器件的返修，如果采用热风，应对 BGA 进行保护——采用高温胶带或加挡板，挡住热风。

№ 案例 61 返修时加热速率太大导致 BGA 角部焊点桥连

返修工作站在快速加热时往往导致四角向下翘、中心向上弓的变形，即哭脸。如果风速过高，将导致 BGA 角部焊点桥连，如图 13-17 所示。从 X-Ray 图上能够看到 BGA 中心部位的焊点比周边焊点明显偏小。

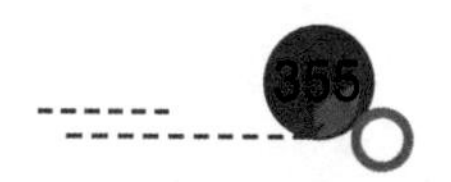

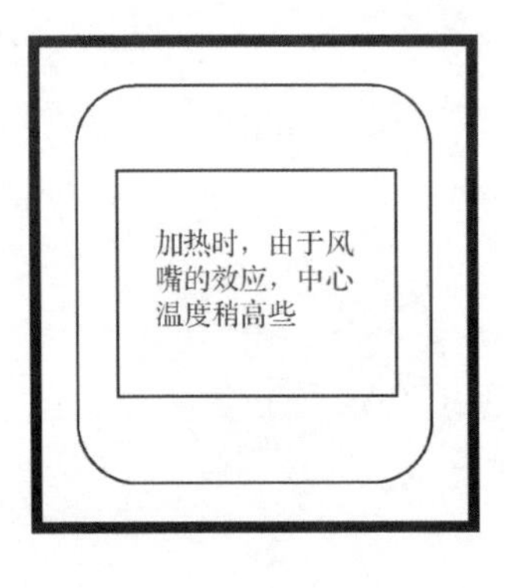

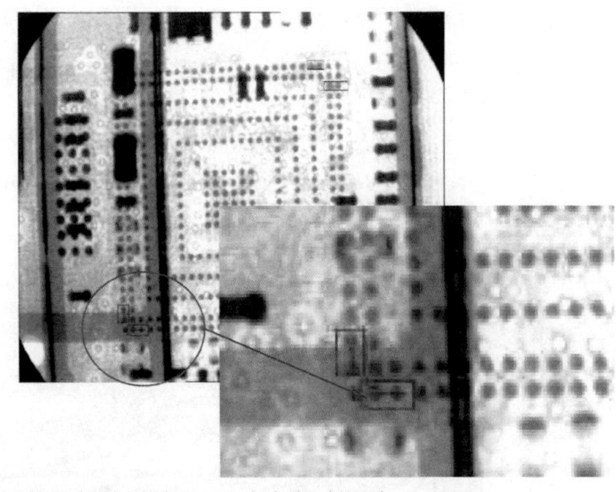

图 13-17 热风快速加热导致 BGA 角部焊点桥连

No 案例 62 手工焊接大尺寸片式电容导致开裂

片式电容属于良的导热体，焊接时很容易加热到很高的温度。由于片式电容与 PCB 的热膨胀系数不匹配，冷却过程容易因热应力导致片式电容开裂。

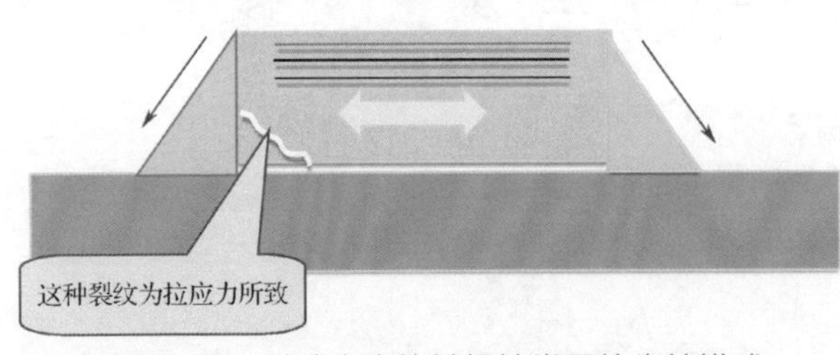

图 13-18 片式电容烙铁焊接常见的失效模式

机理比较简单，片式电容陶瓷材料导热良好，用烙铁焊接时迅速被加热并膨胀，而 PCB 则属于导热性差的材料，温升很小。在焊点凝固并冷却时，会造成焊点拉应力过大，最终导致片式电容开裂。这种开裂的裂纹特征与机械应力导致的开裂一样，都位于 PCB 侧，裂纹呈大致 45° 的角度分布，片式电容烙铁焊接常见的失效模式如图 13-18 所示。

No 案例 63 手工焊接插件导致相连片式电容失效

如果片式电容与相邻的插件无阻焊地直接由铜箔连接，那么，在手工焊接插件时，就可能导致片式电容焊点的重新熔化。烙铁焊接导致片式电容失效的案例如图 13-19 所示。

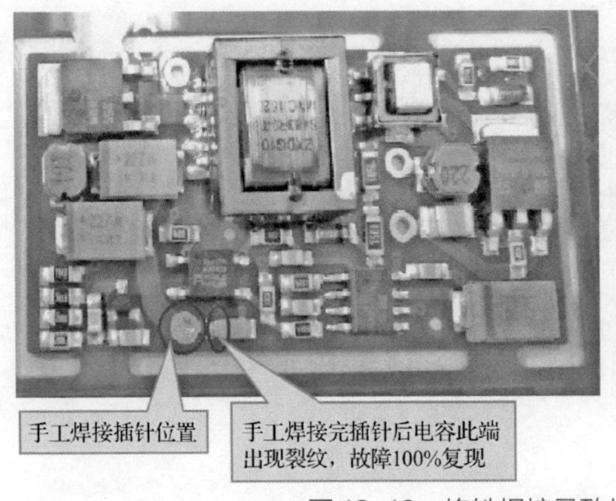

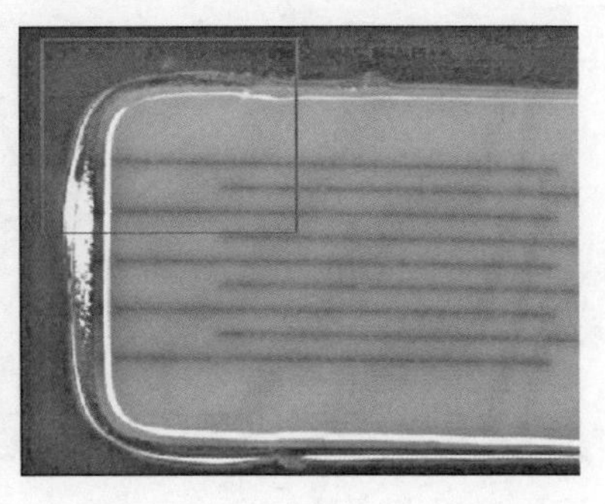

图 13-19 烙铁焊接导致片式电容失效

失效机理：烙铁焊接时，热量会将连接的片式电容焊点重熔，改变焊点的形貌并将片式电容加热。冷却时，片式电容焊端底部（靠近 PCB 处）会因片式电容的收缩而拉裂——斜 45° 断裂。这是片式电容烙铁焊接的典型失效模式之一。烙铁焊接导致铜箔相连片容开裂失效如图 13-20 所示。

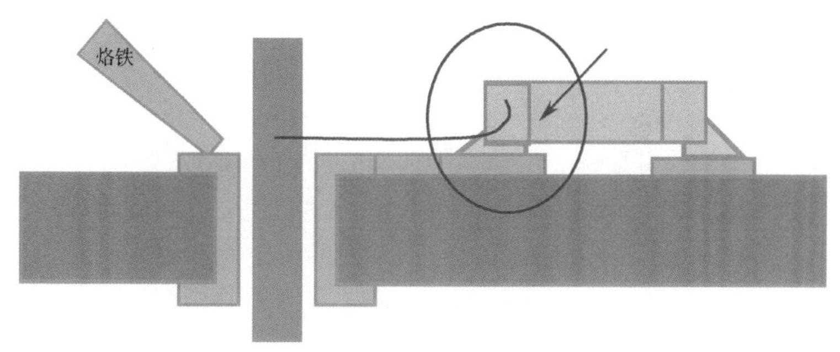

图 13-20　烙铁焊接导致铜箔相连片容开裂失效

No 案例 64　手工焊接大热容量插件时长时间加热导致 PCB 分层

如果选用的烙铁头功率不合适，采用小功率烙铁焊接大热容量的插件，由于加热困难，往往会把烙铁头温度设置很高，用很长时间加热，这会导致 PCB 分层，甚至内层连接失效，PCB 内层铜与孔壁铜断裂，如图 13-21 所示。

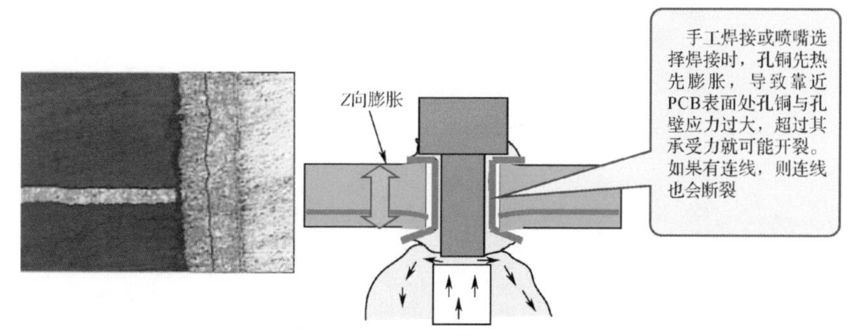

图 13-21　PCB 内层铜与孔壁铜断裂

No 案例 65　采用铜辫子返修细间距元器件容易发生微桥连现象

微桥连现象首次报道见于 IPC 某一论坛资料（Jeff Kukelhan，*BAE Systems Electronics，Intelligence & Support*）。所谓微桥连，实际指在精细间距元器件引脚间形成的 Cu_6Sn_5 晶体现象，如图 13-22 所示。

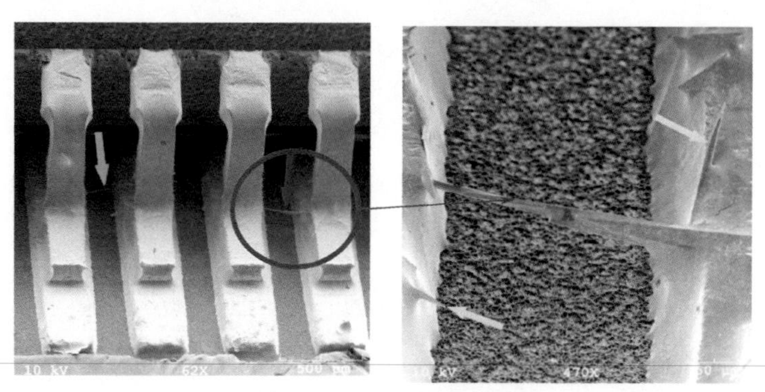

图 13-22　微桥连现象

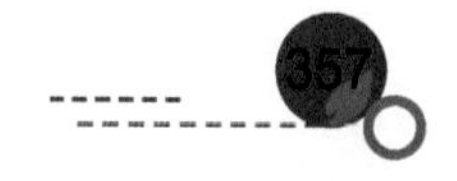

微桥连的形成机理如图 13-23 所示。

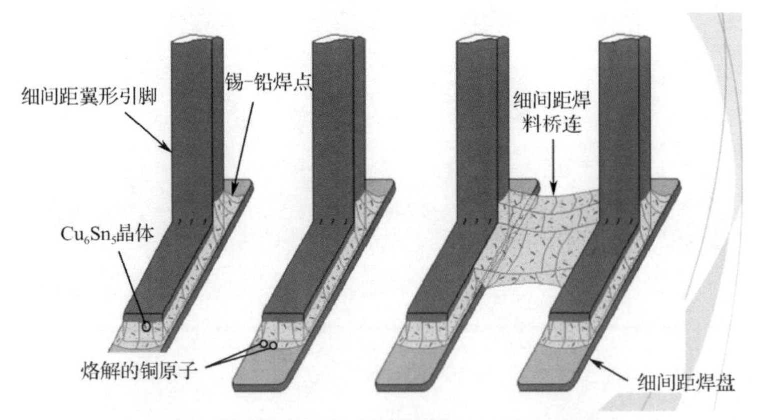

（a）第1步：再流焊后的焊料桥连已含有Cu_6Sn_5晶体

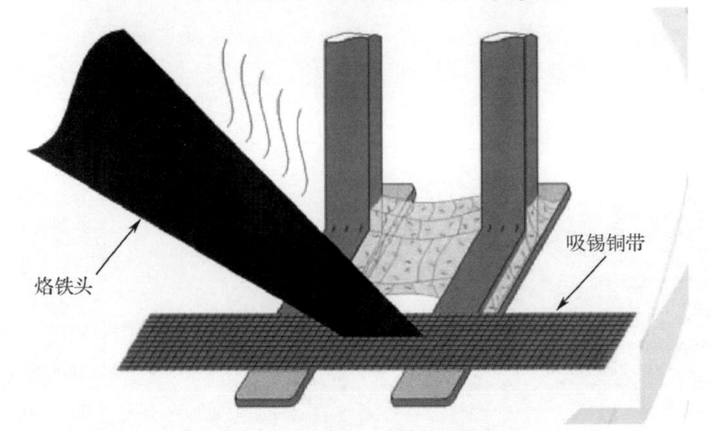

（b）第2步：用烙铁和吸锡编带开始返工

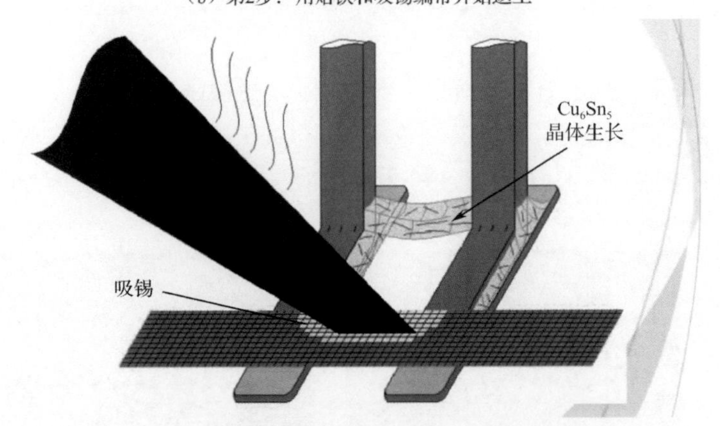

（c）第3步：随着焊料被吸入编带，Cu_6Sn_5晶体开始生长

图 13-23　微桥连的形成机理

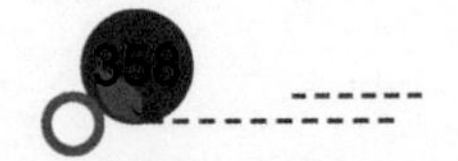

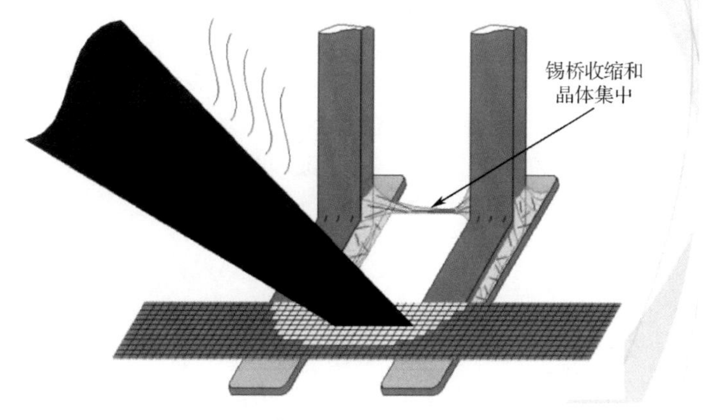

（d）第4步：Cu_6Sn_5晶体在收缩的桥连位置聚集

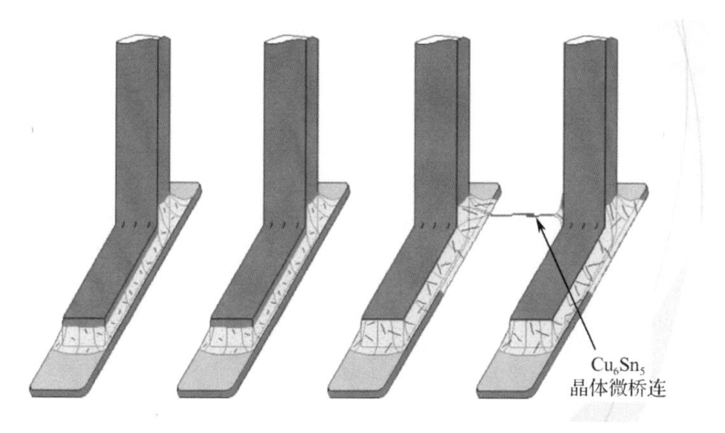

（e）第5步：一个或多个Cu_6Sn_5晶体形成微桥连

图 13-23　微桥连的形成机理（续）

对微锡桥进行成分分析，确认其为 Cu_6Sn_5 合金晶体，如图 13-24 所示。

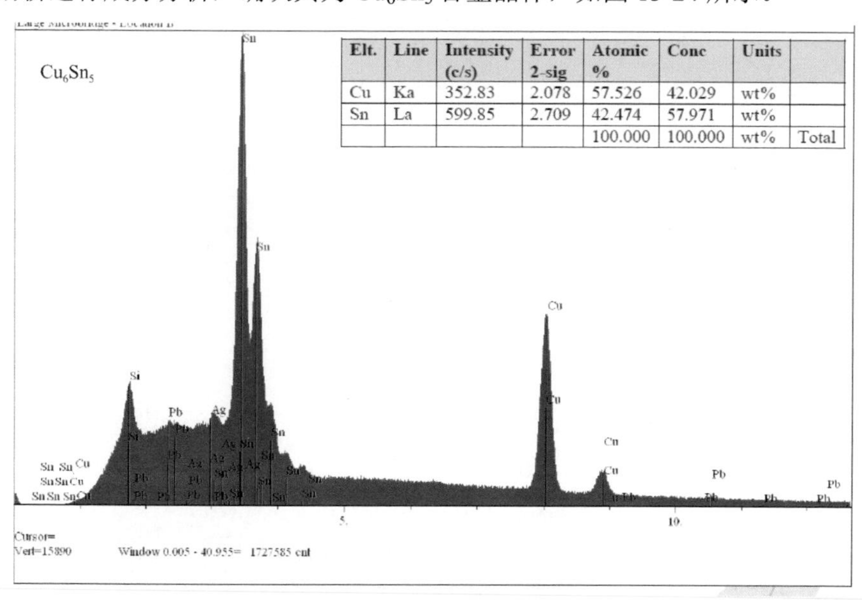

Elt.	Line	Intensity (c/s)	Error 2-sig	Atomic %	Conc	Units	
Cu	Ka	352.83	2.078	57.526	42.029	wt%	
Sn	La	599.85	2.709	42.474	57.971	wt%	
				100.000	100.000	wt%	Total

图 13-24　微锡桥成分分析

介绍这个案例，在于提醒读者，使用铜辫子返工存在一种微锡桥短路失效风险。今天，在很多工厂使用铜辫子吸锡的方法清理焊盘。如果用于吸除鸥翼形引脚间的锡桥，我们需要检查一下有没有微锡桥连接。对于 BGA 焊盘等清除，不会存在这种风险，因为铜辫子直接吸附多余的锡桥，而不是隔空靠引脚吸附转移完成。

这个案例很有意思，基本属于想不到的问题，也说明工艺问题容不得半点马虎，不能有“我什么都懂”的想法，因为永远有你想不到的问题。

第三部分

组装可靠性

第 14 章

可靠性概述

14.1 可靠性及其度量

产品的可靠性包括 5 个质量特性：性能、使用寿命、可信性（包含可靠性、维修性和保证性）、安全性和经济性，是产品质量在某时间段内的重要指标。

什么是可靠性？目前大家公认的定义是 GB/T 3187—1994（可靠性、可维修性术语）给出的，即“可靠性指产品在规定的条件下和规定的时间内，完成规定功能的能力”。如果用数学的方法表示，那么这种能力是一种概率，而不是所期望的一个绝对值。在设计和生产阶段，可以用数学方法计算和预测产品的可靠性（可靠性设计和分析），可以利用试验的方法来验证和评价产品的可靠性（可靠性试验）。

产品的技术性能和可靠性能都是通过设计赋予的、通过制造形成的、通过全面质量管理保证的。它们相互依赖，没有性能，可靠性无从体现；如果产品的可靠性很差，故障频发，丧失完成规定功能的能力，那么再先进的技术性能也无法发挥。产品的性能可以通过相应的测试设备加以检测，而可靠性却不能用仪器测量出来，只有通过试验分析，利用数学的方法统计评估得到。

如果需要表述和量化产品的可靠性，通常使用可靠性特征量（如可靠度、累积故障分布函数、故障概率密度函数等）和寿命特征量（如平均寿命时间——MTBF、MTTF 等）来表示。

14.1.1 可靠度及可靠度函数

可靠度（Reliability）指产品在规定的条件下和规定的时间内，完成规定功能的概率，常以 $R(t)$表示。

可靠度也称可靠度分布函数，是累积分布函数，它表示在规定的使用条件下和规定的时间内，无故障地发挥规定功能而工作的产品占全部工作产品的百分率。因此，可靠度是时间的函数，表示为

$$R(t)=P(T>t) \qquad (0\leqslant t<\infty) \tag{14.1}$$

式中，$R(t)$——可靠度分布函数；

T——产品故障前的工作时间（h）；

t——规定的时间（h）。

对于样本量为常数 n_0 的被测试或检测的相同产品，在任意时间 t，如果 n_f 个产品已经发生故障，剩下的 n_s 个产品仍然正常工作，则

$$n_s(t)+n_f(t)=n_0$$

式中的时间 t 可以是老练的时间、经历的总时间、工作时间、工作循环数和行程距离等。

那么，可靠度为

$$\hat{R}(t)=\frac{n_s}{n_0}\% \qquad (14.2)$$

14.1.2 不可靠度

不可靠度，也称为累积故障概率，指产品在规定条件和规定的时间内，丧失规定功能的概率。也就是产品在某个时间之前发生故障的概率。从定义可知，产品的累积故障概率是时间的函数，也称为累积故障分布函数，表示为

$$F(t)=P(T\leqslant t) \quad (t\geqslant 0) \qquad (14.3)$$

关于产品所处的状态，为了方便研究，一般假定，要么处于工作状态，要么处于故障状态。产品发生故障和不发生故障是两个对立的事件，显然

$$R(t)=1-F(t) \qquad (14.4)$$

累积故障分布函数和可靠度函数可以通过大量的产品试验进行估计。图 14-1 为一 $F(t)$累积故障分布函数示例图。

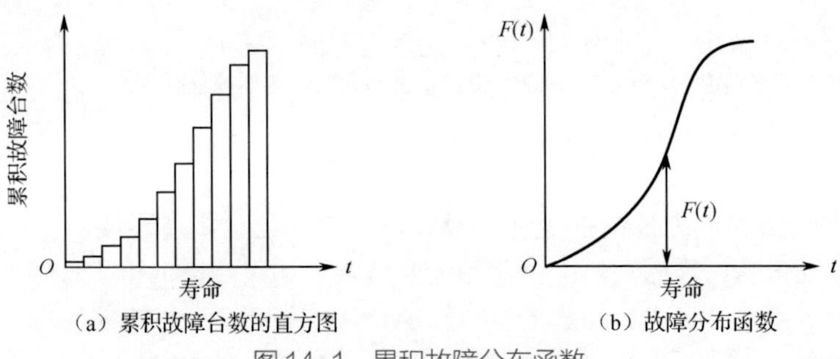

（a）累积故障台数的直方图　（b）故障分布函数

图 14-1　累积故障分布函数

可靠度与不可靠度均为时间的函数，都是对一定时间而言的。若所指的时间点不同，则同一产品的可靠度也就不同。

14.1.3 故障概率密度函数

从成/败的角度来看，可靠度与系统的寿命相关，且是一个以时间为坐标的质量特征。用来度量可靠度的随机变量为故障时间 T 的随机变量。如果假设 T 是理想的，那么故障时间随机变量就有概率密度函数 $f(t)$，图 14-2 给出了一个概率密度函数（PDF）的示例。

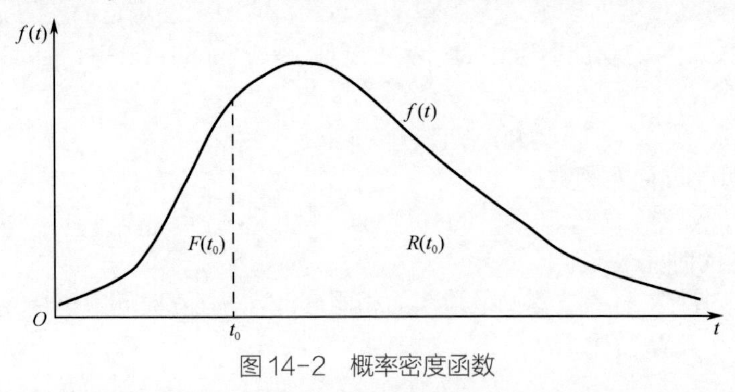

图 14-2　概率密度函数

一段时间间隔内的故障产品数与总产品数之比，称为此时间间隔内的概率密度函数。用 N 表示开始投入使用的产品总数，Δt 表示单位时间间隔，n_i 为单位时间间隔内发生的故障数，

则某段时间间隔内的概率密度函数可用下式表示：

$$\hat{f}(t)=\frac{n_{\mathrm{i}}/N}{\Delta t}=\frac{n_{\mathrm{i}}}{N\cdot\Delta t} \tag{14.5}$$

设概率密度函数为

$$f(t)=\frac{1}{n_0}\frac{\mathrm{d}[n_{\mathrm{f}}(t)]}{\mathrm{d}t}=\frac{\mathrm{d}[F(t)]}{\mathrm{d}t} \tag{14.6}$$

对式（14.6）两边分别进行积分，得到不可靠度 $F(t)$与故障概率密度函数 $f(t)$的关系为

$$F(t)=\frac{n_f(t)}{n_0}=\int_0^t f(x)\,\mathrm{d}x \tag{14.7}$$

这里，积分式表达的是产品在时间间隔（$0\leqslant x\leqslant t$）内发生故障的概率。式（14.7）中的积分表示概率密度函数曲线下时间 t_0 左侧包络的面积，如图 14-2 所示。对于连续型随机变量，不可靠度也称累积故障分布函数，而任意时间内的可靠度被称为可靠度函数，即

$$R(t)=P(\text{产品寿命}>t)=P(T>t)=1-P(T\leqslant t) \tag{14.8}$$

式中，$P(T\geqslant t)$是累积故障概率，用 $F(t)$来表示，称为累积分布函数。

同理，产品在时间 t 内未发生故障的产品百分比可通过概率密度函数曲线时间 t_0 右侧的面积来表示，如图 14-2 所示，即

$$R(t)=\int_t^{\infty} f(x)\,\mathrm{d}x \tag{14.9}$$

由于产品寿命终结时，总故障概率要等于 1，函数 $f(t)$被近似归一化，即

$$\int_t^{\infty} f(x)\,\mathrm{d}x=1 \tag{14.10}$$

14.1.4　故障率与浴盆曲线

故障率（Failure Rate），也称失效率，其定义为：工作到某时刻时尚未发生故障（失效）的产品，在该时刻以后的下一个单位时间内发生故障（失效）的概率，记为 $\lambda(t)$。

故障率的观测值即为“在某时刻以后的下一个单位时间内发生故障的产品数与工作到该时刻尚未发生故障（失效）的产品数之比”。它反映了单位时间间隔的故障率，也称为瞬时故障率，表示为

$$\lambda(t)=\frac{n_{\mathrm{i}}/n_{\mathrm{s}}}{\Delta t}=\frac{n_{\mathrm{i}}}{n_{\mathrm{s}}\cdot\Delta t} \tag{14.11}$$

式中，

$\lambda(t)$——故障率；

n_{i}——t 时刻后，Δt 时间内的故障数；

n_{s}——残存产品数，即到 t 时刻尚未发生故障的产品数。

在规定的条件下，产品从开始使用到规定报废时的总工作时间称为产品的寿命（也称总的寿命）。通过大量不同类型产品故障数据的研究表明，$\lambda(t)$随着寿命时间的增加明显分为三个阶段，这些阶段的故障率和失效产生模式都不相同。$\lambda(t)$的典型图形如图 14-3 所示，形如浴盆，所以又称为浴盆曲线（bathtub curve）。

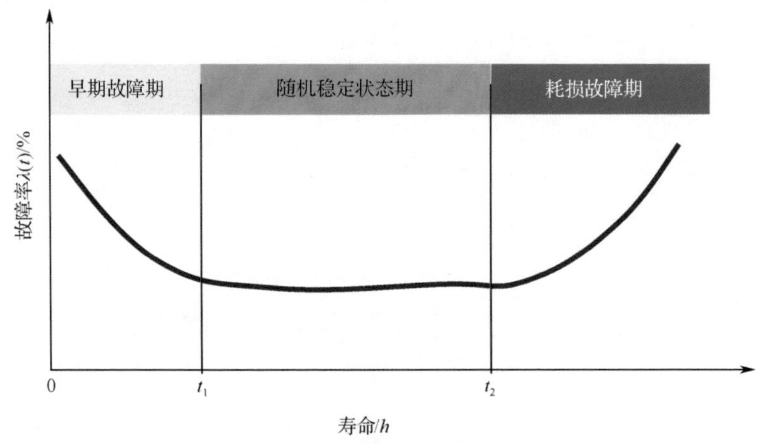

图 14-3　故障率浴盆曲线

1．早期故障期

在产品投入使用的初期，产品的故障率较高，且存在迅速下降的特征。

这一阶段产品的故障主要是设计和制造中的缺陷造成的（如设计不当、材料缺陷、加工缺陷、安装调整不当等），产品投入使用后故障很容易暴露出来。可以通过加强质量管理及采用老化筛选等办法来消除早期故障。

2．随机稳定状态期

在产品投入使用一段时间后，产品的故障率可降到一个较低的水平，且基本处于平稳状态，可以近似认为故障率为常数，因此，这段时期通常被称为随机稳定状态期。这一阶段产品的故障主要由偶然因素引起，所以这一阶段也被称为偶然故障期。随机稳定状态期是产品的主要工作区间，这个工作区间通常是产品设计阶段和有关可靠性活动中相对权重最大的部分，是可靠性预计和评估活动最重要的阶段。

3．耗损故障期

在产品投入使用相当长时间后，进入产品的耗损故障期，其特点是产品的故障率迅速上升，很快出现大批量的故障或报废。这一阶段产品的故障主要由老化、疲劳、磨损、腐蚀等耗损性因素引起。采取定时维修、更换等预防性维修措施，可以降低产品的故障率，以减少由于产品故障带来的损失。

可靠性优化必须考虑这三个寿命阶段。早期故障必须通过减少过程变化性、控制筛选以及老练试验的系统程序来消除；与应用相关的故障必须通过预留适当的设计余度来减少至最小；耗损期故障必须通过定期预防性的更换来减至最小。

为了避免早期失效，初期设计和工程管理非常重要，包括部件的保存和保管，但是，无论如何设计，都会有无法预测的缺陷。如果想要避免这些缺陷，就需要对市场上的产品进行全数检验或者高于市场使用载荷的筛选试验。

14.1.5　平均寿命时间

1．不可修复产品平均寿命——平均故障前时间（MTTF）

平均故障前时间，是指该产品从开始使用到失效前的工作时间（或工作次数）的平均值，记为 MTTF（Mean Time To Failure）。MTTF 用于不可修复产品。

设 N_0 个不可修复的产品在同样条件下进行试验。测得其全部故障时间为 t_1，t_2，…，t_i，…，t_{N_0}。其平均故障前时间为

$$T_{TF}=\frac{1}{N_0}\sum_{i=1}^{N_0}t_i \tag{14.12}$$

2．可修复产品平均寿命——平均故障间隔时间（MTBF）

平均故障间隔时间，是指该产品一次故障发生后到下一次故障发生前无故障工作时间的平均值，记为 MTBF（Mean Time Between Failures）。MTBF 用于可修复产品。

一个可修复产品在使用过程中发生了 N_0 次故障，每次故障修复后又重新投入使用，测得每次工作持续时间为 t_1，t_2，…，t_i，…，t_{N_0}。其平均故障间隔时间为

$$T_{BF}=\frac{1}{N_0}\sum_{i=1}^{N_0}t_i=\frac{T}{N_0} \tag{14.13}$$

式中，T 为产品总的工作时间。

显然，产品的平均故障间隔时间与产品的维修效果有关。产品的典型修复状态有基本修复和完全修复两种。

14.2　可靠性工程

产品的可靠性与产品整个寿命周期内的全部可靠性活动有关，是为了达到产品的可靠性要求而进行的有关可靠性设计分析、试验和生产使用等一系列工作的综合作用结果。从论证、方案阶段开始直到系统退役等整个寿命周期内，均需要开展一系列的可靠性工作。

可靠性设计和可靠性试验是可靠性工程的两大支柱。

14.2.1　可靠性设计与分析

产品的可靠性是设计出来的、制造出来的，是管理出来的。国内外开展可靠性工作的经验表明，可靠性设计对产品可靠性具有重要影响，要提高产品的可靠性，关键在于做好产品的可靠性设计和分析工作。把可靠性工程的重点放在设计阶段的原因，主要有以下几个方面。

（1）设计保证了产品的固有可靠性。产品的固有可靠性是产品固有特性之一。产品一旦设计完成，并按设计要求被制造出来，其固有的可靠性就已经完全被确定了。对产品可靠性起决定作用的是设计过程，制造过程主要是实现设计过程所形成的固有可靠性，使用和维护过程是保持获得固有可靠性。如果在设计阶段没有认真考虑其可靠性问题，如产品设计的鲁棒性（Robust 的音译，指健壮性）、设计裕度和余度考虑不足，以及元器件原材料选用不当等，那么无论怎样精心制造、严格管理、合理使用，也难以实现较高的可靠性要求。

（2）现代科学技术迅速发展，同类产品之间的竞争激烈。产品被淘汰的速度日益加快，因而要求新的产品研制周期缩短，质量要好，设计时如果不认真考虑可靠性问题，等到试制、使用后发现严重问题，再来改进设计，必然会延长产品投入市场的周期、提高产品的价格、降低产品的竞争力。

（3）在设计阶段采取措施提高产品可靠性的耗资最少，效果显著。

可靠性设计与分析是可靠性工程的重心与核心工作，其目的是挖掘与确定产品潜在的隐患和薄弱环节，并通过设计预防与改进，有效地消除隐患和薄弱环节，从而提高产品可靠性水平，满足产品可靠性要求。可靠性设计分析工作必须遵循预防为主、早期投入的方针。必须从产品方案阶段就开展可靠性设计与分析工作，尽可能把不可靠的因素消除在设计过程早期。在设计过程中，要努力认识故障发生的规律，防止故障发生及影响扩展，同时也要把发现和纠正

可靠性设计方面的缺陷作为工作重点。通过采用成熟设计和行之有效的可靠性设计分析技术，保证和提高产品的固有可靠性。

1．可靠性设计分析的流程

不同研制阶段的可靠性设计分析流程有所差异，但都是由一组彼此交互的可靠性设计分析任务所构成的。其中，最基本的任务可以分为三类：①提出可靠性要求，包括通过分配提出不同层次产品的可靠性设计要求。②可靠性设计与分析，通过可靠性分析为产品研制过程提供输入，形成考虑可靠性的产品设计。③验证可靠性设计的效果，验证是否满足产品的可靠性要求。以这三类任务及相应的决策活动为基础，即构成一个可靠性设计分析的概念流程，如图 14-4 所示。完成这三类任务需要开展各类可靠性技术与管理活动（工作项目），包括各类与可靠性相关的系统设计、建模与分析、数据收集与分析，以及配套的管理工作。

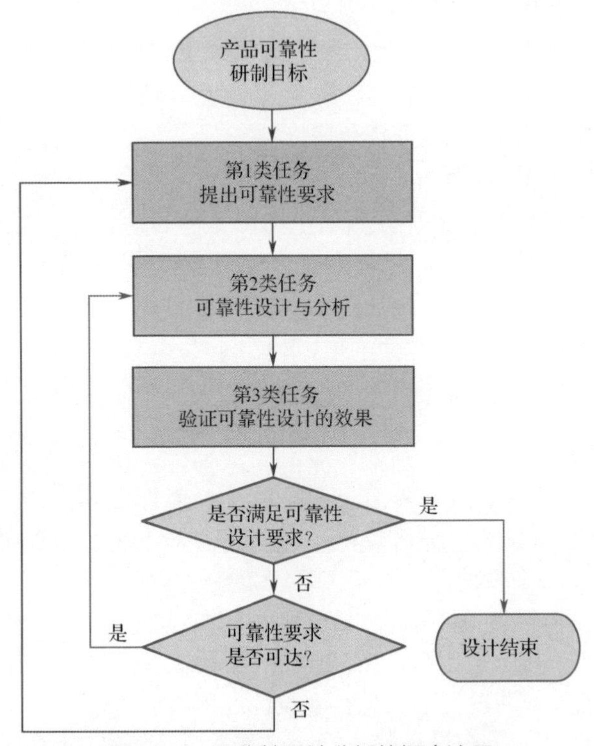

图 14-4　可靠性设计分析的概念流程

该概念流程具有自封闭性质，且对产品研制阶段具有借鉴意义，主要区别是在不同的研制阶段应用的具体手段不同。需要指出，在工程实际中一旦签订合同，通常情况下不会变更可靠性要求。在确定具体流程时，需要结合该概念流程和系统特点，系统地规划和恰当地应用可靠性设计与分析流程，从而使研制出的产品具有较高的可靠性水平。

各类可靠性设计与分析工作主要集中在论证阶段、方案阶段，以及工程研制中的初步（初样）设计和详细（正样）设计阶段。

2．可靠性设计分析的主要内容

可靠性设计分析包含的内容很多。表 14-1 给出了适用于不同研制阶段的常用可靠性设计分析方法。在研制工作中，需要根据产品的可靠性要求、产品特点（如电子、机械、机电）以及产品的层次（如系统、分系统、设备组件）选择相应的可靠性设计分析方法。

表 14-1　可靠性设计分析方法

设计分析方法	研制阶段			
	论证阶段	方案阶段	工程研制阶段	
			初步设计	详细设计
可靠性要求确定	√	√	√	—
可靠性分配	—	√	√	—
可靠性模型建立	—	√	√	√
可靠性预计	—	√	√	√
可靠性设计准则制定与贯彻	—	√	√	√
简化设计	—	√	√	△
余度设计	—	√	√	△
容错设计	—	√	√	△
降额设计/裕度设计	—	△	√	√
热设计与热分析	—	√	√	√
环境防护设计	—	√	√	√
元器件、零部件和原材料的选用与控制	—	√	√	√
故障模式影响分析（FMFCA）	—	√	√	√
故障树分析（FTA）	—	△	√	√
GO 法（图形化的系统可靠性建模与分析方法）	—	△	√	√
潜在分析	—	—	△	√
电路容差分析	—	—	√	√
耐久性分析	—	√	√	√
有限元法	—	△	△	△
故障物理（PoF）方法	—	△	△	△
一体化设计方法	—	△	△	△

注：√表示适用；△表示视情况选用。

14.2.2　可靠性试验

可靠性试验是为了了解、评价、分析和提高产品的可靠性而进行的各种试验的总称，旨在暴露产品的缺陷，为提高产品的可靠性提供必要信息并最终验证产品的可靠性。换句话说，任何与产品故障或故障效应有关的试验都可以认为是可靠性试验。

可靠性试验在产品的研制过程中，特别是保证产品达到设计的可靠性要求起到至关重要的作用，尤其是可靠性鉴定试验，它是验证产品的可靠性是否达到设计要求作为产品设计定型的依据之一。

1．可靠性试验的目的

可靠性试验的目的：

（1）发现缺陷，即发现产品在设计、元器件、零部件、原材料和工艺方面的各种缺陷。

（2）提供信息，即为提高产品的可靠性、改善产品的使用完好性、提高任务成功率、减少维修费用及保障费用提供信息。

（3）验证指标，即确认是否符合可靠性的定量要求。

针对不同的产品有不同的指标，例如可靠度 $R(t)$、故障率 $\lambda(t)$、MTTF、首翻期（维修产品）及使用期限（不可维修）。

2．PCBA 的可靠性试验

在设计和制造期间，需特别关注安装在印制电路基板上的电子元器件连接的可靠性。在电子组件使用期间，表面组装焊点可能经受各种加载条件，如果设计不完善，可能会导致过早失效。以下的加载条件既可单独存在，也可连续存在或是同时存在：

- 高低温度的循环；
- 振动（运输）；
- 由于焊接过程或严酷的使用环境造成热冲击（快速温变引起瞬间翘曲）；
- 由于严酷的使用条件或偶然的误用造成的机械冲击（高加速）。

在实际使用中，可能会出现振动、热冲击和机械冲击，这些都是无法预知的。但是，表面组装焊点的主要失效机理是温度循环引发的不同材料之间的膨胀/收缩不同而导致的热疲劳损伤。由振动疲劳、热冲击和机械冲击引起的失效，其可靠性主要取决于最初的焊点强度，但对热疲劳失效来说并不完全一样。

这些膨胀/收缩的差异是由内部元件功耗引起的温度变化，以及外部载荷波动、电源开/关循环、昼夜循环、季节变化所的引起的温度变化导致的。在使用过程中，表面贴装焊点会经受相当大的循环应变，这些应变是由不同热膨胀引起的：

- 表面贴装元器件以及与它们连接的基板；
- 焊料以及焊接在一起的材料（元器件、引脚和基板）。

为确保表面组装组件焊点强度在预期使用环境下能达到其预期可靠性，需通过加速疲劳试验建立一个通用的可靠性数据库，并确认某些特定条件下产品的可靠性。由焊料的蠕变和应力释放的时间依赖特性可知，加速试验中的循环损伤和疲劳寿命与实际操作时通常是不相同的。因此，要利用加速疲劳试验的结果，需要进行转换，以便对不同加速试验条件的结果进行有效的对比，以及推测产品在使用中的可靠性。

在 PCBA 焊接互连可靠性领域，最广泛采用的加速疲劳试验就是高低温度循环试验。

14.3 电子产品的可靠性

14.3.1 电子产品可靠性的概念

可靠性指产品在规定的条件下和规定的时间内，完成规定功能的能力。具体到电子组件：

（1）在这个定义里，隐含的意思是表面贴装焊点的可靠性由损耗（疲劳）决定。例如，失效时间分布图即“浴盆曲线”的上升部分，由于损耗，随着时间增加失效速率加快。这意味着制造质量不能增加特定使用条件下固有的设计可靠性，但是，制造质量缺陷/不足会降低产品固有的设计可靠性。

（2）产品制造中会引入变量。这种变量涵盖了产品中所有材料的性能，包括工艺参数中的承受力、成分变化，非均匀性以及波动等。如果产品制造质量好，这些变量就会被控制在其范围内，不会明显降低产品的性能；如果制造质量不太好，则会引起较大的变化和/或缺陷，这会在很大程度上降低产品的性能。

（3）在实际使用环境中，产品的这些变量（材料，工艺等）的叠加是不同的，其可靠性（疲劳）分布也不同。即使是相同的产品，受到相同的加载也会出现有差异的统计失效分布。

为获得有代表性的产品变量以及对可靠性的影响，需要对很多样品进行测试，以找出影响它们的参数变量。这通常采用加速可靠性的测试方法来完成。

（4）对表面贴装组件来讲，没有证据表明随机稳定状态区域是存在的，“早期故障期”和“损耗故障期”形成全部失效率的历史是完全有可能的。必须指出的是，对表面贴装焊接组件来讲，“早期故障期”和“随机稳定状态期”并没有那么重要，因为即使对错误等级进行量化，失效概率也很低。但是，基于经验上的观察却很重要，在 MIL-HDBK-217 中“随机稳定状态”失效率评估高了 2～3 个等级。

元器件和其表面贴装焊接组件的累积失效概率是元器件和组件失效概率的总和。因此，电子组件的失效主要是元器件在短期内的失效和焊点在长期内的失效。

（5）对焊接组件技术的一般理解。焊料的特征是由温度、时间以及相关的应力表现出来的。例如，共晶锡-铅焊料容易蠕变，温度超过 20℃时会发生应力释放，低于-20℃时与其他金属的长期承载能力相似。温度超过 20℃后，温度越高，或高于应力水平，焊料的蠕变和应力释放越快。

（6）对表面贴装连接技术可靠性和失效机理的理解是设计时确保产品可靠性的第一步。为此，需有一个通用数据库。虽然失效机理是基于循环或单一的超限应力作用而产生的，但是最常见的可靠性威胁源于疲劳损伤下的应力释放。一个疲劳失效数据库必须建立在低加速和高加速测试的组合上。

在这种情况下，低加速测试获得的测试样品平均失效次数/时间，比在实际使用环境下低 10～20 次。高加速测试低 100～500 倍。测试加速度越高，实际使用条件下的代表性能的测试结果越少。

（7）对加速测试来说，最重要的是失效的产生是由于加快了适当的失效机理。对多数表面贴装组件的使用来说，热冲击测试并不会加速其长期疲劳机理（注意！），这可能会出现误导性的结论。驱使潜在的机理引起多数长期疲劳损伤，这是由于焊料性能的蠕变和应力释放造成的。因此，加速疲劳测试在极限循环中必须有精确的停留时间，以便充分完成蠕变和应力释放。加速测试循环中不充分的循环蠕变和应力释放与多数实际使用环境是相反的，在实际使用条件中有足够的时间进行完全的蠕变和应力释放。因此，在加速循环测试中，疲劳损伤明显较小是由于疲劳加速的转换。

（8）低加速测试需要与实际使用非常相似的测试环境，加速因子在 10～20。比如，如果设计寿命是 12 年，疲劳测试的完成应约为一年。低加速测试对于提供通用的、精准的“基准”结果很有必要。

高加速测试通常需要等温机械循环。相对于实际的 MTTF，这些测试可为测试的 MTTF 提供高达 500 的加速因子。这可在高温下完成（高于 20℃），并使用循环机械加载。作为加载技术，机械循环是必要的，因为热循环期间，高低温之间的转换时间是固定的，以避免热冲击造成不属于应力释放疲劳失效机理的失效故障。高加速测试与使用条件并不是特别相似，其结果主要对相互之间的对比比较重要。但是，通过对高加速和低加速测试样品进行对比，低加速测试可作为高加速测试的可靠性基准。因此，时间耗费较少的低加速测试与更快的高加速测试相结合，可形成一个完整的数据库。

（9）虽然电子产品失效的原因很多，但表面贴装焊点的失效主要原因是低频热循环疲劳。由于振动产生的高频循环疲劳可对疲劳损伤产生一定作用，因此，表面贴装技术（SMT）焊点失效主要是由热/机械应力导致的。

低频的热循环疲劳频率通常是从每小时几个周期到每天一个周期或更少。设备振动的频率通常从 10～2000Hz，因此每天振动会超过十万次。在高周期/循环疲劳中，振动产生的疲劳损伤是最主要的。

14.3.2 损伤/失效机理

1. 热循环损伤机理

热循环中主要的损伤机理是焊点里的蠕变/应力释放导致疲劳增强。图 14-5 是一个载荷从零到正最大值，然后到零再到负的最大值，再回到零的“应力-应变”图形。这个图形也称应力-应变磁滞回线，其面积代表每个周期疲劳损伤的程度。黏塑性应变能引起疲劳损伤，这是由一个个周期积累而来的，这就是疲劳损伤的机理。当从零应力、零应变状态下加载，焊点首先会经历弹性应变，随后如果继续加载，超出了焊料的屈服强度，则会产生弹性屈服。必须指出的是，对焊料来说，既没有真正的弹性应变，也没有真正意义上的屈服强度。弹性应变-屈服线被简化为非线性应力-应变反应，这高度依赖于温度、加载率、焊料组成以及晶粒结构。此外，屈服强度是因为工程目的而被定义的人工产物；其对焊料的定义也同样高度依赖一个变量，其中有些是可控的（如温度），有些是不可控的（如晶粒结构）。

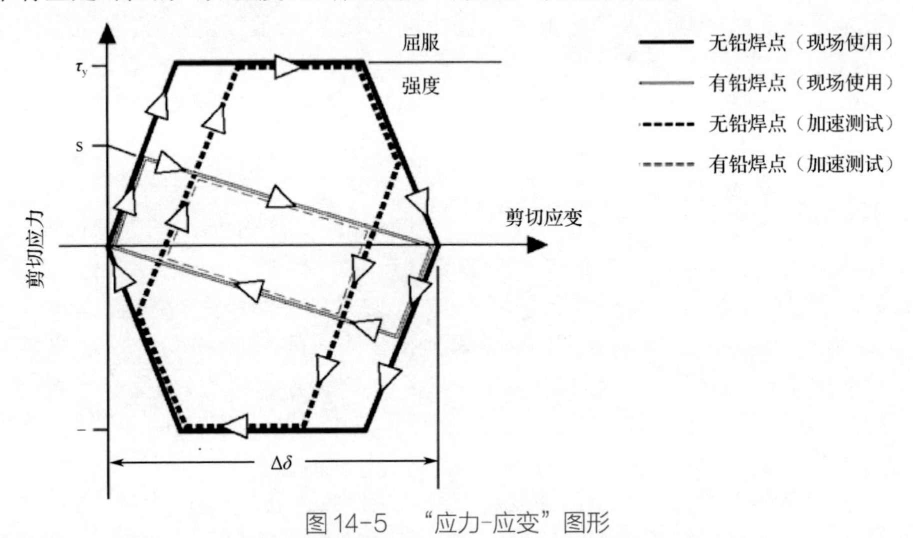

图 14-5 “应力-应变”图形

随着疲劳损伤的积累，焊点的晶粒结构变得粗糙。焊点疲劳寿命消耗了 25%～50%后，晶界交叉处形成微孔或空穴。这些微空隙生长为微裂纹，随着进一步的累积疲劳损伤，生长并聚结成较大的裂纹。对于遇到非均匀应变和应力分布的焊点，如城堡型焊点，一个主要裂纹将导致失效。对于具有均匀应变和应力分布的焊点，如柱状焊点，将形成许多裂纹，最终一个裂纹会首先失效。

对焊点疲劳可靠性有重要影响的参数包括：焊点尺寸、硬度、热膨胀系数、焊点匀称性以及焊料成分、晶粒结构和涂镀层。

2. 振动损伤机理

振动引起的表面贴装焊点失效和热循环引发的失效有本质的区别。在热循环期间，焊点受到热膨胀不匹配的加载，焊点应变由循环保持期间的应力释放引起的塑性应变引起。相反，振动的相对频率（超过 30Hz）较高会引起焊点产生弹性行为。如果应力普遍较低，失效一般在相同状态下循环多次产生，成为构件标准的高循环/周期疲劳。

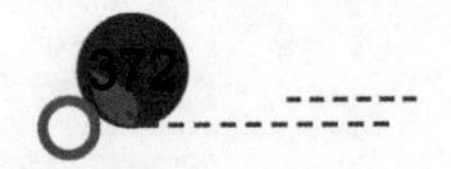

振动是指物体在平衡状态进行的周期运动。这类运动有很多，包括汽车、航空航天以及军事上的应用，在这些环境中使用的电子机柜或构件都会受到振动。振动通过底盘或机柜的主要构件传递到印制电路板，印制电路板和其边缘支架的相对运动使得板子扭曲或变形。印制电路板弓曲和扭曲是表面贴装焊点引发应变的主要原因。

一般来说，因振动而引起的应力等级相对来说很小，这与高频率移动或高应变频率相关。负载的快速变化不允许应力释放。此外，焊料的弹性模量随着载荷的频率或应变率的增加呈上升趋势，这对弹性应变有利。

但是，在特定条件（状态）下，在焊点里可能会形成非常高的应力。如果外部驱动力的频率接近印制电路板本身的频率，则会产生大的形变。因此，在特定的位置焊点会产生很大的应力。自然频率是物体/系统在自然条件下振动时产生的。一般来说，电子设备都会在超过一般应用频率的频率下进行测试，以确保设计里不会产生设计以外的共振频率。

虽然大部分的应力都是弹性应力，但是发生失效是由于局部较高的塑性行为引起的。较小的应力集中、焊点表面或交界处的缺陷都会引起局部塑性应变。在某些方面，焊点里单个晶粒的晶向是定向的，因此，使用的最大剪切应力要超过在易滑面引起滑落的标准应力。在循环加载时，会产生入侵和挤压，最后，良好的入侵或持续的滑移会形成微裂纹。

微裂纹逐渐变成较大的裂纹。裂纹扩展一般称为穿晶裂纹，与在蠕变造成的热疲劳中发现的沿晶开裂相反。裂纹以条纹形式稳定增长，直到焊点再也无法承受其施加的载荷。当焊点的结构和电性能都失效时，焊点产生失效。这个过程一般发生在大量的循环/周期之后，被称为高周期疲劳，而不是由于循环应变振幅足够大引起潜在的塑性屈服应变而出现的低周期疲劳。

3．热冲击损伤机理

在热冲击时，温度变化非常迅速（大约 30℃/分钟，或更快），会导致表面贴装组件扭曲变形。扭曲变形是由热梯度瞬间变化引起的，扭曲变形形成拉伸和剪切应力，此时拉伸载荷在稳态膨胀不匹配中占主导地位。因此，即使是具有匹配热膨胀系数的组件，在受到热冲击时也会出现焊点故障。

热冲击条件可能来自几个方面。这方面的例子如下：

（1）外部环境急速变化，比如，太空中由光照处到阴凉处。

（2）功率状态发生突然的巨大变化。

（3）各种制作/修复过程，比如，再流焊、返工等。

热冲击与热循环有根本的区别，它们的加载机理不同。热冲击往往导致应力的多轴状态，主要是拉伸过应力和拉伸疲劳。而热循环是剪切载荷和剪切疲劳。热冲击需要在双腔室测试设备中进行，而热循环则在单腔室循环设备中进行。

双腔室可产生超过高达 50℃/分钟的温度跃迁速率，而大多数单腔室甚至很难达到 30℃/分钟的跃迁速率，这是热冲击最低的跃迁速率。热冲击与热循环这两种类型测试的结果是不相关的，即使通过一些设计措施也不能使 PCBA 在这两种情况下都延长寿命。因此，以评估表面贴装焊点可靠性为目的的热冲击测试，只有当热冲击确实符合产品的使用条件时才适合。

4．焊点蠕变断裂

焊点蠕变断裂是指，焊点在受到一个固定负载作用下，随着时间的增加，焊点里的焊料发生缓慢的塑性变形。这导致样品在负载保持不变的情况下形变随着时间增加而增加，当焊料不能承受这个负载时，就会出现蠕变断裂。

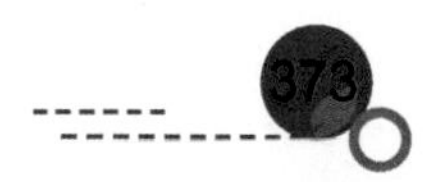

当元器件被焊接到印制电路板上，印制电路板将与焊点处于相同的条件下。如果印制电路板弯曲并保持形状不变，那么在每个焊点上都会产生持久的应变，那么焊点将可能发生蠕变断裂。蠕变产生的断裂表面（裂纹）最典型的特征就是韧性断裂裂纹——裂纹呈现珍珠串式的空洞。

虽然蠕变断裂在底层机理上与应力释放类似，应力释放一般是在焊点受到一个固定的变形时发生。随着时间增加，作用在焊点上的应力开始释放，但是变形保持不变。固定变形上负载的减少，使得焊点的弹性应变转换成塑性永久应变。

14.3.3 影响电子产品可靠性的因素

电子产品的可靠性取决于 3 个方面：

（1）设计——不良设计埋下固有的可靠性问题。

（2）制造——焊点的完整性与微观组织（制造时的影响因素）。

（3）使用——应用环境应力（使用时的劣化因素）。

1．常见设计不良

焊点的失效模式主要是工作环境或功率引起的高低温度循环疲劳失效。常见的设计不良主要有以下几点：

（1）焊点强度不够，如表贴晶振、封装与 PCB 材料的热膨胀系数（CTE）差别很大，如果选用的封装尺寸较大，那么，温度循环条件下受到的应变幅度比较大，就很容易提前失效，如图 14-6 所示。

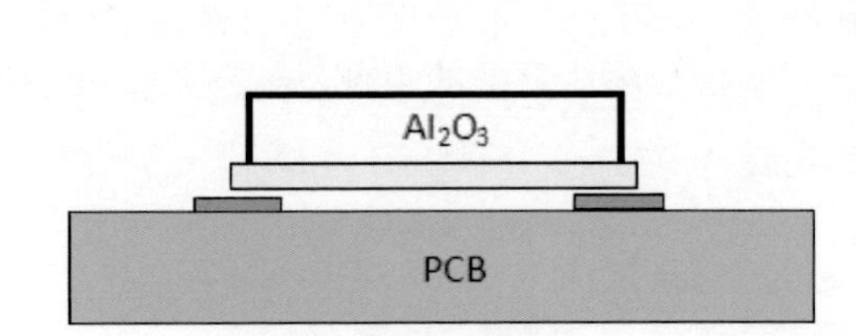

（a）晶振与PCB的安装结构

（b）晶振焊点温循开裂现象

图 14-6　晶振温循试验初期出现焊点疲劳开裂现象

（2）焊点存在拉应力作用，如温度冲击试验的焊点、持续拉应力作用的焊点、使用早期出现的焊点失效往往属于这一类。在产品设计中，有些情况下，焊点会受到拉应力作用（垂直于温度循环的剪切方向），这种焊点极其不耐温度循环应力作用，会在产品寿命的 1/3 期间出现失效。图 14-7 是一个典型案例，失效焊点为一个光模块插入连接器的焊点，开裂焊点位于受力侧。此案例为典型的设计不良情况，没有考虑光模块安装高度与连接器插口高度的匹配，焊接后是看不到问题的。一旦插入光模块，因光模块安装高度比连接器插口高而始终受到一个拉应力。经验表明，只要焊点受到拉应力，就很容易发生疲劳失效（蠕变失效+疲劳失效）。

（3）工作中焊点受到过应力作用。这种情况很多，如快速温变导致的翘曲、机械冲击等，最常见的就是外接插头的连接器，会因经常插拔而导致焊点断裂；再比如，按键 PCB，如果产品设计时支撑不好，长期按压就会导致产品失效。对于这些情况，产品设计时必须考虑到，

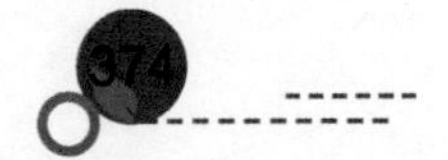

或加固或规避。图 14-8 为一块索尼的随身听产品电池插座的设计，此产品完全可以实现一次焊接，但是，为了电池插座的可靠性，厂家采用了手工方法焊接，使得焊点强度足够强。

（a）失效焊点连接器

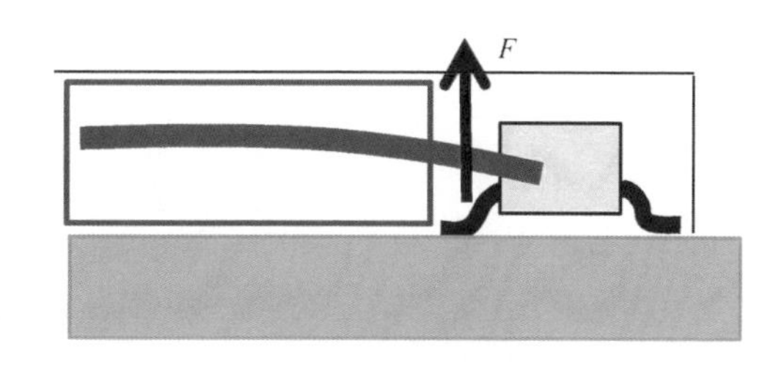

（b）焊点受力情况

图 14-7 光模块连接器焊点因拉应力而在寿命早期出现疲劳失效案例

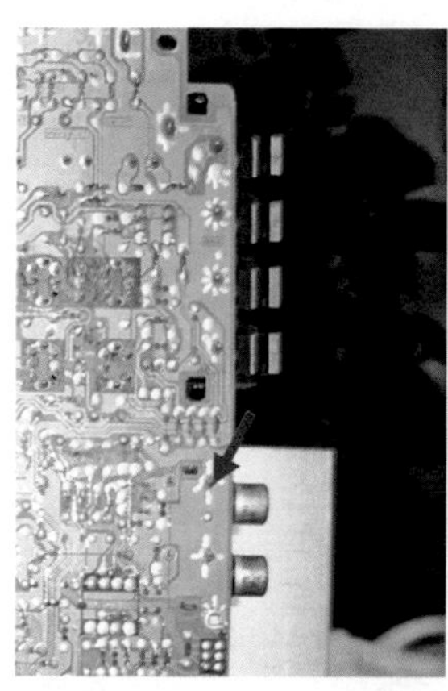

图 14-8 焊点加强的设计实例

2．制造影响因素

焊点的完整性与微观组织取决于焊点的设计、焊料合金成分与工艺条件，这些决定了焊点的初始故障及寿命。

1）焊接工艺条件

（1）升温速度：温度的均匀性。

（2）预热温度与时间：助焊剂的活性和基板温度的均匀性。

（3）峰值温度及保温时间：焊料润湿性及界面形成。

（4）冷却速度：焊料凝固，焊点的初始组织。

其他因素还包括：再流焊接气氛、加热手段、气流的方向与强度等，这些因素也将对软钎焊过程产生较大的影响。将上述因素组合，在合适的参数下就可以得到可靠性高的焊点，而任何不合适的参数都会直接导致可靠性下降。

2）焊点界面组织

图 14-9 所示为表面组装产生的缺陷和服役后产生的缺陷，总结了焊点结合界面中引起可靠性下降的因素。

（1）焊接中形成的界面金属化合物层实际上会降低焊点的可靠性，而这一点经常不被理解。理想的焊点中不应存在金属间化合物（IMC），其原因为金属间化合物与基板及部件有着

不同的杨氏模量和热膨胀率，并且金属间化合物通常较为脆硬。因此仅在焊点冷却的过程中就有可能收缩不均匀而导致变形，甚至开裂。而在焊点强度试验中焊点被破坏也经常出现在界面附近，这是由界面金属间化合物所带来的影响，一旦形成化合物，就很难得到结合力强的焊接界面。

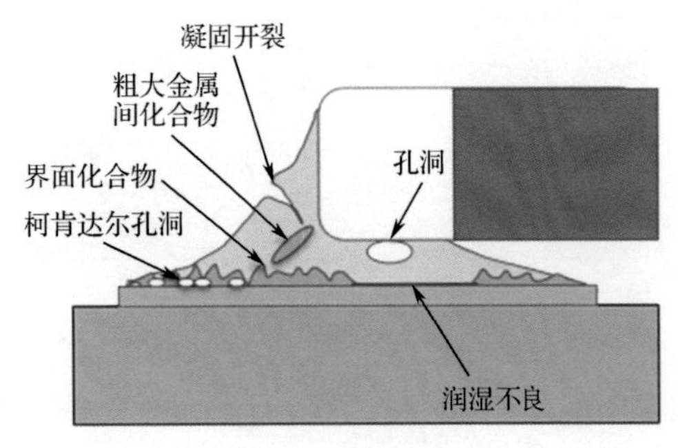

（a）使用初期　　（b）长期使用后

图 14-9　表面组装产生的缺陷和服役后产生的缺陷

另外，如果无法看到界面金属化合物，则可能存在表面污染或氧化导致的润湿不良。因此，金属间化合物也被用来判定连接界面形成的指标。最好的焊点状态，应该是金属间化合物正好处于刚刚能被观察到的状态——只要看到，越薄越好！

（2）焊料与电极在润湿过程中有时会卷进异物和气泡，这直接导致焊点内部及界面的强度下降。

（3）焊接峰值温度过高、焊料在熔点以上时间过长，都有可能发生界面反应及金属间化合物的成长，并同时形成孔洞。这是由于在焊接中产生了元素偏析，形成了柯肯达尔效应（Kirkendall Effect）。孔洞的形成会对界面强度产生影响，所以对温度曲线的管理也十分重要。

（4）电极也可能在焊接前就产生了劣化，如黑盘现象。

（5）焊点凝固时可能引入缺陷，比如，焊点剥离、凝固裂纹、硬脆金属间化合物的形成等。影响这些凝固缺陷形成的因素包括焊料合金元素、镀层成分、部件和基板设计、冷却条件等。

3．使用时的劣化因素

焊接基板经组装后就被投入实际应用中。而软钎焊的合金种类成千上万，其工作环境也千差万别。虽然每一块基板都必须保证其可靠性，但对于不同的产品有不同的设计基准。

一般家电产品，如电视、冰箱、空调、洗衣机等，基板温度都不会太低，处于 0～60℃的范围。但有些工作条件就超过了这个温度范围，如以前成为市场故障话题的等离子电视电源故障。虽然没有公布原因，但可以推测应是其工作温度超过了这个范围。

表 14-2 总结了表面贴装产品的温度循环工作条件。

表 14-2　表面贴装产品的温度循环工作条件

产品类型 典型应用	储存 /℃①	温度使用 /℃	T_{min}② /℃	T_{max}② /℃	ΔT③ /℃	t④ /h	每年循环 次数/次	典型的使 用年限/年	大约可接受的 失效风险/%
消费类电子产品	-40	0	0	60	35	12	365	1～3	1
计算机及外围设备	-40	0	0	60	20	2	1460	5	0.1
电信	-40	-40	-40	85	35	12	365	7～20	0.01
商用航空器	-40	-40	-55	95	20	12	365	20	0.001

续表

产品类型 典型应用	储存 /℃①	温度使用 /℃	T_{min}② /℃	T_{max}② /℃	ΔT③ /℃	t④ /h	每年循环 次数/次	典型的使 用年限/年	大约可接受的 失效风险/%
工业及汽车 用品客车厢	-55	-40	-55	95	20 或 40 或 60 或 80	12 12 12 12	185 100 60 20	10～15	0.1
军品 （海陆军品）	-40	-40	-55	95	40 或 60	12 12	100 265	10～20	0.1
航空 低地球轨道 地球静止轨道	-40	-40	-55	95	3～100	1 12	8760 365	5～30	0.001
军用航空器 A B C 维护	-55	-40	-55	125	40 或 60 或 80 或 20	2 2 2 1	100 100 65 120	10～20	0.01
汽车 （引擎罩下）	-55	-40	-55	125	60 或 100 或 140	1 1 2	1000 300 40	10～15	0.1

数据来源：IPC-9701A 表 3-1。

注：① 所有类型产品都可暴露于 18～260℃的工艺温度范围内。

② T_{min} 和 T_{max} 分别是使用（测试）的最低和最高温度，并不能因此确定最大 ΔT。

③ ΔT 代表最大的温度幅度，但不包括功率耗散的影响；如果将功率耗散包括在内计算 ΔT 时，会使得单纯的温度循环加速测试结果明显不准确。需要指出的是，所谓温度范围 ΔT，并不等于此表中的最高温度与最低温度的差值，ΔT 通常远远小于该值。

④ 停留时间 t 指在每半个温度循环内，焊点蠕变所持续的时间。

实际使用时出现的缺陷有：

（1）高温条件下的劣化，这是界面反应的结果。

（2）蠕变。

（3）机械疲劳与温度循环。例如，服役过程中，音响设备的耳机插孔因使用造成的振动以及重复动作导致的机械疲劳，以及昼夜温差造成的温度循环导致的疲劳失效。

（4）高湿环境下的劣化，如腐蚀、离子迁移。

（5）锡须。

14.4　温度循环试验

14.4.1　温度循环试验简介

温度循环试验，就是将 PCBA 组件暴露在周期性的温度变化过程中，模拟焊点在温度变化时的失效现象。

温度循环试验的典型温度曲线如图 14-10 所示。一般要求温度变化的速率小于 20℃/min，以避免发生热冲击，热循环的最高温度应比 PCB 材料的 T_g 值低 25℃。

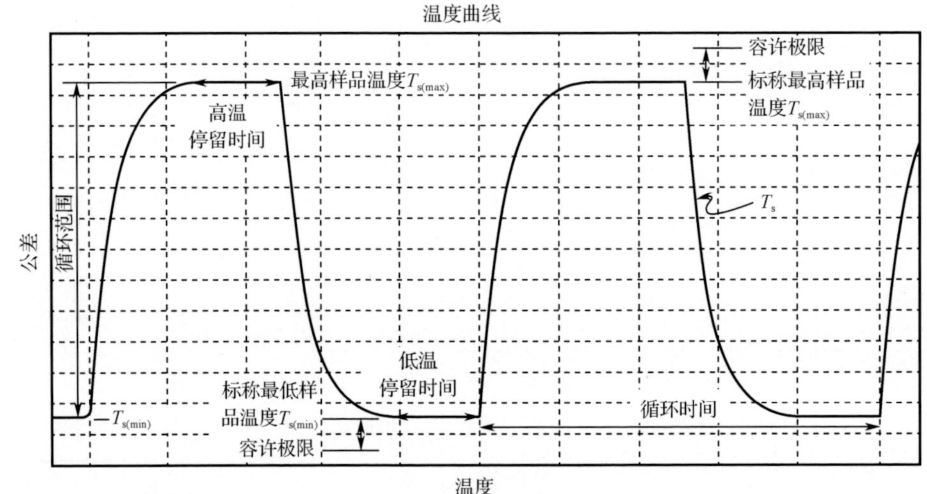

图 14-10　温度循环试验的典型温度曲线

温度循环试验的强制参数如表 14-3 所示。这些强制参数必须严格遵守，不能有任何偏差，遵守所有强制要求，可以确保测试结果被业界认可。必须注意到，循环温度在-20℃以下或 110℃以上，或同时包括上述两种情况时，对于锡铅合金焊点可能会发生一种以上的损伤。这些损伤倾向于彼此相互加速促进，从而导致早期的失效。此外，由于多种损伤的混杂，在根据试验结果外推时，必须考虑各种损伤机理的作用。

表 14-3　IPC-9701 给出温度循环试验强制参数

测 试 条 件	强 制 条 件
温度循环（TC）条件：	
TC1	0℃ ⟷ +100℃（首选参考）
TC2	-25℃ ⟷ +100℃
TC3	-40℃ ⟷ +125℃
TC4	-55℃ ⟷ +125℃
TC5	-55℃ ⟷ +100℃

温度循环试验高低温度的停留时间，原则上应确保焊点应力获得完全释放，因此，一般应根据 PCBA 的热容量、焊点的热交换效率确定。一般情况下，高温 15min、低温 15min、升温 15min、下降 15min 即可。

表 14-3 所列的试验都属于低加速试验，加速因子一般在 10～20。高加速试验，如等温的机械循环，其加速因子一般在 100～500。加速因子越小，测试结果对现场性能的代表性越好。

14.4.2　加速因子

温度循环试验主要以求得元器件和 PCB 焊接结合部的温度循环寿命为目的，根据试验结果评价产品的寿命，核心就是计算加速因子/系数。

在探讨这个焊料结合部的热疲劳寿命时，一般都是基于 Coffin-Manson 模式（Coffin-Manson Model）进行建模。所谓 Coffin-Manson 模式，是指将导致失效的循环周次与所施加的塑性应变联系起来的一种预测模式。用数学公式表达为

$$N \propto (\Delta\varepsilon)^{-n} \tag{14.14}$$

式中，N 为断裂寿命，$\Delta\varepsilon$ 为热疲劳应变振幅，n 为由材料决定的常数（应力参数）。从式（14.14）可知，焊点寿命与热应变振幅成比例。

温度循环试验为加速试验，是在比实际工作严格许多的环境下进行的，这样有必要知道温度循环试验对热疲劳寿命试验产生的影响。可以利用式（14.14），由 Manson 修正公式转换成式（14.15），即能够方便地表示焊点的疲劳寿命。

$$N = c \times f^{m} \times (\Delta\varepsilon)^{-n} \times \exp\left(\frac{H}{KT_{\max}}\right) \tag{14.15}$$

式中，c 为常数；f 为高低温度循环（ON/OFF）频率；m 为频率参数，一般取 1/3；K 为玻尔兹曼常数；H 为活性能量；$T_{\max}$ 为最高试验温度。

再经过修正，热疲劳应变振幅$\Delta\varepsilon$，可以由式（14.16）表示：

$$\Delta\varepsilon = a \times \lambda \times \Delta T \times \left(\frac{V}{\pi r^{2} h^{1+\beta}}\right)^{1/\beta} \tag{14.16}$$

式中，a 为线膨胀系数；λ 为离应变中心点的距离（DNP）；ΔT 为循环的温度幅度；V 为结合部焊料体积；r 为凸点（Bump）半径；h 为凸点高度；β 为剪切应变和剪切应力（近似于 $\tau=\kappa\times\varepsilon^{\beta}$）。

由式（14.14）、式（14.15）、式（14.16），温度循环的加速系数 AF 可由式（14.17）表示：

$$\mathrm{AF} = \frac{N_f}{N_t} = \left(\frac{f_f}{f_t}\right)^{m} \times \left(\frac{\Delta T_f}{\Delta T_t}\right)^{-n} \times \exp\left[\frac{H}{K}\left(\frac{1}{T_{\max-f}} - \frac{1}{T_{\max-t}}\right)\right] \tag{14.17}$$

式中，f_f、f_t分别为在各种场地和各种试验条件下的循环频率（如 24/天）；ΔT_f、ΔT_t分别为在各种场地和各种试验条件下的平均温差（温变幅度）；$T_{\max\text{-}f}$、$T_{\max\text{-}t}$分别为在各种场地和各种试验条件下的最高温度（绝对温度）；H 是焊料的活化能量（0.123eV）；K 是玻尔兹曼常数（8.617×10^{-5}eV/K）；m 为 1/3；n 为 1.9。

对于锡铅共晶焊点，使用这个公式计算加速系数是合适的，我们可以把这些常数代进去，即

$$\mathrm{AF} = \frac{N_f}{N_t} = \left(\frac{f_f}{f_t}\right)^{\frac{1}{3}} \times \left(\frac{\Delta T_f}{\Delta T_t}\right)^{-1.9} \times \exp\left[\frac{0.123}{8.617\times10^{-5}}\left(\frac{1}{T_{\max-f}} - \frac{1}{T_{\max-t}}\right)\right] \tag{14.18}$$

这个公式就是我们常用的计算温循加速系数的公式。这个等式/模型在业界有相当的认可度，但是，它不能决定产品的可靠性、失效率。Coffin-Manson 等式对于共晶有铅焊料是有意义的，它假设测试结果与实际操作结果是呈线性关系的，但是，没有人知道它是不是准确的，是不是反映了实际情况。

对于无铅焊料，虽然这些掺杂物（如 IMC 颗粒）合金的热膨胀系数（CTE）可以比较，但是，它们对掺杂和微观结构更加敏感。无铅焊料的研发方向就是通过掺杂其他物质影响焊料的微观结构和稳定性，但是，这些掺杂物却冲击 Coffin-Manson 等式的有效性，也就是 Coffin-Manson 等式不适用于含有长程有序和各向异性的 IMC 的无铅焊料。

14.4.3　EIAJ ET-7407 给出的 BGA 焊点寿命评估加速因子

1．有铅焊点

EIAJ ET-7407 关于有铅 BGA 焊点（Sn-37Pb 焊点）可靠性寿命预估公式见表 14-4。

表 14-4　Sn-37Pb 焊点寿命评估方法

条件	T_{min} /℃	T_{max} /℃	ΔT /℃	循环/日	无失效循环次数		加速系数
					相当市场 5 年	相当市场 10 年	
市场	25	70	45	1	1825	3650	—
A	−40	125	165	72	365	730	5.0
B	−25	125	150		435	869	4.2
C	−30	80	110		1217	2433	1.5

2．无铅焊点

EIAJ ET-7407 关于无铅 BGA 焊点（SAC305 焊点）可靠性寿命预估公式见表 14-5。

表 14-5　SAC305 焊点寿命评估方法

条件	T_{min} /℃	T_{max} /℃	ΔT /℃	循环/日	无失效循环次数		加速系数
					相当市场 5 年	相当市场 10 年	
市场	25	70	45	1	1825	3650	—
A	−40	125	165	40	119	239	14.3
B	−25	125	150		135	270	13.5
C	−30	80	110		493	986	3.7

此表仅作一般参考。

14.5　有铅焊点和无铅焊点可靠性对比

14.5.1　无铅焊点与有铅焊点疲劳寿命取决于应变大小

有铅焊点与无铅焊点的疲劳失效机理一样，高低温循环次数与应变直接相关，即：

$$\Delta\varepsilon_{in}\times N_f^a = C \tag{14.19}$$

式中，

$\Delta\varepsilon_{in}$——热疲劳应变幅度；

N_f——高低温循环次数；

a——材料延展性系数；

C——常数。

但是，根据有铅焊点疲劳数据建立起来的 Coffin-Manson 模型并不适合无铅焊点。

14.5.2　无铅焊点在应变幅度小时焊点失效率范围比较宽

无铅焊点热疲劳应变幅度与高低温循环次数的关系，如图 14-11 所示，这可能与焊膏熔点范围不同有关，也可能与应变条件下材料处于应变极限条件有关，目前没有肯定的说法。

这一特性导致低应变条件下的试验结果变异很大，每次的试验结果相差很大。

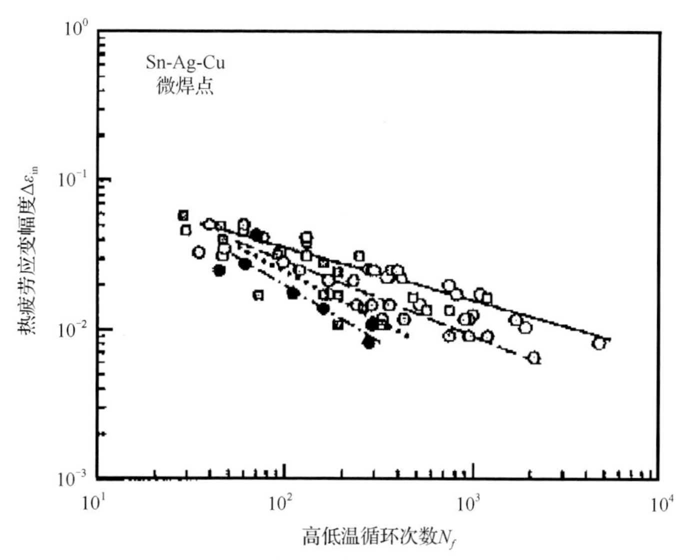

图 14-11 热疲劳应变幅度与高低温循环次数的关系

14.5.3 无铅焊点在高载荷条件下可靠性不如有铅焊点

众多案例表明，低应变（低载荷）情况下，有铅焊点蠕变更快，无铅焊点蠕变更慢，表现为无铅焊点可靠性高于有铅焊点，大部分情况都是如此。高应变（高载荷）情况下，无铅蠕变更快，有铅蠕变更慢，有铅焊点的可靠性更高。但是，跌落试验时，有铅焊点和无铅焊点的结果是相互矛盾的。

焊点的失效机理就是“应力—蠕变—塑性变形”反复进行，蠕变是核心影响因素。因此，焊料的蠕变性能决定了焊点疲劳寿命。

上述特性决定了无铅焊点在不同试验条件下相对有铅焊点寿命的不同，比如：

（1）某企业对 1206 元件在 RF-4 板上做 0～100℃热循环试验，Sn-Ag-Cu 和 Sn-Pb 失效的循环次数差不多，无铅焊点、有铅焊点的可靠性相当。用-55～125℃的条件试验，无铅焊点的可靠性不如有铅焊点。

（2）对于 2512 片式电阻，试验条件为-55～125℃，无铅焊点在试验 200 次时就失效，但有铅焊点在循环次数超过千次时也没有出现失效。

（3）某大型飞机公司对 1206、LCCC、BGA、CSP 进行温循试验。结果 BGA、CSP 无铅焊点可以通过更多的热循环周期，而 1206、LCCC 封装，有铅焊点可以通过更多的热循环周期。BGA、CSP 相当于 1206、LCCC，其应变更小，无铅焊点的寿命更长。

这些案例表明，在不同的载荷下，无铅焊点与有铅焊点的蠕变不同，Sn-Ag-Cu 在高载荷下蠕变更快，在低载荷条件下蠕变更慢，符合上述结论。

无铅焊点之所以如此，主要是无铅焊点不是均匀的组织，含有掺杂物，它们在高温条件下稳定性比较差，更容易发生蠕变。

14.5.4 在应用早期无铅焊点失效率高于有铅焊点

图 14-12 为使用不同焊料测得的失效率，我们可以看到，早期有铅焊点失效率低于无铅焊点，而在后期，有铅焊料的失效率高于无铅焊点。

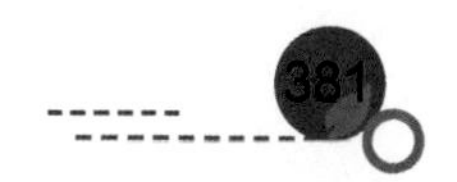

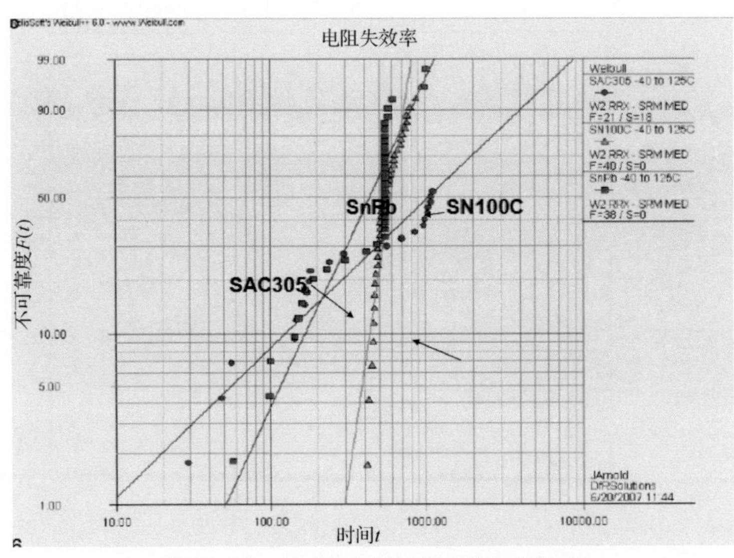

图 14-12　片式电阻随时间变化的失效率

14.5.5　不均匀的无铅焊点金相组织对可靠性影响很大

锡铅焊料一般都是均匀的锡铅金相组织。但是，对于无铅焊点，就不是这种情况，其金相组织具有更复杂的系统，如图 14-13 所示。焊料量、再流峰值温度、PCB 和元器件的安装焊盘等，都会影响焊点最终的微观金相组织。

金相组织会影响到疲劳裂纹的起始位置，如单晶的会导致坑裂。没有证据表明最高应力的点必然是裂纹的起始点，焊点开裂的位置往往是那个区域的应力超过了材料的承受能力。

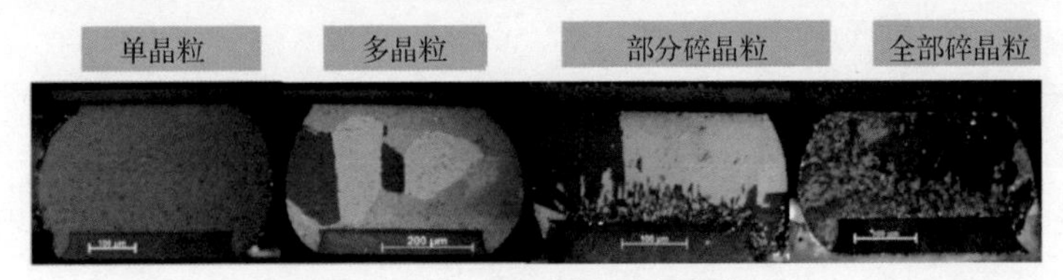

图 14-13　无铅焊点金相组织

锡晶粒的位向会影响 SAC 焊料的可靠性。在一个焊点中，一般只有很少的锡晶粒，锡晶粒具有高度的方向性，如图 14-14 所示。裂纹的起始与扩展，即使在同样的应力条件下，由于不同的微观晶粒组织，也会有所不同。

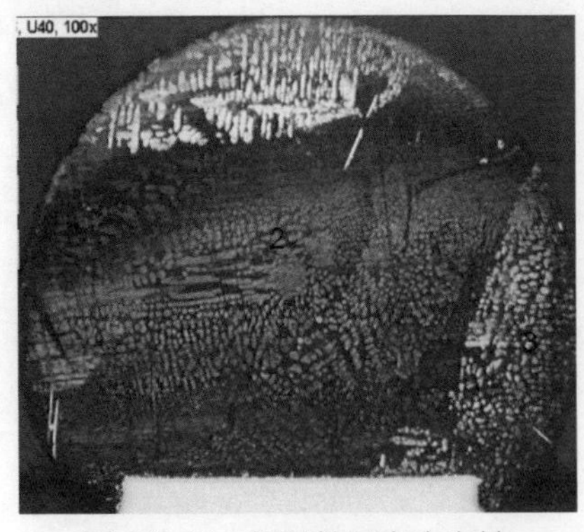

图 14-14　锡晶粒具有方向性

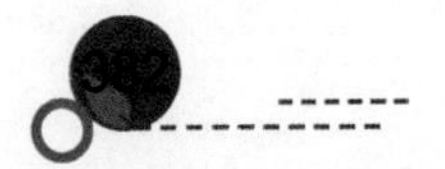

第15章

完整焊点要求

15.1 组装可靠性

组装可靠性指高可靠地制造产品。对于PCBA而言，包括：

- 获得完整的焊点；
- 组装中不造成焊点失效。

15.2 完整焊点

所谓完整焊点，指符合IPC-A-610接受条件的焊点。这是制造的目标，也是获得焊点可靠性的基本要求。完整的焊点在很大程度上决定了焊点固有可靠性。

15.3 常见不完整焊点

常见的不完整焊点包括但不限于：

（1）阻焊定义焊盘（尽管属于常见设计，但对BGA而言风险很大）。

（2）无IMC连续层焊点。

（3）冷焊点。

（4）ENIG镀层的焊点（高风险焊点——可能存在黑盘、金脆、Ni氧化焊盘问题）。

（5）缩锡焊点。

（6）球窝焊点。

（7）热风重熔返工焊点。

（8）焊剂未完全挥发焊点。

1. 阻焊定义焊盘

阻焊膜热膨胀系数比较大，如果焊点1/3的周边被阻焊所隔开，此焊点往往会出现使用期早期失效，图15-1所示为阻焊定义焊盘引起的焊点开裂。

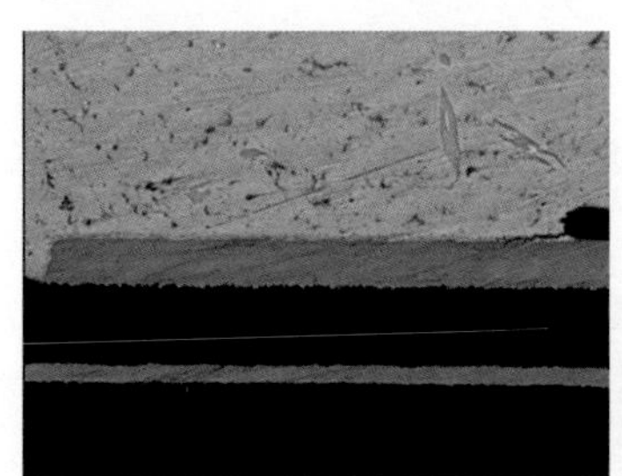

图15-1 阻焊定义焊盘引起的焊点开裂

2．无 IMC 连续层焊点

无 IMC 连续层焊点如图 15-2 所示。此类焊点因受到剪切应力容易引发 IMC 组织一个一个开裂的失效问题，没有连续层等于失去了共同作战的能力，如同把高速公路安全围栏的横杠去掉而只留下柱子的情况。

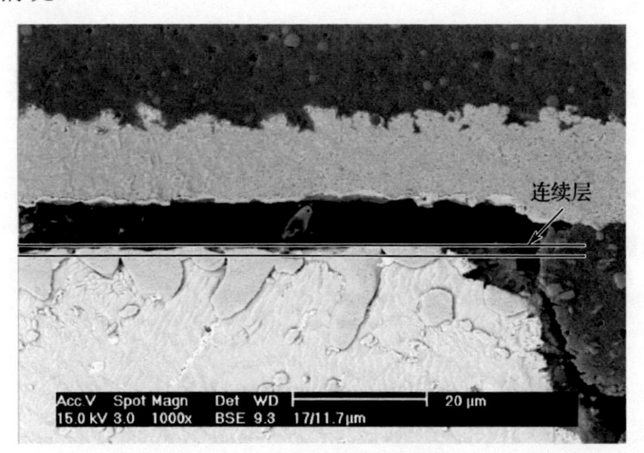

图 15-2　无 IMC 连续层焊点

3．冷焊点

冷焊点主要出现在热容量大的插装引脚上，如散热器嵌入引脚、多圈的粗线变压器拉出的引脚，如图 15-3 所示。波峰焊接时间往往比较短，一般不会超过 10s（一些元器件不允许更长时间耐热，如聚丙烯薄膜电容、聚乙烯壳体的机电类器件，PCB 铜盘也不允许再长时间，而波峰焊接的一个必要条件就是引脚的温度必须达到焊锡熔点以上 40℃）。引脚如果与大的吸收金属连接，往往会出现虚焊现象。

图 15-3　冷焊点

4．ENIG 镀层的焊点

ENIG 镀层的焊点存在诸多不确定性——黑盘、金脆、镍氧化，图 15-4 所示就是典型的 ENIG 镀层镍氧化焊点。

即使没有任何问题，ENIG 的疲劳寿命也不如 OSP。我们做了一个 700 周的高低温循环对比试验，发现 700 周时，ENIG 有 2.92%的失效率，而 OSP 只有 0.42%的失效率。

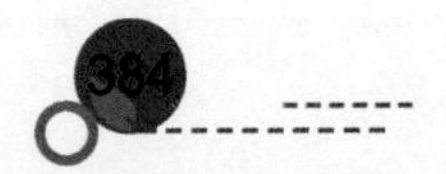

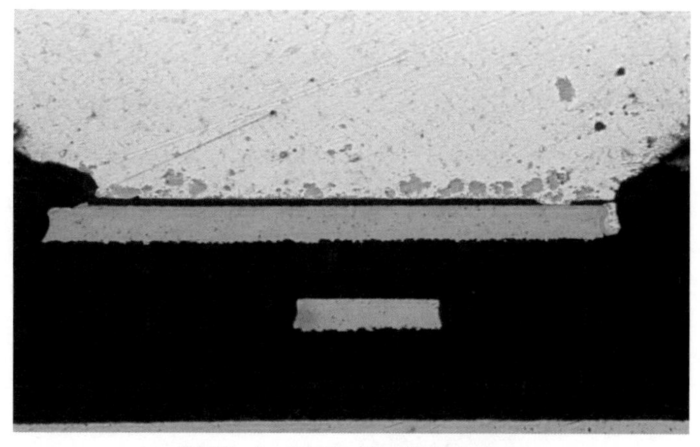

图 15-4　ENIG 镀层镍氧化焊点

1）金脆现象

一般认为，如果焊缝含金超过 0.1wt%，焊接后可能形成界面金脆现象，如图 15-5 所示；如果焊点中含金超过 3wt%，会发生焊点金脆现象。

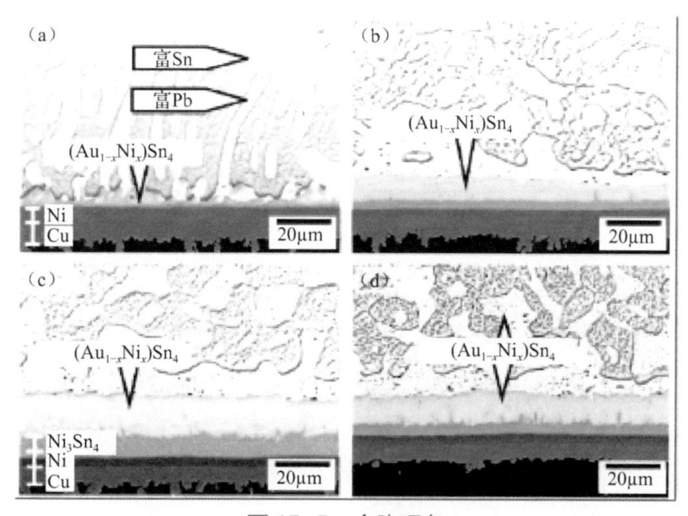

图 15-5　金脆现象

IPC/EIA J-STD-001E 规定，如果审核时有证据证明金没有导致焊点金脆现象发生，可以不去金，但金层厚度≥2.5μm 时应进行去金处理。

一般 PCB 表面的金、过双波峰的插件、无引线的表贴元器件可以不去金；有引线的表贴元器件一般应去金。

2）黑盘

黑盘是一种表面处理不良现象。一般把“泥浆裂纹、腐蚀针刺、富 P 腐蚀带”作为黑盘的典型特征，如图 15-6 所示。黑盘的影响取决于发生晶界腐蚀的面积，黑盘表面形成的 IMC 不连续，强度比较低，在应力作用下容易发生焊点开裂和断裂。

3）Ni 氧化

图 15-7 所示的现象，是作者见过的一个案例，其典型的特征是 ENIG 与焊料界面上没有形成连续的 $(Cu,Ni)_6Sn_5$ 层，而是在靠近界面的地方形成了大尺寸的、团状的 Sn-Au 金属间化合物（IMC），而且 Ni（镍）层含 P 量也不高，仅 7.22%。此现象在业界还没有报道过，其形

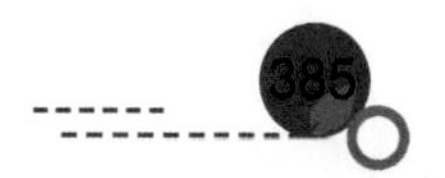

成机理还不清楚，但从一系列的分析来看，IMC 组织中没有 Ni，显然，Ni 没有与焊料发生反应，因此我们暂且把这种现象命名为 Ni 氧化现象。

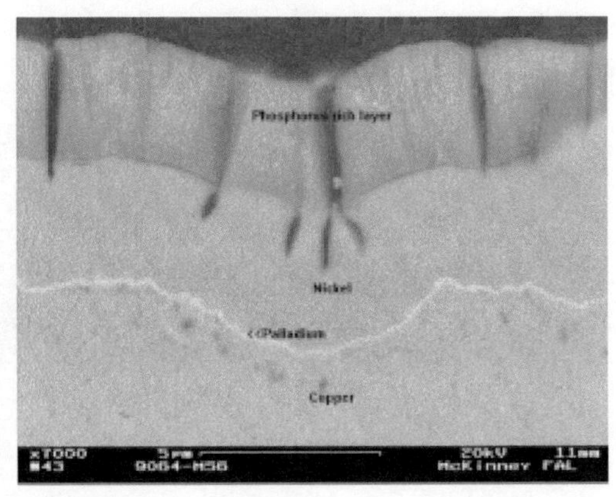

图 15-6　黑盘特征

相信这样的案例会随着 ENIG 表面处理单板的广泛应用，越来越多地看到，至少笔者已经遇到 3 起类似案例。这种形貌的焊点强度很低，稍有应力就会开裂，如图 15-7 所示。

这种现象形成的机理、原因等课题还有待业界进一步研究，这里仅把此作为一种新的失效模式提出来。

图 15-7　Ni 氧化失效焊点切片

5．缩锡开裂焊点

这是笔者命名的一种缺陷焊点，它是再流焊接凝固过程形成的，一般不会直接断开，绝大部分焊点“藕断丝连”，如图 15-8 所示。常规的测试手段往往发现不了。一旦发给客户，使用一段时间后就会断开，隐蔽性很强。

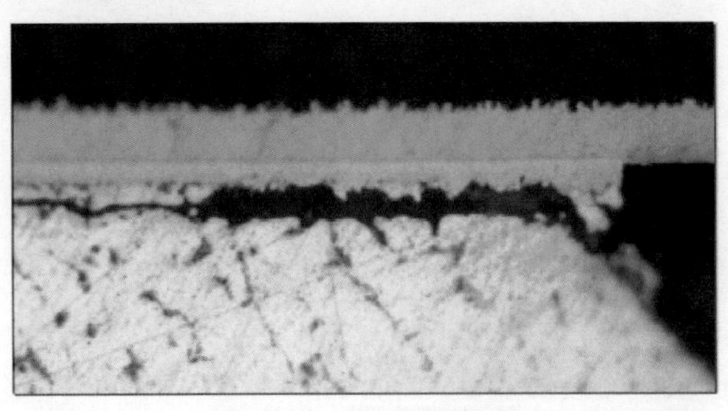

图 15-8　缩锡开裂焊点

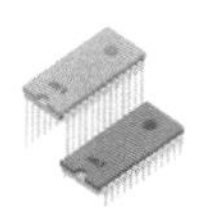

6．球窝焊点

球窝焊点是 BGA 最常见的焊接不良现象，如图 15-9 所示。它主要发生在间距小于 0.5mm 的 BGA 上，这种焊点往往不容易被检测出来，存在风险。

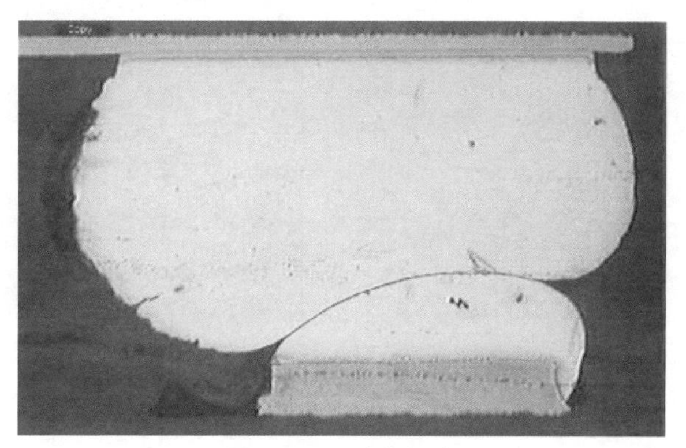

图 15-9　球窝焊点

7．热风重熔返工焊点

对于 BGA 和 QFN 虚焊点，正规的返修操作往往比较麻烦，有些低成本的生产厂家或终端产品（如手机）点，往往走捷径，不按照正规的操作进行维修，而是采用直接在元器件周围涂覆助焊剂，并用热风枪重熔的方法进行返工或维修。这种方法的操作存在很大的风险，不管是 BGA 还是 QFN，由于焊点周围助焊剂残留物或缝隙很小，新添加的助焊剂往往到达不了虚焊点裂缝内，这样重熔焊点就不能使原本没有焊合的焊点焊接起来，如图 15-10 所示。即使测试通过，风险也非常大。

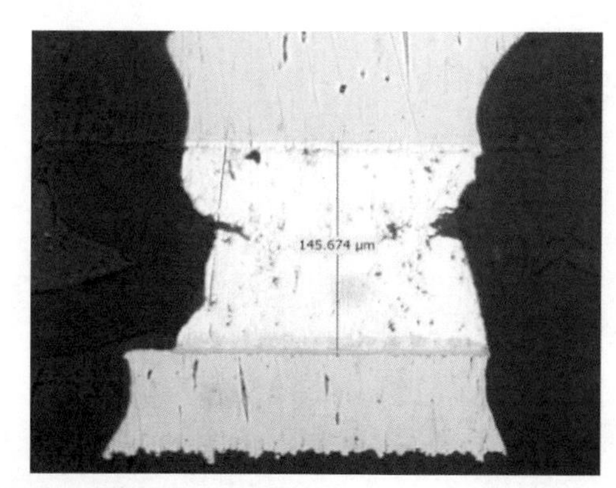

图 15-10　采用添加助焊剂重熔方法返修失败的案例

8．焊剂未完全挥发焊点

BTC类器件，如LGA、QFN，封装底部与PCB间距离很小，再流焊接时封装底部的助焊剂中溶剂以及活化剂成分不能充分挥发，形成“湿”的助焊剂残留物。这种助焊剂残留物很容易吸湿，吸湿后降低绝缘性能。如果相邻焊端存在 50V以上的直流偏压，还可能导致绝缘被击穿。图 15-11 是某公司发生的一个案例，焊接后助焊剂中的溶剂没有完全挥发，形成湿的助焊剂残留物。此板在高温老化时绝缘被击穿。

对于BTC类元器件的焊接，首先必须了解其焊端的最高偏压，如果超过 12.5V，就必须选用高可靠性的焊膏进行焊接。

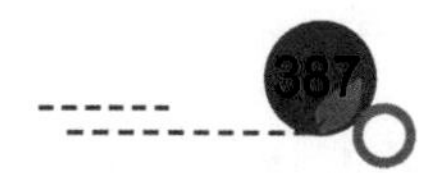

图 15-11　湿的助焊剂残留物

第 16 章

组装应力失效

16.1 应力敏感封装

反映产品失效率变化的浴盆曲线中的早期失效源自设计缺陷和工艺不良。

众多案例表明，早期失效主要集中在特定的封装与设计/应用场景。组装失效的焊点很多为装配环节应力导致的缺陷焊点（半开裂）。组装阶段容易因应力超标而失效的封装有：

- 片式电容，特别是尺寸超过 1206 的片式电容;
- 晶振;
- QFN，特别是单边、双边焊端的异形大尺寸 QFN;
- BGA。

这些封装基本属于应力敏感的封装，它们对组装过程中的热应力、机械应力很敏感。

16.2 片式电容

片式电容（片容）由多层陶瓷材料烧结而成，其结构如图 16-1 所示。它非常脆，对应力非常敏感。在组装过程中，凡是导致 PCB 弯曲的操作或快速的温变，都可能导致片式电容开裂。最常见的操作就是拼板的分板作业、烙铁焊接。

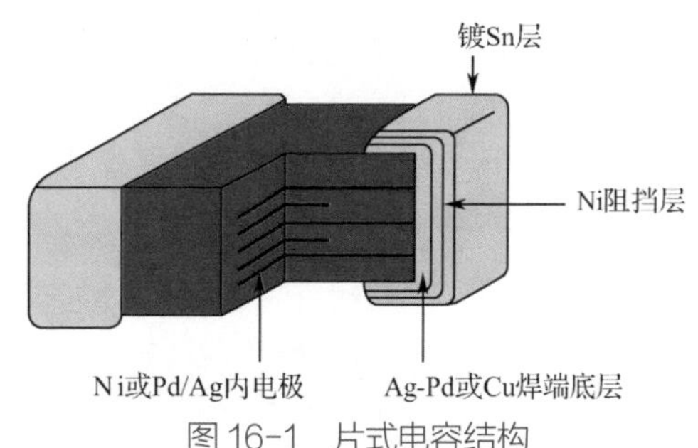

图 16-1 片式电容结构

16.2.1 分板作业

分板作业是电子组装作业中最容易引起片式电容开裂的一个作业，特别是手工分板和机切分板。

手工分板会导致 PCB 弯曲，机切分板会引发分离边附近 PCB 变形，这些作业很容易导致片式电容应力超标（≥1000με）。图 16-2 所示是机切分板应变分析云图，可以看到应力基本沿 V 槽分布，同时，也看到最大的应力方向与 V 槽方向呈近 45° 角，说明对于机切分板工艺而言，元器件相对于 V 槽的布局方向不管是平行还是垂直，影响基本一样，因此，既可以垂直布局也可以平行布局。

图 16-3～图 16-5 是一组试验数据，图中距离指距离分离边中心的距离，试验用板厚为 2.0mm，仅供参考。从中可以得到以下三点结论：

（1）分板应力从大到小依次为手工分板>机切分板≥铣切分板。

（2）手工分板应变区域比较大，往往在离分离边很大的区域仍然会有很大的应变存在，导致片式电容应力开裂。

（3）机切分板应变区域比较小，一般局限在靠近分离边 10mm 的地方。

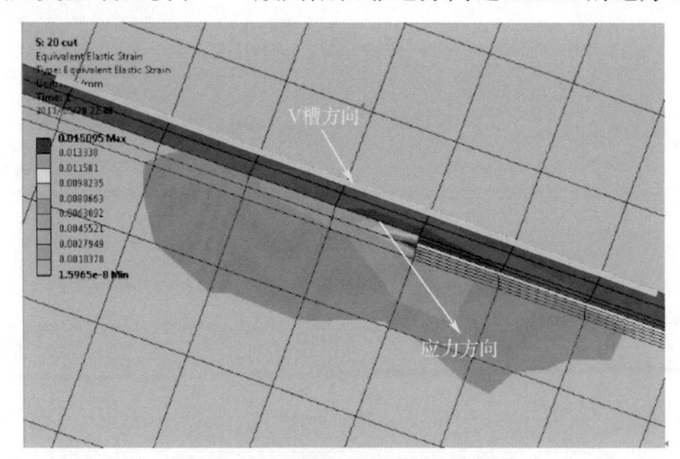

图 16-2　机切分板应变分析云图

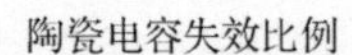

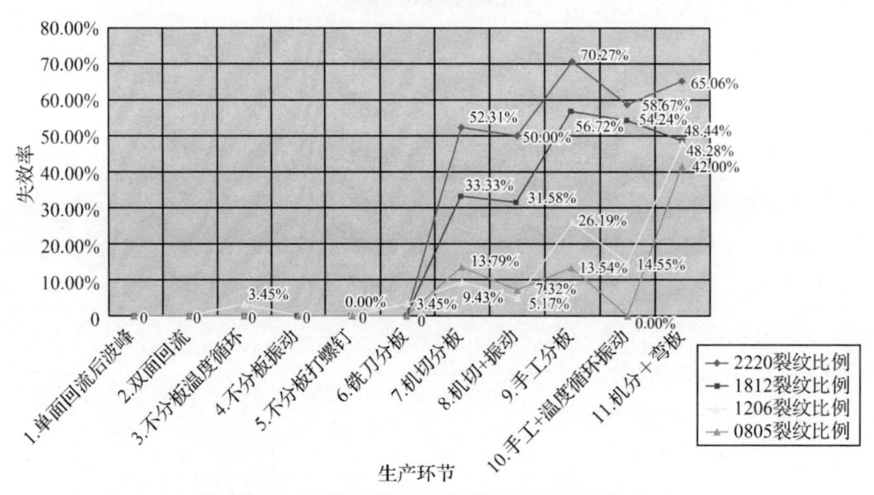

图 16-3　不同分板方法导致的片式电容失效率

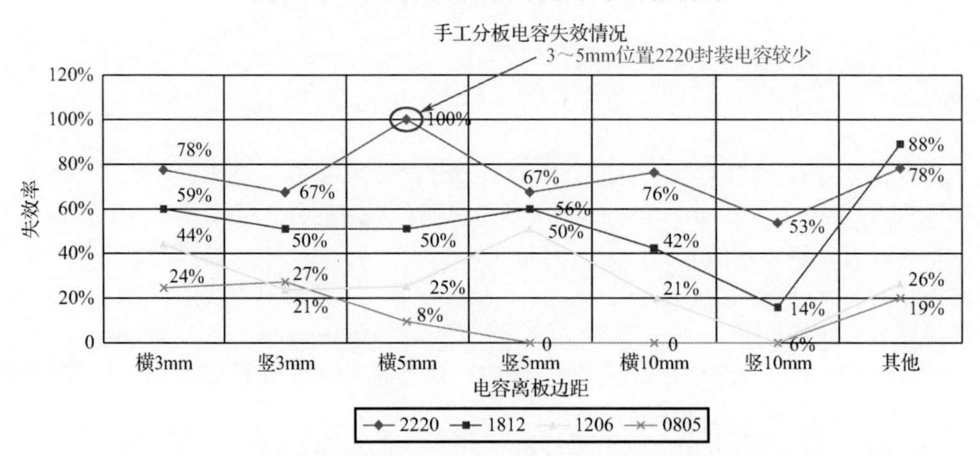

图 16-4　手工分板时布局距离对片式电容失效率的影响

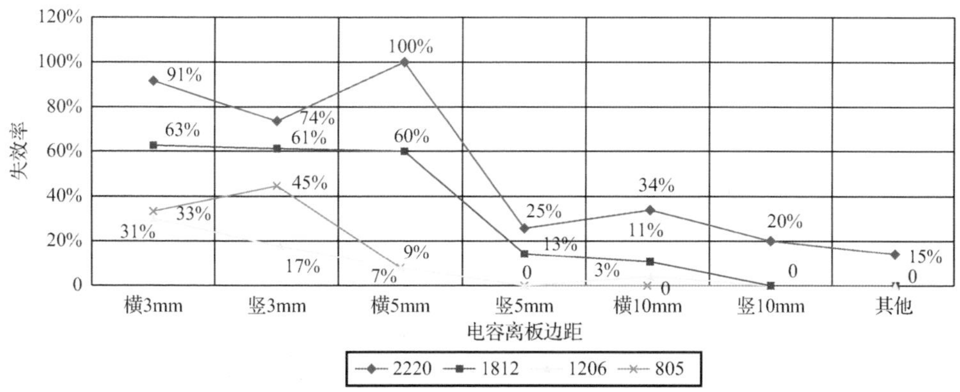

图 16-5　机切分板时布局距离对片式电容失效率的影响

片式电容分板应力导致的片式电容失效具有典型的特征，如果片容比较厚、焊缝高度比较小，往往从 PCB 侧斜 45° 方向断裂，如图 16-6（a）所示。如果片容比较薄，焊锡包裹到焊端顶部，往往本体纵向断裂，如图 16-6（b）所示。

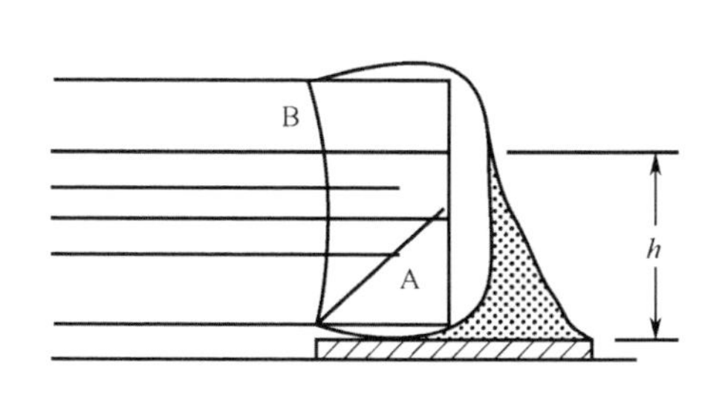

（a）机械应力裂纹位置

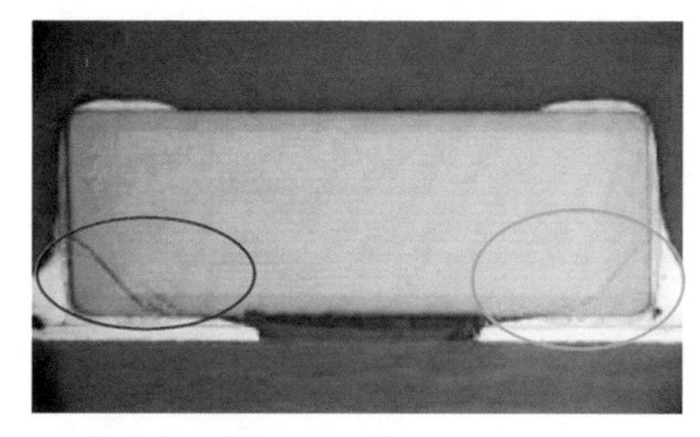

（b）斜45° 裂纹

图 16-6　片式电容分板应力导致的断裂特征

16.2.2　烙铁焊接

烙铁焊接属于典型的热冲击焊接。片式电容的陶瓷体恰恰是良导热体，烙铁焊接时会把它加热，焊接完成后冷却过程中会因片式陶瓷电容的收缩而产生很大的拉应力，最终会导致电容开裂。

No 案例 66　手工焊接插针导致旁边的片式电容一端出现裂纹

图 16-7 为一个实际的产品，手工焊接插针导致旁边的片式电容一端出现裂纹。

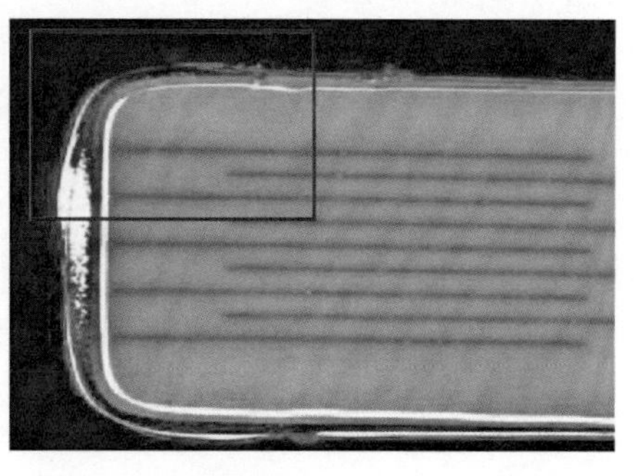

图 16-7　热应力导致的片式电容失效现象

失效机理推测：

烙铁焊接导致的片式电容热应力开裂机理如图 16-8 所示。手工焊接插针时会迅速将片式电容加热并使焊点重新熔化。焊点凝固之后，随着片式电容的迅速冷却，片式电容封装体产生很大的拉应力。如果片式电容承受不了过大的应力，将会呈 45° 或 90° 角拉裂（视焊点形貌而定，焊锡较少呈 45° 裂纹，而多呈 90° 裂纹）。

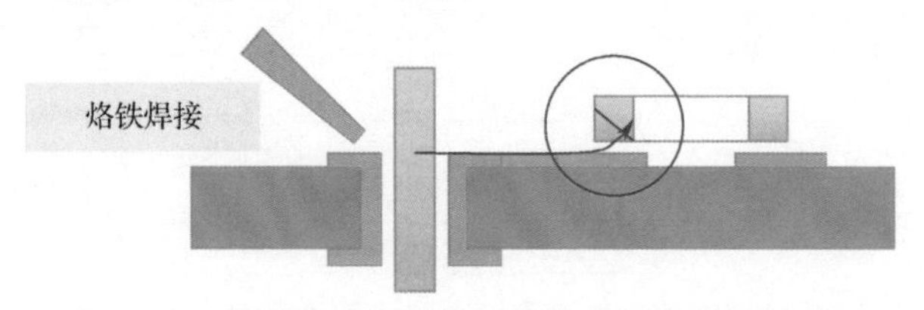

图 16-8 烙铁焊接导致的片式电容热应力开裂机理

波峰掩模焊接也属于局部热冲击焊接，也会对片式元器件产生同样机理的断裂失效，如图 16-9 所示。

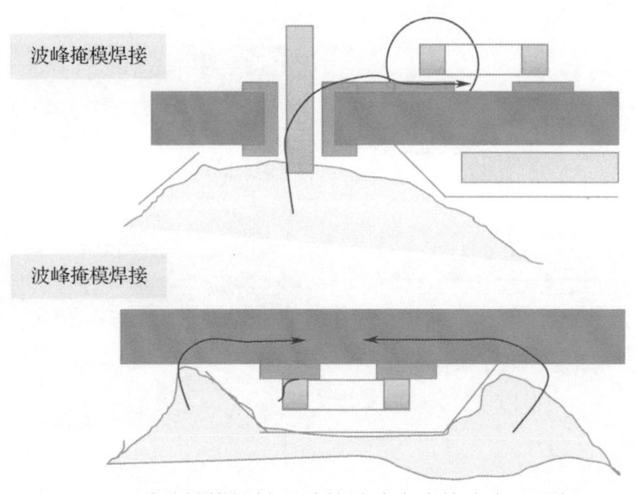

图 16-9 波峰掩模焊接导致的片式电容热应力开裂机理

16.2.3 热应力

波峰焊接、再流焊接、烙铁焊接等可能导致片容上层与底层分层式开裂，如图 16-10 所示。这种失效多见于尺寸比较大的片容。由于此类分层往往起源于焊端，最常见的失效现象就是片容两端头烧熔，如图 16-11 所示。

片式电容“打火”一般与片容电极层错位有关，错位的前提就是片容体开裂。所以，只要看到片容打火烧坏的现象，一般与焊点或焊接工艺没有关系。焊点断开，只会引起开路，不会导致打火。

为什么热应力会引起片容与电极平行的裂纹呢？通常都是因为片容有一定的体积，比较大、比较高，在接触波峰焊接锡波时，以及快速升温或加载功率后因散热条件不同而导致的片容上下温差比较大时，就可能因为热应力而分层或局部分层/开裂，如图 16-12 所示。加载功率导致片容快速升温时很容易发生此类失效现象。

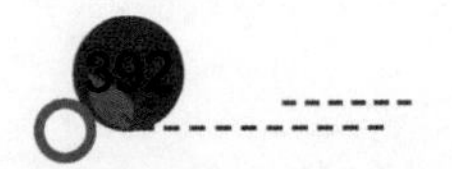

焊接方法	原因	裂纹模式	机理
再流焊接		裂纹	
波峰焊接	不足的预热引起迅速升温或过高的焊接温度	裂纹	片式件被加热时，内部和表面温度会不同，如果焊接期间温度突然升高，就会因热应力开裂
烙铁焊接		裂纹　烙铁焊接	

图 16-10　热应力导致片容的失效模式

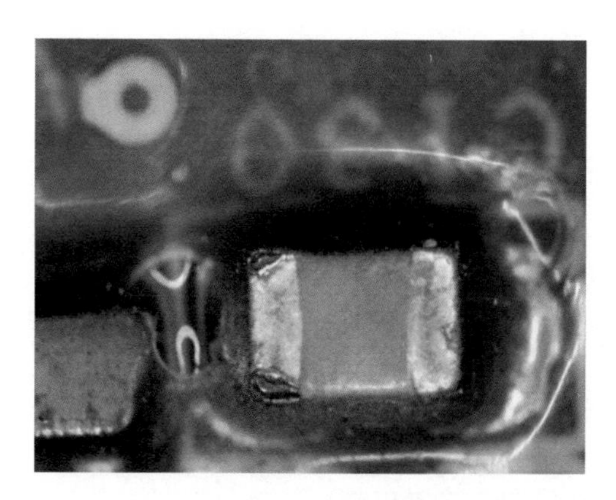

图 16-11　热应力分层常常导致焊端先打火

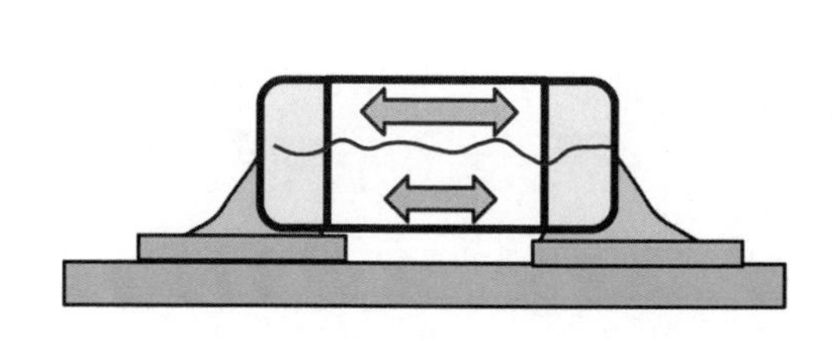

图 16-12　热应力分层/开裂机理推测

16.2.4　电应力

如果电容受到高电压作用，将导致内部树枝状开裂爆炸，如图 16-13 所示。

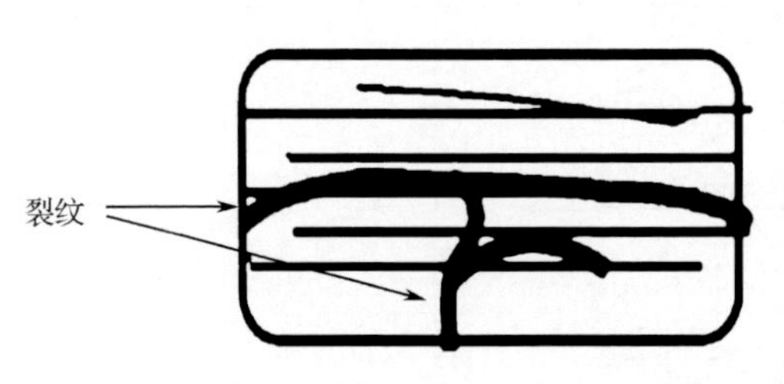

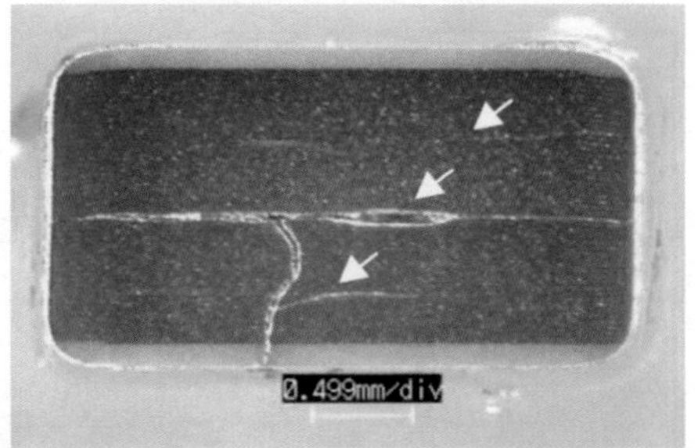

图 16-13　电应力裂纹特征

16.3　BGA

BGA 尺寸比较大，角部焊点往往会因 PCB 的变形而受到很大的应力作用，失效率在组装的环节一直是比较高的。

容易引发 BGA 焊点应力断裂的操作很多，只要会引起 PCB 弯曲的操作都可能导致 BGA 焊点应力断裂。

BGA 焊点的应力断裂特征与应力源及位置有关，一般具有明显的区域分布特征，多从焊点界面断开，也可能从 PCB 次外层基材断开。

典型的应力源包括但不限于：

- 手工分板；
- 装配作业，导致 PCB 多次弯曲；
- 单手拿板；
- 手工插件。

No 案例 67　ICT 测试导致 BGA 角部焊点断裂

1. 背景

某产品如图 16-14 所示，PCB 表面处理为 OSP，先后采用有铅工艺、无铅工艺焊接，图示的 BGA 均有 3/1000 左右的虚焊，而且位置固定，都位于图示的位置。

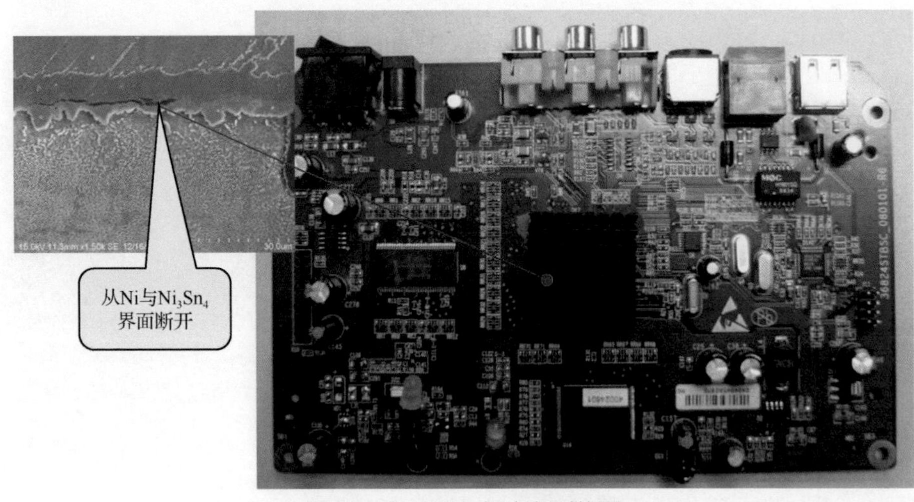

图 16-14　BGA 焊点断裂位置

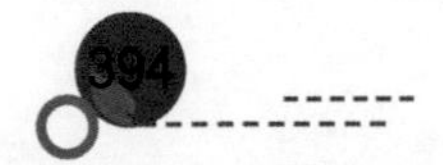

2. 原因分析

1）工艺条件分析

- 峰值温度：238～240℃；
- 220℃以上时间：58～60.7s；
- 总过炉时间：300s；
- 再流焊升温速率：2.5℃/s。

从焊接温度曲线看，没有问题，而且从正常焊点切片图看，焊点的形态也非常好。而断裂焊点出现的部位也不是我们常见的 BGA 四角部位，而是一个比较靠近固定边的中间位置，如图 16-15 所示。

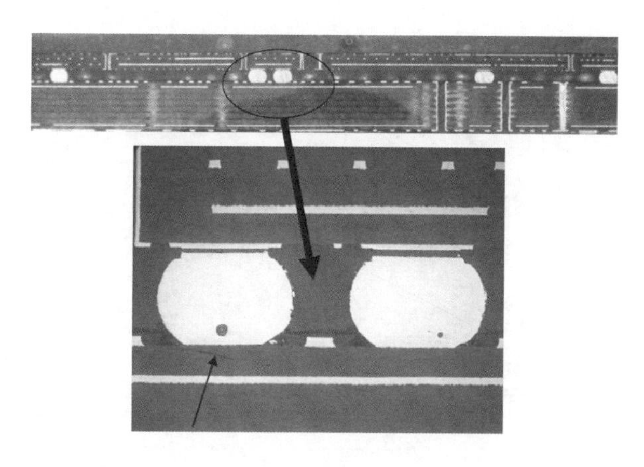

图 16-15　BGA 断裂焊点的切片图

2）装焊过程分析

BGA 焊点断裂要有两个条件，一个是焊点强度弱，另一个是有应力。检查装焊过程，有可能产生应力的环节是 ICT 测试。

根据所用测试夹具，将测试的单板分别进行缺陷统计，发现所有出问题的单板均来自同一测试夹具。进一步分析，确认造成 BGA 焊点断裂的原因为测试夹具中邻近断裂焊点的压针，如图 16-16 所示，将此压针去掉，问题解决。

图 16-16　测试夹具

3．说明

单板装焊中，装螺钉、测试、周转等环节都可能产生较大的应力，对附近的 BGA 构成威胁。

事实上，许多 BGA 焊点的断裂，并非在焊接过程产生，而是发生在装配、周转和运输过程中，这些过程的“操作”非常难再现与确认，往往给查明原因带来困难。但是，大部分情况下，我们都可以根据失效单板的发生阶段与操作动作推断出来。

No 案例 68　压接导致 BGA 角部焊点断裂

某单板尺寸比较大，采用了分段设计方案，如图 16-17 所示。用户开机加电，发现有 15%左右失效。经过分析，定位为位号 77 的 BGA 焊点断裂，断裂位置为靠近压接连接器的角部，断裂位置位于 IMC 与 BGA 载板铜界面，如图 16-18 所示，贝壳形 IMC 非常粗大，宽度超过 10μm，这一现象比较少见。

此 BGA 采用了铜盘上直接植球工艺，而不是普遍的沉镍金工艺。

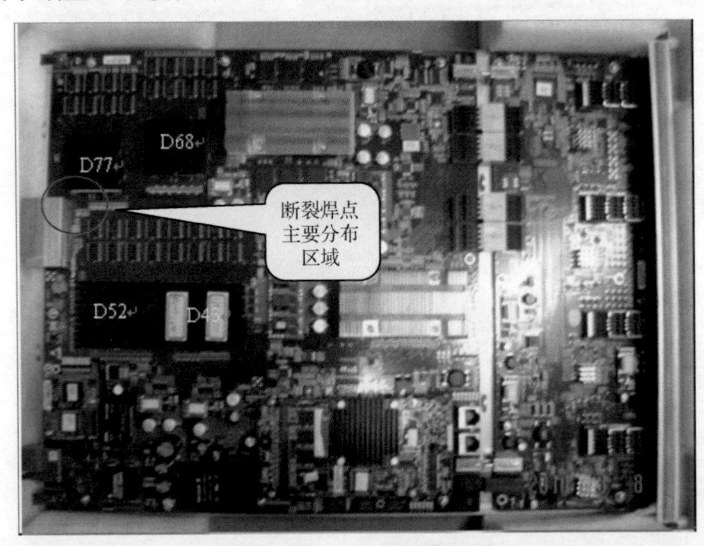

图 16-17　失效焊点的位置

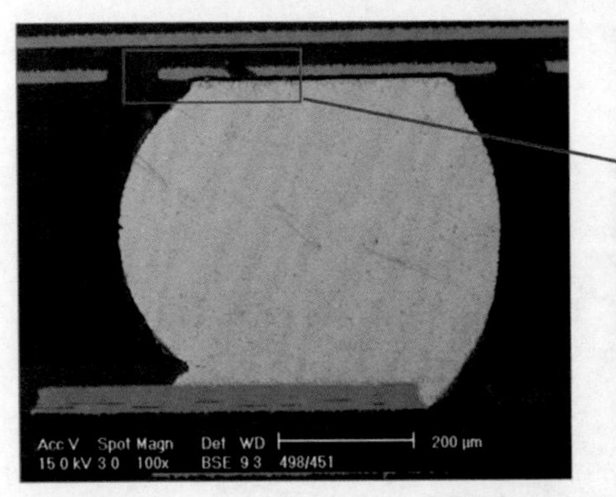

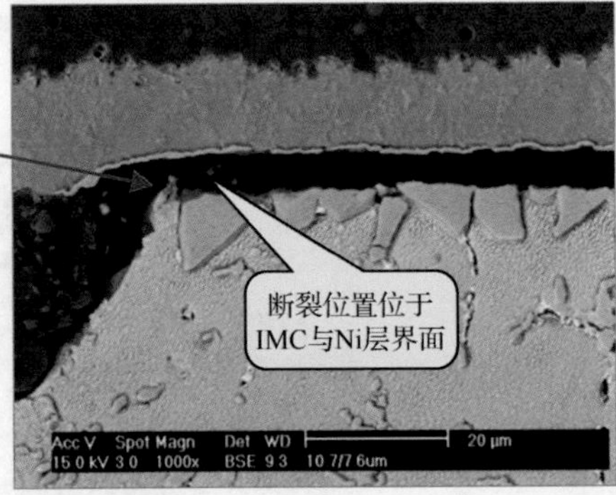

图 16-18　失效焊点切片

4．原因分析

一共做了 4 项分析：

（1）染色分析，了解失效焊点的位置分布。分析发现，大部分断裂焊点分布在 BGA 靠近压接连接器的一个角部，如图 16-19 所示，而且断裂点非常多。

（2）切片分析，了解来料 BGA 与失效焊点的 IMC 形态。失效 BGA 断裂焊点的裂纹位于

靠近 BGA 载板的 IMC 层根部，即 IMC 与 Ni 层的界面，符合应力脆性断裂的特征。还发现一点异常，就是焊点 IMC 呈“块状化”，而且异常厚，如图 16-20 所示，说明再流焊接时间过长。

图 16-19　染色分析

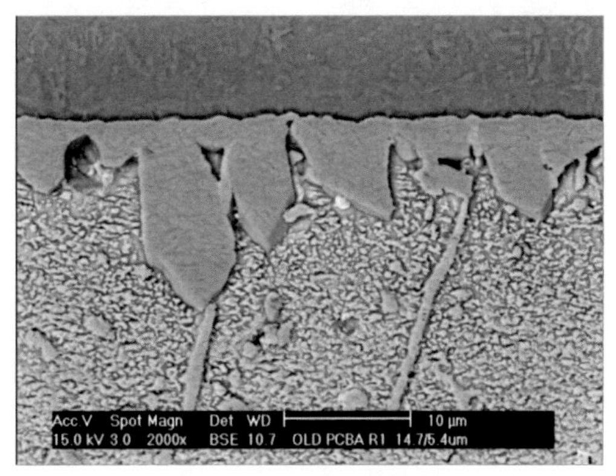

图 16-20　切片分析

（3）焊点剪力测试。采用焊接用温度曲线对 BGA 进行过炉，模拟焊接过程，然后对剪切力进行测试，发现比其他公司同样尺寸的 BGA 的剪切力小 20%以上，如图 16-21 所示。

（4）对组装与运输过程可能产生应力的“操作环节”进行排查。发现诸多问题，压接过程、车间周转、运输过程存在很多可能产生应力的地方。

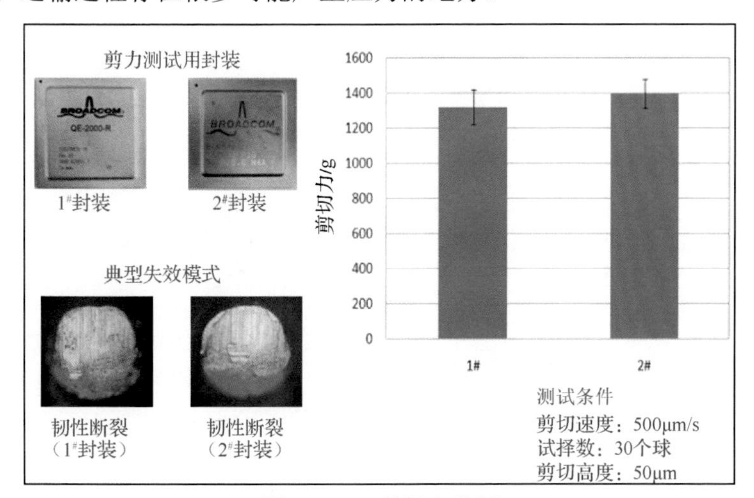

图 16-21　剪切力分析

综上分析，根据失效 BGA 断裂焊点的分布以及裂纹位置，可以确定此 BGA 断裂为应力断裂。但此 BGA 断裂除应力外，还有 IMC 超厚的异常因素，它降低了焊点的强度，使其更不耐应力作用。

5．改进与效果

（1）提高抗破坏能力。由于运输过程不可控制，所以采用了对失效 BGA 加固的方法，如图 16-22 所示，从而提高抗应力破坏的能力。

（2）减少装配过程应力的产生。采用全托盘工装、半自动压接机进行压接连接器的压接，如图 16-23 所示。

图 16-22　对 BGA 进行加固

图 16-23　半自动压接

（3）降低焊接峰值温度与缩短液态存留时间，避免 IMC 块状化。

第 17 章

温度对焊点性能的影响

通常，金属在其绝对温度超过绝对温度熔点 T_m 的一半时就会发生加速扩散、蠕变等现象，因此定义 $\frac{1}{2}T_m$ 至 T_m 的温度范围为高温区域。对于软钎焊料来说，Sn 的绝对温度熔点为 505K，室温的绝对温度为 298K，毋庸置疑，即使在室温条件下，焊料也已经进入了高温区域。事实上，软钎焊料及其形成的界面在室温下时刻都在变化，可以说要考察其可靠性极其困难。

以下我们就产品在高温环境下或温度变化下发生的现象、成因及机理进行简单的讨论。

17.1 高温下焊点界面性能劣化

17.1.1 高温下金属的扩散

在高温时效过程中，由于元素加速扩散而导致焊料组织缓慢变化。变化向着焊点组织整体化学势降低的方向进行，具体表现为焊料组织粗大化，焊点界面生成的金属间化合物层变厚，以及基于不同场合产生界面空洞及化合物裂纹等。高温下金属的扩散如图 17-1 所示。

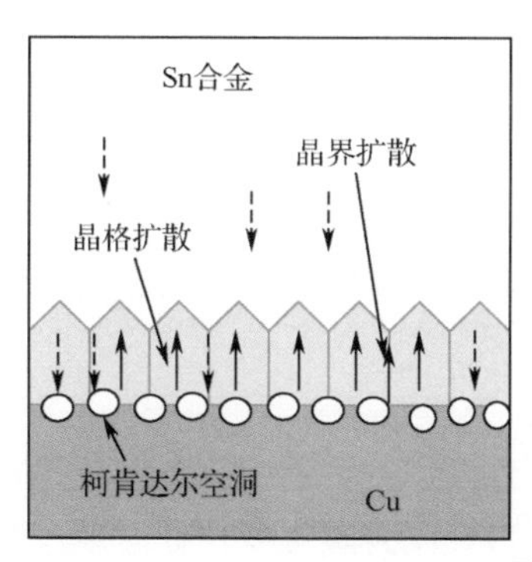

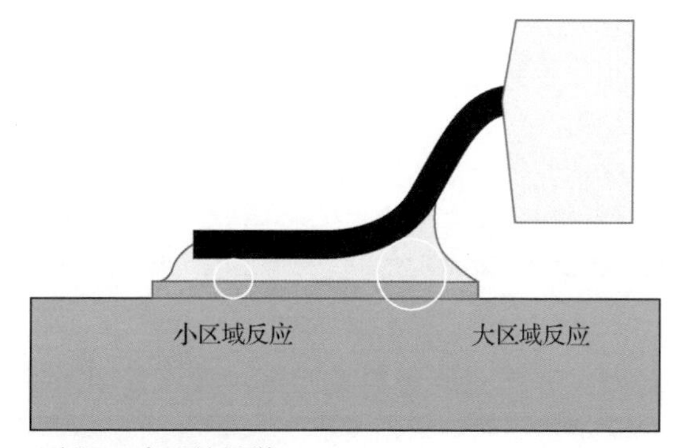

图 17-1　高温下金属的扩散

固态中扩散导致的界面层成长可由阿伦尼乌斯公式表示：

$$X(t,T) = X(0,T) + k_0 t^n \exp\left(-\frac{Q}{RT}\right)$$

式中，$X(0,T)$为焊接后的反应层厚度。激活能位于 e 的指数中，因此温度稍微升高就能导致扩散的显著增长。在考虑扩散反应时有以下几个问题值得关注：

（1）仅考虑金属间化合物反应层内的扩散。

（2）当有多个反应层时，应考虑哪个反应层的扩散？

（3）（金属间化合物）晶内扩散还是晶界扩散？

（4）（晶体内）晶格点阵内的扩散还是晶格间隙扩散？

（5）单方向扩散还是相互扩散？

（6）供给的元素数量有限时，扩散不久后将停止。

（7）确定没有产生液相。

在（1）中，虽然有 Sn、基板（如 Cu）、界面上形成的金属间化合物这三条扩散途径，但反应层生长却仅考虑金属间化合物层的扩散。这是因为在几乎所有的情况下，金属间化合物中的元素扩散均控制了反应层的生长速率。

在（2）中，当有多个反应层时，必须判明哪层是限制扩散速率的关键。如果严格考量，无论哪层都对整体有所影响，因此在反应初期最好认为无论哪层都会对全体的生长产生影响。

在（3）中，扩散的路径有两类，金属间化合物晶内扩散和晶界扩散，其中的区别必须注意。Sn 合金在室温附近受晶界扩散的影响较大，高温下会转为晶内扩散。

在（4）中，晶体内的扩散又可分为原子在晶格点阵内的扩散及通过晶格间隙发生的扩散，这个差别也很重要。Sn 合金晶格间的扩散非常快。

在（5）中，元素的扩散并不只沿一个方向，扩散也不局限于某一种特定元素，固体中存在的所有原子都会发生移动。

在（6）中，扩散终止。

在（7）中，像 Sn-Pb-Bi 合金，即使低温下液相也很容易形成，这些元素在软钎焊过程中很容易偏析到界面，影响凝固过程。一旦液相出现，扩散会在液相中高速进行，发生异常的界面反应生成极厚的金属间化合物。

17.1.2 界面劣化

金属间化合物层生长后，将会带来一系列的强度弱化，主要原因有二：

- 金属间化合物较脆并有很多缺陷；
- 柯肯达尔空洞的形成。

金属间化合物很难发生塑性变形，无论外部载荷还是热应力，只要焊点发生塑性变形就会导致裂纹的产生。

柯肯达尔空洞在特定元素进行单方向扩散的情况下容易出现。固体中的元素扩散，微观上是基于原子与晶格中相邻空位的位置交换，因此原子的扩散方向与空位的移动方向相反。

17.2 高温下焊料的蠕变

室温下，在做金属材料拉伸试验时，长期保持屈服极限以下的应力，试件不会产生塑性变形，也就是说“应力－应变”关系不会因载荷作用时间的长短而发生变化。但是，在较高的温度下，特别是当温度达到材料熔点的 1/3～1/2 时，即使应力在屈服极限以下，试件也会产生塑性变形，时间越长，变形量越大，直至断裂。这种发生在高温区域下的缓慢的塑性变形就是蠕变（Creep）。

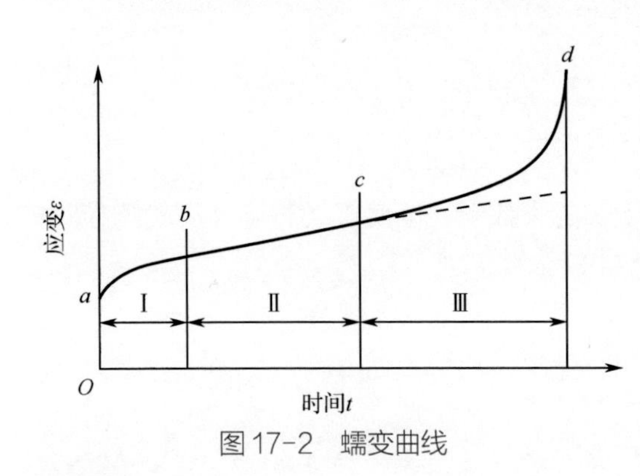

图 17-2　蠕变曲线

金属材料的蠕变过程常用应变与时间之间的关系曲线来描述，这样的曲线被称为蠕变曲线，如图 17-2 所示。

从图 17-2 可以看出，蠕变可以分为三个阶段。

第一阶段：蠕变速率（$\Delta\varepsilon/\Delta t$）随时间而呈

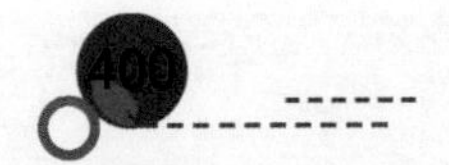

下降趋势。

第二阶段：蠕变速率不变，即（$\Delta\varepsilon/\Delta t$）等于常数，这一段是直线。

第三阶段：蠕变速率随时间而上升，随后试样断裂。

温度较高时原子的活动能力提高，使得产生塑性变形的位错滑移更为容易，所以，在较高温度下低于屈服极限的应力就足以造成材料塑性变形。

高温下承载一定重量的材料，即使应力很小也会慢慢发生变形。直接的观点就是晶体发生了剪切滑移。本质上就是会发生晶体的剪切滑移。

对于软钎焊料熔点 T_m 而言，室温接近于 $0.6T_m$ 时就已经受到原子扩散的影响了。

焊点的疲劳失效本质上是周期性蠕变导致的结果。换句话说，蠕变是疲劳失效的主要机理。

我们介绍蠕变的概念，主要是温度变化导致的疲劳失效与之有关，周期性蠕变是导致疲劳失效的核心机理。

17.3　温度变化导致的焊点疲劳失效

电子产品从制造到用户使用，总是经历或经受各种负载的作用，比如，振动、机械冲击、极限温度及高低温度变化，它们有些是可能发生的、不可预测的，有些是一定会发生的、可以预见到的。其中，由于元器件功率的加载、开关机、每天气温的变化、季节的变化而导致的 PCBA 温度周期性变化，是一定会发生的。温度变化会导致构成 PCBA 不同材料的不等量热膨胀，这会带给焊点应力作用，多次的、周期性的温度变化最终导致焊点的热疲劳失效。因此，高低温度循环是导致焊点失效的最主要因素，它是焊点可靠性的关键。

焊点的热疲劳失效机理如图 17-3 所示。由于元器件与 PCB 的材料不同，温度变化时的热膨胀量不同，从而使焊点产生剪切应力作用。封装与 PCB 的热膨胀系数（CTE）相差越大、元器件封装的尺寸越大、温度的变化幅度越大，作用在焊点上的应力也越大。当应力超过一定的阈值后，微裂纹开始形成。随着循环应力的持续作用，裂纹会逐渐扩张并最终达到临界尺寸，之后焊点会发生断裂。

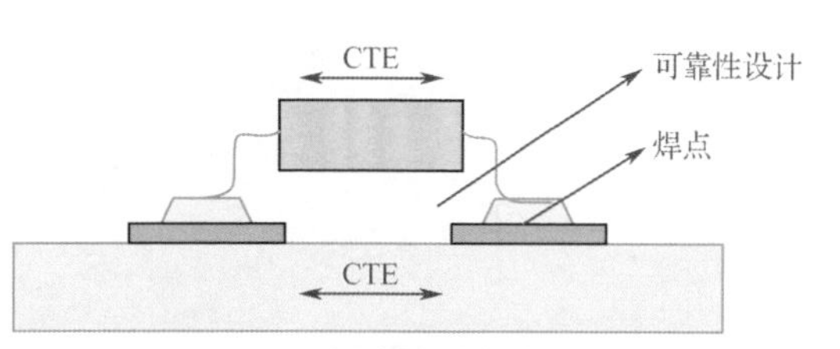

图 17-3　焊点热疲劳失效机理

从图 17-3 可知，导致温度循环失效的主要是剪切应力。但是，这里必须指出，如果焊点叠加了持续的拉应力或温度变化时因封装的动态变形叠加了拉应力的作用，就构成了“热温循+热冲击”的复合失效机理，这是一种没有被大多数业界人士明确界定的失效机理。笔者的经验表明，很多的温度循环早期失效焊点就属于这种剪切应力叠加拉应力的情况，它往往会导致产品早期失效。下面举几个典型的案例加以说明。

No 案例 69　拉应力叠加时的热疲劳断裂

某单板使用两年有一定比例的失效，其余的经过一段时间后也失效。 经分析，发现故障由连接器光模块插入侧引脚焊点开裂引起，如图 17-4 所示。

此连接器失效率比较高，而且都是光模块插入侧焊点开裂。显然，可以排除器件引脚可焊性问题与焊接工艺问题，因为无论焊接工艺还是元件制造工艺，都不会导致特定引脚开裂的问题。分析确认为预应力失效，失效机理如图 17-5 所示。

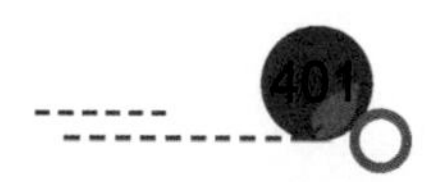

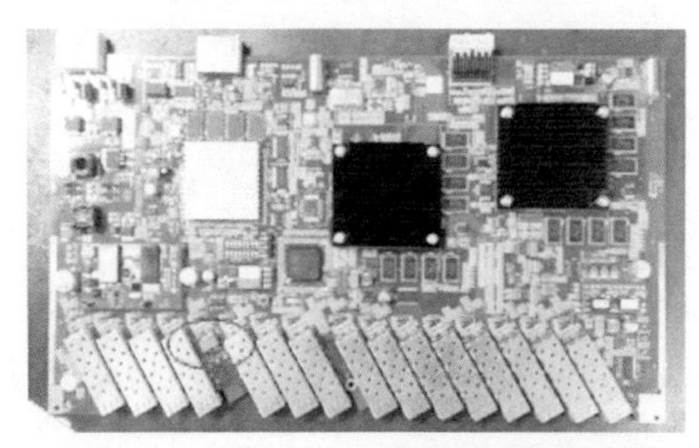

图 17-4　拉应力叠加热疲劳失效案例

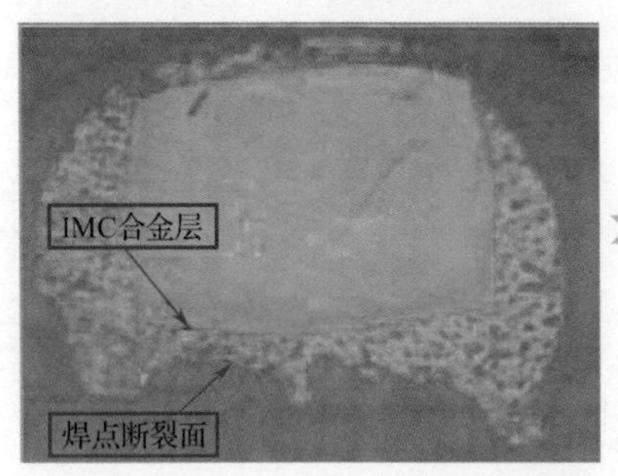

图 17-5　失效机理

No 案例 70　某模块灌封工艺失控导致焊点受到拉应力作用

某模块产品出现万分之几的测试不良率。经分析，造成模块失效的是四针表贴连接器焊点开裂，如图 17-6 所示的红色圆圈所标连接器。

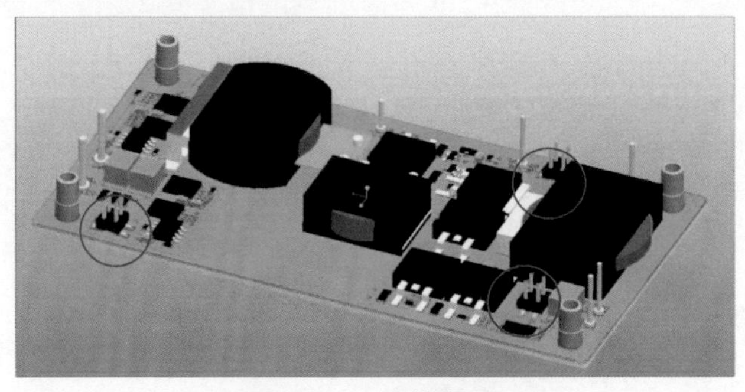

图 17-6　失效产品

不良样品的 4 个引脚完全断裂，如图 17-7 所示，裂缝厚度在 100μm 以上，断裂在焊料中间，IMC 形成良好。

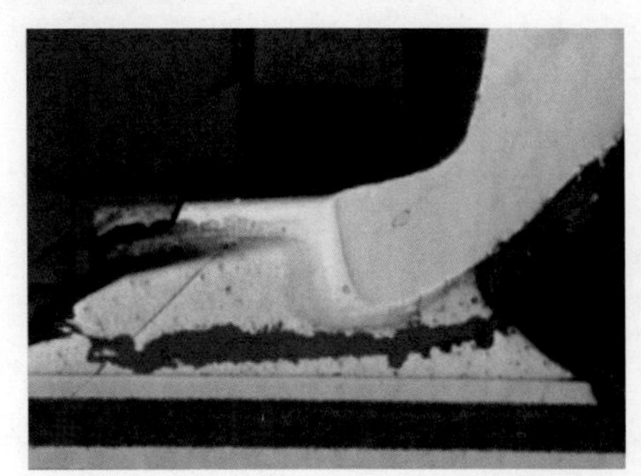

图 17-7　焊点断裂现象

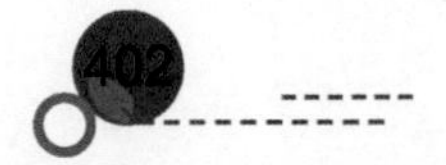

此案例的分析耗费了大量时间与精力，之所以如此，就是在“什么都没有变”的误导下失去了分析可能的“变”带来的影响。

此模块的完整结构如图 17-8 所示，模块由金属基 PCB 和普通 PCB 组成，之间通过 4 个连接器连接并填充灌封胶。经过多次的试验排查，最终发现连接器引脚焊点的开裂与灌封胶的填充度（间隙）有显著的相关性，即灌封胶填充留有间隙的地方没有出现开裂的问题，而灌封胶填充饱满的模块连接器焊点均出现很高比率的开裂，如图 17-9 所示。

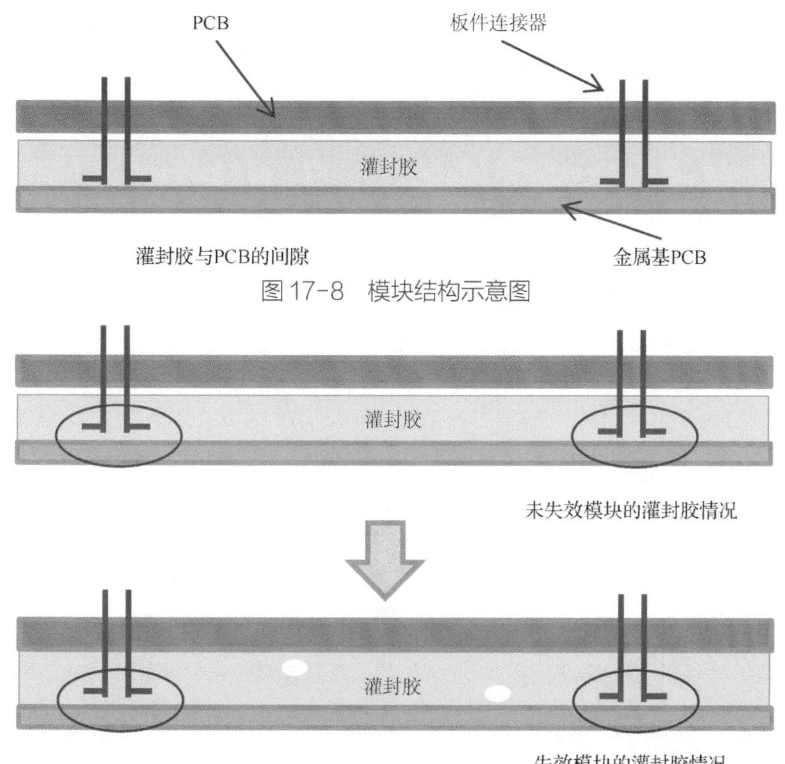

图 17-8　模块结构示意图

图 17-9　灌封胶的填充情况

至此，基本确认了灌封胶填充饱满是导致连接器焊点开裂的主要原因。之所以会发生焊点开裂，根本上是模块两个 PCB 之间的间隔距离远大于焊点的高度，发生了应变量的转换，即大尺度的填胶层厚度方向膨胀转换到小的焊缝上，施加了较大的应变量。这与通常的元器件固定应用不同，通常应用中，比如采用胶把元器件与 PCB 互连，胶的自由应变距离就是元器件与 PCB 的间隙，这个尺寸很小，胶的 CTE 不足以对焊点形成较大的应力。

№ 案例 71　灌封胶与 PCB 的 CTE 不匹配导致焊点早期疲劳失效（开裂）

某失效产品如图 17-10（a）所示，是一个 LED 路灯电路板，为了防雨，PCBA 采用聚氨酯树脂灌胶处理。应用环境为野外，需要经受白天、晚上及通电加热等温差循环作用。用户使用一段时间（3～6 个月）后，几乎 100%失效。分析确认为焊点疲劳开裂，如图 17-10（b）所示。

焊点开裂机理如图 17-11 所示。主要是灌封胶的 CTE 太大，产品在经过白天、晚上及工作状态时高低温度的低频循环后出现疲劳开裂。

（a）失效产品

（b）焊点疲劳开裂

图 17-10　焊点开裂现象

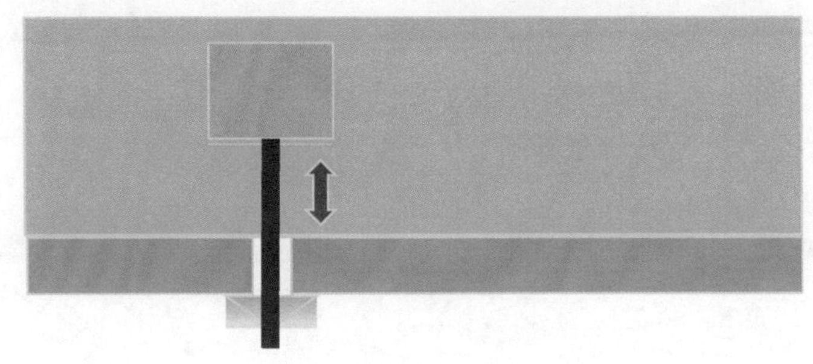

图 17-11　焊点开裂机理

第 18 章

环境因素引起的失效

18.1 环境因素引起的失效

电子产品的腐蚀按照形成机理可以归为两类：

- 电化学腐蚀，包括银迁移、CAF（导电阳极丝）、爬行腐蚀、焊剂残留物；
- 化学腐蚀，包括硫化腐蚀、爬行腐蚀、清洗液/焊剂直接引起的腐蚀。

电化学腐蚀与化学腐蚀见表 18-1。

表 18-1 电化学腐蚀与化学腐蚀

	电化学腐蚀	化 学 腐 蚀
条件	不纯金属跟电解质溶液接触	金属跟接触的物质反应
现象	有微弱的电流产生	不产生电流
反应	较活泼的金属被氧化	金属被氧化
影响因素	与原电池的组成有关	随温度升高而加快
腐蚀速度	较快	相同条件下较电化学腐蚀慢
相互关系	化学腐蚀和电化学腐蚀同时发生，但电化学腐蚀更普遍	

18.1.1 电化学腐蚀

电化学是研究电能与化学能相互转换的科学。电化学反应主要有两类，即电解反应与原电池反应。相应地，电子产品的电化学腐蚀现象也可以分为两类，即电解腐蚀与原电池腐蚀。

1）电解腐蚀

由电解原理引起的腐蚀称为电解腐蚀。

电解腐蚀需要三个条件：导体、电位差与电解液（水即可）。在这三种条件下，电解液中的离子会在电位差的作用下发生迁移，从阳极向阴极移动并沉积（从阴极上生长），以枝晶方式生长，枝晶生长的结果导致两个电极短路。这种腐蚀有一个专有名词——电化学迁移（ECM）。

枝晶生长是根据绝缘表面导体间析出的金属和其化合物呈树枝状而命名的。CAF 是根据沿着 PCB 的绝缘基板内部的玻纤束所析出的金属或其化合物呈纤维状延伸状态而命名的。

2）原电池腐蚀

不纯的金属或相连的不同金属与电解质溶液接触时，会发生原电池反应，比较活泼的金属失去电子而被氧化的腐蚀叫作原电池腐蚀，是电化学腐蚀的一类。在 PCB 的化学镀银过程中，裸露的 Cu 与首先沉积在 Cu 表面的 Ag 在电镀液中构成原电池。活泼的 Cu 被腐蚀掉，形成著名的“贾凡尼效应”。这就是典型的原电池腐蚀，在金属腐蚀领域也称电偶腐蚀。

金属活性顺序如图 18-1 所示。

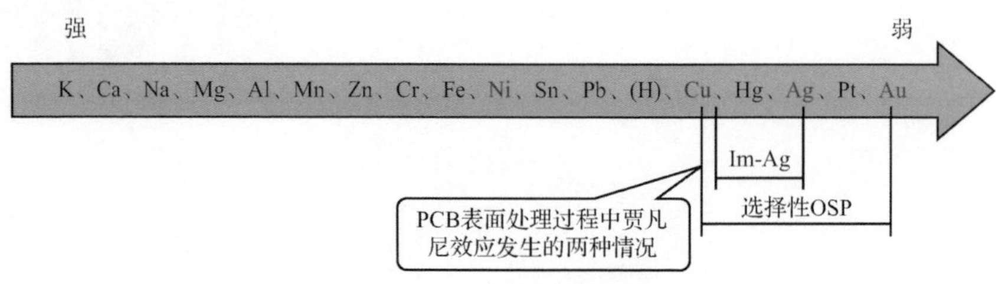

图 18-1　金属活性顺序

18.1.2　化学腐蚀

化学腐蚀一般指与金属接触的物质直接发生化学反应而引起的腐蚀。

常讲的硫化就属于化学腐蚀，不同的腐蚀现象其形貌也不同，如片式电容硫化腐蚀呈莲花状，而 Cu 的腐蚀（爬行腐蚀）呈鱼鳞状，如图 18-2 所示。

（a）片式电容硫化腐蚀现象

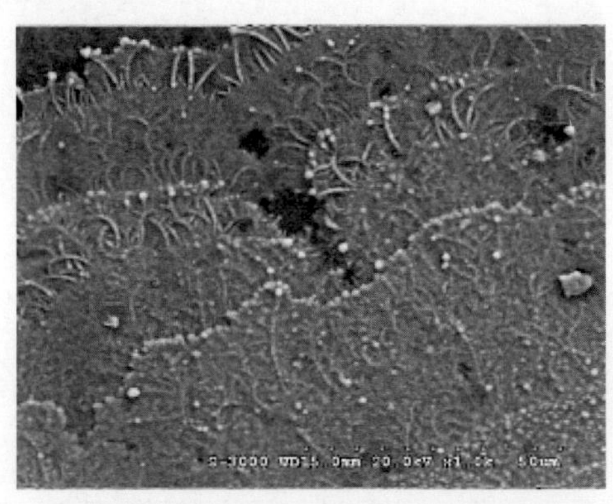

（b）化银单板贾凡尼沟槽裸 Cu 爬行腐蚀现象

图 18-2　化学腐蚀现象

助焊剂与金属直接反应产生的腐蚀也属于化学腐蚀，如图 18-3 所示。

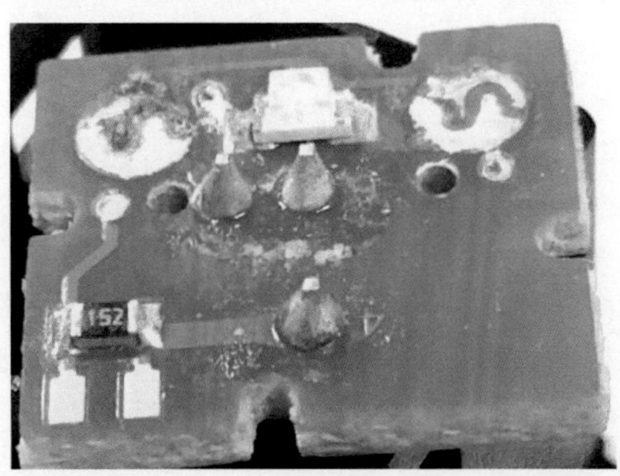

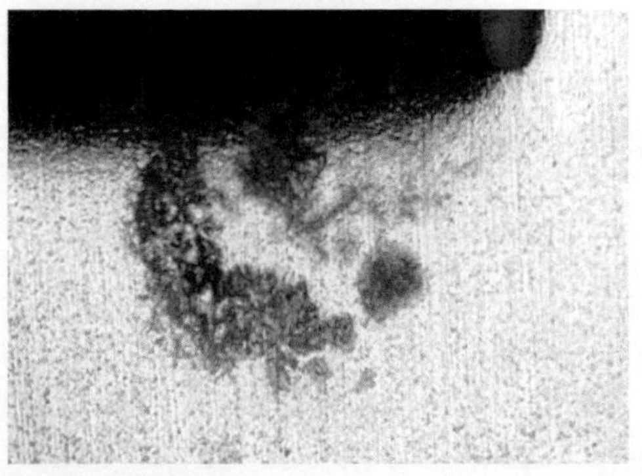

图 18-3　助焊剂引起的腐蚀现象

18.2　枝晶生长

枝晶生长，指在导体、电位差与电解液存在的前提下，金属离子从阳极溶出，然后在阴极聚集还原成金属，还原的金属呈枝晶向阳极生长的现象。它是电化学迁移（ECM）最主要

的表现形式。

18.2.1　枝晶形貌

PCB 表面由很多导线构成，这些导线之间有些存在电位差，这些存在电位差的相邻导线就形成阴极与阳极。另外我们加工的 PCB 上通常会留有助焊剂残留物、灰尘等异物，它们具有一定的活性，如果 PCB 在潮湿的环境下，板上有水分子沉积时，助焊剂残留物溶于水中，水和助焊剂残留物就形成了电解液，导线上的 Cu 在电解液中变成带正电的 Cu 离子，它们向阴极跑去，与阴极的电子形成 Cu 原子，沉积在阴极端，这样以树枝的形状从阴极向阳极生长，最后导致产品失效，这就是电子产品中的电化学迁移现象。枝晶生长是电解腐蚀的典型特征，枝晶形貌如图 18-4 所示。

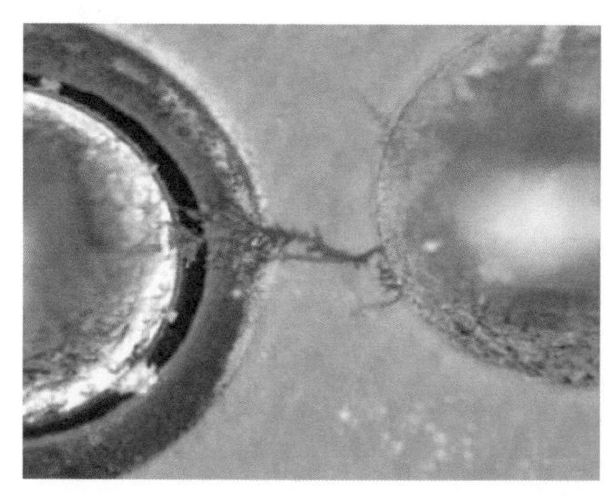

图 18-4　枝晶生长现象

18.2.2　枝晶形成的三要素

枝晶形成有三个条件：离子残留物、电压差、一定湿度。枝晶要形成，这三个要素都必须以最低量呈现，并基于距离和电压而产生。图 18-5 对于理解这三个要素之间的关系非常有用，总的影响能够通过考虑单个圆的直径与施加的功能成比例地直观看到。

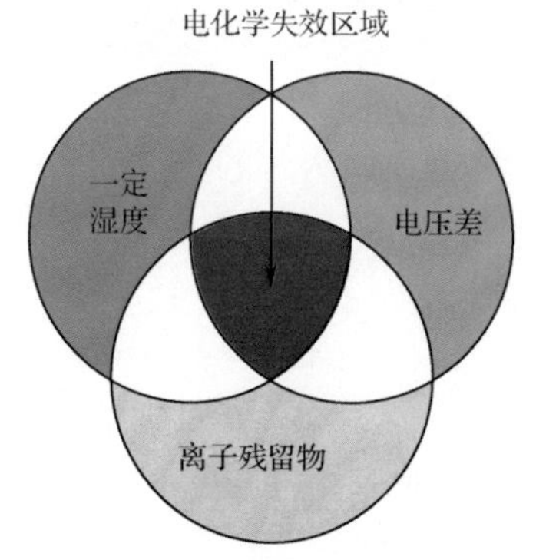

图 18-5　枝晶形成三要素

这个图解释了如果要“制造”枝晶生长，测试环境必须有湿度的问题。在既没有偏压也没有湿度的时候，失效是不会发生或显现的，而且与清洁度的关系也不能建立起来。

图 18-5 将离子污染物作为强制条件是正确的，但非离子污染物对失效机理也是有影响的。非离子污染物，如表面活性剂或手指上的油迹，经常是亲水的，它会将水吸引到污染物一边，

从而加速了枝晶的生长。

18.2.3 枝晶生长的 3 个阶段

根据枝晶生长的定义，可以把枝晶生长过程分为 3 个阶段，即阳极金属溶解、离子迁移和沉积，如图 18-6 所示。

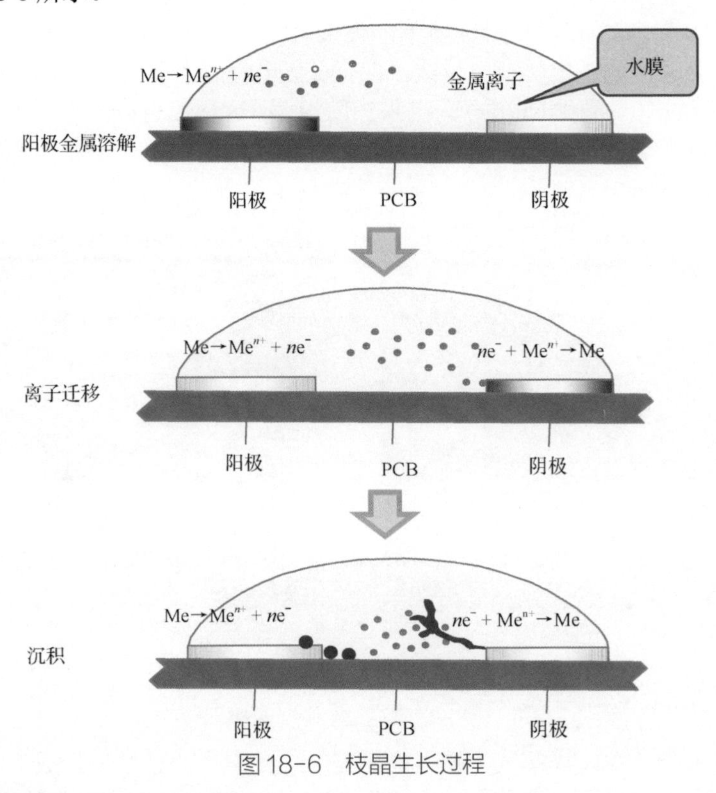

图 18-6　枝晶生长过程

1．阳极金属溶解

阳极金属在电解液中的溶解是枝晶生长的第一步。它是 PCB 板材、板面形貌、离子残留、离子分布和环境条件的函数。表面多孔、划痕、凹坑会导致更高的表面能，也增加了它们吸收单层水分子的亲水性。表面污染，如在板面上的助焊剂残留物和纤维，都增加了吸潮的趋势。

离子残留的特性，经常能够影响金属溶解的速度或者引发电解质的形成。氯和溴的残留物和水的结合可以形成弱酸，弱酸更容易溶解金属，导致金属细丝的形成。其他的离子残留物，例如，硝酸盐与水结合后，会形成电解质溶液，但不会形成金属细丝。在这种情况下，经常会发生找不到原因的失效模式。

2．离子迁移

电解包含金属通过氧化在阳极变成阳离子解或阴极变成阴离子。在直流偏压作用下，金属阳离子从阳极迁移到阴极（离子传输过程）得到中性的金属，并沉积到阴极（电镀沉积）。当越来越多的金属沉积在阴极，树枝状结构从阴极向阳极生长。

在潮湿条件下，组装的残留物吸引单层水分子，形成导电盐并覆盖相邻导体，成为导电路径。当残留物进来与导体接触，电流就能够从阳极流到阴极，从而在 PCB 两点间建立起电化学反应。

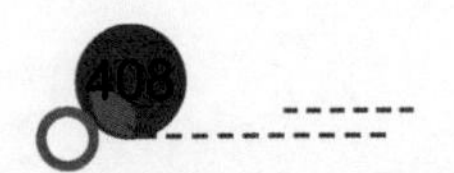

3．沉积

树枝状的生长靠金属离子的反复沉积。由于慢速溶解和沉积的运动，低电势需要更长的时间生长。高电压使得通过导体间的电流增加，这会导致发热和迁移速度的增加。

在高电势下，树突现象变得更细，比在低电势下生长速率快很多，分支更少。这种现象被认为是高电场作用的结果，这导致随后端子上的沉积是在树突的顶端而不是在分支上。

18.2.4　枝晶生长影响因素

1．电压和导体间距对枝晶生长的影响

电压和导体间距对枝晶生长至失效的时间有很大的影响。导体间距将影响离子的迁移和潜伏时间。施加的电压直接关系到离子迁移的动力。

当电场强度从 0.4V/mil 增加到 1.6V/mil 时，树枝状结晶物出现的概率就增加了。

有人研究过，在低氯离子污染水平（0～2μg/in^2）时，6.25mil 梳形图形间隔处会出现树枝状生长，在 12.5mil 梳形图形间隔处有较少的树枝状生长，在 25mil 梳形图形间隔处基本看不到树树状生长。在 5～20μg/in^2 氯离子污染水平时，6.25mil、12.5mil 梳形图形间隔处都会看到树枝状生长情况。在 50μg/in^2 氯离子污染水平时，6.25mil、12.5mil、25mil 梳形图形间隔处的树枝状生长几乎没有差异。

2．氯化物离子对枝晶生长的影响

氯化物离子在金属溶解时作为催化剂，氯离子具有最强的效果。许多的失效都显示有氯离子污染的迹象，这些 PCB 上的污染物来自含氯助焊剂的使用、人员的操作或者维修环境。

3．枝晶生长的其他影响因素

枝晶生长的其他影响因素见表 18-2。

表 18-2　枝晶生长的其他影响因素

影 响 因 素	对枝晶生长的影响
电极材料	（快）Ag≥Cu>Pb>SnPb>Sn>SAC>SnBi>SnZn（慢）（水滴试验评价）
温度	在常温到 90℃时依存性大
湿度	在 80%RH 以上发生，覆盖的水膜越厚（至少 3 个分子层厚），生长越快
附加电压	电压越高，生长越快
pH 值	酸性越强，析出速度越快
离子性不纯物	如助焊剂中卤素、SO_4^{2-}、NH_4^+浓度越高，生长速度越快
水中溶解氧	氧溶解越多，生长速度越快
基材	吸水性越大，生长速度越快

同样条件下，银的迁移率是铜的 1000 倍，不同金属物质的迁移速率比较为：银≥铜>铅>锡>金。

18.2.5　枝晶生长测试

枝晶生长倾向一般采用 IPC-TM-650 中 2.6.14.1 规定的方法进行测试，测试温度为 65℃±2℃，相对湿度为 88.5%±3.5%RH。测试试样按照 IPC-TM-650 中 2.6.3.3 的方法制备。

图 18-7 为某品牌两款焊膏在不同测试条件下进行的 ECM 测试结果，可以看到有些条件下出现了枝晶短路的现象。

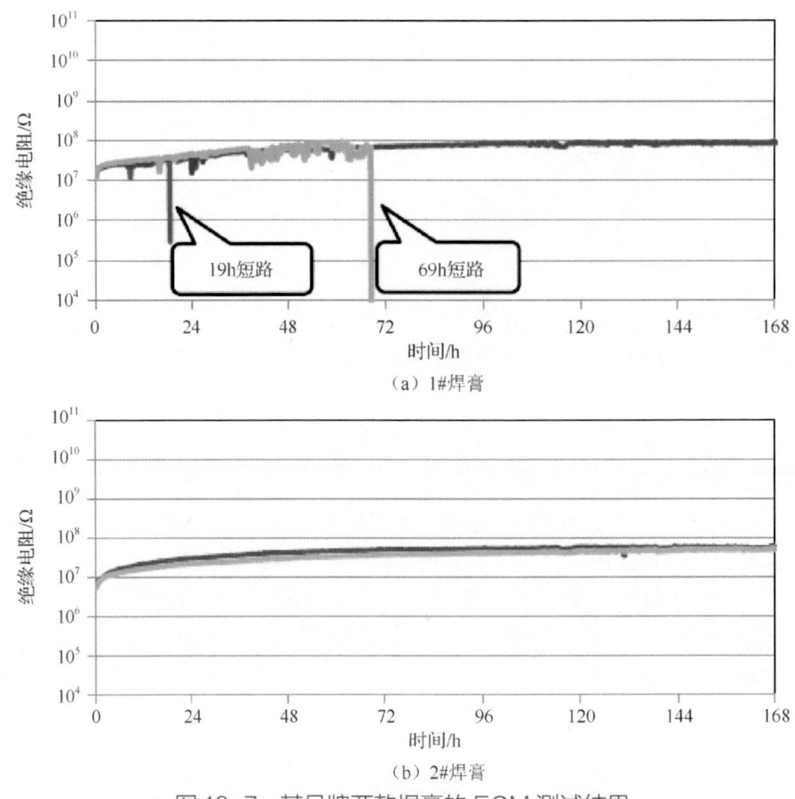

图 18-7　某品牌两款焊膏的 ECM 测试结果

No 案例 72　高温、高湿试验出现绝缘电阻下降

图 18-8 所示是一种容易发生电化学迁移的应用场景——相邻引脚之间高偏压且被助焊剂残留物贯通。对于这种应用场景，如果要进行高温、高湿老化试验，一般在超过 30 分钟后就可能出现绝缘电阻下降的风险。

在 85℃/85%RH 条件下，松香助焊剂残留物软化，水膜很容易渗进助焊剂残留物，并把离子型物质溶解出来，形成电解质溶液。在偏压下很容易形成水解反应，发生电化学迁移现象。随着时间的延长，最终将发生枝晶生长，直到短路，在此短路之前，电化学迁移表现为绝缘电阻下降现象。

图 18-8 所示插件引脚因采用通孔再流焊接技术，焊膏量大也导致助焊剂残留物相对比较多，以致相邻引脚之间被贯通。

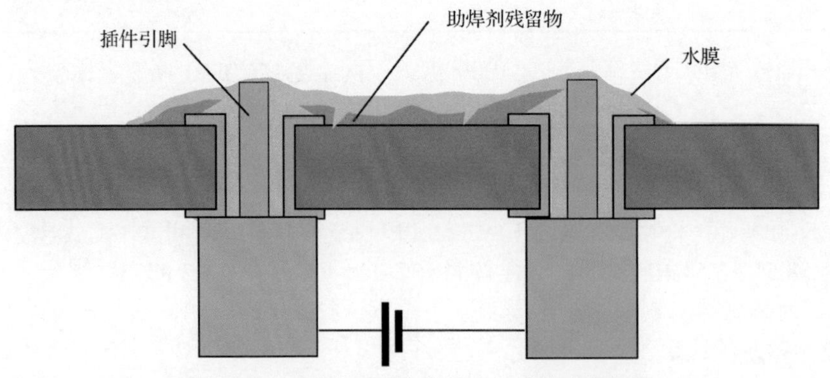

图 18-8　一种容易发生电化学迁移的应用场景

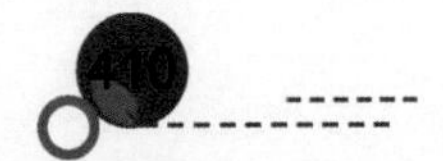

绝缘电阻下降，常见于“湿”的助焊剂残留物和高的偏压（≥25V）存在的场合，助焊剂残留物在高温、高湿环境（如高温、高湿试验，湿的灰尘覆盖）中也容易出现绝缘电阻下降。

No 案例 73　常见的枝晶生长现象

常见枝晶生长情况如图 18-9 所示。

（a）Ag迁移现象

（b）Cu迁移现象

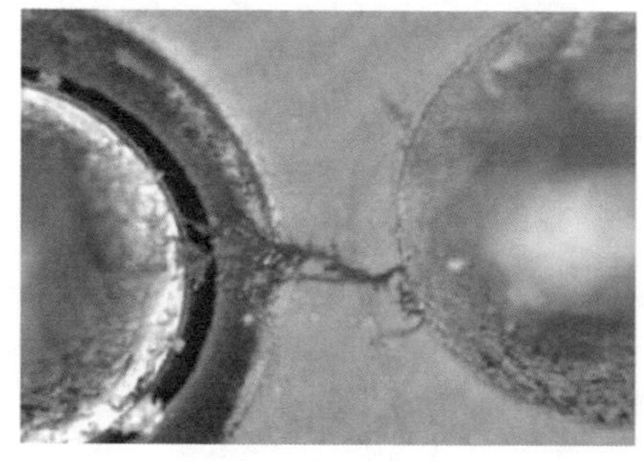

（c）Pb迁移现象

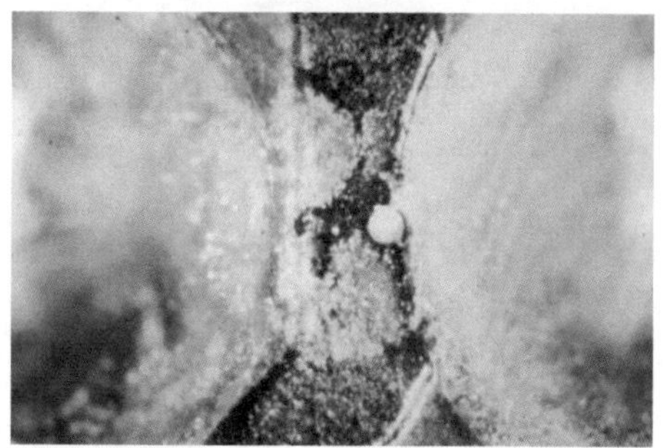

（d）Sn迁移现象

图 18-9　常见枝晶生长情况

18.3 CAF

CAF 为 Conductive Anodic Filament 的缩写，中文译为阳极导电丝。CAF 特指 PCB 导通孔间沿玻璃纤维发生的金属迁移现象，它是电化学腐蚀过程的副产物。

通常表现为从电路中的阳极发散出来，沿着玻璃纤维与环氧之间的界面表面朝着阴极方向迁移，形成导电性细丝物，CAF 现象如图 18-10 所示，从而导致导体间绝缘电阻发生突然的下降。该失效模式在 1976 年由 Bell 实验室的科学家首先发现和确认。

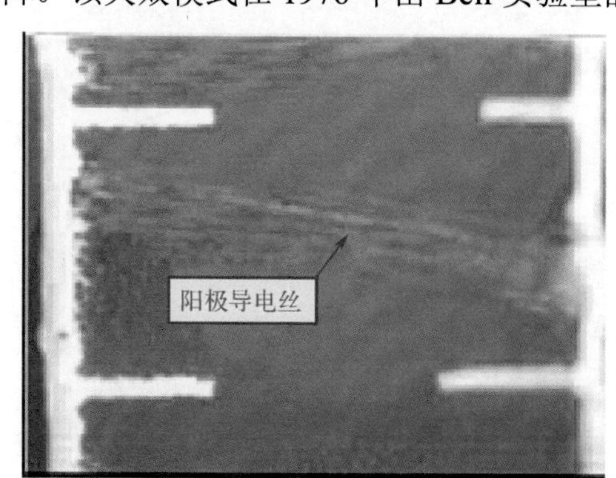

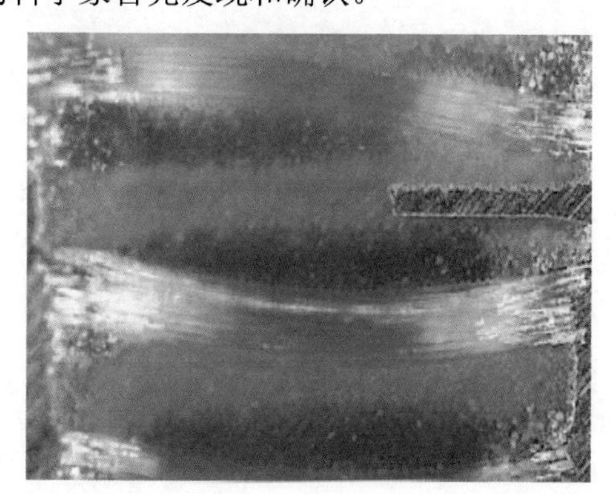

图 18-10　CAF 现象

阳极导电丝通常发生在通孔与通孔之间、通孔与内外层导线之间、外层或外层导线与导线之间，从而造成两个相邻的导体之间绝缘性能下降甚至造成短路。CAF 的失效模式如图 18-11 所示。

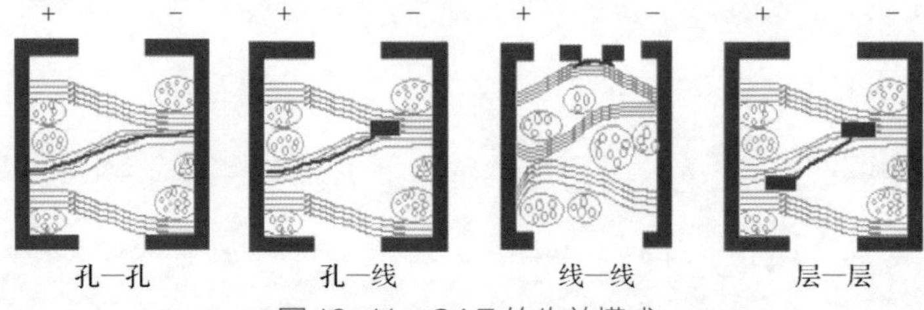

图 18-11　CAF 的失效模式

阳极导电丝的形成首先是玻璃/环氧的物理破坏，然后吸潮导致了玻璃/环氧分离界面出现水介质，提供了电化学通道，促进了腐蚀产物的运输，腐蚀产物在电场作用下从阳极向阴极定向移动，最终形成从阳极到阴极的导电丝。阳极导电丝的形成和基材、导体结构、助焊剂及电场强度等因素相关。

CAF 的形成过程：

阶段 1：高温、高湿的环境下，环氧树脂与玻璃纤维之间的附着力出现劣化，并促成玻璃纤维表面硅烷偶联剂的化学水解，从而在环氧树脂与玻璃纤维的界面上形成沿着玻璃纤维增强材料的 CAF 泄漏通路。

阶段 2：铜腐蚀并形成铜盐的沉积物，在偏压的驱动之下形成 CAF 生长，其化学反应式为：

（1）$Cu \rightarrow Cu^{2+}+2e^-$（Cu 从阳极发生溶解）

$H_2O \rightarrow H^+ + OH^-$

$2H^+ + 2e^- \rightarrow H_2$

（2）$Cu^{2+} + 2OH^- \rightarrow Cu(OH)_2$（Cu 从阳极向阴极方向迁移）

（3）$CuO + H_2O \rightarrow Cu(OH)_2 \rightarrow Cu^{2+} + 2OH^-$（Cu 在阴极沉积）

$Cu^{2+} + 2e^- \rightarrow Cu$

18.4　Ag 离子迁移

Ag 离子迁移，是典型的枝晶生长现象。由于 Ag 离子迁移现象是电子产品中最常见的枝晶生长现象，因此，此处进行重点介绍。

Ag 是容易发生离子迁移的元素，因此相当多的有关离子迁移的研究都是围绕着 Ag 展开的，从而使 Ag 迁移现象的本质得以掌握。这一现象可以分步表示为：

（1）首先在电场和水汽作用下，阳极 Ag 电离为 Ag^+：

$$Ag \rightarrow Ag^+ + e^-$$

（2）电离出来的 Ag^+ 可以和水汽电离的 OH^- 结合，在阳离子附近生成 AgOH 胶体：

$$Ag^+ + OH^- \rightarrow AgOH$$

（3）AgOH 分解形成弥散的 Ag_2O：

$$2AgOH \rightarrow Ag_2O + H_2O$$

（4）Ag_2O 和水汽反应，释放出 Ag^+：

$$Ag_2O + H_2O \rightarrow 2Ag^+ + 2OH^-$$

（5）阴极在库伦力作用下离子移动并金属化：

$$Ag^+ + e^- \rightarrow Ag\text{（树枝状生长）}$$

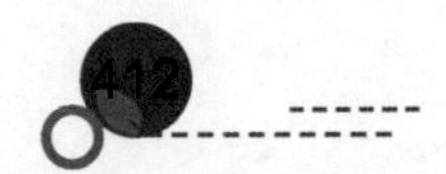

$AgOH$ 和 Ag_2O 在标准环境状态下不稳定，向负极移动的过程中可能不断发生步骤（2）、（3）、（4）的反应，其他金属的离子迁移过程也几乎相同。随着反应的不断进行，阳极的银不断溶解电离，并在电场作用下向阴极迁移，迁移过程中又不断有 Ag、Ag_2O 析出形成树枝状结晶。大气中的 H_2S、SO_2、CO_2 及环境中存在的其他污染物，如助焊剂残留物，很容易参与该电化学反应过程，从而使得析出物成分和相貌变得更加复杂。

Ag 迁移是一个传质过程，典型的枝晶腐蚀物形貌如图 18-12 所示。

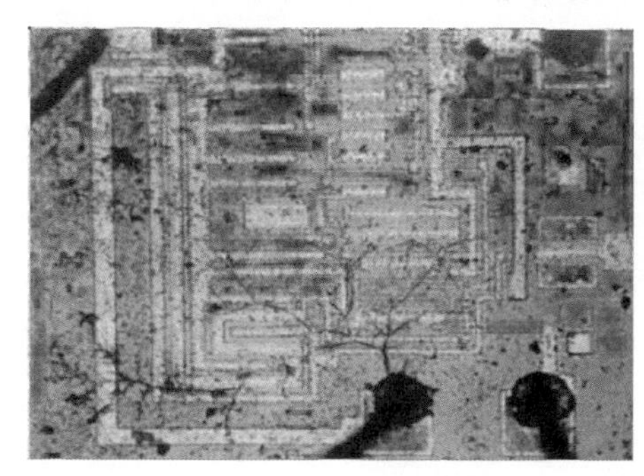

图 18-12　枝晶腐蚀物形貌

在步骤（2）中，虽然水的电解需要一定的电压，但在电解电压以下，也会发生离子迁移。图 18-13 的横轴为电场强度，纵轴为离子迁移引发短路需要经过的时间。pH 值的变化对离子迁移有一定的影响。当施加电压超过 0.8V 时，短路时间直线的倾向率发生改变：电压低于 0.8V 时，离子迁移也同样发生，但这一范围不受 pH 值的影响。低电压侧离子迁移不受 pH 值影响的原因，可能是 Ag 离子的生成也不受 pH 值的影响。

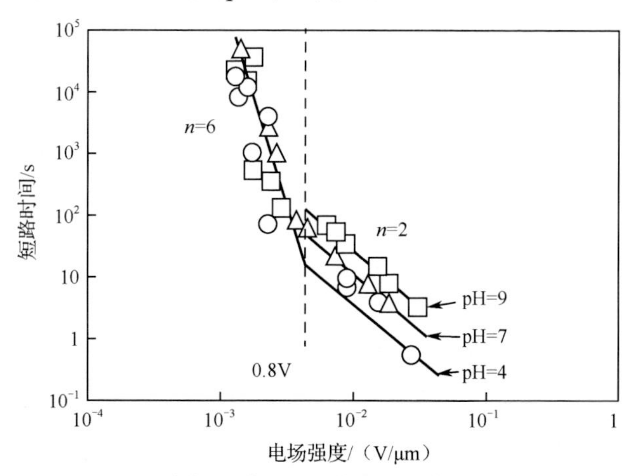

图 18-13　电场强度和 pH 值对 Ag 离子迁移的影响

无铅焊料较 Ag 和 Sn-Pb 焊料更不容易发生离子迁移现象。图 18-14 是各种无铅焊料通过简易试验方法评价获得的结果图。按易发生离子迁移的顺序，有 Cu>Sn-Pb>Sn-3.5Ag-0.75Cu>Sn-58Bi>Sn-9Zn。除 Pb 和 Zn 元素外，几乎所有的条件下 Sn 均为溶出元素。虽然 Ag 单独存在时易发生离子迁移，但 Sn-Ag-Cu 焊料中 Ag 以 Ag_3Sn 的形态存在而被束缚住，固溶的 Ag 几乎没有，因此离子迁移也被抑制。

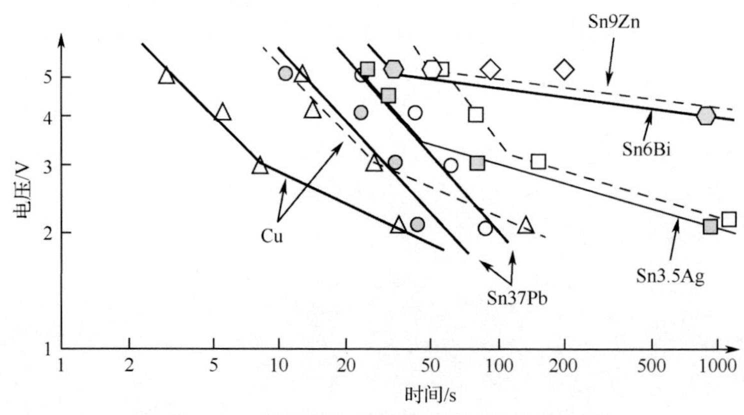

图 18-14　水滴试验（WDT）的离子迁移评价

注：jis 型梳状图形电极，实线为初期值，虚线为短路。

与离子迁移有关的因素很多，除温度、湿度的影响外，电化学活性、pH 值、施加电压、合金元素、助焊剂残留物、基板离子溶出元素、杂质等都能够对离子迁移产生影响。助焊剂和基板中对焊点有不利影响的元素 Cl、Br、S 和 Sb，这些元素仅极微量存在都有可能导致故障。无卤素阻燃材料中的红磷元素的存在，在高湿环境下会促使 Ag 离子迁移。

18.5　Ag 的硫化腐蚀

S 和 Ag 只要接触就极易发生反应，在无其他活性硫化物存在时，只要元素硫的质量占比达到 50μg/m^3，就会引起银腐蚀。

潮湿的环境，特别是潮湿的酸性环境，可以加速硫化反应，也就是加速电阻电极的腐蚀。

$$4Ag+2H_2S+O_2=2Ag_2S\text{（黑色产物）}+2H_2O$$

硫化腐蚀是大家比较熟悉的一种腐蚀现象，其产生的条件与爬行腐蚀类似——空洞或间隙露 Ag（爬行腐蚀为露 Cu）。其本质就是缝隙容易吸附水膜，而大面积、外露的 Ag 面较难产生 Ag_2S 结晶，就是因为难以形成长时间的水膜覆盖。

因此，元器件或 PCB 的硫化主要由元器件或 PCB 本身的质量引起，另外，环境气氛也是重要的因素。

片式电阻硫化腐蚀如图 18-15 所示。

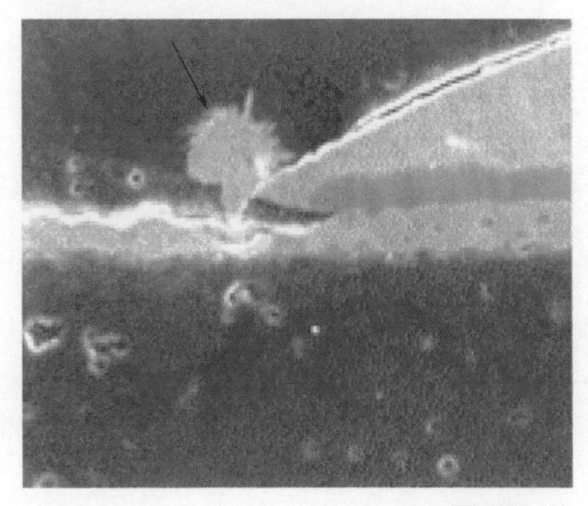
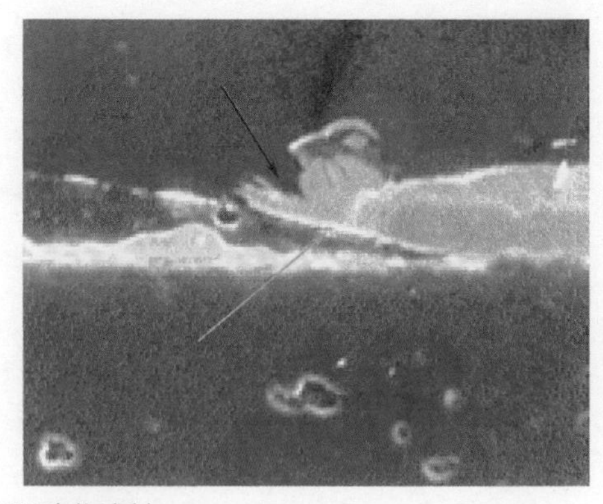

图 18-15　片式电阻硫化腐蚀

No 案例 74　片阻上硅胶覆盖导致电阻变大

某单板，硅胶覆盖下的电阻增大，正常是 20kΩ 左右，增加到 98kΩ。查看两个电阻，被硅胶覆盖，同时上面有很多灰尘，清理灰尘后阻值没有改变，仍然为 98kΩ；把硅胶去掉，电阻恢复正常，单板可以正常工作。

有些硅胶在固化过程中，会形成多孔物质，这些孔像活性炭一样会吸附空气中的有害气体，如 H_2S，随着时间的增加，吸附浓度逐渐增加，达到一定浓度后就会对不良的片阻产生有害影响——与电阻底层的 Ag 发生硫化，使得电阻值变大，如图 18-16 所示。这种情况在业界非常常见，其机理通常是硫化物通过灌封胶吸附到片阻焊端，形成硫化银。

图 18-16　片阻硫化

No 案例 75　片阻上硅胶覆盖导致电阻变大

某电源模块，使用三年后出现故障，分析定位为位号 R69 片阻的阻值增大，R69 正常阻值应在 10.2kΩ，失效的为 11kΩ。此电阻被加固胶覆盖，扒开胶，利用显微镜检查，外观没有明显的异常。失效样品 1#如图 18-17 所示，失效样品 2#如图 18-18 所示。

分析：

1）外部检查

通过显微镜对外观进行检查，未发现样品外观有异常现象，如图 18-19、图 18-20 所示。

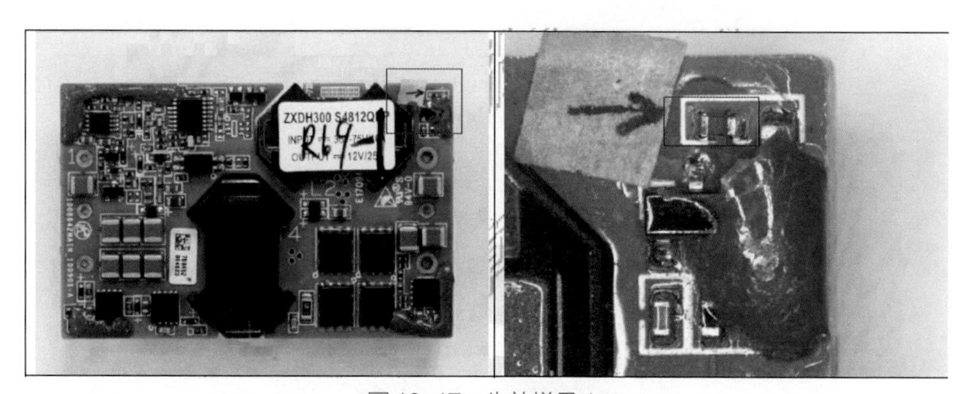

图 18-17　失效样品 1#

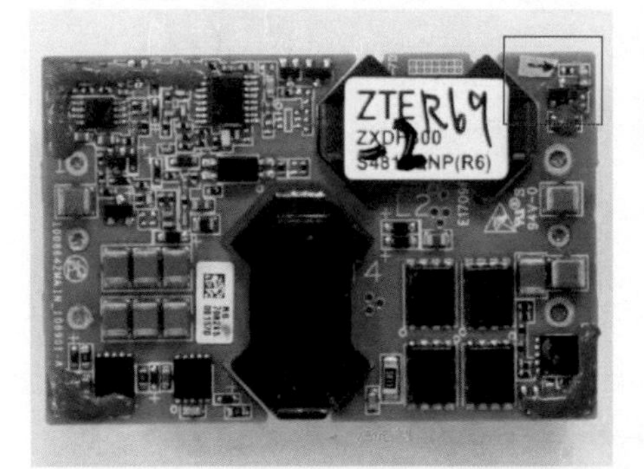

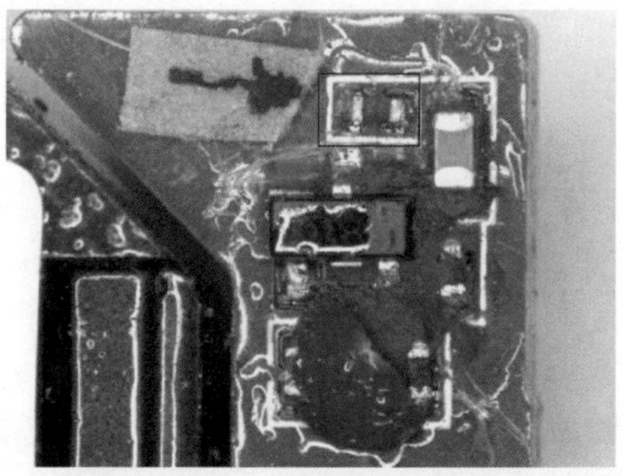

图 18-18　失效样品 2#

图 18-19　样品 1#外观分析

图 18-20　样品 2#外观分析

2）X 线检查

通过 X 线对焊端进行检查，发现 2#样品焊端镀层有表面不连续现象，如图 18-21 所示。正常样品 X 线图如图 18-22 所示。

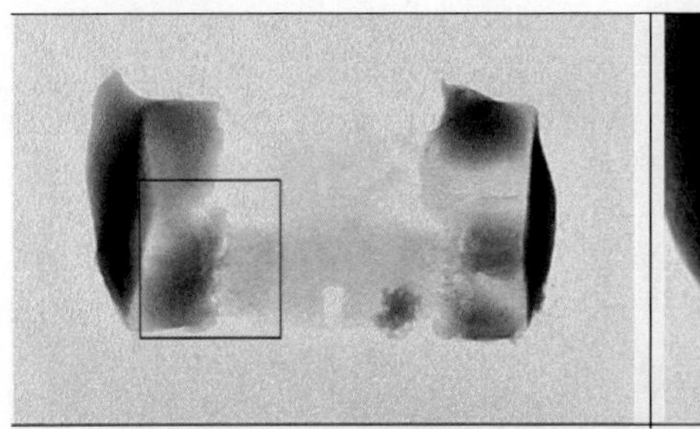

（a）样品2#R69的X线形貌

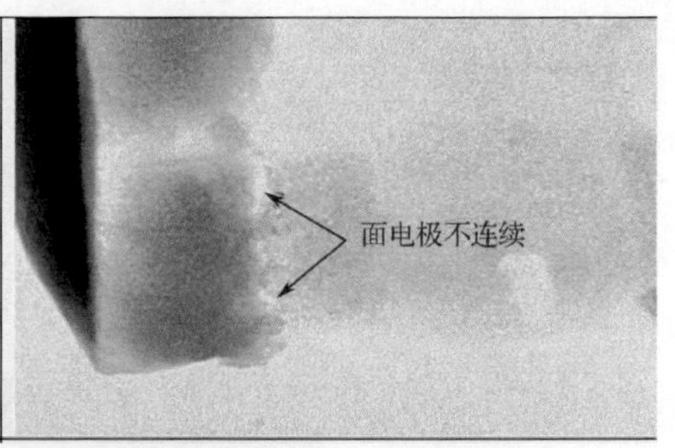

（b）图（a）方框区域X线形貌

（c）图（b）切片图

图 18-21　样品 2#焊端 X 线

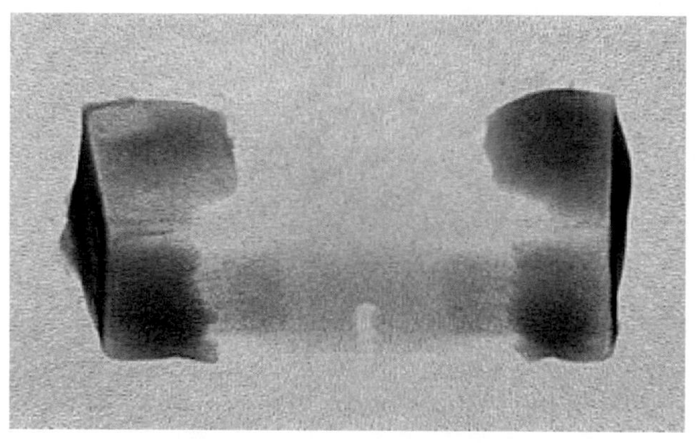

图 18-22　正常样品 X 线图

3）SEM 检查与 EDS 分析

为了检查电阻表面是否存在异常，对电阻表面进行 SEM 观察和 EDS 分析。结果发现失效样品端电极与包封层交接处存在硫和银元素，根据其形貌判断应该为 Ag_2S。样品 SEM 和 EDS 分析结果如图 18-23、图 18-24 所示。

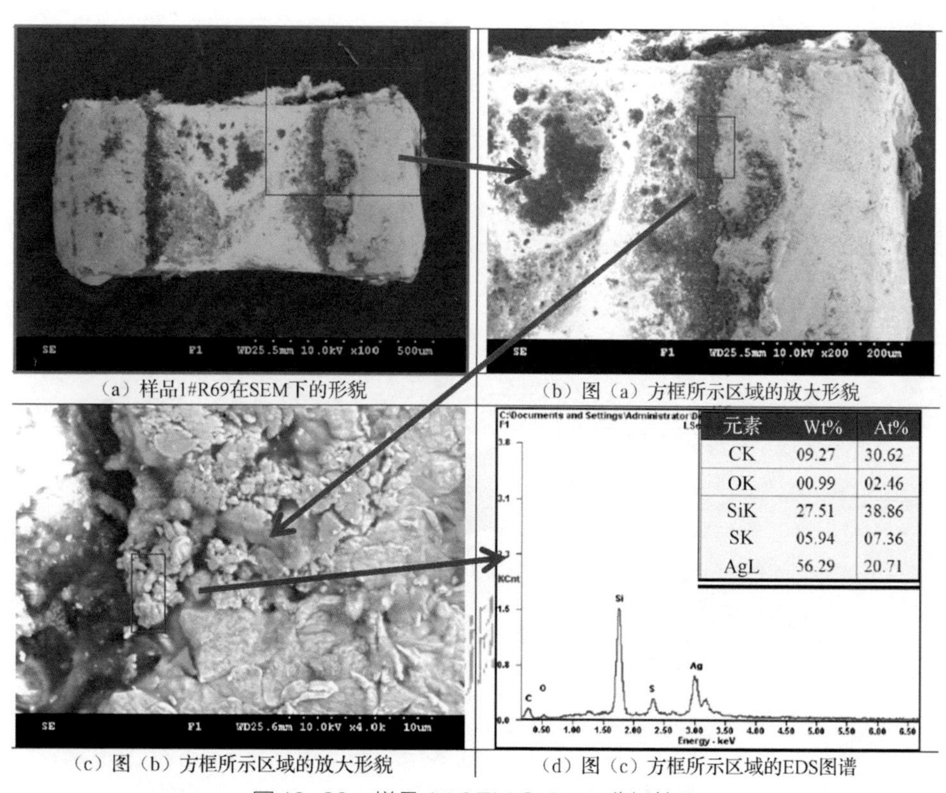

元素	Wt%	At%
CK	09.27	30.62
OK	00.99	02.46
SiK	27.51	38.86
SK	05.94	07.36
AgL	56.29	20.71

（a）样品1#R69在SEM下的形貌　（b）图（a）方框所示区域的放大形貌

（c）图（b）方框所示区域的放大形貌　（d）图（c）方框所示区域的EDS图谱

图 18-23　样品 1# SEM 和 EDS 分析结果

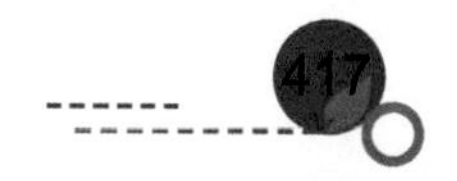

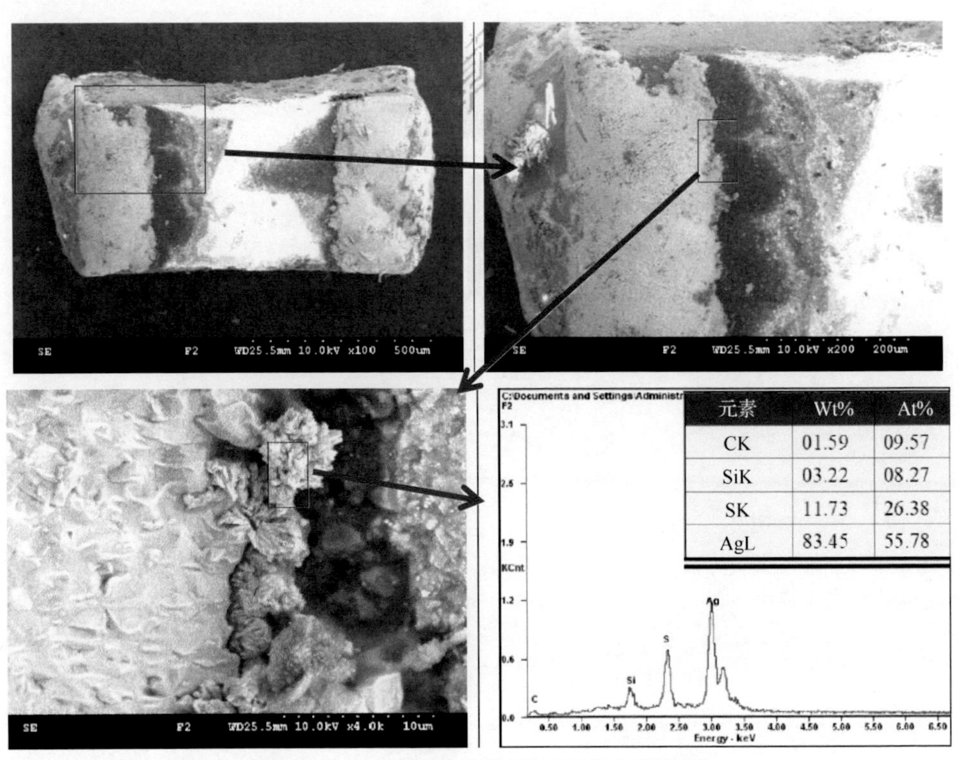

元素	Wt%	At%
CK	01.59	09.57
SiK	03.22	08.27
SK	11.73	26.38
AgL	83.45	55.78

图 18-24　样品 2# SEM 和 EDS 分析结果

4）切片分析

为了检查内部是否存在异常，对样品固封并进行切片分析，如图 18-25 所示。

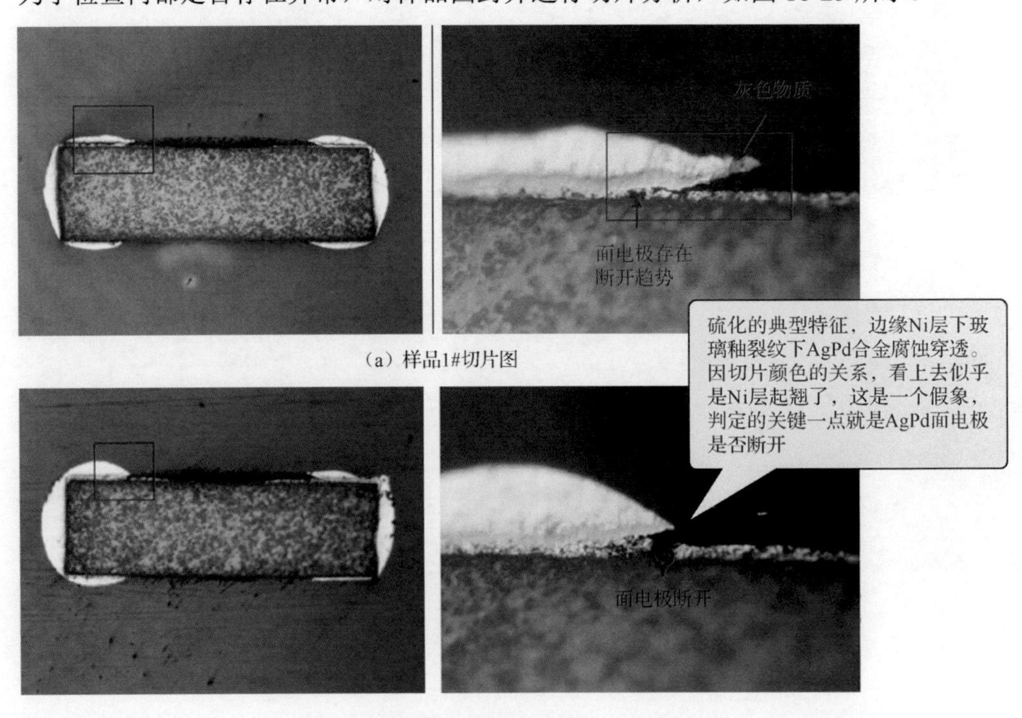

（a）样品1#切片图

（b）样品2#切片图

图 18-25　失效样品切片分析

此分析过程可以作为片阻硫化腐蚀分析的参考。通常情况下，片式电阻的阻值变大很可能就是硫化腐蚀造成的。由于程度不同，有些往往从外观难以看出，必须借助切片和电镜显微观察（≥4000 倍）才能看到硫化产物，如果不采用 SEM 和 EDS 进行分析，往往看不到。

这个案例具有典型性，凡是具有吸附效应的灌封胶（硅胶有附硫效应，会吸附硫化气体，加速硫化，外加机械应力，进一步加速硫化速度）或固定胶覆盖的片阻应用场景都可能发生片阻硫化的风险，这是一种典型的失效模式。这种失效往往不会被人识别，一般的认知会觉得覆盖了胶会有更好的保护。但是，必须意识到，如果采用的胶固化后具有微孔特性或还有游离的硫，就可能发生电阻硫化的现象。

18.6　爬行腐蚀

爬行腐蚀是指腐蚀产物（主要为 Cu_2S，还有少量的 Ag_2S）在不需要电场的环境下，从电路板裸露铜表面开始腐蚀并不断向四周扩展的腐蚀现象，如图 18-26 所示。主要原因是日常生活环境中的硫化物等外来因子的影响。

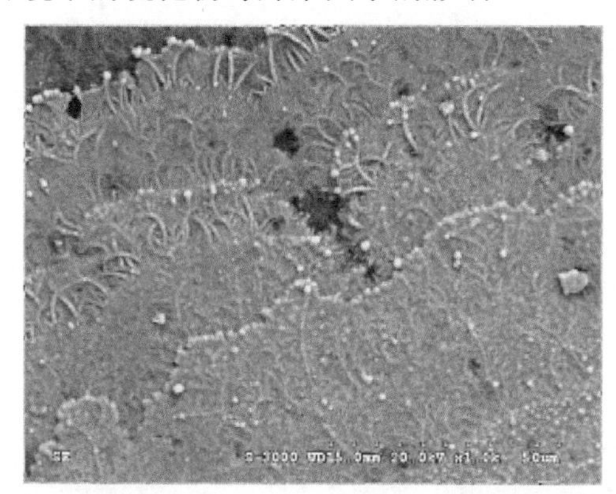

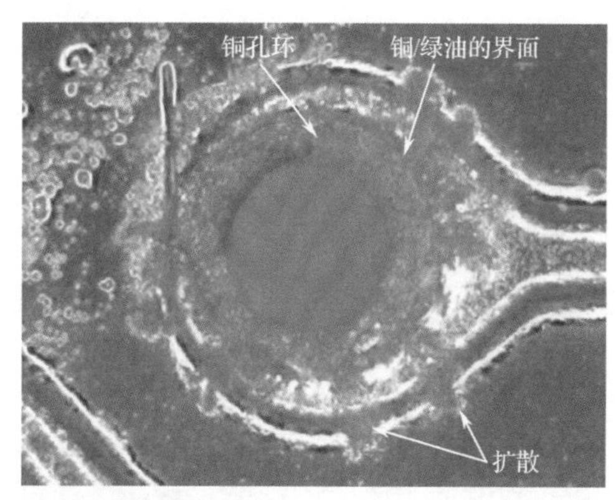

图 18-26　爬行腐蚀现象

由于腐蚀产物会在阻焊层表面上爬行，导致相邻焊盘和线路间的短路，一旦发生爬行腐蚀现象，将导致电子产品提前失效，影响产品的寿命与可靠度。

1. 发生场景

爬行腐蚀产生于 PCB 或元器件微孔、微隙内裸 Cu 面上，常见的发生位置为 Im-Ag 阻焊下贾凡尼沟槽及塑封器件的引脚根部，如图 18-27 所示。

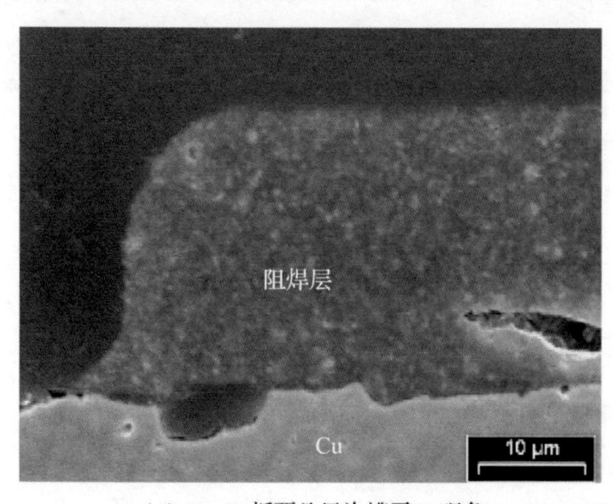

（a）Im-Ag板贾凡尼沟槽露Cu现象

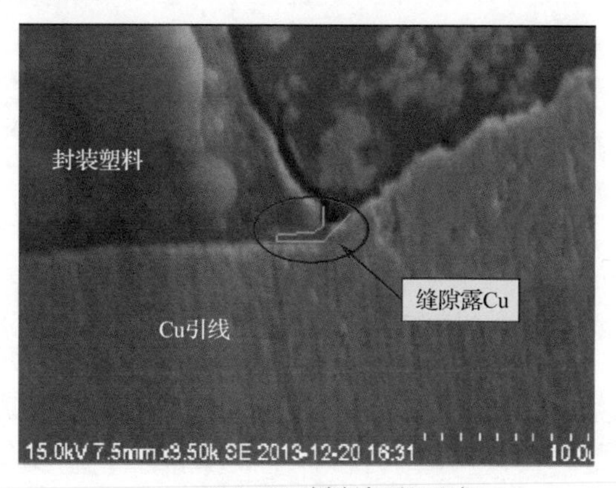

（b）QFP引脚根部露Cu现象

图 18-27　爬行腐蚀常见的发生位置

2．爬行腐蚀机理

马里兰大学的 Ping Zhao 等学者认为，爬行腐蚀过程中首先发生的是电化学反应，同时伴随着体积膨胀及腐蚀产物的溶解/扩散/沉淀。即首先是铜基材被氧化失去一个电子（可能伴有贵金属如 Au 等的电偶加速作用），生成一价铜离子并溶解在水中。由于腐蚀点附近离子浓度高，在浓度梯度的驱动下，一价铜离子会自发地向周围低浓度区域扩散。当环境中相对湿度降低、水膜变薄或消失时，部分一价铜离子会与水溶液中的硫离子等结合，生成相应的盐并沉积在材料表面。

爬行腐蚀的产物以硫化亚铜为主，还有少量的 Ag_2S，这是一种 P 型半导体，不会立即造成短路；但随着其厚度增加，电阻随之减小。此外，该腐蚀产物的电阻值随温度的变化急剧变化，可从 10MΩ 下降到 1MΩ。

3．爬行腐蚀与电迁移、CAF 的对比

与电迁移（包括枝晶、CAF）类似，爬行腐蚀也是一个传质的过程，但三者发生的场景、生成的产物及导致的失效模式并不完全相同，具体对比见表 18-3。

表 18-3　爬行腐蚀与枝晶和 CAF 的特点对比

项　目	爬行腐蚀	枝　晶	CAF
基材种类	铜	铜、银、锡铅等	铜
腐蚀产物	硫化亚铜	金属单质	铜的氧化物或氢氧化物
迁移方向	无	阴极向阳极	阳极向阴极
造成的失效模式	多为短路也有开路	短路	微短（一般短路电阻较大）
是否需要一定温度	是	是	是
是否必须电压驱动	否	是	是

爬行腐蚀属于硫化腐蚀的一种，之所以将其单独命名，是因为它具有显著的特性——腐蚀产物向四周扩散。与电阻、排阻、电容的硫化现象与失效现象不一样，这些硫化物为 Ag_2S，腐蚀产物是莲花状黑色结晶物，既不溶于水也不导电。

4．硫化物危害

硫化物具有半导体性质，且不会立即造成短路，但是随着硫化物浓度的增加，其电阻会逐渐减小并造成短路失效。

此外，该腐蚀产物的电阻值会随着温度的变化而急剧变化，可以从 10MΩ 下降到 1MΩ。

5．防护措施

（1）采用三防涂覆无疑是防止 PCBA 腐蚀的最有效措施。

（2）设计和工艺上要减小 PCB、元器件露铜的概率。

（3）组装过程要尽力减少热冲击及污染离子残留。

（4）整机设计要加强温、湿度的控制。

（5）机房选址应避开明显的硫污染。

6．关于爬行腐蚀的研究

大气中的哪些硫化气氛（如二氧化硫、单质硫、有机硫化物等）会导致爬行腐蚀；腐蚀的发生是否存在湿度门槛值；产物爬行的机理和驱动力是什么；物质表面特性，比如不同表面处理、连接器塑封材料等对爬行腐蚀有什么影响等，目前均未有公认的结论。

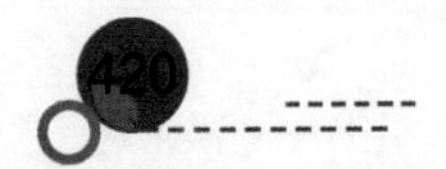

18.7　实际环境下的腐蚀

实际环境下的腐蚀往往是一种复合性的腐蚀，比如，潮湿灰尘腐蚀，就属于这样的类别，灰尘中含有各种腐蚀性物质，再加上吸潮后的水分，腐蚀往往比单纯的环境腐蚀严重得多。例如，做过“三防”涂覆的单板，如果安装在机柜的进风口，其上就会堆积灰尘，就会发生腐蚀。此类腐蚀往往有偏压的作用，也有灰尘中盐雾或酸性物质的作用。从腐蚀的机理看，起因是灰尘沉积，沉积的灰尘含有大量的腐蚀性物质，如盐分、硫化物等，这些灰尘容易吸潮，潮湿的灰尘对三防漆膜具有破坏作用，容易使其溶胀、开裂，在相邻引脚或导体的偏压作用下就会发生电解反应。裸露的铜、锡与灰尘也会发生化学腐蚀。

No 案例 76　“灰尘+盐雾”腐蚀

图 18-28 是一个充电桩用单板，安装环境是室外，使用一年多出现腐蚀现象。腐蚀主要出现在进风口等灰尘多的地方。

图 18-28　充电桩单板腐蚀现象

No 案例 77　阻焊层/绿油内 Cu 迁移

白荣生先生在《印制电路资讯》上介绍了绿漆内 Cu 迁移案例，也就是绿油内 Cu 迁移的问题。这是笔者首次了解到这样的案例，对于解释经常遇到的相邻导线间腐蚀现象很有帮助。

图 18-29 为某四层板面的左右两组 V_{cc}/GND 线对，为其分别发生 ECM 的俯视图（正负间距为 15.5mil）。其中蓝色“-”表示接地线，红色“+”表示电源线，而阳极变黑（Cu^{+}）、变黄（金属铜粒与绿油复合色）两个区域正是间距（Space）上绿油的呈现。

图 18-29 中间图说明左线对绿油间距的反应，是自右往左进行 Cu 迁移。图 18-29 下图说明右线对绿油间距的反应，是自左往右进行 Cu 迁移的画面。都是从阳极向阴极迁移。

图 18-29　绿油内 Cu 迁移现象

绿油内为什么会发生电化学迁移呢？机理上基本与 CAF 一样。

现行感光成像的绿油为了强度更好，均已加入了较多的粉粒状填料（如 $BaSO_4$）。为了使其具有更好的分散性和亲和力，各种粉料表面事先均需要进行亲水性偶联剂（Silane）处理，这样使得其表面具有极性而容易吸水，因此，会在长时间偏压与高湿环境下出现偶联剂遭到水解而出现通道的现象，最终发生 Cu 迁移。

图 18-30 为某一交换机用户板，相邻铃流偏压达到 140V，由于间隔比较小，从而引发线路腐蚀，这是阻焊电迁移的典型案例。这个案例给了我们一个启示，就是绿油有可能成为线路板腐蚀的一个条件。为了避免此现象的发生，我们必须在设计上管控好相邻导线的间隔或者场强，特别是压差比较大的相邻导线间的间隔。

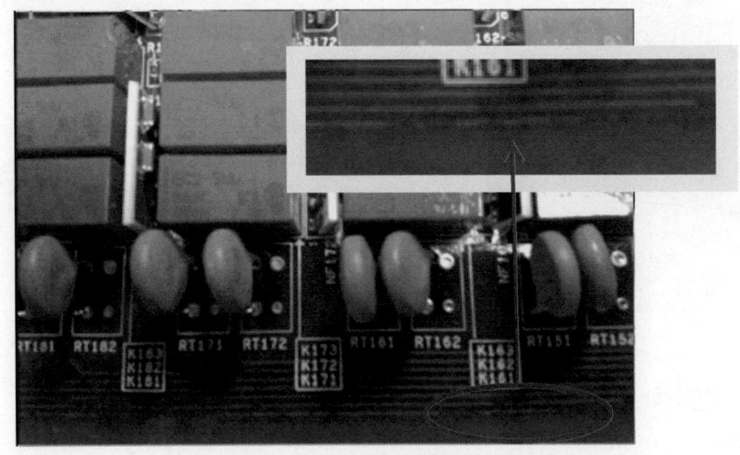

图 18-30　交换机用户板线路腐蚀现象

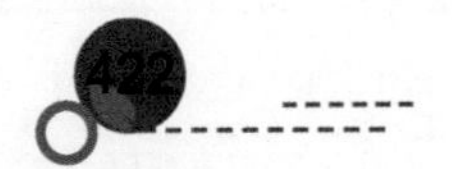

第 19 章

锡须

19.1 锡须概述

锡须与锡镀层有关，它最有可能出现在纯锡镀层上。其外观像胡须，不过这种胡须有各种形状与尺寸，如纤维细丝的螺旋状、结节状、柱状和小丘状，如图 19-1 所示。锡须通常是单晶体，具有导电性。就其性质而言，非常脆，且只能形成很细的长丝。

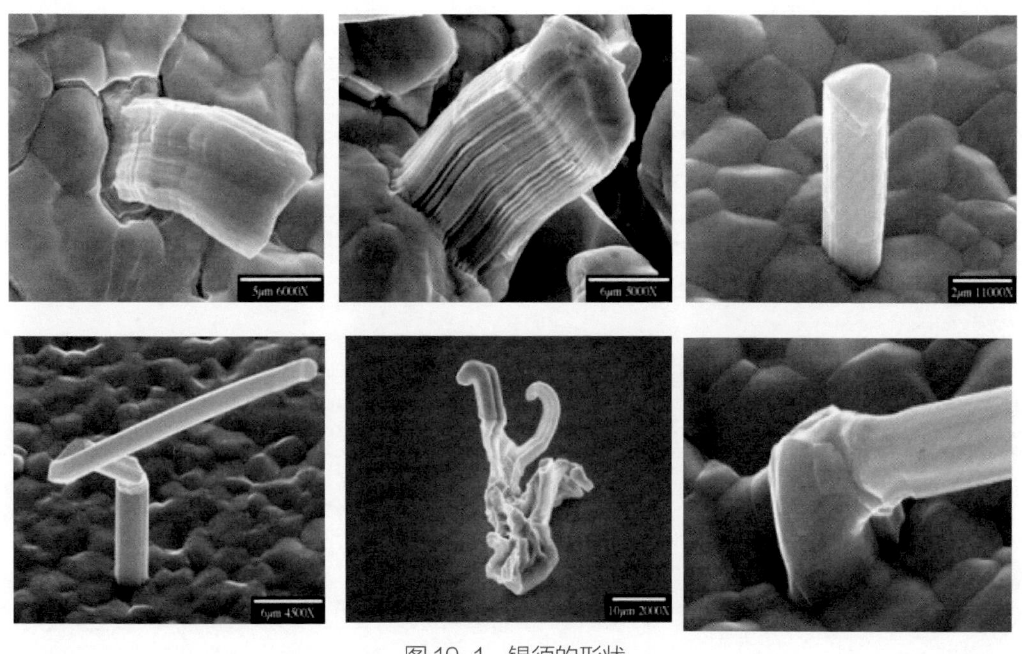

图 19-1　锡须的形状

锡须具有晶体结构，有时会长到几微米，但是，一般不会超过 50μm，直径一般也只有几微米。如图 19-2 所示为日本焊膏厂家千住所给出的助焊剂对锡须的影响研究结果，从中也可以了解到 85℃/85%RH 条件下锡须的生长试验数据。

锡须有时从各种表面上生长出来，这些表面经过镀锡处理（特别是电镀锡）。在这种背景下，“有时”是一个微妙的词，但包含实质的含义，这意味着出现锡须的情况不是一种模式，基本上难以捉摸。

锡须会生长，但也会自行消失。如果电流强度足够大，电流可能把锡须熔化掉。使锡须熔化的电流的大小随着锡须的长度与直径而变化（往往需要超过 50mA）。

锡须的危害主要有：

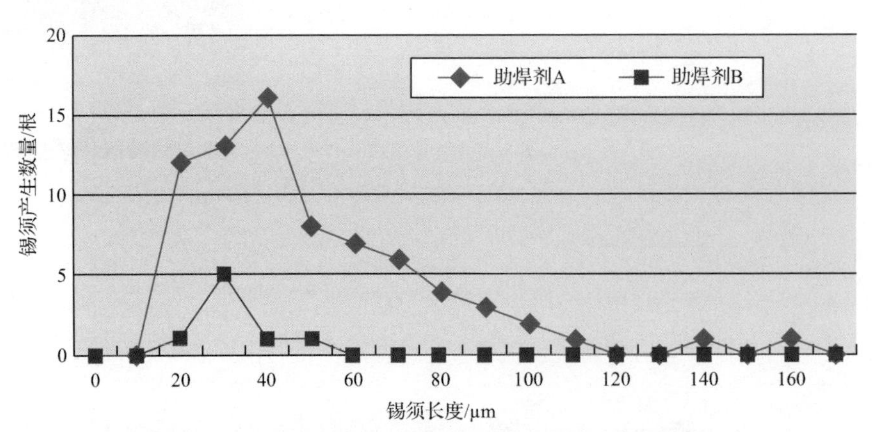

图 19-2　85℃/85%RH 条件下锡须的生长试验数据

（1）引起电路短路。锡须如果形成，只要没有与相邻导体相连或锡须氧化，就不会发生短路。短路的危害取决于电压大小或应用环境（比如振动）。低电压下，由于电流比较小，锡须可以在邻近的不同电势表面产生稳定持久的短路；高电压下，如果电流足够大而超过锡须的熔断电流（通常为 30mA），锡须将被电流熔断，也不会造成永久性的短路。在振动环境中，锡须会脱落或震断，不但会引起短路，还可能造成精密机械的故障。总之，锡须的短路现象具有不确定性，总体上表现为临时性短路。2003 年丰田凯美瑞汽车车速控制的意外加速问题，就是由锡须导致的事件。

（2）锡须起电弧。在大电流和高电压下，锡须会蒸发，变成离子化的金属气体，这时可能出现金属电弧。实验室证实，在大气压强 2×10^5Pa，电压达到 13V，电流达到 15A 时，会出现锡须电弧。

（3）折断的碎片。易碎的锡须在性质上是导电的，它会从所在的平面上折断，可能导致电路功能失效。

（4）多余的天线。锡须很像微型天线，从而影响电路的阻抗而导致反射。

19.2　锡须产生的原因

锡须产生的原因是什么？我们先看一些调查数据。

有一个试验指出，控制电镀工艺相当于控制材料中的应力，可以消除锡须。还观察到，在锡晶格结构中，有机元素会促进锡须生长。由于亮锡镀层含碳量非常高（≥0.8%），很容易长锡须，而雾锡就不容易长锡须。这两种锡对应两种镀锡工艺，即酸性电镀产生雾锡，晶粒尺寸一般比较大，为 1～5μm，碳含量一般在 0.005%～0.05%。碱性电镀产生亮锡，晶粒尺寸一般比较小，小于 1μm，碳含量一般不小于 0.8%。由于亮锡晶粒尺寸小，镀锡层有更大的应力及更高的含碳量，是容易长锡须的原因。

在对比铜基板与镍基板时，发现镍基板倾向于阻止锡须的形成。这种现象与相互的扩散率和金属间化合物的形成有关。铜在锡中的扩散率高于镍在锡中的扩散率，因此，锡的晶格是扭曲的，并且改变了锡晶格中原子的间距，使镀层产生应力。

还可以观察到，施加到锡镀层上的各种外力，诸如弯曲、拉伸、扭转、划痕、挤压、刻痕，都可能在局部产生额外的应力，在这些有应力的区域，锡须生长会加剧。

还有一个试验显示，锡须和存放时间有关，这里，存放时间的长短和温度、湿度或其他环境条件没有直接的相关性。数据显示，适宜的温度，如室温，会滋生锡须。但是，高于

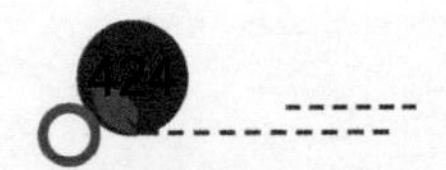

150℃的温度会抑制锡须的形成与生长。

此外，有报告指出，锡须的生长速率通常为 0.03～0.9mm/年，但是，特定条件下，生长速率可能增加到 100 倍甚至更高。

初看起来，这几十年来获得的数据千差万别，难以比较。但是，总的看来，有两点很明确：一是促使锡须生长的因素与应力有关，内部应力（拉应力或压应力）对锡须的形成和生长起重要作用；二是各种关于锡须的测试是在温度循环和电场中进行的，但是，测试结果缺乏一致性，表明工艺中产生的应力性质是非常复杂的。

尽管测试结果随观察的情况而变化，但是，人们认为内部应力是锡须形成和生长的主要原因。因此，在镀锡时导致内部应力的因素及电镀后可能在镀层中造成残余应力的条件，正是需要研究的地方。

业界公认的锡须生长主要模型如图 19-3 所示。铜基板上直接镀锡，锡与铜互相扩散，在界面形成金属间化合物 Cu_6Sn_5，随着 Cu_6Sn_5 的生长，镀层中产生压应力，从而导致锡须的形成和生长。

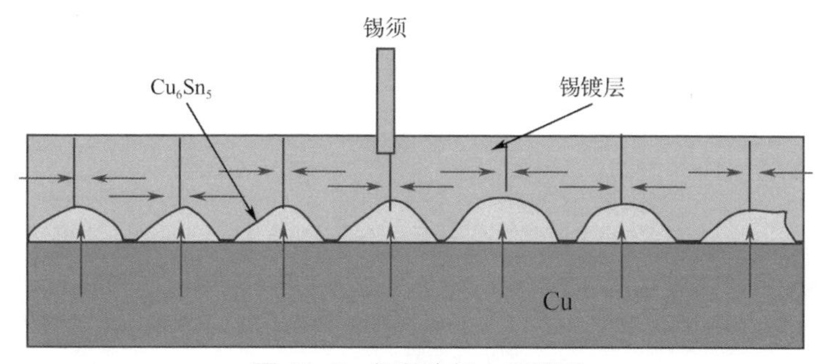

图 19-3 锡须生长主要模型

Sn 基合金容易长锡须，与其本身的性质有关。一般来说，当热力学温度达到金属熔点的一半时，元素扩散速度明显加快。Sn 的热力学温度熔点为 505K（232℃），因此即使是室温 300K（27℃）也已超过熔点的一半，相当于将钢铁材料（熔点 1400℃）置于 900℃的高温下，所以 Sn 基焊料形成的焊点组织在室温下变化很快。我们把这类室温热力学温度超过金属熔点一半的金属称为低熔点金属，虽然 Sn 基合金作为镀层材料和连接材料广泛应用于电子设备的制造，但也因其熔点低的特性而容易产生锡须的问题，最终导致产品故障。

低熔点金属生长锡须的原因在于低熔点金属的原子扩散即使在室温下也异常快，会在镀层内产生应力。通常认为这种应力是导致锡须产生的原因。产生应力的原因与电子产品所处的环境有关，诸如温度、湿度、机械应力，因此，锡须问题从根本上来说是属于“偶发、突发及无法预测”的一种现象。

19.3 锡须产生的五种基本场景

锡须生长的主要原因是内部应力及能够引起内部应力的因素。根据导致应力产生的环境条件进行分类，锡须的生长情况大致可以归为以下几类：

- 室温下产生的锡须；
- 温度循环引起的锡须；
- 氧化、腐蚀引起的锡须；
- 外界压力导致的锡须。

这些条件导致的锡须发生的共同点都是产生了镀层内应力从而促进元素扩散，锡须的生长机理如图 19-4 所示。

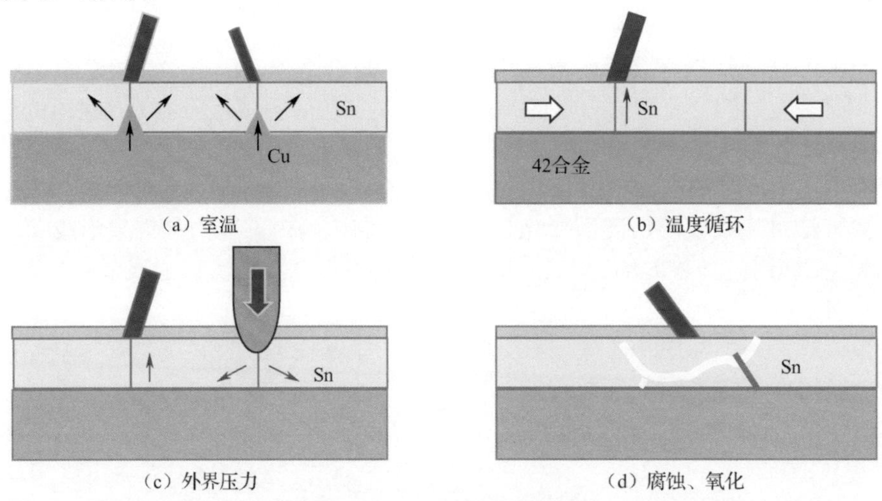

图 19-4　锡须的生长机理

19.4　室温下锡须的生长

室温下发生的锡须呈直线生长但有时也会弯曲。图 19-5 所示为室温下 Cu 基表面锡镀层上的锡须，在没有加速因素条件下仅处于 25℃左右的室温就能很快生长。室温下锡须是由 Sn 镀层与 Cu 界面反应形成的 Cu_6Sn_5 化合物，发生体积膨胀从而导致镀层内压力增大而长出锡须。此外，生成的锥形 Cu_6Sn_5 晶粒也会促进锡须的生长。

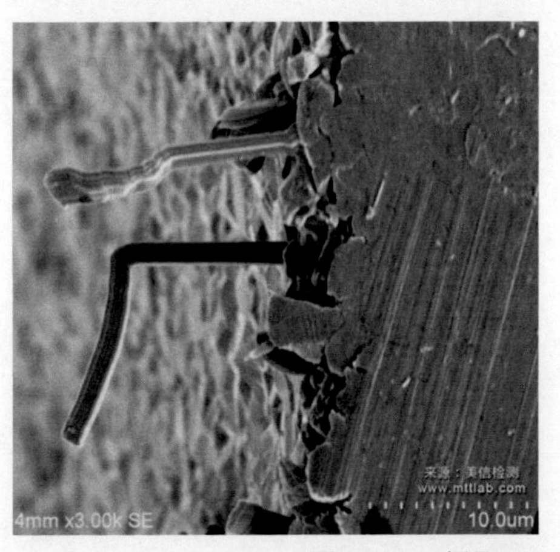

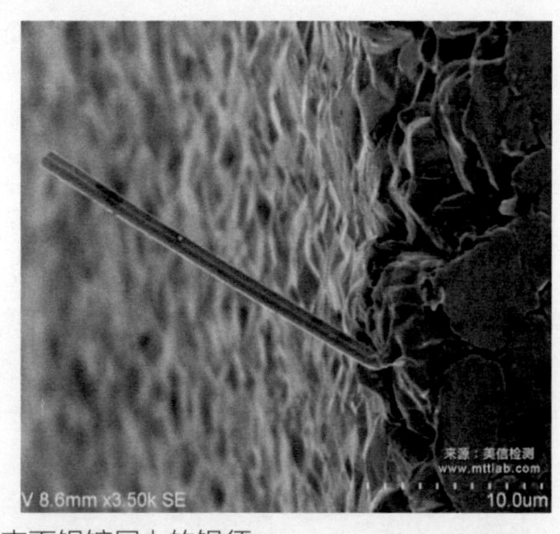

图 19-5　室温下 Cu 基表面锡镀层上的锡须

Ni 与 Sn 的反应速度远小于 Cu 与 Sn 的反应速度，因此，在 Ni 基上镀锡长锡须的概率要远小于在 Cu 基上镀锡。但是，在 Ni 基上镀锡形成的镀层，在高低温度循环试验条件下，也看到长锡须的现象，只是锡须更短、更小，发生的概率更小，有阻止锡须形成的倾向。图 19-6 所示为片式电容 Ni/Sn 镀层在-55～85℃条件下温度循环 500 次时看到的锡须生长现象。

黄铜和 42 合金与 Sn 很难发生反应，一般不会发生室温锡须。

为防止 Cu 基材上锡须的产生，可以进行热处理使整个界面形成层状化合物，减慢 Cu 的扩散，具体做法是在 150℃下进行热处理或再流焊处理，就可以有效抑制室温锡须的生长。

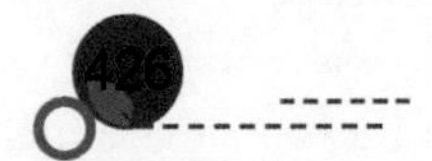

200×

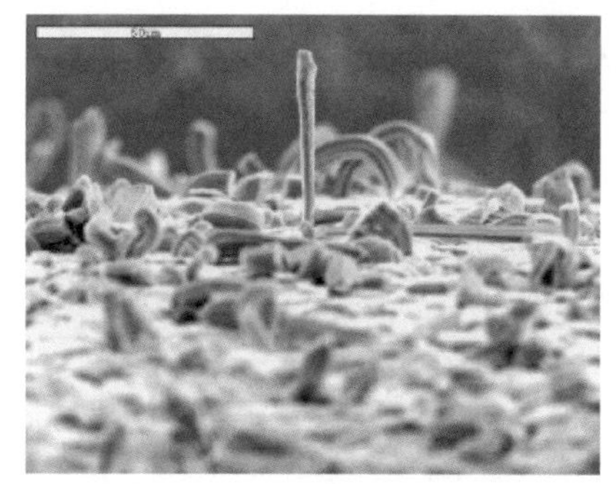

5000×

图 19-6　片式电容 Ni/Sn 镀层的锡须生长现象

19.5　温度循环（热冲击）作用下锡须的生长

在温度循环和热冲击作用下产生的锡须，是使用与 Sn 镀层的热膨胀率相差较大的材料（如 42 合金电极和陶瓷基板）时常常遇到的问题。

这些材料由于膨胀率低，在锡镀层中引起压应力（升温过程中），进而导致锡须的生长。

温度循环条件下发生的锡须，并不是直线生长，其生长方向呈大弧度弯曲延伸。这一生长机理在很长时间内得不到解释，详细的组织分析如图 19-7 所示，可以看出锡须不断地产生裂纹和氧化。在锡须的侧面可以看到形成了年轮状的纹路，这是温度循环下锡须的特征，如图 19-8 所示。

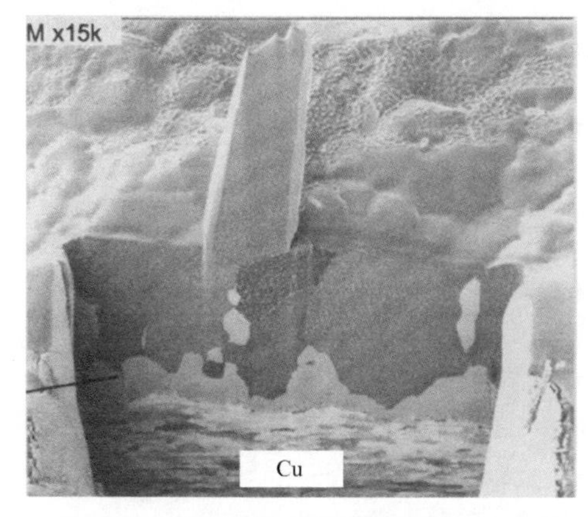

（a）锡须根部SEM图

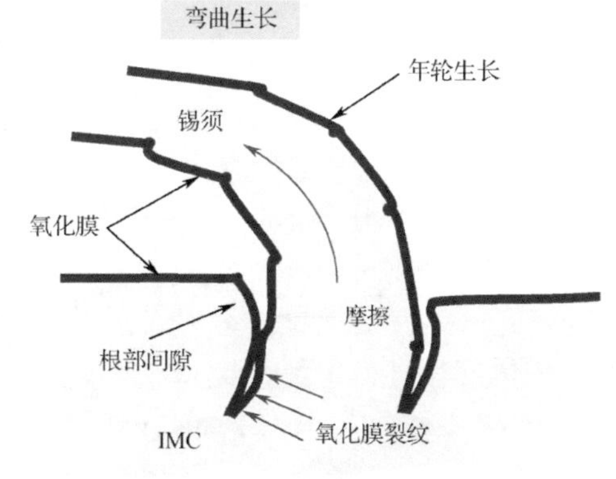

（b）锡须生长机理

图 19-7　大气中温度循环锡须组织分析

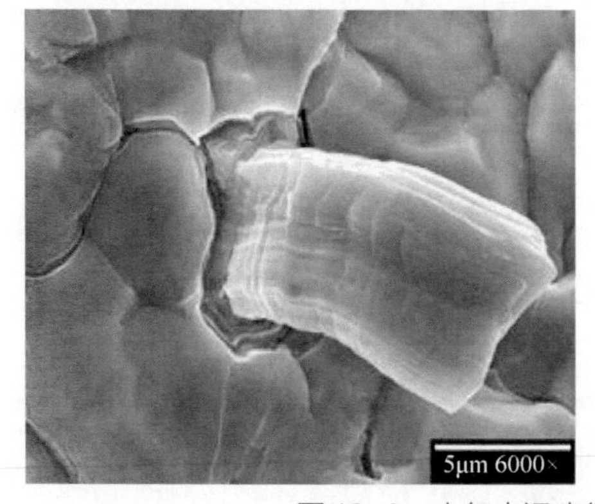

图 19-8　大气中温度循环锡须表面的年轮现象

19.6 氧化腐蚀引起的锡须生长

轻微的湿度变化不会对锡须的生长产生影响，但环境中过大的湿度也会导致 Sn 的异常氧化，形成的不均匀氧化膜会导致镀层中产生应力。这一氧化腐蚀导致的锡须生长有时会与室温锡须混淆，因此，进行室温锡须试验时必须予以注意。否则高湿气氛导致的氧化锡须的发生，会导致得出如 150℃热处理退火和 Ni 打底镀层对锡须抑制无效的结论。

在无结露的条件下，经过各种条件的高温高湿试验后统计的锡须最大长度试验结果如图 19-9 所示。有趣的是：

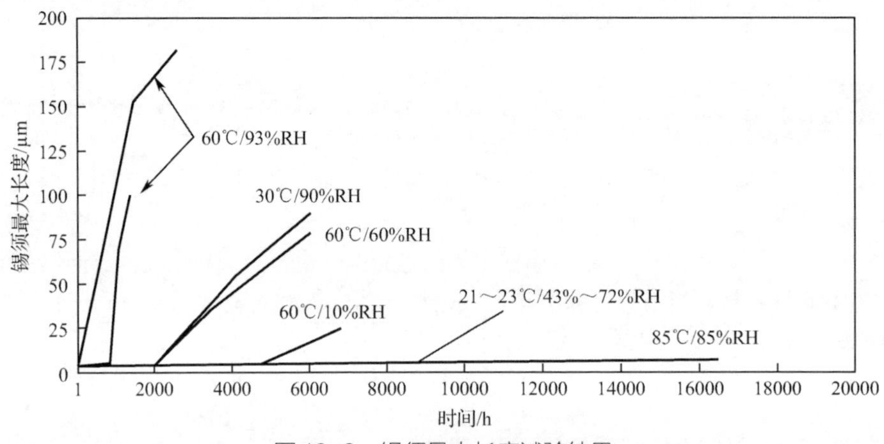

图 19-9　锡须最大长度试验结果

（1）在室温不发生锡须的试样在 85℃/85%RH 的严酷条件下也不发生锡须生长。

（2）锡须生长最为明显的是 60℃/93%RH 的条件。

（3）锡须生长在很多情况下有潜伏期，有的经过 2000h 毫无变化后才开始生长。

（4）湿度使 Sn-Pb 合金镀层也同样产生锡须，因为 Pb 对抑制氧化没有作用。

（5）有些试样单独测试时可观察到锡须，但焊接在基板上则无法观察到，可能因为助焊剂覆盖的原因（待进一步研究）。

美国 iNEMI 对氧化腐蚀锡须的各种条件进行了评价，其温度/湿度的影响结果见表 19-1。虽然尝试建立腐蚀锡须的生长模型，但还不完善，无法预测锡须的生长最大长度。助焊剂和合金元素对氧化的影响很大，可以期待作为抑制氧化腐蚀的对策。

表 19-1　iNEMI 评价的氧化腐蚀锡须发生条件

温度/℃	湿度/%RH			
	10	40	60	85
30	N	—	N	C，W
45	—	—	C，W	—
60	N	N	C，W	C，W
85	—	—	—	C，W
100	—	—	C，W	—

注：N 表示腐蚀与锡须不发生；C 表示腐蚀发生；W 表示锡须生长。

另外，有些资料报道，90℃以上时不会长锡须，室温下比 85℃时更容易长锡须。这些说

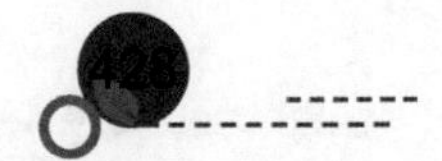

法与上述的情况有些不符，说明锡须的问题的确比较复杂，还有很多需要研究的地方。不过，大多数的研究都认为高温高湿容易诱发锡须。不过从表 19-1 来看，湿度的影响更大。根据大多数研究成果及案例，总的来说，60℃/90%RH 可能是锡须生长最容易发生的条件，以下的案例也说明了这一点。

№　案例 78　某产品单板上的轻触开关因锡须短路

某产品应用于全球很多地方，2 年后，有一个地方出现了 2 例故障。经分析确认为某单板上的轻触开关失效——外壳与信号引脚之间搭有锡须，如图 19-10 所示。进一步分析，确认为外壳上长锡须，外壳为 Cu 合金，其表面直接镀 Sn。

1）产生原因

据调查，发生故障的地区，夏天湿度很大，经常达到 90%RH，有理由认为属于氧化腐蚀类别。

2）防止措施

（1）使用雾锡（暗锡），其晶粒尺寸一般大于 1μm，内应力小。

（2）外壳镀层采用镍打底。

（3）热处理消除内应力，减缓生长速度。

（4）避免潮湿环境应用。

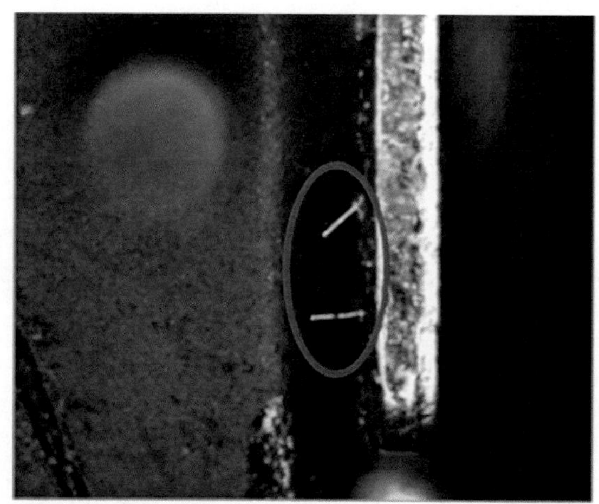

图 19-10　轻触开关锡须

19.7　外界压力作用下锡须的生长

锡须作为无铅化过程中的问题，突出表现在微小间距的封装互连中。带有 Sn 或 Sn-Cu 镀层端子的柔性电缆插头的连接处经常因此出现故障。

图 19-11 所示是带 Sn-Cu 镀层的插头侧发生的锡须生长现象，首先可以看到插头前端部分的 Sn 镀层组织发生了很大的塑性变形，接触点附近出现了绳状的锡须。这种锡须的特征是：除了变形区的绳状锡须外，在距离接触点一定距离的无变形表面上也大量存在。

图 19-12 总结了镀层种类、内应力、再流焊接处理对锡须生长的影响。再流焊接的影响很复杂，最近的研究使用有限元方法的 CAE 软件对外压力作用下锡须生长的各种参数进行预测。

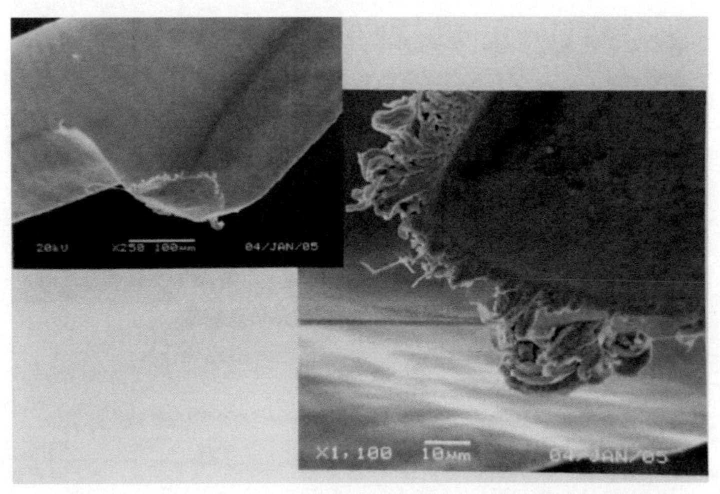

图 19-11　带 Sn-Cu 镀层的插头侧发生的锡须生长现象

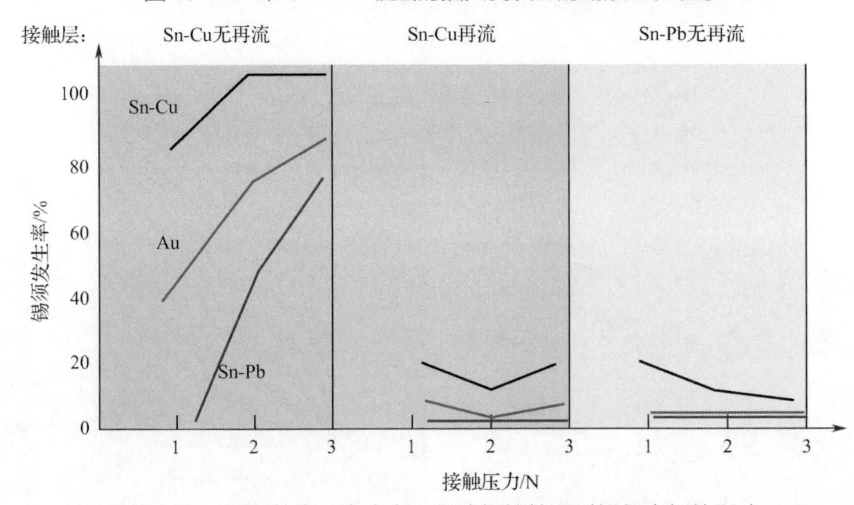

图 19-12　镀层种类、内应力、再流焊接处理对锡须生长的影响

19.8　控制锡须生长的建议

纯锡的解决方案目前仍然没有结果。比较有效的方法包括电镀后进行退火处理使锡层晶粒变大、Cu 基镀锡层采用 Ni 打底、优化调整电镀液配方和进行无锡电镀使锡须发生减少。目前，最常用的抑制锡须生长的方法就是镀锡层 Ni 打底并在 150℃下加热 1～2h 进行退火处理，使锡晶粒维持适当尺寸以减少锡在材料晶界内的流动。

1．镍阻挡层

无论是纯锡还是锡合金镀层，应在电镀前先镀 1μm 以上厚度的镍作为阻挡层，以降低基底 Cu 与 Sn 的扩散。

2．增加镀锡层厚度

主要针对元器件电极镀锡层，因为元器件引脚不像 PCB 焊盘，焊接时不能保证引脚表面全部被锡须生长倾向较小的非纯锡焊料所覆盖，因此，必须自身具有抑制锡须生长的能力。

图 19-13 所示为锡层厚度对锡须生长的影响，是德国英飞凌公司对于铜基底上镀雾锡的锡须生长研究结果：镀锡层厚度小于 3.5μm 时，曝露于空气中 50 天锡须成长长度均超过 120μm；

镀锡层厚度大于 5.35μm 时，曝露于空气中 75～750 天锡须成长长度均维持在 40μm；当镀锡层厚度大于 10.1μm 时，曝露于空气中 80 天才有锡须产生，曝露于空气中 750 天锡须成长长度均维持在 10μm 以内。因此，提高镀锡层的厚度有助于锡层应力的释放，只要镀锡层厚度大于 10μm，就能够大大降低锡须带来的风险。这就是为什么建议镀锡层厚度应大于 10μm 的原因了。

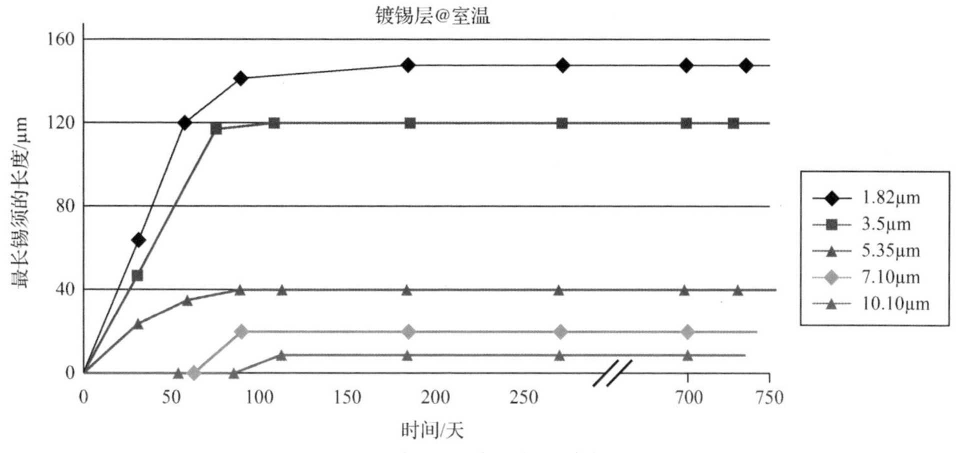

图 19-13　锡层厚度对锡须生长的影响

3．退火处理

锡须通常会在电镀之后经过数千小时的潜伏期后产生。此潜伏期的时间长短取决于镀锡层厚度、镀锡层的晶格结构及基底金属的晶格结构。参考美国国家半导体公司的做法，对锡合金镀层产品进行退火处理，即在完成电镀后的 24h 之内，在 150℃温度下进行 1～1.5h 的热处理。这是目前控制锡须发生的主要措施。

4．使用雾锡镀层

目前市场上已开发出一些能有效防止锡须生成的无铅纯锡电镀添加剂，该添加剂具有结晶细致、可焊性好、能量消耗低、使用简单等优点，从而建立了一种抑制锡须的有效方法。

比较流行的就是镀雾锡。

5．采用无锡替代材料

在为电子元器件电极选择无铅涂层时，无铅焊料涂层与锡铅（SnPb）及无铅焊料的兼容性是首先要考虑的。NiPdAu 可以和锡铅（SnPb）及业界标准的无铅焊锡合金 SnAgCu 一起焊接，它具备向前和向后兼容性。

其次，要考虑锡须的倾向。NiPdAu 焊料涂层由于无锡成分存在，不会有锡须发生，是一个彻底的解决方案。只是成本稍高，但在航空、航天等高可靠性要求的应用方面是值得考虑的。

6．采用 SnPb 焊料

对于那些仍然豁免 Pb 的产品，可以通过对封装结构的审慎评估，消除锡须的风险，如果具有“自我抑制效应”，就可以通过采用 SnPb 焊料进行再流焊接的工艺。其原理是：由于 SnPb 焊料的良好润湿性能可以“吃掉”或者说混熔掉那些纯 Sn 镀层，使纯 Sn 镀层转换为含 Pb 超过 3%的 Sn 镀层，有人把这种 SMT 再流焊接中替代纯 Sn 的现象称之为“自我抑制效应”。

7．三防涂层

三防涂层能够有效减缓或屏蔽锡须生长带来的风险，有效性取决于涂层的厚度，实践表明当涂层厚度达到 2mil（≥50μm）以上时，就可以减缓锡须生长带来的问题。